智能传感技术丛书

# 智能传感器及其融合技术

## Technologies for Smart Sensors and Sensor Fusion

[加]　凯文·亚鲁（Kevin Yallup）
　　　克日什托夫·印纽斯基（Krzysztof Iniewski）　　主编
　　　　　王卫兵　　徐　倩　等译

机 械 工 业 出 版 社

本书是一本全面介绍当今智能传感器及其融合技术的著作，以 24 章内容从 4 个方面对当今传感器及其融合技术进行了全面且细致的介绍，内容涵盖了微流体技术及生物传感器、化学及环境传感器、汽车及工业传感器以及与传感器相关的软件和传感器系统。这些内容深入展示了智能传感器及其融合领域丰富多彩的开发工作。通过本书希望读者能够及时、深入地了解未来传感器的工作，并能够继续开发自己的新型智能传感器及系统。

本书适合智能传感器研究人员、工程技术人员，智能设备、可穿戴设备研发人员阅读参考，也可供高等院校相关专业师生参考。

Technologies for Smart Sensors and Sensor Fusion/by Kevin Yallup and Krzysztof Iniewski/ ISBN：978-1-4665-9550-7.

北京市版权局著作权合同登记 图字：01-2015-6386 号。

## 图书在版编目（CIP）数据

智能传感器及其融合技术/（加）凯文·亚鲁（Kevin Yallup），（加）克日什托夫·印纽斯基（Krzysztof Iniewski）主编；王卫兵等译. —北京：机械工业出版社，2019.2
（智能传感技术丛书）
书名原文：Technologies for Smart Sensors and Sensor Fusion
ISBN 978-7-111-61645-0

Ⅰ.①智… Ⅱ.①凯… ②克… ③王… Ⅲ.①智能传感器 Ⅳ.①TP212.6

中国版本图书馆 CIP 数据核字（2018）第 282390 号

机械工业出版社（北京市百万庄大街 22 号 邮政编码 100037）
策划编辑：任 鑫 责任编辑：吕 潇 任 鑫
责任校对：张晓蓉 封面设计：马精明
责任印制：孙 炜
北京玥实印刷有限公司印刷
2019 年 4 月第 1 版第 1 次印刷
169mm×239mm·28 印张·627 千字
0001—2500 册
标准书号：ISBN 978-7-111-61645-0
定价：139.00 元

凡购本书，如有缺页、倒页、脱页，由本社发行部调换
电话服务 网络服务
服务咨询热线：010-88361066 机工官网：www.cmpbook.com
读者购书热线：010-68326294 机工官博：weibo.com/cmp1952
金 书 网：www.golden-book.com
**封面无防伪标均为盗版** 教育服务网：www.cmpedu.com

# 译　者　序

　　本书是一本全面介绍当今智能传感器及其融合技术的著作，以 24 章内容从 4 个方面对当今传感器及其融合技术进行了全面且细致的介绍，内容涵盖了微流体技术及生物传感器、化学及环境传感器、汽车及工业传感器以及与传感器相关的软件和传感器系统。

　　从所介绍内容的覆盖面来看，本书既包括了诸如用于实时观测和遥感数据采集的集成地理信息系统、远程 RF 探测、传感器技术到医疗器械环境的转化等非常宏观的传感器技术，又包括了用于生物样本制备和分析的基于微滴的微流体技术、微流体技术中被动流体控制的润湿性裁剪、用于自动多步骤过程即时诊断的二维纸网络、碳纳米纤维作为硅兼容平台上的电流生物传感器、多区域表面等离子体谐振光纤传感器等非常微观的微型传感器技术，还包括了用于安全应用的电容式传感器，如汽车、消费和工业应用中的非接触角度检测方面的民用和工业传感器。此外，对于多传感器系统的集成可靠性、电磁污染环境中集成过温传感器的可靠性、走向无监督的智能化学传感器阵列等有关传感器应用和传感器系统方面的专题内容也有介绍。

　　从技术方面来看，本书的内容包括了纳米尺度的材料处理、材料的表面改性、微流体动力学、生物传感、化学反应特性表征以及电子、电磁、微机械加工等众多技术领域。其每一章，都对相关领域的技术背景和最新发展进行了详细、深入的介绍。作者首先通过文献综述对相关领域的发展过程及最新的研究现状进行全面、详细地分析，并给出该领域中尚未解决或者是需要继续改进的相关问题。在此基础上作者就拟解决的问题提出了相应的解决思路和设想，并由此展开了相应的理论分析，从而推导出了问题解决方案。其中包括了问题解决的理论依据、相应的数学模型以及必要的验证性分析。为了进一步验证问题解决方案的效果，作者进一步介绍了方案的具体实施过程，给出了详细的实际结果，并对实际结果进行深入、详尽的分析，以此为读者提供了一个全面、完整的传感器技术及其融合的研究、开发过程。

　　作者所做工作及相关技术的介绍主要是从学术研究和技术开发角度进行的，其内容是全面、客观和严谨的，但同时也对相关领域的技术基础给出了相对完整的介绍，使得其内容更加具有通俗性和可读性。作者的宗旨是通过相关内容的介绍，使得读者能够对相关领域的基本概念、技术原理、发展历程以及最新的研究现状有一个全面的了解，并通过具体开发案例的深入介绍，使读者了解该领域中所采用的技术方法、技术手段以及分析问题和解决问题的技术路径。因此，本书不仅从内容的广度上给读者带来了一个全面的概览性视野，还从理论和技术深度上带给读者一个深入的审视性透视，使读者通过本书的内容，全面了解和深刻领会相关领域的技术内容和技术问题。

此外，为提高传感器检测的准确度，提高传感器系统的可靠性和容错能力，提高传感器系统的智能化水平，作者从不同的技术领域、不同的技术方法上提出了各种解决问题的方案，包括大量的传感器布置、信号处理以及相关的技术分析等方面的内容，对读者的传感器应用和传感器融合技术能力和技术水平的提高是十分有益的。

本书由王卫兵、徐倩等翻译，其中的第 1 部分、第 2 部分和第 3 部分主要由王卫兵翻译，第 4 部分主要由徐倩翻译。张宏、刘瑞玲、张霁、张立超、郭文兰、张维波、代德伟、金胜利、孙宏、石林、白小玲、贾丽娟、韩再博、闫宏宇、田皓元、王卓参与了本书的翻译工作。全书由王卫兵统稿。在本书的翻译过程中，全体翻译人员为了尽可能准确地翻译原书的内容，对书中的相关内容进行了大量的查证和佐证分析，以求做到准确无误。鉴于本书的内容涵盖面广，覆盖的技术领域众多，专业性强，并且具有相当的深度和难度，因此，翻译中的不妥和错误之处也在所难免，望广大读者予以批评指正。

译者

2019 年 1 月于哈尔滨

# 原 书 前 言

微系统和微机电系统（Micro Electro Mechanical Systems，MEMS）已经彻底改变了传感器和检测器的世界。一系列小型化的传感器已经出现，可以为便携式设备增加各种功能。例如，基于 MEMS 的加速度计和陀螺仪可以为便携式设备增加许多运动感知功能，使运动能够用于设备的控制或在捕捉数字图像时进行抖动的校正。诸如 CCD 以及最近的 CMOS 图像光学传感器已经给摄影带来了变革，并为各种应用实现了低成本的图像获取。

到目前为止，大多数传感器应用都专注于单传感器及相对简单的处理，以从传感器提取特定的信息。然而，有两个激动人心的新发展使传感器超越了简单的运动感知或图像捕捉领域，从而提供更多信息以及应用，如建筑环境中的位置、触觉感知，以及诸如毒素或流感病原体等化学物质的存在感知。

这些新型传感器为机器提供了以更智能和更复杂的方式与周围世界进行交互的潜力，并可能导致诸如自主机器人那样更智能系统的出现，并能够独立完成复杂而艰巨的任务。本书旨在概述这些令人兴奋的新发展。

本书研究的第一个趋势是可以集成到阵列中的传感器数量和种类越来越多。不断增加的多样性意味着越来越多不同的刺激可以被可靠和准确地感知，从而形成更为复杂的环境感知方式。本书包含多种应用领域的传感器处理技术，例如生物技术、医学科学、化学检测、环境监测、汽车传感以及工业应用中的控制和感知等。这些领域传感能力的改进为传感器带来了许多令人兴奋的新应用。

第二个趋势是通信设备的可用性和计算能力的提升，它们都将支持降低来自多个传感器的原始传感器数据量的算法，并将原始传感转换为传感器阵列所需的信息，从而能够将感测结果快速地传输到需求点。本书汇集了许多内容，以讨论软件和传感器系统以及传感器融合方面的问题。

本书中各章节的内容，均为从工作在传感器技术前沿的作者那里收集并加以整理的，这些内容展示了智能传感器和传感器融合领域丰富多彩的开发工作。通过本书，希望读者能够及时、深入地了解未来传感器的工作，并能够继续开发自己的新型智能传感器和传感器系统。

# 目　　录

# 第2部分 化学及环境传感器

# 第3部分　汽车及工业传感器

## 第13章　微机械非接触式悬浮装置 ·········· 198

## 第14章　汽车、消费和工业应用中的非接触角度检测 ·· 219

## 第4部分　软件和传感器系统

# 第1部分 微流体技术及生物传感器

## 第1章 用于生物样本制备和分析的基于微滴的微流体技术

Xuefei Sun，Ryan T. Kelly

## 1.1 引言

现代生物学研究为了发现生物标记、筛选药物或阐明复杂的细胞信号通路，往往需要通过海量的并行实验对大量样品进行分析，这些分析过程通常都会有耗时的样品制备过程和昂贵的生化测试。生物分析中经常遇到的另一个约束是可获得的样本数量往往是有限的。微流体芯片或片上实验室平台，以其能够通过不同的功能单元以自动化的方式来应对和处理大量的小样本，从而为应对生物分析中所遇到的这类挑战带来了希望。

在基于微滴的微流体技术中，试剂被分离成飞（$10^{-15}$）升（fL）至纳（$10^{-9}$）升（nL）以内体积的微滴，且以互不相溶的油相封装和传送，因此它一经出现立即成为对小剂量生物分析颇具吸引力的平台[1-9]。该平台通过诸如限制由扩散及泰勒分布引起的试剂稀释、最小化交叉污染及由表面相关吸附引起的损失等手段，来轻松解决传统的连续流系统中所遇到的技术难题[10]。这种通过不相溶液体分离出来的微滴可以作为一个微反应器，用于高流量化学反应筛查和扩展的生物制品研究[11]。由于单分散性的微滴可以在产生过程中控制其大小，并且可以保留在连续流系统中由于扩散而易于丢失的暂时信息，因此基于微滴的微流体技术还可以为可靠定量分析带来光明的前景[11,12]。

生物分析的过程是从样品选择及制备开始的。初始采样可能包括细胞筛选、组织解剖或者是蛋白质的提取，抑或是对细胞或组织进行其他感兴趣的分析[13]。然后通过诸如组合试剂等来对所采集的样品进行混合、培养、纯化以及富集，以制备生物样品。随后的分析测量可以根据样品的复杂程度来决定。对于复杂度较低的样品，其实现过程可以非常简单，例如采用激光诱导荧光（Laser-Induced Fluorescence，LIF）来检测或识别某一单一的分析物。而对于具有多种感兴趣分析物的复杂样品，则需要采用包括毛细管电泳（Capillary Electrophoresis，CE）、液相色谱（Liquid Chromatography，LC）以及诸如质谱（Mass Spectrometry，MS）等信息丰富的检测方法进行化学分离。到目前为止，许多有关微滴的操作部件已经很好地开发出来，以实现绝大多数的基本操作。

例如，分散在油相中的稳定的水性微滴可以使用各种微滴发生器来产生，该发生器被设计用于在受限的小体积中进行采样，其最常见的几何形状为 T 形结[14,15]和流聚焦[16,17]两种。向现有微滴添加试剂可以通过与其他微滴的融合来实现，该融合同时还能实现微滴内部分类反应的启动和终止[18,19]。液体的快速混合使得微滴内均匀的活性环境得以实现，并可以通过混沌平流来得到增强[20]。

除此之外，微滴还可以在延迟线[21]中孵育或存储在存储池[22,23]或陷阱[24,25]中，从而扩展其时间周期，以保证反应过程的完成或生物过程的推进。

基于微滴的微流体平台已经成功应用于各种化学和生物研究领域。例如，用于聚合酶链反应（Polymerase Chain Reaction，PCR）扩增的基于微滴的平台已被证明能够显著地提高常规微流体形式的扩增效率[26]，这主要是由于消除了试剂稀释和管道上的表面吸附。微滴还可用来进行单个细胞[12,27]或微生物[24]的封装、筛选、测定，研究酶动力学[11]和蛋白质晶体化[28]，以及实现小分子、微纳米聚合物的合成。

尽管基于微滴的微流体技术已经发展到微滴的产生和操纵均可以以不同的速度、精度和控制方式来进行的程度，但仍然存在一些真正的挑战限制了这些系统的广泛应用。其中的一个挑战即是如何提取和获取可能包含在皮（$10^{-12}$）升（pL）大小微滴中的巨大化学信息。由于非光学检测方法与化学分离方法的结合已经被证明是困难的，因此微滴成分的检测历来都被限制在诸如 LIF 之类的光学检测方法上。将基于微滴的平台的优点与包括 LC、CE 和 MS 在内的更多信息丰富的分析技术结合在一起，将能极大地扩展其应用范围。这种结合通常需要从油相中提取微滴，以进行下游的分析和检测。

本章主要侧重于具有化学分离和非光学检测处理能力的基于微滴的集成微系统，该系统可用于 ex situ 分析和鉴别微滴中包含的生物化学成分。在此将简要介绍微滴的一些单元操作，包括微滴的生成、融合和孵育，审视和回顾所有有关微滴检测、微滴提取、耦合 CE 分离、电喷雾离子化（Electrospray Ionization，ESI）直至 MS 检测的成果和技术进展。最后，将给出一个集成的基于微滴的微流体实例，包括按需微滴的生成及融合、鲁棒和有效的微滴提取，以及单片集成的纳米电喷雾离子化（Nanoelectrospray Ionization，nanoESI）发射器，以展示其化学和生物研究的潜力。

# 1.2 基于微滴的操作

## 1.2.1 微滴的产生

目前，大多数平面微流体微滴发生器是采用 T 形结[14,15]和流聚焦[16,17]几何形状设计的。在其内部，利用油和水性液流界面之间的不稳定性，小的微滴在此分界面处自发形成。采用这种方法，可以以较宽的频率范围产生微滴，其频率为 0.1Hz ~ 10kHz，可以使用的流量为 0.1 ~ 100L/min[29]。微滴体积和产生频率取决于多个因素，包括不相溶液相的物理性质、流量、分界面的几何形状等。对于给定的几何形状和溶剂组成，流聚焦和 T 形结界面在流速和微滴产生频率之间呈现出相互依赖的特性，因此在较短的时间尺度上不易调制。

对于需要快速改变微滴尺寸和发生频率较低的应用，按需微滴生成策略变得更有利，因为它们确保了对单个微滴的精确控制和精细操作。当前，已经有多种按需生成微滴的方法被开发出来，例如通过电[30]或激光脉冲[31]以及压电传动[32]来仔细平衡系统中的压力和流量[27]。气动阀门也已经被开发出来，并已被发现其对微滴大小及生成频率均能提供灵巧、独立的控制[33-36]。Galas 等人利用一个单一的气动阀门来调节分散相的流动，该阀门被嵌入在一个活动连接器上，安装位置靠近 T 形接头[33]。在两种不混溶液体的入口施加恒定的压力，使其在微通道中流动。通过阀门短暂的开启来创建一个独立的微滴。水性微滴的尺寸取决于阀门开启的时间和频率，以及在进油口施加的压力。因此，微滴的体积、间距及生成速度均可以准确、独立地控制。该装置不仅能够周期性地产生相同的微滴序列，而且能够产生具有不同尺寸或间距的非周期性微滴列。Lin 等人也提出了一个类似的平台，通过气动阀门的辅助，按需生成微滴[34]。在该装置的出口处施加了负压，以驱动两种不混溶液体流过微通道。微滴尺寸对阀门开启时间及施加压力的依赖关系得以考察和验证。另外，他们利用多个含有独立控制的微型阀的水性流动通道，通过交替地驱动阀门，产生含有不同组分的微滴阵列。

我们还研究了阀门控制的按需微滴生成。为了微滴体积死区的最小化，从而实现微滴体积的精确控制，气动阀门被精确放置在 T 形接头处的侧通道上，如图 1.1a 所示。通过注射泵驱动载体油流动，并通过精细控制的气压注射水性的分散液相流。图 1.1b 所示为单个微滴的生成过程。初始状态下，阀门处于关闭状态，荧光素水性溶液被限制在侧通道中。当短暂打开阀门时，少量水性溶液被分配到油通道中，从而形成一个微滴，并随着载体油流向下游。与传统的基于 T 形接头或流量聚焦的微流体微滴生成技术相比，阀门集成系统的微滴生成可以精确控制微滴的体积、生成频率和移动

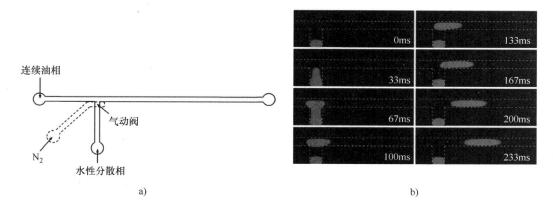

图 1.1　a）气动阀控制的 T 形微滴发生器结构示意图

b）气动阀控制的单一荧光微滴发生序列显微图片

（其中，油流通道宽度为 100μm，油流的流速为 0.5μL/min，样品注入压力为 8psi⊖，

气动阀的动作时间及气压分别为 33ms、25psi。）

----

⊖　1psi（即 lbf/in²）= 6.89476kPa = 51.71493mmHg。

速度。微滴移动的速度由驱动油流的注射器泵确定，而微滴生成速率则由软件中规定的阀门动作频率来控制。微滴间距由阀门开度和油流速度之间的差值决定，微滴体积取决于几个参数，包括阀门开启时间，样本驱动压力，油相流量，阀门压力，如图 1.2 所示。

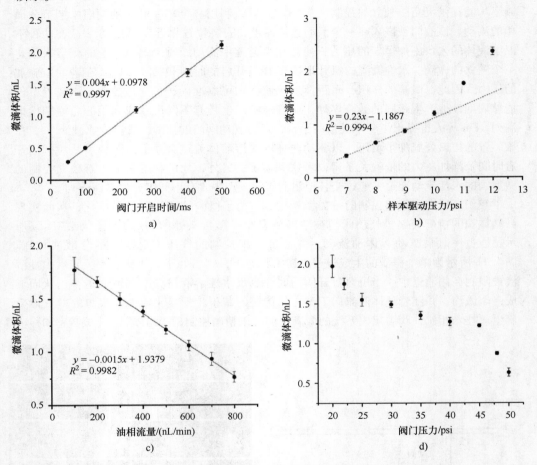

图 1.2　微滴体积与 a）阀门开启时间，b）样本驱动压力，c）油相流量，
d）阀门压力关系图，通道尺寸与图 1.1 所示一致

## 1.2.2　微滴内试剂的组合及混合

除了控制微滴的产生外，微滴融合对于微反应器的发展也是至关重要的，因为它允许试剂在明确的预定点上精确及可重复地混合，以引发、修改和终止反应[6]。Ismagilov 等人完成了一项开创性的工作，将两种试剂溶液导流到一个微通道中作为两个层流，从而将不同的试剂合成到一个单个的微滴[37]。为了防止试剂在微滴生成前发生早期接触，使用惰性中心流来隔离它们。因此，有三股流被连续地注入不可混溶的

载体油相中以形成微滴。微滴中试剂浓度的梯度是通过改变液流的相对流量来实现的[11,38]。随后所设计的环形通道是为了通过混沌平流以加速混合[20,37]。这种方法已被广泛用于控制化学反应网络[37]，研究反应动力学[11]，筛选蛋白质结晶条件[38]，以及研究基于单细胞的酶分析[39]和蛋白质表达[12]。

最近，Weitz 等人提出了一个鲁棒的微小注射器将试剂添加到微流体系统的微滴中[40]。该微注射器由电场控制，以触发将可控体积的试剂注入每个微滴中，其注射量是通过调整微滴速度和注射压力来精确控制的，选择性注入是通过以千赫频率开关电场来实现的。

通道内的微滴融合是另一种有吸引力的方法，将不同的试剂融合到一个单独的微滴中以启动或终止封闭的反应。微滴融合的过程中，由于系统中对流体的引入，使得其混合速度比单纯依靠扩散融合要快很多[41]。通过使两个或更多个无表面活性剂的微滴接触来容易地实现通道内微滴融合。已经开发了被动和主动方法来控制微滴融合。对于被动融合器件，通常利用通道中特别设计的融合元件启动微滴聚结。例如，Bremond 等人在通道网络中加入了一个扩展聚结室，在这个聚结室中，两个微滴接近并合并在一起，然后进入一个狭窄的通道[42]。Fidalgo 等人提出了一种基于微流体通道内的表面能模式的微滴融合方法，其中分段的流体被破坏并且微滴被捕获并融合在一起[43]。在这种情况下，可以通过改变通道和模式尺寸以及流体流量来实现对微滴融合的完全控制。这种表面诱导的微滴融合方法使得包含不同试剂的多个微滴得以合并，以形成一个大微滴。然而，这种方法可能会造成微滴之间模式化表面的交叉污染。Niu 等人开发了一种支柱诱导的微滴融合装置，其中在通道网络中构建了成排的诱导柱作为被动融合的元件或工作室[44]。诱导柱阵列捕获微滴并通过柱之间的孔隙排出载体油相。首先被捕获的微滴被悬浮，随后捕获的微滴与其合并，直到合成微滴内的液压力超过其表面张力为止。合并过程取决于微滴的大小，可以合并的微滴的数量依赖于微滴和合并室之间的质量流量和体积比。

可以外部和选择性控制的主动融合方法也已经开发出来，它们使用诸如电场[45-48]和激光脉冲[49]来触发融合。为了有效地进行主动微滴融合，微滴同步是融合的关键因素，因为良好的融合效率依赖于微滴的非常接近[50]。目前，经常被采用的一种特殊设计是将微滴同步到两个平行的通道中，然后在下游合并成一个通道，以实现微滴的融合[34,42,51]。但是，这个系统可能潜在地受到一些因素的干扰，如通道流量和背压等，可能会降低融合效率。最近，Jambovane 等人使用基于阀门的多试剂微滴生成，以执行受控反应，在微滴阵列之间建立化学梯度[52]。首先在阀门控制的侧通道生成微滴，然后当它们通过下游相似的侧通道时，不同的试剂被添加到微滴中。

我们最近开发的一种有效的试剂组合方法使用了两个集成在双 T 形交叉口的气动阀门，如图 1.3a 所示。试剂通过不同的侧通道导入，每个通道由一个单独的阀门控制，阀门的同时打开导致含有两种试剂的水性栓塞的产生。阀门一旦启动，两个侧通道之间的油迅速被试剂置换，两股水性液流碰撞并结合在一起。由于所施加的压力的作用、阀门的快速开启，以及两个侧通道之间的偏移，在此没有观察到样本的交叉污染。由于两股融合水性液流内部压力的均衡，产生了融合扩散和对流，从而使两种液体混合在一起。由于微滴体积与阀门开启时间之间存在着线性依赖关系，分别应用于两种水性液流的两个相互独立的阀门提供了高精度的微滴成分控制。图 1.3b 所示为通过控制这两个阀的操作而产生的六个微滴的阵列，其中每个微滴均含有不同比例的两种有色染料。这种控制对于反应的优化或筛选以及研究反应动力学都是有用的。

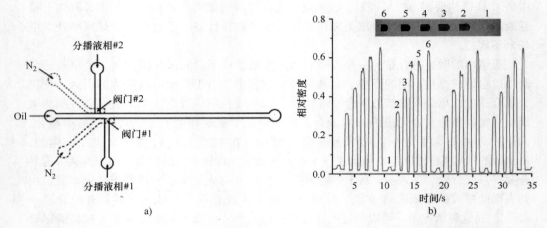

图 1.3　a）微滴生成、融合及混合设备部件原理示意图　b）一个由含有不同有色染料
体积比例成分的六个微滴所组成的微滴阵列的相对密度

## 1.2.3　微滴的培养

诸如酶促反应的许多生物测定具有相对缓慢的动力学特性，为了获得高效的反应通常要求将微滴培养数分钟至数小时的时间。同样地，涉及细胞培养或蛋白质表达的研究也需要延长培养时间。一个简捷的微滴培养方法是简单地增加微滴产生位置后续的通道长度[53,54]，但如此会立即带来背压增加和微滴形成终止的问题。Frenz 等人在微滴生成位置之后采用了一个更深和更宽的延迟线，使得微滴中的反应从 1min 增加到 1h 以上[21]。同样地，Kennedy 等人通过在微滴发生装置上连接毛细管或特氟隆（Teflon）管，使得样本柱塞的收集和存储达到 1～3h[55]。对于更长时间的在线孵育，微滴可以贮存在水槽、捕集器，或者是 Dropspots 阵列中。例如，Courtois 等人制造了一个大型水槽，用于长达 20h 的微滴存储，以研究微滴中小分子的保留情况[23]。Huebner 等人设计了一个微滴捕集阵列，以更长时间地存储和培养皮升大小的微滴，去研究封装的细胞和酶促反应[25]。Weitz 等人介绍了一个 Dropspots 设备，固定和存储成千上万的单个微滴在一个圆形的阵列中，达到 15h 以上的培养期[56]。当使用适当的表面活性剂来稳定微滴时，微滴也可以进行几分钟到几天时间的离片培养[57,58]。培养后的微滴可以再注入微流体装置进行进一步的处理和检测。

## 1.2.4　微滴的读出策略

迄今为止，由于具有实时、高灵敏度的测量能力，微滴内荧光检测仍然是分析用最广泛的使用方法，以检测微滴的成分。荧光检测技术已经实施，以研究微滴内的酶动力学特性[11,59,60]，表征封装的单个细胞的行为[12,27]，检测聚合酶链反应 PCR 产物[61,62]，以及研究生物样品之间的相互作用[63]。荧光检测非常适合快速、灵敏地检测少量的不同物质种类。对于大量分析物需要检测和鉴定（例如蛋白质组学和代谢组学）以及不希望荧光标记的情况下，需要替代的测量策略。

最近，已经使用微滴内拉曼光谱来检测和分析微滴成分[64,65]，这是一种具有高分子选择性的非破坏性和免标记检测方法，可以实时追踪微滴，提供微滴的基本特性和内部化学成分，包括微滴尺寸、封装物种类、结构和浓度。由于对拉曼信号强度的增强，表面增强拉曼光谱（Surface-enhanced Raman Spectroscopy，SERS）可以提供更高灵敏度和可重复性的微滴定量分析[66]。电化学检测是一种廉价且免标签的检测方法，用于收集微滴的物理和化学特性信息，并可以监测微滴的产生，测量微滴的大小、产生频率和速度[67]。在微滴内反应含有电化学活性反应物或产物时，它可以提供内部化学信息[68]。电化学测量的另一个优点是其与替代芯片材料的兼容性，包括那些在诸如荧光检测的传统光学探测策略中难以实施的不透明基板。核磁共振（Nuclear Magnetic Resonance，NMR）也被用于微滴或分段流的分析。Karger 等人开发了用于二甲基亚砜样本高通量分析的微线圈核磁共振探头[69]。

虽然较早的检测策略可以在 in situ 使用，但其他检测策略需要将组成物从微滴中取出，以用于随后的分析。一旦被提取到水性流中，则微滴的成分可以使用更多信息丰富的技术来分析，包括 LC、CE 和 MS。MS 是一种特别有吸引力的技术，用于深入的、免标记的生物分析，因为它能够在给定的分析中识别数百或更多的独特物种，并提供它们的结构信息[70]。在接下来的内容里，我们将详细介绍用于微滴提取和后续分析的方法。

Ismagilov 等人使用微流体系统来筛选和优化微滴内的有机反应条件，这些条件通过基质辅助激光解吸电离质谱检测（Matrix-assisted Laser Desorption Ionization Mass Spectrometry，MALDI-MS）[71]。经过培养的反应塞被沉积到用于基质辅助激光解吸电离质谱检测 MALDI-MS 的样品板上以进行分析。Kennedy 等人将纳升的样品塞直接泵入质谱仪中，通过金属涂覆的纳米毛细管喷雾发射器将分析物与发射器载体本体分离以进行分析[72,73]。靠近发射器喷嘴的地方设置了一个特氟隆管以虹吸作用清除沉积在喷嘴处的油物，这可以稳定地保持电喷雾的流速高达 2000nL/min。尽管如此，通常还需要从油相中提取水性微滴进行进一步分离或在线 MS 分析，以避免来自油质谱的峰值带来的质谱污染，并维持电喷雾泰勒锥工作在最有效的锥喷射操作模式。

Edgar 等人率先报道了将水性微滴内容物提取到用于 CE 分离的通道中[74]，1fmol 体积的水性微滴被直接递送到分离通道中并与水相融合，以进行 CE 分离。Niu 等人采用了类似的方法来注入微滴，在此 LC 洗提液被分离到一个 CE 通道，以同时获得在时间和空间的 2D 综合分离[75]。在接口处构造了柱体阵列以提前排空载体油相，从而将样品加载到分离通道中。以上这两种情况下，要保持一个鲁棒的分离都是非常困难的，因为分段流是垂直于 CE 分离通道的。

Kennedy 等人利用表面改性方法在微通道中两个不混溶相之间的接合处形成稳定的界面[76-78]。他们选择性地对分段流通道中的玻璃表面进行图案化疏水处理，以稳定油水界面，并促进微滴提取。但在某些情况下，由于虚拟墙的存在，每个微滴只有一部分被提取，因而也存在着不可重现性和信息的丢失，故不适合用于定量分析[76]。Fang 及其同事采用了类似的表面改性技术来获得一个亲水的舌基微滴提取界面，该方法可通过调节废液池液位高度来控制微滴的提取[79]，所提取的微滴内容物通过一个集成的电喷雾离子化 ESI 发射器，进而由 MS 检测。最近，Filla 等人采用电晕处理使一部分聚二甲基硅氧烷（Polydimethylsiloxane，PDMS）芯片亲水化，以建立分离界面[80]，当分段流与该界面相遇时，水性微滴就被传送到亲水通道中，进而使得微滴的内容物通过电化学检测手段进行电化学或基于微芯片电泳的分析。

Huck 等人采用电凝聚来控制微滴的提取[81,82]。分段流和连续水性流在一个矩形腔室处汇合，并在不相溶的相液之间形成了一个分界面，施加在腔室上的脉冲电场强制微滴与连续的水性流合并，从而将微滴内容物输送到毛细管发射器进行 ESI- MS 检测[82]。这种微滴提取方法需要仔细调整两个不相溶相的流量，以保持提取腔室的界面稳定苹，并避免水性流和油流的交叉污染。此外，微滴内容物的严重稀释还会导致较高的检测限制（约 $500\mu M^{\ominus}$ 缓激肽）。Lin 等人采用一种基于电子的方法，在稳定的油-水界面上控制微滴的破碎和分离[83]。在这种情况下，一个报道的问题是难以实现高效率的完全分离，这也限制了其与定量分析的兼容性。

Kelly 等人发明了一种微滴分离接口，它由一系列圆柱形柱子构成，以将分段流动通道和连续水相通道分开[84]。当水性流和载体油相的流动速率得到很好的控制，以平衡连接处的压力时，会形成一个仅基于界面张力的稳定的油- 水界面，以防止两个不相溶流的批量交叉。微滴可以通过这些孔隙传送到连续水性流中，并最终被 ESI- MS 检测到，在这个过程中微滴几乎没有被稀释，并且能够达到纳摩级的检测极限。

如前所述，此前提出的微滴提取方法和技术大多数都需要调整两个不相溶液体流的流量来稳定液流界面并提取完整的微滴。如果能在不依赖于流量的情况下完成有效和完整的微滴提取将是非常理想的，这将为设备操作提供更多的灵活性。最近，已经开发了一个用于可靠和高效微滴提取的强大接口，它是集成在一个基于微滴的 PDMS 微流体装配平台的。微滴提取接口由一列圆柱形柱子组成，如图 1.4a 所示，与之前所报道的一样[84]，但是其水性流微通道表面是通过电晕放电选择性地处理成亲水的。接口处不同的表面能量组合以及小的流通量孔（约 $3\mu m \times 25\mu m$）使得一个非常稳定的液体界面在两个不相溶流之间建立起来，并且是在一个较宽范围的水性流和油流流量上的。所有的水性微滴被完整地转移到水性流中，如图 1.4b 所示，并且随后在单片集成的纳米 ESI 发射体上被电离后得以进行 MS 检测。

---

⊖ 微摩，即 $\mu mol$，下同。

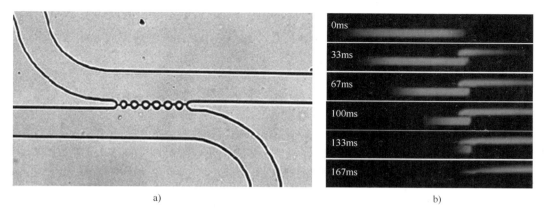

图 1.4　a）装置的微滴提取区域的照片。水和油分别通过顶部和底部通道，并且在圆柱之间
可以看到两种液体的分界面　b）描述提取单个荧光素微滴的显微照片序列，
两个通道的流量均为 400nL/min

## 1.3　基于微滴的微流体的前景

如前所述，基于微滴的微流体已被应用于广泛的分析领域，而且得益于其独特的
优势，其使用无疑将会增长。下面，我们将概述几个有希望的应用，这些应用是利用
平台优势的。

### 1.3.1　基于 LC/MS 的蛋白质组增强分析

基于 MS 的蛋白质组学研究对于生物标记物的发现，药物靶标的识别以及基础生物
学研究都是至关重要的。在典型的自下而上的蛋白质组学工作流程[85]中，蛋白质是从
样品中提取的，并经过纯化、酶消化成肽，肽随后通过 LC 分离、ESI 电离，从而进行
MS 识别。然后将这些识别出来的肽根据基因组信息与它们所对应的蛋白质进行匹配。
相应地，对于自上而下的蛋白质组学[86]，完整的蛋白质直接由 MS 分离和鉴定，能够
潜在提供更完整的序列信息和表征翻译后修饰的能力。然而，目前完整蛋白质的 MS 鉴
定面对的诸多挑战性和低吞吐率问题，限制了这种自上而下方法的广泛使用。

由于自上而下和自下而上的蛋白质组学方法各自具有独特和互补的优势，因此，
通过单次分析同时能够获得完整的蛋白质信息和肽级信息的方法将是特别有吸引力的。
我们提出，这样的方法可以通过将分离的蛋白质从液相色谱柱中洗脱出来时封装到微
滴来实现，从而保留时间信息和分离分辨率，以便实现进一步的处理。例如，使用我
们的微滴按需和微滴合并技术，可以将洗脱蛋白封装在微滴中，并选择性地将消化试
剂添加到相隔的微滴中。微滴随后可以在延迟线中培养，以允许其在提取和电离之前
有足够的反应时间。这样做的结果将是含有未反应蛋白质的每个微滴之后是含有消化
肽的微滴，从而使得常规自下而上的 MS 识别将与完整分子质量鉴定相互补。

为了实现这个目标，我们已经开始将蛋白质与蛋白酶结合在微滴中以评估消化所

需要的条件。该平台整合了我们的集成微滴按需接口，可实现受控的微滴内反应，在油液流中的培养，从水性液流中的提取，以及用于 MS 分析的在集成纳米 ESI 发射器上对微滴内容物进行离子化[87]，如图 1.5 和图 1.6 所示。这种集成的微流体技术平台已成功用于将肌红蛋白和胃蛋白酶从分离的水性流中合成为微滴，以执行快速微滴内消化，这些消解也已经在微滴提取后通过纳米 ESI-MS 在线检测和识别，如图 1.7 所示。在给定一个较短的培养时间（18s）的情况下，消化并未完全完成，使得完整蛋白质的峰在质谱图中仍然很明显，但许多肽也基于其 $m/z$ 比值被明确地识别出来，见表 1.1。我们预测，通过简单地延长培养时间，将显著提高消化效率，并使该平台的应用能够将实现合成的自上而下、自下而上的蛋白质组学分析。

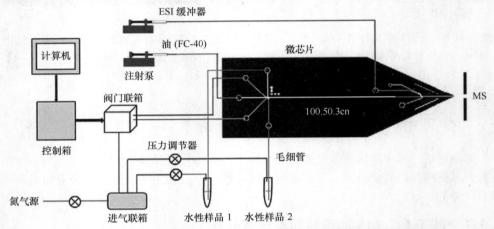

图 1.5　用于微滴生成、融合、混合、提取和质谱检测的实验装置原理图

**表 1.1　肌红蛋白序列以及图 1.7b 示出的微滴内消化的肌红蛋白所识别出的肽片段序列**

GLSDGEWQQVLNVWGKVEADIAGHGQEVLIRLFTGHPETLEKFDKFKHLKTEAEMKASEDLKKHGTGHHEAELKP
LAQSHATKHKIPIKYLEFISDAIIHVLHSKHPGDFGADA QGAMTKALELFR NDIAAKYKELGFQG
（肌红蛋白序列）

| $m/z$ | 质量 | $z$ | 位置 | 序列 |
|---|---|---|---|---|
| 620. 05 | 1856. 0 | 3 + | 138 ~ 153 | FRNDIAAKYKELGFQG |
| 690. 08 | 4133. 9 | 6 + | 70 ~ 106 | TALGGILKKKGHHEAELKPLAQSHATKHKIPIKYLEF |
| 827. 81 | | 5 + | | |
| 665. 77 | 4653. 4 | 7 + | 30 ~ 69 | IRLFTGHPETLEKFDKFKHLKTEAEMKASEDLKKHGTVVL |
| 776. 60 | | 6 + | | |
| 931. 54 | | 5 + | | |
| 682. 12 | 4767. 5 | 7 + | 110 ~ 153 | AIIHVLHSKHPGDFGADAQGAMTKALE |
| 795. 60 | | 6 + | | LFRNDIAAKYKELGFQG |
| 954. 53 | | 5 + | | |
| 727. 21 | 5082. 8 | 7 + | 107 ~ 153 | ISDAIIHVLHSKHPGDFGADAQGAMTK |
| 848. 27 | | 6 + | | ALELFRNDIAAKYKELGFQG |
| 1017. 56 | | 5 + | | |
| 1046. 27 | 3133. 6 | 3 + | 1 ~ 29 | GLSDGEWQQVLNVWGKVEADIAGHGQEVL |

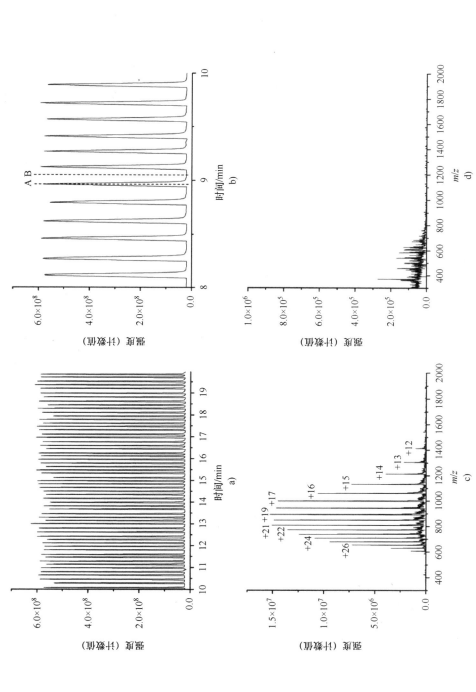

图 1.6　a）提取的 1μg/μL 肌红蛋白微滴的质谱检测，油油相流速为 100nL/min，ESI 缓冲器液流速为 400nL/min，微滴生成频率为 0.1Hz　b）提取肌红蛋白微滴质谱检测的详细视图　c）从图 1.6b 中的 A 所示的峰值和基线表获得的质谱　d）从图 1.6b 中的 B 所示的峰值和基线表获得的质谱

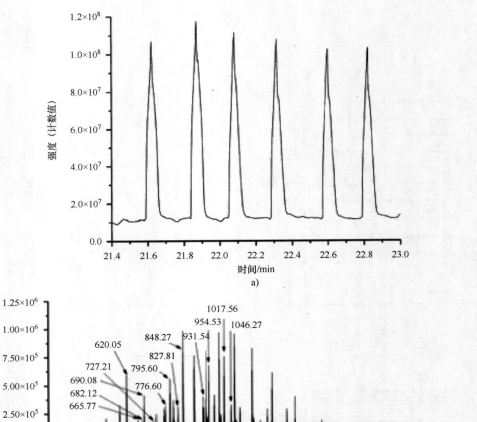

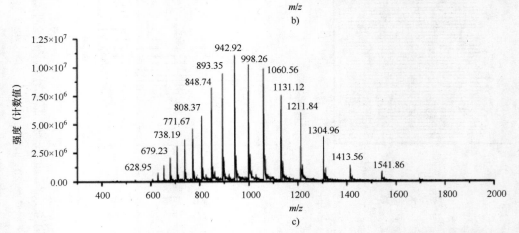

图 1.7　a）含有 0.1% 甲酸（pH 值约为 3）的水中混合了 1μg/μL 肌红蛋白与 1μg/μL 胃蛋白酶的
融合微滴的质谱 MS 检测，油和电喷雾离子化 ESI 缓冲器的流量分别为 0.1μL/min 和 0.4μL/min
b）融合微滴的质谱　c）融合 1μg/μL 肌红蛋白的质谱

## 1.3.2  单细胞化学分析

生化测量的灵敏度限制通常要求需要包含细胞群的大的检测样本，这些测量的平均结果掩盖了重要的细胞之间的差异信息。在单细胞水平进行的直接化学分析则可以更好地理解目前仍然模糊不清的异质性。用于蛋白质组学和代谢组学研究的 MS 仪器的灵敏度已经提高到了一个新的高度，从而使得当今的这种单细胞测量变得可行。例如，虽然在大气压下产生的离子到质谱仪高真空区域的低效离子化和传输在早先是禁止的，但通过近期的改进已经产生了联合效率，在某些情况下超过 50%[88]。事实上，从仅含有 50pg 蛋白质的样品中可以鉴定出约 50 种蛋白质[89]，这与普通真核细胞中含有的蛋白质一样多[90]。即使如此，尽管具有足够的分析灵敏度，现有的样品制备方法（包括手动移液和多反应容器）与单细胞仍然是不兼容的，这也是基于微滴的微流体应该能够满足需求的另一个领域。尽管之前已将微滴用于单细胞的封装，并且细胞也会在微滴内消融，在微滴周围有油防止微滴内容物进一步稀释，但结合用于试剂混合和微滴与超灵敏 MS 相兼容的方法，使用这些封装和融合技术，可以比以前更深入地研究单个细胞的蛋白质组和代谢组。

## 1.4  结论

基于微滴的微流体技术已经实质性地发展成为一项技术，可能会在不断发展的生物分析领域发挥更大的主体作用。该技术不仅可以消耗更少量的试剂和样品，而且可以使得数千个反应和筛选实验在不同的微滴内同时进行。除此之外，也许更重要的是，基于微滴的微流体技术是帮助我们理解一些基础的生物学问题的有希望的工具，例如在封闭和拥挤环境中的酶促反应，蛋白质与蛋白质或蛋白质与配体的相互作用，生物系统中的界面功能以及单细胞蛋白质组学和代谢组学。目前，已经有很多操作单元得到很好的开发以应用于基于微滴的微流体技术，包括微滴生成、融合和培养。其他诸如用于内容物后续分析的微滴提取技术也已经于最近被开发出来，并承诺为该平台增加多功能性。尽管多种功能的稳健整合以创建真正的片上实验室仍然是一项挑战，但微滴对于样品受限生物分析的独特优势无疑会促进其进一步的发展，并且预计在未来的几年，在这种技术基础上的应用数量将会显著增长。

## 参 考 文 献

1. Song, H., D.L. Chen, and R.F. Ismagilov, Reactions in droplets in microfluidic channels. *Angew. Chem. Int. Ed.*, 2006. **45**: 7336–7356.
2. Huebner, A. et al., Microdroplets: A sea of applications? *Lab Chip*, 2008. **8**: 1244–1254.
3. Teh, S.-Y. et al., Droplet microfluidics. *Lab Chip*, 2008. **8**: 198–220.
4. Chiu, D.T., R.M. Lorenz, and G.D.M. Jeffries, Droplets for ultrasmall-volume analysis. *Anal. Chem.*, 2009. **81**: 5111–5118.
5. Chiu, D.T. and R.M. Lorenz, Chemistry and biology in femtoliter and picoliter volume droplets. *Acc. Chem. Res.*, 2009. **42**(5): 649–658.

6. Theberge, A.B. et al., Microdroplets in microfluidics: An evolving platform for discoveries in chemistry and biology. *Angew. Chem. Int. Ed.*, 2010. **49**(34): 5846–5868.

7. Yang, C.-G., Z.-R. Xu, and J.-H. Wang, Manipulation of droplets in microfluidic systems. *Trends Anal. Chem.*, 2010. **29**: 141–157.

8. Kintses, B. et al., Microfluidic droplets: New integrated workflows for biological experiments. *Curr. Opin. Chem. Biol.*, 2010. **14**: 548–555.

9. Casadevall i Solvas, X. and A.J. deMello, Droplet microfluidics: Recent developments and future applications. *Chem. Commun.*, 2011. **47**: 1936–1942.

10. Roach, L.S., H. Song, and R.F. Ismagilov, Controlling nonspecific protein adsorption in a plug-based microfluidic system by controlling interfacial chemistry using fluorous-phase surfactants. *Anal. Chem.*, 2005. **77**: 785–796.

11. Song, H. and R.F. Ismagilov, Millisecond kinetics on a microfluidic chip using nanoliters of reagents. *J. Am. Chem. Soc.*, 2003. **125**: 14613–14619.

12. Huebner, A. et al., Quantitative detection of protein expression in single cells using droplet microfluidics. *Chem. Commun.*, 2007. **12**: 1218–1220.

13. Aebersold, R. and M. Mann, Mass spectrometry-based proteomics. *Nature*, 2003. **422**(6928): 198–207.

14. Thorsen, T. et al., Dynamic pattern formation in a vesicle-generating microfluidic device. *Phys. Rev. Lett.*, 2001. **86**: 4162–4166.

15. Garstecki, P. et al., Formation of droplets and bubbles in a microfluidic T-junction-scaling and mechanism of break-up. *Lab Chip*, 2006. **6**: 437–446.

16. Anna, S.L., N. Bontoux, and H.A. Stone, Formation of dispersions using "flow focusing" in microchannels. *Appl. Phys. Lett.*, 2003. **82**: 364–366.

17. Ward, T. et al., Microfluidic flow focusing: Drop size and scaling in pressure versus flow rate driven pumping. *Electrophoresis*, 2005. **26**: 3716–3724.

18. Baroud, C.N., F. Gallaire, and R. Dangla, Dynamics of microfluidic droplets. *Lab Chip*, 2010. **10**(16): 2032–2045.

19. Gu, H., M.H.G. Duits, and F. Mugele, Droplets formation and merging in two-phase flow microfluidics. *Int. J. Mol. Sci.*, 2011. **12**(4): 2572–2597.

20. Song, H. et al., Experimental test of scaling of mixing by chaotic advection in droplets moving through microfluidic channels. *Appl. Phys. Lett.*, 2003. **83**: 4664–4666.

21. Frenz, L. et al., Reliable microfluidic on-chip incubation of droplets in delay lines. *Lab Chip*, 2009. **9**: 1344–1348.

22. Courtois, F. et al., An integrated device for monitoring time-dependent *in vitro* expression from single genes in picolitre droplets. *ChemBioChem*, 2008. **9**: 439–446.

23. Courtois, F. et al., Controlling the retention of small molecules in emulsion microdroplets for use in cell-based assays. *Anal. Chem.*, 2009. **81**: 3008–3016.

24. Shi, W. et al., Droplet-based microfluidic system for individual *Caenorhabditis elegans* assay. *Lab Chip*, 2008. **8**: 1432–1435.

25. Huebner, A. et al., Static microdroplet arrays; a microfluidic device for droplet trapping, incubation and release for enzymatic and cell-based assays. *Lab Chip*, 2009. **9**: 692–698.

26. Schaerli, Y. et al., Continuous flow polymerase chain reaction of single copy DNA in microfluidic micro-droplets. *Anal. Chem.*, 2009. **81**: 302–306.

27. He, M. et al., Selective encapsulation of single cells and subcellular organelles into picoliter- and femto-liter-volume droplets. *Anal. Chem.*, 2005. **77**: 1539–1544.

28. Lau, B.T.C. et al., A complete microfluidic screening platform for rational protein crystallization. *J. Am. Chem. Soc.*, 2007. **129**: 454–455.

29. Yobas, L. et al., High performance flow focusing geometry for spontaneous generation of monodispersed droplets. *Lab Chip*, 2006. **6**: 1073–1079.

30. He, M., J.S. Kuo, and D.T. Chiu, Electro-generation of single femtoliter- and picoliter-volume aqueous droplets in microfluidic systems. *Appl. Phys. Lett.*, 2005. **87**: 031916.

31. Park, S.-Y. et al., High-speed droplet generation on demand driven by pulse laser-induced cavitation. *Lab Chip*, 2011. **11**: 1010–1012.

32. Bransky, A. et al., A microfluidic droplet generator based on a piezoelectric actuator. *Lab Chip*, 2009. **9**: 516–520.

33. Galas, J.C., D. Bartolo, and V. Studer, Active connectors for microfluidic drops on demand. *New J. Phys.*, 2009. **11**: 075027.

34. Zeng, S. et al., Microvalve-actuated precise control of individual droplets in microfluidic devices. *Lab Chip*, 2009. **9**: 1340–1343.

35. Choi, J.-H. et al., Designed pneumatic valve actuators for controlled droplet breakup and generation. *Lab Chip*, 2010. **10**: 456–461.

36. Abate, A.R. et al., Valve-based flow focusing for drop formation. *Appl. Phys. Lett.*, 2009. **94**: 023503.

37. Song, H., J.D. Tice, and R.F. Ismagilov, A microfluidic system for controlling reaction networks in time. *Angew. Chem. Int. Ed.*, 2003. **42**: 768–772.

38. Zheng, B., L.S. Roach, and R.F. Ismagilov, Screening of protein crystallization conditions on a microfluidic chip using nanoliter size droplets. *J. Am. Chem. Soc.*, 2003. **125**: 11170–11171.

39. Huebner, A. et al., Development of quantitative cell-based enzyme assays in microdroplets. *Anal. Chem.*, 2008. **80**: 3890–3896.

40. Abate, A.R. et al., High throughput injection with microfluidics using picoinjectors. *Proc. Natl. Acad. Sci. U S A*, 2010. **107**: 19163–19166.

41. Rhee, M. and M.A. Burns, Drop mixing in a microchannel for lab on a chip platforms. *Langmuir*, 2008. **24**: 590–601.

42. Bremond, N., A.R. Thiam, and J. Bibette, Decompressing emulsion droplets favors coalescence. *Phys. Rev. Lett.*, 2008. **100**: 024501.

43. Fidalgo, L.M., C. Abell, and W.T.S. Huck, Surface-induced droplet fusion in microfluidic devices. *Lab Chip*, 2007. **7**: 984–986.

44. Niu, X. et al., Pillar-induced droplet merging in microfluidic circuits. *Lab Chip*, 2008. **8**: 1837–1841.

45. Priest, C., S. Herminghaus, and R. Seemann, Controlled electrocoalescence in microfluidics: Targeting a single lamella. *Appl. Phys. Lett.*, 2006. **89**: 134101.

46. Link, D.R. et al., Electric control of droplets in microfluidic devices. *Angew. Chem. Int. Ed.*, 2006. **45**: 2556–2560.

47. Zagnoni, M. and J.M. Cooper, On-chip electrocoalescence of microdroplets as a function of voltage, frequency and droplet size. *Lab Chip*, 2009. **9**: 2652–2658.

48. Niu, X. et al., Electro-coalescence of digitally controlled droplets. *Anal. Chem.*, 2009. **81**: 7321–7325.

49. Baroud, C.N., M.R. de Saint Vincent, and J.-P. Delville, An optical toolbox for total control of droplet microfluidics. *Lab Chip*, 2007. **7**: 1029–1033.

50. Thiam, A.R., N. Bremond, and J. Bibette, Breaking of an emulsion under an ac electric field. *Phys. Rev. Lett.*, 2009. **102**: 188304.

51. Frenz, L. et al., Microfluidic production of droplet pairs. *Langmuir*, 2008. **24**: 12073–12076.

52. Jambovane, S. et al., Creation of stepwise concentration gradient in picoliter droplets for parallel reactions of matrix metalloproteinase II and IX. *Anal. Chem.*, 2011. **83**: 3358–3364.

53. Agresti, J.J. et al., Ultrahigh throughput screening in drop based microfluidics for directed evolution. *Proc. Natl. Acad. Sci. U S A*, 2010. **107**: 4004–4009.

54. Brouzes, E. et al., Droplet microfluidic technology for single-cell high throughput screening. *Proc. Natl. Acad. Sci. U S A*, 2009. **106**: 14195–14200.

55. Slaney, T.R. et al., Push-pull perfusion sampling with segmented flow for high temporal and spatial resolution *in vivo* chemical monitoring. *Anal. Chem.*, 2011. **83**: 5207–5213.

56. Schmitz, C.H.J. et al., Dropspots: A picoliter array in a microfluidic device. *Lab Chip*, 2009. **9**: 44–49.

57. Mazutis, L. et al., Multi-step microfluidic droplet processing: Kinetic analysis of an *in vitro* translated enzyme. *Lab Chip*, 2009. **9**: 2902–2908.

58. Clausell-Tormos, J. et al., Droplet based microfluidic platforms for the encapsulation and screening of mammalian cells and multicellular organisms. *Chem. Biol.*, 2008. **15**: 427–437.

59. Damean, N. et al., Simultaneous measurements of reactions in microdroplets filled by concentration gradients. *Lab Chip*, 2009. **9**: 1707–1713.

60. Bui, M.P.N. et al., Enzyme kinetic measurements using a droplet based microfluidic system with a concentration gradient. *Anal. Chem.*, 2011. **83**: 1603–1608.

61. Beer, N.R. et al., On chip, real time, single copy polymerase chain reaction in picoliter droplets. *Anal. Chem.*, 2007. **79**: 8471–8475.

62. Beer, N.R. et al., On chip single copy real time reverse transcription PCR in isolated picoliter droplets. *Anal. Chem.*, 2008. **80**: 1854–1858.

63. Srisa-Art, M. et al., Monitoring of real time streptavidin biotin binding kinetics using droplet microfluidics. *Anal. Chem.*, 2008. **80**: 7063–7067.

64. Marz, A. et al., Droplet formation via flow through microdevices in Raman an surface enhanced Raman spectroscopy-concepts and applications. *Lab Chip*, 2011. **11**: 3584–3592.

65. Cristobal, G. et al., On line laser Raman spectroscopic probing of droplets engineered in microfluidic devices. *Lab Chip*, 2006. **6**: 1140–1146.

66. Strehle, K.R. et al., A reproducible surface enhanced Raman spectroscopy approach. Online SERS measurements in a segmented microfluidic system. *Anal. Chem.*, 2007. **79**: 1542–1547.

67. Liu, S. et al., The electrochemical detection of droplets in microfluidic devices. *Lab Chip*, 2008. **8**: 1937–1942.

68. Han, Z. et al., Measuring rapid enzymatic kinetics by electrochemical method in droplet based microfluidic devices with pneumatic valves. *Anal. Chem.*, 2009. **81**: 5840–5845.

69. Kautz, R.A., W.K. Goetzinger, and B.L. Karger, High throughput microcoil NMR of compound libraries using zero-dispersion segmented flow analysis. *J. Comb. Chem.*, 2005. **7**: 14–20.

70. Liu, T. et al., Accurate mass measurements in proteomics. *Chem. Rev.*, 2007. **107**(8): 3621–3653.

71. Hatakeyama, T., D.L. Chen, and R.F. Ismagilov, Microgram-scale testing of reaction conditions in solution using nanoliter plugs in microfluidics with detection by MALDI-MS. *J. Am. Chem. Soc.*, 2006. **128**: 2518–2519.

72. Pei, J. et al., Analysis of samples stored as individual plugs in a capillary by electrospray ionization mass spectrometry. *Anal. Chem.*, 2009. **81**: 6558–6561.

73. Li, Q. et al., Fraction collection from capillary liquid chromatography and off-line electrospray ionization mass spectrometry using oil segmented flow. *Anal. Chem.*, 2010. **82**: 5260–5267.

74. Edgar, J.S. et al., Capillary electrophoresis separation in the presence of an immiscible boundary for droplet analysis. *Anal. Chem.*, 2006. **78**(19): 6948–6954.

75. Niu, X.Z. et al., Droplet based compartmentalization of chemically separated components in two dimensional separations. *Chem. Commun.*, 2009. (41): 6159–6161.

76. Roman, G.T. et al., Sampling and electrophoretic analysis of segmented flow streams using virtual walls in a microfluidic device. *Anal. Chem.*, 2008. **80**: 8231–8238.

77. Wang, M. et al., Microfluidic chip for high efficiency electrophoretic analysis of segmented flow from a microdialysis probe and *in vivo* chemical monitoring. *Anal. Chem.*, 2009. **81**: 9072–9078.

78. Pei, J., J. Nie, and R.T. Kennedy, Parallel electrophoretic analysis of segmented samples on chip for high-throughput determination of enzyme activities. *Anal. Chem.*, 2010. **82**: 9261–9267.

79. Zhu, Y. and Q. Fang, Integrated droplet analysis system with electrospray ionization-mass spectrometry using a hydrophilic tongue-based droplet extraction interface. *Anal. Chem.*, 2010. **82**: 8361–8366.

80. Filla, L.A., D.C. Kirkpatrick, and R.S. Martin, Use of a corona discharge to selectively pattern a hydrophilic/hydrophobic interface for integrating segmented flow with microchip electrophoresis and electrochemical detection. *Anal. Chem.*, 2011. **83**: 5996–6003.

81. Fidalgo, L.M. et al., From microdroplets to microfluidics: Selective emulsion separation in microfluidic devices. *Angew. Chem. Int. Ed.*, 2008. **47**: 2042–2045.

82. Fidalgo, L.M. et al., Coupling microdroplet microreactors with mass spectrometry: Reading the contents of single droplets online. *Angew. Chem., Int. Ed.*, 2009. **48**(20): 3665–3668.

83. Zeng, S. et al., Electric control of individual droplet breaking and droplet contents extraction. *Anal. Chem.*, 2011. **83**: 2083–2089.

84. Kelly, R.T. et al., Dilution-free analysis from picoliter droplets by nano-electrospray ionization mass spectrometry. *Angew. Chem. Int. Ed.*, 2009. **48**(37): 6832–6835.

85. Swanson, S.K. and M.P. Washburn, The continuing evolution of shotgun proteomics. *Drug Discov. Today*, 2005. **10**(10): 719–725.

86. Zhou, H. et al., Advancements in top-down proteomics. *Anal. Chem.*, 2012. **84**(2): 720–734.

87. Sun, X. et al., Ultrasensitive nanoelectrospray ionization-mass spectrometry using poly(dimethylsiloxane) microchips with monolithically integrated emitters. *Analyst*, 2010. **135**: 2296–2302.

88. Marginean, I. et al., Achieving 50% ionization efficiency in subambient pressure ionization with nano-electrospray. *Anal. Chem.*, 2010. **82**(22): 9344–9349.

89. Shen, Y. et al., Ultrasensitive proteomics using high-efficiency on-line micro-SPE-NanoLC-NanoESI MS and MS/MS. *Anal. Chem.*, 2004. **76**(1): 144–154.

90. Zhang, Z.R. et al., One-dimensional protein analysis of an HT29 human colon adenocarcinoma cell. *Anal. Chem.*, 2000. **72**(2): 318–322.

# 第 2 章　微流控技术中被动流体控制的裁剪润湿性

Craig Priest

## 2.1　引言

固体表面与微滴、液流和液膜的相互作用发生在各种各样的自然过程中，并且被应用于无数的工业过程和商业设备中。由于这些发生相互作用的表面通常是不均匀、粗糙或结构化的，因而其润湿行为表现出多种不同的特性。在微观尺度上，这些润湿相互作用可能主导作用于液相的其他作用力，使它们成为许多微流控技术应用的中心问题。本章的重点是确定润湿行为的几何和化学的相互作用以及在不混溶流体相遇的微流体系统中对被动控制流体的影响。

在有蒸气或不混溶液体存在的情况下，当液体与固体表面接触时，两种液体对固体表面的竞争会导致一个扩散，另一个退回。该过程的自发性是许多润湿应用中的关键因素，因为只有固体和流体相之间的初始接触才是触发润湿行为所必需的。因为缺少移动部件或活动开关，自流润湿行为在微流体器件中的应用通常被称为是被动的，并且应用于自主的、毛细管驱动的微流体器件中[1-4]。

润湿是一种不平常的现象，润湿性具有关于固体表面的详细信息，是预测润湿行为的先决条件[5-10]。根据表面几何形状、微观或纳米级粗糙度以及化学（均质或非均质）的组合情况的不同，可观察到非常不同的润湿现象，包括超疏水性和超亲水性[11]、润湿迟滞[5,8,9,12-16]（包括所谓的不对称迟滞[17-21]）以及速度的接触角依赖性[22-25]。在微流体装置中发现的小尺度下的工作过程总是会导致较大的表面体积比、压力和速度范围，与平面（开放）表面的润湿相比，这会导致非常不同的润湿行为。即使对于一个具有方形轮廓和宽度 $w = 100\,\mu m$ 的相对较大的微通道来说，其表面体积比（$4w/w^2$）也仅为 $40000 m^{-1}$。这种特性将表面张力（及其引起的润湿性）的重要性提高到了超过那些可能作用于多相流上的自身作用力，例如重力，以上的程度。在多孔固体、粒子床或毛细管中，自发毛细上升对液体重力的克服是这种占主导地位的界面行为的典型例子[26]。虽然通道的表面润湿性只是在装置初始填充液体的时候才产生作用，不会对所有的微流体系统产生影响，但多相微流体技术的扩散以及微芯片自动运行的潜力[1-4]已经将润湿性推到了许多微流体装置设计和运行的前沿。

在本章中，我们从理想和非理想表面、亚稳态润湿行为和润湿动力学几个方面重新审视了表面润湿性的基本原理（见第 2.2 节）。在 2.3 节中给出了修改微通道润湿性的几种方法，为 2.4 节提供了背景（非评论），并在其中专门讨论微流体装置和结构中润湿的几个关键应用，包括润湿控制的自发填充、配流、流动稳定性、相分离以及润湿性在基于微滴（或气泡）的微流体中的作用。

## 2.2 润湿理论

### 2.2.1 热力学平衡

当第二种液体（无论是液体或蒸气）存在时，将一个液体的小滴放置在固体表面上时，液体会在此表面上进行短暂的扩散，直到液体的边界停止为止。液体的最终状态可以是薄膜（完全润湿）或部分润湿的微滴，这取决于所涉及的三个界面所包含的表面张力的相对大小[28]。在重力不存在或不重要的情况下，一个部分润湿的微滴将再固体表面形成一个球形的帽子，其边界就是我们所称作的接触线，三种物相在此汇合，如图 2.1a 所示。在接触线处，通过测量固-液界面与液-气界面之间的夹角，可以得到液滴相测量的特征角，该特征角被称为接触角，并且是润湿性的主要量度。对于在平整、均匀、刚性和化学惰性固体表面（即理想表面）上的简单液体，根据著名的杨氏方程［见式（2.1）］[28]，只有当三个界面的表面张力在固体表面的平面上完全平衡时，接触线才会停止改变。

$$\gamma cos\theta_0 + \gamma_{SL} - \gamma_{SV} = 0 \tag{2.1}$$

式中，$\gamma$、$\gamma_{SL}$ 及 $\gamma_{SV}$ 分别为液-气、固-液以及固-气界面的表面张力；$\theta_0$ 为平衡状态下的接触角。

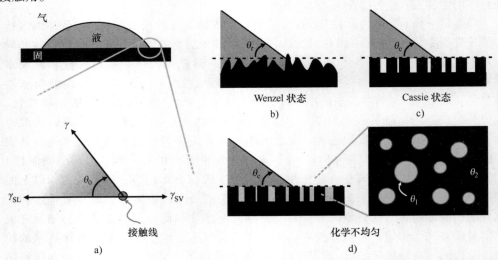

图 2.1　a）停止在处于蒸气中的固体表面的微滴示意图，示出了接触线及作用于其上的界面张力以产生杨氏（平衡）接触角　b）微滴完全润湿粗糙表面的整个表面区域，即微滴处于 Wenzel 状态　c）在表面粗糙的形貌中，微滴及其下方保留有液体环绕的空隙，即微滴处于 Cassie 状态　d）与化学不均匀表面接触的液滴

虽然前面的讨论是基于作用在接触线上的力的平衡的，但杨氏方程还可以通过表面自由能的最小化来导出。

在实践中，微流体通道、微机电装置、多孔介质以及各种自然表面所表现出的特性与理想表面有着显著的差异，而式（2.1）的基础是基于理想表面的。特别是，微流体装置越来越多地从简单的几何形状的传统化学均质通道转移到更复杂的表面设计，以适应特定的微流体应用。这些高功能表面的非理想特性可以通过修正的杨氏方程的推导来解释，该修正的杨氏方程考虑了粗糙度或多个表面的组成。对于一个粗糙表面，其表面积相对于相应投影表面积的增加将会按照一个因子 $r$ 来增强来自于 $\gamma_{SL}$ 和 $\gamma_{SV}$ 的贡献，因子 $r$ 等于实际投影表面积的比率，而不会影响 $\gamma$。由此得到的结果是 Wenzel 方程[7]，它将预测粗糙（但理想）表面上的平衡接触角 $\theta_r$：

$$\gamma\cos\theta_r + r(\gamma_{SL} - \gamma_{SV}) = 0 \tag{2.2}$$

或

$$\cos\theta_r = r\cos\theta_0 \tag{2.3}$$

在热力学平衡状态下，Wenzel 方程预测到粗糙度会增加疏水材料上水的接触角（$\theta_r > \theta_0 > 90°$），并降低亲水材料上的接触角（$\theta_r < \theta_0 < 90°$）。Wenzel 方程假定两个流体相完美地填充粗糙表面的空腔，如图 2.1b 所示，这样第二种液体（蒸气或液体）就不会被捕获在液滴下面，如图 2.1c 所示。这种假设在实践中并不总是可行的，并且可能导致非常不同的行为（如随后的讨论所述）。

对于一个平坦而化学非均质的表面，Cassie 和 Baxter[6] 通过修改杨氏方程来解释存在于不同的固-液和液-气界面的表面张力，并由它们各自的表面积系数来加权，如图 2.1d 所示。对于一个双重组成的固体表面，自由能最小化给出了相应的 Cassie 方程：

$$\gamma\cos\theta_c = \phi_1(\gamma_{S,V} - \gamma_{S,L}) + \phi_2(\gamma_{S,V} - \gamma_{S,L}) \tag{2.4}$$

或

$$\cos\theta_c = \phi_1\cos\theta_1 + \phi_2\cos\theta_2 \tag{2.5}$$

式中，$\theta_c$ 为复合固体表面的平衡接触角；$\phi_1$ 和 $\phi_2$ 分别为组成 1 和组成 2 的面积系数。

这两个固体组成在式（2.4）中被下标 1 和 2 所区分。Cassie 方程已经不同程度成功地应用于大量复合表面[12,13,20,29-36]。最突出的例子也许是在 Lotus leaf 表面[37] 及复合超疏水表面[38] 上观察到的非常高的接触角和低迟滞。在这些情况下，液体停留在固体和蒸气的复合表面上，如图 2.1c 所示。当观察到的接触角大于 150° 时，该表面即被定义为超疏水的，这在很大程度上是由于蒸气组分的贡献，并且微滴在表面上非常容易地移动，即低黏附力和低接触角迟滞。在微流体设备的设计和功能中，接触角迟滞是一个重要但常常被忽略的考虑因素，其原因将在下一节讨论。

## 2.2.2　润湿迟滞

### 2.2.2.1　超越和回退时的接触角

Wenzel 和 Cassie 方程是通过对三物相系统的表面自由能进行最小化得到的，而没有考虑表与面特征规模和设计相关的局部能源障碍。换句话说，这些方程考虑了一个微滴，它可以自由地探索整个能量景观，而不必考虑通向该自由能最小值的路径。当假设的理想固体表面破裂时，就会出现能量壁垒，相应的表面就会是粗糙、不均匀、弹性或反应性的。在实际中，这些能量壁垒可以将接触线局部固定在亚稳态，从而阻止了液滴达到自由能最小值（平衡状态）[5,8-10,39]。其结果是在液体超过表面后观察到的接触角（静态前进接触角）和液体回退后观察到的接触角（静态回退接触角）两者之间存在着明显的差异（并且有时是很大的）。尽管提出了一些解决方法（例如应用机械能来克服牵绊效应[40,41]），但接触角滞后对于润湿测量而言是无处不在的，并且没有可用的方法来可靠地进入平衡接触角。由于这个原因，仅给出一个静态接触角而没有说明微滴是否是表面超越的或是表面回退的，这对于润湿行为的解释是没什么意义的，因此也应该避免。

尽管迟滞也源于表面粗糙度[8,16,17,42-44]和表面异质性[15,18,20,45,46]，但由定义引起的接触角迟滞涉及一个来自于 Wenzel 和 Cassie 方程（及杨氏方程）预测的热力学平衡的偏差。图 2.2 示出了一个微滴的轮廓，以说明在平坦（平面）表面和结构化（柱子）表面上的水超越和水回退的特征[43]。根据 Wenzel 方程，由于在平坦平面上的两个接触角均小于 90°（静态超越和回退接触角分别为 72° 和 59°），因此两个表面上的接触角应该由于粗糙度的存在而减少。但实际上，超越接触角是显著增加的，同时回退接触角由于柱状阵列上接触线的牵绊而变为零。这种行为与 Cassie 和 Wenzel 方程并不一致，与低迟滞下 Cassie 状态润湿的定性期望也不一致。以上这些结果[43]以及 Dorrer 等给出的类似结果[42]显示，该结果从定性上看与 Wenzel 状态下柱状阵列上液体的静止接触线牵绊效应是一致的。

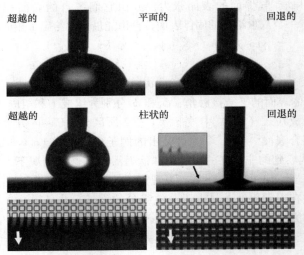

**图 2.2　在平坦（平面）表面和结构化（柱子）表面上的水超越和水回退的特征**
（由于表面特性引起的接触线牵绊，结构化表面的接触角迟滞是非常大的，这是采用润湿方程所无法解释的，其下方示出的为单行柱状静态超越及回退情况下牵绊接触线的光学显微照片）
（Reprinted with permission from Forsberg，P. S. H.，Priest，C.，Brinkmann，M.，Sedev，R.，and Ralston，J.，Contact line pinning on microstructured surfaces for liquids in the Wenzel state，*Langmuir*，26，860. Copyright 2010 American Chemical Society）

　　然而，这种非理想状态下的行为并没有限制这些方程在实际系统的应用。使用方程（2.3）和方程（2.5）中的静态超越或回退接触角来估计在粗糙或不均匀表面上观察到的润湿性是常见的做法，尽管这不是严格正确的。虽然这是一个有用的方法，但应该记住的是，粗糙或不均匀的程度与这些方程所产生的偏差的大小也是相应的，并且后者还没有一个定量的模型。除此之外，这些偏差甚至可能与这些方程所预测的定性趋势相反。在许多情况下，这种非 Cassie 和非 Wenzel 行为在包含有微流体的应用中具有重大的开发潜力。

### 2.2.2.2　迟滞行为的量化

　　自 Pease 在化学非均质表面解释了从平衡状态出发的偏离以来，研究人员一直在致力于研究湿润滞后的详细理解[39]。这项早期工作发现了与接触线的超越和回退运动有关的表面可润湿区域越来越少的重要性。从本质上来看，Pease 提出了超越的接触线将局部地固定在不易润湿的区域上，这将提高观察到的静态超越接触角。在易润湿区域上对回退接触线的牵绊，使得观察到的静态回退接触角减小。这个概念多年来一直在详细阐述，并且在相关文献中已经进行了长篇辩论[47-49]。尽管如此，Pease 的简单解释在概念上仍然是非常中肯的。在实践中，这种观点要求用线分量（即接触线上的局部表面覆盖率）来替换 Cassie 方程中使用的面积分量，在某些情况下已证明这是有效的近似值[20,36,43,45]。在一个微滴停留在一个圆形区域上这种最简单的情况下，这种方法是直观简单的，因为只需根据接触线位于区域边界内还是外部，决定线分量的取值为 0 或 145。对于含有微观化学异质性的更复杂表面（良好定义的域），在 Cassie 方程中使用线分量可能与实验结果相一致[20,36]。对于那些粗糙和结构化的表面，仍然可以应用与此类似的方法，尽管由于这些系统包含了可能牵绊或不牵绊接触线的 3D 几何体，使其变得更加复杂[17,42-44,50-53]。对于这些情况，理论方法可以更好地了解给定几何或化学非均质性表面上液体的行为，从而给出与弯月形态和接触角迟滞相关的详细信息[42,52,54-60]。一种可免费获得的软件 Surface Evolver[61]能够逐渐地修改弯月面形状，直到三物相系统的界面自由能达到最小化为止。该方法已被证明非常有效地再现复杂固体表面（包括颗粒之间，柱状阵列和通道中）的润湿行为和弯液面形态（包括接触角）[42,52,54-56]。尽管这些技术功能强大，使用实验方法来验证理论预测仍然是明智的，特别是在诸如阶梯边缘的有限曲率[42,43]那样理论模型不能捕获实验系统所有细节的情况下。

## 2.2.3　动态润湿

　　迄今为止讨论的理论仅涉及静态润湿，在此接触线是静止在热力学平衡状态或处于亚稳态的。实际上，在许多润湿行为的应用中，接触线是在以有限的速度运动的，因此，我们还必须了解动态润湿行为。与微流体相关的例子包括通过液-气或液-液界面处产生的拉普拉斯压力进行的毛细管和多孔渗透材料的自发填充（考虑纸微流体[1]和其他毛细管驱动微流体[2-4]）或依靠外部压力用一种流体置换另一种流体。无论哪种情况，根据流体动力学模型或分子动力学模型，其动态接触角 $\theta_d$ 都可以与接触线的速度 $U$ 相关。最完整的流体动力模型的描述是由 Cox 提出的[62]，然而，通过 Voinov[63]进行的简化已被证明是有用的，并且对于小于 $\theta \approx 135°$ 的接触角误差是小于

1%的，见方程（2.6）：

$$\theta_d^3 = \theta_0^3 + \frac{9\mu U}{\gamma}\ln\left(\frac{L}{l}\right) \tag{2.6}$$

方程（2.6）被称为 Cox-Voinov 方程，它包括液体黏度 $\mu$；宏观尺度的长度 $L$ 和一个小尺度的长度 $l$，用它来度量接触线附近无滑移边界条件的例外，如图 2.3a 所示。虽然方程（2.6）考虑了接触线附近的黏性耗散，但分子动力学模型考虑了接触线处的有限分子尺度位移。其中 $K_0$ 和 $\lambda$ 分别是净位移频率（在 $U=0$ 处）和这些分子位移的长度，如图 2.3b 所示[64]。根据这个模型，作为接触线速度的函数的动态接触角的变化由式（2.7）给出：

$$\cos\theta_d = \cos\theta_0 - \frac{2k_B T}{\gamma\lambda^2}\sinh^{-1}\left(\frac{U}{2K_0\lambda}\right) \tag{2.7}$$

式中，$k_B$ 为玻耳兹曼常数；$T$ 为绝对温度。

黏性和分子效应并不是单独起作用的，因此，已经提出了用于动态润湿的组合模型[65,66]。关于动态润湿理论的更全面讨论，读者可参见文献 [67]。

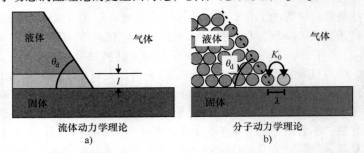

图 2.3　a）流体动力学模型的一个小尺度的长度 $l$，用它来度量接触线附近无滑移边界条件的例外　b）分子动力学模型示出了分子尺度的液体位移，位移长度为 $\lambda$，频率为 $K_0$

在微流体芯片的设计和操作中很少考虑动态润湿，尽管可能产生的后果非常显著。在绝大多数微流体应用中，接触线是可移动的并且是沿着通道行进的（例如液滴的输送[68,69]），也可以是在局部位置的循环（例如在通道连接处液滴的形成[70-73]），或者是快速创建和扩散（例如数字化微流体[74]）。这些微流体系统中的速度取决于润湿性梯度，毛细管压力或外部施加的压差。在由外部压力强迫润湿的情况下，可达到的最大接触线速度是有限的，超过这个极限将发生脱湿相的夹带[75]。尽管这些限制对于涂层技术的成功是重要的[76]，但正如 2.4 节将讨论的那样，它们对高速微流体过程性能的限制作用却很少在文献中考虑。

## 2.3　微通道的润湿性裁剪

对于给定的液体，其润湿行为的调整是通过修改表面粗糙度（即在 Wenzel 方程中的粗糙度因子 $r$）和/或固体-液体的界面张力 $\gamma_{SV}$ 及 $\gamma_{SL}$ 来进行的。涉及修改平面表面以影响润湿行为的文献很多，这些文献涵盖了薄膜沉积（金属或聚合物）、自组装单层（Selfassembled Monolayers，SAM）、气相等离子体处理以及采用先进技术在微米和纳米级精心构建的结构。在此不打算对这些方法进行全面综述，而是强调几种适合改变微通道润湿性的构建方法的例子。更多的关注将置于微等离子体，这是一种新兴的和可能非常强大的通道改性技术。

　　SAM 是自发吸附在表面上的有序分子膜[77]。被吸附的分子通常表现为表面活性剂，通过分子头部基团和表面之间的强相互作用驱动 SAM 形成。简单地改变分子上与流体相接触的最外层（末端）官能团，可以显著改变润湿行为。常见的例子是金基底上的链烷硫醇和二氧化硅上的硅烷[77,78]。SAM 本身也很容易制备，包括将样品浸入 SAM 分子溶液中一段适当的时间。SAM 在平面表面润湿研究中的功效很容易转移到微通道的表面改性上。SAM 的润湿性可以覆盖平面表面的全部可接触接触角，从完全润湿（OH- 或 $CO_2H$ 封端的 SAM，$\theta = 0°$）[80]到非常疏水的表面（$CH_3$- 或 $CF_3$- 封端的 SAM，$\theta \approx 120°$）[80]以及使用混合多组分 SAM 的可调接触角[34]。

　　某些 SAM 和其他薄膜的光敏性使它们成为光引发表面润湿性改性的理想候选者[79,81]。层本身可以被完全或部分去除或替换以产生纹理[79,81]，抑或是它们的构象也可以被诱导以引入一个在润湿性方面的改变[82]。光学透明芯片材料的广泛使用允许封闭微通道的局部改变（即在微芯片密封之后）[83]。在 2.4 节中描述的受控润湿的几个例子即是依赖于光引发的表面改性和相关纹理化技术的。

　　虽然 SAM 和光纹理已被证明能够非常有效地改变微通道的润湿性，但这些方法通常依赖于基于溶液的化学和几个处理步骤，例如冲洗和开发。相比之下，等离子体处理提供了一个干燥（气相）并且通常是单步的替代方案。表面改性是通过将表面暴露于由电场激发而产生的离子化气体来实现的。等离子体含有各种高活性物质，包括离子、光子和自由基，它们既能够进行表面处理（例如氧化），还能够在等离子体中加入单体的地方使聚合物沉积[84-87]。

　　众所周知，等离子体处理被广泛用于制造聚二甲基硅氧烷（Polydimethylsiloxane，PDMS）芯片，其疏水表面在键合之前被氧等离子体激活。在此过程中，由于硅烷醇（Si-OH）表面基团的形成，使得表面变得亲水。然而，在经过一段时间后，聚合物重新变得疏水[88]。虽然报道的微通道表面改性中大多数是均质的，但人们对微流体通道等离子体纹理化的兴趣却在日益增长[89-91]。Dixon 和 Takayama[89]通过偏移定位在入口和出口处的电极来导引等离子体沿着线性 PDMS 通道的一侧形成。处理 5s 后（以高达 50kV 的高电位），产生了一个经处理的（亲水的，50μm 宽）和未处理的（疏水）表面平行区域。就通道几何形状和产生的润湿性纹理而言，这种方法非常有限。在 Klages 等人的早期工作中，通过使用定位在通道一部分的电极来展示通道的局部等离子体纹理[91,92]。在这种情况下，可以产生含有六甲基二硅氧烷的毫米级等离子体，对通道选择性地进行疏水化。最近，Priest 等[90]展示了一个位于嵌入式镓电极（注入电极）之间的深微通道，在此进行了 50μm 宽、100μm 长区域的高度局部氦等离子体处理，如图 2.4 所示。使用这种方法，可以沿疏水聚二甲基硅氧烷 PDMS 通道的长度方向产生规则的亲水区域阵列，如图 2.4c 所示，这是一个 300～800μm 长的通道区域。作者后来表明，该技术在玻璃微通道中也是有效的，此时的表面改性比聚二甲基硅氧烷 PDMS 通道更加稳健[93]。

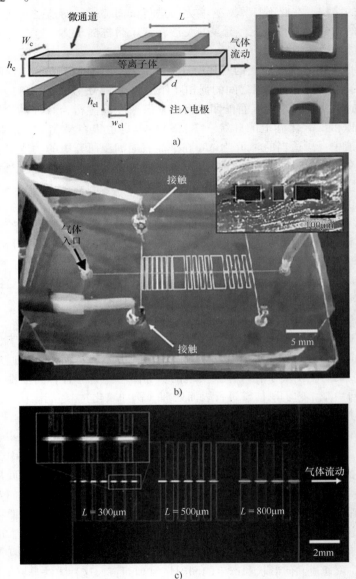

图 2.4　微通道润湿性的等离子体纹理化

a）微通道配置，包括注入镓电极，连同聚二甲基硅氧烷 PDMS 中镓填充电极图像（右图）

b）微芯片的图像，并在插图中显示气体通道的交叉段（中心）和电极通道（左侧和右侧）的横截面

c）等离子体区域长度为 $L$ 的局部氦微等离子体在图中标出，气体微通道宽度为 50μm

（出自 Priest，C.，Gruner，P. J.，Szili，E. J.，Al-Bataineh，S. A.，Bradley，J. W.，Ralston，J.，Steele，D. A.，and Short，R. D.，Microplasma patterning of bonded microchannels using high-precision "injected" electrodes，*Lab Chip*，11，541-544，2011. 获得 The Royal Society of Chemistry 的许可）

　　尽管有许多表面处理方法可供使用，但很少有能力局部地修改已经黏合（封闭）的微流体通道的化学特性和润湿性。这些技术通常依赖于基于溶液的吸附/反应，氧化（例如通过等离子技术），光诱导表面改性和电化学沉积（所提供的电极可以在芯片制造期间制备）。对于专注于已黏合的微通道的表面改性技术的专门讨论，读者可参见本章参考文献 [83]。

　　前面讨论的方法主要是通过改变化学性质来改变表面的润湿性的，而不会明显地改变表面的粗糙度。然而，正如 2.2 节所讨论的那样，对于粗糙或结构化微流体通道，固体表面的物理性状对于所观察到的润湿性的决定作用显得特别重要。微通道中粗糙度的产生和结构化的设计可以使用颗粒沉积，湿法或干法（例如等离子体或激光）蚀刻，聚合物模制/热压花和表面应力来实现。

　　由于方法的简单性，粒子沉积可能是最直接的。如果所选择的粒子对微通道壁具有亲和力，例如静电引力，则粒子可以在微通道中流动和扩散，直到获得足够的表面覆盖率，然后进行漂洗和固化（烘烤）步骤[94]。这样处理的结果是通过吸附粒子的随机排列，根据粒子的大小和吸附层的性状（亚单层、单层或多层），在通道中引入纳米或微米级的粗糙度。该方法虽然仅限于在一个小尺寸的通道中形成随机粗糙度，但是在改变微通道润湿性方面却是非常有效的[94]。

　　正如 2.2.2 节讨论的那样，微结构上对接触线的牵绊在决定表面润湿性方面起着主要作用，因此，必须其内部制造合理的通道几何性状和通道结构，以实现多相微流体流的最佳润湿性控制。各种微米级表面特征，从微溶剂萃取中的湿蚀刻导向结构[95]到柱状阵列的梳状结构[96]及通道收缩[97]，都已经被采用。由于在微通道黏合后的访问困难（相对于粒子沉积），大多数这种类型的结构均是使用标准光刻法、蚀刻、微研磨或浮雕技术的方法，在微芯片制造期间形成的。

　　以下部分将讨论 2.2 节讨论的理论以及通道结构和表面改性如何应用于控制微通道中多种流体的流动。重点将放在微流体润湿的被动应用上，包括毛细管驱动流体、阀门、流体导向器和多相流体稳定性。

## 2.4　微通道中的流体控制

### 2.4.1　毛细管流

　　将流体导入到微流体通道可以通过对流体相施加正压来实现，另一种不同的方式是通过由毛细管压力驱动的流体自发渗透来实现。后者对于自主微流体装置特别重要，其不需要外部泵的运行，因此可以应用于偏远地区，护理点，并可使设备的使用变得廉价。毛细管驱动流动仅仅是拉普拉斯压力（驱动力）不平衡的结果，它克服了沿液体细丝长度方向的压降（静水压力和动水压力的总和）[26]。拉普拉斯压力 $P_L$ 与毛细管半径 $R$ 成反比，并且与液-气界面张力 $\gamma$ 成正比。对于圆柱形毛细管，所形成的固液体-液体-液体系统的润湿性 $\cos\theta_0$ 由公式（2.8）给出[98]：

$$P_L = 2\gamma \frac{\cos\theta_0}{R} \tag{2.8}$$

拉普拉斯压力可能是正值或负值，这取决于毛细管壁的润湿性。在拉普拉斯压力与微通道的填充相反的情况下，必须在装置入口处施加正压以迫使液体进入通道。无论拉普拉斯压力是导引还是阻止流动，该效应都会因为受到微流体通道中遇到的小尺寸而得以放大。

当毛细管压力为正值（自发填充）时，不需要外部压力来引起流动。在这种情况下，假设重力不重要（例如，流动垂直于重力），流体流动阻力是沿着液体细流方向的流体动力学压降 $P_\mu$，对于圆柱形毛细管中流动的 Poiseuille 流，其大小由 Hagen-Poiseuille 方程给出：

$$P_\mu = \frac{8\mu l}{R^2} U \tag{2.9}$$

式中，$\mu$ 是动态黏度；$U$ 是液体通过毛细管的平均速度；$l$ 是细液流的长度。

将式（2.8）和式（2.9）结合起来，可以描述毛细管驱动的毛细管液体填充的动力学原理[26]：

$$l^2 = \frac{\gamma R \cos\theta_0}{2\mu} t \tag{2.10}$$

式（2.10）被称为 Washburn 方程，现已成为任何多孔介质和毛细管液体渗透研究的可靠基础，并且已被证明即使下降到纳米级也是适用的[99,100]。从 Hagen-Poiseuille 方程中可以清楚地看出，毛细管或微通道的润湿性决定了流体流动的方向，无论是填充还是排空。Washburn 方程对于描述微流体装置中自发毛细管驱动流动的动力学非常重要，无论是在开放的微通道、黏合的（封闭的）微流体和纳流体通道中，还是在所谓的纸微流体中[101]。下面的讨论将集中在纸微流体的几个特征，对于全面的评述，读者可以参见本章参考文献［101］。

尽管毛细驱动的液体通过多孔介质输送并不是一个新概念，但其低成本，自主性以及商业化和社会效益的巨大潜力的结合，使其已经普及到将纸张作为微流体工具[101]。其基本概念性的定义包括由毛细驱动、沿着亲水性通向反应点的液体样品输送，而且这些亲水性通道是由诸如蜡、光刻胶或油墨这样的疏水性材料封装的，而且这些疏水性材料是嵌入在纸中的，如图 2.5b 所示。

在这些设备中有两种润湿性效应在起作用。首先是毛细管驱动流体流动，Washburn 方程［式（2.10）］很好地描述了这一点，并且它是高度依赖于所用纸张的物理和化学性质的。第二种是使用不润湿材料的润湿性边界来导引液体流。这些边界设计的灵活性是新颖的，使得流体流的合并和分支都是可能的[102,103]，因此可以将样品输送到多个检测点[1,104]。这种基于纸的解决方法也可以嵌入阀[104]，并将样品分离到装置中去[105]，还可以包括使用堆叠[106]或折叠[107]纸张构成的 3D 通道网络。图 2.5c 所示为 Martinez 等人[1] 所展示的使用一种分支通道设计而同时检测葡萄糖和牛血清白蛋白

（Bovine Serum Albumin，BSA）的装置。在他们的装置中，葡萄糖和 BSA 的浓度与颜色变化的强度相关（比色检测）[1]，尽管也可以使用其他各种检测方法[101]。无论选择何种检测方法，普遍接受的观点是，读数的明确解释对于该技术的设想应用是至关重要的。由于智能手机能够捕捉光学图像并发送图像数据进行分析或使用板上软件进行数据的解析，智能手机提供了一种解决方案[108]。Li 等人[109] 提出了一种非常方便的血型分析方法，该方法将结果以文字的形式呈现在自身的纸上，从而使得任何用户在无须额外技术的条件下就可以明确地解释所获得的结果。纸微流体仍然是研究和新方法的一个发展领域，制造、功能化和检测的新方法将不断涌现。但是，毛细管流的优化对于该技术的发展仍然很重要。在 Li 等人最近的综述中[101]，提出了该技术的一些局限性，包括一些疏水表面处理不能成功地导引具有低表面张力的样品，因此，精确地裁剪纸张（通道和导板）的润湿性对于这些设备的持续发展和最终性能至关重要。

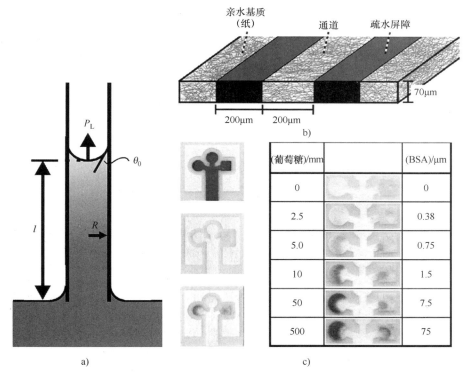

图 2.5　a）亲水性毛细管中水的自发毛细管上升示意图　b）纸微流体装置的结构，
疏水屏障由先印刷然后熔化的蜡构成　c）使用同一纸微流体装置的两个
分支检测不同浓度的葡萄糖和牛血清白蛋白 BSA（由表格示出）
（出自 Martinez，A. W.，Phillips，S. T.，Whitesides，G. M.，and
Carrilho，E.，Diagnostics for the developing world：Microfluidic paper-based analytical
devices，*Anal. Chem.*，82（1），3-10. 获得 American Chemical Society 的许可）

## 2.4.2　毛细管拉普拉斯阀

　　然而，使用毛细作用驱动微通道中的液体渗透的能力不仅限于微流体装置的自发填充。润湿性或几何形状的局部改变可用于操纵液体的精确加载和纳升、皮升容积的取样[94,110]，反应时序和顺序[97]以及其他触发的过程[68,111]。所谓的毛细管（或拉普拉斯）阀是依赖于通道润湿性或几何形状的空间突变来控制毛细管压力的[112]。

　　一种简单而有效的方法是将大的和小的疏水性微通道耦合在一起。使用这种技术，Yamada和Seki[113]利用PDMS微通道演示了3.5nL液滴的分离。最小的通道尺寸（亦即阀通道的尺寸）为5μm，为水提供了差不多20kPa的毛细管压力（对于PDMS，$\theta_0 =$ 110°）以克服水汽的压力。在Lai等人[110]的类似方法中，在一个大的（毫米级）通道的侧面制造了许多小的位于微型柱之间的疏水通道。驱动液体进入较小通道所需的压力为几千帕，该压力可用作生物分析应用中的毛细管阀。

　　图2.6所示为所研究的最常见毛细管阀的类型，其中通道尺寸的扩大将接触线固定在陡峭的边缘处。由于接触线不能前进，直到表面上的接触角超过边缘达到$\theta_0$（对应于界面曲率的增加），如图2.6a所示，液体必须克服额外的拉普拉斯压力来释放阀门。额外的压力可以通过旋转盘[114-118]上的离心力或通过在液体入口处施加正压来提供[94,110,119-121]。毛细管阀的强度可以通过改变扩张角$\beta$和改变微通道的润湿性进行调整。使用理论和实验相结合的研究表明，3D模型能够最准确地预测阀门的强度（最大压力）[115,117]。最大压力通常被称为爆破压力，因为它是触发液体从毛细管阀流出的压力。对于圆锥形通道通向锥形通道的最简单情况（见图2.6a），爆破压力$P_b$由下式给出：

$$P_b = -2\gamma \frac{\cos(\theta_0 + \beta)}{R} \tag{2.11}$$

　　可以通过引入一个在通道圆柱段和圆锥段之间的边界处所观察到的表征（或有效）接触角$\theta_0 + \beta$，从式（2.8）得到该压力值。其中的负号表示爆破压力与拉普拉斯压力相反。爆破压力的大小可能为几千帕，它取决于所选择的几何形状和接触角[116,117,122]。对于最常见的通道几何形状（例如矩形截面），应修改式（2.11）以考虑三维几何形状所形成的弯月面，从而避免与实验结果的显著偏离[115,117]。例如，由于密封微芯片的平面覆盖物的应用，使得不可能能在所有尺寸上进行弯月面的扩展。正如Glière和Delattre[121]所表明的那样，与对称情况相比，这会导致爆破压力超过2倍的急剧下降（$\beta = 90°$，$\theta_0 = 60°$，通道高度为15μm，通道宽度为30~115μm）。因此，实际上，应用预测模型时，毛细阀的几何形状可能很复杂，应该认真对待。

　　虽然追求高爆破压力一直是许多研究的目标，但释放阀门所需的压力变化幅度具有特别重要的作用，因此在此处加以说明。毛细管阀门从关闭状态到打开状态的转换可能很小或很大，这取决于驱动液体流向阀门所需的压力（自动填充可能为负值）以及式（2.11）中定义的爆破压力。考查图2.6a中描述的两个例子，其中阀门的几何形状是固定的（$\beta = 45°$，$R = 50μm$），水正在通道中置换其蒸汽。在第一种情况下，主通

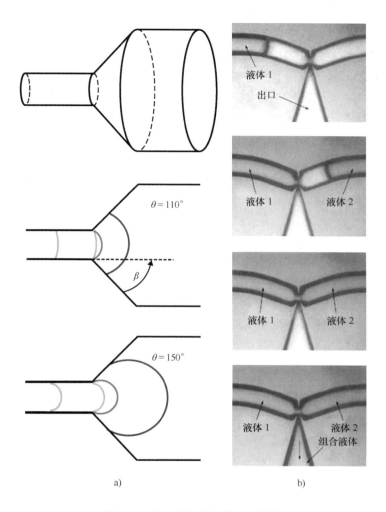

a)　　　　　　　　　　　　　　b)

图 2.6　基于几何特性的毛细管阀

a）对称情况下以扩张角度 $\beta$ 锥形扩张通道的毛细管爆破阀，对于疏水性通道，其 $\theta = 110°$，超疏水性通道，$\theta = 150°$（示出的弯月面在柱形区域和圆锥形区域的边界处起牵绊作用，在爆破进入锥形区域之前）　b）由 Melin 等[97] 证明的从毛细管阀开始的液体引发的释放顺序（从顶部到底部），液体 1 到达毛细管阀门并停止，直到与液体 2 相遇，使阀门释放。在最后一帧中，液体显示为在出口通道中一起流动

（出自 *Sens. Actuat. B*：*Chem.*，100（3），Melin，J.，Roxhed，N.，Gimenez，G.，Griss，P.，van der Wijngaart，W.，and Stemme，G.，A liquid-triggered liquid microvalve for on-chip flow control，463-468，Copyright 2004，获得 Elsevier 的许可）

道是疏水性的（$\theta = 100°$），因此需要 0.5kPa 的正压进行毛细管填充。爆破压力的大小为 2.4kPa，导致需要增加超过 1.9kPa 的压力才能使阀门开启，该压力值以上的压力才能使液流通过阀门。第二个微通道是超疏水的（$\theta = 150°$），因此需要 2.5kPa 的正压进行毛细管填充，爆破压力的大小为 2.8kPa，导致爆破阀门所需增加的压力只有 0.3kPa。

因此，除了爆破压力较高以外，在主通道填充过程中些许的（＞0.3kPa）超压就可能导致阀的过早释放，这在前一种情况下不太可能发生，因为在阀关闭和打开状态之间的压力差超过6倍（1.9kPa）。

当压力控制的阀门释放不可行时，例如，没有精确压力控制的情况，或者两个液体流的合并应该精确定时的情况，Melin等人[97]报道的液体触发方法提供了一种简洁的解决方案，图2.6b所示为他们的多通道设计。需要到达结合处的第一种液体停留在基于几何形状的毛细管阀上，并保持固定，直到第二种液体到达。第一种液体的释放是通过与第二种液体（也很可能是好几种不同的液体流）的接触而开始的，通过破坏拉普拉斯压力屏障以实现两种液体的同时释放，并避免了通道中空气泡的捕获。

到此为止，仅讨论了基于通道几何形状局部变化的毛细管阀。然而，依靠不均匀表面处理的毛细管阀可能比基于几何形状的阀具有显著的优势，尤其是在通道填充所需的压力和爆破所需的压力（释放阀门）差值较大的情况下。微通道中的润湿性纹理可以通过多种技术来实现，其中包括一些在密封微芯片之后进行的技术[83]。其中一种最通用的方法就是光刻技术，它被广泛用于使通道的离散区域不易润湿，通常是更疏水。Andersson等人[119,120]使用光刻胶对线性深反应离子蚀刻硅微通道的一段进行曝光，以便随后通过等离子体聚合物（$C_4F_8$单体）进行涂覆。氟化区域的最终水接触角为105°，爆破压力为760Pa。这种疏水性区域被证明足以用于调节各种液体，包括表面活性剂和生物相关分子的溶液。

当关闭和打开状态之间需要较大的压差时，化学纹理化可以与粗糙度相结合，以增强阀门位置处的润湿转变。2.2.1节给出了使用粗糙度增强润湿行为的理论基础[参见式（2.3）]。Takei等人[94]基于纳米粗糙度和化学改性实现了超疏水（$\theta > 150°$）到超亲水（$\theta < 9°$）润湿性的反转。该技术依赖于二氧化硅（Pyrex™）微通道上的二氧化钛纳米粒子的静电吸附，使用疏水性三氯硅烷的表面改性和通过光掩模的紫外（UV）照射。作者报道的爆破压力高达约12kPa，并且能够以逐步过程使用具有不同润湿性的离散区域分配皮升量的液体。

使用简单的几何形状和表面改性的毛细管阀可实现的相对较高的压力，这说明了微通道润湿性裁剪对于所需应用的重要性。前述所展示的精确控制，包括皮升容量的按需配置和组合，只有在良好设计的润湿行为下才能实现。此外，2.2.2节讨论的接触角迟滞现象可能会增加毛细管阀开关的不确定性或需要更多的控制。这里值得注意的是，这些例子中很少有特定的特征表征了静态超越和回退接触角，或者考虑了（可能存在的）接触角速度依赖性的影响。

## 2.4.3　润湿性流导引

如2.4.2节所述，微通道空间控制的润湿性不仅可用于液流的调整，还可用于导引多相流沿微通道流动。尽管来自于我们关于毛细管阀讨论的物理原理没有任何变化，亦即拉普拉斯压力的作用在特定方向上阻止液流的流动，但是现在液流是平行于润湿性边界（在此可能是表面化学和几何特性的结合）的[79,123-128]。由于在这种设计中并没有一个固体屏障对液流进行阻挡，因此我们将这种配置中的边界被称为虚拟壁[79]，其导引的强度取决于拉普拉斯压力。拉普拉斯压力的一般表达式为

$$P_L = \gamma \left( \frac{1}{r_1} + \frac{1}{r_2} \right) \tag{2.12}$$

其中，压力主要由非球形弯月面处存在的不同曲率半径 $r_1$ 和 $r_2$ 引起。对于图 2.7a 所示的平行流，其 $r_2$ 接近无穷大，此时的 $P_L = \gamma / r_1$，这个值为球形弯月面（$r_1 = r_2 = R$）拉普拉斯压力的一半，因为对于 2.4.2 节中讨论的毛细管阀，$P_L = 2\gamma / R$。尽管 $P_L$ 值有所降低，但 $P_L$ 可以足以用来沿着通道导引液流[79]。事实上，拉普拉斯压力可以与边界润湿性接触角 $\theta$ 和通道的高度 $h$ 相关，如下式所示：

$$P_L = \frac{2\gamma \cos\theta}{h} \tag{2.13}$$

式（2.13）中使用的接触角不是平衡接触角，而是超出润湿性边界的表面上的静态前进接触角（因为这是进入相邻流的条件）。

Zhao 等人已经发表了使用润湿性导引多相流的几个例子[79,125]。微通道的表面改性使用层流溶剂进行，通过使微通道壁疏水化试剂的有无（例如十八烷基三氯硅烷）或光刻工艺来实现。使用层流技术，疏水区域对应于含有试剂的流路（这将形成一个自组装单层），并用作导引水流（含染料）的边界（见图 2.7b）。使用光刻法，整个通道首先由光敏自组装单层进行涂覆，然后通过光掩模 UV 照射，以使得曝光区域具有亲水性。Zhao 等人通过选择不同的层流模式或光掩模来进行表面改性步骤，证明润湿性边界或虚拟壁可用于控制单个通道内的液体流（或多个流）。润湿性边界可以承受超过 300Pa 的临界压力，比先前描述的阀门爆破压力低得多，但足以导引水性流体流。虽然在微通道中使用层流来纹理化润湿性对于纹理设计来说是相当严格的，但 Kenis 等人[129]证明，使用层流蚀刻解决方案，通过部分去除预先存在的表面涂层，即薄金电极，可以实现不连续的纹理。尽管如此，在需要不连续和复杂的设计的情况下，光刻是更加灵活的[79,125]。

在前面的例子中，表面润湿性（由化学改性导致）起着导引作用。然而，正如本章先前所讨论的那样，表面几何特性在导引流体中可以发挥重要的、有时是主导的作用。一个例子就是所谓的导引结构，它已经被用于稳定多流体流的平行流动，用于各种微流体溶剂的分离（见图 2.7c）[95,130-132]。虽然导引结构提供了足够的接触线牵绊以在没有表面改性的情况下稳定液体流[133,134]，但是除了通道几何形状之外，当一个通道经疏水化处理后，拉普拉斯压力提供的稳定窗口明显更大[126-128,135]。使用各向同性刻蚀（例如氢氟酸蚀刻二氧化硅）并依赖于导引结构尖锐脊处的接触线的牵绊（类似于 2.4.2 节中描述的几何毛细管阀）很容易实现导引结构的轮廓。牵绊效应放大了导引处的局部接触角迟滞［式（2.13）中的 $\theta$］，这为界面提供了比平面通道壁更高的稳定性。根据 2.2.2 节中接触角迟滞的讨论，这相当于几何诱导对接触线运动（进入相邻流体流）的能量阻挡。

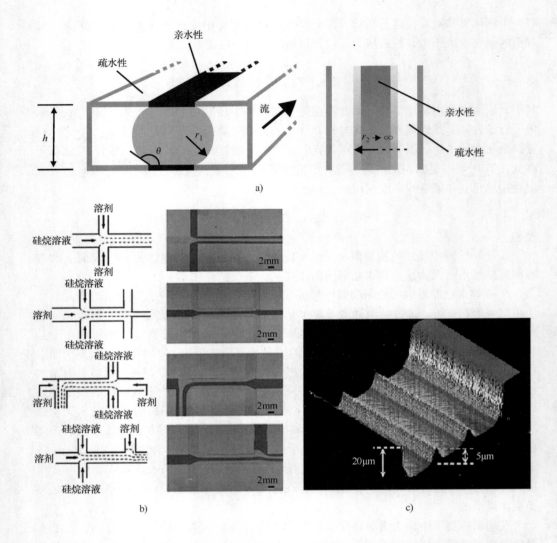

图 2.7　使用虚拟壁在微通道中导引流体

a）虚拟壁概念的侧视图（左）和顶视图（右）示出了沿着通道中心跟随亲水区域的液体，方程（2.12）和方程（2.13）中使用的通道曲率半径，接触角和高度在图中标出　b）草图示出了表面改性微通道中硅烷溶液（烷溶入十六烷中的十八烷基三氯硅；产生角 $\theta = 112°$）和溶剂（十六烷）的几个液体流方案，图片给出的是对应的 Rhodamine B 染料水溶液，它们被限制在通道的未改性区域（出自 Zhao，B.，Moore，J.，and Beebe，D. J.，Surface directed liquid flow inside microchannels，*Science*，291，1023，2001. 获得许可．）

c）用于牵绊接触线的导引结构导引平行的不混溶液体流（所显示的为设计为容纳三个平行流的两个 $5\mu m$ 高导引结构）　（出自 *Adv. Drug Deliv. Rev.*，55，Sato，K.，Hibara，A.，Tokeshi，M.，Hisamoto，H.，and Kitamori，T.，Microchip-based chemical and biochemical analysis systems，379，Copyright 2003，获得许可．）

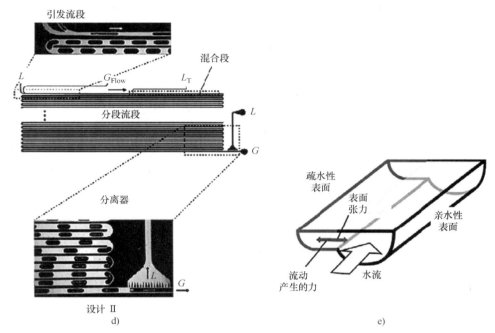

图 2.7 使用虚拟壁在微通道中导引流体（续）

d）在聚二甲基硅氧烷 PDMS 芯片中通过梳状结构（一系列小的侧通道）从气体中分离乙醇或水（出自 Günther, A., Jhunjhunwala, M., Thalmann, M., Schmidt, M. A., and Jensen, K. F., Micromixing of miscible liquids in segmented gas- liquid flow, *Langmuir*, 21（4），1547- 1555. Copyright 2005 American Chemical Society，获得许可） e）Hibara 等人[127]的无膜相分离微芯片的示意图，该玻璃芯片中的浅通道经十八烷基三氯硅烷疏水化处理以使拉普拉斯压力最大化，以阻止液相进入（来自较大的通道）（出自 Hibara, A., Iwayama, S., Matsuoka, S., Ueno, M., Kikutani, Y., Tokeshi, M., and Kitamori, T., Surface modifcation method of microchannels for gas- liquid two- phase flow in microchips, *Anal. Chem.*, 77, 943. Copyright 2005 American Chemical Society，获得许可）

虽然原理与毛细管阀相似，但平行流体流的导引和稳定依赖于在整个接触长度上平衡两种流体流之间的压力差。根据应用的情况，这可以是几百毫米或更多，并且因此沿着两个（或更多）流体流长度方向的流体动力学压降可能差别很大。假设出口处于环境压力下，并且两股流是圆柱形的，则使每个流流动所需的高于环境压力的正压由式（2.9）给出。相应地，对于不同液体，沿给定通道长度的压降可能会非常不同，并且在沿着流体的任何单个点处是其最大压差 $\Delta P$ 决定了流体是否被成功导引。因此，在这种结构中，导引和稳定平行流流动的条件是 $\Delta P < P_L$，其中 $\Delta P$ 和 $P_L$ 可以是正值或负值，这取决于几何形状、表面润湿性和流体的性质。

然而，这些虚拟壁并不是任何第二相的液体都无法穿透的。由于涉及拉普拉斯压力屏障的存在，一种液体可能无法通过，但另一种液体可能会自由通过。另外，分散相可以通过聚结穿过润湿壁（即聚结消除了界面对拉普拉斯压力的响应），在其后留下不混溶相。因此，处于悬浮相的两种流体可以在设计良好的微通道（几何形状和接触角）下在连续流中容易地分离。虽然微滴的选择性和简洁的相分离可以通过诸如电凝聚[136]的主动方法触发，但仅通过润湿性隔离的流动流体流实现的微滴自发聚结降低了装置的复杂性。已经报道的这种微流体相分离机制的几个例子[96,127,137]，它们是基于纹理化润湿性[123]或具有适当表面润湿性的通道结构（包括通过膜分离的通道）的。Logtenberg 等人[123]在层流下使用两种聚合物溶液的物理吸附来产生沿 PDMS 微通道不同润湿性的平行区域。通过引入气泡部分地沿着通道终止该纹理。使用两种聚合物产生的并排润湿性差异，作者证明了 1-辛醇和水的段塞流的相分离。

但是，通常情况下，通道（或膜）几何结构和适当接触角的组合为微相分离提供了最稳健的方法。例如，Günther 等人[96]制造了一种梳状结构（一系列小的通道），气相可以通过该结构选择性逸出，在主通道中留下液相反应混合物（见图 2.7d）。对于水相和乙醇相，液相进入气体出口的毛细压力分别大于 7kPa 和 2kPa。在使用亚微米孔径尺寸的氟聚合物膜的类似方法中，Kralj 等人[137]估计，在液-液分离中，反作用于水相入口的毛细管压力高达 20kPa。因为有效的多孔膜和良好的通道结构可能在特定的应用中可能受到污染，因此 Hibara 等人[127]提出的无膜相分离芯片是一种有吸引力的解决方案（见图 2.7e）。在该芯片中，疏水浅沟道（8.6 ~ 39μm 深）和亲水深沟道（100μm 深）以数十毫米的接触长度平行接触。反作用于水性相进入浅沟道入口处的拉普拉斯压力（相对于气相）高达 8kPa 左右（取决于浅通道的深度），这与理论估计相一致并足以实现来自水的气相的快速相分离。

## 2.4.4　分散相微流体

分散相微流体指的是微流体通道内微滴或气泡的产生、操作和组合（聚结），以不连续流体体积的方式来实现化学、物理和生物过程[138-140]。各种可能的操作包括微滴的捕获和存储[141]，混合[142,143]，分选[139]，空间重组[144,145]，固化（颗粒形成）[146,147]，以及封装[148]。虽然分散相方法（有时称为基于微滴的）是增强样品通量和筛选的有力技术，但这些多相流系统的稳定性和流动行为非常容易受到微通道润湿性的影响。本节首先讨论湿润现象作为实现这些过程的被动方法所产生的影响。

自极端单分散的气泡/微滴在微流体连接器（例如 T 形连接器[146]、流聚焦连接器[71,149]和微通道几何形状的突变[72]）的形成被展示出来以来，微流体应用中的微滴使用便迅速增长。在现存的几种微滴形成机制中，微通道表面的润湿性占据着成功的关键因素。在绝大多数情况下，分散相应该在与通道壁没有强相互作用的情况下沿着微通道行进，以避免微滴之间的交叉污染，使通过夹带产生的液体损失最小化（注意流速可能非常高），并减小通过通道时产生的压降。因此，连续相对固体壁的完全润湿是此时所要求的，如此可使得分散相的接触角等于 180°，这种要求通常可通过向连续相添加表面活性剂来实现。虽然表面活性剂的添加简单且有效，但对于需要进行分散相表面性质研究的应用可能需要无表面活性剂的系统[150]，或者连续相和分散相中都具有表面活性剂[70,151]，再或者分散相具有更多的稳定性，以高于表面活性剂提供的稳定性。这些应用可能需要以良好控制和稳健的方法来修改微通道的润湿性，这些方法中，例如对于玻璃（使用硅烷化学）而言是直接的，但对 PDMS 来说更具挑战性[88]。微流体乳化中润湿性控制需求的最好说明也许是 Nisisako 等人[70,151]的一项研究，作者使用两个串联的连接器制备双乳化液，其中分散在连续相中的较大微滴内包含了一个或多个较小的微滴。通过改变表面化学性质使得其中一个接合点是亲水性的，另一个是疏水性的，油包水和水包油双重乳液可以高度控制地生成，如图 2.8a ~ 图 2.8c 所示。相反，润湿纹理也可用于微滴融合，此时通道壁的作用捕获当前的一个微滴，直到后续液滴到达并且两个微滴融合在一起[152]。图 2.8d 显示了一个微滴融合的时间顺序，如 Fidalgo 等人[152]所展示的那样，在微通道的亲水区域，染料呈现出时有时无的特征。作者表明，在融合之后，通过固定液体上的黏性阻力将组合的微滴从亲水位点释放。然而，该方法由于液相中表面活性剂的存在及其浓度的影响，使其在应用中可能受到一些局限，因为表面活性剂的存在及其浓度的影响可能对润湿和/或融合事件产生妨碍。

在这些系统中，微通道润湿性的重要性超出了以微尺度产生液滴（或气泡）并向下游流动行为的能力。基于微滴和气泡系统的下游流行为在实际应用中非常重要，例如热交换器和石油回收，其中的流型将直接影响性能[153,154]。根据微通道的润湿性以分散相的体积系数，流体可能有几种不同的流动方式[69,153-158]。图 2.9 所示为亲水性和疏水性通道中流动的水-空气体系所呈现的这些流动方式。对于亲水通道，如图 2.9a 所示，Cubaud 等人[69]通过不断增加气体相的体积流量，示出了从气泡流、楔形流、段塞流和环流到干燥流的多种流态。气泡流是指气泡比通道的尺寸更小，因此可以在通道中自由移动，偶尔在彼此之间以及与通道壁面发生相互作用。楔形流和段塞流统称为分段流，当气泡由于通道尺寸的限制而被拉长时出现[157]。由于与微通道壁的润湿相互作用，在疏水通道中观察到较少的流动状态和较少的规律性（见图 2.9b）。气泡在疏水性特氟隆涂覆的通道（$\theta \approx 120°$）中扩散，流体变得不稳定，气体临时（或甚至永久）滞留在角落和表面缺陷处，这与 2.2.2 节所的讨论情况是一致的。Fang 等人[154]也观察到了类似的结果，其中研究了疏水性（$\theta = 123°$）和亲水性（$\theta = 25°$）微通道中的凝聚流；然而，对于中间接触角（$\theta = 91°$）的情况，上游的逐渐冷凝与侧壁上的分层流是共存的。尽管在这些情况下润湿性的差异相当大，但 Salim 等人[153]的实验表明，从一个圆形的 Pyrex 变为近似长方形的 quartz 通道，其具有相似的润湿性，在一定的流量比率范围内可以将流动行为从平行流改变为塞流。因此，接触角和通道几何形状应该被精确测量，以确保达到所希望的流动状态。

多相微流体系统润湿性的精确表征必须包括对接触角迟滞的评估。如前所述，静态和动态的接触角超越或回退可能大不相同，这取决于表面的特性和微流体环境的几何形状。尽管如此，在微流体研究中很少考虑接触角迟滞现象，许多作者引用接触角的时候仅是一个单一的测量值（通常称为静态或不正确的平衡接触角）。接触角迟滞是确定含有液滴的通道沿着通道的压降的一个重要因素，因为在前缘和后缘界面处的接触角是不同的（因此弯液面弯曲）（见图 2.9c）[159-161]。图 2.9c 所示为分段流中一个典型的微滴形状，并具有有限的接触角迟滞。因此，微滴前缘和后缘界面处的毛细压力是独特的，并且根据方程（2.8）（对于圆柱几何形状），是与动态（或没有微滴运动时的静态）超越接触角 $\theta_a$ 和回退接触角 $\theta_r$ 是相关的。由此可得，单个微滴上仅由润湿性引起的（即，不包括流体动力学的流动阻力，亦即 $P_2 - P_3$）的压降 $\Delta P_\theta$ 为

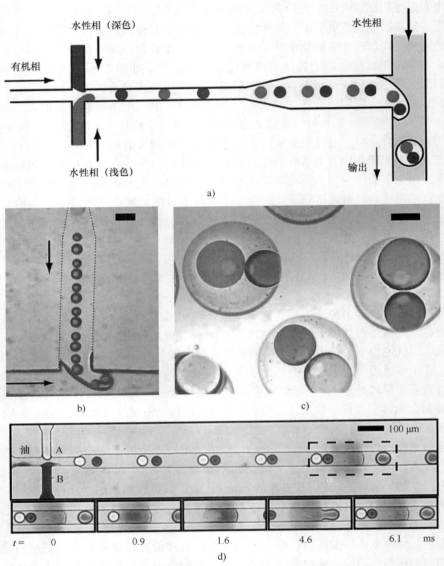

图 2.8　a）~ c）在微流体芯片中串行连接器的双乳化液产生[70]（第一个连接器是疏水的，迫使水相离散化，而第二个连接器是亲水性的以分散有机相（含有水相微滴），c 作者展示了具有成对微滴双重乳液的精确加载）（a- c：出自 Nisisako，T.，Okushima，S.，and Torii，T.，*Controlled formulation of monodisperse double emulsions in a multiple- phase microfluidic system*，*Soft Matter*，1，23- 27，2005. 获得 The Royal Society of Chemistry 的许可）　d）微滴融合：在 50μm 宽和 25μm 深的通道中表面诱导的微滴融合的时间序列，通道中形成的大约 100μm 长的亲水区域（在虚线矩形内）以捕获（时间 = 0.9ms）并且在微通道壁处融合（时间 = 1.6ms）微滴，在 4.6ms 和 6.1 ms 之间，融合的微滴从界面释放（出自 Fidalgo，L. M.，Abell，C.，and Huck，W. T. S.，*Surface- induced droplet fusion in microfluidic devices*，*Lab Chip*，7，984，2007. 获得 The Royal Society of Chemistry 的许可）

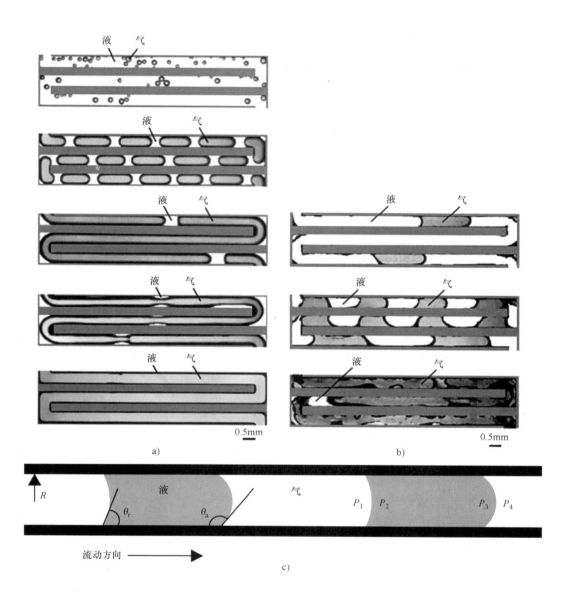

图 2.9　如 Cubaud 等人[69] 发表的气-水多相流系统的流形态，
从上到下，随着气相流量的增加

a）亲水通道，气泡流，楔形流，段塞流，环形流及干燥流　b）疏水通道，不规则流模式，通道壁和角落处的流体夹带（a and b：出自 Cubaud, T., Ulmanella, U., and Ho, C.-M., Two-phase flow in micro-channels with surface modifcations, *Fluid Dyn. Res.*, 38（11），772-786，Copyright 2006. 获得 IOP Publishing 的许可）　c）示出了在液体部分润湿微通道壁条件下的微滴。接触角的迟滞造成了微滴界面前缘和后缘具有不同曲率的外形，从而导致了由润湿引起的压降，与流体流的流动方向相反（出自 Lee, C. Y. et al., *Exp. Therm. Fluid Sci.*, 34（1），1-9, 2010）

$$\Delta P_{\theta} = P_1 - P_4 = \frac{2\gamma}{R}(\cos\theta_a - \cos\theta_r) \qquad (2.14)$$

当 $\theta_a = \theta_r$ 时，$\Delta P_{\theta}$ 为零，并且排除了微通道壁处对流体动力学滑移的润湿性的任何影响，此时润湿效应不会影响流动阻力。然而，这种情况从来没有实际观察到，因为动态超越接触角和回退接触角随着流体流动速度的增加而发散［见式（2.6）和式（2.7）］。由于分段流的润湿行为，使得测量到的压降是显著的，其值的范围从几百帕到 2kPa[159-161]。然而，总压降的大小是随着液滴的数量增加的[159]，因此其最大值并没有一个上限。相应地，当通道是部分润湿的且很长时（例如在传热应用中），这些效应可能是显著的，而在其他应用中，其效果可以忽略不计。

## 2.5　总结与展望

在任何具有多流体的微流体装置的设计中，润湿行为是需要考虑的基本因素。润湿行为的复杂性，包括化学不均匀性和粗糙度的影响，加上不同的通道几何形状，可导致增强的润湿或去湿行为以及显著的能量壁垒，这都会造成接触线运动（迟滞）的可逆性。虽然润湿性的理论考虑因素大多是基于热力学平衡的，但真实的、粗糙的和非均匀的固体表面实测的润湿性通常会涉及一个大的能量壁垒，这些能量壁垒会影响润湿理论的精确应用，例如 Wenzel 或 Cassie 方程。尽管如此，这些理论可以用作非理想平面表面的微流体近似，只要它们的局限性被充分了解并做出合理的解释，其缺陷和不足可通过润湿性测量加以补充和修正。本章介绍了固体润湿性如何作为流体微操作的主要驱动力。通过对化学特性的控制和几何形状的精心设计可对润湿性进行裁剪定制，这种裁剪定制可用于毛细管（拉普拉斯）压力的产生，从而以被动的方式对流体流进行驱动、开关、导引以及相分离。

那些被称为纸微流体装置和其他即时的自动微流体装置依靠毛细管压力实现其功能，并且在许多情况下，它们具有纹理化的表面润湿性以进行液体的导引。在作为毛细管阀的应用中，毛细管压力可能为几千帕，其大小取决于芯片的设计，并且这种应用可用于以受控方式分配纳升和皮升量的液体。在垂直于流体流流动方向上施加该阀动作的情况下，毛细管压力的作用能够维持层流的稳定性，以阻止混合过程的产生。这对于在液-液（或液体）界面发生的反应和分离特别有用。离散的液体（液滴和气泡）对微通道壁的部分润湿将产生由润湿引起的流动阻力，这可能直接与润湿迟滞有关。最终，可以通过使用由表面化学和特定几何形状产生的毛细压力将微滴和气泡从流体流中进行相分离。在这种情况下，分散相和连续相的毛细管压力不同（由于分散相的选择性润湿），从而可以选择性地允许分散相通过特定几何形状的通道。

在微流体装置中，作为被动工具的润湿性应用已经很成熟。但是，目前的应用范围仍然有很大的扩展空间和巨大的发展前景。特别是在大多数微流体学研究中忽略了接触角迟滞现象，因此迟滞现象的探索在高级应用中将具有很大的潜力。同样的论断也适用于微通道中的润湿动力学（接触角的速度相关和流体夹带的引入），这将能使我们更好地理解高速流体处理中的潜力和局限性。尽管如此，即使在平面表面上，湿润迟滞现象和湿润动力学研究也是迄今为止所面临的挑战，并且利用这些润湿迟滞现象来解决微流体通道中的局限性和复杂性也不太可能是一帆风顺的。

# 参 考 文 献

1. Martinez, A. W.; Phillips, S. T.; Whitesides, G. M.; Carrilho, E., Diagnostics for the developing world: Microfluidic paper-based analytical devices. *Analytical Chemistry* 2009, 82(1), 3–10.
2. Gervais, L.; Delamarche, E., Toward one-step point-of-care immunodiagnostics using capillary-driven microfluidics and PDMS substrates. *Lab on a Chip* 2009, 9(23), 3330–3337.
3. Juncker, D.; Schmid, H.; Drechsler, U.; Wolf, H.; Wolf, M.; Michel, B.; de Rooij, N.; Delamarche, E., Autonomous microfluidic capillary system. *Analytical Chemistry* 2002, 74(24), 6139–6144.
4. Zimmermann, M.; Hunziker, P.; Delamarche, E., Autonomous capillary system for one-step immunoassays. *Biomedical Microdevices* 2009, 11(1), 1–8.
5. Good, R. J., Thermodynamic derivation of Wenzel's modification of Young's equation for contact angles; Together with a theory of hysteresis. *Journal of the American Chemical Society* 1952, 74, 5041–5042.
6. Cassie, A. B. D.; Baxter, S., Wettability of porous surfaces. *Transactions of the Faraday Society* 1944, 40, 547–551.
7. Wenzel, R. N., Resistance of solid surfaces to wetting by water. *Industrial and Engineering Chemistry* 1936, 28(8), 988.
8. Johnson, R. E., Jr.; Dettre, R. H., Contact angle hysteresis I. Study of an idealized rough surface. *Advances in Chemistry Series* 1964, 43, 112–135.
9. Johnson, R. E., Jr.; Dettre, R. H., Contact angle hysteresis III. Study of an idealized heterogeneous surface. *Journal of Physical Chemistry* 1964, 68, 1744.
10. Neumann, A. W.; Good, R. J., Thermodynamics of contact angles I. Heterogeneous solid surfaces. *Journal of Colloid and Interface Science* 1972, 38, 341.
11. Bico, J.; Thiele, U.; Quéré, D., Wetting of textured surfaces. *Colloids and Surfaces A* 2002, 206, 41–46.
12. Dettre, R. H., Johnson, R. E. J., Contact angle hysteresis—Porous surfaces. *SCI Monograph* 1967, 25, 144–163.
13. Dettre, R. H.; Johnson, R. E. J., Contact angle hysteresis. IV. Contact angle measurements on heterogeneous surfaces. *The Journal of Physical Chemistry* 1965, 69(5), 1507–1515.
14. Shanahan, M. E. R.; Di Meglio, J. M., Wetting hysteresis: Effects due to shadowing. *Journal of Adhesion Science and Technology* 1994, 8, 1371.
15. Joanny, J. F.; de Gennes, P. G., A model for contact angle hysteresis. *Journal of Chemical Physics* 1984, 81, 552–562.
16. Huh, C., Mason, S. G., Effects of surface roughness on wetting (theoretical). *Journal of Colloid and Interface Science* 1977, 60, 11.
17. Priest, C.; Albrecht, T. W. J.; Sedev, R.; Ralston, J., Asymmetric wetting hysteresis on hydrophobic microstructured surfaces. *Langmuir* 2009, 25(10), 5655.
18. Priest, C.; Sedev, R.; Ralston, J., Asymmetric wetting hysteresis on chemical defects. *Physical Review Letters* 2007, 99, 026103.
19. De Jonghe, V.; Chatain, D., Experimental study of wetting hysteresis on surfaces with controlled geometrical and/or chemical defects. *Acta Metallurgica et Materialia* 1995, 43, 1505.
20. Naidich, Y. V.; Voitovich, R. P.; Zabuga, V. V., Wetting and spreading in heterogeneous solid surface-metal melt systems. *Journal of Colloid and Interface Science* 1995, 174, 104.
21. Anantharaju, N.; Panchagnula, M. V.; Vedantam, S., Asymmetric wetting of patterned surfaces composed of intrinsically hysteretic materials. *Langmuir* 2009, 25(13), 7410–7415.
22. McHale, G.; Newton, M.; Shirtcliffe, N., Dynamic wetting and spreading and the role of topography. *Journal of Physics: Condensed Matter* 2009, 21(46), 464122.
23. Semal, S.; Voué, M.; de Ruijter, M. J.; Dehuit, J.; De Coninck, J., Dynamics of spontaneous spreading on heterogeneous surfaces in a partial wetting regime. *The Journal of Physical Chemistry B* 1999, 103(23), 4854–4861.
24. Fetzer, R.; Ralston, J., Influence of nanoroughness on contact line motion. *Journal of Physical Chemistry C* 2010, 114(29), 12675–12680.

25. Fetzer, R.; Ralston, J., Dynamic dewetting regimes explored. *Journal of Physical Chemistry C* 2009, 113(20), 8888–8894.

26. Washburn, E. W., The dynamics of capillary flow. *Physical Review* 1921, 17, 273–283.

27. Gunther, A.; Jensen, K. F., Multiphase microfluidics: From flow characteristics to chemical and materials synthesis. *Lab on a Chip* 2006, 6(12), 1487–1503.

28. Young, T., An essay on the cohesion of fluids. *Philosophical Transactions of the Royal Society of London* 1805, 95(1), 65.

29. Kitaev, V.; Seo, M.; McGovern, M. E.; Huang, Y.-J.; Kumacheva, E., Mixed monolayers self-assembled on mica surface. *Langmuir* 2001, 17(14), 4274–4281.

30. Crawford, R.; Koopal, L. K.; Ralston, J., Contact angles on particles and plates. *Colloids and Surfaces* 1987, 27, 57–64.

31. Diggins, D., Fokkink, L. G. J., Ralston, J., The wetting of angular quartz particles: Capillary pressure and contact angles. *Colloids and Surfaces* 1990, 44, 299–313.

32. Woodward, J. T.; Gwin, H.; Schwartz, D. K., Contact angles on surfaces with mesoscopic chemical heterogeneity. *Langmuir* 2000, 16(6), 2957–2961.

33. Folkers, J. P.; Laibinis, P. E.; Whitesides, G. M., Self-assembled monolayers of alkanethiols on gold: Comparisons of monolayers containing mixtures of short- and long chain constituents with $CH_3$ and $CH_2OH$ terminal groups. *Langmuir* 1992, 8(5), 1330–1341.

34. Imabayashi, S.-I.; Gon, N.; Sasaki, T.; Hobara, D.; Kakiuchi, T., Effect of nanometer-scale phase separation on wetting of binary self-assembled thiol monolayers on Au(111). *Langmuir* 1998, 14(9), 2348–2351.

35. Rousset, E.; Baudin, G.; Cugnet, P.; Viallet, A., Screened offset plates: A contact angle study. *Journal of Imaging Science and Technology* 2001, 45, 517.

36. Cubaud, T.; Fermigier, M., Advancing contact lines on chemically patterned surfaces. *Journal of Colloid and Interface Science* 2004, 269(1), 171–177.

37. Barthlott, W.; Neinhuis, C., The purity of sacred lotus or escape from contamination in biological surfaces. *Planta* 1997, 202, 1–8.

38. Roach, P.; Shirtcliffe, N. J.; Newton, M. I., Progress in superhydrophobic surface development. *Soft Matter* 2008, 4(2), 224–240.

39. Pease, D. C., The significance of the contact angle in relation to the solid surface. *Journal of Physical Chemistry* 1945, 49, 107–110.

40. Sedev, R.; Fabretto, M.; Ralston, J., Wettability and surface energetics of rough fluoropolymer surfaces. *Journal of Adhesion* 2004, 80, 497–520.

41. Decker, E. L.; Garoff, S., Using vibrational noise to probe energy barriers producing contact angle hysteresis. *Langmuir* 1996, 12(8), 2100–2110.

42. Dorrer, C.; Rühe, J., Drops on microstructured surfaces coated with hydrophilic polymers: Wenzel's model and beyond. *Langmuir* 2007, 24, 1959.

43. Forsberg, P. S. H.; Priest, C.; Brinkmann, M.; Sedev, R.; Ralston, J., Contact line pinning on microstructured surfaces for liquids in the Wenzel state. *Langmuir* 2010, 26, 860.

44. Dorrer, C.; Rühe, J., Advancing and receding motion of droplets on ultrahydrophobic post surfaces. *Langmuir* 2006, 22, 7652.

45. Extrand, C. W., Contact angles and hysteresis on surfaces with chemically heterogeneous islands. *Langmuir* 2003, 19, 3793.

46. Marmur, A., Contact angle hysteresis on heterogeneous smooth surfaces. *Journal of Colloid and Interface Science* 1994, 168, 40–46.

47. Gao, L.; McCarthy, T. J., How Wenzel and Cassie were wrong. *Langmuir* 2007, 23(7), 3762–3765.

48. Marmur, A.; Bittoun, E., When Wenzel and Cassie are right: Reconciling local and global considerations. *Langmuir* 2009, 25(3), 1277–1281.

49. McHale, G., Cassie and Wenzel: Were they really so wrong? *Langmuir* 2007, 23(15), 8200–8205.

50. Spori, D. M.; Drobek, T.; Zürcher, S.; Spencer, N. D., Cassie-state wetting investigated by mean of a hole-to-pillar density gradient. *Langmuir* 2010, 26, 9465–9473.

51. Priest, C.; Forsberg, P. S. H.; Sedev, R.; Ralston, J., Structure-induced wetting of liquid in micropillar arrays. *Microsystem Technologies* 2012, 18, 167.

52. Semprebon, C.; Herminghaus, S.; Brinkmann, M., Advancing modes on regularly patterned substrates. *Soft Matter* 2012, 8(23), 6301–6309.

53. Spori, D. M.; Drobek, T.; Zürcher, S.; Ochsner, M.; Sprecher, C.; Mühlebach, A.; Spencer, N. D., Beyond the lotus effect: Roughness influences on wetting over a wide surface energy range. *Langmuir* 2008, 24, 5411–5417.

54. Choi, W.; Tuteja, A.; Mabry, J. M.; Cohen, R. E.; McKinley, G. H., A modified Cassie–Baxter relationship to explain contact angle hysteresis and anisotropy on non-wetting textured surfaces. *Journal of Colloid and Interface Science* 2009, 339(1), 208–216.

55. Gögelein, C.; Brinkmann, M.; Schröter, M.; Herminghaus, S., Controlling the formation of capillary bridges in binary liquid mixtures. *Langmuir* 2010, 26(22), 17184–17189.

56. Seemann, S.; Brinkmann, M.; Kramer, E. J.; Lange, F. F.; Lipowsky, R., Wetting morphologies at microstructured surfaces. *Proceedings of the National Academy of Sciences of the United States of America* 2005, 102, 1848.

57. Kusumaatmaja, H.; Pooley, C. M.; Girardo, S.; Pisignano, D.; Yeomans, J. M., Capillary filling in patterned channels. *Physical Review E* 2008, 77, 067301.

58. Kusumaatmaja, H.; Yeomans, J. M., Modeling contact angle hysteresis on chemically patterned and superhydrophobic surfaces. *Langmuir* 2007, 23, 6019.

59. Mognetti, B. M.; Kusumaatmaja, H.; Yeomans, J. M., Drop dynamics on hydrophobic and superhydrophobic surfaces. *Faraday Discussions* 2010, 146, 153–165.

60. Lundgren, M.; Allan, N. L.; Cosgrove, T.; George, N., Molecular dynamics study of wetting of a pillar surface. *Langmuir* 2003, 19(17), 7127–7129.

61. Brakke, K., The surface evolver. *Experimental Mathematics* 1992, 1, 141.

62. Cox, R. G., The dynamics of the spreading of liquids on a solid surface. Part 1. Viscous flow. *Journal of Fluid Mechanics* 1986, 168, 169–194.

63. Voinov, O. V., Hydrodynamics of wetting. *Mekhanika Zhidkosti i Gaza* 1976, 5, 714–721.

64. Blake, T. D.; Haynes, J. M., Kinetics of liquid/liquid displacement. *Journal of Colloid and Interface Science* 1969, 30(3), 421–423.

65. Petrov, P. G.; Petrov, J. G., A combined molecular-hydrodynamic approach to wetting kinetics. *Langmuir* 1992, 8(7), 1762–1767.

66. Brochard-Wyart, F.; de Gennes, P. G., Dynamics of partial wetting. *Advances in Colloid and Interface Science* 1992, 39(0), 1–11.

67. Blake, T. D., The physics of moving wetting lines. *Journal of Colloid and Interface Science* 2006, 299(1), 1–13.

68. Takahashi, K.; Mawatari, K.; Sugii, Y.; Hibara, A.; Kitamori, T., Development of a micro droplet collider; the liquid–liquid system utilizing the spatial–temporal localized energy. *Microfluidics and Nanofluidics* 2010, 9(4), 945–953.

69. Cubaud, T.; Ulmanella, U.; Ho, C.-M., Two-phase flow in microchannels with surface modifications. *Fluid Dynamics Research* 2006, 38(11), 772–786.

70. Nisisako, T.; Okushima, S.; Torii, T., Controlled formulation of monodisperse double emulsions in a multiple-phase microfluidic system. *Soft Matter* 2005, 1, 23–27.

71. Anna, S. L.; Bontoux, N.; Stone, H. A., Formation of dispersions using "flow focusing" in microchannels. *Applied Physics Letters* 2003, 82, 364.

72. Priest, C.; Herminghaus, S.; Seemann, R., Generation of monodisperse gel emulsions in a microfluidic device. *Applied Physics Letters* 2006, 88, 024106.

73. Sugiura, S.; Nakajima, M.; Seki, M., Prediction of droplet diameter for microchannel emulsification. *Langmuir* 2002, 18, 3854.

74. Choi, K.; Ng, A. H. C.; Fobel, R.; Wheeler, A. R., Digital microfluidics. *Annual Review of Analytical Chemistry* 2012, 5(1), 413–440.

75. Bertrand, E.; Blake, T. D.; De Coninck, J., Dynamics of dewetting. *Colloids and Surfaces A: Physicochemical and Engineering Aspects* 2010, 369(1–3), 141–147.

76. Blake, T. D.; Clarke, A.; Ruschak, K. J., Hydrodynamic assist of dynamic wetting. *AIChE Journal* 1994, 40(2), 229–242.

77. Bain, C. D.; Evans, S. D., Laying it on thin. *Chemistry in Britain* 1995, 31(1), 46–48.

78. Bain, C. D.; Troughton, E. B.; Tao, Y.-T.; Evall, J.; Whitesides, G. M.; Nuzzo, R. G., Formation of monolayer films by the spontaneous assembly of organic thiols from solution onto gold. *Journal of the American Chemical Society* 1989, 111(1), 321–335.

79. Zhao, B.; Moore, J.; Beebe, D. J., Surface directed liquid flow inside microchannels. *Science* 2001, 291, 1023.

80. Chidsey, C. E.; Loiacono, D. N., Chemical functionality in self-assembled monolayers: Structural and electrochemical properties. *Langmuir* 1990, 6(3), 682–691.

81. Tarlov, M. J.; Burgess, D. R. F., Jr.; Gillen, G., UV photopatterning of alkanethiolate monolayers self-assembled on gold and silver. *Journal of the American Chemical Society* 1993, 115(12), 5305–5306.

82. Lake, N.; Ralston, J.; Reynolds, G., Light-induced surface wettability of a tethered DNA base. *Langmuir* 2005, 21, 11922.

83. Priest, C., Surface patterning of bonded microfluidic channels. *Biomicrofluidics* 2010, 4(3), 032206–032213.

84. Kreitz, S.; Penache, C.; Thomas, M.; Klages, C.-P., Patterned DBD treatment for area-selective metallization of polymers-plasma printing. *Surface and Coatings Technology* 2005, 200, 676.

85. Siow, K. S.; Britcher, L.; Kumar, S.; Griesser, H. J., Plasma methods for the generation of chemically reactive surfaces for biomolecule immobilization and cell colonization—A review. *Plasma Processes and Polymers* 2006, 3, 392.

86. Dai, L.; Griesser, H. J.; Mau, A. W. H., Surface modification by plasma etching and plasma patterning. *Journal of Physical Chemistry B* 1997, 101, 9548.

87. Aizawa, H.; Makisako, T.; Reddy, S. M.; Terashima, K.; Kurosawa, S.; Yoshimoto, M., On-demand fabrication of microplasma-polymerized styrene films using automatic motion controller. *Journal of Photopolymer Science and Technology* 2007, 20(2), 215.

88. Zhou, J.; Ellis, A. V.; Voelcker, N. H., Recent developments in PDMS surface modification for microfluidic devices. *Electrophoresis* 2010, 31, 2.

89. Dixon, A.; Takayama, S., Guided corona generates wettability patterns that selectively direct cell attachment inside closed microchannels. *Biomedical Microdevices* 2010, 12, 769.

90. Priest, C.; Gruner, P. J.; Szili, E. J.; Al-Bataineh, S. A.; Bradley, J. W.; Ralston, J.; Steele, D. A.; Short, R. D., Microplasma patterning of bonded microchannels using high-precision "injected" electrodes. *Lab on a Chip* 2011, 11, 541–544.

91. Klages, C.-P.; Hinze, A.; Lachmann, K.; Berger, C.; Borris, J.; Eichler, M.; von Hausen, M.; Zänker, A.; Thomas, M., Surface technology with cold microplasmas. *Plasma Processes and Polymers* 2007, 4, 208.

92. Klages, C.-P.; Berger, C.; Eichler, M.; Thomas, M., Microplasma-based treatment of inner surfaces in microfluidic devices. *Contributions to Plasma Physics* 2007, 47(1–2), 49.

93. Szili, E. J.; Al-Bataineh, S. A.; Priest, C.; Gruner, P. J.; Ruschitzka, P.; Bradley, J. W.; Ralston, J.; Steele, D. A.; Short, R. D., Integration of microplasma and microfluidic technologies for localised microchannel surface modification. In *Smart Nano-Micro Materials and Devices*, Juodkazis, S.; Gu, M., eds. SPIE: 2011; Vol. 8204, p. 82042J, December 4–7, 2011.

94. Takei, G.; Nonogi, M.; Hibara, A.; Kitamori, T.; Kim, H.-B., Tuning microchannel wettability and fabrication of multiple-step Laplace valves. *Lab on a Chip* 2007, 7, 596.

95. Sato, K.; Hibara, A.; Tokeshi, M.; Hisamoto, H.; Kitamori, T., Microchip-based chemical and biochemical analysis systems. *Advanced Drug Delivery Reviews* 2003, 55(3), 379–391.

96. Günther, A.; Jhunjhunwala, M.; Thalmann, M.; Schmidt, M. A.; Jensen, K. F., Micromixing of miscible liquids in segmented gas–liquid flow. *Langmuir* 2005, 21(4), 1547–1555.

97. Melin, J.; Roxhed, N.; Gimenez, G.; Griss, P.; van der Wijngaart, W.; Stemme, G., A liquid-triggered liquid microvalve for on-chip flow control. *Sensors and Actuators B: Chemical* 2004, 100(3), 463–468.

98. Adamson, A. W.; Gast, A. P., *Physical Chemistry of Surfaces*, 6th edn.; John Wiley & Sons, New York, 1997.

99. Haneveld, J.; Tas, N. R.; Brunets, N.; Jansen, H. V.; Elwenspoek, M., Capillary filling of sub-10 nm nanochannels. *Journal of Applied Physics* 2008, 104(1), 014309–014306.

100. Han, A.; Mondin, G.; Hegelbach, N. G.; de Rooij, N. F.; Staufer, U., Filling kinetics of liquids in nanochannels as narrow as 27 nm by capillary force. *Journal of Colloid and Interface Science* 2006, 293(1), 151–157.

101. Li, X.; Ballerini, D. R.; Shen, W., A perspective on paper-based microfluidics: Current status and future trends. *Biomicrofluidics* 2012, 6(1), 011301–011313.

102. Osborn, J. L.; Lutz, B.; Fu, E.; Kauffman, P.; Stevens, D. Y.; Yager, P., Microfluidics without pumps: Reinventing the T-sensor and H-filter in paper networks. *Lab on a Chip* 2010, 10(20), 2659–2665.

103. Rezk, A. R.; Qi, A.; Friend, J. R.; Li, W. H.; Yeo, L. Y., Uniform mixing in paper-based microfluidic systems using surface acoustic waves. *Lab on a Chip* 2012, 12(4), 773–779.
104. Li, X.; Tian, J.; Shen, W., Progress in patterned paper sizing for fabrication of paper-based microfluidic sensors. *Cellulose* 2010, 17(3), 649–659.
105. Yang, X.; Forouzan, O.; Brown, T. P.; Shevkoplyas, S. S., Integrated separation of blood plasma from whole blood for microfluidic paper-based analytical devices. *Lab on a Chip* 2012, 12(2), 274–280.
106. Martinez, A. W.; Phillips, S. T.; Whitesides, G. M., Three-dimensional microfluidic devices fabricated in layered paper and tape. *Proceedings of the National Academy of Sciences of the United States of America* 2008, 105(50), 19606–19611.
107. Liu, H.; Crooks, R. M., Three-dimensional paper microfluidic devices assembled using the principles of origami. *Journal of the American Chemical Society* 2011, 133(44), 17564–17566.
108. Delaney, J. L.; Hogan, C. F.; Tian, J.; Shen, W., Electrogenerated chemiluminescence detection in paper-based microfluidic sensors. *Analytical Chemistry* 2011, 83(4), 1300–1306.
109. Li, M.; Tian, J.; Al-Tamimi, M.; Shen, W., Paper-based blood typing device that reports patient's blood type "in writing". *Angewandte Chemie International Edition* 2012, 51(22), 5497–5501.
110. Lai, H.-H.; Xu, W.; Allbritton, N. L., Use of a virtual wall valve in polydimethylsiloxane microfluidic devices for bioanalytical applications. *Biomicrofluidics* 2011, 5(2), 024105–024113.
111. Takahashi, K.; Sugii, Y.; Mawatari, K.; Kitamori, T., Experimental investigation of droplet acceleration and collision in the gas phase in a microchannel. *Lab on a Chip* 2011, 11(18), 3098–3105.
112. Oh, K. W.; Ahn, C. H., A review of microvalves. *Journal of Micromechanics and Microengineering* 2006, 16(5), R13.
113. Yamada, M.; Seki, M., Nanoliter-sized liquid dispenser array for multiple biochemical analysis in microfluidic devices. *Analytical Chemistry* 2004, 76(4), 895–899.
114. Moore, J.; McCuiston, A.; Mittendorf, I.; Ottway, R.; Johnson, R., Behavior of capillary valves in centrifugal microfluidic devices prepared by three-dimensional printing. *Microfluidics and Nanofluidics* 2011, 10(4), 877–888.
115. Chen, J.; Huang, P.-C.; Lin, M.-G., Analysis and experiment of capillary valves for microfluidics on a rotating disk. *Microfluidics and Nanofluidics* 2008, 4(5), 427–437.
116. Duffy, D. C.; Gillis, H. L.; Lin, J.; Sheppard, N. F.; Kellogg, G. J., Microfabricated centrifugal microfluidic systems: Characterization and multiple enzymatic assays. *Analytical Chemistry* 1999, 71(20), 4669–4678.
117. Leu, T.-S.; Chang, P.-Y., Pressure barrier of capillary stop valves in micro sample separators. *Sensors and Actuators A: Physical* 2004, 115(2–3), 508–515.
118. Madou, M. J.; Lee, L. J.; Daunert, S.; Lai, S.; Shih, C.-H., Design and fabrication of CD-like microfluidic platforms for diagnostics: Microfluidic functions. *Biomedical Microdevices* 2001, 3(3), 245–254.
119. Andersson, H.; van der Wijngaart, W.; Griss, P.; Niklaus, F.; Stemme, G., Hydrophobic valves of plasma deposited octafluorocyclobutane in DRIE channels. *Sensors and Actuators B: Chemical* 2001, 75(1–2), 136–141.
120. Andersson, H.; van der Wijngaart, W.; Stemme, G., Micromachined filter-chamber array with passive valves for biochemical assays on beads. *Electrophoresis* 2001, 22(2), 249–257.
121. Glière, A.; Delattre, C., Modeling and fabrication of capillary stop valves for planar microfluidic systems. *Sensors and Actuators A: Physical* 2006, 130–131, 601–608.
122. Cho, H.; Kim, H.-Y.; Kang, J. Y.; Kim, T. S., Capillary passive valve in microfluidic systems. In *NSTI-Nanotech 2004*, 2004; Vol. 1, pp. 263–266.
123. Logtenberg, H.; Lopez-Martinez, M. J.; Feringa, B. L.; Browne, W. R.; Verpoorte, E., Multiple flow profiles for two-phase flow in single microfluidic channels through site-selective channel coating. *Lab on a Chip* 2011, 11(12), 2030–2034.
124. Watanabe, M., Microchannels constructed on rough hydrophobic surfaces. *Chemical Engineering and Technology* 2008, 31(8), 1196–1200.
125. Zhao, B.; Moore, J. S.; Beebe, D. J., Pressure-sensitive microfluidic gates fabricated by patterning surface free energies inside microchannels. *Langmuir* 2003, 19, 1873.
126. Aota, A.; Nonaka, M.; Hibara, A.; Kitamori, T., Countercurrent laminar microflow for highly efficient solvent extraction. *Angewandte Chemie International Edition* 2006, 45, 1.
127. Hibara, A.; Iwayama, S.; Matsuoka, S.; Ueno, M.; Kikutani, Y.; Tokeshi, M.; Kitamori, T., Surface modification method of microchannels for gas-liquid two-phase flow in microchips. *Analytical Chemistry* 2005, 77, 943.

128. Hibara, A.; Nonaka, M.; Hisamoto, H.; Uchiyama, K.; Kikutani, Y.; Tokeshi, M.; Kitamori, T., Stabilization of liquid interface and control of two-phase confluence and separation in glass microchips by utilizing octadecylsilane modification of microchannels. *Analytical Chemistry* 2002, 74, 1724.

129. Kenis, P. J. A.; Ismagilov, R. F.; Whitesides, G. M., Microfabrication inside capillaries using multiphase laminar flow patterning. *Science* 1999, 285, 83.

130. Minagawa, T.; Tokeshi, M.; Kitamori, T., Integration of a wet analysis system on a glass chip: Determination of Co(II) as 2-nitroso-1-naphthol chelates by solvent extraction and thermal lens microscopy. *Lab on a Chip* 2001, 1, 72.

131. Tokeshi, M.; Minagawa, T.; Kitamori, T., Integration of a microextraction system on a glass chip: Ion-pair solvent extraction of Fe(II) with 4,7-diphenyl-1,10-phenanthrolinedisulfonic acid and tri-n-octyl-methylammonium chloride. *Analytical Chemistry* 2000, 72(7), 1711–1714.

132. Tokeshi, M.; Minagawa, T.; Uchiyama, K.; Hibara, A.; Sato, K.; Hisamoto, H.; Kitamori, T., Continuous-flow chemical processing on a microchip by combining microunit operations and a multiphase flow network. *Analytical Chemistry* 2002, 74, 1565–1571.

133. Priest, C.; Zhou, J.; Klink, S.; Sedev, R.; Ralston, J., Microfluidic solvent extraction of metal ions and complexes from leach solutions containing nanoparticles. *Chemical Engineering and Technology* 2012, 35(7), 1312–1319.

134. Priest, C.; Zhou, J.; Sedev, R.; Ralston, J.; Aota, A.; Mawatari, K.; Kitamori, T., Microfluidic extraction of copper from particle-laden solutions. *International Journal of Mineral Processing* 2011, 98(3–4), 168–173.

135. Aota, A.; Mawatari, K.; Kitamori, T., Parallel multiphase microflows: Fundamental physics, stabilization methods and applications. *Lab on a Chip* 2009, 9(17), 2470–2476.

136. Kralj, J. G.; Schmidt, M. A.; Jensen, K. F., Surfactant-enhanced liquid-liquid extraction in microfluidic channels with inline electric-field enhanced coalescence. *Lab on a Chip* 2005, 5, 531.

137. Kralj, J. G.; Sahoo, H. R.; Jensen, K. F., Integrated continuous microfluidic liquid-liquid extraction. *Lab on a Chip* 2007, 7, 256.

138. Song, H.; Chen, D. L.; Ismagilov, R. F., Reactions in droplets in microfluidic channels. *Angewandte Chemie International Edition* 2006, 45, 7336.

139. Tan, Y.-C.; Fisher, J. S.; Lee, A. I.; Christini, V.; Lee, A. P., Design of microfluidic channel geometries for the control of droplet volume, chemical concentration, and sorting. *Lab on a Chip* 2004, 4, 292.

140. Teh, S.-Y.; Lin, R.; Hung, L.-H.; Lee, A. P., Droplet microfluidics. *Lab on a Chip* 2008, 8, 198.

141. Boukellal, H.; Selimovic, S.; Jia, Y.; Cristobal, G.; Fraden, S., Simple, robust storage of drops and fluids in a microfluidic device. *Lab on a Chip* 2009, 9(2), 331–338.

142. Song, H.; Bringer, M. R.; Tice, J. D.; Gerdts, C. J.; Ismagilov, R. F., Experimental test of scaling of mixing by chaotic advection in droplets moving through microfluidic channels. *Applied Physics Letters* 2003, 83, 4664.

143. Tice, J. D.; Lyon, A. D.; Ismagilov, R. F., Effects of viscosity on droplet formation and mixing in microfluidic channels. *Analytica Chimica Acta* 2004, 507, 73.

144. Evans, H. M.; Surenjav, E.; Priest, C.; Herminghaus, S.; Seemann, R., In situ formation, manipulation, and imaging of droplet-encapsulated fibrin networks. *Lab on a Chip* 2009, 9, 1933.

145. Surenjav, E.; Priest, C.; Herminghaus, S.; Seemann, R., Manipulation of gel emulsions by variable microchannel geometry. *Lab on a Chip* 2009, 9, 325–330.

146. Nisisako, T.; Torii, T., Microfluidic large-scale integration on a chip for mass production of monodisperse droplets and particles. *Lab on a Chip* 2008, 8, 287.

147. Nisisako, T.; Torii, T.; Takahashi, T.; Takizawa, Y., Synthesis of monodisperse bicoloured janus particles with electrical anisotropy using a microfluidic co-flow system. *Advanced Materials* 2006, 18, 1152.

148. Priest, C.; Quinn, A.; Postma, A.; Zelikin, A. N.; Ralston, J.; Caruso, F., Microfluidic polymer multilayer adsorption on liquid crystal droplets for microcapsule synthesis. *Lab on a Chip* 2008, 8, 2182.

149. Gañán-Calvo, A. M.; Gordillo, J. M., Perfectly monodisperse microbubbling by capillary flow focusing. *Physical Review Letters* 2001, 87(27), 274501.

150. Priest, C.; Reid, M. D.; Whitby, C. P., Formation and stability of nanoparticle-stabilised oil-in-water emulsions in a microfluidic chip. *Journal of Colloid and Interface Science* 2011, 363(1), 301–306.

151. Okushima, S.; Nisisako, T.; Torii, T.; Higuchi, T., Controlled production of monodisperse double emulsions by two-step droplet breakup in microfluidic devices. *Langmuir* 2004, 20(23), 9905–9908.

152. Fidalgo, L. M.; Abell, C.; Huck, W. T. S., Surface-induced droplet fusion in microfluidic devices. *Lab on a Chip* 2007, 7, 984.

153. Salim, A.; Fourar, M.; Pironon, J.; Sausse, J., Oil–water two-phase flow in microchannels: Flow patterns and pressure drop measurements. *The Canadian Journal of Chemical Engineering* 2008, 86(6), 978–988.

154. Fang, C.; Steinbrenner, J. E.; Wang, F.-M.; Goodson, K. E., Impact of wall hydrophobicity on condensation flow and heat transfer in silicon microchannels. *Journal of Micromechanics and Microengineering* 2010, 20(4), 045018.

155. Dreyfus, R.; Tabeling, P.; Willaime, H., Ordered and disordered patterns in two-phase flows in microchannels. *Physical Review Letters* 2003, 90(14), 144505.

156. Ody, C., Capillary contributions to the dynamics of discrete slugs in microchannels. *Microfluidics and Nanofluidics* 2010, 9(2), 397–410.

157. Kim, N.; Evans, E.; Park, D.; Soper, S.; Murphy, M.; Nikitopoulos, D., Gas–liquid two-phase flows in rectangular polymer micro-channels. *Experiments in Fluids* 2011, 51(2), 373–393.

158. Huh, D.; Kuo, C. H.; Grotberg, J. B.; Takayama, S., Gas–liquid two-phase flow patterns in rectangular polymeric microchannels: Effect of surface wetting properties. *New Journal of Physics* 2009, 11(7), 075034.

159. Lee, C. Y.; Lee, S. Y., Pressure drop of two-phase dry-plug flow in round mini-channels: Effect of moving contact line. *Experimental Thermal and Fluid Science* 2010, 34(1), 1–9.

160. Yu, D.; Choi, C.; Kim, M., The pressure drop and dynamic contact angle of motion of triple-lines in hydrophobic microchannels. *ASME Conference Proceedings* 2010, 2010(54501), 1453–1458.

161. Rapolu, P.; Son, S., Characterization of wettability effects on pressure drop of two-phase flow in microchannel. *Experiments in Fluids* 2011, 51(4), 1101–1108.

# 第3章　用于自动多步骤过程即时诊断的二维纸网络

Elain Fu，Barry Lutz，Paul Yager

## 3.1　低资源环境下性能改进试验的需求

金标（Gold- standard）诊断分析通常是基于实验室的高性能测试，这种测试需要多步骤协议进行复杂的样品处理。高性能的取舍意味着很长的样品处理时间，很长的样品运输到实验室的时间，很长的结果返回到患者/护理人员的时间，还需要经过培训的人员进行测试并解释结果，以及需要专门的仪器来处理样品和检测分析物。同时，也假设能够获得充足的电力来为仪器提供动力，同时维持严格的环境条件，并将试剂冷藏直至在测定中使用。然而，基于实验室的测试要求通常是实际资源环境所限定的测试条件所达不到的。这些环境中的制约因素包括：缺少就诊条件的和缺少问诊时间的患者，测试提供者的培训不完善，温度和湿度不受控制的测试环境以及有限的当地基础设施，这些基础设施包括缺少支持实验室的设备和缺乏用于冷冻试剂的冷链[1-3]。世界卫生组织创造了一个描述即时检验诊断（Point- of- Care，POC）特征的首字母缩略词：ASSURED（Affordable，Sensitive，Specifc，User- friendly，Rapid and robust，Equipment- free，and Deliverable to users，ASSURED），即经济实惠、灵敏、专用、用户友好、快速且稳健、无设备的并能够交付给用户的[4]。因此，目前且将长期存在的总体挑战，是如何创建适用于各种具有多重限制条件、与全球卫生应用相关的高性能检测方法，包括在资源最少的条件下。

## 3.2　纸基的诊断是一个潜在的解决方案

在资源最少的条件下，最为显著的需求是不需要进行持续维护和维修的免设备诊断。在低资源环境中使用简单的横向流测试已经有几十年的时间了。虽然横向流测试符合许多 ASSURED 标准，但其因为①复合能力有限（即对单个生物样品中的多个分析物进行测定）和②对许多临床上重要的分析物缺乏敏感性[5,6]而受到诟病。图 3.1 对比性地总结了高资源实验室测试和低资源横向流测试的特点。

最近，纸基⊖诊断领域的工作重新开始，其目标是将高性能的测试带入到低资源的环境。在 2008 年，Whitesides 小组率先开启了微流体纸基分析设备（Microfluidic Pa-

---

　⊖　在此广义地使用术语"纸"，该术语也包含相关的多孔渗透性材料。

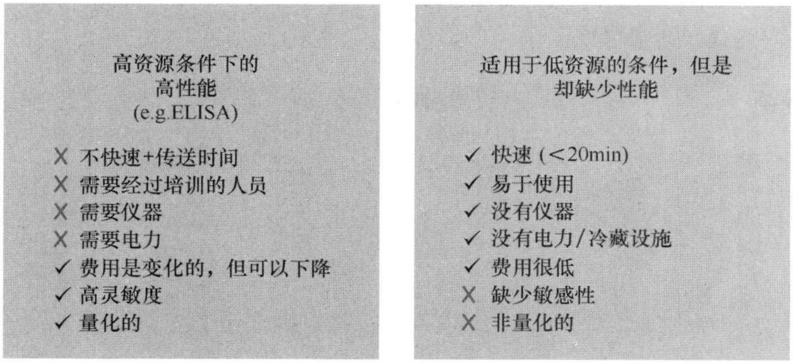

图 3.1 当前两类可用的诊断器件，适用于低资源条件下有高性能需求的测试

per-Based Analytical Devices，μPADS）的应用，具有多路复用能力的二维和三维纸基结构，可以用于比色分析（例如检测葡萄糖和蛋白质）[7,8]。最初的 μPADS 结构是通过光刻技术制作的[9]，但此后已经涌现出了众多替代的制造方法，包括蜡印[10,11]、切割[12]和喷墨印刷[13]。在纸基检测开发领域开展的其他工作集中在复用检测的实现上，以期通过单步的比色反应（如亚硝酸盐，尿酸和乳酸）[14,15]或通过用于设备校准的多级控制来执行多路复用的同时分析[16]，进而实现更多的生物标记物的检测。Martinez 等人于 2010 年发表的一篇综述[17]，从制造方法和用于多组分检测的纸基测试的进展等方面，对该领域进行了介绍。在这篇简短的综述中，我们将重点讨论 Fu、Lutz 和 Yager 最近合作的工作，即使用二维纸网络（2D Paper Networks，2DPN）进行高灵敏度分析的自动化多步样品处理。

## 3.3　用于自动多步样品处理的纸网络

如前文所述，横向流设备的局限性是它们在临床相关检测应用中当分析物种类多时的灵敏度低。这种限制主要来源于这些设备无法执行高性能金标分析的多步样品处理特性，例如，快速横向流量测试对流行性感冒检测的敏感性较差。这些测试通常具有 >90% 的可接受的临床指标特异性，但同时也具有 11% ~ 70% 的不良临床指标敏感性[18-21]。

疾病控制中心甚至在 2009 年流感大流行期间发表了一项声明，建议停止这些测试的应用[22]。

2DPN 的优势在于它能够自动执行多步骤的处理以提高性能，同时仍保持传统横向流量测试的优点，即快速获得结果、易用性和低成本。2DPN 分析的一个关键特征是其网络配置中每个出口都含有多个入口，这使网络中多个试剂的释放可以按程序进行。图 3.2 所示的例子说明了一个多入口纸网络，可用于将试剂自动连续输送到下游检测区域（左侧示意图）。在同时向三个入口施加试剂时，网络的几何形状按照以下顺序将多个试剂自动输送到检测区域：首先是 A，然后是 B，最后是 C（右侧示意）。多步纸基分析自动化运行的关键是一套纸流体工具，即类似于传统微流体的泵控制和阀门，以执行网络内流体的所需操纵。

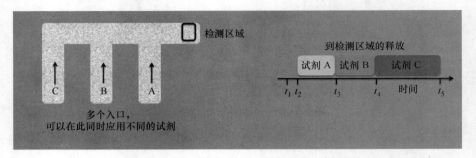

图 3.2 用于自动化多步样品处理的二维纸质网络，其每个检测区域具有多个入口，多个流体样本按照预先安排的程序在纸网络的结构中顺序释放

## 3.4 纸流体工具箱：纸网络中的泵控制和阀

与传统的横向流分析一样，多孔材料的性质，包括孔径、孔结构、表面处理和流体性质，均可用于调整给定应用的流速，以满足测定时间和灵敏度的要求。此外，为了实现自动化多步骤处理，需要一些工具来精确控制纸网络中多种流体的输送，以执行样本的处理[23]。这些工具用于取代传统微流体中昂贵且往往复杂的阀门和泵控制。下一节将讨论一组已开发出来的纸流体工具，包括流量控制，流接通开关和流切断开关⊖。其中的最后一个类别对于能够独立测量纸网络中的离散试剂特别重要。

一种关键的纸流体工具是使用简单的几何形状来控制纸网络中流体的流量[24,25]。人们可以在最简单的二维结构中对流体流进行研究，为纸网络中的输送创建一些基本的设计规则。例如，在扩张或收缩几何区域的前端，会对流体发生什么样的影响？图 3.3 所示的图像示出了在下游不同位置包含一个简单扩展的条带和用于比较的恒定宽度的条带。所有条带中流体流都基本遵循 Lucas-Washburn 关系（即流体前端传播的距离与时间的平方根成正比，其比例因数取决于表面张力、接触角、材料的平均孔径以及流体的黏度）[26,27]。向更大宽度的过渡会导致 Lucas-Washburn 关系的偏离和流体前端传播大幅放缓。图 3.3 中的曲线示出了最左边两条条带的距离与时间平方根之间的关系。在这里，人们可以看到最初的 Lucas-Washburn 流动，然后，从扩张点开始进一步放缓。图 3.4 所示的图像表明，对于更大的宽度扩展，流体前端传播的放缓程度更大。因此，用于减缓流体前端的输送、增加输送时间的简单控制参数是下游扩张的位置和扩张的宽度。

---

⊖ 作者发现 Bunce 等人[24]在 1994 年发表的一项专利中披露了许多类似的纸网络中流控制的想法，但就笔者所知，这些方法并未得到推广。

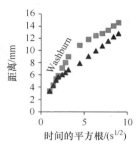

图 3.3　简单几何形状扩张中的流体前端输送。相对于恒定宽度的条带流体前端运动减慢，
并且减慢的程度取决于扩张的位置。正方形表示来自最左边的条带的数据，
而三角形表示来自左边第二条带的数据

（出自 Fu，E. 等，*Microfluid Nanofluidics*，10，29，2011. 获得许可）

如图 3.5 所示，在收缩几何形状（过渡到较小宽度）的情况下，初始阶段的流体流是按照 Lucas-Washburn 预测流动的，在收缩处其流动会暂时加快，然后又恢复到 Lucas- Washburn 流，这是由于较大宽度的段对于较小宽度段来说，可以看作非限制性来源。其结果是，流体前端的输送时间，即流体前端通过条带长度所需的时间，相对于恒定宽度的条带而言有所减小。下游位置的收缩可以用来控制流体前端的输送时间，并且当不同宽度的两段的长度相等时，这个时间被最小化。

图 3.4　具有不同扩张宽度的流体
前端的输送，并且扩张宽度影响
流体前端输送减慢的程度

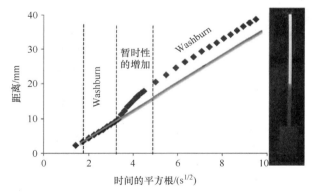

图 3.5　在几何收缩的情况下流体前端的运输。流体前端的
输送时间相对于恒定宽度的条带有所减少

在完全润湿流的情况下（即当流体前端到达吸水盘时），可以使用类似达西（Darcy）定律[28]的电路作为流体回路，其原理图如图 3.6 所示。回路两端的压力差类似于电路的电位差，体积流量率差类似于电路的电流，流体阻力取决于系统的物理属

性和纸回路的几何因素。串联的流体阻力是直接相加的，而并联的流体阻力是按倒数相加的。利用电路中串联电阻的推算方法，可以计算出如图 3.7 所示的简单结构的相对流阻。由于流阻与长度成正比，与横截面积成反比，因此 A 的流阻最大，B 的流阻最小。当给所有三种结构两端施加相同的压差时，A 中的体积流量率最小，而 B 中的体积流量率最大。流体流通过一个具有多个几何段的条带的输送时间可以通过 $t = V/Q$ 来计算，其中 $V$ 是几何体的体积，$Q$ 是体积流量率。假设流体的渗透率和黏度都是恒定的，两个条带中的流体运输时间的差异将仅是由于其几何因素的不同。由此可以预测的是，在恒定宽度的条带 A 中运输时间将是最快的，对于不同宽度的条带，运输时间应该在条带 C 中比在条带 B 中更快。图 3.7 示出了不同几何形状条带中流体流的时间序列的实验和仿真（采用 COMSOL Multiphysics 软件）结果比较。运输时间显示出良好的定量一致性，证明了其预测和控制几何形状简单改变的流量率的能力[25]。

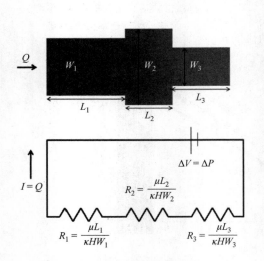

图 3.6　与达西电路相类似的流体流回路，串联的流体阻力是直接相加的，而并联的流体阻力是按倒数相加的

（出自 Fu，E. 等，*Microfluid Nanofluidics*，10，29，2011. 获得许可）

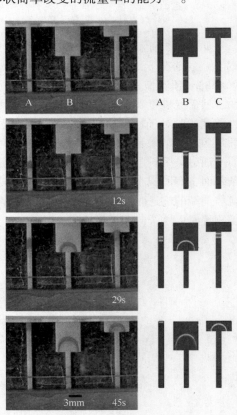

图 3.7　达西定律流的实验结果和模型数据的比较表明，在形状和位置上都具有很好的一致性

（出自 Chin，C. D. 等，*Lab Chip*，7，41，2007. 获得许可）

　　另一个关键的纸流体工具是接通使流体流动的开关。用于流控制的一种类型的接通开关使用可溶解的屏障，特别是可以使用糖障碍物来延迟纸网络中流体的运输。在采用糖在多孔渗透性材料内形成屏障的情况下，糖屏障的长度和糖溶液的浓度都可用于控制输送延迟时间。在图 3.8 所示的上部系列中，由于右分支障碍物的存在，使得该分支的流体前端产生了一个时延。在图 3.8 的下部系列中，两个分支内都产生了障碍物，而右分支内较长的糖屏障导致右分支流体前端的时延比左分支的更大。在需要较长的流体时延的情况下，这些流体时延可能是纸网络中的关键工具，几何体的单独使用将不再现实。

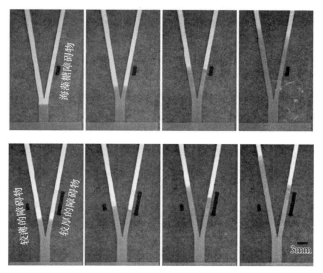

图 3.8　糖障碍可以用作流体运输的时延机制。屏障的长度和
用于产生屏障的糖溶液的浓度都可以用来调整延迟时间
（出自 Yager，P. 等，*Annu. Rev. Biomed. Eng.*，10，107，2008. 获得许可）

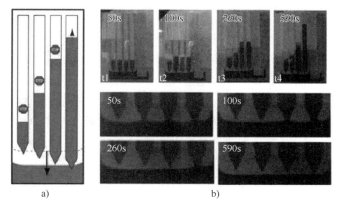

图 3.9　以不同距离浸入到同一个井中的入口分支 a）随着流体从井内吸出，
各个分支将按时间顺序与流体断开接触，以提供自动的体积计量 b）
（数据由 Philip Trinh 提供）

另一个用于纸网络中流体操纵的补充工具是流体流的关断开关。其中一种能够独立控制多流体流关断的方法，就是使用多个入口分支，这些分支以不同的距离浸入到同一个井中[29]。随着流体渗入到纸入口分支，井内流体的液位将随之下降。如图3.9所示，按照从最短到最长的浸没长度的顺序，流体流在入口处以不同的时间顺序关断，从而使得多流体以不同的体积进行自动输入。这种方法的特点是其具有良好的重复性，其关断时间的变化系数在5%和20%之间[29]。

另一种从多个入口分别关断流体流的方法是使用预填充到饱和的具有不同流体容量的盘[30]。当盘和入口之间发生接触时，即可激活流体流。图3.10所示为来自两种不同流体容量盘的释放曲线。盘的特性，包括盘床容积和表面处理，决定了流体从盘到入口的释放曲线。这种方法在体积释放的变化系数高于12%[30]。

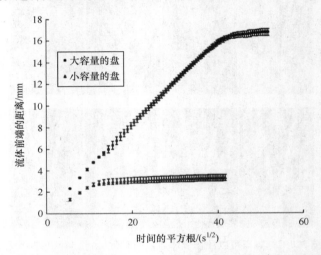

图3.10  两种不同流体容量的玻璃纤维盘的释放曲线的例子，正如预期的那样，流动是 Lucas-Washburn 的，流量前端所通过的距离与时间的平方根成正比
（出自 Fu, E. 等，*Anal. Chem.*, 84, 4574, 2012. 获得许可）

其他已被证实令人关注的流体流控制工具，包括基底润湿的改性修改和用户激活的机械开关的。在流体计时器的设备中，Phillips 小组曾经使用蜡来减缓纸通道内的流体流动[31]。Whitesides 小组曾经展示了一种按钮的使用，用户可以通过使用笔以机械方式按下该按钮，以激活 3D 的 μPADS 中两个本处于断开状态的流体路径之间的流体流动[32]。最后，Shen 小组展示了一种由单层组成的纸设备中的类似机械接通开关，该开关可由用户操作以完成流体路径的建立[33]。

## 3.5  二维纸网络（2DPN）的应用

得益于执行自动多步处理的能力，用于即时诊断的高性能测试的许多功能都能够在二维纸网络 2DPN 中实现。本节将描述三个示例，它们分别是样本稀释[34]、小分子提取[34]和信号扩增[30,35,36]。

### 3.5.1　样本稀释和混合

　　精确的样品稀释是样本混合的一种特殊类型，也是进行化学反应和基于结合分析常常需要的一种样本混合类型。在传统的微流体系统中，连续稀释要求使用昂贵的泵来将两种流体流组合到一个通道中，并提供一些手段来对两种流体进行混合。2DPN 可用于创建混合两种流体的纸稀释回路，并允许通过简单地改变纸的形状来控制稀释因子[34]。图 3.11 所示为一种流体（顶部分支）通过稀释缓冲区被稀释流体（右分支）稀释的过程。稀释系数取决于两种流体的相对流量。在这种情况下，流量不是由泵设定的，而是根据达西定律，由两个入口支路的相对流动阻力决定的。对于给定的纸材料，流阻仅与分支的长度和流体的黏度成正比。随着稀释臂长度的增加，稀释剂的体积流量将降低，从而导致下游公共通道中稀释因子的减少。通过添加多个稀释臂也可以进行串行序列化稀释，无须分支泵或移液步骤即可进行多重稀释。输入试剂的稀释和混合是可以在 2DPN 中自动进行的一类有用的应用。

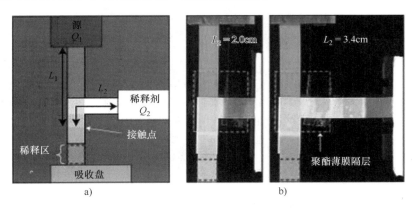

图 3.11　a）通过控制样品和稀释剂的相对添加量，样品可以被精确稀释　b）通过修改两个入口通道的相对流阻（在这种情况下，通过修改每个通道臂的长度），可以控制它们的相对输入量从而允许稀释回路的建立

（出自 Osborn，J. 等，*Lab Chip*，10，2659，2010. 获得许可）

### 3.5.2　小分子提取

　　另一种已在 2DPN 中证实了的样品预处理应用是从复杂样品中的高分子量组分中提取小分子[34]。之前，Yager 小组开发了一种被称为 H-filter 的泵驱动微流体装置，可以从复杂样品中提取小分析物[37-39]。当一个入口含有混合样品而另一个入口含有收集缓冲液时，可以实现两种物质的分离，从而实现较快扩散物质的纯化溶液的提取。提取的效率取决于各物种的扩散系数、接触时间和公共通道的尺寸，只要装置中的雷诺数很低，就不需要中间膜。在传统的微流体装置中，这需要稳定的扩散界面并需要多个泵。图 3.12 所示为再现于 2DPN 中的经典 H-filter。2DPN H-filter 的显著优势在于它

与以往任何使用传统微流体技术的实现相比，是无泵且一次性完成的，并且成本低得多。

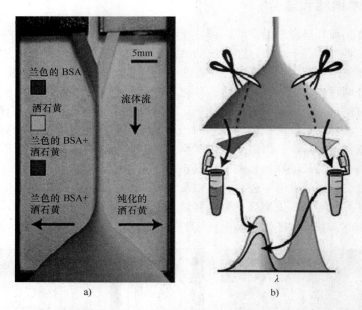

图 3.12　a）2DPN 中的小分子提取，在这个概念性的展示中，小分子染料从较大的组分中分离出来，染料被标记为 BSA　b）通过简单地剪掉二维纸网络 2DPN 出口的黄色部分来回收黄色提取物，2DPN H-filters 可用于下游分析，从复杂样品中提取分析物

（出自 Osborn，J. 等，*Lab Chip*，10，2659，2010. 获得许可）

### 3.5.3　信号扩增

化学信号扩增已被用于许多系统中以提高测定的灵敏度。在众所周知的 ELISA 实验室环境下，测试结果的取舍是需要经过许多步骤来进行标记、洗涤和信号扩增的，这众多关键步骤均由经过培训的用户或昂贵的实验室机器人来完成。通过 2DPN 的使用，我们可以对纸设备的结构进行编程，以便在纸基一次性执行设备中自动执行洗涤和扩增步骤[30,35,36]。具体地说，图 3.2 所示出的简单三入口纸网络可用来基于常规三明治检测制式进行基本的三步骤信号扩增测定。

图 3.13 所示为用于检测疟疾寄生虫蛋白 *Pf*HRP2 的扩增 2DPN 测定法的一个例子。2DPN 卡（如图 3.13a 所示）被设计用于执行两个额外的处理步骤——冲洗液的自动输送和信号扩增试剂的自动输送，以易于使用的制式提高检测限（Limit of Detection，LOD）。三入口网络和吸收盘被安放于折叠卡的一侧，而源盘位于折叠卡的另一侧。从左到右分别为包含干试剂的源盘、缀合物、缓冲液和金增强剂。用户的步骤是简单地将样品和水添加到卡上的适当位置，然后作为一个激活步骤对设备进行折叠。这套用户步骤在使用方便性上与市售常规横向流测试相当，并且比用于执行信号扩增步骤的微流体设备操作要简单得多，该微流体设备有许多定时的步骤需要用户完成[40]。其原

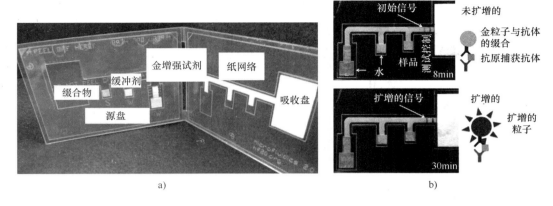

图 3.13　用于进行扩增免疫测定的易于使用的二维纸网络 2DPN 卡

a) 缀合物、缓冲剂和金增强试剂组分均干燥储存在卡上，在使用时将其进行再水化。用户的操作步骤与运行传统的非扩增横向流动条带试验所需的步骤相当　b) 200ng/mL 的高分析物浓度的 2DPN 测定结果：图的右上部示出了 8min 后的原始信号，这是由于在检测区域中形成具有金粒子标签的常规三明治结构；图的右下部示出了 30min 后扩增的明显变暗的信号

（出自 Fu，E. 等，*Anal. Chem.*，84，4574，2012. 获得许可）

理图（图 3.13b）示出了测定中的捕获序列。在 2DPN 卡中激活多流体流后，样品加上与金粒子标记物结合的抗体将首先被递送至检测区。此阶段所产生的信号与传统横向流测试所产生的信号相当。之后是将漂洗缓冲液递送至检测区域以去除非特异性结合的标记。最后，将信号扩增试剂递送到检测区域以产生扩增的信号。此时，含有金盐和还原剂的金增强溶液（纳米试剂）的应用，导致金属金沉积到最初的金粒子标签上。金粒子的这种增大将使原始信号明显变暗。

图 3.14a 所示为一系列分析物浓度的扩增测定的检测区域。图 3.14b 所示为 2DPN 扩增和未扩增试验的信号-浓度曲线。使用金增强试剂的扩增 2DPN 疟疾卡的检测极限为 $2.9 \pm 1.2$ng/mL，与未扩增的情况（$10.4 \pm 4.4$ng/mL）相比几乎提高了 4 倍。综上所述，扩增测定的 LOD 与 *Pf*HRP2 ELISA 所报道的 4ng/mL 的检测限 LOD 相当[41]。

此处所使用的商业上可用的金增强系统是为了易用性而选择的，并且在其他微流体测试制式中也显示出可行性[42,43]。但是，在此所展示的 2DPN 卡制式也可以用来实现其他的信号扩增方法。其他的扩增测试方法包括金纳米粒子的银增强[44,45]和辣根过氧化物酶/四甲基联苯胺的酶促系统[46]，据报道这两种方法都可用于横向流和其他制式的测试，并且对于 LOD 的进一步改进具有巨大潜力。

### 3.5.4　与纸基微流体技术互补的特定技术进展

最近，在最低资源条件下免设备问题解决方面，取得了互补性进展。在此我们简要介绍两个方面的工作，即稳健的免电力温度控制和定量检测方法，同时最大限度地减少专用仪器的使用。

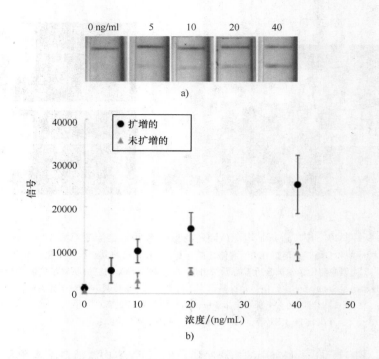

图 3.14  扩增的二维纸网络 2DPN 测定中的灵敏度提高

a）不同浓度的 *Pf*HRP2 的检测区域的图像系列  b）经 2DPN 卡 40min 冲洗和扩增（黑色圆圈表示扩增测定）的每个浓度的平均信号，为了比较还示出了对照案例，其中在 2DPN 卡片中运行的是水而不是金增强剂（灰色三角形表示未扩增测定），误差线表示标准偏差，扩增的二维纸网络2DPN 疟疾卡的检测极限比未扩增的情况提高了近 4 倍

（出自 Fu，E. 等，*Anal. Chem.*，84，4574，2012. 获得许可）

最近，PATH 的 Weigl 小组展示了诸如 CaO 水合作用的化学加热和相变材料的使用来进行环介导的核酸等温扩增[47]，他们的设备实现了超过一个小时的 65℃ ±1.5℃ 的受控温度提升[47]。放热反应物和相变材料合成物的特定组合可以用来调整无仪器加热器的热性能，以用于许多应用，包括其他等温核酸扩增方法，细胞溶解方案和基于温度响应聚合物的样品浓缩方法[47]。在这项利用相变材料进行受控化学加热工作的基础上，Bau 小组展示了一种用于进行核酸扩增的微流体自加热盒[48]。

开发低资源条件下高性能测试的第二个挑战性问题是用最少的专用仪器实现定量检测。紧凑型阅读器与荧光或比色标签的联合使用是常规横向流测量中常用的定量读数的策略（例如来自 ESE GmbH/Qiagen）[49]。Whitesides 小组还展示了一种基于输送的阅读器的使用，以进行指数匹配纸设备的测量[50]。最近，使用手机进行检测数据的获取、分析和输送的方法已成为研究和开发的领域的热点。其所面临的挑战包括在给定的预期的宽范围照明条件和照相机定位用户可变的条件下的高质量图像数据的采集[51]。Whitesides 小组已经公布了使用手机摄像头直接采集比色纸试验中的终点强度测量结果[52]。与此同时，Shen 小组也展示了化学发光的定量检测[53]。与此相关的解决方案是一种能够连接手机的适配器模块。Ozcan 小组开发了一种由 LED、透镜和滤光片组成的紧凑型适配器，该适配器可通过连接手机摄像头，使其获得广域的荧光和暗场成像能力[54]。

## 3.6　总结

即时检验诊断（POC）开发方面的全面挑战仍然是创建适用于与全球卫生应用相关的各种多重限制条件下的高性能检测。对于资源最少的环境，在使用快速、无仪器、易于使用和成本非常低的设备的条件下，对高性能的需求带来了特定的设计和实施挑战。纸基的微流体特别适合应对这些挑战，特别是，2DPN 是一种能够实现多步骤分析的有效技术，并且是一个自动化一次性完成的测试包，这也是金标实验室测试的特点。该技术与开发免电力温度控制和通过手机进行的数据采集、分析、解释和传输的优势结合起来，将具有巨大的潜力来创建适用于低资源环境的复杂测定的方法。今后将面临的主要挑战是开发一套强大而精确的纸流体工具，以实现在低资源社区中产生积极影响所需的性能规范。

# 参 考 文 献

1. Chin, C.D., V. Linder, and S.K. Sia, Lab-on-a-chip devices for global health: Past studies and future opportunities. *Lab Chip*, 2007. **7**: 41–57.
2. Yager, P., G.J. Domingo, and J. Gerdes, Point-of-care diagnostics for global health. *Annu Rev Biomed Eng*, 2008. **10**: 107–144.
3. Urdea, M., L.A. Penny, S.S. Olmsted, M.Y. Giovanni, P. Kaspar, A. Shepherd, P. Wilson, C.A. Dahl, S. Buchsbaum, G. Moeller, and D.C. Hay Burgess, Requirements for high impact diagnostics in the developing world. *Nature*, 2006. **444**(Suppl 1): 73–79.
4. Kettler, H., K. White, and S. Hawkes, Mapping the landscape of 524 diagnostics for sexually transmitted infections: Key findings and 525 recommendations. The World Health Organization, 2004.
5. Posthuma-Trumpie, G.A., J. Korf, and A. van Amerongen, Lateral flow (immuno) assay: Its strengths, weaknesses, opportunities and threats. A literature survey. *Anal Bioanal Chem*, 2009. **393**: 569–582.
6. O'Farrell, B., Evolution in lateral flow-based immunoassay systems, in *Lateral Flow Immunoassay*, R. Wong and H. Tse, eds. 2009, Humana Press: New York. pp. 1–33.
7. Martinez, A.W., S.T. Phillips, M.J. Butte, and G.M. Whitesides, Patterned paper as a platform for inexpensive, low-volume, portable bioassays. *Angew Chem Int Ed*, 2007. **46**: 1318–1320.
8. Martinez, A.W., S.T. Phillips, and G.M. Whitesides, Three-dimensional microfluidic devices fabricated in layered paper and tape. *Proc Natl Acad Sci U S A*, 2008. **105**: 19606–19611.
9. Martinez, A.W., S.T. Phillips, B.J. Wiley, M. Gupta, and G.M. Whitesides, FLASH: A rapid method for prototyping paper-based microfluidic devices. *Lab Chip*, 2008. **8**: 2146–2150.
10. Lu, Y., W.W. Shi, J.H. Qin, and B.C. Lin, Fabrication and characterization of paper-based microfluidics prepared in nitrocellulose membrane by wax printing. *Anal Chem*, 2010. **82**: 329–335.
11. Carrilho, E., A.W. Martinez, and G.M. Whitesides, Understanding wax printing: A simple micropatterning process for paper-based microfluidics. *Anal Chem*, 2009. **81**: 7091–7095.
12. Fenton, E.M., M.R. Mascarenas, G.P. Lopez, and S.S. Sibbett, Multiplex lateral-flow test strips fabricated by two-dimensional shaping. *Acs Appl Mater Interfaces*, 2009. **1**: 124–129.
13. Abe, K., K. Kotera, K. Suzuki, and D. Citterio, Inkjet-printed paperfluidic immuno-chemical sensing device. *Anal Bioanal Chem*, 2010. **398**: 885–893.
14. Li, X., J.F. Tian, and W. Shen, Quantitative biomarker assay with microfluidic paper-based analytical devices. *Anal Bioanal Chem*, 2010. **396**: 495–501.

15. Dungchai, W., O. Chailapakul, and C.S. Henry, Use of multiple colorimetric indicators for paper-based microfluidic devices. *Anal Chim Acta*, 2010. **674**: 227–233.

16. Wang, W., W.Y. Wu, W. Wang, and J.J. Zhu, Tree-shaped paper strip for semiquantitative colorimetric detection of protein with self-calibration. *J Chromatogr A*, 2010. **1217**: 3896–3899.

17. Martinez, A.W., S.T. Phillips, G.M. Whitesides, and E. Carrilho, Diagnostics for the developing world: Microfluidic paper-based analytical devices. *Anal Chem*, 2010. **82**: 3–10.

18. Drexler, J.F., A. Helmer, H. Kirberg, U. Reber, M. Panning, M. Muller, K. Hofling, B. Matz, C. Drosten, and A.M. Eis-Hubinger, Poor clinical sensitivity of rapid antigen test for influenza A pandemic (H1N1) 2009 virus. *Emerg Infect Dis*, 2009. **15**: 1662–1664.

19. Hurt, A.C., R. Alexander, J. Hibbert, N. Deed, and I.G. Barr, Performance of six influenza rapid tests in detecting human influenza in clinical specimens. *J Clin Virol*, 2007. **39**: 132–135.

20. Uyeki, T., Influenza diagnosis and treatment in children: A review of studies on clinically useful tests and antiviral treatment for influenza. *Pediatr Infect Dis J*, 2003. **22**: 164–177.

21. Vasoo, S., J. Stevens, and K. Singh, Rapid antigen tests for diagnosis of pandemic (swine) influenza A/H1N1. *Clin Infect Dis*, 2009. **49**: 1090–1093.

22. Center for Disease Control, Interim guidance for detection of novel influenza A virus using rapid influenza testing. 2009. http://www.cdc.gov/h1n1flu/guidance/rapid_testing.htm

23. Bunce, R., G. Thorpe, J. Gibbons, L. Keen, and M. Walker, Liquid transfer devices, in *United States Patent Office*, U.S.P. Office, Ed. 1994, University of Birmingham: Birmingham, U.K.

24. Fu, E., B. Lutz, P. Kauffman, and P. Yager, Controlled reagent transport in disposable 2D paper networks. *Lab Chip*, 2010. **10**: 918–920.

25. Fu, E., S.A. Ramsey, P. Kauffman, B. Lutz, and P. Yager, Transport in two-dimensional paper networks. *Microfluid Nanofluidics*, 2011. **10**: 29–35.

26. Washburn, E.W., The dynamics of capillary flow. *Phys Rev*, 1921. **17**: 273–283.

27. Lucas, R., Ueber das Zeitgesetz des Kapillaren Aufstiegs von Flussigkeiten. *Colloid Polym Sci*, 1918. **23**: 15–22.

28. Darcy, H., *Les Fontaines Publiques de la Ville de Dijon*, 1856, Dalmont, Paris, France.

29. Lutz, B.R., P. Trinh, C. Ball, E. Fu, and P. Yager, Two-dimensional paper networks: Programmable fluidic disconnects for multi-step processes in shaped paper. *Lab Chip*, 2011. **11**: 4274–4278.

30. Fu, E., T. Liang, P. Spicar-Mihalic, J. Houghtaling, S. Ramachandran, and P. Yager, Two-dimensional paper network format that enables simple multistep assays for use in low-resource settings in the context of malaria antigen detection, *Anal. Chem.*, 2012. **84**: 4574–4579.

31. Noh, N. and S.T. Phillips, Metering the capillary-driven flow of fluids in paper-based microfluidic devices. *Anal Chem*, 2010. **82**: 4181–4187.

32. Martinez, A.W., S.T. Phillips, Z.H. Nie, C.M. Cheng, E. Carrilho, B.J. Wiley, and G.M. Whitesides, Programmable diagnostic devices made from paper and tape. *Lab Chip*, 2010. **10**: 2499–2504.

33. Li, X., J.F. Tian, and W. Shen, Progress in patterned paper sizing for fabrication of paper-based microfluidic sensors. *Cellulose*, 2010. **17**: 649–659.

34. Osborn, J., B. Lutz, E. Fu, P. Kauffman, D. Stevens, and P. Yager, Microfluidics without pumps: Reinventing the T-sensor and H-filter in paper networks. *Lab Chip*, 2010. **10**: 2659–2665.

35. Fu, E., P. Kauffman, B. Lutz, and P. Yager, Chemical signal amplification in two-dimensional paper networks. *Sens Actuat B Chem*, 2010. **149**: 325–328.

36. Fu, E., T. Liang, J. Houghtaling, S. Ramachandran, S.A. Ramsey, B. Lutz, and P. Yager, Enhanced sensitivity of lateral flow tests using a two-dimensional paper network format. *Anal Chem.*, 2011. **83**: 7941–7946.

37. Hatch, A., E. Garcia, and P. Yager, Diffusion-based analysis of molecular interactions in microfluidic devices. *Proc IEEE*, 2004. **92**: 126–139.

38. Helton, K.L., K.E. Nelson, E. Fu, and P. Yager, Conditioning saliva for use in a microfluidic biosensor. *Lab Chip*, 2008. **8**: 1847–1851.

39. Helton, K.L. and P. Yager, Interfacial instabilities affect microfluidic extraction of small molecules from non-Newtonian fluids. *Lab Chip*, 2007. **7**: 1581–1588.

40. Cho, I.-H., S.-M. Seo, E.-H. Paek, and S.-H. Paek, Immunogold-silver staining-on-a-chip biosensor based on cross-flow chromatography. *J Chromatogr B*, 2010. **878**: 271–277.

41. Kifude, C.M., H.G. Rajasekariah, D.J. Sullivan, V.A. Stewart, E. Angov, S.K. Martin, C.L. Diggs, and J.N. Waitumbi, Enzyme-linked immunosorbent assay for detection of *Plasmodium falciparum* histidine-rich protein 2 in blood, plasma, and serum. *Clin Vaccine Immunol*, 2008. **15**: 1012–1018.

42. Lei, K.F. and Y.K.C. Butt, Colorimetric immunoassay chip based on gold nanoparticles and gold enhancement. *Microfluid Nanofluidics*, 2010. **8**: 131–137.

43. Lei, K.F. and K.S. Wong, Automated colorimetric immunoassay microsystem for clinical diagnostics. *Instrum Sci Technol*, 2010. **38**: 295–304.

44. Yan, J., D. Pan, C.F. Zhu, L.H. Wang, S.P. Song, and C.H. Fan, A gold nanoparticle-based microfluidic protein chip for tumor markers. *J Nanosci Nanotechnol*, 2009. **9**: 1194–1197.

45. Yeh, C.H., C.Y. Hung, T.C. Chang, H.P. Lin, and Y.C. Lin, An immunoassay using antibody-gold nanoparticle conjugate, silver enhancement and flatbed scanner. *Microfluid Nanofluidics*, 2009. **6**: 85–91.

46. Kolosova, A.Y., S. De Saeger, S.A. Eremin, and C. Van Peteghem, Investigation of several parameters influencing signal generation in flow-through membrane-based enzyme immunoassay. *Anal Bioanal Chem*, 2007. **387**: 1095–1104.

47. LaBarre, P., K. Hawkins, J. Gerlach, J. Wilmoth, A. Beddoe, J. Singleton, D. Boyle, and B. Weigl, A simple, inexpensive device for nucleic acid amplification without electricity—Toward instrument-free molecular diagnostics in low-resource settings. *PLOS ONE*, 2011. **6**: e19738.

48. Liu, C.C., M.G. Mauk, R. Hart, X.B. Qiu, and H.H. Bau, A self-heating cartridge for molecular diagnostics. *Lab Chip*, 2011. **11**: 2686–2692.

49. Faulstich, K., R. Gruler, M. Eberhard, D. Lentzsch, and K. Haberstroh, Handheld and portable reader devices for lateral flow immunoassays, in *Lateral Flow Immunoassay*, R. Wong and H. Tse, eds. 2009, Humana Press: New York. pp. 75–94.

50. Ellerbee, A., S. Phillips, A. Siegel, K. Mirica, A. Martinez, P. Striehl, N. Jain, M. Prentiss, and G. Whitesides, Quantifying colorimetric assays in paper-based microfluidic devices by measuring the transmission of light through paper. *Anal Chem*, 2009. **81**: 8447–8452.

51. Stevens, D., Development and optical analysis of a microfluidic point-of-care diagnostic device, *Department of Bioengineering*. 2010, University of Washington: Seattle, WA. p. 230.

52. Martinez, A.W., S.T. Phillips, E. Carrilho, S.W. Thomas, H. Sindi, and G.M. Whitesides, Simple telemedicine for developing regions: Camera phones and paper-based microfluidic devices for real-time, off-site diagnosis. *Anal Chem*, 2008. **80**: 3699–3707.

53. Delaney, J.L., C.F. Hogan, J.F. Tian, and W. Shen, Electrogenerated chemiluminescence detection in paper-based microfluidic sensors. *Anal Chem*, 2011. **83**: 1300–1306.

54. Zhu, H., O. Yaglidere, T. Su, D. Tseng, and A. Ozcan, Cost-effective and compact wide-field fluorescent imaging on a cell-phone. *Lab Chip*, 2011. **11**: 315–322.

# 第 4 章　碳纳米纤维作为硅兼容平台上的电流生物传感器

Fahmida S. Tulip, Syed K. Islam, Ashraf B. Islam,
Kimberly C. MacArthur, Khandaker A. Mamun,
Nicole McFarlane

## 4.1　引言

基于碳纳米材料的生物传感器由于具有更强的导电性、更好的稳定性、良好的结构性能和催化性能，以及对生物催化剂的负载高而引起关注。在功能和成本效益方面，碳电极在用作酶生物传感器时被证明是成功的。在碳电极中，碳纳米结构（圆柱形或圆锥形结构）表现出最好的潜力。与纳米管相比，碳纳米纤维（Carbon Nanofibers，CNF）具有良好的导电性能和结构性能，这使得它们成为电极以及固定基材的极好的候选物。采用酶线技术，通过 CNF 实现酶与金属电极的连接，有助于将电子从电极转移到电化学反应中心。这种生物传感器的无介体或无膜操作可能会导致这些传感器在环境监测、医疗保健以及各种科学实验中的应用。如果在硅片兼容的平台上实现，它们可以很容易地与现有的传感器技术集成在一起，用于开发完全集成的生化片上实验室。

## 4.2　背景

生物传感器是用于检测/监测目标生化分析物的装置。它包括两个密切相关的元素：

1）生物识别元素：在目标分析物存在下产生检测信号，并确定生物传感器的选择。各种类型的生物元素，如酶、抗体、抗原、受体、细胞器、微生物以及 DNA/RNA 均可用作生物传感器中的识别元素。

2）物理化学传感器：将检测信号转换为电信号、化学或物理信号，并将其传输到读出电路，它们将影响生物传感器的敏感度。

按照传感器测量的参数，生物传感器可分为光学、电化学、声学、压电或热生物传感器。其中，基于电化学检测的生物传感器是最受欢迎的，因为其成本低、易用性、可移植性以及简单的结构[1]。电化学检测取决于称为电化学的表面技术，其可用于非常小体积的样品，并且不受经常干扰分光光度检测的颗粒的影响。

基于与生物检测相关的反应的输出，电化学生物传感器可以分为三个子范畴。在电流式生物传感器的情况下，输出是可测量的电流。对于电位和电导率生物传感器，输出分别表示可测量的电位或改变介质的导电性能。

目前制造的大多数商业生物传感器是在监测电子转移的基础上运行的电流型。电流法在工作电极上相对于参考电极保持恒定电位，并且通过电化学氧化或还原产生的电流变化直接用时间[2]监测。在电流型传感器的情况下，在存在目标分析物时，生物成分和电极之间发生电子交换，产生可测量的检测信号。这种传感器的工作原理是在目标分析物存在下对两个电极之间施加电位。在确定的电位下，分析物在电极处经历氧化还原反应，引起电化学电池的电流发生变化。电子传递信号和产生的电流与电极处的氧化还原活性物质的量成比例，并且可用于检测或监测目标分析物的存在和数量。

电流型生物传感器相比同类产品有不少优势，因此其应用广泛。这种类型的生物传感器通过监测由目标电活性生物元素的氧化或还原产生的电流来提供特定的定量分析信息。应用于氧化或还原的电位值对生物分析物来说是特异性的，因此传感器要具有附加选择性。因为电流检测期间传感器也是具有最小的背景信号的，所以固定电位可忽略充电电流。此外，流体动力学电流分析技术可以显著提高电极表面的质量传递[3]。在电子传输机制的监测方面，电流生物传感器多年来一直在发展，至今可以划分为三代[2,4]。

## 4.2.1　第一代电流传感器

第一代生物传感器测量电活性底物浓度的降低或电活性产物浓度的增加。通常，这些生物传感器测量氧还原或过氧化氢的产生。因此，氧化酶和脱氢酶是这种类型的生物传感器中使用的两种主要类型的酶。由于大多数在硅兼容平台上作为电化学生物传感器的临床碳纳米纤维分析物不是作为氧化还原酶的天然底物获得的，目前已经开发了多种策略，通过使用偶联的酶反应将非亲合反应转化为氧化还原反应。通过将分析物参与另一个反应相结合，可以产生可通过电流分析法检测的物质，并且可以使用电流传感器。在这种方法中可以检测到的分析物包括肌酸，尿素，乳酸和丙酮酸[5]。

## 4.2.2　第二代电流传感器

第二代生物传感器使用介体在酶的氧化还原反应的中心和工作电极之间传输电子。该方法特别适用于其氧化还原中心嵌入蛋白质核心并且是电绝缘的酶，这对于生物传感器技术中使用的大多数酶是真实的。氧化还原介体促进电子在酶的活性位点和电极表面之间的转运。二茂铁及其衍生物是最知名和广泛使用的介体。Abbott- Medisense 的 ExacTECH™ 生物传感器使用衍生物作为介质来监测血糖水平[6,7]。文献提出的可溶性介质的其他应用包括检测感染标志物抗体，乙酰胆碱，生物需氧量，谷胱甘肽，1-丙氨酸，丙酮酸，乳酸和胆固醇[8]。

## 4.2.3　第三代电流传感器

第三代生物传感器通过促进酶和电极表面之间的直接电子转移来绕过外部介体的

需要。由于蛋白质分子的不利取向，溶液中的氧化还原蛋白通常难以直接转移到电极表面的裸露电极上。电极和蛋白质的电活性中心之间的电子交换可能受到阻碍取决于取向。如果氧化还原中心和电极之间的距离较大，则会导致直接电子转移的速率降低。为了在不使用介质的情况下克服这些问题，应用不同的方法来增强直接电子转移。这些方法包括不同的固定技术、电极的表面改性（以使电极表面与氧化还原酶更相容），以及蛋白质工程（以达到酶最有利的取向）。

## 4.3 碳纳米纤维作为生物传感器的电极

在功能范围和成本效益方面，碳电极已经被证明是酶电流型生物传感器的良好选择。在碳电极中，碳纳米结构（圆柱形或圆锥形）具有最好的潜力。碳纳米材料表现出增强的导电性、良好的稳定性、优异的结构性能和催化性能，以及对生物催化剂的高负载性，所有这些都是生物传感器平台所需要的[9-14]。这些碳纳米结构的尺寸直径范围几纳米到几百纳米，长度范围从小于一微米到几毫米[15]。在碳纳米结构中，碳纳米管（Carbon Nanotube，CNT）已被广泛应用于生物传感器研究，且碳纳米纤维（CNF）正在成为替代 CNT 的潜在候选者。CNF 与 CNT 相比，具有更好的导电性能和结构性能，这使得它们更适合作为电极和固定基板[16,17]。CNT 和 CNF 可用作电子场发射源、电化学探针、功能化传感器元件、扫描探针显微镜尖端、氢和电荷存储装置、催化剂载体和纳米机电系统（Nanoelectromechanical systems，NEMS）。由于它们的形状非常规则，仅 CNT 的尖端是电化学活性的。相比之下，在 CNF 表面的羧基的不规则和缺陷位点是作为电化学电荷转移的优良位置[18]。因此，与 CNT 相比，CNF 具有更好的灵敏度和响应性[19]。由于其优异的结构性能，与 CNT 相比，CNF 也具有更好的机械稳定性[20]。CNF 通常在硅衬底上生长，从而提供 CMOS 和薄膜晶体管技术的兼容性[21]。这有助于传感器元件与在单个芯片上实现的相关联的信号处理电路的集成[22]。

### 4.3.1 碳纳米纤维生长技术

很多文献都记录了生长 CNF 的不同技术，包括直流等离子体增强化学气相沉积（Direct- Current Plasma- Enhanced Chemical Vapor Deposition，DC PECVD）、热丝 DC PECVD，微波 PECVD（Microwave PECVD，MPECVD）、电感耦合 PECVD（Inductively Coupled PECVD，IC PECVD）、射频 PECVD（RF PECVD）、电子回旋共振 PECVD（Electron Cyclotron Resonance PECVD，ECR PECVD）、磁控管型射频和空心阴极等离子体等。在这些技术中，MPECVD、IC PECVD 和 DC PECVD 已成功广泛用于 CNF 的生长。DC PECVD 是纳米纤维生长最流行的方法[15]，因为使用这种方法既可以实现纤维森林的生长，也可以实现单一纳米纤维的生长。Ni、Fe 和 Co 通常用作生长过程的催化剂，衬底需要用作阴极，因此需要导电表面作为衬底。对于绝缘型衬底，通常在催化剂下沉积薄金属膜以保持与电极的连通性。在该方法中，使用乙炔作为碳源，氨用作蚀刻剂气体；等离子体功率、$C_2H_2/NH_3$ 气体比、流速、生长时间和催化剂尺寸影响纤维的形态。在 DC PECVD 过程中确定性合成是可能的，晶圆上的图案化催化剂材料可以固定 CNF 生长的位置，纤维的直径取决于催化剂的尺寸，而长度取决于生长速率和生长过程的持续时间。纤维的对准由 DC PECVD 环境的等离子体鞘中存在的电场控制。纤维的侧壁组成由气体成分，基底材料和等离子体功率控制。

图 4.1 所示为 DC PECVD 的生长过程。催化剂预制底物用作反应室中的阴极。然后将样品安装在加热板上，并且当在室中达到基础压力时，氨从顶部喷头引入。氨等离子体和室温影响了从沉积的催化剂点到催化剂纳米颗粒的形成。这些纳米颗粒作为纳米纤维生长的种子。用氨预处理后，将乙炔引入室内。根据预处理和催化剂的拉伸强度，乙炔分解为碳并沉积在催化剂之下/之上。扫描电子显微镜（Scanning Electron Microscope，SEM）图像的单一和森林的纤维如图 4.2 所示。

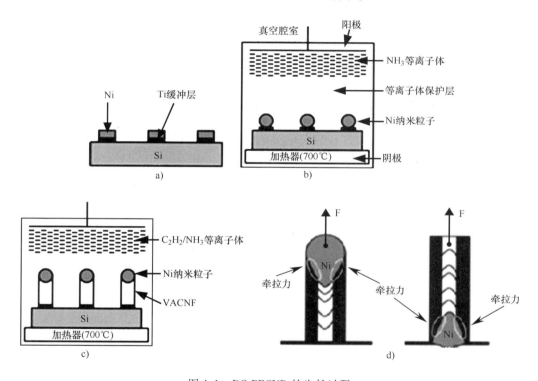

图 4.1　DC PECVD 的生长过程

a）催化剂图纹底物　b）催化剂预处理　c）用于 CNF 生长的 $C_2H_2/NH_3$ 等离子体

d）垂直排列的碳纳米纤维 VACNF 生长

DC PECVD 的一个主要优点是垂直排列的碳纳米纤维（Vertically Aligned CNF，VACNF）森林和单个纤维可以在由催化剂纳米颗粒限定的预定位置上生长。纤维的类型取决于预制点的尺寸。如果点接近最小临界值，则单个纤维随着催化剂开始生长。该方法的缺点包括等离子体不稳定性及其对导电基片的要求，这限制了该方法中基片的选择。

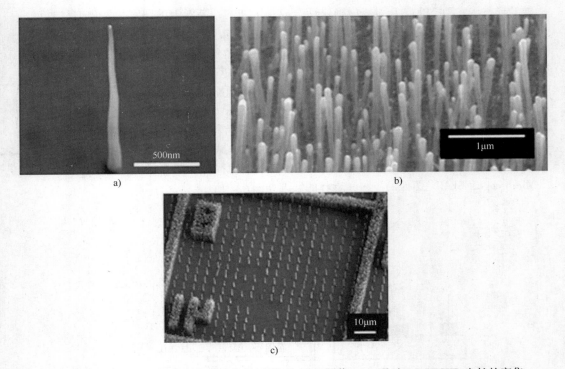

图 4.2　a) 由 DC PECVD 生产的单个 VACNF 的 SEM 图像　b) 通过 DC PECVD 生长的密集
VACNF 森林的 SEM 图像　c) 独立 VACNF 和 VACNF 森林有序阵列的 SEM 图像

## 4.3.2　纳米纤维电极的功能化

为了开发基于 VACNF 的生物传感器系统，重要的是对纳米纤维电极进行化学修饰以利用它们的特定性质。这被称为用于生物传感器开发的纳米纤维的功能化。CNF 可以以不同的方式生物化学功能化，如物理吸附、共价键合和电化学技术[23]。

2004 年，Lee 等[24] 提出了用硝基功能化 VACNF/单壁纳米管（Single-Wall Nano-tubes，SWNT）的方法，其通过电化学反应还原成氨基。所得到的伯胺基团作为起始点，以将 DNA 仅与 VACNF 的纳米结构共价连接。该方法如图 4.3 所示。该方法可用于将 DNA、肽和抗体固定在纳米结构的表面上。由于电化学中的电子转移步骤通常只能在一个纳米的电极表面内的物质发生[25]，所以该方法具有扩展到近原子尺度的潜力。DNA 杂交显示该方法工作良好，DNA 修饰的纳米结构提供了极好的生物选择性。

Baker 等人展示了用生物分子共价修饰 CNF 的两种不同方法：一种涉及电化学反应；另一种涉及光化学反应。光化学方法适用于高度绝缘的分子，而电化学方法使用导电分子。因此，这两种方法可用于制备具有一定范围电特性的生物修饰的纳米纤维，用于电感应溶液中的特定生物分子[26]。光化学方法开始于生长的纳米纤维和在 254nm 光照射下的末端烯烃基团与被保护的胺基团的分子之间的光化学反应[27-29]。光化学反应完成后，遵循脱保护方法，显示用伯氨基封端的表面，如图 4.4[26] 所示。电化学方法包括通过与重氮盐，四硝基苯重氮四氟硼酸盐的共价接枝功能化 CNF。硝基的电化学还原使表面以伯氨基封端[24,29,30]。在电化学控制下将硝基选择性还原成氨基，提供了可寻址功能化的途径。该方法如图 4.5 所示。

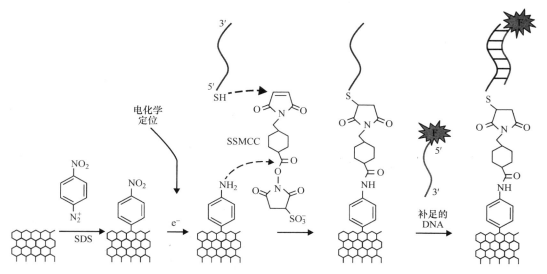

图 4.3　CNT 可定位生物分子功能化原理示意图（CNF 的过程是完全相同的）

（出自 Lee, C. S. et al., *Nano Lett.*, 4（9），1713，2004）

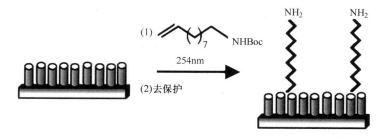

图 4.4　产生氨基封端表面的光化学功能化方法示意图

（出自 Baker, S. E. et al., Chem. Mater., 17（20），4971，2005）

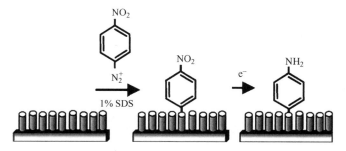

图 4.5　产生氨基封端表面的电化学功能化示意图

（出自 Baker, S. E. et al., Chem. Mater., 17（20），4971，2005）

McKnight 通过光刻胶遮蔽阻挡法引入了 VACNF 阵列的灵活的异质生物化学功能化技术，代替整个纳米纤维的功能化。该方法可以在空间上跨设备的区域以及沿着垂直纳米纤维的长度用于纳米纤维阵列的位点特异性物理、化学和电化学功能化[31]。在该方法中，可以使用光刻胶遮蔽层来沿着纳米纤维高度（图 4.6 中的每个图的左侧所示的两个纤维）或具体在阵列的不同区域（图 4.6 中的每个图右侧所示的单纤维）。可以促进该位点特异性结合方法来提供基于 VACNF 的装置的额外复杂性，因此将基因递送应用限制在纳米纤维的末端，并且仅在离散位置修饰纳米纤维，以在微流体系统中增加复杂性。

光刻胶遮蔽阻挡法的一般方案如图 4.6 所示。首先，使用 DC PECVD 方法生长纳米纤维阵列。然后用光刻胶纺丝，使用光刻图案去除所需区域的保护。

使用氧反应离子蚀刻（RIE），将光刻胶保护层定制成所需的高度，同时仅暴露尖端。然后可以将这些暴露的区域物理、化学或电化学功能化，然后通过化学溶解除去光刻胶。

Fletcher 等人在 VACNF 表面上开发了两种生物分子方案，一种使用一类杂环芳族染料化合物，用于特异性吸附到 VACNF 上，另一种使用共价偶联的生物分子通过交联到 CNF 侧壁上的羧酸位点[32]。

该吸附方法利用了芳族结合染料的结构。研究表明，碳纳米管的石墨烯外表面允许与芳族分子通过堆积来相互作用（类似芘）[33]。CNF 的侧壁还具有石墨烯碳，但是片材以层叠构型存在，而不是纳米管的光滑外护层。与纳米管不同，亲和素（avidins）不

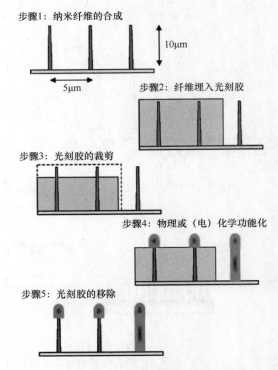

图 4.6　基于光刻胶遮蔽阻挡的 VACNF
阵列的化学或电化学功能化的一般方案

（出自 Boussaad, S. et al., Chem. Commun., 13, 1502, 2003）

会对 VACNF 产生强烈的物理反应。尽管使用相当温和的固定条件促进蛋白质固定化，但在严格洗涤条件下，染料结合方法的可逆性可能不适用于某些应用。然而，当不存在严格洗涤条件的情况下，非共价吸附是直接的且有使用潜力的。

共价偶联是用于固定生物分子的更强健的技术。标准的生物分子固定化学物质，然后是氧等离子体清洗，提供有效和可再生的功能化，利用碳二亚氨基交联固定在表面。可以通过将侧胺基团与 VACNF 表面上暴露的羧酸残基（由氧等离子体处理产生）相结合来固定 DNA 和蛋白质。弱结合的物理吸附材料可以通过严格的洗涤条件去除，

而不会去除系链生物分子，从而在进行基于荧光的测定时减少背景荧光。这些调查扩大了功能化 CNF 在生物传感器开发中的应用。

## 4.4　基于碳纳米纤维的生物传感器的具体应用

基于碳纳米纤维（CNF）的生物传感器具有广泛的可应用范围，如葡萄糖检测、酒精检测、烟酰胺腺嘌呤二核苷酸（Nicotinamide Adenine Dinucleotide，NADH）检测和 K562 细胞检测。其中，对葡萄糖检测的研究最为广泛，尽管其他分析物的检测也显示出显著的前景。Vamvakaki 等人提出了一种葡萄糖生物传感器，其利用的是 CNF 与纳米管相比具有较大的功能化区域这一特点[34]。该传感器是利用直接酶固定的高活性 CNF 开发的，由于可以很好地控制纳米管外表面上的功能团的数量和类型，所以该方法有望开发非常灵敏，稳定和可重复的电化学生物传感器。Vamvakaki 通过吸附法固定葡萄糖氧化酶（Glucose Oxidase，$GO_x$），使纳米纤维表面功能化。使用具有 Ag/AgCl 双结参考电极和 Pt 对电极的三电极系统，进行电化学测量。对于 Ag/AgCl 电极，在 +600mV 的工作电位下，电泳法监测生物传感器的灵敏度。纳米纤维的较大功能化区域为酶固定化提供了良好的化学环境，而高导电性保证了良好的电化学信号传导。

Wu 等人提出了一种基于 CNF-$GO_x$/Nafion 的电流葡萄糖传感器[35]，其中使用 $GO_x$ 作为酶模型。该传感器显示了可溶性 CNF 对溶解氧的电还原的良好的电催化活性，其由 $GO_x$ 作为制备相关氧化酶基生物传感器的模型产生。CNF 膜显示出良好的稳定性，并且对溶解氧提供了快速响应，这扩大了其在诸如食品、饮料和葡萄糖监测的发酵液的不同领域中的应用。即使在其他干扰物如抗坏血酸和尿酸的存在下，使用低工作电位（-0.3V）和 Nafion 膜也对葡萄糖检测产生良好的选择性，这比 Vamvakaki 提出的传感器有所改进。

生物传感器可以快速检测 10~350μM 的葡萄糖，检测限为 2.5μM。简单的硝酸处理通过在 CNF 表面上产生大量不同的含氧基团来改善溶解性和生物相容性。可溶性 CNF 具有促进电活性化合物的电子转移的良好导电性和良好的生物传感器的制备重复性。它还显示出良好的催化活性，以减少溶解氧，这可以用于连续监测溶解氧，并代表用于开发电流葡萄糖传感器的生物相容性平台。

Islam 等人[36]提出了一种基于 VACNF 平台的无介质高选择性葡萄糖传感器，采用双酶连线技术。使用 $GO_x$ 和辣根过氧化物酶（Horseradish Peroxidase，HRP）对纳米纤维的表面进行功能化。在两步电化学氧化还原操作中证实葡萄糖的检测。在第一阶段，葡萄糖在 $GO_x$ 存在下被环境氧氧化，产生过氧化氢（$H_2O_2$）；在第二阶段，$H_2O_2$ 在 HRP 存在下还原成水。由 CNF 提供减少所需的两个电子，并且所得到的电流变化由传感器获得。根据酶在传感器表面的适当固定，传感器可以具有非常小的（低至 0.4μm）[36]到高的检测范围（1~6.6mM，与人血糖水平一致）[37]，并且可以用于环境监测和医疗应用。

Weeks 等人提出了使用 VACNF 构建无试剂电流型酶生物传感器来检测乙醇[38]。酵母醇脱氢酶（Yeast Alcohol Dehydrogenase，YADH），氧化还原酶及其辅酶烟酰胺腺嘌吟二核苷酸（Nicotinamide Adenine Dinucleotide，NAD+）通过吸附和共价连接固定在 VACNF 上。由于其优异的结构和电性能，由 PECVD 生长的 VACNF 被选为电极材料。还检查了生物传感器的储存稳定性，再利用性和响应时间。VACNF 被认为是构建生物传感器平台的有效策略。

Li 等人研究了三种不同类型的 CNF，血小板型，鱼骨型和管型，以发现纳米纤维结构对过氧化氢的电化学感应的影响[39]。根据 CNF 在形态、结构和晶体结构上的差异，观察到这些 CNF 对过氧化氢氧化的电催化活性存在显著差异。

Arvinte 等使用 CNF 开发一个基于 CNF 对 NADH 的电催化活性的电化学生物传感器平台[40]。与裸玻璃碳电极相比，在 CNF 改性的碳电极上 NADH 的直接电化学研究表明 NADH 的氧化电位降低了大于 300mV。

Hao 等人利用 CNF 的化学稳定性和机械强度来设计一种生物相容性结构，用于将人类 K562 细胞附着和细胞分析在电极上[41]。发现 K562 细胞电子转导的阻抗与通过电化学阻抗谱和循环伏安法的黏附细胞数量有关，这导致 K562 细胞能够高灵敏度阻抗传感器。

这些结果证实 CNF 为组装电化学传感器和生物传感器提供了有希望的材料。

## 4.5　与传感器结构的集成

Fletcher 等人提出了一种可用于与 VACNF 阵列集成的 CMOS 芯片[42]。VACNF 阵列需要固定电位进行电流分析测试，根据目标分析物，氧化还原/氧化反应发生在固定电位。所提出的芯片包含 8 个可选参考电压和 3×8 解码器，为垂直排列的 VACNF 电极阵列选择不同的参考电压。Ko 等人还提出了一种将 VACNF 转移到柔性聚碳酸酯表面上的制造方法[43]。在该方法中，聚碳酸酯膜覆盖在硅衬底上生长的 VACNF，在 190℃ 的温度下退火 2h，压力为 2~3N/cm$^{-2}$。VACNF 在升高的温度下部分地嵌入软化的聚碳酸酯基材中，然后将固化的基材与嵌入其中的 VACNF 一起剥离。VACNF 与硅衬底的弱互连有利于剥离过程。用于 VACNF 阵列的信号调理电路需要测量由 VACNF 表面的氧化/氧化还原反应产生的电流，典型的低电流测量电流表可以添加到 VACNF 传感器中，作为测量单位。

## 4.6　硅的兼容性

CNF 生长过程需要在 600~700℃ 范围内提高温度[15]。这种高生长温度对于作为低温工艺的商用 CMOS 芯片上的纳米纤维的生长有阻碍作用。互补 MOS 的功能在约 400℃ 时会降低。VACNF 与低温电子集成的一种替代方法是将生长的 VACNF 转移到金属焊盘上，该金属焊盘采用标准 CMOS 工艺制成图案。近来已经验证了这种转移过程，其中在高温 DC PECVD 工艺中，在 Si 衬底中生长柔性阵列的纳米纤维，然后转移到金属焊盘阵列[41]。该过程需要几个步骤。在 DC PECVD 工艺中生长的 VACNF 阵列部分地被掩埋在环氧树脂（SU8）中，并且随后将 VACNF 嵌入的 SU8 从 Si 衬底剥离以进行转移，然后将剥离的层放置在预先形成图案的金属垫上，并且使两个结构配合，使用图案化的负载银的环氧树脂。Yang 等人最近的一项研究[16]表明，事实上，半导体 SiC 层在生长过程中形成在 VACNF 之下。该层在半导体层和纳米纤维之间形成肖特基势垒结。结点的电流-电压特性也支持研究并显示在 DC PECVD 工艺中生长的纳米纤维的整流行为。

## 4.7　相关挑战

CNF 和硅衬底之间的弱键合是实现鲁棒的基于纳米纤维的电极平台的主要挑战之一，因为键合在电极稳定性方面起着重要作用。重复洗涤和电化学测量可以在电流分析测试中拉出纤维。为了规避弱键合问题，文献提出的方法之一是用 $SiO_2$ 和 SU8 覆盖纳米纤维森林[42]。然而，这会降低纤维森林的传感效率。其他挑战包括提高纳米纤维基电极的稳定性，满足电极贮存要求，减小纳米纤维电极中的噪声，与标准 CMOS 电路的集成问题，以及降低与纳米纤维制造相关的成本。

CNF 电极的稳定性仍然是进一步研究的课题。由于其疏水性，纳米纤维与空气传播的水蒸气反应，盐沉积可能发生在整个纤维表面。因此，贮存纳米纤维森林需要特别小心。保存纤维森林的一个选择是在不使用时将电极保留在缓冲溶液中。干纤维森林易于脆化，在加工或检测过程中会破裂。如果纳米纤维电极的干燥保存是唯一的选择，则建议在进行电化学测试之前将纤维森林浸泡在缓冲液或去离子（deionized，DI）水中。此外，在整个纳米纤维表面有许多酸性和碱性基团，它们对加工步骤具有很高的反应性，并且可能引起溶解溶液的净酸性或碱性。因此对于 CNF 电极，在任何电化学分析中需要缓冲液来将 pH 保持在恒定水平。这也可能限制了任何可植入系统中裸纳米纤维的使用

CNF 尖端与其他碳纳米材料相比具有最高的反应性[42]。对于高分辨率感测，来自相邻纤维森林的信号干扰成为不可避免的事件，一个绕过的方法是用绝缘层覆盖森林表面，仅露出纤维尖端进行电化学反应。此处，CNF 生长过程需要在 600～700℃ 的范围内的升高温度，这需要专门的工艺技术，并且需要昂贵的基础设施。温度范围并不适用于纳米纤维与标准 CMOS 芯片的直接集成，一种替代方案可能是在 RF DC PECVD 工艺中使用 RF 能量来仅在 CMOS 芯片上生长纳米纤维的位置提升温度。为了降低制造成本，文献 [44] 提出了低成本的 SPUN CNF 生长工艺。

## 4.8　结论

CNF 是实现生物传感器的有效平台。由于存在大量由暴露的羧基组成的缺陷部位，CNF 允许在其表面上固定生物元素，并且与其他碳纳米材料相比，CNF 可以提供更好的电响应。基于 CNF 的生物传感器通过 CNF 采用酶联结技术将酶与金属电极封闭，提供了将电子从电极转移到电化学反应中心的有效途径。这些传感器表现出良好的动态范围，并且在干扰电活性化合物的存在下显示出对分析物的高选择性。中介或无膜操作有助于这些生物传感器在医疗保健、环境监测、科学实验等方面的潜在应用。由于

CNF 可以在硅兼容的基板上生长，因此这些传感器可能与现有传感器技术集成，开发出全集成的基于实验室芯片平台的综合分析仪器。然而，CNF 生物传感器的商业化实现将需要进一步的研究，以克服与材料性质、生长技术、靶生物分子的功能化以及封装策略相关的挑战的数量。

# 参 考 文 献

1. B. R. Eggins, *Chemical Sensors and Biosensors*, Wiley, New York, 2002.
2. S. V. Dzyadevych, V. N. Arkhypova, A. P. Soldatkina, A. V. El'skaya, C. Martelet, N. Jaffrezic-Renault, Amperometric enzyme biosensors: Past, present and future, *BioMedical Engineering and Research (IRBM)*, 29(2–3), 171–180, 2008.
3. C. J. Slevin, P. R. Unwin, Microelectrochemical measurements at expanding droplets (MEMED): Mass-transport characterization and assessment of amperometric and potentiometric electrodes as concentration boundary layer probes of liquid/liquid interfaces, *Langmuir*, 15(21), 7361–7371, 1999.
4. S. J. Sadeghi, Amperometric biosensors, *Encyclopedia of Biophysics*, ed.: G. C. K. Roberts, Springer-Verlag, Berlin, Germany, pp. 61–67, 2013.
5. F. Mizutani, S. Yabuki, Y. Sato, T. Sawaguchi, S. Iijima, Amperometric determination of pyruvate, phosphate and urea using enzyme electrodes based on pyruvate oxidase-containing poly(vinyl alcohol)/polyion complex-bilayer membrane, *Electrochimica Acta*, 45(18), 2945–2952, 2000.
6. A. E. G. Cass, G. Davis, G. D. Francis, H. A. O. Hill, W. J. Aston, I. J. Higgins, E. V. Plotkin, L. D. L. Scott, A. P. F. Turner, Ferrocene-mediated enzyme electrode for amperometric determination of glucose, *Analytical Chemistry*, 56(4), 667–671, 1984.
7. N. J. Forrow, G. S. Sanghera, S. J. Walters, The influence of structure in the reaction of electrochemically generated ferrocenium derivatives with reduced glucose oxidase, *Journal of the Chemical Society: Dalton Transactions*, (16), 3187–3194, 2002.
8. A. Chaubey, B. D. Malhotra, Mediated biosensors, *Biosensors and Bioelectronics*, 17(6–7), 441–456, 2002.
9. G. M. Cote, R. M. Lec, M. V. Pishko, Emerging biomedical sensing technologies and their applications, *IEEE Sensors Journal*, 3(3), 251–266, 2003.
10. M. Zayats, E. Katz, R. Baron, I. Willner, Reconstitution of apo-glucose dehydrogenase on pyrroloquinolinequinone-functionalized Au nanoparticles yields an electrically contacted biocatalyst, *Journal of American Chemical Society*, 127(35), 12400–12406, 2005.
11. S. Boussaad, N. J. Tao, T. Hopson, L. A. Nagahara, In situ detection of cytochrome c adsorption with single walled carbon nanotube device, *Chemical Communication*, 13, 1502–1503, 2003.
12. P. G. He, L. M. Dai, Aligned carbon nanotube–DNA electrochemical sensors, *Chemical Communication*, 3, 348–349, 2004.
13. D. Lee, J. Lee, J. Kim, J. Kim, H. B. Na, B. Kim, C.-H. Shin, J. H. Kwak, A. Dohnalkova, J. W. Grate, T. Hyeon, H.-S. Kim, Simple fabrication of a highly sensitive and fast glucose biosensor using enzymes immobilized in mesocellular carbon foam, *Advanced Materials*, 17(23), 2828–2833, 2005.
14. O. Niwa, Electroanalytical chemistry with carbon film electrodes and micro and nano-structured carbon film-based electrodes, *Bulletin of the Chemical Society of Japan*, 78(4), 555–571, 2005.
15. A. V. Melechko, V. I. Merkulov, T. E. McKnight, M. A. Guillorn, K. L. Klein, D. H. Lowndes, M. L. Simpson, Vertically aligned carbon nanofibers and related structures: Controlled synthesis and directed assembly, *Journal of Applied Physics*, 97(4), 041301, 2005.
16. X. Yang, M. A. Guillorn, D. Austin, A. V. Melechko, H. Cui, H. M. Meyer III, V. I. Merkulov, J. B. O. Caughman, D. H. Lowndes, M. L. Simpson, Fabrication and characterization of carbon nanofiber-based vertically integrated Schottky barrier junction diodes, *Nano Letters*, 3(12), 1751–1755, 2003.
17. Q. Zhao, Z. Gan, Q. Zhuang, Electrochemical sensors based on carbon nanotubes, *Electroanalysis*, 14(23), 1609–1613, 2002.
18. S.-U. Kim, K.-H. Lee, Carbon nanofiber composites for the electrodes of electrochemical capacitors, *Chemical Physics Letters*, 400, 253–257, 2004.
19. J. Jang, J. Bae, M. Choi, S.-H. Yoon, Fabrication and characterization of polyaniline coated carbon nanofiber for supercapacitor, *Carbon*, 43(13), 2730–2736, 2005.

20. Y.-L. Yao, K.-K. Shiu, A mediator-free bienzymaticamperometric biosensor based on horseradish peroxidase and glucose oxidase immobilized on carbon nanotube modified electrode, *Electroanalysis*, 20(19), 2090–2095, 2008.

21. J. Park, S. Kwon, S. I. Jun, T. E. Mcknight, A. V. Melechko, M. L. Simpson, M. Dhindsa, J. Heikenfeld, P. D. Rack, Active-matrix microelectrode arrays integrated with vertically aligned carbon nanofibers, *IEEE Electron Device Letters*, 30(3), 254–257, 2009.

22. A. V. Melechko, R. Desikan, T. E. McKnight, K. L. Klein, P. D. Rack, Synthesis of vertically aligned carbon nanofibres for interfacing with live systems, *Journal of Physics D: Applied Physics*, 42(19), 193001, 2009.

23. J. Wang, Y. Lin, Functionalized carbon nanotubes and nanofibers for biosensing applications, *Trends in Analytical Chemistry*, 27(7), 619–626, 2008.

24. C. S. Lee, S. E. Baker, M. S. Marcus, W. S. Yang, M. A. Eriksson, R. J. Hamers, Electrically addressable biomolecular functionalization of carbon nanotube and carbon nanofiber electrodes, *Nano Letters*, 4(9), 1713–1716, 2004.

25. R. A. Marcus, On the theory of electron–transfer reactions. VI. Unified treatment for homogeneous and electrode reactions, *Journal of Chemical Physics*, 43(2), 679–701, 1965.

26. S. E. Baker, K. Y. Tse, E. Hindin, B. M. Nichols, T. L. Clare, R. J. Hamers, Covalent functionalization for biomolecular recognition on vertically aligned carbon nanofibers, *Chemistry of Materials*, 17(20), 4971–4978, 2005.

27. T. Strother, T. Knickerbocker, J. N. Russell, J. E. Butler, Jr., L. M. Smith, R. J. Hamers, Photochemical functionalization of diamond films, *Langmuir*, 18(4), 968–971, 2002.

28. T. L. Lasseter, W. Cai, R. J. Hamers, Frequency-dependent electrical detection of protein binding events, *Analyst*, 129, 3–8, 2004.

29. W. S. Yang, O. Auciello, J. E. Butler, W. Cai, J. A. Carlisle, J. E. Gerbi, D. M. Gruen et al., DNA-modified nanocrystalline diamond thin-films as stable, biologically active substrates, *Nature Materials*, 1, 253–257, 2002.

30. P. Allongue, M. Delamar, B. Desbat, O. Fagebaume, R. Hitmi, J. Pinson, J.-M. Savéant, Covalent modification of carbon surfaces by aryl radicals generated from the electrochemical reduction of diazonium salts, *Journal of American Chemical Society*, 119, 201–207, 1997.

31. T. E. McKnight, C. Peeraphatdit, S. W. Jones, J. D. Fowlkes, B. L. Fletcher, K. L. Klein, A. V. Melechko, M. J. Doktycz, M. L. Simpson, Site-specific biochemical functionalization along the height of vertically aligned carbon nanofiber arrays, *Chemistry of Materials*, 18(14), 3203–3211, 2006.

32. B. L. Fletcher, T. E. McKnight, A. V. Melechko, M. L. Simpson, M. J. Doktycz, Biochemical functionalization of vertically aligned carbon nanofibres, *Nanotechnology*, 17(8), 2032–3039, 2006.

33. R. J. Chen, Y. Zhang, D. Wang, H. Dai, Noncovalent sidewall functionalization of single-walled carbon nanotubes for protein immobilization, *Journal of American Chemical Society*, 123(16), 3838–3839, 2001.

34. V. Vamvakaki, K. Tsagaraki, N. Chaniotakis, Carbon nanofiber-based glucose biosensor, *Analytical Chemistry*, 78(15), 5538–5542, 2006.

35. L. Wu, X. Zhang, H. Ju, Amperometric glucose sensor based on catalytic reduction of dissolved oxygen at soluble carbon nanofiber, *Biosensors and Bioelectronics*, 23(4), 479–484, 2007.

36. A. B. Islam, F. S. Tulip, S. K. Islam, T. Rahman, K. C. MacArthur, A mediator free amperometric bienzymatic glucose biosensor using vertically aligned carbon nanofibers (VACNFs), *IEEE Sensors Journal*, 11(11), 2798–2804, 2011.

37. K. C. MacArthur, K. A. A. Mamun, F. S. Tulip, N. McFarlane, S. K. Islam, Fabrication and characterization of vertically aligned carbon nanofiber as a biosensor platform for hypoglycemia, *Lester Eastman Conference of High Performance Devices (LEC 2012)*, August 7–9, Brown University, Providence, RI, 2012.

38. M. L. Weeks, T. Rahman, P. D. Frymier, S. K. Islam, T. E. McKnight, A reagentless enzymatic amperometric biosensor using vertically aligned carbon nanofibers (VACNF), *Sensors and Actuators B*, 133(1), 53–59, 2008.

39. Z. Li, X. Cui, J. Zheng, Q. Wang, Y. Lin, Effects of microstructure of carbon nanofibers for amperometric detection of hydrogen peroxide, *Analytica Chimica Acta*, 597(2), 238–244, 2007.

40. A. Arvinte, F. Valentini, A. Radoi, F. Arduini, E. Tamburri, L. Rotariu, G. Palleschi, C. Bala, The NADH electrochemical detection performed at carbon nanofibers modified glassy carbon electrode, *Electroanalysis*, 19(14), 1455–1459, 2007.

41. C. Hao, L. Ding, X. Zhang, H. Ju, Biocompatible conductive architecture of carbon nanofiber-doped chitosan prepared with controllable electrodeposition for cytosensing, *Analytical Chemistry*, 79(12), 4442–4447, 2007.

42. B. L. Fletcher, T. E. McKnight, A. V. Melechko, D. K. Hensley, D. K. Thomas, M. N. Ericson, M. L. Simpson, Transfer of flexible arrays of vertically aligned carbon nanofiber electrodes to temperature-sensitive substrates, *Advanced Materials*, 18(13), 1689–1694, 2006.

43. H. Ko, Z. Zhang, J. C. Ho, K. Takei, R. Kapadia, Y.-L. Chueh, W. Cao, B. A. Cruden, A. Javey, Flexible carbon nanofiber connectors with anisotropic adhesion properties, *Small*, 6(1), 22–26, 2010.

44. C. Kim, Y.-J. Kim, Y.-A. Kim, Fabrication and structural characterization of electro-spun polybenzimid-azol-derived carbon nanofiber by graphitization, *Solid State Communications*, 132(8), 567–571, 2004.

# 第 5 章　传感器技术到医疗器械环境的转化

Robert D. Black

## 5.1　引言

传感器技术应用到临床医学中是一个复杂的、涉及多方面因素的项目[1-4]。除了在发现阶段存在的挑战之外,还有监管、理赔和医师接受等方面的障碍需要解决。而后者的挑战在研究性期刊文章中往往不会被考虑。由于研究经费变得越来越难以获得,因此以支持人类新的医疗能力为目的的工作都必须是完整的,以便能够清除所有反对它的障碍。这并不是说纯粹的研究项目不重要,而是作为促进人类健康这样一种影响深远的严谨工作必须在具有全面认知和需求者接受的前提下推进。有一些问题必须要弄清楚,即使是在最初的开发阶段。这些问题被列举如下:

- 产品是否适合现有的医保支付条例?
- 当易于处理的临床试验完成时,该产品能被食品和药物管理局(Food and Drug Administration,FDA)批准吗?
- 如果该器械是一个植入式传感器,它是如何植入的,它可以被包含在现有的医疗过程中吗?
- 该器械是否适合现有的医疗培训和实践,如果不适合,可接受的学习曲线是什么?
- 如果器械涉及传感器数据,具体来说,如何将这些数据用于患者的护理呢?
- 该器械能以符合成本效益的方式制造出来吗?
- 植入器械是否能够通过便利性测试?这意味着该植入器械所提供的信息是独特的和有价值的,并且是不能通过微创手段(例如血液测试)获得的。

本章从审查包含在监管过程中的一些基本因素开始,介绍以传感器为基础的技术的几个例子,它们目前都是广泛使用于患者的。本章最后将提到传感器为基础的医疗器械的一些未来的趋势,这些趋势也是基于 FDA 的监管预期的。本章旨在能给读者提供一个对多面性环境更好的领会和理解,因为这种多面性环境将是每一个致力献身于人类医疗事业的研究者所必须应对的。

## 5.2　医疗器械的 FDA 监管控制过程

在美国,对医疗器械商业化的监督机构是 FDA[5]。以欧洲为例,医疗器械指令(Medical Device Directive,MDD)保证了标准的统一,但每个国家对 MDD 的应用都是遵从于其国家目的的。因此，围绕医疗器械商业化的相关法规的统一必将是一个随着国家的不同而不同的过程。基于此类原因，在这里，我们将重点关注 FDA 的特定要求。FDA 制定的规则都是基于联邦法规规范（Code of Federal Regulations，CFR）的法律约束的。

## 5.2.1　器械如何使用

当谈到医疗器械的监管控制时，我们首先必须明确其用途和适应证。二者虽然相似，但是其概念是不同的，并且后者在某种意义上是前者的一个子集。用途是指使用该器械的总体目标，该目标可能是相当笼统的（21 CFR 801.4）；适应证［如 21 CFR 814.20（b）（3）（i）］指的是器械进行诊断、治疗、预防，以及能够治愈或缓解的疾病或使用条件，包括器械使用所倾向的患者人群的描述。因此，一个给定的器械在原则上可以有许多的适应证，并且每一个新的应用必须评估其是否会产生新的安全和疗效方面的问题，如果有的话，器械制造商则需要提供数据（可能是临床数据）来建立其安全性和有效性。因此，医疗传感器的开发者，必须应对这个基本的分类问题，并且还要明确描述传感器的作用，以及它是如何作用于患者的健康的。

## 5.2.2　安全性和有效性

FDA 监管的根本是器械的安全性：它们一旦存在潜在的危害，会直接危害到患者，或者通过它提供的信息，会影响到患者的护理，以及，器械能否满足其适应证的应用要求？一个通常的概念性错误是：一个产品，如果不接触患者就不是医疗器械。但是，即使是像记录患者病历的这样一个软件，它也是需要遵从法规的（显然，如果软件提供的信息有误，可能会影响患者的护理和康复）。即使传感器系统不直接执行诊断或治疗功能，如果它具有潜在改变患者护理方式的能力，它可能仍然被归类为医疗器械。比如自动测量记录传导系统的一个软件，如果它发生故障，可以向医生提供错误的数据，从而导致给患者采取不适当的干预措施。医疗器械中的传感器必须具有严格的校准记录，以证明其在诊断或治疗过程中按其用途使用时传感器的精确度。如果在开发过程中，为医疗应用而设计的传感器被认为是不够准确的，则必须建立二次校准方法。例如，连续的血糖监测仪（Continuous Glucose Monitors，CGM）就是依赖于血糖仪是校准的。

## 5.2.3　实质等效比较的建立

尽管大多数新型医疗器械都具有新颖的特征，但它们通常都会与现有的商用医疗器械具有共同的适应证，该商用器械亦即所谓的进行实质等效比较的产品（Predicate Device）。在新型医疗器械寻求商业化应用的过程中，为进行实质等效比较的产品的识别提供了独特的优势，因为它减轻了举证责任。实际上，人们也可以利用现有的安全和有效性的跟踪记录，但是这样的实质等效比较必须有多接近才算能认可呢？目前还没有明确的方法来做出这样的决定，设备制造商必须咨询 FDA，以制定一个当设备提供给监管审查时将被接受的器械开发计划。对于试图将传感器引入医疗环境的发明者和研究人员来说，这是最具挑战性的概念。尽管新颖性对于发明过程和寻求专利保护至关重要，但它违背了进行实质等效比较后才能应用的情景概念。研究人员因设计新的、不同的传感器而获得奖励，理论上这些传感器对于医学进步的推进将是有用的。很多时候，承诺的使用效果也是夸大其词，与转化为医疗实践的可能性并不相称。当一个发明的利益相关者没有充分重视从实验室转到诊所的过程中所必须解决的整个事件链时，就会产生虚假的希望和乐观。人们经常看到警示性意见，表明发明与临床实施的分离已经有好多年了，坦率地说，过早地公布潜在的医疗价值没有任何用处，应该避免。

谈到进行实质等效比较的产品时需要注意的一点是确定实质等效比较的风险分类。有两个重叠的风险评估类别，即设备是重大风险（Significant Risk，SR）还是非重大风险（Nonsignifcant Risk，NSR）。在这里，风险涵盖了患者和设备操作员的风险。此外，设备分为三类。Ⅰ类设备是不实质性应用于防止人体健康受损的用途，且不存在会造成患者受伤的潜在不合理风险。如检查用手套即属于Ⅰ类设备。Ⅱ类设备包括高科技产品，这些产品本身并不能维持生命，但仍可对患者护理产生重要影响。磁共振成像（Magnetic Resonance Imaging，MRI）装置即为Ⅱ类设备。Ⅲ类设备用于支持或维持人类生命，或在防止人体健康受损方面具有重要意义。新型植入物，如神经激励器，属于这一类。显然，Ⅲ类设备是属于 SR 的，Ⅱ类设备可以是 SR 或 NSR 的，Ⅰ类设备是NSR 的。

## 5.2.4　监管途径

通过对医疗传感器器械的仔细观察我们可以发现，这里通常存在两种基本的过程性途径来获得监管认证。第一个通常被称为 510（k），第二个是上市前批准（Premarket Approval，PMA）。设备在 510（k）通道中获得许可，而通过 PMA 通道获得批准。还有一个被称为 De Novo 的第三种途径，可以作为中间路线，将在后文加以讨论。懂得如何应对审批途径是技术转化过程中的一项主要任务。510（k）器械是具有可证明的实质等效比较的产品，属于Ⅰ类或Ⅱ类，可以是 SR 或 NSR 的。如果器械被确定为 SR 的，则在获得支持设备应用的临床数据之前，必须向 FDA 提交被称为研究性器械豁免（Investigational Device Exemption，IDE）的正式应用申请。在 IDE 中，发起人应列出拟进行的临床研究背后的推理，总结实验室或动物试验的数据等。目的是向 FDA 解释拟议的方法将如何回答与许可过程密切相关的问题。在 IDE 获得批准之前，不允许进行人体试验。如果器械是 NSR 的，可以通过机构审查委员会（Institutional Review Board，IRB）获得临床工作的批准，该委员会存在于许多医院内，也可能是独立的私人组织。确定基于传感器的设备许可是否需要人体测试数据是评估临床潜力时的另一个重要考虑因素。

通常情况下，一个医疗传感器器械都会按照预期进入到 510（k）类别，但是，对于一个应用于医学科学的传感器完全是一种新型的类型时候，情况将怎样呢？如果一个传感器器械具有Ⅱ类设备属性并且是 NSR 的，但在市场上还没有可以直接进行实质等效比较的产品的时候，情况又将怎样呢？在只有 510（k）和 PMA 途径可用的情况下，这种器械将不得不通过 PMA 路线进行监管并成为Ⅲ类设备，尽管它可能非常安全和有效。为了破解这个逻辑僵局，FDA 启动了 De Novo 途径。De Novo 器械被认为是低风险器械，但目前市场销售的产品还没有与其相匹配的适应证。实际上，该器械也成了它自己的实质等效比较产品，这也是 De Novo 的由来。获得 De Novo 认证的过程与 510（k）器械的过程相似，但 FDA 可能会援引顾问小组审查，这会增加审批过程的时间。

既是高风险的，同时又是与进行实质等效比较的器械不等效的器械将通过 PMA 途径进行监管。PMA 申请需要组织和提供大量信息，它们包括器械及其部件的完整描述、照片和工程图样、方法的详细说明、用于制造该器械的设施和控制、拟议的标签和广告文献、培训材料、软件文档、生物相容性信息、适用的标准的引用，还有所有临床、动物试验和测试数据的总结。通常还要组建一个顾问小组来提供设备的外部评审，并且还要安排对制造设施的检查。最后，在 PMA 批准后，在商品化过程中，FDA 仍然要保留市场的监督权。PMA 流程可能需要数年的时间，并且要花费数百万美元或数千万美元的资金。这对于诸如新型传感器系统这样的未经测试的新技术来说是一个很大的障碍，需要清除，该过程应将注意力集中在设备的市场潜力上。

## 5.2.5　独立的器械测试

由于任何新的医疗器械都会引出安全问题，因此必须由独立机构对安全标准的符合性进行测试和验证。例如，就生物相容性而言，如果要植入装置或甚至只是接触皮肤，装置可能需要进行毒理学、致敏和刺激性测试。目前，有几个实验室执行这些测试服务。对于必须在生物环境中操作的医疗传感器，还必须包括在暴露于该环境期间对其功能状态的附加测试。该器械还必须遵守国际电工委员会（International Electro-technical Commission，IEC）60601 中规定的一系列技术标准，器械制造商必须提供实证的证据，以证明该器械已通过本标准中规定的安全和功能测试。在这个标准之下的、被称为第三版的规则强调了关于家用设备的、重要的新规则。因此，家用产品中的医疗传感器需要进行额外的测试，以证明其符合性。生物相容性和 IEC 测试涉及的时间和成本也是很显著的。

## 5.2.6　引起监管决策点的传感器特性的一些具体实例

1）植入传感器破损或迁移：目前，相关各界对可存在于身体器官内或身体器官附近，并在医疗环境下提供反馈的诊断传感器（例如用于心脏血压或糖尿病患者血清葡萄糖水平）有强烈兴趣。除了如何放置这种传感器的问题，即外科手术方法之外，还必须解决如何将这些传感器保持在所期望的位置以及如何避免可能使患者面临风险的传感器损坏的问题。通常情况下，传感器将具有与外包装相关的一些防护手段。这些包装可能表现为这样一些形式的特点，即其允许缝合或某种黏合的包衣用以阻止传感器的滑动。如果传感器靠近皮肤表层，它是否会遭遇到可能使器械破裂的外力呢？如果传感器一旦脱离放置点并进行移动，它是否会对附近的组织或器官造成损害？例如，位于心脏或附近的大血管中的传感器必须评估其是否有可能自由移动而产生栓塞。如果传感器部件含有潜在的有毒成分，应考虑进行在患者体内发生破损和渗漏可能的测试。

2）生物相容性：除了前面提到的植入传感器的物理问题外，还必须建立其生物兼容性。关于生物相容性的一般要求均概括在 ISO-10993 标准中。对于植入装置，细胞毒性（对细胞的毒性作用）、刺激性和致敏性都是需要进行的常规研究项目。除此之外，在构成材料方便，可能还会引出关于致癌性和基因毒性的问题。后面的这些测试通常会延长生物相容性测试的时间周期，因而也应该纳入到技术转化计划的时间表中。那些尚未在已经上市的医疗器械中使用过的新材料的使用可能特别具有挑战性，因为监管机构无法从先前的判定新材料可能存在的新风险的研究中获得指导。因此，对于新的可植入物，预计将进行广泛的体外和动物试验。

3）生物淤积：植入式传感器对人体发生作用的同时，身体内在的作用也会作用在传感器上。对于植入式医疗传感器而言，成功的关键是需要在暴露于活体组织和体液的环境下能够确保可靠的性能。生物淤积这个术语已被广泛用作描述伴随人体对外来物体免疫反应而形成的蛋白质和成纤维细胞的累积。本质上来说，这种现象是身体试图阻隔异物，并且这种排异生长层通常为 $100\mu m$ 或者更厚。例如，这种排异生长层对于任何试图采集诸如血清或血液的装置都是有影响的，因为它的作用相当于是一个传播屏障。植入式葡萄糖传感器就是一个典型的案例。

4）电磁干扰：有源电子医疗设备必须在预期的环境中工作，工作期间它们将暴露在该环境中，并且不能干扰医疗保健环境中的其他电子系统。依据设备是用于家庭使用还是医院使用，其相应的监管规则也是不同的，但它们都必须满足 IEC （如 IEC 60601-1-2）和联邦通信委员会（Federal Communications Commission，FCC）的要求。通常，需要由第三方进行的测试证明医疗设备符合现行行业和地方法规的要求。随着工作在约 2.4 GHz 频段的无线通信设备的普及，依赖无线连接的传感器系统必须避免可能破坏数据流的数据包冲突。美国联邦通信委员会建立了无线医疗监测服务，目的是为医疗设备提供一个不太拥挤的频率空间，但其能够访问大量的在 WiFi 和蓝牙频带上运行的各种现有商用产品的优势，却意味着问题还没有走远。

5）遥测：用于便携式监测的传感器系统的发展促使 FDA 发布新的指导规范（例如无线医疗监测风险和建议）。除了前面提到的 EMI 问题之外，患者数据的安全性也是监管审查的重要领域。"健康保险流通与责任法案（The Health Insurance Portability and Accountability Act，HIPPA）"包含了一套严格限制共享患者数据的指令。在该法案中，即使是诸如患者的姓名缩写，也不能在可能遭到未经授权人员意外看到的情况下进行传输。由于应用程序 APP 收集并传输敏感的患者数据，因此当那些未知情的设备开发商在试图将划入医疗设备范畴的 APP 进行商业化的过程中，将遇到重大的障碍。

6）临床效用：严格来说，FDA 对医疗器械的安全性和有效性都要进行评估，包括器械的运行与其陈述是否一致，以及用于其用途的时候是否安全。另一个问题是器械是否具有必需的或有用的医疗功能。这些都是医疗传感器技术经常面临的问题。虽然 FDA 一般不会在商业潜力上加以正式评论，但通常要求该器械必须证明其效用，最常见的是要求具有良好运行的临床研究的结果。正如药物研究一样，为了获得监管许可，器械也必须表现出优于安慰剂的性能。除此之外，即使设备所执行的功能是有用的，那么是否有现成的、更简单的方法来获取相同同样的信息呢？例如，植入式传感器的一个很好的经验法则是，如果通过血液样本采集就可以获取相同的数据，那么植入式传感器项目将不会得到推进。即使在诸如以植入葡萄糖传感器为中心的开发中，到目前为止，那些依赖抽血的、较老式的和可接受的血糖仪仍然在糖尿病患者的管理上起着主导作用。临床效用可能是技术转化过程中最需要考量的一个方面（如图5.1所示）。

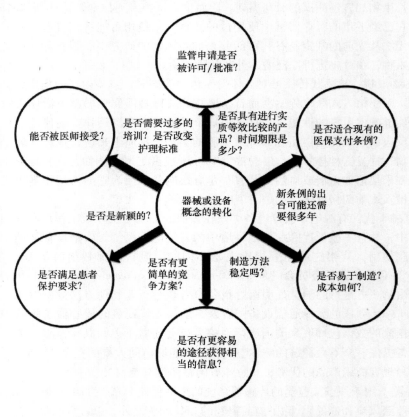

图 5.1　即使在医疗器械/传感器开发的最初阶段
也应该解决的基本问题之间的相互影响

接下来是几个案例的简短阐述，以举例从总体上说明 FDA 监管申请的途径、设计考虑和技术转化过程。

## 5.3　葡萄糖传感器

美国大约有 800000 名Ⅰ型糖尿病患者需要定期注射胰岛素，还有估计有 2600 万Ⅱ型糖尿病患者中的一部分也需要定期注射胰岛素。胰岛素与血清素一起使细胞能够通过细胞膜转运葡萄糖以满足代谢需求。一次胰岛素注射会给患者提供一个比较大的剂量，但这对于适当的血清葡萄糖的维持是不理想的。当前的发展趋势是旨在以替代的方法进行胰岛素的导入，例如吸入法，但其结果却是一样的，即导入的是大剂量的胰岛素脉冲，这也不是如人体那样最好地利用胰岛素的方式。植入式胰岛素泵的发展被认为是一个显著的进步，因为它们能有效地根据需要供应胰岛素，从而提供更自然的导入方式。但该方法所缺失的仍然是反馈手段，只有通过该反馈信号才能实现基于血糖水平来调整胰岛素的释放。因此，对可植入式葡萄糖传感器（Implantable Glucose Sensor，IGS）的强烈追求将是一个带有反馈的闭环系统，亦即一个真正的仅使用电子设备的人造胰腺。

现有的 IGS 设备，大多都是准备放置在皮下相对简单的位置的。然而，传感器最终取出和其使用寿命是相关联的。就现有医疗实践中的适合性而言，发现 IGS 已经被普遍接受。还有，这种设备的使用给糖尿病管理带来的变化也是不容低估的。制造成本效益的问题几乎完全取决于装置在身体内的寿命。最终，在使用 IGS 的情况下，原有的不便测试的负担似乎基本得到解决。将患者从每日多次抽血中解放出来，并能够实现胰岛素水平保持一致和自动化管理的装置确实是一个大的进步。但是，与廉价、准确和可靠的现代血糖仪（一种简单的血液测试）相比，面对成功的 IGS，一个更新型的 IGS 开发所面临的各种前期挑战是可想而知的，这也是这种更新型的 IGS 为什么还不存在于医疗实践中的原因。

FDA 对 IGS 的监管是怎样的呢？毫无疑问，一旦有足够的临床数据可供收集的时候，此类装置即可进入 PMA 通道。然而，实现控制胰岛素泵的自动化手段所需软件的复杂性将引起非常严格的审查。控制胰岛素水平所涉及的固有风险非常高，设备制造商将面临非常严格的临床试验和批准程序。FDA 保留对 PMA 设备进行上市后的监督权利，以作为检查设备在现场的性能的一种手段。任何制造商，甚至是大型上市公司都不太可能轻松应对这种审核负担。为了强调所涉及的风险与挑战，当前一种被称为连续的血糖监测仪 CGM 的测试必须进行，即通过一种经皮的传感器，并在其位置保持 3~7 天的时间，同时必须使用传统的血糖仪对其进行独立校准。并且 FDA 不允许在没有这种校准的情况下使用它们。因此，对于 IGS 而言，其仍然需要通过常规血糖仪频繁校准的事实，至少可以说明 FDA 批准的挑战对于这些设备来说是多么巨大的。

CGM 是近期文献的主要研究领域。虽然不是严格地基于植入式传感器的，但从真正的 IGS 意义上来说，这些设备已经成为追求连续反馈胰岛素泵以实现适应性胰岛素调节目标的最佳选择。一些临床试验[6-10]已经证实了这种方法的效用，FDA 已经因此通过了设备的许可。研究人员已开始研究更严格的血糖控制所带给共病患者的其他潜在益处。Hermanides 等人[11]将 CGM 用于高血糖心肌梗死患者的研究，得出结论：“尽管是作为一种已经应用于医院，且有美好前景的高血糖治疗工具，在进行大规模随机对照试验之前，（CGM）还需要进行进一步改进。”Klupa 等人[12]评估了 CGM 对囊胞性纤维症患者的明显好处。对新型的经皮葡萄糖传感器的开发仍在继续（见文献 [13-17]）。

毫无疑问，使用经皮传感器的 CGM 已经取得了成功，并为许多糖尿病患者带来了真正的好处。Gough 等人[18]指出，这些设备都没有被 FDA 许可作为一个基本的标准，他们仍然必须使用传统的血糖仪进行校准。使用猪模型，Gough 等人借助葡萄糖氧化酶化学进行了装置的植入，并发现："①在 18 个月的植入期后对其进行评估，具有可接受的长期生物相容性；②固定化酶的寿命超过 1 年；③电池寿命超过 1 年；④电子电路的可靠性和遥测性能；⑤传感器的机械坚固性，包括长期维持气密性；⑥电化学检测器结构的稳定性；⑦动物对植入装置的可接受性和耐受性。"这项研究可以被看作是一个概念性验证的证明，即 IGS 所面临的突出技术挑战可以得到满足。除了安培法外，荧光报道分子的使用已经在实验室和动物研究中取得了一些成功[19-26]，但相应的技术转化工作并没有同时跟进。

## 5.4    胶囊内窥镜

胶囊内窥镜术这一术语是应用于可以被吞咽的、带有微型照相机的设备的，该设备允许在胃肠（GI）道内进行拍照。虽然它不是植入式传感器，但却有着几乎相同的关于生物相容性、气密性和数据收集的问题。该领域的领导者是 Given Imaging 公司，该公司成功地走过了从小型创业公司到上市公司的路线。该公司的这种设备被命名为 Pill Cam，由于已经被普遍使用了很多年，因此使用它所进行的临床研究并没有单独的列表，这也是容易理解的［关于胶囊内窥镜的 Pubmed（一种文献服务检索系统）搜索将使读者有所收获］。Pill Cam 设备使用电荷耦合器件（CCD）相机和发光二极管（LED）光源。它解决的最初的医疗需求是能够对其他内窥镜工具无法获取的小肠部分进行成像。在胶囊通过患者身体的过程中，设备将以预设的频率进行拍摄，并将图像发送到患者穿戴的记录器上。从而使得医生能够除了解剖标志识别之外，以带有一些位置/定位数据的电影回放的方式查看这些图像。通过一项相对较小规模的人体临床试验，Pill Cam 获得了 510（k）的许可。毫无疑问，体内持续时间的短暂以及将整个装置包裹在生物相容性塑料中的能力简化了这一过程。一个有趣的问题是，该设备今天是否会像十年前那样被视为基本等价呢。至少，这是一个关于风险、效能和以进行实质等效比较的产品为衡量标准相互作用的有趣案例研究。胶囊内窥镜的医保支付并没有马上到来，尽管医疗需求旺盛，医生的采用也有力地推开了该设备本将广泛遇到的所有问题。该产品必须从根本上定义胃肠病学的一个新领域，它必须得到 GI 专业协会的青睐。但是，它开始于一种相对易于制造和部署的产品，因此可以作为有兴趣进行医疗器械开发与转化的有用案例研究。

## 5.5    人工耳蜗植入

人工耳蜗是一种基于传感器的技术，经过几十年的发展，最终被批准为 PMA 设备。这是一个有趣的例子，说明在成为医学实践之前，创意必须等待技术发展成熟。Wilson 和 Dorman[27]为我们再现了人工耳蜗精彩的发展历史，作者将该人工耳蜗恰当地称为目前最成功的神经假体。在此，我们对作者所提出的一些观点进行回顾是具有例证的意义的，因为它们具有普遍的适用性。他们指出，在 20 世纪 80 年代早期，许多业内人士认为人工耳蜗植入仅能提供对环境声音的适度感知，并且语音识别是大概率不太可能的事情。公平地说，也是从那时起电子学的发展使得可用于小型光谱分析芯片和电极设计的工具包变得更加完善。尽管现在看来在 20 世纪 80 年代早期是该产品发展的机遇期，但在当时，即使是一家大公司，人们也无疑会得出这项任务是不可能的结论。实际情况是，锲而不舍的研究人员和并不相关的消费和商业电子产品在 20 世纪 90 年代中期大幅改变了这一局面。这是一个重要的观点，因为本次回顾的目的不是要建议放弃一些研究线（如硅视网膜），仅在于必须将技术转化的对象确定在近期的（几年而不是几十年），并且是取得了可感受到的进步的具有实际医疗价值设备开发。当人工耳蜗植入成为一种很可能的事情时，尽管心脏起搏器已经存在了一段时间，但神经调节这个领域相对还是较新，因此人们可能自然地将人工耳蜗归类到神经调节器。Wilson 和 Dorman 强调的另一个教训是，采用新的植入技术可能会出现意想不到的阻力。就人工耳蜗而言，这中阻力可能也来自聋人社区本身。尽管绝非普遍，但认为聋儿（早期干预的成功的可能性最大）必须重新获得听力、并能够成为杰出的人的观点仍然存在争议。聋人为获得尊重和适当承认的历史斗争可自然而然地导致人们认为，人工耳蜗植入意味着某种形式的拯救，即使这种社会问题在技术开发人员心目并没有过多考虑。今天，人们普遍认为人工耳蜗植入者不应该受到任何歧视，不管怎么说，植入物仅是用户的一个辅助工具而已，与眼镜或助听器的矫正行为并没有什么不同。

## 5.6　FDA 监管的当前趋势

设备和放射性保健中心（the Center for Devices and Radiological Health，CDRH）的科学副主任兼首席科学家 William Maisel 博士，在 MEDCON 2011 的演讲中提供了对 FDA 预计增长的相关领域的一个审视（CDRH 是 FDA 管理医疗器械的分支机构）。他所给出的新兴趋势的列表如下：

- 机器人；
- 微型化设备（纳米技术）；
- 组合产品；
- 先进的、与计算机相关的技术；
- 器官更换和辅助装置；
- 个性化药物；
- 无线系统；
- 家庭使用。

其中包括了几个与传感器相关的领域，传感器以单独或嵌入到系统的形式出现。同时，他还确定了 CDRH 的创新举措：

- 促进创新医疗器械的开发和管理评估；
- 加强美国的研究基础设施并推进高质量的监管科学；
- 准备并应对可转化的创新技术和科学突破。

该综述性报告与 CDRH 的报告《未来医疗器械技术趋势：十年预测（Future Trends

in Medical Device Technologies：A Ten- Year Forecast)》<sup>⊖</sup>是一致的。在 CDRH 的报告中，15 名非 FDA 的医疗器械专家接受了有关设备领域技术发展的调查。该委员会还特别强调了光量子和声学设备的侵入性避免以及用于检测、诊断和监测的通用传感器技术。

公司在开发新医疗器械期间经常犯的错误之一就是避免在流程的早期与 FDA 进行交流。这当然不是说要联系 FDA 提出一些经常性的小问题，而是当还没有在发展道路上走得太远的时候，进行战略问题的交流恰恰是非常重要的。例如，关于所研发的医疗器械的一个重要决定，它们是向患者呈现为 SR 的还是呈现为 NSR 的。如果它被发现是 SR 的，那么它在患者中的使用必须等到其 IDE 获得批准之后才能进行。但是，如果 IRB 同意某种设备为 NSR 的，那么其临床研究只需在 IRB 批准下即可进行。大多数植入式传感器设备将被视为 SR 的，因此其 IDE 批准必须在临床使用前获得。

De Novo 监管构成的新指南将对植入设备产生重大的潜在影响。正如前面所解释的那样，这个类别的设立旨在应对那些没有明显的产品进行实质等效比较（实质等效性），但也不是Ⅲ类设备（对患者的健康和康复构成重大风险）的设备的。在过去的几年中，特别是在使用组合的进行实质等效比较的产品（使用两个或多个单独的现有设备来匹配新产品）方面，宣布新颖设备具有实质等效性的能力已变得更加有限。因此，如果没有强大的 De Novo 机制，那些恰好具有Ⅱ类设备设计的设备将被强制进入 PMA 批准路径。尽管 De Novo 系统已经存在了很多年，但它很少被使用，主要是因为它应该何时应用以及 FDA 内部的不均衡响应度对此也存在一些不明确性。这种情况也导致了之前在美国以外地区的设备销售产生了显著的不同，其中在美国通常为第Ⅱ类的设备却的确被授予了市场许可（例如通过 CE 认证）。美国医疗器械界正期待充满活力的 De Novo 流程，为美国患者提供更易控制的早期接触，如图 5.2 所示。

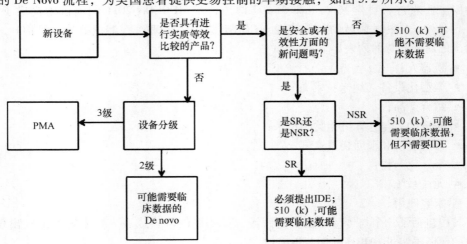

图 5.2 评估可能处置新医疗器械的代表性流程图

（注意：该图不应该被视为是绝对的，设备发起人应该咨询 FDA 以确定适当的过程路径）

⊖ www. fda. gov/downloads/AboutFDA/CentersOffces/CDRH/CDRHReports/UCM238527. pdf

## 5.7　总结

个性化医疗的概念并没有像基于令人鼓舞的数字所预期的那样迅速发展，也许这个概念只是过于乐观的媒体文章用来描述新的患者专用医疗器械而已，而这些新的专用医疗器械常常都是基于现代传感器技术的。然而，从人工耳蜗植入发展的经验教训中，有几个因素在起着支撑作用：技术方法的成熟性，向临床的技术转化以及医生和患者接受新技术的程度。在人工耳蜗植入实用之前，需要几十年的工作和磨砺。相比之下，由于技术、小型成像阵列和发射器在商业电子领域经历了显著的改进，因此 Pill Cam 被快速采用。除此之外，小肠的微创成像是寻找解决方案的一种应用，因此医生接受度很高。最后，连续葡萄糖监测的故事是具有说明性的。在这个故事中，系统的根本还是在于传感器，一个完全可植入的传感器系统被证明是太具有挑战性的。然而一种中间的方法，其有限持续时间的经皮传感器的植入允许制造商、患者和医生能够获得更好的控制和更快地获得便利。希望对医学产生影响的传感器研究人员需要广泛思考，并且在思考他们的工作思路的时候要超越实验室/发现阶段的固有模式。当他们正在开展这种可能是至关重要也是令人鼓舞的工作时，也要注重管理他们自己的预测和动机，而不仅仅是管理未来患者的期望。

## 参 考 文 献

1. Bergmann, J. H. M. et al. (2012). Wearable and implantable sensors: The patient's perspective. *Sensors* **12**, 16695–16709.
2. Black, R. D. (2011). Recent advances in translational work on implantable sensors. *IEEE Sensors Journal* **11**(12), 3171–3182.
3. Ledet, E. H. et al. (2012). Implantable sensor technology: From research to clinical practice. *Journal of the American Academy of Orthopaedic Surgeons* **20**(6), 383–392.
4. Inmann, A. and Hodgins, D. eds. (2013). *Implantable Sensor Systems for Medical Applications*. Vol. 52. Philadelphia, PA, Woodhead Pub.
5. Smith, J. J. and Henderson, J. A. (2008). FDA regulation of implantable sensors: Demonstrating safety and effectiveness for marketing in the U.S. *IEEE Sensors Journal* **8**(1), 52–56.
6. Tamborlane, W. V. et al. (2008). Continuous glucose monitoring and intensive treatment of type 1 diabetes. *New England Journal of Medicine* **359**, 1464–1476.
7. Raccah, D. et al. (2009). Incremental value of continuous glucose monitoring when starting pump therapy in patients with poorly controlled type 1 diabetes: The RealTrend study. *Diabetes Care* **32**, 2245–2250.
8. Conget, I. et al. (2011). The SWITCH study (sensing with insulin pump therapy to control HbA(1c)): Design and methods of a randomized controlled crossover trial on sensor-augmented insulin pump efficacy in type 1 diabetes suboptimally controlled with pump therapy. *Diabetes Technology and Therapeutics* **13**, 49–54.
9. Nishida, K. et al. (2009). What is artificial endocrine pancreas? Mechanism and history. *World Journal of Gastroenterology* **15**, 4105–4110.
10. Rubin, R. R. et al. (2011). Crossing the technology divide: Practical strategies for transitioning patients from multiple daily insulin injections to sensor-augmented pump therapy. *The Diabetes Educator* **37**(Suppl 1), 5S–18S; quiz 19S–20S.
11. Hermanides, J. et al. (2010). Sensor-augmented insulin pump therapy to treat hyperglycemia at the coronary care unit: A randomized clinical pilot trial. *Diabetes Technology and Therapeutics* **12**, 537–542.

12. Klupa, T. et al. (2008). Use of sensor-augmented insulin pump in patient with diabetes and cystic fibrosis: Evidence for improvement in metabolic control. *Diabetes Technology and Therapeutics* **10**, 46–49.

13. Castle, J. R. and Ward, W. K. (2010). Amperometric glucose sensors: Sources of error and potential benefit of redundancy. *Journal of Diabetes Science and Technology* **4**, 221–225.

14. Takaoka, H. and Yasuzawa, M. (2010). Fabrication of an implantable fine needle-type glucose sensor using gamma-polyglutamic acid. *Analytical Science* **26**, 551–555.

15. Patel, J. N. et al. (2008). Flexible glucose sensor utilizing multilayer PDMS process. *Conference Proceedings, IEEE Engineering in Medicine and Biology Society* **2008**, 5749–5752.

16. Qiang, L. et al. (2011). Edge-plane microwire electrodes for highly sensitive H(2)O(2) and glucose detection. *Biosensors and Bioelectronics* **26**, 3755–3760.

17. Yehezkeli, O. et al. (2009). Integrated oligoaniline-cross-linked composites of Au nanoparticles/glucose oxidase electrodes: A generic paradigm for electrically contacted enzyme systems. *Chemistry* **15**, 2674–2679.

18. Gough, D. A. et al. (2010). Function of an implanted tissue glucose sensor for more than 1 year in animals. *Science Translational Medicine* **2**, 42ra53.

19. Stein, E. W. et al. (2008). Microscale enzymatic optical biosensors using mass transport limiting nanofilms. 2. Response modulation by varying analyte transport properties. *Analaytical Chemistry* **80**, 1408–1417.

20. Long, R. and McShane, M. (2010). Three-dimensional, multiwavelength Monte Carlo simulations of dermally implantable luminescent sensors. *Journal of Biomedical Optics* **15**, 027011.

21. Singh, S. and McShane, M. (2010). Enhancing the longevity of microparticle-based glucose sensors towards 1 month continuous operation. *Biosensors and Bioelectronics* **25**, 1075–1081.

22. Singh, S. and McShane, M. (2011). Role of porosity in tuning the response range of microsphere-based glucose sensors. *Biosensors and Bioelectronics* **26**, 2478–2483.

23. Chaudhary, A. et al. (2010). Glucose response of dissolved-core alginate microspheres: Towards a continuous glucose biosensor. *Analyst* **135**, 2620–2628.

24. Jayant, R. D. et al. (2011). In vitro and in vivo evaluation of anti-inflammatory agents using nanoengineered alginate carriers: Towards localized implant inflammation suppression. *International Journal of Pharmaceutics* **403**, 268–275.

25. Valdastri, P. et al. (2011). Wireless implantable electronic platform for chronic fluorescent-based biosensors. *IEEE Transactions of Biomedical Engineering* **58**, 1846–1854.

26. Veetil, J. V. et al. (2010). A glucose sensor protein for continuous glucose monitoring. *Biosensors and Bioelectronics* **26**, 1650–1655.

27. Wilson, B. S. and Dorman, M. F. (2008). Interfacing sensors with the nervous system: Lessons from the development and success of the cochlear implant. *IEEE Sensors Journal* **8**, 131–147.

# 第 2 部分　化学及环境传感器

# 第 6 章　多区域表面等离子体谐振光纤传感器

Kent B. Pfeifer，Steven M. Thornberg

## 6.1　引言

　　1902 年 Wood 发表了第一篇影响表面等离子体谐振（Surface Plasmon Resonance，SPR）的报告，当时他注意到衍射光栅在窄光谱带中不存在光。1935 年他还报告称这些异常现象从来没有得到适当的建模[1,2]。因此，由其他人获得起源于观察效果的模型[3,4]。当光激发来自基板-金属界面时，由电介质基板支撑的薄金属薄膜可能会在环境暴露的金属表面上激发表面等离子体激元波。Kretschmann 和 Raether 认为，SPR 研究将上述实验从异常转变为有价值的分析技术方面取得了重大的进展。因此，探针光束将入射到金属膜的一侧，并且可以在另一侧进行化学反应，形成有用的传感器系统[5]。以下讨论基于 2010 年 IEEE 传感器杂志论文并遵循类似的发展[6]。

　　由于 SPR 光谱对于表面的电子性质的变化具有很高的灵敏度，目前分析问题时经常使用。特别是在文献［7-13］中普遍使用功能化表面检测化学品和生物样品报告。大多数实例使用被称为 Kretschmann 配置的开放光束光学布置，其在金属层上具有单个入射角，并且具有单个角度的出口到光谱仪[14]。该 SPR 是在薄金属层支撑，并且所关注的化学反应发生在入射和反射光相反的金属层的一侧。实际上，这种薄金属层通常沉积在直角棱镜的对角小平面上，允许薄膜进入化学系统，同时具有由棱镜提供的薄膜的结构支撑。

## 6.2　平面 SPR 理论概述

　　许多优质的参考文献详细介绍了平面几何中 SPR 条件数学开发，例如 Kretschmann 配置，总结结果并阐明 SPR 重要方程的起源，其他发展情况将不再详细说明[15-18]。

　　如果我们考虑图 6.1 所示的几何图形，则可以在边界（$x=0$）处求解在 $z$ 方向上传播的表面波的波动方程，且 $x$ 方向的函数呈指数递减。如图 6.1 所示，我们将证明可以推导出衰减指数解，其中，$x$ 正方向表示在材料界面之上，负方向表示在材料界面之下。假设系统中没有静电荷，没有外部电流。这个波动方程式（也称为亥姆霍兹方程式）用于电场 $\vec{E}$ 和磁场 $\vec{H}$，如下：

$$\nabla^2 \vec{E} - \varepsilon\mu \frac{\partial^2 \vec{E}}{\partial t^2} = 0$$

$$\nabla^2 \vec{H} - \varepsilon\mu \frac{\partial^2 \vec{H}}{\partial t^2} = 0$$

$$(6.1)$$

在式 (6.1) 中，$\varepsilon$ 和 $\mu$ 是材料的介电常数和磁导率，$t$ 是时间。假设它们是可分离的功能，表面等离子体激元在 $z$ 方向上传播，并被限制在金属介质界面的表面上，这些方程式的一般解决方案是以下形式的波形（$\beta_z$ 是传播常数，$\vec{r}$ 是波的位置，$\omega$ 是固有频率）：

$$\vec{E}(\vec{r}) = \vec{E}(x) e^{j(\beta_z z - \omega t)}$$

$$\vec{H}(\vec{r}) = \vec{H}(x) e^{j(\beta_z z - \omega t)}$$

$$(6.2)$$

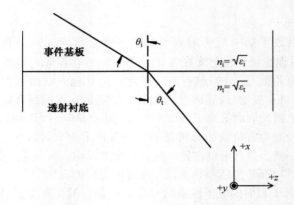

图 6.1　介电常数 $\varepsilon_i$ 和 $\varepsilon_t$ 材料支持 SPR 双材料界面示意图

将式 (6.2) 带入式 (6.1)，分别导出横向电（Transverse Electric，TE）和横向磁（Transverse Magnetic，TM）模式的波动方程，对于 TM 模式也会出现类似的结果，如下：

$$\frac{1}{\vec{E}(x)} \frac{\partial^2 \vec{E}(x)}{\partial x^2} + \frac{1}{e^{j\beta_z z}} \frac{\partial^2 e^{j\beta_z z}}{\partial z^2} + \varepsilon\mu\omega^2 = 0$$

$$\frac{1}{\vec{H}(x)} \frac{\partial^2 \vec{H}(x)}{\partial x^2} + \frac{1}{e^{j\beta_z z}} \frac{\partial^2 e^{j\beta_z z}}{\partial z^2} + \varepsilon\mu\omega^2 = 0$$

$$(6.3)$$

如前文所述，式 (6.3) 是一个可分离的偏微分方程，我们可以以通常的方式 $\beta_x^2 - \beta_z^2 = 0$ 来求解分离常数[19-20]。由于我们只关心有界模式，我们在 $y$ 维中求解式 (6.3) 就像在 TE 模式下求解式 (6.4)，类似 TM 模式 [式 (6.5)]，其中 $\beta_x$ 是偏微分方程中的分离常数：

$$\frac{\partial^2 E_y(x)}{\partial x^2} + (\varepsilon\mu\omega^2 - \beta_x^2) E_y(x) = 0$$

$$(6.4)$$

$$\frac{\partial^2 H_y(x)}{\partial x^2} + (\varepsilon\mu\omega^2 - \beta_x^2)H_y(x) = 0 \tag{6.5}$$

现在式 (6.4) 和式 (6.5) 是普通微分方程；当与式 (6.2) 结合时，得到

$$E_y(x,y,z,t) = E_{y0}\,\mathrm{e}^{\pm\mathrm{j}\sqrt{(\varepsilon\mu\omega^2 - \beta_x^2)}\,x}\mathrm{e}^{\mathrm{j}(\beta_z z - \omega t)}$$

$$H_y(x,y,z,t) = H_{y0}\,\mathrm{e}^{\pm\mathrm{j}\sqrt{(\varepsilon\mu\omega^2 - \beta_x^2)}\,x}\mathrm{e}^{\mathrm{j}(\beta_z z - \omega t)} \tag{6.6}$$

从麦克斯韦方程推导式 (6.1) 表示波动方程是麦克斯韦公式的结果；然而，波动方程的解不一定是麦克斯韦方程的解。因此，通过将麦克斯韦方程应用于式 (6.6) 中的解，必须找到用于 TE 情况的 $H$ 矢量的分量和 TM 情况的 $E$ 矢量[21]。在式 (6.6) 中，$x$ 相关指数前面的符号对于负 $x$ 值为正，并且对于正 $x$ 为负，以便将函数限制在 $x$ 中。

因此，为 TE 案例找到以下字段组件：

$$\vec{\nabla} \times \vec{E}_y(x,y,z,t) = \begin{pmatrix} -\dfrac{\partial E_y(x,z,t)}{\partial z} \\ 0 \\ \dfrac{\partial E_y(x,z,t)}{\partial x} \end{pmatrix} = -\mu \begin{pmatrix} \dfrac{\partial H_x}{\partial t} \\ 0 \\ \dfrac{\partial H_z}{\partial t} \end{pmatrix} \tag{6.7}$$

$$H_x = \int \frac{\mathrm{j}\beta_z}{\mu}E_y(x,z,t)\,\mathrm{d}t = \frac{-\beta_z}{\omega\mu}E_y(x,z,t)$$

$$H_z = \mp\mathrm{j}\int \frac{\sqrt{(\varepsilon\mu\omega^2 - \beta_x^2)}}{\mu}E_y(x,z,t)\,\mathrm{d}t = \frac{\pm\sqrt{(\varepsilon\mu\omega^2 - \beta_x^2)}}{\omega\mu}E_y(x,z,t)$$

同样，对于 TM 案例，我们得到以下内容：

$$\vec{\nabla} \times \vec{H}_y(x,y,z,t) = \begin{pmatrix} -\dfrac{\partial H_y(x,z,t)}{\partial z} \\ 0 \\ \dfrac{\partial H_y(x,z,t)}{\partial x} \end{pmatrix} = \varepsilon \begin{pmatrix} \dfrac{\partial E_x}{\partial t} \\ 0 \\ \dfrac{\partial E_z}{\partial t} \end{pmatrix} \tag{6.8}$$

$$E_x = -\int \frac{\mathrm{j}\beta_z}{\varepsilon}H_y(x,z,t)\,\mathrm{d}t = \frac{\beta_z}{\omega\varepsilon}H_y(x,z,t)$$

$$E_z = \pm\mathrm{j}\int \frac{\sqrt{(\omega^2\varepsilon\mu - \beta_x^2)}}{\varepsilon}H_y(x,z,t)\,\mathrm{d}t = \frac{\mp\sqrt{(\omega^2\varepsilon\mu - \beta_x^2)}}{\omega\varepsilon}H_y(x,z,t)$$

通过在 $x=0$ 处应用连续切向分量边界条件 $H_{zi} = H_{zt}$，$E_{zi} = E_{zt}$，$H_{yi} = H_{yt}$ 和 $E_{yi} = E_{yt}$，其中 $i$ 意味着入射介质，$t$ 表示传输的介质，我们可以写下面的一组联立方程：

$$\frac{\sqrt{(\varepsilon_i\mu\omega^2 - \beta_x^2)}}{\omega\mu}E_{yi}(x) - \frac{\sqrt{(\varepsilon_t\mu\omega^2 - \beta_x^2)}}{\omega\mu}E_{yt}(x) = 0 \tag{6.9}$$

$$E_{yi}(x) - E_{yt}(x) = 0$$

$$\frac{\sqrt{(\varepsilon_i \mu \omega^2 - \beta_x^2)}}{\omega \varepsilon_i} H_{yi}(x) - \frac{\sqrt{(\varepsilon_i \mu \omega^2 - \beta_x^2)}}{\omega \varepsilon_t} H_{yt}(x) = 0 \tag{6.10}$$

$$H_{yi}(x) - H_{yt}(x) = 0$$

为了求解特征值 $\beta_x$，我们必须将式（6.9）和（6.10）的确定值设置为零。式（6.9）的解得到 $\varepsilon_i = \varepsilon_t$ 的结论。这是一个无意义的结果，意味着 TE 方案没有有限的模式，这已经被实验预测和证明了[22]。

式（6.10）的结果导致表面等离子体波的传播常数［式（6.11）］非常有趣。由于在 $x$ 方向有非零传播常数，所以我们得出结论：SPR 只能在 TM 模式下被偏振光激发：

$$\frac{\varepsilon_i \mu_0 \omega^2 - \beta_x^2}{\varepsilon_i^2} = \frac{\varepsilon_t \mu_0 \omega^2 - \beta_x^2}{\varepsilon_t^2} \tag{6.11}$$

$$\beta_x = \omega \sqrt{\frac{\mu_0 \varepsilon_i \varepsilon_t}{\varepsilon_i + \varepsilon_t}}$$

因此，我们已经表明这一点，根据式（6.6），存在限制在表面上的结合电磁模式的可能性。它的传播常数取决于根据式（6.11）的两个基板的材料性质，并且只能被 TM 偏振光激发。

式（6.11）表明，由于透射材料是金属，表面等离子体波将具有复杂的传播常数。对式（6.6）进行测试，说明了传播常数与系统材料特性之间的关系。如果条件是 $\sqrt{\varepsilon_i \mu \omega^2 - \beta_x^2}$ 复杂的，则波是 $x$ 的指数递减函数，意味着在两种材料之间的界面处的限制模式。这发生在 $|\varepsilon_t| > \varepsilon_i$ 时。这是表面等离子体激元模式。类似地，如果 $\sqrt{\varepsilon_i \mu \omega^2 - \beta_x^2}$ 是真实的，则波是进入金属的消逝模式，其是非传播模式[23]。

为了使用 SPR 作为传感器，需要三层介质，金属介质标记下标为 1，金属周围外部的介质标记下标为 2 入射介质（电介质）标记下标为 3。通过计算膜散射矩阵（$S$）可以发现三层结构的反射率如下[24]：

$$S = \frac{1}{\tau_{31}} \begin{pmatrix} 1 & \rho_{31} \\ \rho_{31} & 1 \end{pmatrix} \begin{pmatrix} e^{-j\gamma_1} & 0 \\ 0 & e^{j\gamma_1} \end{pmatrix} \frac{1}{\tau_{12}} \begin{pmatrix} 1 & \rho_{12} \\ \rho_{12} & 1 \end{pmatrix} = \frac{1}{\tau_{31}\tau_{12}} \begin{pmatrix} e^{-j\gamma_1} + \rho_{12}\rho_{31} e^{j\beta_1} & \rho_{12} e^{-j\gamma_1} + \rho_{31} e^{j\gamma_1} \\ \rho_{12} e^{j\gamma_1} + \rho_{31} e^{-j\beta_1} & e^{j\gamma_1} + \rho_{12}\rho_{31} e^{-j\gamma_1} \end{pmatrix} \tag{6.12}$$

在式（6.12）中，$\rho_{ij}$ 和 $\tau_{ij}$ 分别是从 $i$ 层到 $j$ 层的转变 TM 菲涅耳振幅反射系数和幅度传输系数。为了完整性，这里再现这些等式，其中 $\varepsilon_j$ 是层材料的介电常数，$\theta_i$ 和 $\theta_j$ 分别是入射角和透射角，$d$ 是金属膜的厚度，$\lambda$ 是入射光的波长[25-27]：

$$\tau_{ij} = \frac{2\sqrt{\varepsilon_i}\cos\theta_i}{\sqrt{\varepsilon_j}\cos\theta_i + \sqrt{\varepsilon_i}\cos\theta_j} \tag{6.13}$$

$$\rho_{ij} = \frac{\sqrt{\varepsilon_j}\cos\theta_i - \sqrt{\varepsilon_i}\cos\theta_j}{\sqrt{\varepsilon_j}\cos\theta_i + \sqrt{\varepsilon_i}\cos\theta_j} \tag{6.13}$$

$$\gamma_j = \frac{2\pi}{\lambda}\sqrt{\varepsilon_j} d\cos\theta_j \tag{6.14}$$

反射率 $R$ 如下：

$$R_{31} = \left| \frac{S_{12}}{S_{22}} \right|^2 = \left| \frac{\rho_{31} + \rho_{12} e^{-j2\gamma_1}}{1 + \rho_{12}\rho_{31} e^{-j2\gamma_1}} \right|^2 \tag{6.15}$$

最后，通过识别入射介质中平行于表面的传播常数向量的分量必须等于式（6.11）中所示的表面等离子体激元传播常数来发现谐振条件。因此，平面表面等离子体激元几何的谐振条件如下[28]：

$$\frac{\omega n_i}{c}\sin\theta_i = \omega\sqrt{\frac{\mu_0\varepsilon_1\varepsilon_2}{\varepsilon_1+\varepsilon_2}}$$

$$\sin\theta_i = \frac{c}{n_i}\sqrt{\frac{\mu_0\varepsilon_1\varepsilon_2}{\varepsilon_1+\varepsilon_2}}$$

（6.16）

在上述发展中，我们在平面系统中得出了 SPR 的基本概念。也就是说，谐振角与系统的材料性质有关，但是出了由于色散一起的介电常数的变化之外，与激发频率无关［式（6.16）］。因此，谐振角的任何偏移都是仅在介质中的光的分散而不是激发频率的功能。其次，表面等离子激元的传播常数如式（6.11）所示，仅来自 TM 偏振电磁能量，这就意味着 TE 模式光不会到时 SPR。已经使用前面针对平面系统开发的模型广泛的证实了这一点。最后，可以从式（6.15）中找到三层系统的反射率。

图 6.2 所示为 Kretschmann 几何中三层 SPR 实验建模响应的曲线图，其中两个不同的衬底折射率和两个不同厚度的 Au 膜具有如上所述的复合折射率。可得到这样的结论，狭窄谐振峰对 Au 层的厚度非常敏感。因此，实验室中设置的表面等离子体谐振 SPR 测量可以方便地构造光学系统的几何形状，由于测量到的谐振频率较窄，Kretschmann 配置是最佳的。

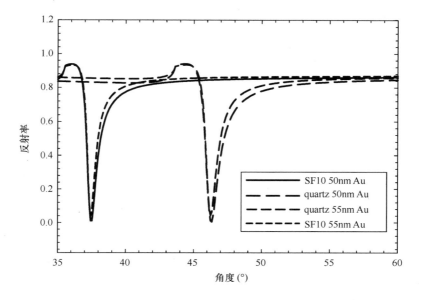

图 6.2　从具有两种不同厚度的 Au（$n_{Au}=0.1726+j3.4218$）和两种不同介电衬底
（$n_{SF10}=1.723$ 和 $n_{quartz}=1.515$）Kretschmann 配置的表面等离子体谐振 SPR 实验
绘制归一化反射率，注意，谐振的位置受到 Au 膜厚度的强烈影响，
但并不强烈地依赖与介电材料的折射率

## 6.3  光纤标准

　　然而，在密封监控系统的现场环境中，内部容量和外部访问受到系统一般功能的限制，Kretschmann 几何通常很难或者不可能实现。此系统已应用到基于光纤的 SPR 系统中。基于光纤的 SPR 传感器通常由单个的光纤制成，单层光纤在已知长度部分上将其包层蚀刻到光纤的光纤芯上。然后将曝光的芯涂覆有支撑 SPR 的金属，并且传感器以单程配置使用[29-32]。光纤和普通 Kretschmann 配置之间的根本区别在于，在多模光纤中，允许入射角是从数值孔径设定的光纤临界角度到正常值 π/2 的连续区间。在实验和理论两方面已经证明，这具有显著拓宽 SPR 峰的作用[30,31]。

　　已经证明了单纤维版本的光纤 SPR 传感器在多模光纤的端部采用回射金属膜，其几何形状（如图 6.3 所示）与文献中记录的基于强度的微镜传感器相似[33-36]。虽然几何形状与以前的工作相似，但以前的工作指示对光纤上反射镜的反射率进行了采样。在我们的系统中，光被注入光纤中，然后光纤通过光耦合器传播到与传感膜相互作用的 SPR 涂覆的光纤上。然后光通过光纤回射到耦合器，其中一半返回到光源并且丢失，另一半通过耦合器的第二支路被引导到分析器的单色仪。反射端用于将光返回到单色器，但不参与感测，因为该膜是光学厚度（100nm）并且每个射线仅与轴向图层多次比较，与端膜一次相互作用。另外，端部有惰性贵金属 Au 制成或用密封剂涂覆。回射图层选择光学厚度可以使得由于后向反射器反射率的化学变化引起的任何信号最小化。在 550nm 时对大体积 Au 计算机的趋肤深度小于 10nm，这表明 100nm 的膜是至少 10 倍以上的膜。此外，Butler 等人[35]报道了由于在光纤是沉积的光学厚度的 Au 膜表面上的化学反应引起的最小反射率的变化。

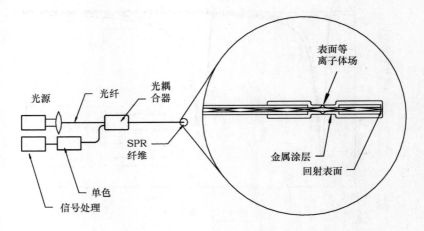

图 6.3　光学系统表面等离子体谐振 SPR 传感器示意图，宽带光被注入到光纤中，
然后通过三端口耦合器发送到表面等离子体谐振 SPR 端，光通过光纤的表面等
离子体谐振 SPR 部分，并通过耦合器反射端并由单色器检测

由于光纤是单端的，因此使用该传感器来监测复杂子系统的污染和老化效应的环境变得实际。例如，包装中发现的一些重要化合物的劣化可导致硫化合物的产生，这可能会腐蚀连接器并导致电子故障。此外，电池、变压器和包装的热降解可能会产生 $H_2$ 导致金属脆化、生成水和爆炸环境。另外，密封件的泄露可以允许水分渗透和凝结在有助于腐蚀和其他故障机制的关键部件上。

## 6.4　光纤 SPR 理论

这里使用数值模型来确定所需的 SPR 膜近似厚度。这些计算使用 $600\mu m$ 核心熔融石英光纤实现，并且假设在 $n_q \approx 1.46$ 和 $NA = 0.22$ 的孔径下，在 $250 \sim 1000nm$ 的光谱范围内折射率是恒定的。与光纤数据表进行比较，证实了这一常数假设在该波长范围内具有 3% 以内的有效性。这些量允许计算纤维中的临界角，以确定模型中积分的下限，如下[37]：

$$\theta_{\mathrm{c}} = \frac{\pi}{2} - \sin^{-1}\left(\frac{NA}{n_q}\right) \tag{6.17}$$

对于没有后向反射器的单通道系统，给出作为 SPR 表面波长 $\lambda$ 函数的反射率 $R$，其中 $p(\theta)$ 是膜处于角度 $\theta$ 的入射功率，$N$ 是反射率，对于每个单独的射线，入射角度为 $\theta$，$N$ 是由入射角和支持 SPR 的金属的长度 $L$ 确定的来自表面的反射数，$\lambda$ 是光的波长：

$$R(\lambda) = \frac{\int_{\theta_c}^{\pi/2} p(\theta) r^N(\theta)\,\mathrm{d}\theta}{\int_{\theta_c}^{\pi/2} p(\theta)\,\mathrm{d}\theta} \tag{6.18}$$

$$N = \frac{L}{d_2 \tan(\theta)}$$

Xu 等人详细介绍了该方法的完整描述[30]。在式（6.18）中，分子积分的自变量是任何单个 TM 射线在任何单个角度 $\theta$ 的多次反射之后剩余的功率。可知，一个连续的光线，在临界角为 $\theta_c$ 的可控射线上进行积分，低于此值时，光将损失到光纤包层泄漏到 $\pi/2$ 的入射角（与核心包层界面）。我们的光源采用朗伯模型来模拟用于照亮我们的样品纤维的卤钨灯。朗伯源具有与辐射所指向的角度无关的均匀辐射特性[38]。因此，光功率可以表示为函数[30]：

$$p(\theta) = p_o n_q^2 \sin\theta\cos\theta \tag{6.19}$$

在式（6.19）中，$p_o$ 是来自光源的标称功率。由于功率函数出现在式（6.18）的分子和分母中，所以功率的绝对幅度被归一化，只剩下反射光与入射光的比值或光纤膜系统的反射率。

SPR 的一个基本概念是 SPR 只能作为角度函数的 TM 偏振光而变化；因此，通过光纤涂覆部分的透射必须表示为

$$T(\lambda) = \frac{\Phi_{TE} + R(\theta)\Phi_{TM}}{\Phi_{total}}$$

$$= \frac{1}{2} + \frac{R(\theta)}{2} \tag{6.20}$$

在式（6.20）中，$\Phi$ 是 TM 和 TE 模式中每个的透射光功率。假定光在两种模式之间均匀分布，导致来自 TE 模式的一半传输不受 SPR 干扰，其余来自涂层的全反射减半，因为只有一半的原始入射光可以参与 SPR。

采用如图 6.3 所示的双程光学配置，其需要将金属膜沉积在光纤的端面上以将光反射回检测器。因此，必须对 $T(\lambda)$ 进行附加校正，以补偿后向反射器对入射光的光谱影响。因此，再次假设一半的光是 TE 模式，并且不对 SPR 有贡献，但是由后向反射器根据菲涅尔方程修改，另一半的光被 SPR 和回射表面改变，式（6.18）和式（6.20）可以修改如下[39]：

$$T(\lambda) = \frac{1}{2} \frac{\int_{\theta_c}^{\pi/2} p(\theta) R_{TE}(\theta) d\theta}{\int_{\theta_c}^{\pi/2} p(\theta) d\theta} + \frac{1}{2} \frac{\int_{\theta_c}^{\pi/2} p(\theta) R_{TM}(\theta) d\theta}{\int_{\theta_c}^{\pi/2} p(\theta) d\theta} \tag{6.21}$$

式中，$R_{TE}$ 定义为

$$R_{TE}(\theta) = \left( \frac{n_2 \cos\theta_i - n_{rr} \cos\theta_t}{n_2 \cos\theta_i + n_{rr} \cos\theta_t} \right)^2 \times \left( \frac{n_2 \cos\theta - n_1 \cos\theta'}{n_2 \cos\theta + n_1 \cos\theta'} \right)^{4N} \tag{6.22}$$

$R_{TM}$ 定义为

$$R_{TM}(\theta) = \left( \frac{n_{rr} \cos\theta_i - n_2 \cos\theta_t}{n_{rr} \cos\theta_i + n_2 \cos\theta_t} \right)^2 r^{2N}(\theta) \tag{6.23}$$

在图 6.4 和式（6.24）中定义了式（6.22）和式（6.23）中的角度。在式（6.22）中，等式左边是用于光偏振的菲涅尔方程，使得电场垂直于入射平面或 TE，如前所述，用于逆向反射器的单反射。等式右边的术语是在 TE 模式下再次配置用于从光纤芯到 SPR 膜接口多次反射的相同的菲涅耳方程。注意，由于光纤架构的双通性质，由于支撑 SPR 的金属长度是双倍的，因此在每个方向上有 $N$ 个独立的反射，这个条件被提升到 $4N$ 而不是 $2N$ 的功率。式（6.23）中右边是由徐等人得出的 SPR 项（式（6.25）），左边是 F 模型光反射器的反射关系，作为入射角的函数[30]。由于光纤架构的双通性质，这个术语再次提高到式（6.18）中的 $2N$ 而不是 $N$ 个功率。各角度和积分角之间的关系如下：

$$\theta_i = \frac{\pi}{2} - \theta$$

$$\theta' = \sin^{-1}\left( \frac{n_2}{n_1} \sin\theta \right) \tag{6.24}$$

$$\theta_t = \sin^{-1}\left( \frac{n_2}{n_{rr}} \cos\theta \right)$$

由于 $SPR(r(\theta))$ 引起的反射函数由以下[30]给出：

$$r(\theta) = \left| \frac{r_{21} + r_{130} e^{2ik_1 d_1}}{1 + r_{21} r_{130} e^{2ik_1 d_1}} \right|^2 \tag{6.25}$$

式中

$$r_{130} = \frac{z_{10} - iz_{43}\tan(k_3 d_3)}{n_{10} - in_{43}\tan(k_3 d_3)}$$

$$r_{21} = \frac{z_{21}}{n_{21}}$$

$$z_{1,m} = k_1 \varepsilon_m - k_m \varepsilon_1$$

$$n_{1,m} = k_1 \varepsilon_m + k_m \varepsilon_1 \qquad (6.26)$$

$$k_1 = \left[ \varepsilon_1 \left(\frac{2\pi}{\lambda}\right)^2 - \left(\frac{2\pi}{\lambda} n_2 \sin\theta\right)^2 \right]^{1/2}, \quad l = 1,2,3$$

$$\varepsilon_4 = \frac{\varepsilon_0 \varepsilon_1}{\varepsilon_3}, \quad k_4 = \frac{k_0 k_1}{k_3}$$

下标表示由图 6.4 定义。

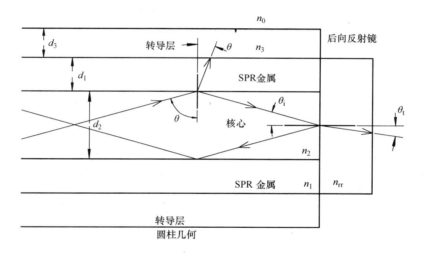

图 6.4　公式推导过程示意图，其中下标 0 表示外部气氛，1 表示表面等离子体谐振
SPR 载体金属层，2 表示核心，3 表示任选的第二换能层

（出自 Pfeifer, K. B. and Thornberg, S. M., *IEEE Sensors J.*, 10（8），1360, 2010. 获得许可）

## 6.5　建模结果

　　研究者构建了一个 Mathcad⊖程序来解决通过光学系统的传输，并根据早期的形式来改变纤维的厚度参数。将结果应用于选择各种厚度的金属膜以便定位 SPR 最小值并估计对各种曝光的响应。模型的结果一般不能精确地描述膜测试的测量行为；然而，

⊖　PTC，140 Kendrick St.，Needham，MA 02494，United States.

传感器设计的描述和采用由总体趋势来指导。

图 6.5 所示为计算由模型和折射率的文献值给出的 Pd 暴露于 H₂ 的响应曲线图[41,42]。von Rottkay 等[42]报道了 PdHₓ 折射率值，PdHₓ 折射率值是用暴露于 10⁵Pa H₂ 气氛的 Pd 薄膜测得的。该浓度明显高于在我们的纤维结构上进行的任何测量；然而，它们表示作为氢化物状态函数折射率值的向上界限。这些模拟表明，在 200～400nm 范围内应该预期纯 Pd 和 PdHₓ 之间的显著变化，这使得能够检测 H₂。使用数值孔径 NA = 0.22 和各种厚度的 PdHₓ 对 600μm 纤维进行计算。这些类型的计算被用于指导实验研究的金属厚度的选择，但是并不精确地模拟最小响应的位置。在图 6.5 的示例中，模拟各种厚度的膜以便确定在可见光谱中具有实质谐振峰的厚度并且可以容易地制造。对 Au/SiO₂ 和 Ag 膜进行了类似的研究。

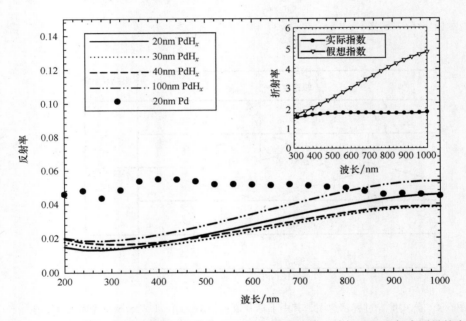

图 6.5　几个厚度的 Pd 膜暴露于 H₂ 形成 PdHₓ 的反射率计算，并与 SPR 几何中测量的未曝光的 12.5mm 长，20nm 厚的 Pd 膜（●）进行比较的示意图，数据表明，由于其广泛吸收谐振，在 250～400nm 范围内预测出良好候选者是厚度为 20～40nm 的膜。折射率的实部和虚部从 PdHₓ 的文献中得到，并绘制在插图中[41,42]

（出自 Pfeifer, K. B. and Thornberg, S. M., *IEEE Sensors J.*, 10（8），1360，2010. 获得许可）

## 6.6　实验

### 6.6.1　纤维制备

遵循 Xu 等人[30]描述的射线光学模型，计算了使用沉积的 Pd 膜，使用 Ag 膜的 H₂S

并使用 Au 膜上的 SiO$_2$ 覆盖层的水分来监测 H$_2$ 的金属厚度。此外，使用该理论模型选择光纤的纤芯直径。

图 6.6 所示为在 100 ~ 1000μm 的各种纤芯直径的纤维上 Au 膜模拟，其中 Au 的折射成分实际和复合指数作为插图中波长函数绘制。随着核心直径变大，趋势是更高的产量和更深的 SPR 最小值。然而，在实践中，600μm 的耦合器是最方便使用的，因此选择该直径的熔融石英纤维（Ocean Optics Fiber-600-UV$^\ominus$）进行实验。

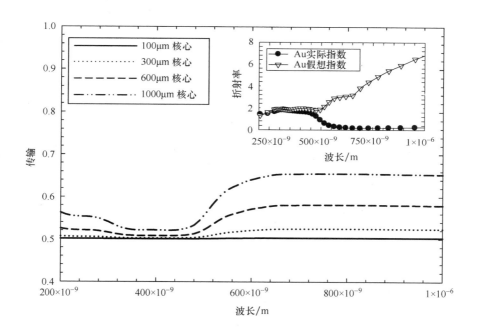

图 6.6　使用 Xu 等人的理论，对于 20nm Au 涂层光纤的光传输曲线作为几种不同芯径波长的
函数示意图[30]，曲线图显示，对于表面等离子体谐振 SPR，较大的直径给出了
更高的信噪比表面等离子体谐振 SPR 峰值，从而可以实现更好的波长辨别
（出自 Pfeifer, K. B. and Thornberg, S. M., *IEEE Sensors J.*,
10（8），1360，2010. 获得许可）

通过首先蚀刻掉包覆材料，然后用支撑 SPR 的金属膜涂覆纤维的圆柱形部分来实现感测，参见 6.3。这种几何形状具有将 SPR 膜的每单位长度的灵敏度加倍的明显优点，因为光穿过敏感部分两次。原则上，可以将多个区域蚀刻到芯上并涂覆有不同的金属以改变 SPR 峰的位置，并允许使用相同的探针光纤感测几种化合物。

基于数值模拟的结果，制造了一系列 600μm 的芯纤维并涂覆有表面等离子体谐振 SPR 支撑金属。通常的方法是首先切割长度约 20cm 的光纤部分，然后热解最后约 3cm

---

⊖　Ocean Optics, 830 Douglas Ave., Dunedin, FL 34698, United States.

的聚酰亚胺涂层，以允许蚀刻化学物质进入熔融二氧化硅。热解是通过将光纤插入氧化铝圆柱体中，并将缠绕在圆筒上的镍铬合金线圈缠绕在一起，然后使用电源将镍铬合金加热至白炽。然后通过将最后 1.25cm 浸入溶解在 50mL 去离子水中含有 5g $NH_4HF_2$ 的溶液中来清洁和蚀刻纤维。纤维的初始外径为 660μm，标称纤芯直径为 600μm；因此，将光纤蚀刻直到它们测量了大约 590nm 的外径，以确保包层被完全去除并且芯材单独暴露。使用数字测微计进行测量。包层的蚀刻需要 30min 的时间间隔，但是基于测微计测量而不是经过的时间停止蚀刻。此外，表面扫描电子显微镜测量显示，在蚀刻长度上观察到直径大于 250nm 的变化。

接下来，将纤维在去离子水中漂洗，然后置于真空兼容的旋转夹具中。然后将纤维放置在电子束沉积系统中并泵送至低于 100μPa 的基础压力。接下来，用 Pd 和 Ag 以大约 1Å/s 的速率用相应的 SPR 金属涂覆它们，并且 Au 的速率为 4Å/s。将纤维以 3r/min 的转速旋转，基板温度约为 24℃，直到石英晶体厚度监测器表明实现了所需的厚度。最后，除了切割的纤维端部之外，将纤维从源极掩蔽，并且应用回射涂层。在所有情况下，回射涂层是使用与表面等离子体谐振 SPR Au 膜相同的参数沉积的 100nm Au 膜。使用触针表面光度计验证厚度，发现其值在预期值的 ±20% 以内。

然后使用图 6.3 所示的系统测量纤维的响应，并分析数据。图 6.3 的系统由连接到三端口光耦合器（Ocean Optics 600μm 分支光纤组件）的钨-卤素光源（Ocean Optics LS-1）组成。光谱仪是连接到 PC 的 Ocean Optics USB-2000 系统，用于数据采集。原始数据的一个例子如图 6.7 所示，它说明了作为曝光的函数的光谱响应的变化。图 6.7 中的膜是沉积在 ~1.25cm 暴露纤维核上 30nm 的 Pd 膜。该曲线显示真空（200Pa 空

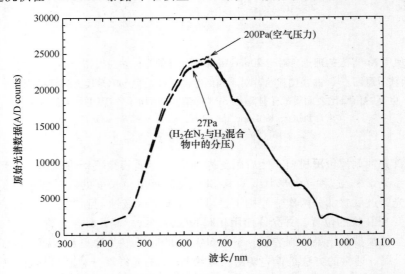

图 6.7　从空气背景泵送的近真空条件下暴露于约 27Pa 的 $H_2$ 的情况下，
从 30nm Pd 涂覆的纤维的原始光谱响应图

（出自 K. B. Pfeifer and Thornberg, S. M., *IEEE Sensors J.*, 10 (8), 1360, 2010. 获得许可）

气）中未曝光膜的光谱和在 $N_2$ 中 $H_2$ 分压约 27Pa 下水合的膜的光谱。由于这是一个很大的集中，所以效果在原始光谱数据中是可见的。然而，在大多数情况下，效果很小，必须使用 MATLAB<sup>®</sup>⊖ 中编写的数值方法来提取。

## 6.6.2　MATLAB 算法

所采用的 MATLAB 算法从未曝光的光纤获取光谱，平均进行几次扫描。这成为参考或背景谱。然后对所有扫描进行归一化，使得最大值固定为一致值。通过这样做，消除了在光学系统中的诸如光源老化，连接器损耗和其他漂移机制的影响。这是将该技术应用于长期无动力应用的关键，其中连续测量光谱既不实用也不可取。然后将其余数据归一化为起始值，并绘制为时间的函数，以查找光纤的光谱响应中的趋势。

## 6.6.3　GAS 样品生成

实验中的蒸汽产生通过构建交叉管道装置来实现，其中纤维插入一条引脚并使用固体特氟龙压缩套圈进行密封。使用比光纤直径稍大的钢丝绳钻孔套管以容纳纤维。通过将纤维放置在套圈中并将套圈压入配件中，实现了密封。交叉排列的其他引脚连接到①用于抽空体积的文丘里泵；②用于测量压力的热电偶量规；③通过密封的波纹管连接到样品气体源的一段管道。

通过首先抽空体积然后用标准气体混合物反复填充体积进行测量，同时用热电偶测量仪监测体积的分压。我们的标准是 $N_2$ 中含有 1.00% $H_2$ 和 $N_2$ 中含有 1.09ppm $H_2S$。在实验室中使用 Thunder Scientific Model 3900 双压、双温度、低湿度发生器⊖ 而不是气瓶生成水分样品，并且输出以流动模式连接到纤维端。

# 6.7　结果

## 6.7.1　Pd/$H_2$

Pd 纤维的典型数据绘制在图 6.8 中，其示出了在具有暴露于 $N_2$ 中各种分压 $H_2$ 100nm Au 的回射膜 40nm Pd 膜的响应。每个波长的数据已被归一化，然后与其初始值进行比较。数据表明，在低于 27Pa 的分压下，传感器的响应是线性的，响应的符号是波长依赖的。之前已经有文献发表了在低浓度下对 $H_2$ 的线性响应，用于具有 633nm 光源的 Kretschmann 配置的 SPR 实验[43]。已经证明线性趋势在波长采样中持续，但绝对幅度随波长的变化以及响应的符号而变化，使其适用于多变量光谱分析。如图 6.8 所示，随着系统中信号与噪声的比值对应，低于约 9Pa 的浓度的变化不再可观察。系统中主要的噪声源来自光谱仪。光谱仪设置为平均 20 次扫描，积分间隔

---

⊖　The MathWorks, Inc., 3 Apple Hill Drive, Natick, MA 01760-2098, United States。

⊖　Thunder Scientifc Corporation, 623 Wyoming Blvd. SE, Albuquerque, NM 87123-3198, United States.

为 100ms。

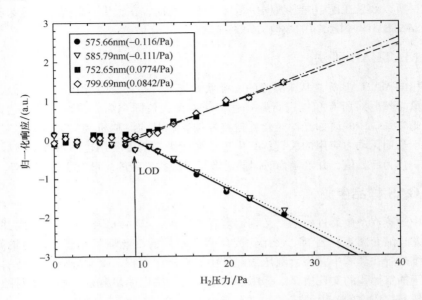

图 6.8　将具有 100nm Au 后向反射器的 40nm Pd 膜的标准化响应的图形作为
几个波长处 H₂ 分压的函数，表明响应的符号是波长依赖的。

检测限大约为 9Pa 的 H₂

（出自 Pfeifer, K. B. 和 Thornberg, S. M. , *IEEE Sensors J.* , 10（8）, 1360, 2010. 获得许可）

在 α 相中 H₂ 的低分压形成氢化钯（PdHᵥ）。在暴露于较高浓度 H₂（2000～2700Pa）的情况下，从 α 相向 PdHᵥ 的 β 相转变，其中 υ～0.03 并且不是期望的，因为它导致晶格间距增加 3.5%，并且将导致 Pd 膜在纤维上的机械故障[44]。我们的应用涉及低于 β 相的痕量浓度的 H₂；因此测试了低于 27Pa 的 H₂ 分压的浓度。PdHᵥ 形成在这个范围内在恒定温度下具有分压线性[45]。

图 6.9 所示为暴露于 H₂ 40nm Pd 膜的测量响应曲线图，其作为波长的函数和文件数的函数。每个文件在 30s 的时间内被采集，意味着整个扫描发生在大约 74min。结果表明，该测量强烈地是与使用图 6.5 的模型计算相同通用波长区域中具有最大响应波长的波长函数。此外，响应是可逆的，并且表明使用该技术在密封环境中测量 H₂ 的可行性。

## 6.7.2　Ag/H₂S

使用在 N₂ 中暴露于 0.04Pa H₂S 的 Ag 膜延长间隔 7 天的 Ag 膜进行了类似测量，其在 450nm 附近的波长处显示出不可逆表面等离子体谐振 SPR 响应。这比 Pd 实例短约 100nm 的波长。这些实验在涂覆有相似厚度的 Ag 的相同的 600μm 纤维上进行。图 6.10 所示为在 N₂ 中暴露于 0.04Pa H₂S 时作为时间函数的五个单独波长的响应曲线。

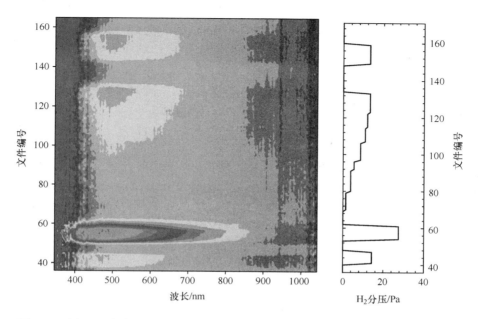

图 6.9  波长和文件数的函数的传感器响应曲线与 H₂ 分压一起绘制。数据说明传感器是可逆的，并且对波长具有很强的依赖性。每个单独的文件以 30s 的间隔被采集（出自 Pfeifer，K. B. 和 Thornberg，S. M.，*IEEE Sensors J.*，10（8），1360，2010. 获得许可）

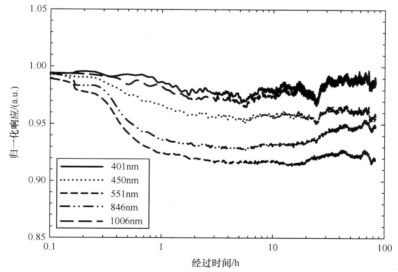

图 6.10  对于在 N₂ 中暴露于 0.04Pa H₂S 的光纤上的 40nm Ag 表面等离子体谐振 SPR 膜，对 401、450、551、846 和 1006nm 的归一化响应曲线图。数据说明响应在大约 10h 的曝光后完成并且是波长依赖性的（出自 Pfeifer，K. B. 和 Thornberg，S. M.，*IEEE Sensors J.*，10（8），1360，2010. 获得许可）

数据表明响应在大约 10h 后名义上完成，并且如预期的那样，具有强烈的波长依赖性。在 401nm 和 1006nm 处的数据说明很少的响应，而光谱 450~550nm 区域的响应更大。在该图中，在开始收集数据后约 0.3h 引入 $H_2S$。我们认为，这个信号的大部分是由于 SPR 与纤维壁上涂层的相互作用，而不是由于与纤维端部的回射 Au 涂层的硫键的相互作用。这是因为 100nm 厚的 Au 涂层在可见波长处光学厚，并且光不会与 Au 膜的暴露表面相互作用[35]。

### 6.7.3  $SiO_2/H_2O$

使用由 20nm Au 沉积在具有 20nm 覆盖层 $SiO_2$ 的纤维上的 20nm Au 的附加系统来监测 $N_2$ 中露点/霜点为 10℃ ~ -70℃ 的气氛中的湿度变化。大约 550~600nm 的实验结果显示了这个水分范围内最显著的变化，并且表明在 -70℃ 和 -10℃ 之间的光谱的良好区别下，允许使用该 SPR 几何形状的密封系统中的水分进入的表面等离子体谐振 SPR 测量。说明露点从 -10℃ 升高至 +10℃ 的实例数据如图 6.11 所示。

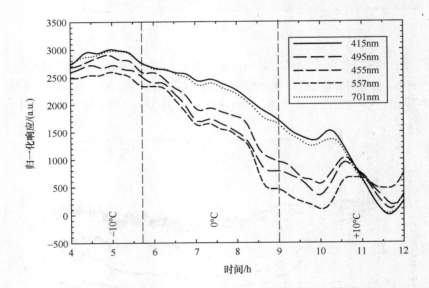

图 6.11  用 20nm $SiO_2$ 膜覆盖的 20nm Au 膜的响应曲线用于水分监测示意图，数据说明了五种不同波长的标准化响应，作为大气压力下 -10℃ ~ +10℃ 的露点/霜点的函数。数据表明，宽带上的波长响应湿度水平的变化，但是在 455nm 和 557nm 之间的波长响应的波长远远高于波段中心（415nm 和 701nm）。湿度发生器的每个步骤被编程为保持恒定 4.5h。如在 0℃ 区域观察到的，传感器响应比此慢，因此当发生器变为露点为 +10℃ 时，传感器响应不稳定，导致响应持续向下漂移
（出自 Pfeifer, K. B. 和 Thornberg, S. M., *IEEE Sensors J.*, 10 (8), 1360, 2010. 获得许可）

图 6.11 所示为 415~701nm 的五个不同波长处的归一化响应，并且示出了所有波长上的膜对湿度敏感，但是在 455~557nm 的范围内灵敏度更高。

## 6.8　多功能 SPR 纤维

通过监测一系列关键波长来测量几种目标污染物并加以区分，意味着可以使用具有蚀刻和涂覆不同金属的多个区域的单纤维来生产多组分传感器（如图 6.12 所示）。已经证明这种传感器被涂覆有 12.5mm 长的 20nm Pd 膜，随后是 12.5mm 长的 20nm Ag 膜，随后是 12.5mm 长 20nm 的 Au/20nm 的 $SiO_2$ 膜叠层，用于检测 $H_2$，硫化合物和水分（见图 6.12）。首先通过未曝光光纤获得这些测试数据，以检测 27Pa $H_2$（如图 6.13a 所示），然后暴露于 0.04Pa 的 $H_2S$（如图 6.13b 所示）。然后监测纤维的 Ag 部分直至不可逆反应完成。然后将纤维再次暴露至 27Pa 的 $H_2$，将永久性 $H_2S/Ag$ 响应归一化为数据，以确定硫气氛是否污染了 Pd 膜（如图 6.13c 所示）。数据表明，暴露于 $H_2$ 时出现的谐振峰在 Ag 膜暴露于 $H_2S$ 后的形状和幅度方面与图 6.13a 基本不变。

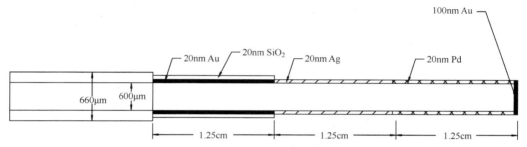

图 6.12　在 600μm 光纤芯上显示 Au，Ag 和 Pd 区域的三段 SPR 传感器图
（出自 Pfeifer, K. B. 和 Thornberg, S. M.，*IEEE Sens. J.*，10（8），1360，2010. 获得许可）

在 $H_2S$ 暴露之前进行 Pd 光纤作为 $H_2$ 分压的函数的响应的多次测量，然后再次 $H_2S$ 暴露后进行测量。这些测量包括将暴露于纤维的浓度逐步地在 $N_2$ 中 0Pa 和 27Pa 之间的 $H_2$ 的各种分压之间，然后回到真空基线。在四种离散波长（547.7、574.2、586.4 和 751.3nm）下暴露于 $H_2S$ 之后的光纤响应与 $H_2S$ 前暴露一致，在 30% 以内。此外，对于 27～0Pa $H_2$ 浓度变化，$H_2S$ 暴露之前的响应时间为 2.5min 左右。$H_2S$ 后的响应时间非常相似，表明响应时间也基本不变。

应当注意，图 6.13a 和 b 被归一化为未曝光光谱。图 6.13c 在 $H_2S$ 曝光后重新归一化，因此包括在 Ag 膜暴露于 $H_2S$ 时引入的光谱特征。由于这两种金属具有不重叠的 SPR，因此对两种分析物的反应可以单独解决。所得到的响应表明，几天内硫暴露的低背景水平不会显著降低 Pd 部分对 $H_2$ 的响应。在所有情况下，1 处的水平线将表示未曝光的归一化光谱的反射率。

图 6.13d 所示为从 0℃到 -70℃ 的霜点对纤维的 $SiO_2/Au$ 部分的反应进行干燥的曲线图。再次，响应是在 0℃ 下响应的归一化。该数据表明，光纤的湿度感测部分不会被 $H_2S$ 中毒，并且通过在 SPR 光谱中明确选择波长来监测系统中的多个部件是可行的。在 Pd 和 $SiO_2/Au$ 情况下，最大 SPR 响应的波长相似，表明需要同时监测多个波长并通过多变量光谱分析进行分析以分离 $H_2O$ 和 $H_2$。二元或三元混合物尚未使用这种方法进行测试。

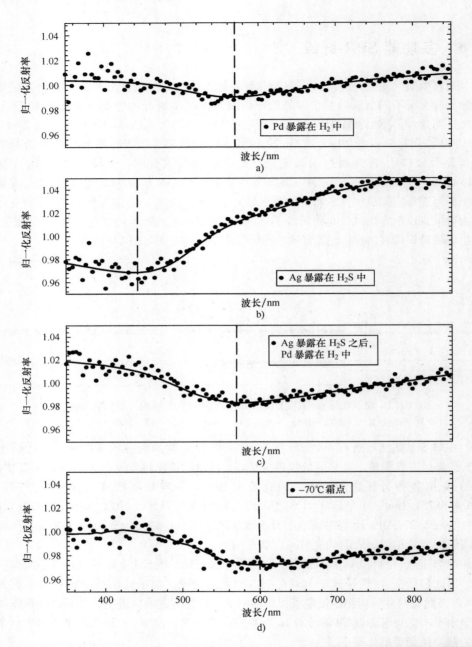

图 6.13  a）Pd 中的 27Pa $H_2$   b）Ag 上的 0.4Pa $H_2S$   c）Pd 中的 27Pa $H_2$ 的响应的曲线图 d）纤维在单一表面等离子体谐振 SPR 纤维上从 0℃露点到 -70℃霜点干燥时的响应（时间进度从上到下，数据在 Ag 暴露后的 $H_2S$ 上被重新归一化，因为该变化是不可逆的。因此，c 和 d 归一化为 b。在大约 450nm 处对于 Ag 的表面等离子体谐振 SPR 波长分离最小；在约 550nm 处的 Pd 的最小值，以及在约 600nm 处的 Au 的最小值。点是来自光谱仪的原始数据，实线正在运行数据的平均值。垂直虚线定位平均数据的最小值）

（出自 Pfeifer, K. B. 和 Thornberg, S. M. , *IEEE Sensors J.* , 10（8），1360, 2010. 获得许可）

## 6.9　结论

我们开发了在平面几何中预测 SPR 的背景数学。然后将这些模型扩展为单端圆柱形几何形状，可以制成实用的单端光纤探头。然后证明了使用具有回射涂层的单纤维模拟基于光纤的 SPR 传感器的响应的数学模型。然后对几种支持 SPR 的金属进行建模，并用于设计用于测试的传感器，包括使用 Pd 膜的 $H_2$ 感测，使用 Ag 膜的 $H_2S$ 感测和在 Au 膜上使用 $SiO_2$ 膜的 $H_2O$ 感测。数据表明，不同的金属允许对各种分析物的光谱响应变化，允许制造使用单纤维和实验系统对所有三种分析物敏感的三区域 SPR 传感器。已经证明，在暴露于 $H_2S$ 的延长间隔之后，$H_2$ 响应不变，并且在反复暴露于 $H_2$ 并长时间暴露于 $H_2S$ 后可以在低霜点（－70℃）下检测到水分。因此，使用单端纤维的简化的光纤 SPR 几何已被证明并显示出由于密封系统中的老化效应而可能存在的几种化学物质具有多个响应。

## 参 考 文 献

1. R. W. Wood, On a remarkable case of uneven distribution of light in a diffraction grating spectrum, *Philosophical Magazine*, 4(19–24), 396–402, 1902.
2. R. W. Wood, Anomalous diffraction gratings, *Physical Review*, 48, 928–937, 1935.
3. U. Fano, The theory of anomalous diffraction grating and of quasi-stationary waves on metallic surfaces (Sommerfeld's waves), *Journal of Optical Society of America*, 31, 213–222, 1941.
4. R. H. Ritchie, Plasma losses by fast electrons in thin films, *Physical Review*, 196(5), 874–881, 1957.
5. E. Kretschmann and H. Raether, Radiative decay of non-radiative surface plasmons excited by light, *Zeitschrift für Naturforschung*, 23a, 2135, 1968.
6. K. B. Pfeifer and S. M. Thornberg, Surface plasmon sensing of gas phase contaminants using a single-ended multiregion optical fiber, *IEEE Sensors Journal*, 10(8), 1360, 2010.
7. S. Ekgasit, C. Thammacharoen, F. Yu, and W. Knoll, Influence of the metal film thickness on the sensitivity of surface plasmon resonance biosensors, *Applied Spectroscopy*, 59(5), 661–667, 2005.
8. I. Stemmler, A. Brecht, and G. Gauglitz, Compact surface plasmon resonance-transducers with spectral readout for biosensing applications, *Sensors and Actuators B: Chemical*, 54, 98–105, 1999.
9. P. T. Leung, D. Pollard-Knight, G. P. Malan, and M. F. Finlan, Modeling of particle-enhanced sensitivity of the surface-plasmon-resonance biosensor, *Sensors and Actuators B: Chemical*, 22, 175–180, 1994.
10. C. M. Pettit and D. Roy, Surface plasmon resonance as a time–resolved probe of structural changes in molecular films: Consideration of correlating resonance shifts with adsorbate layer parameters, *Analyst*, 132, 524–535, 2007.
11. A. Ikehata, K. Ohara, and Y. Ozaki, Direct determination of the experimentally observed penetration depth of the evanescent field via near-infrared absorption enhanced by the off-resonance of surface plasmons, *Applied Spectroscopy*, 62(5), 512–516, 2008.
12. S. A. Love, B. J. Marquis, and C. L. Haynes, Recent advances in nanomaterials plasmonics: Fundamental studies and applications, *Applied Spectroscopy*, 62(12), 346A–362A, 2008.
13. W. Yuan, H. P. Ho, C. L. Wong, S. K. Kong, and C. Lin, Surface plasmon resonance biosensor incorporated in a Michelson interferometer with enhanced sensitivity, *IEEE Sensors Journal*, 7, 70–73, 2007.
14. E. Kretschmann, Decay of non-radiative surface plasmons into light on rough silver films. Comparison of experimental and theoretical results, *Optics Communications*, 6(2), 185–187, 1972.
15. H. Raether, *Surface Plasmons on Smooth and Rough Surfaces and on Gratings*. Springer-Verlag, Berlin, Germany, pp. 118–120, 1988.
16. J. Homola, Electromagnetic theory of surface plasmons, in *Surface Plasmon Resonance Based Sensors*, J. Homola, ed., Springer-Verlag, Berlin, Germany, pp. 1–10, 2006.

17. M. Yamamoto, Surface plasmon resonance (SPR) theory: Tutorial, *Review of Polarography*, 48(3), 209–237, 2002.

18. A. K. Sharma, R. Jha, and B. D. Gupta, Fiber-optic sensors based on surface plasmon resonance: A comprehensive review, *IEEE Sensors Journal*, 7(8), 1118–1129, 2007.

19. J. D. Jackson, *Classical Electrodynamics*, 2nd edn., John Wiley & Sons, New York, pp. 68–71, 1975.

20. S. Ramo, J. R. Whinnery, and T. Van Duzer, *Fields and Waves in Communications Electronics*, 3rd edn., John Wiley & Sons, New York, pp. 385–387, 1994.

21. J. R. Reitz, F. J. Milford, and R. W. Christy, *Foundations of Electromagnetic Theory*, Addison-Wesley Publishing Company, Reading, MA, pp. 341, 1980.

22. A. D. Boardman, Hydrodynamic theory of plasmon-polaritions on plane surfaces, in *Electromagnetic Surface Modes*, A. D. Boardman, ed., John Wiley & Sons, Chichester, U.K., p. 17, 1982.

23. M. J. Adams, *Án Introduction to Optical Waveguides*, John Wiley & Sons, Chichester, U.K., pp. 64–67, 1981.

24. M. V. Klein and T. E. Furtak, *Optics*, 2nd edn., John Wiley & Sons, New York, pp. 295–300, 1986.

25. M. V. Klein and T. E. Furtak, *Optics*, 2nd edn., John Wiley & Sons, New York, pp. 76–80, 1986.

26. E. Hecht and A. Zajac, *Optics*, Addison-Wesley, Menlo Park, CA, pp. 72–75, 1979.

27. C. A. Balanis, *Advanced Engineering Electromagnetics*, John Wiley & Sons, New York, p. 191, 1989.

28. H. Raether, *Surface Plasmons on Smooth and Rough Surfaces and on Gratings*, Springer-Verlag, Berlin, p. 11, 1988.

29. X. Bévenot, A. Trouillet, C. Veillas, H. Gagnaire, and M. Clément, Surface plasmon resonance hydrogen sensor using an optical fibre, *Measurement Science and Technology*, 13, 118–124, 2002.

30. Y. Xu, N. B. Jones, J. C. Fothergill, and C. D. Hanning, Analytical estimates of the characteristics of surface plasmon resonance fiber-optic sensors, *Journal of Modern Optics*, 47(6), 1099–1110, 2000.

31. A. K. Sharma and B. D. Gupta, Absorption-based fiber optic surface plasmon resonance sensor: A theoretical evaluation, *Sensors and Actuators B: Chemical*, 100, 423–431, 2004.

32. M. Mitsushio, K. Miyashita, and M. Higo, Sensor properties and surface characterization of the metal-deposited SPR optical fiber sensor with Au, Ag, Cu, and Al, *Sensors and Actuators A: Physical*, 125, 296–303, 2006.

33. M. A. Butler and A. J. Ricco, Reflectivity changes of optically-thin nickel films exposed to oxygen, *Sensors and Actuators*, 19, 249–257, 1989.

34. M. A. Butler and A. J. Ricco, Chemisorption-induced reflectivity changes in optically thin silver films, *Applied Physics Letters*, 53(16), 1471–1473, 1988.

35. M. A. Butler, A. J. Ricco, and R. J. Baughman, Hg adsorption on optically thin Au films, *Journal of Applied Physics*, 67(9), 4320–4326, 1990.

36. K. B. Pfeifer, R. L. Jarecki, and T. J. Dalton, Fiber-optic polymer residue monitor, *Proceedings of the SPIE*, Vol. 3539, Boston, MA, pp. 36–44, 1998.

37. B. E. A. Saleh and M. C. Teich, *Fundamentals of Photonics*, John Wiley & Sons, Inc., New York, p. 18, 1991.

38. W. L. Wolfe, *Introduction to Radiometry*, SPIE Optical Engineering Press, Bellingham, WA, p. 17, 1998.

39. K. B. Pfeifer, S. M. Thornberg, M. I. White, and A. N. Rumpf, Sandia National Laboratories, Albuquerque, NM, Report SAND2009–6096, p. 8, 2009.

40. E. Hecht and A. Zajac, *Optics*, Addison Wesley, Reading, MA, p. 74, 1979.

41. M. A. Ordal, L. L. Long, R. J. Bell, S. E. Bell, R. R. Bell, R. W. Alexander, and C. A. Ward, Optical properties of the metals Al, Co, Cu, Au, Fe, Pb, Ni, Pd, Pt, Ag, Ti, and W in the infrared and far infrared, *Applied Optics*, 22(7), 1099–1119, 1983.

42. K. V. Rottkay, M. Rubin, and P. A. Duine, Refractive index changes of Pd-coated magnesium lanthanide switchable mirrors upon hydrogen insertion, *Journal of Applied Physics*, 85(1), 408–413, 1999.

43. B. Chadwick, J. Tann, M. Brungs, and M. Gal, A hydrogen sensor based on the optical generation of surface plasmons in a palladium alloy, *Sensors and Actuators B: Chemical*, 17, 215–220, 1994.

44. M. A. Butler, Optical fiber hydrogen sensor, *Applied Physics Letters*, 45(10), 1007–1009, 1984.

45. R. R. J. Maier, B. J. S. Jones, J. S. Barton, S. McCulloch, T. Allsop, J. D. C. Jones, and I. Bennion, Fibre optics in palladium-based, hydrogen sensing, *Journal of Optics A: Pure and Applied Optics*, 9, S45–S59, 2007.

# 第7章 有源纤芯光纤化学传感器及应用

Shiquan Tao

## 7.1 AC-OFCS 和 EW-OFCS 的原理

光纤化学传感器（Optical Fiber Chemical Sensor，OFCS）通过检测化合物与在光纤内部传播的光相互作用来检测样品中化合物的浓度的存在和测量[1,2]。根据交互发生的位置，OFCS 可以分为两类：有源纤芯光纤化学传感器（Active Core OFCS，AC-OFCS）[3,4] 和逝波光纤化学传感器（Evanescent Wave OFCS，EW-OFCS)[5-7]。检测分析物的光吸收作为感测信号的 AC-OFCS 和 EW-OFCS 的原理如图 7.1 所示。在 AC-OFCS 中，分析化合物与光的相互作用发生在光纤芯内部，而在 EW-OFCS 中，分析物与光的相互作用发生在光纤包层中。沿着光纤向下行进的光束可以通过存在于纤芯内部的化合物或包层内部的化合物来散射或吸收。在光纤中传播的光也可以将纤维中的化合物激发到更高的能级并引起荧光（Fluorescence，FL）的发射。所有这些交互都可用于设计 OFCS。因此，在 OFCS 设计中已经使用了紫外/可见（UV/Vis）吸收光谱、近红外（Near-Infrared，NIR）和中红外（Mid-Infrared，IR）吸收光谱，拉曼散射光谱法、FL光谱法等分析光谱技术[1-11]。此外，在纤芯或包层中存在分析物，可以改变芯或包层材料的折射率，这导致通过纤维引导的光强度的变化。这种现象也被用于设计 OFCS[12-14]。OFCS 的特性，包括灵敏度、精度、可逆性、响应时间和选择性，取决于待检测化合物的性质、感测过程中涉及的化学反应、用于检测的分析物/光相互作用及其发生位置、光纤芯和包层的微结构。

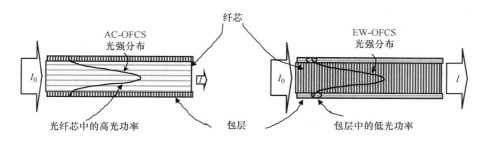

图 7.1　AC-OFCS 和 EW-OFCS 的原理示意图

（纤维中的水平衬里部分是分析物（或分析物与感测试剂的反应产物）与光纤中的光相互作用的地方，纤维中的垂直内衬部分不涉及传感，仅用于导光；在图中使用光吸收光谱法作为实例，$I_0$ 是注入光纤的光强度，$I$ 是从光纤传出的光的强度；在有源纤芯光纤化学传感器 AC-OFCS 中，大多数光被吸收，而在逝波光纤化学传感器 EW-OFCS 中，只有一小部分光被吸收）

### 7.1.1 用光纤芯作为传感器的 OFCS

当光束注入光纤时，光线通过在光纤芯和包层的界面处的一系列全内反射（Total Internal Reflections，TIR）向下传播。如果分析物存在于纤芯内部，则分析物分子可以与在纤芯内传播的光相互作用。在这种情况下，光纤芯也用作用于检测分析物/光相互作用的光学单元。在常规分析光谱中建立的理论可用于描述分析物与光纤内部的光的相互作用。例如，可以通过使用朗伯-比尔（Lambert-Beer）定律来描述在光纤芯内的分析物在特定波长处的光的吸收[15]：

$$A = \log\left(\frac{1}{T}\right) = \varepsilon CL \tag{7.1}$$

式中，$A$ 是吸光度；$T$ 是透光率；$\varepsilon$ 是吸收系数；$C$ 是纤芯内分析物的浓度；$L$ 是分析物/光相互作用的长度，其由下式决定[4]：

$$L = \frac{\ell}{(1 - \sin^2\theta)^{1/2}} \tag{7.2}$$

式中，$\ell$ 是光纤传感器的长度；$\theta$ 是光束对光纤的入射角。

类似地，光纤芯内的分子也可以通过在光纤内引导的光而被激发并且发射 FL。如果纤芯内荧光分子的浓度非常低，FL 的强度可以表示为[16]

$$F = K\phi I_0 \varepsilon CL \tag{7.3}$$

式中，$K$ 是一个常数；$\phi$ 是荧光分子的量子效率；$I_0$ 是入射光强度。

导入到纤芯中的光与分析物或分析物与光纤芯内的感测试剂的反应产物的相互作用是 AC-OFCS 的基础，它使用多孔固体光纤（Porous Solid Optical Fibers，PSOF）、液芯波导（Liquid Core Waveguides，LCW）或空心波导（Hollow Waveguides，HWG）作为传感器。在光纤工业中，光导纤维与纤芯材料的相互作用也被用于光纤质量控制和光纤放大器等设计。例如，激光诱导光纤 FL 光谱可用于监测纤芯材料的可能污染[17]。光纤芯拉曼散射是用于监测光缆质量的另一种技术[18]。光纤内放大技术显著提高了光纤通信能力。目前在光纤通信工业中使用的光纤内放大技术基于掺杂在二氧化硅光纤芯中的铒离子的 NIR 激光诱导 FL[19,20]。还提出了用于监测核设施应用中的高能辐射（x 射线、γ 射线）和电离粒子（α 粒子、中子）的光纤纤芯光吸收技术。通过高能量辐射和电离粒子照射二氧化硅光纤分解化学界限，这导致纤芯内部产生自由基，非结合氧物质。可以通过监测光纤芯的吸收光谱来检测形成的自由基[21]。

### 7.1.2 用定制包层作为传感器的 OFCS

当光束被引导通过光纤时，在 TIR 的每个点处形成一个被称为 EW 的驻波（Standing Wave）。EW 驻波的存在将光功率的一部分分布到纤芯附近的包层中。如果包层内的化合物可以与分布在包层中的电磁波相互作用，则可以通过检测化合物与包层中的 EW 驻波的相互作用来感测该化合物。包层中化合物与 EW 驻波的相互作用可以是光吸收，FL 发射或散射。传统分析光谱中使用的几乎所有分析光谱技术都可用于检测分析物与包层中 EW 驻波的相互作用。以光吸收为例，包覆层中化合物的 EW 驻波吸收可以表示如下[4]：

$$A_{EW} = Log\left(\frac{1}{T}\right) = \gamma \varepsilon C \left[\frac{d_p \ell n_2 \sin\theta}{a(n_1^2 - n_2^2 \sin^2\theta)^{1/2}}\right] \qquad (7.4)$$

式中，$\gamma$ 是分布在包层中的光功率与通过光纤引导的总光功率的比率；$n_1$ 和 $n_2$ 是纤芯和包层材料的折射率；$\varepsilon$ 是分析物的吸收系数，$\dfrac{d_p \ell n_2 \sin\theta}{a(n_1^2 - n_2^2 \sin^2\theta)^{1/2}}$ 是吸收路径长度，其等于穿透深度（$d_p$）乘以 TIR 的数量。TIR 的数量计算为 $\dfrac{\ell n_2 \sin\theta}{a(n_1^2 - n_2^2 \sin^2\theta)^{1/2}}$，因为光在光纤内行进长度 $\ell$（直径等于 $a$）。

类似地，EW 驻波激发 FL[22-24]，EW 驻波拉曼散射[25,26] 和 EW 驻波散射[27] 可用于设计 OFCS 以检测包层中的分析物与穿透到包层中的 EW 驻波的相互作用。

## 7.2　AC-OFCS 与 EW-OFCS 的比较

将式（7.1）与式（7.4）相比较，很明显，基于光纤纤芯吸收的化学传感器的灵敏度远高于 EW 驻波吸收型化学传感器的灵敏度。两个因素——光强度（$I_{cladding} = \gamma I_{total}$，$\gamma$ 值对于多模光纤通常小于 0.05）和相互作用路径长度（$\dfrac{d_p \ell n_2 \sin\theta}{a(n_1^2 - n_2^2 \sin^2\theta)^{1/2}}$，$d_p$ 仅为 $\mu$m 级）——限制了基于 EW 驻波吸收的传感器的灵敏度。例如，G. L. Klunder 等人计算了使用 $\ell = 12$m 光纤作为传感器的基于 EW 驻波的 OFCS 的吸收路径长度仅为 3mm[28]。在 FL 光谱和散射光谱学中，发射的 FL 和散射光的强度与激发光的强度和相互作用的路径长度成比例。因此，使用 FL 发射或拉曼散射的 AC-OFCS 作为感测机构的灵敏度也高于 EW 驻波激发的 FL 传感器或 EW 驻波散射传感器。

大多数文献中的 OFCS 是基于光纤 EW 驻波光谱法[1,2,8-11]。EW-OFCS 可以使用为通信行业制造的常规光纤构造传感器。这些纤维价格便宜且易于处理，并且与为通信行业开发的各种工具和仪器兼容。因此，这些 EW-OFCS 易于构建，成本低廉。另一方面，由通信行业使用的市售光纤是固体纤维。将样品引入到这种纤维的纤芯中几乎是不可能的，以检测样品中的分析物与在纤芯内引导的光的相互作用。因此，为了制造 AC-OFCS，必须开发特制的光纤芯。这种纤芯应该能够引导光，更重要的是允许将样品引入光纤芯中。目前，在设计有 AC-OFCS 时已经使用了三种专用 PSOF，LCW 和 HWG。目前已经使用这些特殊的光纤开发了一些敏感度很高的化学传感器。接下来将给出这种 AC-OFCS 的例子。

## 7.3　AC-OFCS 和应用

### 7.3.1　用裁剪定制的 PSOF 作为传感器的 AC-OFCS

有文献报道了几种制作 PSOF 的技术。Shahriari 等人[29] 发表了高温玻璃纤维拉伸工艺，然后进行湿法化学蚀刻，制成多孔玻璃光纤。硼酸钠掺杂的玻璃棒首先由普通的高温玻璃制造工艺制成。然后通过拉丝装置拉动玻璃棒制成玻璃光纤。然后将玻璃光纤在热的浓盐酸溶液中浸泡超过 12h 以蚀刻出硼酸钠。在蚀刻工艺之后获得多孔玻璃光纤。然后将该多孔光纤浸入化学试剂的溶液中以将化学试剂浸入纤芯中。这种试剂浸渍的多孔玻璃光纤的短片可以用作 AC-OFCS 的传感器。已经通过使用浸渍有 pH 指示剂作为传感器的这种多孔玻璃纤维的短片来开发光纤氨传感器。该传感器可以检测气体样品中的痕量氨，检测限为 0.7ppm。

Tao 等人发表了使用 PSOF 设计 AC-OFCS 的重大进展[3,4]。他们报告了湿化学工艺来制造多孔二氧化硅光纤。用于制造这种多孔二氧化硅纤维的原料是硅酸的酯。首先在无机酸作为催化剂存在下水解酯。得到的硅酸不稳定。它们通过氢氧化物冷凝脱水形成二氧化硅纳米颗粒，其分布在水中以形成胶体溶液（称为硅溶胶溶液）。然后将形成的溶胶溶液与感测剂的溶液混合。将混合溶液注入小直径的管中并在室温下保持在管中，直到管内的溶液凝胶化。在糊化过程中，部分溶剂从凝胶中分离出来，并在形成的硅胶和管壁之间形成一层膜。液体溶剂膜防止硅胶与管接触，并避免凝胶黏附在管壁上。随着凝胶化的进行，部分溶剂从管中渗出，形成的硅胶收缩。最后，在管内形成直径小于管的纤维形状的硅胶整料。通过从一端注入液体（水或其他液体）通过该管，该凝胶纤维可被推出管中。刚从管中推出的凝胶纤维是刚性的，但暴露于空气后逐渐硬化。刚从管中推出的凝胶纤维是刚性的，但暴露于空气后逐渐硬化。最后，在纤维硬化后获得感应剂掺杂的多孔二氧化硅光纤。这种制造多孔二氧化硅光纤的方法简单且成本低。多孔二氧化硅光纤由湿化学工艺制成，并且任何可溶于水或适当的有机溶剂的化学或生物化学试剂都可以掺入纤维中，用于为不同应用目的设计传感器。

图 7.2 所示为这样的多孔二氧化硅光纤的扫描电子显微镜（Scanning Electron Mi-

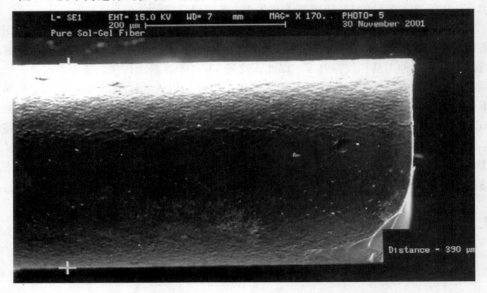

图 7.2　由湿化学法制成的多孔二氧化硅光纤的扫描电子显微镜 SEM 示意图

croscope，SEM）成像。认为光纤表面的粗糙结构源于 Tygon 管的内表面微结构，用作制造多孔二氧化硅光纤的模型。这种粗糙的结构将光从光纤中散出。开发了使用氢氟酸溶液的化学抛光工艺，以去除表面结构，提高纤维的导光效率。扫描电子显微镜 SEM 也被用于研究多孔二氧化硅光纤的内微观结构。然而，发现纤维内部的孔径小于所用 SEM 的分辨率极限（2.5nm）。多孔二氧化硅光纤内部的小孔径是纤维能够有效引导光的原因之一，因为这种小孔隙的散射损耗非常低。然而，多孔二氧化硅光纤在透射低于 350nm 的 UV 光时具有高的损耗水平。

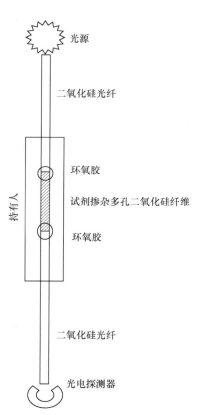

图 7.3　使用试剂掺杂多孔石英光纤作为传感器的 AC-OFCS 的结构示意图

　　目前有文献公布了使用试剂掺杂多孔二氧化硅光纤的几种 AC-OFCS[3,4,30,31]。图 7.3 所示为这种 AC-OFCS 的传感器结构。已经使用 $CoCl_2$ 掺杂的多孔二氧化硅光纤来设计具有类似于图 7.3 所示结构的湿度传感器[3,4]。该传感器基于 $CoCl_2$ 与水蒸气的可逆反应，当其暴露于含有水蒸气的气体样品时，在多孔二氧化硅光纤芯内部形成 $CoCl_2(H_2O)_x$ 络合物。形成的 $CoCl_2(H_2O)_x$ 配合物的浓度与气体样品中水蒸气的浓度平衡。$CoCl_2(H_2O)_x$ 络合物的形成降低了多孔二氧化硅光纤中的 $CoCl_2$ 浓度。$CoCl_2$ 吸收 632nm 的光。因此，通过使用 632nm 二极管激光器作为光源，可以通过检测光纤的吸光度信号来检测气体样品中的水蒸气浓度。该传感器灵敏度高，可以方便地检测空气中的水蒸气（精确至 ppm 水平）。然而，传感器对于在室温下监测空气中的水蒸气的响应速度较慢，因为水分子进入纤维内部的多孔结构中的扩散在环境温度下需要很长时间。

　　目前有文献公布了使用 $CuCl_2$ 掺杂的多孔二氧化硅光纤的 AC-OFCS 用于监测高温气体中的痕量 $NH_3$，例如燃煤发电厂的烟气[30]。近年来，为了减少 $NO_x$ 排放，已将氨添加到一些燃烧系统的废气中。因此，这种燃烧系统废气中连续监测痕量 $NH_3$ 的传感器对于过程控制以及监测大气污染物排放是重要的。用于 $NH_3$ 监测的 AC-OFCS 基于简单的可逆化学反应：

$$CuCl_2 + NH_3 \longleftrightarrow Cu(NH_3)_xCl_2$$

　　多孔二氧化硅光纤内形成的 $Cu(NH_3)_x^{2+}$ 配合物与气体样品中 $NH_3$ 的浓度平衡。形成的 $Cu(NH_3)_x^{2+}$ 吸收峰值吸收波长在约 550nm 的光。因此，可以通过监测约 550nm 处的光纤吸收信号来监测气相中 $NH_3$ 的浓度。测试传感器在 450℃ 的温度下监测气体样品中的痕量氨。图 7.4 所示为暴露于含有不同浓度的 $NH_3$ 的高温空气样品的 AC-OFCS 的记录吸收光谱。随着空气样品中 $NH_3$ 浓度的增加，540nm 处的吸光度增加。540nm

处的记录吸光度与气体样品中的 $NH_3$ 浓度呈线性关系。图 7.5 所示为传感器对空气样品中 $NH_3$ 浓度变化的时间响应。该结果表明，传感器是可逆的，可用于气体样品中连续监测痕量 $NH_3$。响应时间 <20min。必须指出，当使用小直径的多孔二氧化硅光纤来设计传感器时，这种传感器的响应时间可以更短。

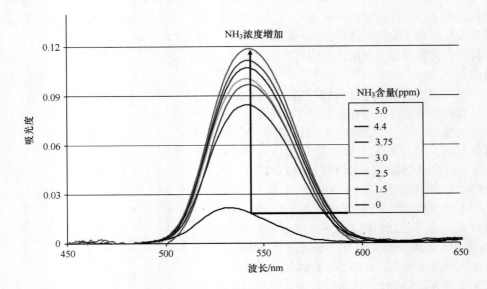

图 7.4　使用 $CuCl_2$ 掺杂的多孔二氧化硅光纤（纤维长度为 3cm）作为传感器，暴露于含有不同浓度的氨的高温空气样品的 AC-OFCS 的记录的紫外线 UV/Vis 吸收光谱示意图

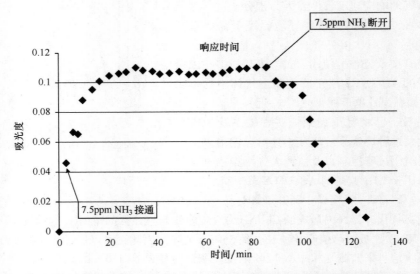

图 7.5　将 $CuCl_2$ 掺杂的多孔二氧化硅光纤氨传感器的时间响应交替地暴露于含氨空气样品和空白空气样品示意图

使用聚二甲基硅氧烷（Polydimethylsiloxane，PDMS）聚合物光纤的 AC-OFCS 也已被报道。PDMS 已经用于制造有机聚合物光纤以及用于通信工业的常规光纤的覆层材料。PDMS 是疏水性聚合物，可以通过在存在特殊催化剂的情况下用一些交联剂聚合二甲基硅氧烷来制备。用于制备该聚合物的试剂盒可从商业来源获得。Klunder 等人通过使用从商场购买的硅胶密封产品（如 RTV-732 和 RTV）制造 PDMS 纤维，他们调查了这些聚合物纤维在环境样品中应用三氯乙烯（Trichloroethene，TCE）的应用[28,32]。TCE 吸收峰值吸收波长在 1.64μm 左右的近红外光。长度为 10mm 的 PDMS 光纤作为传感器与常规光纤连接。据报道，该传感器用于检测水样中的 TCE 降至 1.1ppm。

## 7.3.2  用 LCW 作为传感器的 AC-OFCS

液芯波导（LCW）是使用限制在（毛细）管内的液体或另一种液体护套作为光引导介质的光纤。LCW 的发展最初是为了提供高密度的激光能量。已经研究了具有高折射率的液体材料和低折射率的聚合物来构造 LCW[33-36]。例如，二硫化碳（$CS_2$）就是有机化学中使用的有机溶剂，该溶剂的折射率为 1.63，高于玻璃和熔融石英的折射率。因此，填充有 $CS_2$ 的玻璃毛细管可用作 LCW。$CS_2$ 基 LCW 已经被用作用于光学光谱检测提取到 $CS_2$ 中的化合物的样品池[37]。然而，由于化合物的强烈令人不快的气味，$CS_2$ 基 LCW 在光谱中作为样品池的应用未被广泛接受。

LCW 中的最重要进展和 LCW 在 AC-OFCS 中的应用是开发特殊的无定形聚氟聚合物[38-46]。这些聚合物是透明材料，不吸收从紫外到中红外的宽波长范围的光。这些含氟聚合物的折射率在 1.29~1.31 的范围内，低于水的折射率（1.33）和大多数有机溶剂[47]。因此，由填充有水的这些聚合物材料之一制成的管或毛细管可以作为导光介质在管内的水或有机溶剂的光纤。此外，这些含氟聚合物是化学稳定的，不与正常的化学试剂反应。因此，具有水或有机溶剂填充的氟聚合物毛细管的 LCW 是用于光学光谱检测/监测水或有机溶液中的化学/生化物质的完美的长途径样品池。此外，含氟聚合物对于许多气体分子也是高度可渗透的[48,49]。气体样品中的分子可以扩散到管内的溶液中并与通过溶液引导的光相互作用。这使得基于氟聚合物的 LCW 也可用于气体感测[38,50,51]。目前使用最广泛的 LCW 是由 DuPont™ 开发的 Teflon® AF 无定形含氟聚合物树脂制成的[52]。两种含氟聚合物树脂，Teflon® AF 1600 和 Teflon® AF 2400 可从杜邦公司获得。树脂可以制成管或毛细管的形式以形成 LCW。树脂也可以涂覆在二氧化硅毛细管的内表面上以形成液芯波导 LCW[39]。目前，Teflon® AF 毛细管产品可从商业来源获得。

LCW 可以用作光谱仪中的光学单元。与传统光学光谱仪相比，其光路长度在厘米范围内，LCW 光电池可以长达几米到几百米。在光谱测量方法中，方法的灵敏度通常与光学样品池的路径长度成比例。因此，LCW 在光谱中的应用可以显著提高灵敏度。这在几个基于 LCW 的传感器中得到证明。

已经报道了基于液芯波导 LCW 的 Cr（VI）传感器[45]。这种简单的传感器使用 2m 的 LCW 作为传感器，紫外发光二极管（LED，375nm 峰值波长）作为光源，以及光敏二极管作为光电检测器。通过使用一小段传统的二氧化硅光纤和三路连接器将紫外LED的光耦合到LCW中，如图7.6所示。通过LCW引导的光通过另一片传统光纤传送到光电二极管。水样通过泵送入LCW。该传感器通过铬酸盐离子本身监测光吸收信号，因此不需要化学试剂。图7.7所示为当具有不同浓度的Cr（VI）的水样品通过LCW泵送时，该传感器的时间响应。如测试结果所示，这种简单的结构化传感器可以检测水样中的Cr（VI），检测限为0.10ng/mL。Cr（VI）被广泛用作化学试剂，不适当地排放含Cr（VI）的废物会引起全世界的水污染。因为Cr（VI）是致癌的，所以今天饮用水中Cr（VI）的存在是一个严重的问题。这种简单易用的传感器被用于测试家用自来水中的Cr（VI）水平。

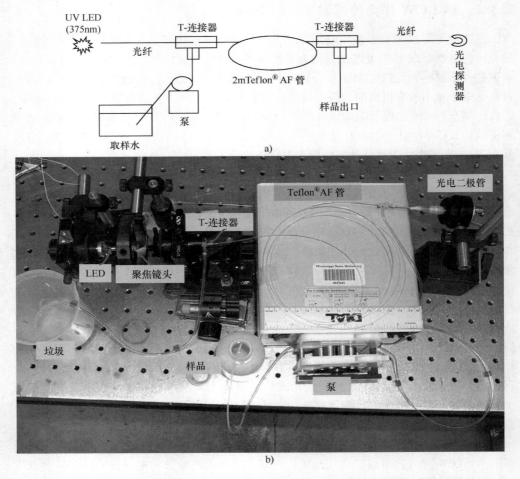

图7.6 a）使用液芯波导LCW监测水样中痕量Cr（VI）的有源纤芯光纤化学传感器
AC-OFCS的图解结构 b）用于测试感测原理的实验室制造的
LCW Cr（VI）传感器示意图

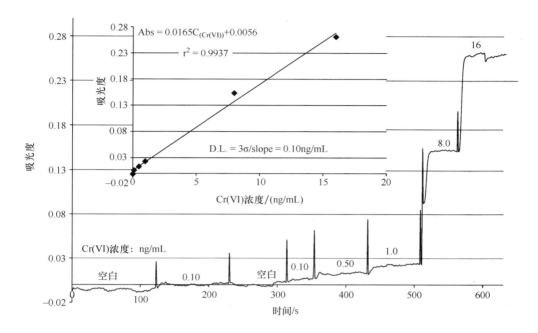

图 7.7　LCW 的 AC-OFCS 的时间响应和校准曲线，用于监测含有不同浓度的 Cr（VI）
的水样品，传感器达到了 0.10ng/mL 的检测限，远远低于使用昂贵仪器
（如 AAS 和 ICP-AES）实现的检测限

涉及 LCW 的 AC-OFCS 的另一个有趣的工作是通过使用 LCW 原子吸收光谱法检测水中的汞原子[46]。在传统的分析化学中，原子吸收光谱法用于检测气相中游离原子与光的相互作用。常规样品（液体或固体）必须被雾化以在高温火焰或等离子体中产生游离原子。水星是一个特殊的元素。样品中的汞离子可以在水溶液中还原成基本汞。通过用惰性气体搅拌溶液，可以将基本汞清除出水溶液。气相中的汞以汞原子存在，可以通过原子吸收光谱法检测。但是，水溶液化学还原后现有的汞形式还不清楚。Tao 等人通过 LCW 光吸收光谱法研究了水中汞的还原状态。通过将 $HgCl_2$ 溶液与强还原剂（$NaBH_4$）的溶液混合，使汞离子形式（$Hg^{2+}$）降低。将混合溶液泵入 1.6m LCW。来自紫外线 UV 光源的光被耦合到 LCW 中。从 LCW 出现的光耦合到具有类似于图 7.6 所示结构的光纤兼容的 UV/Vis 光谱仪。记录的吸收光谱如图 7.8 所示。这些结果表明，水溶液中的汞还原吸收了峰值吸收波长与气相中汞原子的原子吸收光谱完全相同的光。从这些结果可以得出结论，减少的汞以汞原子存在于水溶液中。然而，水溶液中的汞原子是水合的，并且遇到来自原子周围的分子的高频碰撞。这反映在图 7.8 中的原子吸收光谱的宽度上。气相汞原子的原子吸收光谱的半高宽度约为 10pm，水溶液中汞原子记录的原子吸收光谱的半高宽度大于 20nm。LCW 原子吸收光谱法也可用于监测水样中的汞。

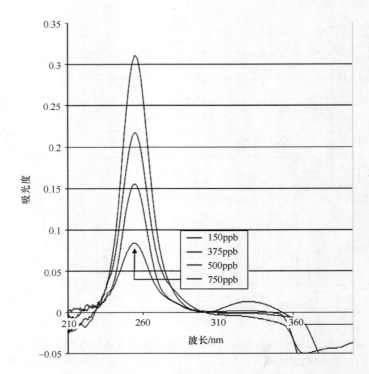

图 7.8　通过使用 LCW 作为长路径长度的光学单元记录的水中汞原子的原子吸收光谱：
吸收光谱的半高宽度约为 20nm，比气相中汞原子的原子吸收光谱宽数千倍。
水中的汞原子遇到高频碰撞，根据量子力学原理拓宽了吸收光谱

LCW 也可用作 FL 光谱法的样品池。填充在 Teflon® AF 毛细管内的溶液内的化合物可以垂直激发。发射的 FL 光由 LCW 收集并被引导到毛细管的端部，其通过常规光纤连接到光纤兼容光谱仪或光电检测器。例如，Teflon® AF2400 管已经在石英管上螺旋伤。将 40 个紫外灯（370nm）插入石英管中。在 LCW 中填充的溶液中的硫酸奎宁和叶绿素 a 已被紫外灯的紫外线激发。用光纤兼容光谱仪检测发射的 FL 光子。该传感器可以方便地将分析物检测到亚 ppb 浓度。使用紫外 LED 作为激发源的 LCW FL 光谱法也用于检测大气甲醛[43]。该可现场设备可用于检测亚 ppb 级别空气样品中的甲醛。Teflon® 2400 毛细管已被用作分离柱和导光装置。LCW 中填充的样品中的蛋白质通过等电聚焦技术分离。LCW 中填充的样品中的蛋白质通过等电聚焦技术分离。已经将激光束注入 LCW 以激发分离的蛋白质。使用 CCD 成像仪检测来自分离的蛋白质的 FL 的分布。当与具有 UV 检测的市售仪器相比时，分离效率和峰值容量相似，而检测灵敏度提高了 3~5 个数量级[53]。

激光诱导拉曼光谱法可以被认为是一种方便的检测技术，因为激发不是波长依赖的，激光可以激发许多化合物。然而，与 FL 光谱相比，拉曼光谱法具有遗传的低灵敏度。长途径样品池在激光诱导拉曼光谱法中的应用可以提高拉曼光谱测定的灵敏度。

已经研究了 LCW 作为激光诱导拉曼光谱法中的样品细胞，并且已经实现了显著的灵敏度提高[54,55]。作为用于激光诱导拉曼的样品池的 LCW 作为用于分离技术（例如 HPLC 和 CE）的检测技术是特别有吸引力的，因为拉曼光谱法可以被认为是一般检测技术，并且非常适合于从分离洗脱液中检测多种分析物。

Teflon® AF 材料的气体渗透性使 LCW 对气体传感非常有用。Teflon® AF 材料对 $H_2O$、$CO_2$、$O_3$、$H_2$ 和 $N_2$ 是高度可渗透的。LCW 气体传感器可以通过直接监测气体化合物的固有光学性质或通过监测渗透到溶液中的气体化合物的反应产物来开发，该反应产物是在 LCW 内填充的溶液中的感应试剂。Tao 和 Le 公布了用于监测水中臭氧化过程的液芯波导 LCW 臭氧传感器[56]。水臭氧目前在工业中用于水卫生。具有连续监测水中臭氧浓度能力的传感器在臭氧化过程控制中是显著的。报告传感器的原理如图 7.9 所示。该传感器结构简单，由填充纯水的 Teflon® AF 2400 毛细管，紫外光源（254nm）和光电检测器组成。纯水充填的 Teflon® AF 2400 毛细管部署在水样中。水样中的臭氧渗透通过 Teflon® AF2400 管，并溶解在填充在毛细管中的纯水中。来自引导通过 LCW 的 UV 光源的光被溶解在水中的臭氧分子吸收，其由作为感测信号的光电检测器监测。该传感器是可逆的，响应时间短于 4min。它可用于监测水中痕量臭氧至亚 ppb 水平。还报道了用于监测气体和液体样品中痕量 $SO_2$ 的基于 LCW 的传感器[57]。与臭氧传感器类似，该传感器还使用纯水充填的 Teflon® AF 2400 毛细管作为传感器。通过 $SO_2$ 分子

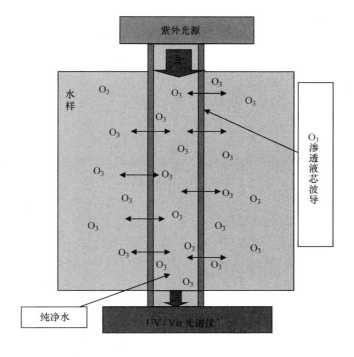

图 7.9　用于监测水样中痕量臭氧的 LCW AC-OFCS 的原理示意图：LCW 用作导光装置以及渗透分离器，其防止水样品中的干扰物质进入 LCW

渗透到254nm处填充在Teflon® AF毛细管中的水的固有吸收信号作为感测信号被监测。还报道了LCW气体传感器用于监测二氧化碳[58]。在这种传感器中,将pH指示剂溶解在填充在Teflon® AF2400毛细管中的水中。渗透到填充在毛细管内的溶液中的二氧化碳改变pH并因此改变溶液的颜色。通过使用光纤UV/Vis吸收光谱法监测这种颜色变化。该传感器可用于连续监测空气中的二氧化碳或工业过程控制。

## 7.3.3　用HWG作为传感器的AC-OFCS

空心波导(HWG)最初是为了提供高能量激光功率而开发的,例如来自$CO_2$激光器和Er:YAG激光器的高强度光[59-61]。HWG使用填充在特殊毛细管或管中的气体(空气或特制气体)作为导光介质。与固体和液体相比,获得不吸收特定波长的激光的高纯度气体要容易得多。因此,当HWG用于引导高密度激光功率时,光纤损坏的机会要少得多。根据毛细管壁材料的折射率,HWG可以分为两类:其内壁材料的折射率大于1(泄漏导向)和其内壁材料的折射率小于1的。具有$n < 1$壁材料的HWG与普通光纤相似,因为纤芯的折射率高于包层的折射率。工作在$10.6\mu m$($n = 0.67$)的中空蓝宝石光纤是HWG类的一个例子[51]。目前最受欢迎的HWG是具有沉积在银膜表面上的介电碘化银(AgI)膜的泄漏导向器,其被涂覆在玻璃管或毛细管的内表面上[61-64]。玻璃管的光滑表面减少了可能的散射损失。采用本技术,AgI薄膜式HWG可以工作在波长$2.9 \sim 16\mu m$的范围内,损耗电平小于$1dB/m$[65]。

光子带隙HWG是光纤最近的发展。该光纤中的导光是基于布拉格光栅。光子带隙中空光纤的透射率取决于波长。特定波长范围的光可以通过这种光纤引导,而其他波长的光将具有高的损耗水平。可以通过控制围绕中心导光孔的孔的直径来调节这种光纤的透射波长范围[66]。

早期空心波导HWG气体传感器使用泄漏导向器或介质AgI膜涂层毛细管作为传感器[59-64]。在最近的发展中,已经有文献报道了光子带隙HWG气体传感器用于监测有机化合物(乙烷,二氯甲烷,三氯甲烷,乙基氯等)[67-69]。高分辨率量子级联激光器已被用作光子带隙HWG气体传感器中的光源[66]。稳定的量子级联激光器可以提供精确调谐波长的稳定光束。这些传感器不需要中IR单色仪,并大大简化了传感器结构。使用级联激光器作为光源的FTIR和中红外光学光谱对于识别/检测单个有机化合物是有效的,并且它们被提出用作气相色谱检测器。然而,这些中红外光谱测定方法的灵敏度对于气体检测是非常有限的。虽然HWG可以用于增加相互作用的路径长度,但是报告的这些传感器的检测限仍然以ppm为限。作为检测技术,这些检测器不如广泛使用的质谱仪那么好。

在观察三种有AC-OFCS时,LCW可用于监测液体和气体样品,并可实现高灵敏度。基于PSOF的AC-OFCS在监测高温气体样品方面特别有吸引力。然而,如果在环境温度下运行,则基于PSOF的传感器响应对于许多工业过程控制应用来说可能太慢。如果高分辨率激光器可作为光源,基于HWG的AC-OFCS有可能实现高灵敏度和快速响应检测。

# 参 考 文 献

1. R. Narayanaswamy and O. S. Wolfbeis, eds., *Optical Sensors for Industrial, Environmental and Clinical Applications*, Springer-Verlag, Berlin, Germany, 2003.

2. K. T. V. Grattan and B. T. Meggitt, eds., *Optical Fiber Sensor Technology: Vol. 4, Chemical and Environmental Sensing*, Kluwer Academic Publishers, Boston, MA, 1999.

3. S. Tao, C. B. Winstead, J. P. Singh, and R. Jindal, *Opt. Lett.*, **27**, 1382 (2002).

4. S. Tao, C. B. Winstead, R. Jindal, and J. P. Singh, *IEEE Sens. J.*, **4**, 322 (2004).

5. B. D. MacCraith, *Sens. Actuators,* **B11**, 29 (1993).

6. G. Stewarg and W. Johnstone, *Optic. Fiber Sens.*, **3**, 69 (1996).

7. W. Jin, H. L. Ho, G. Stewart, and B. Culshaw, *Trends Anal. Spectrosc.*, **4**, 155 (2002).

8. V. Ruddy, B. D. MacCraith, and J. A. Murphy, *J. Appl. Phys.*, **67**, 8070 (1990).

9. O. S. Wolfbeis, *Anal. Chem.*, **76**, 3269 (2004).

10. O. S. Wolfbeis, *Anal. Chem.*, **74**, 2663 (2002).

11. L. Su, T. H. Lee, and S. R. Elliott, *Opt. Lett.*, **34**, 2685 (2009).

12. M. Chomat, D. Berkova, V. Matejec, I. Kasik, G. Kuncova, and M. Hayer, *Sens. Actuat.*, **B87**, 258 (2002).

13. R. G. Heideman, Rob P. H. Kooyman, J. Greve, and Bert S. F. Altenburg, *Appl. Opt.*, **30**, 1474 (1991).

14. S. Korposh, S. W. James, S. W. Lee, S. Topliss, S. C. Cheung, W. J. Batty, and R. P. Tatam, *Opt. Expr.*, **18**, 13227 (2010).

15. D. A. Skoog, D. M. West, and F. J. Holler, eds., *Fundamentals of Analytical Chemistry*, 7th edn., Sauders College Publishing, New York, 1996.

16. J. R. Lakowicz, ed., *Topics in Fluorescence Spectroscopy, Vol. 4: Probe Design and Chemical sensing*, Plenum Press, New York, 1991.

17. W. J. Miniscalco and B. A. Thompson, *Mater. Res. Soc. Symp. Proc.*, **88** (*Opt. Fiber Mater. Prop.*), 127 (1987).

18. B. E. Hubbard, N. I. Agladze, J. J. Tu, and A. J. Sievers, *Physica B: Conden. Matter.*, **316–317**, 531 (2002).

19. J. M. P. Delavaux and J. A. Nagel, *J. Lightwave Technol.*, **13**, 703 (1995).

20. M. Artiglia, P. Di Vita, and M. Potenza, *Opt. Quantum Electron.*, **26**, 585 (1994).

21. D. W. Cooke, B. L. Bennett, and E. H. Farnum, *J. Nucl. Mater.* **232**, 214 (1996).

22. B. D. MacCraith, V. Ruddy, C. Potter, B. O'Kelly, and J. F. McGilp, *Electron. Lett.*, **27**, 1247 (1991).

23. L. C. Shriver-Lake, K. A. Breslin, P. T. Charles, D. W. Conrad, J. P. Golden, and F. S. Ligler, *Anal. Chem.*, **67**, 2431 (1995).

24. B. D. MacCraith, C. M. McDonagh, G. O'Keeffe, E. T. Keyes, J. G. Vos, B. O'Kelly, and J. F. McGilp, *Analyst*, **118**, 385 (1993).

25. B. Mizaikoff, M. Karlowatz, and M. Kraft, *Proc. SPIE-Int. Soc. Optic. Eng.*, **4202**, 263 (2001).

26. J. Baldwin, N. Schuehler, I. S. Butler, and M. P. Andrews, *Langmuir*, **12**, 6389 (1996).

27. L. Xu, J. C. Fanguy, K. Soni, and S. Tao, *Opt. Lett.*, **29**, 1191 (2004).

28. G. L. Klunder and R. E. Russo, *Appl. Spectrosc.*, **49**, 379 (1995).

29. M. R. Shahriari, Q. Zhou, and G. H. Sigel, *Opt. Lett.*, **13**, 407 (1988).

30. S. Tao, J. C. Fanguy, and T. V. S. Sarma, *IEEE Sens. J.*, **8**, 2000 (2008).

31. T. V. S. Sarma and S. Tao, *Sens. Actuat.*, **B127**, 471 (2007).

32. G. L. Klunder, R. J. Silva, and R. E. Russo, *Proc. SPIE-Int Soc. Optic Eng.*, **2068** (*Chem. Biochem. Environ. Fiber Sens. V*), 186 (1994).

33. J. Stone, *Appl. Phys. Lett.*, **20**, 239 (1972).

34. G. J. Oglivie, R. J. Esdaile, and G. P. Kidd, *Electron. Lett.*, **8**, 533 (1972).

35. I. Pinnau and L. G. Toy, *J. Mater. Sci.*, **109**, 125 (1996).

36. R. Altkorn, I. Koev, R. P. Van Duyne, and M. Litorja, *Appl. Opt.*, **36**, 8992 (1997).

37. K. Fujiwara and K. Fuwa, *Anal. Chem.*, **57**, 1012 (1985).

38. M. Belz, P. Dress, A. Sukhitskiy, and S. Y. Liu, *Proc. SPIE-Int. Soc. Optic. Eng.*, **3856** (Internal Standardization and Calibration Architectures for Chemical Sensors), 271 (1999).

39. M. Holtz, P. K. Dasgupta, and G. Zhang, *Anal. Chem.*, **71**, 2934 (1999).

40. J. Li, P. K. Dasgupta, and G. Zhang, *Talanta*, **50**, 617 (1999).

41. R. Altkorn, I. Koev, and M. J. Pelletier, *Appl. Spectrosc.*, **53**, 1169 (1999).

42. B. J. Marquardt, P. G. Vahey, R. E. Synovec, and L. W. Burgess, *Anal. Chem.*, **71**, 4808 (1999).

43. J. Li and P. K. Dasgupta, *Anal. Chem.*, **72**, 5338 (2000).
44. P. K. Dasgupta, G. Zhang, J. Li, C. B. Boring, S. Jambunathan, and R. Al-Horr, *Anal. Chem.*, **71**, 1400 (1999).
45. S. Tao, C. B. Winstead, H. Xia, and K. Soni, *J. Environ. Monit.*, **4**, 815 (2002).
46. S. Tao, S. Gong, L. Xu, and J. C. Fanguy, *Analyst*, **129**, 342 (2004).
47. R. C. Weast, M. J. Astle, and W. H. Beyer, eds., *CRC Handbook of Chemistry and Physics*, 65th edn., CRC Press, Inc., Boca Raton, FL, 1984.
48. A. Yu. Alentiev, Yu. P. Yampolskii, V. P. Shantarovich, S. M. Nemser, and N. A. Plate, *J. Mater. Sci.*, **126**, 123 (1997).
49. P. R. Resnick and W. H. Buck, *Fluoropolymers*, **2**, 25 (1999).
50. M. R. Milani and P. K. Dasgupta, *Anal. Chim. Acta*, **431**, 169 (2001).
51. Z. A. Wang, W. J. Cai, Y. Wang, and B. L. Upchurch, *Anal. Chem.*, **84**, 73 (2003).
52. Teflon® AF amorphous fluoroplastics. http://www2.dupont.com/Teflon_Industrial/en_US/products/product_by_name/teflon_af/
53. Z. Liu and J. Pawliszyn, *Anal. Chem.*, **75**, 4887 (2003).
54. M. J. Pelletier and R. Altkorn, *Anal. Chem.*, **73**, 1393 (2001).
55. M. Holtz, P. K. Dasgupta, and G. Zhang, *Anal. Chem.*, **71**, 2934 (1999).
56. L. Le and S. Tao, *Analyst*, **136**, 3335 (2011).
57. S. Gong, J. C. Fanguy, and S. Tao, *226th ACS National Meeting Paper Abstract*, New York, September 7–11, 2003, ANYL-111.
58. Z. A. Wang, Y. C. Wang, W. J. Cai, and S. Y. Liu, *Talanta*, **57**, 69 (2002).
59. J. A. Harrington, *Fiber Integrated Opt.*, **19**, 211 (2000).
60. R. K. Nubling and J. A. Harrington, *Appl. Opt.*, **34**, 372 (1996).
61. R. L. Kozodoy, A. T. Pagkalinawan, and J. A. Harrington, *Appl. Opt.*, **35**, 1077 (1996).
62. M. Alaluf, J. Dror, R. Dahan, and N. Croitoru, *J. Appl. Phys.*, **72**, 3878 (1992).
63. Y. Matsuura, T. Abel, and J. A. Harrington, *Appl. Opt.*, **34**, 6842 (1995).
64. C. D. Rabii and J. A. Harrington, *Appl. Opt.*, **35**, 6249 (1996).
65. Polymicro hollow silica waveguide HSW, in Polymicro Technologies™ optical fibers. http://www.molex.com/molex/products/group?channel=products&key=polymicro
66. J. C. Knight, *Nature*, **424**, 847 (2003).
67. O. Frazao, J. L. Santos, F. M. Araujo, and L. A. Ferreira, *Laser Photon. Rev.* **2**, 449 (2008).
68. C. Charlton, *Appl. Phys. Lett.*, **86**, 194102 (2005).
69. N. Gayraud, L. W. Kornaszewski, J. M. Stone, J. C. Knight, D. T. Reid, D. P. Hand, and W. N. MacPherson, *Appl. Opt.*, **47**, 1269 (2008).

# 第 8 章　全聚合物柔性平板波装置

Christoph Sielmann，John Berring，Suresha Mahadeva，
John Robert Busch，Konrad Walus，Boris Stoeber

## 8.1　引言

### 8.1.1　动机

　　多功能传感器和执行器持续在各种行业的应用中获得青睐。随着制造成本的降低，新的应用出现，本章重点介绍一个传感器的子集，它们由聚合物材料组成，使用能够穿过基板传播的柔性平板波（Flexural Plate Waves，FPW）作为探测传感器环境变化的机制的一部分。声波的产生和测量均由叉指式换能器（Interdigitated Transducers，IDT）来完成，它是以图案化导电的有机聚合物为油墨，使用喷墨印刷直接印制在聚合物基底上的，基材是压电聚偏二氟乙烯（Piezoelectric Polyvinylidene Fluoride，PVDF），是一种高度耐化学腐蚀的聚合物，能够以大型薄片的形式来购买。随着波沿衬底的传播，它们穿过基于被测环境量的浓度而改变性质的传感介质。检测传感层质量变化的传感器称为重力传感器。

　　制造低成本材料（如聚合物）传感器的原因是通过其创建可以利用低成本、低质量传感器的新应用。这些应用——包括一些材料测试，生物医学测试和测试危险环境感测——都需要可以廉价地采购和更换的一次性传感器。全聚合物传感器的低成本、重现性、生物相容性和化学弹性等特点可以通过提供一次性重量测量传感器来催生新的商业应用。

　　PVDF 作为传感平台的材料基板已经引起了极大的关注[1-7]。这些感测应用通常利用材料的压电特性来产生或接收声波波形。波形与耦合到 PVDF 的另一种声学材料相互作用，为重力传感[5,8-10]、无损检测（Nondestructive Testing，NDT）[2]、生物感应[1,4]或曲率感应[8]提供了机制。PVDF 的日益普及受到材料中的一些基本限制，特别是低机电耦合系数（导致电和声波之间能量转移不良）以及高机械衰减系数的限制（限制高频波穿过材料的能力）。

　　成本低、化学弹性高和易于加工对于继续努力探索这种材料在感测应用中的潜力是非常有吸引力的。本章的重点是对 PVDF 适用于利用 FPW 和有机聚合物印制电极的一般声学传感应用的基本分析，以及如何通过使用成本低、生物相容性高的电极材料，同时利用 FPW 而不是表面声波或体波来选择有机电极化合物对 PVDF 的益处，通过采用大型的和容易制造的电极，以及低工作频率和高灵敏度，来进一步简化设计。

### 8.1.2　声波微传感器

　　声波微传感器是由振动衬底，声学激励机构，声学检测机构以及可与响应于外部激励而改变机械特性的另一种耦合的材料构成的感测装置。通过光学、热学、电学（压电）、电介质或类似的激励，在衬底内产生声波[11]。波沿着基底从发生区域向外移动，并通过传感材料耦合。传感材料根据诸如刚度、密度、衰减或声速的变化而产生机械性能的变化，作为环境变化的已知功能，例如温度、气体浓度、颗粒密度或流体黏度。传感材料的变化特性通过改变在声学接收器处拾取的该波的频率或速度来扰动行波。这种装置的一个实例是由 Cai 等人为挥发性有机化合物（Volatile Organic Compound，VOC）检测制造的多传感器矩阵装置[10]。

　　声波微传感器通常使用由厚度剪切模式（Thickness Shear Modes，TSM）和声板模式（Acoustic Plate Modes，APM）、表面声波（Surface Acoustic Waves，SAW）和柔性平板波（FPW）组成的体声波（Bulk Acoustic Waves，BAW）[12,13] 来操作。选择的声学模式取决于基底材料的性质，传感器的目的以及声学致动和检测机构的机械结构。如图 8.1 所示，可以通过使用 IDT 的压电激励来激活和检测 FPW 和 SAW。当衬底厚度远大于行波的波长时，产生 SAW。当波长小于衬底的厚度时，会产生 FPW[13]。

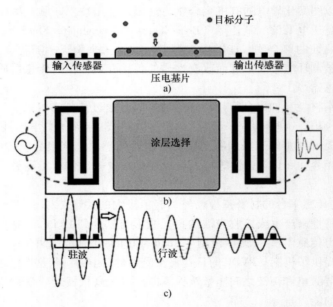

　　图 8.1　a）重量气体检测结构，显示在聚合物感应层中吸收的聚合物基底，
换能器和分子　b）俯视图，显示换能器、涂层选择和接口布线
　　c）通过电输入传感器产生的声驻波和传播到电输出传感器
的行波，实际设备由 IDT 中更多的指条组成

### 8.1.3　重量测量

声学重力感测包括将声波通过密度随外部被测量的函数而变化的材料。密度变化会影响传感材料的质量，这可能影响整个结构的谐振，例如在 BAW 感测中；或改变材料中通过行波的传播速度，例如在 FPW 和 SAW 传感器中[14]。当应用于 FPW 有机化合物（VOC）感测时，聚合物层沉积在传声器基板的声学致动器和接收器之间的顶侧或底侧上。选择聚合物选择性吸附于特定或小范围的 VOC。对于低 VOC 浓度，在周围环境中的 VOC 的浓度与聚合物中的 VOC 的浓度之间存在大致的线性关系。聚合物中的VOC 浓度与环境中的 VOC 浓度之间的比率通常以所谓的分配系数为表征。

感测层的密度变化随着波的通过而改变材料的线性惯量和旋转惯量。在某些情况下，线性惯量和转动惯量会影响行波的相速度。对于开环激励/检测系统，波速的变化可以作为多个 FPW 特性的变化来测量，见表 8.1。

表 8.1　FPW 重量感测中的扰动波模式

| FPW 特性 | 传感材料 | 扰动机制 |
|---|---|---|
| 频率 | 电极上方或下方 | 随着波浪通过电极的波长和波速变化，结构的谐振频率将发生变化 |
| 相位/延迟 | 在电极之上，下面或之间 | 随着波速的变化，行波中给定的偏转将会或多或少地影响到达探测器的时间 |
| 振幅 | 在电极之上，下面或之间 | 波幅可能受到许多因素的影响，包括传感器对设备的谐振频率的调整情况。诸如 VOC 的分析物的吸附也可以改变感测材料的衰减特性，从而影响接收波形的振幅 |

# 8.2　柔性平板波

### 8.2.1　背景

兰姆波（Lamb waves）是沿薄板传播的行波。兰姆波包括对称波和非对称波，后者也称为 FPW[11]。对于给定波长和无限薄板，对称波和非对称波对应于不同频率，对称波频率通常较高。随着板厚度增加，其厚度超过器件的波长，对称波和非对称波合并在一起形成具有唯一频率或相位速度的 SAW，如图 8.2 所示。FPW 已被检查用于某些传感平台，但补偿传感器的温度敏感度通常会使设计复杂化[8,10]。

由 Wenzel[11]确定的 FPW 的相速度取决于应力 $T$，刚度 $D$，线性惯量 $M$ 和转动惯量 $H$。应力模型为

$$v_{pa} = \sqrt{\frac{T + \beta^2 D}{M + \beta^2 H}} \tag{8.1}$$

$$T = \int_{-d}^{0} \tau_{yy}(\xi) \, d\xi \tag{8.2}$$

式中，$\tau_{yy}(\xi)$ 是通过厚度的应力；$d$ 是传感器垂直于波的传播方向。

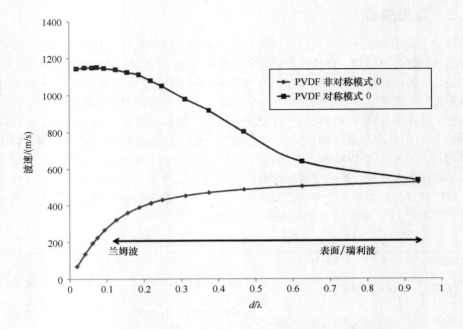

图 8.2　对称和非对称兰姆波的波速作为 PVDF 厚度与声波波长比
的函数，无限应力下的有限元模拟，$T=0\mathrm{MPa}$

刚度 $D$ 由下式给出

$$D = \int_{x=-d}^{x=0} E'(\xi)(\xi - x_0)^2 \mathrm{d}\xi \qquad (8.3)$$

传感器弯曲期间零应力的位置由 $x_0$ 表示。使用调整后的杨氏模量进行描述

$$E_{\mathrm{n}}' = \frac{E_{\mathrm{n}}}{(1 - \sigma_{\mathrm{n}}^2)} \qquad (8.4)$$

式中，$\sigma$ 是材料 $n$ 的泊松比；$E_{\mathrm{n}}$ 是相应的杨氏模量。

线性惯量项（$\mathrm{kg/m}^2$）是 PVDF 基板（$M_{\mathrm{PVDF}}$）和聚合物/分析物层（$M_{\mathrm{A}}$）的线性惯量项组合，为

$$M = M_{\mathrm{PVDF}} + M_{\mathrm{A}} \qquad (8.5)$$

在许多实际的传感器设计中，转动惯量 $H$ 可以忽略，其中材料厚度比波长小一个数量级，因为线性惯性项要大得多[15]。最后，可以根据换能器手指条的波长 $\lambda$ 来确定行波的调整波数 $\beta$，即

$$\beta = 2\pi/\lambda$$

## 8.2.2　灵敏度

从式（8.1）可以看出，改变 FPW 传播的材料的线性惯量，应力或刚度将导致相位速度的相应变化。在严格的重力测量中，$M_{\mathrm{A}}$ 随吸收或吸附的分析物而变化，导致相

速度的变化。由于单位面积质量变化引起的相速度变化可以用参考文献［14］给出的质量灵敏度表示

$$S_{\mathrm{M}} = \frac{1}{\Delta m} \frac{\Delta v_{\mathrm{pa}}}{v_{\mathrm{pa}}} = \frac{-1}{2M} = \frac{1}{\Delta m} \frac{\Delta f}{f_0} \tag{8.6}$$

式中，$\Delta m$ 是由于目标分析物的吸附而导致的每单位面积质量的变化；$\Delta f$ 表示相应的频率变化；$f_0$ 是传感器的初始共振频率。

因此，重量式 FPW 传感器的质量灵敏度仅取决于传感器的每单位面积的总质量 $M$。这种简单的依赖性对于 FPW 传感器是非常有利的，其他声波传感器，如 SAW 传感器，其具有取决于谐振频率的二次方的质量灵敏度，适用于高灵敏度需要的高频电子[14]。

## 8.2.3　低刚度衬底效应

最近的文献表明，除了重量测量之外，全聚合物 FPW 传感器可能有了刚度和应力感测的应用。FPW 对应力和刚度的敏感性表明，应力和刚度的变化也可以调制行波的相速度。根据 Sielmann 等人的研究，使用以下假设理论上可以推导出简化的总灵敏度[16]：

- 传感材料与基材（PVDF）具有相同的杨氏模量和泊松比。
- 传感材料涂覆整个 PVDF 基材。
- 在零状态（感测层中不存在分析物），感测层或 PVDF 衬底中都没有应力。
- 所有材料均有线性弹性和各向同性。
- 由于吸附而导致的杨氏模量的变化被忽略。
- 传感材料的溶胀在所有方向均匀地发生。
- 传感层比基材薄得多。

在这些假设下，由于应力/张力，刚度和质量的变化引起的敏感性的新表达式是

$$S_{\mathrm{TDM}} = \frac{1}{\Delta m} \frac{\Delta v_{\mathrm{pa}}}{v_{\mathrm{pa}}} = -\frac{1}{2M} + \frac{3s_{3\mathrm{D}}}{2d_0}\left(1 - \frac{\lambda^2(1+\sigma)}{\pi^2 d_0^2}\right) = \frac{1}{\Delta m} \frac{\Delta f}{f_0} \tag{8.7}$$

式中，$d_0$ 是设备的总初始厚度；$s_{3\mathrm{D}}$ 是沿每单位质量变化的三轴之一的感测层溶胀的比例。

灵敏度的新表达式由两个术语组成：描述质量敏感度的项，与式（8.6）相同，并且具有新的刚度/应力敏感性项。刚度/应力项可以进一步分解为与初始材料厚度呈反比的刚度项，以及与初始材料厚度的三次方成反比的应力项。这意味着通过减少器件厚度可以发现灵敏度的提高。如果传感器应力不可忽略，则衬底应力的增加会导致应力和刚度灵敏度的降低，从而对质量效应或刚度/应力影响有选择的敏感性[16]。

由于感测材料由于质量吸收而溶胀，刚度项引起频率的正移位。在吸收期间，聚合物也会平行于衬底溶胀，从而在感测材料和衬底内产生应力，导致频率的负移动。应力和刚度变化的感测可以在传感器响应中发挥重要作用，为同时测量多个材料参数的新设计创造机会，但也会引入与信号串扰和干扰相关的新挑战[6]。

## 8.2.4 传感限制

虽然使用 FPW 在刚度和应力感测、低频操作和廉价材料的低成本制造方面创造了新的机会，但是其对温度和老化效应具有相应的高灵敏度[15]。尽管目前已经研究了用于补偿温度敏感度的方法，但是在可靠的解决方案可用之前，这一挑战需要进一步的工作[5,9,10]。

FPW 器件对温度的显著敏感性是由于衬底应力变化对波速的影响[16]。衬底温度的小变化导致衬底的溶胀和收缩，当衬底在框架内结合时，会导致衬底应力的变化。用于管理温度效应的第一种方法是设计用于稳定传感器和载气外壳内温度测量。这种系统的一个例子是包含泡沫感应室的 Neslab 冷冻循环水浴[9]。气体通过浸入浴中的长线圈传播，以在暴露于传感器之前稳定载气温度，以帮助建立温度平衡。外壳还通过减少环境中的电磁噪声来辅助感应。

在温度稳定的外壳无法实现的情况下，特别是如果考虑到成本，敏感的温度监测传感器可以向数据采集系统提供补偿信息。使用这种技术需要在不同温度下对每个传感器的性能进行分析，为校准过程增加了许多步骤。校准曲线也可能由于其非线性而非常难以拟合，并且由于老化的影响而发生偏移。使用温度传感器补偿 FPW 传感器也会根据温度传感器的精度、重复性和灵敏度来限制 FPW 传感器的精度[11]。

降低温度影响的第三种方法是使用微分测量。差分测量减去受环境影响的波形，以及仅受环境影响的参考值的被测量。Sielmann 等[15]提出了差分配置。单个 IDT 产生沿两个方向向外传播的声波。一个接收器涂覆有暴露于载气的感测层。另一个接收器在衬底的相对侧上涂覆相同的感测层，其不暴露于气体。因此，温度的变化影响两个通道，但分析物浓度的变化仅影响一个通道。还提出了克服老化影响的方法，如聚合物蠕变和松弛。

PVDF 还克服了传感器衰减和低电子机械耦合系数的重大挑战。高衰减引起声波振幅迅速衰减，减少从驱动器传递到接收器的能量以及传感器信噪比（Signal- to- Noise Ratio，SNR）。在接收机处由声波产生的低信号强度已经被实验证明等于或小于由电激励信号引起的电磁串扰，需要传感器的不连续激励或大量的电极屏蔽。高衰减也导致器件品质因数的降低，从而降低了可以测量相位和频率的精度[15]。

# 8.3 制造

## 8.3.1 材料、制备和表征

压电聚偏二氟乙烯（PVDF）是约50%无定形的半结晶聚合物，其中氟化烃单元形成如图 8.3 所示的晶胞，它以四种结晶相组合存在：α、β、γ 和 δ。其中，α 相压电聚偏二氟乙烯（α-PVDF）是最常见的形式，由在非极性反式- 偏转- 反式- 偏转（Trans- Gauche- Trans- Gauche，TGTG）构象中发生的聚合物链构成。虽然 α- PVDF 是非极性和非压电的，但是 β 相压电聚偏二氟乙烯（β-PVDF）在全反式锯齿形构象中高度取向聚合物链，使得 β- PVDF 可以显示压电和热电性质[17]。

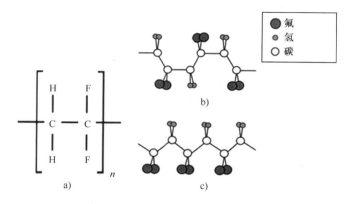

图 8.3  a）PVDF 的化学结构和结构  b）α- PVDF  c）β- PVDF

β- PVDF 的制备具有很好的证据，涉及多步加工：①非极性非压电 PVDF 膜（α- PVDF）的制备。②高温拉伸：该工艺可确保 PVDF 从 α 相到 β 相的相变。它涉及在 80℃的烘箱内以 3～4mm/min 的速率机械地将 PVDF 薄膜机械地拉伸至 4 倍的原始长度。PVDF 的机械变形导致样品中心的颈缩以及其厚度的减小。该过程导致聚合物链的球晶结构与形成微原子结构同时被破坏，这导致 PVDF 通过分子链校准从 α 相转变成 β 相[18,19]。图 8.3 显示了 α 相和 β 相 PVDF 的不同分子构象。③电/电晕极化：PVDF 分子链由氢和氟原子组成，作为偶极子[20-22]。虽然拉伸导致 α- PVDF 转变为 β- PVDF，但这些偶极子随机排列在其内，如图 8.4 所示，它呈现了膜非压电。电晕极化是通过在高温下将材料暴露于强电场而在 β- PVDF 内对准偶极子的众所周知的方法[23]。

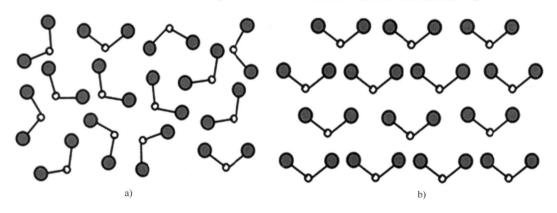

图 8.4  β- PVDF 内二次排列的实例

a）随机偶极子排列  b）对准的偶极子排列

通常，如图 8.5 所示的电晕极化装置由放置在接地电极上的聚合物基底上方的极化圆顶组成，而极化圆顶包含悬挂在其中的一个或多个针（称为电晕针）。由于向这些针施加高电压 $V_N$，所以圆顶内的空气电离，并且针与接地板之间的电势梯度导致产生指向样品的离子通量。离子在样品的表面上产生电荷层，在样品顶表面和位于下方的接地板之间产生极化场。导电栅格固定在 PVDF 上方，并保持恒定电压 $V_G$，控制膜表面的电位。该电网确保带电离子均匀分布在样品表面上。样品内的高电场导致偶极对准，导致净极化[20-22]；在此过程中分子的迁移率在升高的温度下得到增强。图 8.4 所示的 PVDF 的净极化导致聚合物链共同表现出压电行为。

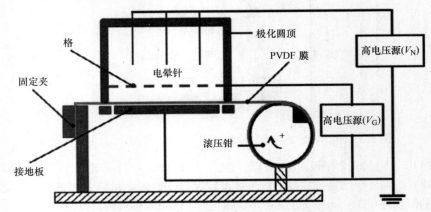

图 8.5    用于制备 β-PVDF 的电晕极化装置示意图

PVDF 制备过程的有效性可以通过表征 PVDF 片来评估。可用的方法包括 X 射线衍射（X-Ray Diffraction，XRD），傅里叶变换红外（Fourier Transform Infrared，FTIR）光谱和压电常数 $d_{33}$ 测量。以下简要讨论所有这些方法。

XRD 是表征晶体材料的强大非破坏性技术，它提供材料结构、相位、晶体取向以及其他材料的结构细节，例如晶体缺陷、晶粒尺寸和结晶度。材料中的结晶原子使 X 射线束衍射成各种特定方向，这些衍射光束的角度和强度表示给定材料中原子排列的"指纹"。α-PVDF 和 β-PVDF 的 XRD 图如图 8.6a 所示。α-PVDF 的图案显示的 17.72°、18.44°和 20.08°处的反射峰，其代表半结晶结构，主要由 α 相组成，没有与极性 β-微晶相对应的峰。PVDF 的拉伸和极化导致了对应于 β 相的 20.84°和 36.6°的反射出现，而与 α 相相对应的反射不存在，证明了 PVDF 的 α—β 相转变[18]。

FTIR 是研究材料结构变化和分子水平上分子峰构型特征变化的有用方法。当 IR 辐射通过样品时，一些 IR 辐射被材料吸收，并且其中的一些被透过（透射）。所得光谱表示分子吸收和透射，其可用于确定关于样品的分子结构的信息。$600 \sim 1500 \mathrm{cm}^{-1}$ 区域的原始和拉伸极化 PVDF 的 FTIR 光谱如图 8.6 所示。α-PVDF 在 $615 \mathrm{cm}^{-1}$、$763 \mathrm{cm}^{-1}$、$795 \mathrm{cm}^{-1}$ 和 $974 \mathrm{cm}^{-1}$[18,23,24] 具有特征吸收峰，没有对应于 β 相的峰。拉伸和极化后，大部分 α 相峰消失，对应于 β 相的 $840 \mathrm{cm}^{-1}$ 和 $1280 \mathrm{cm}^{-1}$ 出现新峰[18,23-25]。通过测量 α 相（$763 \mathrm{cm}^{-1}$）和 β 相（$840 \mathrm{cm}^{-1}$）特征吸收带的吸光度，估算出处理后的 PVDF 的 β 相含量为 83.3 ± 7%，这意味着材料在加工后不含三元相。

通过测量由 PVDF 片引起的电荷来确定压电电荷常数 $d_{33}$。在该研究中，将 6mm × 30mm 的样品置于两个电极之间，并承受压缩载荷（0.5N 至 3N 至 0.5N，步长为 0.5N），以测量由电极上的 β-PVDF 产生的电荷。

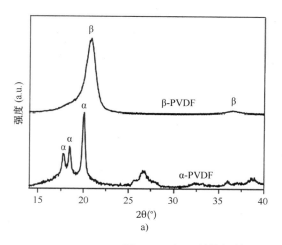 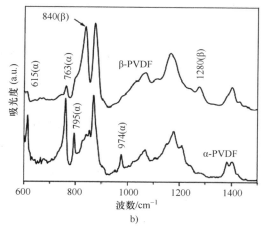

图 8.6　a）X 射线衍射 XRD 图　b）β-PVDF 的 FTIR 光谱

$$d_{33} = \frac{感生电荷}{施加的载荷} \tag{8.8}$$

在 $d_{33} = 34.3 \pm 7.2\text{pC/N}$ 的极化条件下测量 PVDF 片的压电电荷常数：电晕针电压 $V_N = 15\text{kV}$，电网电压 $V_G = 2\text{kV}$，极化温度 $T_p = 80℃$，极化时间 $t_p = 45\text{min}$，与文献公布的数据一致[26,27]。

## 8.3.2　封装

正如第 8.1 节所讨论的，PVDF 膜的张力是决定声波速度的重要因素。为了获得准确的结果，膜片中的张力应该是恒定的并且是已知的。在 Sielmann 等人的论文中，PVDF 膜片在张力作用下被夹在不锈钢框架中[5]，这不仅确保了纸张的恒定张力，而且还可以轻松处理和喷墨打印。

## 8.3.3　喷墨打印

喷墨印刷是以任意图案沉积各种材料的低成本方法。几种导电油墨是容易获得的，尽管大多数需要在印刷之后固化。聚（3,4-亚乙基二氧噻吩)-聚（苯乙烯磺酸盐）（PEDOT：PSS）是基于聚合物的导电油墨，并且不需要固化以表现出导电性能。使用 PEDOT：PSS 为该应用提供了几个优点，因为其成本相对较低，并且是室温过程，使得 PVDF 膜去极化的可能性最小化。

PEDOT：PSS 薄膜的各种性能已被广泛研究[28]。Kim 等人的研究结果表明，使用溶剂如二甲基硅氧烷可以增强 PEDOT：PSS 的电性能[29]；在喷墨印刷的 PEDOT：PSS 油墨在 PVDF 上的表面润湿性能也得到了研究[30]；目前已经发现使用具有 20μm 孔口的喷墨嘴，最小可实现的 PEDOT：PSS 轨迹宽度为 55μm；对 PVDF 上的 PEDOT：PSS 喷墨打印 IDT 的实际应用进行的研究工作也有了新的进展，以应用 FPW 感测[26]。这项工作表明，使用图 8.7 中示例说明的多层印刷工艺，可以在 PVDF 上印刷均匀且可重复的 100μm 宽度的 PEDOT：PSS 轨迹。

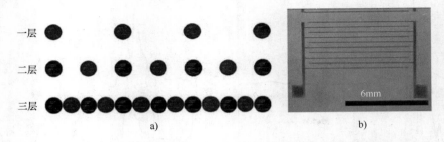

一层

二层

三层

a)　　　　　　　　　　　　　　　b)

图 8.7　a）多层印刷工艺的示意图　b）PEDOT：PSS 印刷的 IDT 在 PVDF 上
具有 100μm 轨迹宽度和 λ = 800 的图像

　　喷墨打印也可用于在完整的 FPW 设备上对各种感测材料进行图案化。例如，使用用于 VOC 感测的 FPW 装置需要应用聚合物感测层并且利用选择性吸附某些 VOC 的聚合物。这些聚合物层中的许多可以溶解在合适的溶剂中以产生可喷墨印刷的溶液。该方法允许以受控的图案和密度沉积聚合物层。在 Sielmann 等人的工作中，使用喷墨印刷在 FPW 器件上沉积聚乙酸乙烯酯（PVA）层，以表征器件对质量负载的响应[5]，使用 2% wt，85000 ~ 124000MW PVA 在蒸馏水中的溶液的解决方案。

### 8.3.4　FPW 设备测试

　　在 PVDF 的 FPW 器件开发过程中，重要的是描述前面提到的各种步骤的功效。可用于研究这些技术的一些工具包括激光多普勒振动测量仪（Laser Doppler Vibrometry，LDV）和电学表征。以下将通过各种文献[26,31]对其进行深入总结。

　　扫描 LDV 可用于使用印刷的 IDT 从机电驱动产生的 PVDF 膜的表面的平面外振动的可视化。声波沿衬底的传播取决于 IDT 的几何形状，与 PVDF 衬底的机电耦合以及衬底的机械性能。这些声波的可视化、速度、位移和频谱数据可以让人们深入了解 FPW 设备的操作，包括关于声波速度、基频和其他主要模式的信息。

　　通过 IDT 的机电耦合，可以将电信号转换成声信号，该声信号通过 PVDF 基板传播并在接收 IDT 处转换回电能。通过施加适当的电信号并测量所得到的电输出，可以确定频率、相位和振幅。所测量的相位代表声波离开生成 IDT 之后到达接收 IDT 所需的时间，并且与基板中的波速有关。这些数据可以进行数字处理和记录，以确定传感器对各种刺激的响应。该测量设置允许精确测量设备参数，而不需要诸如 LDV 的专门设备。

## 8.4　FPW 设备性能

　　PVDF FPW 设备在引导声学传感器中是独一无二的，因为它可以检测聚合物感应层的应力、刚度以及质量负载。因此，最近的调查集中在通过这些不同模式的检测。

在一系列质量负载和气体暴露测试中证明了测量传感层密度、厚度和杨氏模量同时变化的能力。在前者中，将连续的聚合物层应用于传感器，并测量频率偏移[5]。在后者中，将不同厚度的感测层暴露于不同浓度的分析物，然后测量由分析物吸收引起的频率和相位的变化[6,15]。这些测试包括在 125MPa 的面内张力下的厚 18μm、波长 800μm 传感器。一组信号发送 IDT 被应用于每个设备。在发射换能器的两侧布置的两个接收 IDT 测量差分信号。对于每个调查，结果与使用第 8.2 节描述的关系开发的模型进行比较。

用于询问传感器的设置原理图如图 8.8 所示。以 200kHz 为中心的激励用于在发射 IDT 处引起声波。该信号在接收 IDT 处被检测，并且在被传送到模数转换器（ADC）和数字信号处理器（DSP）之前被馈送到 10~50 倍增益放大器。

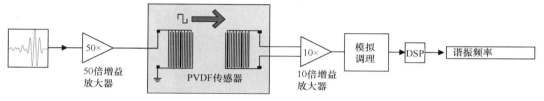

图 8.8   PVDF FPW 传感器测试设置示意图

## 8.4.1   质量加载

普通 FPW 声学设备利用重力感应来检测分析物的存在。如式（8.1）所述，零级非对称平板波的相速度和频率与介质的质量密度成反比。在与衬底相邻的感测层中分析物浓度的增加会导致共振频率的降低。然而，鉴于 PVDF 基材的相对柔软度，这种趋势并不总是如此。最近的文献详细介绍了全聚合物 FPW 装置的质量加载性能的研究[5]。在这项工作中，将相继较厚的聚醋酸乙烯酯膜施加到传感器，并测量所得到的共振频率偏移。所产生的频率与质量负荷曲线显示出对质量变化和刚度变化的敏感性。

在测试之前，使用 LDV 询问器件，以确认平面兰姆波的存在并测量谐振频率。传感器样品衬底厚度为 20~125μm，波长为 800μm。当被 LDV 成像时，每个器件用 150$V_{pp}$ 的周期性啁啾激发。图 8.9 所示为 125μm 厚的传感器的频率响应。在这里观察到具有 335kHz 的谐振频率的非对称波。

通过将相对较厚的聚乙酸乙烯酯（PVA）层厚度超过传感器的一半，并在一个通道上产生的频率变化以进行质量加载测试。来自无负载参考通道的信号用于补偿由环境变化引起的任何变化。图 8.10 所示为器件作为时间和 PVA 质量负载的函数的频率响应。

为了添加薄层的 PVA，使频率下降，表明该装置用作重量测量传感器。高于一定的质量负荷时，随着添加更多的 PVA，频率开始增加，表明该装置响应感测层刚度的变化。由于基材的杨氏模量低，加入 PVA 会明显地改变传播介质的总体刚度，同时也增加了质量。

式（8.1）用于预测聚合物层的添加质量和厚度的响应。在接近零施加质量的曲线的线性区域中，预测的质量灵敏度为 -156cm$^2$/g，而测量的灵敏度为 -153cm$^2$/g，与期望值一致。

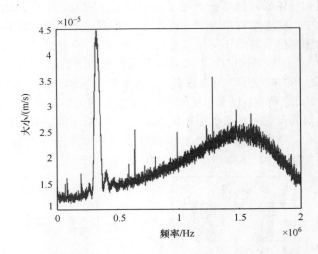

图 8.9　通过 LDV 测量的 125μm 厚的 PVDF FPW 传感器的平均平面外速度

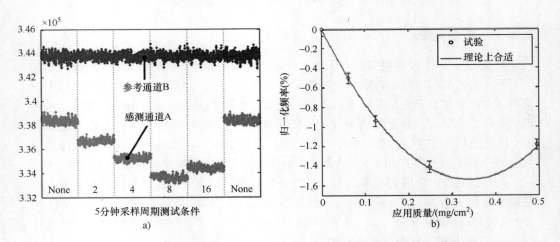

图 8.10　a）时间和聚合物层数关系示意图　b）施加的质量负载的函数的
18μm 厚的传感器的频率响应示意图

## 8.4.2　气体传感

由于聚合物 FPW 器件的感测层暴露于将溶解它的分析物，声波的速度将由于质量负载、软化和膨胀而移动。然后可以使用式（8.1）计算该气体的浓度。

有两篇文献已经证明了气体传感[6,15]。在这些研究中，将装置暴露于具有 10% RH ～ 60% RH 的水蒸气的空气中，并测量所得到的频率和相移。将感应通道涂覆在 1.9 ～ 12.6μm 的 PVA 中，同时将参考通道涂布在 1.9μm 的 PVA 膜中。使用 Owlstone OVG-4 气体校准系统产生和测量水蒸气。样品暴露在室温和压力下。

图 8.11 所示为一组测试的结果。随着水蒸气浓度的增加，信号的相位与频率（未示出）一起降低。考虑到水蒸气和 PVA 的分配系数的知识，可以预测给出相应的相对湿度和引起的频率偏移。

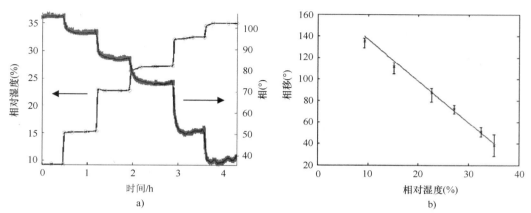

图 8.11　a）PVA 涂布的 FPW 传感器对不同浓度水蒸气的相位响应示意图，传感器为18μm 厚、6.6μm 厚的感应层，测量的相位对应于在接收器处测量的信号相移
b）PVA 涂层传感器的相移与 RH 的关系示意图

## 8.4.3　聚合物表征

PVDF FPW 器件具有对传感层刚度和张力变化敏感的独特性能，如第 8.2 节所示。在参考文献 [6] 中已经证明，这可以被用来表征作为分析物浓度的函数的薄聚合物膜的机械性能。

当聚合物吸收溶剂时，会增加质量、膨胀、软化和松弛。这些改变对聚合物声学传感器的共振频率的组合效应将生成在给定的聚合物-溶剂对和膜的几何形状下独特的频率-分析物浓度曲线。该曲线可以符合式（8.1），以确定膜的杨氏模量、密度、厚度和张力作为溶剂浓度的函数。

在参考文献 [6] 中，将三种不同厚度的 PVA 薄膜暴露于不同浓度的水蒸气中，并将所得到的频移进行拟合，从而可以提取作为湿度函数的薄膜的物理数据。将结果与从文献和实验中获得的材料特性进行比较。从过去的实验中获得 PVA 密度、杨氏模量和作为水浓度的函数的厚度，而通过长时间暴露于恒定湿度的 PVA 样品直接测量分配系数。

图 8.12 所示为在文献 [6] 中测试的器件的频率与浓度曲线。随着相对湿度的增加，频率下降，表明质量密度上升，杨氏模量下降和张力下降引起共振转变。对于较厚的 PVA 层，未曝光的共振频率显著增加。这是由厚度引起的传感层刚度增加。

在 0% RH 的干燥状态和 52% RH 的饱和状态下比较预测和测量的膜性质。除杨氏模量外，膜片的测量和预测干燥特性均应在 3% 以内。对于质量和厚度的饱和值，误差显著增加。这种变化归因于测试中使用的 PVA 的水解、密度和分子量的差异，并且用于比较。

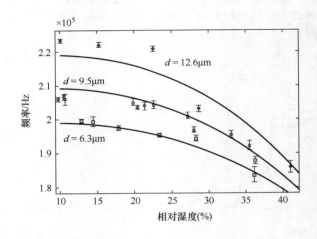

图 8.12 对于不同的感测层厚度 $d$，PVA 涂覆的厚 18μm、波长 800μm
FPW 传感器对不同 RH 浓度的频率响应，实线对应于拟合结果

### 8.4.4　FPW 设备的性能极限

基于 PVDF 的 FPW 器件的性能主要受到声波的强衰减和 PVDF 中低机电耦合系数的限制。如第 8.2.4 节所述，这种阻尼导致低 SNR，这导致降低的频率分辨率。降低的声振幅也有助于应用聚合物膜厚度的限制。与衬底相邻的更高的聚合物膜导致更大的衰减。对于涂有 PVA 的 18μm PVDF 基材，最大感应层厚度约为 15μm。

当设计用作气体检测器的设备时，感测层的特性也起到了定义设备灵敏度的作用。对于给定的溶剂，具有高分配系数的聚合物是检测少量蒸汽所必需的。如果可能，还必须选择聚合物溶胀引起的质量变化比 $s_{3D}$ 和厚度有允许最大质量敏感性或厚度敏感性。$s_{3D}$ 是描述聚合物每单位添加质量溶胀的量的经验常数。如式（8.7）所示，它影响器件的刚度灵敏度。例如，具有较小 $s_{3D}$ 的较薄的膜将导致比具有较大的质量比的较厚的膜更大的质量敏感性。选择具有良好 $s_{3D}$ 表征的 3D 的聚合物将使设备更适合检测质量或刚度变化。

性能也受到环境特性的限制。为了保持基板的压电性，器件必须保持在低于 PVDF 极化温度 80℃ 的位置。类似地，为了解决基板中的热电信号产生和热机械感应应力变化，必须与感测通道串联使用参考通道。

## 8.5　结论

尽管使用 FPW 和全聚合物印刷设备的声学传感已被证明用于感测应用，传感器的低信号强度和相应的差的灵敏度表明需要进一步的研究来克服聚合物基底如 PVDF 中固有的材料限制。该领域的创新，包括使用参考电极通道，多个传感器测量的并行采样，有机导电聚合物的喷墨和丝网印刷以及不连续的激发和取样表明正在努力解决这些局限。

可以导致性能显著提高的两个进步是基板厚度的减小和基板应力的降低。减少前者增加了传感器的质量灵敏度和信号强度，而减小后者增加了应力和刚度灵敏度并降低了工作频率。由于 PVDF 和类似的压电聚合物得到改进，并且微米厚的压电薄膜成为可能，所以对全聚合物 FPW 器件中的质量、刚度和应力感测有实质益处。

感测平台的 SNR 和灵敏度的进一步改进可以引发许多新的和有趣的应用。使用 FPW 可以将传感聚合物应用于传感器的下侧，PVDF 的化学弹性允许检测潜在的危险和腐蚀性化学品，而不会干扰传感器电极。传感器的低成本在生物感测中使传感器在测试之后及时处置，以避免污染。传感器基板对质量、应力和刚度的敏感度可以彻底检测在室温下发生结构变化的聚合物、弹性体、环氧树脂和其他物质的干燥或硬化行为。这些属性的组合有可能解决石油和天然气和化学制造行业的需求。

# 参 考 文 献

1. P. Inacio, J. N. Marat Mendes, and C. J. Dias, Development of a biosensor based on a piezoelectric film, in *11th International Symposium on Electrets, 2002. ISE 11. Proceedings*, 2002, pp. 287–290.
2. L. F. Brown and J. L. Mason, Disposable PVDF ultrasonic transducers for nondestructive testing applications, *IEEE Transactions on Ultrasonics, Ferroelectrics and Frequency Control*, 43(4), 560–568, 1996.
3. R. S. C. Monkhouse, P. D. Wilcox, and P. Cawley, Flexible interdigital PVDF transducers for the generation of Lamb waves in structures, *Ultrasonics*, 35(7), 489–498, 1997.
4. P. W. Walton, M. R. O'Flaherty, M. E. Butler, and P. Compton, Gravimetric biosensors based on acoustic waves in thin polymer films, *Biosensors and Bioelectronics*, 8(9–10), 401–407, 1993.
5. C. Sielmann, J. R. Busch, B. Stoeber, and K. Walus, Inkjet printed all-polymer flexural plate wave sensors, *IEEE Sensors Journal*, 13(10), 4005–4013, 2013.
6. C. Sielmann, J. Berring, K. Walus, and B. Stoeber, Application of an all-polymer flexural plate wave sensor to polymer/solvent material characterization, in *2012 IEEE Sensors*, 2012, pp. 1–4.
7. D. M. G. Preethichandra and K. Kaneto, SAW sensor network fabricated on a polyvinylidine difluoride (PVDF) substrate for dynamic surface profile sensing, *IEEE Sensors Journal*, 7(5), 646–649, 2007.
8. S. W. Wenzel and R. M. White, Flexural plate-wave gravimetric chemical sensor, *Sensors and Actuators A: Physical*, 22(1–3), 700–703, 1989.
9. J. W. Grate, S. W. Wenzel, and R. M. White, Flexural plate wave devices for chemical analysis, *Analytical Chemistry*, 63(15), 1552–1561, 1991.
10. Q.-Y. Cai, J. Park, D. Heldsinger, M.-D. Hsieh, and E. T. Zellers, Vapor recognition with an integrated array of polymer-coated flexural plate wave sensors, *Sensors and Actuators B: Chemical*, 62(2), 121–130, 2000.
11. S. W. Wenzel, Applications of ultrasonic lamb waves, Doctoral dissertation, Berkeley, CA, 1992.
12. J. W. Grate, S. J. Martin, and R. M. White, Acoustic wave microsensors, *Analytical Chemistry*, 65(21), 940A–948A, 1993.
13. J. D. N. Cheeke, *Fundamentals and Applications of Ultrasonic Waves*, 1st edn. CRC Press, Boca Raton, FL, 2002.
14. S. W. Wenzel and R. M. White, Analytic comparison of the sensitivities of bulk-wave, surface-wave, and flexural plate-wave ultrasonic gravimetric sensors, *Applied Physics Letters*, 54(20), 1976–1978, 1989.
15. C. Sielmann, Design and performance of all-polymer acoustic sensors, The University of British Columbia, Vancouver, British Columbia, Canada, 2012.
16. C. Sielmann, B. Stoeber, and K. Walus, Implications of a low stiffness substrate in lamb wave gas sensing applications, in *2012 IEEE Sensors*, 2012, pp. 1–4.

17. T. R. Dargaville, M. C. Celina, J. M. Elliott, P. M. Chaplya, G. D. Jones, D. M. Mowery, R. A. Assink, R. L. Clough, and J. W. Martin, Characterization, performance and optimization of PVDF as a piezo-electric film for advanced space mirror concepts, Sandia Labs Report (SAND2005-6846), Sandia Labs, Albuquerque, NM, 2005.

18. A. Salimi and A. A. Yousefi, Analysis method: FTIR studies of β-phase crystal formation in stretched PVDF films, *Polymer Testing*, 22(6), 699–704, 2003.

19. R. Hasegawa, Y. Takahashi, Y. Chatani, and H. Tadokoro, Crystal structures of three crystalline forms of poly(vinylidene fluoride), *Polymer Journal*, 3(5), 600–610, 1972.

20. T. Furukawa, Ferroelectric properties of vinylidene fluoride copolymers, *Phase Transitions*, 18(3–4), 143–211, 1989.

21. X. Yang, X. Kong, S. Tan, G. Li, W. Ling, and E. Zhou, Spatially-confined crystallization of poly(vinylidene fluoride), *Polymer International*, 49(11), 1525–1528, 2000.

22. D. M. Esterly, Manufacturing of poly(vinylidene fluoride) and evaluation of its mechanical properties, Master's thesis, Virginia Tech, Blacksburg, VA, 2002.

23. J. Hong, J. Chen, X. Li, and A. Ye, Effects of the bias-controlled grid on performances of the corona poling system for electro-optic polymers, *International Journal of Modern Physics B*, 19(14), 2205–2211, 2005.

24. R. Gregorio, Determination of the α, β, and γ crystalline phases of poly(vinylidene fluoride) films pre-pared at different conditions, *Journal of Applied Polymer Science*, 100(4), 3272–3279, 2006.

25. S. Lanceros-Méndez, J. F. Mano, A. M. Costa, and V. H. Schmidt, FTIR and DSC studies of mechanically deformed β-PVDF films, *Journal of Macromolecular Science, Part B*, 40(3–4), 517–527, 2001.

26. J. R. Busch, All polymer flexural plate wave sensors, The University of British Columbia, Vancouver, British Columbia, Canada, 2011.

27. S. K. Mahadeva, J. Berring, K. Walus, and B. Stoeber, Effect of poling time and grid voltage on phase transition and piezoelectricity of poly(vinyledene fluoride) thin films using corona poling, *Journal of Physics D: Applied Physics*, 46(28), 285305, 2013.

28. D. J. Lipomi, J. A. Lee, M. Vosgueritchian, B. C.-K. Tee, J. A. Bolander, and Z. Bao, Electronic proper-ties of transparent conductive films of PEDOT:PSS on stretchable substrates, *Chemistry of Materials*, 24(2), 373–382, 2012.

29. J. Y. Kim, J. H. Jung, D. E. Lee, and J. Joo, Enhancement of electrical conductivity of poly (3,4-ethylenedioxythiophene)/poly (4-styrenesulfonate) by a change of solvents, *Synthetic Metals*, 126, (2–3), 311–316, 2002.

30. G. Man, Towards all-polymer surface acoustic wave chemical sensors for air quality monitoring, The University of British Columbia, Vancouver, British Columbia, Canada, 2009.

31. J. R. Busch, C. Sielmann, G. Man, D. Tsan, K. Walus, and B. Stoeber, Inkjet printed all-polymer flexural plate wave sensors, Presented at the *25th IEEE International Conference on Micro Electro Mechanical Systems*, Paris, France, 2012.

# 第9章　耳语画廊微腔传感

Serge Vincent，Xuan Du，Tao Lu

## 9.1　引言

伦敦圣保罗大教堂的耳语画廊，已知能够在画廊墙上传出数十米的耳语。触发这些现象的机制，后来由科学家发现[1]，是由于封闭的画廊墙壁有效地形成一个波导，耳语的声音可以长距离传递，而没有显著的损失。自从耳语画廊的第一次科学解读以来，研究人员开始揣测其光学对应物。光学耳语画廊微谐振器（Whispering Gallery Microresonators，WGM）的第一个基于理论的研究早在 1939 年就出版了[2]，而实验示范在 20 世纪 70 年代末到 80 年代初才由几个研究小组率先推出[3-5]。目前，WGM 是从非线性光学、低泵出能量窄线宽激光器、纳米检测到生物传感的许多应用的主题。从对耳语画廊微腔的基本属性的回顾开始，我们将从生物检测技术的角度研究微谐振器。将在以下部分中对各种类型的 WGM 腔及其制造程序进行综述，将重点介绍应用中的超高灵敏度实现。

## 9.2　耳语画廊微谐音器的基础

WGM 的工作原理可以在某种程度上用几何光学来解释。考虑如图 9.1a 所示的通用耳语画廊模式腔，其内介质的折射率为 $n_1$，外层环绕介质的折射率为 $n_2$。当光线从 $\phi = 0°$ 的原点平面连续进入腔内并在腔内传播时，由于反射会在空腔的边缘反弹。特别是，如果光线以大于由斯内尔（Snell）定律（折射定律）所定义的临界角的角度撞击边缘，则会发生内部反射，因此光线将完全包含在腔内，而不会由于折射造成任何损失。该临界角定义如下：

$$\phi_c = \arcsin\left(\frac{n_2}{n_1}\right) \tag{9.1}$$

如果光子行进的光路与其波长的整数倍重合，则光线将在腔边缘处不断向前飞跃，建立强谐振场。对耳语画廊腔的更定量描述需要采用麦克斯韦方程：

$$\vec{\nabla} \times \vec{E}(\vec{r},t) = -\frac{\partial \vec{B}(\vec{r},t)}{\partial t}$$

$$\vec{\nabla} \times \vec{H}(\vec{r},t) = \frac{\partial \vec{D}(\vec{r},t)}{\partial t} + \vec{j}_f(\vec{r},t)$$

$$\vec{\nabla} \cdot \vec{D}(\vec{r},t) = \rho_f(\vec{r},t) \tag{9.2}$$

$$\vec{\nabla} \cdot \vec{B}(\vec{r},t) = 0$$

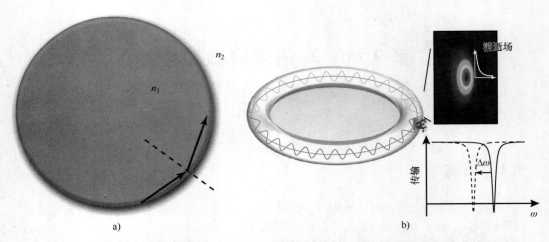

图 9.1 a) 如射线光学器件所描述的，在球形腔及其周围环境之间的边界处的全内反射的情形
b) 玻璃微细胞的耳语画廊模式谐振，由在消逝场内的能量交换组成，吸收的生物样品通过
该交换发生极化，并且引起光程长度（即沿着圆形轨迹）的增加，与其相邻的是
相关的谐振频率偏移 $\Delta\omega$ 的说明，该偏移导致传输位移的下降。

在此，对于所研究的空腔，假定自由电流密度 $\vec{j}_f(\vec{r}, t)$ 和自由电荷密度 $\vec{\rho}_f(\vec{r}, t)$ 均不存在。电场 $\vec{E}(\vec{r}, t)$、电位移 $\vec{D}(\vec{r}, t)$、磁场 $\vec{B}(\vec{r}, t)$ 和磁场强度 $\vec{H}(\vec{r}, t)$ 均与材料的介电常数 $\varepsilon = \varepsilon_r \varepsilon_0$ 和磁导率 $\mu = \mu_r \mu_0$ 相关，并满足以下公式：

$$\vec{D}(\vec{r}) = \varepsilon(\vec{r}, \omega_0) \vec{E}(\vec{r})$$

$$\vec{B}(\vec{r}) = \mu(\vec{r}, \omega_0) \vec{H}(\vec{r}) \tag{9.3}$$

在此，我们假设电磁场是具有角频率为 $\omega_0$ 的单色光，因此有

$$\{\vec{D}(\vec{r}, t), \vec{E}(\vec{r}, t), \vec{B}(\vec{r}, t), \vec{H}(\vec{r}, t)\}^T = \{\vec{D}(\vec{r}), \vec{E}(\vec{r}), \vec{B}(\vec{r}), \vec{H}(\vec{r})\}^T e^{j\omega_0 t} \tag{9.4}$$

通过采用前两个麦克斯韦方程的卷积和应用向量的特性，我们获得了一个遵从耳语画廊微腔传播行为的亥姆霍兹方程：

$$\left[ \frac{\partial^2}{\partial\rho^2} + \frac{1}{\rho}\frac{\partial}{\partial\rho} + \frac{1}{\rho^2}\frac{\partial^2}{\partial\phi^2} + \frac{\partial^2}{\partial z^2} + k_0^2 \tilde{n}^2(\vec{r}) \right] \left\{ \begin{array}{c} \vec{E}(\vec{r}) \\ \vec{H}(\vec{r}) \end{array} \right\} = \vec{0} \tag{9.5}$$

为方便起见，我们选择一个与耳语画廊微腔同心的圆柱坐标系，采用从相对介电常数 $\varepsilon_r = \tilde{n}^2$ 得到的真空波数 $k_0 = 2\pi/\lambda_0 = \omega_0/c$ 和复折射率 $\tilde{n}$。注意，材料的光吸收由折射率的虚部来量化。此外，我们假设形成空腔的材料及其周围环境是非磁性的（即 $\mu = \mu_0$）。对于一个理想的耳语画廊空腔，折射率与方位角无关（即 $\tilde{n}(\vec{r}) = \tilde{n}(\rho, z)$），因此我们可以分离 $\vec{E}$ 的横向分量和方位角的依赖性：

$$\left\{ \begin{array}{c} \vec{E}(\vec{r}) \\ \vec{H}(\vec{r}) \end{array} \right\} = \left\{ \begin{array}{c} \vec{E}(\rho, z) \\ \vec{H}(\rho, z) \end{array} \right\} G(\phi) \tag{9.6}$$

由此可得，方位依赖项为

$$\frac{\partial^2}{\partial \phi^2} G(\phi) = -m^2 G(\phi) \tag{9.7}$$

其中 $m = m_r + jm_i$，为通常是具有实部 $m_r$ 和虚部 $m_i$ 的复常数，并使得：

$$\left\{ \begin{matrix} \vec{E}(\vec{r}) \\ \vec{H}(\vec{r}) \end{matrix} \right\} = \left\{ \begin{matrix} \vec{E}(\rho, z) \\ \vec{H}(\rho, z) \end{matrix} \right\} e^{-m_i \phi} e^{jm_r \phi} \tag{9.8}$$

显然，$m_i$ 确定以方位角沿着传播路径的光能的损失，其横向场分量可以被分离并构造模式方程：

$$\left[ \rho^2 \frac{\partial^2}{\partial \rho^2} + \rho \frac{\partial}{\partial \rho} + \rho^2 \frac{\partial^2}{\partial z^2} + k_0^2 \rho^2 \tilde{n}^2(\rho, z) \right] \left\{ \begin{matrix} \vec{E}(\rho, z) \\ \vec{H}(\rho, z) \end{matrix} \right\} = m^2 \left\{ \begin{matrix} \vec{E}(\rho, z) \\ \vec{H}(\rho, z) \end{matrix} \right\} \tag{9.9}$$

类似于在直波导的情况下的模式方程式，第二方程确定在没有外部源的非零正交场模式的集合，称为耳语画廊模式。通过将模式方程离散为特征值形式，可以用表示耳语画廊模式的对应特征向量 $\{ \hat{e}(\rho, z), \hat{h}(\rho, z) \}^T$ 来计算一组特征值 $m^2$。为了简单起见，我们假设在腔截面处模态功率归一化为 1W，亦即

$$\iint d\rho dz [\hat{e}^*(\rho, z) \times \hat{h}(\rho, z)] = 1 \text{W} \tag{9.10}$$

此外，假设 $P_{in} = a \cdot a^*$ 瓦特光以 $\phi = 0$ 的连续波模式传递到腔模式，从而可以获得积分 EM 场分量 $\vec{E}_T$ 和 $\vec{H}_T$：

$$\left\{ \begin{matrix} \vec{E}_T(\rho, z) \\ \vec{H}_T(\rho, z) \end{matrix} \right\} = a \sum_{p=0}^{\infty} e^{jp(2\pi m)} \left\{ \begin{matrix} \hat{e}(\rho, z) \\ \hat{h}(\rho, z) \end{matrix} \right\} = \frac{a}{1 - e^{-2\pi m_i} e^{j2\pi m_r}} \left\{ \begin{matrix} \hat{e}(\rho, z) \\ \hat{h}(\rho, z) \end{matrix} \right\} \tag{9.11}$$

并且腔内功率 $P_{cav}$ 为

$$P_{cav} = \frac{P_{in}}{1 + e^{-4\pi m_i} - 2e^{-2\pi m_i} \cos(2\pi m_r)} \tag{9.12}$$

显然，对于固定的输入功率，当 $m_r$ 是整数时，腔内功率最大化。因此，我们将得出 $m_r$ 为整数的光波长定义为谐振腔谐振波长 $\lambda_r$，因为在该条件下谐振腔处于谐振状态。使用谐振器品质因数 $Q$ 的定义，得到

$$Q = 2\pi \frac{\text{腔内储存的能量}}{\text{每个周期耗散的能量}} = \frac{m_r}{2m_i} \tag{9.13}$$

从式（9.8）和式（9.9）可以看出，理想的耳语画廊微腔的损失由两种机制组成。一个是由于折射率的非零虚部或来自空腔及其周围介质的材料吸收，它对品质因子的贡献被称为 $Q_{abs}$。另一种机制是由于式（9.9）中的一阶耗散项，这将引起与辐射损失相关的品质因子贡献 $Q_{rad}$。实际上，由空腔表面粗糙度和空腔表面的水分衍生水层引起的 Rayleigh 散射等其他因素可能会引起额外的损失。他们对品质因数的贡献被称为 $Q_{scatt}$ 和 $Q_{surf}$。因此，耳语画廊微腔的内在品质因数 $Q_0$ 可以由空腔固有的总体损耗来定义，可表示为

$$\frac{1}{Q_0} = \frac{1}{Q_{rad}} + \frac{1}{Q_{scat}} + \frac{1}{Q_{surf}} + \frac{1}{Q_{abs}} \tag{9.14}$$

通常，光通过诸如锥形波导[6]或微棱镜之类的耦合部件输送到腔中或从腔抽出。由于从空腔中提取光可以被认为是损耗机制，所以在此定义耦合或外在品质因数 $Q_c$ 来表征从空腔损失的能量部分。因此，整体品质因数 $Q_T$ 如下：

$$\frac{1}{Q_T} = \frac{1}{Q_0} + \frac{1}{Q_c} \tag{9.15}$$

假设具有总功率 $P_i$ 和光角频率 $\omega_0$ 的光从例如锥形波导传送到空腔，可得到腔内功率：

$$P_{cav} = \frac{\dfrac{\omega_0}{\tau_0 Q_c}}{\dfrac{\omega_0^2}{4}\left(\dfrac{1}{Q_c} + \dfrac{1}{Q_0}\right)^2 + \Delta\omega^2} P_i \tag{9.16}$$

式中，$\tau_0$ 是光子往返时间；$\Delta\omega = \omega_0 - \omega_r$ 是频率失调。

当空腔处于谐振状态时，腔内功率最大化，从而出现 $Q_c = Q_0$ 的临界耦合。此时，其腔内功率变为

$$\frac{P_{cav}}{P_i} = \frac{Q_0}{2\pi m_r} \tag{9.17}$$

一个直径大约为 $100\mu m$、模式阶数 $m_r = 707$ 的、浸入水中的典型的二氧化硅微腔，在 $633nm$ 波长处具有高达 $1.8 \times 10^9$ 的固有品质因数，该品质因数是通过熔凝二氧化硅和水的物质吸收系数导出的[7,8]。因此，当通过具有 $10mW$ 功率的典型外腔激光源探测时，对于这种结构可以达到高达 $4.1W$ 的腔内功率。假设耳语画廊模式具有约 $1 \sim 2\mu m$（如图 9.1b 所示，宽 $1.5\mu m$、高 $3\mu m$、最大强度 $1/e$ 的边缘）的紧模场直径，则可以获得 $2.6 \times 10^{12} W/m^2$ 的最大内腔强度。这种高强度以及超窄腔谐振线宽使得 WGM 成为检测吸附到空腔表面的纳米尺度生物样品的强大工具。

## 9.3 微腔的材料

小体积、超高品质因数 $Q$ 的谐振腔具有许多种类型。光学谐振器可以通过其组成的材料及其几何形状进行分类，这两者都是影响其感测分辨率下限的因素。得益于其超低损耗，熔融或热生长的二氧化硅（$SiO_2$）被广泛地选择为微腔材料。另一方面，硅是另一种替代材料，由于它与硅光子学兼容，所以已经获得了科学界的持续关注。高非线性特性的氮化硅（SiN）仍然是研究非线性光学的焦点，也被用于制造耳语画廊微腔。诸如铌酸锂（$LiNbO_3$）的电光晶体也已经被探索，有可能制造出电可调微腔。诸如砷化镓（GaAs）的 III- V 半导体也已经用于制造功能化的激光微腔。然而，重要的是要认识到，由氟化钙（$CaF_2$）晶体制成的腔体[9]，其品质因数高达 $6.3 \times 10^{10}$。

## 9.4 微腔的结构

在支持耳语画廊模式的微腔中，已经被研究的一些最重要的超高品质因数 $Q$ 微腔

包括微球、微盘、微型环芯、环形谐振器、瓶颈谐振器、微泡、双盘以及液芯光环谐振器或（Liquid-Core Optical Ring Resonators，LCORR），如图 9.2 所示。

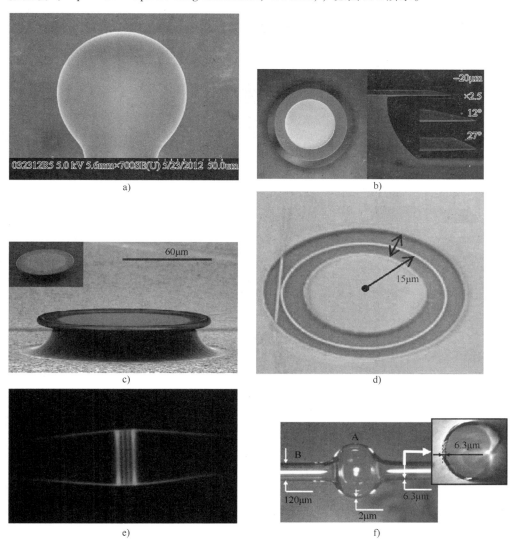

图 9.2 各种类型的微腔，其品质因数 $Q$ 是从文献中提取的

a）典型的二氧化硅微球-在空气中，633nm 波长处的品质因数 $Q \approx 10^{10}$ [10] b）楔形谐振器-在空气中，1500nm 波段内的品质因数 $Q \approx 10^{9}$ [12]（出自 Lee, H. 等，*Nat. Photon.*，6，370，2012.） c）二氧化硅微型环芯-在空气中，在 1500nm 波段内的品质因数 $Q \approx 10^{8}$ [14]（出自 Armani, D. 等，*Nature*，421，926，2003.） d）硅环谐振器-在水中，650nm 波长处的品质因数 $Q \approx 10^{5}$ [21]（出自 Iqbal, M. 等，*IEEE J. Sel. Top. Quantum Electron.*，16，655，2010.） e）瓶颈微谐振器-在空气中，850nm 波长处的 $Q \approx 10^{8}$ [22]。（出自 Pöllinger, M. 等，*Phys. Rev. Lett.*，103，053901，2009.） f）二氧化硅微泡谐振器-在空气中，1550nm 波长处的品质因数 $Q \approx 10^{7}$ [23,27]（出自 Sumetsky, M. 等，*Opt. Lett.*，35，899，2010.）

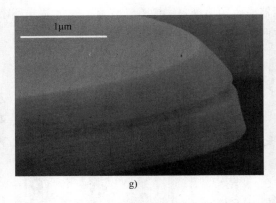
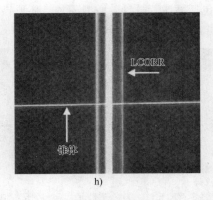

g)
h)

图 9.2　各种类型的微腔，其品质因数 $Q$ 是从文献中提取的（续）

g）双盘微谐振器- 在空气中，1518.17nm 波长处的品质因数 $Q \approx 10^{8[24]}$。　（出自 Lin, Q. 等，*Phys. Rev. Lett.*，103，103601，2009.）　h）液芯光环谐振器 LCORR- 含有溶液情况下，980nm 波长处的品质因数 $Q \approx 10^{6[25]}$（出自 White, I. M. 等，*Opt. Lett.*，31，1320，2006.）

## 9.4.1　二氧化硅微球

制备 $SiO_2$ 微球的初步步骤包括商用光纤的剥离，再用缓冲氢氟酸（HF）溶液进行蚀刻以进行尺寸控制（因此缩小模式体积）；然后再通过发射光波波长大约为 10.6μm 的聚焦的激光脉冲，来对纤维的尖端进行熔化，从而形成微球体。这一过程被称为回流，该激光脉冲是来自 $CO_2$ 激光模块的，其发射光波波长对应于二氧化硅的高吸收性。其他的回流过程也曾详细介绍过，例如用氢氧火焰来对尖端进行熔化，当其冷却时，由于表面张力，微谐振器的表面变得自然平滑。迄今为止，接近理论极限的品质因数在接近 633nm 的波长下已被公认为 $0.8 \pm 0.1 \times 10^{10[10]}$。然而，由于水分形成的薄水层，近红外区域的这个品质因数在制造后数小时内下降到 $10^8$，导致了光的大量吸收。

## 9.4.2　微盘

功能微盘 WGM 通常需要更精细的光刻和蚀刻步骤，但由于它们与集成电路的兼容性，使它们更具优势。典型的二氧化硅微盘可以通过以下步骤来制造：

1）在硅晶片上热生长氧化物，也可以通过诸如火焰水解沉积（flame Hydrolysis Deposition，FHD）、化学气相沉积（Chemical Vapor Deposition，CVD）、等离子体增强 CVD（Plasma- Enhanced CVD，PECVD）或溶胶-凝胶法的其他标准方法来制造二氧化硅薄膜。

2）然后通过旋转涂布机将一层光致抗蚀剂涂覆在晶片上。

3）进行软烘烤过程。

4）执行图案化处理，以通过紫外光（UV）曝光将微盘图像从铬掩膜转印到晶片。

5）图案化的晶片被硬烘烤以平滑盘的边缘。

6）在去除未曝光的光致抗蚀剂进行膜显影过程之后，将样品浸入缓冲的 HF 中，以除去未保护的二氧化硅并形成微盘。

7）然后施加氙二氟化物各向同性蚀刻过程，以产生用于支撑所制造的盘的硅柱。

由于在制造过程中产生的平滑楔形，可以获得一个 $10^7$ 级中等范围的理想的品质因数[11]。通过对制造过程的改进，如通过电子束平版印刷或使用步进器来获得更好的分辨率，则可以做出品质因数 $Q$ 值高达 8.75 亿的微腔[12]。对于其他材料（如硅）制成的微盘，已经证明其可以获得高达 $10^6$ 的品质因数[13]。

## 9.4.3　二氧化硅微型环芯

微型环芯通常是通过采用 $CO_2$ 激光源对微盘进行回流而制造出来的，以将其品质因数提高到 $5 \times 10^{8}$ [14]。作为其发明时期被证明为唯一的一种片上超高品质因数 $Q$ 微腔，二氧化硅微型环芯已广泛应用于非线性光学[15]、频率微孔生成[16]、腔体光学机械[17]、腔量子电动力学[18]、低阈值功率、窄线宽激光源[19]以及超灵敏生物传感器的研究中[20]。

## 9.4.4　双盘微型谐振器

双盘腔几何形状由两个二氧化硅盘组成，间隔距离约为纳米级，表现出强大的动力学反应效应，超过许多可比较的光机械器件[24]。这些谐振器是由硅衬底的选择性等离子体蚀刻而形成的，在位于衬底上方的两个二氧化硅层之间是非晶硅层。由于与光机械的特别相关性，使得双盘能够用于与大梯度的单光子力相结合的高品质因数 $Q$ 的 WGM 反馈。

## 9.4.5　硅环谐振器

硅环谐振器为单模传播提供了一个易于制造的和信号功率损耗非常低的途径。作为硅光子学的关键组件，硅环谐振器已经被研究用作光学滤波器、高速调制器以及生物传感器。这些微谐振器的大规模阵列可以通过经济有效的深 UV 光刻方法制造。研究人员指出，由该方法所得到的产品具有高度均匀的生物传感数据，同时也具有令人印象深刻的动态范围和最小的串扰[26]。

## 9.4.6　液芯光环谐振器

以与二氧化硅微泡类似的方式起作用，液芯光环谐振器（LCORR）在其内部携带有含水的样品。LCORR 基本上是一个熔融石英毛细管，其壁厚仅为几微米，并具有内聚合物涂层。它是通过在加热下拉伸毛细管的中心区域而形成的，拉伸直到达到所需的外半径，再通过该点蚀刻确定其壁厚度。谐振器的品质因数 $Q$ 略高于标准环形谐振器，尽管在纵向方向上对耳语画廊模式的持续缺乏约束[25]。

## 9.4.7　瓶颈微谐振器

瓶颈谐振器是一种奇特的微腔，它是通过热拉法制造的，并且它所容纳的耳语画廊模式是安放在朝向瓶颈并远离瓶颈的位置的。谐振器结构在定制模式中是有用的，因为由有效谐波电位限制的轴向本征模式仅通过曲率轮廓调谐[22]。最近，在瓶颈谐振器上利用耳语画廊微腔的光学机械特性的感测已经得到了证明。

### 9.4.8  二氧化硅微泡谐振器

二氧化硅微泡[23,27]是从二氧化硅管拉制的微型毛细管吹出的另一种类型的微腔。该设计适用于微流体的整合，通过在石英管和微泡的内部界限实现液体和纳米颗粒样品的分级运输。而且，这种微腔具有良好的耦合几何形状和插入损耗，因为前者是流线型的，而后者被确认为是较小的。考虑到被测气体可以包含在气泡外壳内，微泡具有被配置为气体传感器的潜力。

## 9.5  反应敏感

早期的反应性检测可以追溯到 1995 年[28]，其中亚临床敏感性的预测不可逆转地激发了该领域的主动研究。目前，许多研究已经证明，使用高品质因数 $Q$ 微腔的反应式感测可以是用于高分辨率测量的鲜明的技术。此外，其突出的工作也迅速推动了敏感性的理论预测。

具有超高品质因数 $Q$ 的 WGM 具有捕获轨道内的光子以进行大量往返的能力。这提供了一种用于生物传感的窗口，其中光学性质的改变可以被观察到。特别地，如果在外部界面处的材料吸收和散射所导致的能量损失最小化，则光可以循环数十万次。考虑到为了满足保持定律，存在向极化消耗的模式能量，WGM 的消逝场内的介电粒子将产生光子谐振波长的偏移。

由于颗粒的极化率与其体积的相称性[29]，吸附的生物试剂的过度极化率可能与反应性位移有关。与折射率传感器不同[30]，它可以选择一种方式来包括已功能化于分析物约束的微谐振器的外层。利用扰动方法，可以根据空腔上的体积积分获得谐振波长偏移 $\Delta\lambda_{\mathrm{res}}$[31,32]：

$$\frac{\Delta\lambda_{\mathrm{res}}}{\lambda_{\mathrm{res}}} = \frac{\int \mathrm{d}V\Delta\varepsilon\,|E|^2}{4\int \mathrm{d}V\varepsilon\,|E|^2} \tag{9.18}$$

式中，$\Delta\varepsilon$ 为吸附前和吸附后状态之间的介电常数差。对于满足谐振条件（即 $\ell\lambda_{\mathrm{Res}}/n = 2\pi R$）的生物层涂覆的二氧化硅微球，由结合 WGM 引起的谐振波长漂移 $\Delta\lambda_{\mathrm{Res}}$ 可以表示为[33]

$$\frac{\Delta\lambda_{\mathrm{Res}}}{\lambda_{\mathrm{Res}}} = \frac{\alpha_{\mathrm{Exc}}\sigma}{\varepsilon_{\mathrm{o}}(n_{\mathrm{Sph}}^2 - n_{\mathrm{Ext}}^2)R} \tag{9.19}$$

式中，$\alpha_{\mathrm{Exc}}$ 为生物分子（例如蛋白质）的过量极化率；$\sigma$ 为生物分子的相关平均表面密度；$n_{\mathrm{Sph}}$ 和 $n_{\mathrm{Ext}}$ 分别为二氧化硅微球和外部介质的折射率；$R$ 为谐振器的半径。

光子寿命的作用在这个方程式中没有明确说明，尽管当考虑系统的检测极限 $\sigma_{\mathrm{LOD}}$ 时肯定会出现光子寿命[34]：

$$\sigma_{\text{LOD}} = \frac{\varepsilon_\circ \left( \dfrac{\Delta\lambda_{\text{Res}}}{\delta\lambda_{\text{Res}}} \right) \left( n_{\text{Sph}}^2 - n_{\text{Ext}}^2 \right) R}{\alpha_{\text{Exc}} Q} \tag{9.20}$$

最重要的是，谐振器的总体品质因数 $Q$（$\alpha$ 为平均光子寿命）（$Q = \lambda_{\text{Res}}/\delta\lambda_{\text{Res}}$）从根本上与谐振线宽 $\delta\lambda_{\text{Res}}$ 相关。在数学上，品质因数 $Q$ 也可以使用公式 $L_{\text{eff}} = Q\lambda/2\pi n$[10,35] 与光子波长为 $\lambda$ 的 $L_{\text{eff}}$（通常为 cm 的数量级）相关。

需要非常小心地控制模糊的热或机械效应的影响，因为相关噪声可能会降低信噪比和检测限，这两者都是和灵敏度重要方面。这种影响清楚地产生了可靠的背景噪声，例如改变谐振器材料的折射率 $n$ 和路径长度的环境温度波动。也就是说，正热膨胀项 $\mathrm{d}L/\mathrm{d}T$ 和热光系数 $\mathrm{d}n/\mathrm{d}T$ 将用于提高 $\Delta\lambda_{\text{Res}}$。如下式：

$$\Delta\lambda_{\text{Res}} = \lambda_{\text{Res}} \Delta T \left( \frac{1}{n} \frac{\mathrm{d}n}{\mathrm{d}T} + \frac{1}{L} \frac{\mathrm{d}L}{\mathrm{d}T} \right) \tag{9.21}$$

式中，$L$ 表示电磁波行进的圆周状路径。

在实验设置中，光纤可以被有效地耦合到 WGM 结构，并且连接的窄线宽激光源可以扫过指定的波长范围，如图 9.3[36] 所示。然后可以通过一个光检测器-示波器对来监测通过微谐振器传输的光，以跟踪谐振倾斜的预期偏移。通常，靶生物物质可以通过微流体传递直接传输到传感器表面。这可以由通过紫外线（UV）黏附固定到玻璃载玻片上的纤维锥形物上，其中硅微流体细胞被模制成包含容纳纤维的细胞、WGM 和缓冲/生物分子通道以及排水通道[37]。注射泵在调节流速时是必要的，同时确保维持现实的检测时间和低的流体交叉污染。

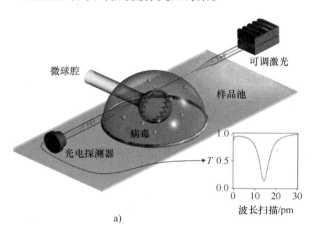 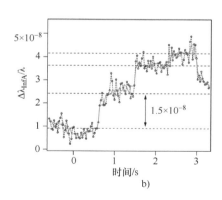

图 9.3　a）基于微球 WGM 的无标记生物传感配置，需要标准的偶联技术，并将生物样品溶液注入初始填充磷酸盐缓冲盐水的细胞中　b）由半径 39mm 微球的生物样本（即甲型流感病毒）的存在引起的波长偏移响应和标称波长为 763nm 的分布式反馈激光
（出自 Vollmer, F. 等，*Proc. Natl. Acad. Sci.*, 105, 20701, 2008.）

为了降低温度波动的因素，可以使用热电级。然而，越来越复杂的布置，例如 LCORR，可以通过将谐振器-样品相互作用置于液体核心区域内来促进整合。据报道，这种布置方式支持对品质因数 $Q$ 和灵敏度影响有限的耳语画廊模式，另外通过同时激励多种模式提供复用功能[38]。

传统的表面功能化通常通过二氧化硅的硅烷化来实现，并伴随其后的是生物素或链霉亲和素层的形成。它们都具有各自的明显优点，生物素具有高特异性并导致进一步的配体或受体功能化[40]，而链霉亲和素对生物素和生物素化分子具有非常高的亲和力[41]。图 9.4 中可以看到更多可行的识别元素。

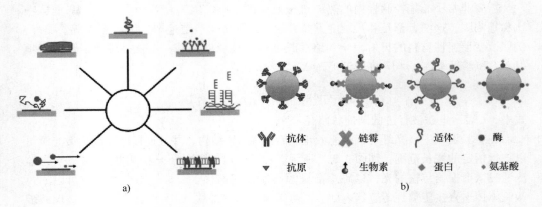

图 9.4　a）可以用耳语画廊微谐振器 WGM 生物传感器分析各种不同配置的生物材料示意图
（出自 Vollmer, F. 和 Arnold, S., *Nat. Methods*, 5, 595, 2008.）
　　b）生物传感 WGM 与生物层。中间排显示主要配体/受体，而底行显示主要分析物[39]。
（出自 Righini, G. C. 等, *Riv. Nuovo Cimento*, 34, 476, 2011.）

## 9.6　参考干涉仪检测

尽管已经预测敏感性达到了亚原子级，但即使在信噪比接近于 1 的情况下，通过反应性感测所检测到的仅是相对较大的生物样本，例如甲型流感病毒粒子[36]。探测激光抖动噪声是阻碍其敏感度达到理论界限的障碍。对于典型的外腔激光器，在 10MHz 的范围内的这种不希望的变化将在灵敏度上建立噪声基底，使得最小可检测的无功光学频移处于相同的水平。在参考文献［42］中，抖动噪声通过建立在周期性极化铌酸锂（Periodically Poled Lithium Niobate，PPLN）晶体上的低抖动噪声激光器来缓解。此外，可以使用先前所提到的实时参考干涉测量来显著改善 WGM 感测方法的总体稳定性和性能。其他研究人员也通过采用反馈机制来面对同样的挑战[43]。然而，这样的实现是昂贵的或难以配置的。另一方面，热和机械稳定的马赫-曾德尔（Mach-Zehnder）干涉仪可以与光纤锥形微腔系统平行放置，从而可以记录由感测信号共享的激光抖动噪声信息。由于参考干涉仪测量的数据可以消除激光抖动，从而导致精确定位传输下降的不确定性。

通过校准，微腔感测装置的可观测灵敏度可以得到提高，因此那些通常会损害感测方案的误差产生因素也可得到消减。由于其实现的性质，该技术允许使用任何微腔结构，使得从激励激光源输入的足够的能量部分被转移到干涉仪。作为参考干涉仪生物感测的一个例子，就是最近报道的微环芯谐振器以 38:1 的信噪比检测到黏附在其内的甲型流感病毒，其中被测试的对象为稀释在盐水溶液中的 1pM 生物分子溶液[20]。通过黏附在微细胞表面的 12.5nm 半径的聚苯乙烯珠的检测，也证明了其创纪录的灵敏度。

## 9.7　分频检测

在超高品质因数 $Q$ 微腔中，来自 WGM 中正向传播模式的瑞利反向散射光可以克服往返损耗并形成功率等于正向传播模式的反向传播模式。两种反向传播模式将形成一对驻波模式，也称为空间分离的正弦和余弦模式。由原来的具有相同谐振频率和横向场分布的双重退化模式产生的副产物是以双峰发生的谐振[44]。双峰之间的相对频率差与后向散射强度有关。在吸收亚波长纳米颗粒或生物分子时，双模将面对光散射中心并引起分频率的改变。类似于反应性感测，可以根据扰动理论估计分频率的偏移：

$$\frac{\Delta \lambda_{\text{res}}}{\lambda_{\text{res}}} = \frac{\int dV \Delta \varepsilon \mid E \mid^2}{2 \int dV \varepsilon \mid E \mid^2} \tag{9.22}$$

因此，可以使用分频率来监测含水介质中的生物样品。首先在 2008 年初发现，在含水环境中超高品质因数 $Q$ 微环芯表面的高浓度蛋白质分子附着的存在，引起分频率的改变[45]。在此方面已经取得了实质性的进展，以实现与前述参考干涉测量技术相当的检测，即用于具有 12.5nm 半径的单个聚苯乙烯纳米珠的检测[20,46]。与谐振位移相结合可以提高信噪比，如图 9.5 所示。由于检测方案的差异性质，共同模式噪声（例如，由温度波动引起的腔谐振移位）将在两个耳语画廊模式之间共享，因此可以被抑制。

在水性环境中微腔的最高品质因数在波长 670nm 处为 $10^8$ 数量级，将空腔谐振器的线宽设置为几 MHz。众所周知，谐振频率偏移在这个阶段可以以谐振线宽的一小部分得到最佳的解决。下一个预期的进步是利用有源微谐振器-具有光学增益的微谐振器，从而获得更窄的线宽。作为命名为肖洛-汤斯（Schawlow-Townes）线宽的谐振器激光模式线宽的基本量子限制为[47]

$$\Delta v_{\text{laser}} = \frac{\pi h v (\Delta v_{\text{c}})^2}{P_{\text{out}}} \tag{9.23}$$

式中，$\Delta v_{\text{c}}$ 是无源腔谐振的谱线宽度；$h v$ 是谐振光子能量（$h = 6.63 \times 10^{-34} \text{J} \cdot \text{s}$ 是普朗克常数，$v$ 是谐振频率）；$P_{\text{out}}$ 是激光模式的功率。

如果微腔在激光阈值以上运行，则激光线的线宽将可能窄于 $\Delta v_{\text{c}}$ 项。在过去，在二氧化硅微型平台上已经发布了 3Hz 的基本线宽[48]。特别地，微腔激光器将以其激光模式显示分频式音调，这是由于其被动对应的适用原则。共模噪声的去除留下了一个分频频率，其线宽主要受到基本线宽的限制。因此，在水性环境中操作的超高品质因数 $Q$ 微腔激光器的灵敏度预计将达到更高的数量级。受文献 [45] 的发现的启发，相应的研究已经进行，以制造在水性环境中工作的微量镱掺杂激光器[49]。在文献

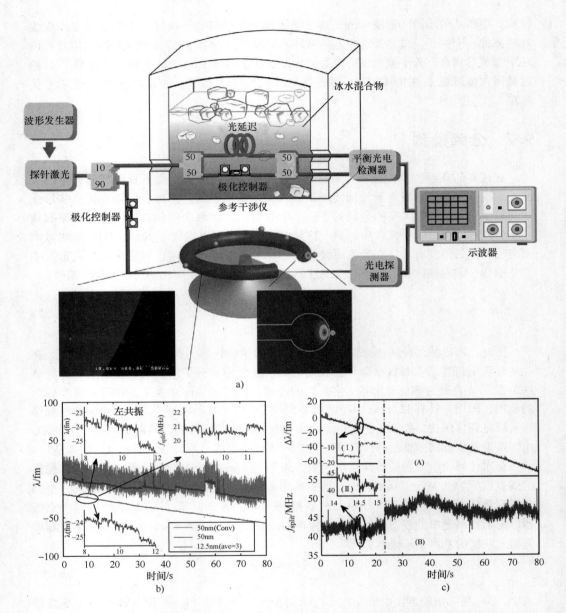

图 9.5　a）包含参考干涉测量的纳米检测实验装置图　b）使用常规方法（即噪声曲线）和上述参考干涉仪系统检测到的 50nm 半径的聚苯乙烯纳米珠的谐振移位梯级图，以及包括模式- 分割描述符的用于 12.5nm 半径的相应数据。注意，产生这些的微腔是微环芯的。（出自 Lu，T. 等，*Proc. Natl. Acad. Sci.*，108，5976，2011）　c）谐振波长和分频偏移图，其中与图 a 相当的谐振器中注入了 1pM 甲型流感病毒溶液（出自 Lu，T. 等，Nano- sensing with a reference interferometer，in *Frontiers in Optics* 2010/*Laser Science XXVI*，Optical Society of America，2010，p. PDPB5）

［50-52］中证明了使用这种激光（表现出分频率）所进行的检测，其灵敏度能够提高几个数量级。关于这个主题的研究也由其他群体以类似的方式完成了[53-55]。

## 9.8　等离子体激增

为了评估具有等离子体激元耦合的 WGM 感测平台的谐振位移（如图 9.6 所示），我们可以再次采用一阶扰动理论分析方法。以这种方式，位于 $\vec{r}_{AP}$ 处的等离子激元热点处的颗粒吸附诱发的变化可以根据局部场强来描述[32]：

$$\frac{\Delta\lambda_{Res}}{\lambda_{Res}} \cong \frac{\alpha_{Exc}\,|\vec{E}(\vec{r}_{AP})|^2}{2\varepsilon_o\int_V \varepsilon_r(\vec{r})\,|\vec{E}(\vec{r})|^2\mathrm{d}V} \tag{9.24}$$

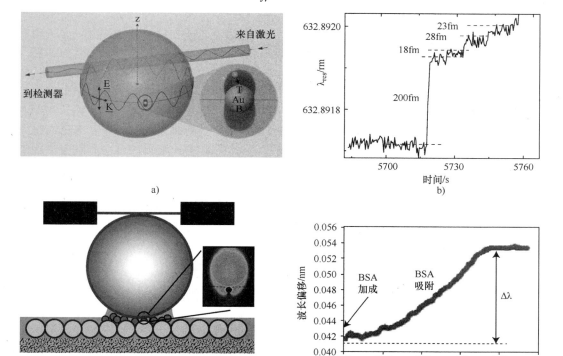

图 9.6　a）涉及 WGM 与赤道界金纳米颗粒诱导的偶极子等离子体谐振模式之间的相互作用的光子等离子体模式耦合　b）微腔的强调谐振波长移位梯度[59]（出自 Shopova, S. I. 等，*Appl. Phys. Lett.*，98，243104，2011）　c）与图 a 相同的感测装置的相似图，示出了与 WGM 耦合以形成混合谐振的金纳米颗粒层（吸附到多孔膜）。在这个数字来源的原始文献［60］中，在热点内加入牛血清白蛋白（小黑圈），以达到图 d 的谐振波长　d）实时观察到的增加（出自 Santiago-Cordoba, M. A. 等，*J. Biophoton.*，5，629，2012；Santiago-Cordoba, M. A. et al.，*Appl. Phys. Lett.*，9，073701，2011，获得许可）

分母（不包括自由空间的介电常数 $\varepsilon_0$）包含能量密度的模量体积积分。很明显，如果场 $E$ 在感兴趣的结合位点区域被扩增，则可以获得更大的灵敏度。对于具有结合金纳米颗粒天线的二氧化硅微球等混合光子-等离子体耳语画廊模式谐振器[56]，可以实现必要的场增强而没有实质的品质因数 $Q$ 降解。与目标是提高散射远场强度的表面增强拉曼（Raman）光谱（Raman Spectroscopy，SERS）相反，混合光子等离子体 WGM 生物传感器旨在单纯增加近场信号。这意味着 WGM 谐振波长与等离子体谐振的轻微失谐有助于最小化散射损耗，从而提高器件的灵敏度。与这些特征的理想耦合，原则上应该在三个数量级以上的范围内增强[57]。重要的是要注意，该方案的显著高灵敏度改进也已被证明适用于腔体量子动力学[58]。

## 9.9 光机械传感

当光子在耳语画廊微腔的边缘行进时，其动量沿着轨迹连续地改变方向。光子动量的改变会产生足够强的光束以将腔向外推，这种作用在将空腔从谐振状态驱离的同时，又会使得这种力的强度和腔内的功率同时下降。最终，空腔张力的主导作用超过了衰减的光学力，因此它又将空腔朝向谐振点方向拉回。这种交替的光学力和空腔强度拉伸力的组合，形成了类似于平面上的平面弹簧振荡器及载荷的普通弹簧振荡器中存在的恢复力，从而引起了空腔的周期性膨胀和收缩。这种现象被称为存在于超高品质因数 $Q$ 腔中的机械振荡，例如二氧化硅微环芯[17,61-63]。空腔机械振荡的本征频率在射频范围内，由腔的机械结构决定。因此，由于在空腔表面处的生物分子的结合引起的环绕介质的波动，将引起机械频率的突然变化。类似于反应性感测，监测腔机械频率的变化提供了另一种用于生物传感的机制。在文献［64，65］中，通过在空的气泡谐振器中注入不同浓度的水-葡萄糖溶液，已经证明了其感知机理，如图 9.7 所示[66]。

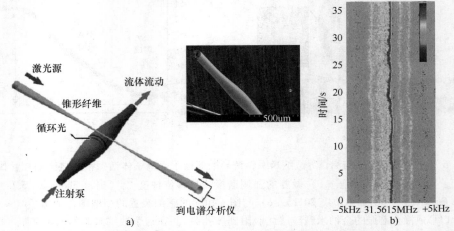

图 9.7 耦合到微流体光机械谐振器的光的图像和稳定性测试光谱图，具有 112Hz 标准频带和 35s 观测期的水封气泡的 31MHz 振动（出自 Kim，K. H. 等，Observation of optically excited mechanical vibrations in a fluid containing microresonator，in *Lasers and Electro-Optics*（*CLEO*），*2012 Conference on*，May 6-11，2012，San Jose，CA，pp. 1-2）

## 9.10　利用二次谐波生成进行感测

有关光学增益的耳语画廊模式谐振器的另一个相关主题是二次谐波光的产生。已经提出准相位匹配作为二次谐波发生机制（Second- Harmonic Generation，SHG），通过周期性地调制谐振器的非线性磁化率，可以实现这一机制[67]。已经使用浸涂在结晶紫溶液中的球形 WGM 进行了实验证明，其中耳语画廊微谐振器 WGM 表面上的两极之间的条带选择性地暴露于 10kV 电子束中，如图 9.8 所示[68]。

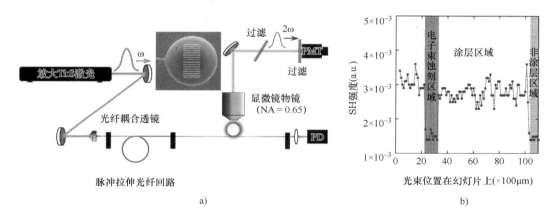

图 9.8　a）对其表面上具有周期性分子图案的微球耳语画廊微谐振器 WGM（其中 NA = 数值孔径，PD = 光电检测器，PMT = 光电倍增管）设置二次谐波发生测量　b）平面二氧化硅衬底的二次谐波生成数据，其部分被非线性单层覆盖，具有电子束暴露区域

（出自 Dominguez- Juarez, J. 等，*Nat. Commun.*，2，3，2011）

## 9.11　结论和未来研究

在本章中，我们简要介绍了一些与微语画廊微腔相关的基本概念、用于空腔制造的材料以及正在研究的各种类型的空腔。提出了利用精确的微腔特性将生物分子检测推进到纳米尺度的方案。

由于其固有的检测灵敏度和与等离子体结构的融合，耳语画廊微腔迅速成为卓越传感器平台的竞争者。然而，尚未得到满足的一个主要挑战是检测出特征或功能的能力。利用微腔的高强度特征通过光谱增强进行蛋白质鉴定的研究应该是未来研究的一个合理方向。此外，通过微流体通道实现的低成本、高效的生物样品输送是耳语画廊微腔传感器不可避免的发展方向，这将使其具有实用性。

# 参 考 文 献

1. L. Rayleigh, The problem of the whispering gallery, *Philosophical Magazine* **20**, 1001–1004 (1910).
2. R. D. Richtmyer, Dielectric resonators, *Journal of Applied Physics* **10**, 391 (1939).
3. A. Ashkin and J. M. Dziedzic, Observation of resonances in the radiation pressure on dielectric spheres, *Physical Review Letters* **38**, 1351–1355 (1977).
4. H. E. Benner, P. W. Barber, J. F. Owen, and B. K. Chang, Observation of structure resonances in the fluorescence spectra from microspheres, *Physical Review Letters* **44**, 475–478 (1980).
5. V. Braginsky, M. Gorodetsky, and V. Ilchenko, Quality-factor and nonlinear properties of optical whispering-gallery modes, *Physics Letters A* **137**, 393–397 (1989).
6. M. Cai, O. Painter, and K. J. Vahala, Observation of critical coupling in a fiber taper to a silica-microsphere whispering-gallery mode system, *Physical Review Letters* **85**, 74–77 (2000).
7. I. H. Malitson, Interspecimen comparison of the refractive index of fused silica, *Journal of the Optical Society of America* **55**, 1205–1208 (1965).
8. G. M. Hale and M. R. Querry, Optical constants of water in the 200-nm to 200-μm wavelength region, *Applied Optics* **12**, 555–563 (1973).
9. I. S. Grudinin, V. S. Ilchenko, and L. Maleki, Ultrahigh optical Q factors of crystalline resonators in the linear regime, *Physical Review A* **74**, 063806 (2006).
10. M. L. Gorodetsky, A. A. Savchenkov, and V. S. Ilchenko, Ultimate Q of optical microsphere resonators, *Optics Letters* **21**, 453–455 (1996).
11. T. Kippenberg and K. Vahala, Demonstration of high-Q microdisk resonators: Fabrication and nonlinear properties, in *Lasers and Electro-Optics, 2007. CLEO 2007. Conference on*, May 6–11, 2007, Baltimore, MD, pp. 1–2.
12. H. Lee, T. Chen, J. Li, K. Y. Yang, S. Jeon, O. Painter, and K. J. Vahala, Chemically etched ultrahigh-Q wedge-resonator on a silicon chip, *Nature Photonics* **6**, 369–373 (2012).
13. Q. Lin, T. J. Johnson, C. P. Michael, and O. Painter, Adiabatic self-tuning in a silicon microdisk optical resonator, *Optics Express* **16**, 14801–14811 (2008).
14. D. Armani, T. Kippenberg, S. Spillane, and K. Vahala, Ultra-high-Q toroid microcavity on a chip, *Nature* **421**, 925–928 (2003).
15. T. J. Kippenberg, S. Spillane, and K. J. Vahala, Kerr-nonlinearity optical parametric oscillation in an ultrahigh-Q toroid microcavity, *Physical Review Letters* **93**, 083904 (2004).
16. P. Del'Haye, A. Schliesser, O. Arcizet, T. Wilken, R. Holzwarth, and T. J. Kippenberg, Optical frequency comb generation from a monolithic microresonator, *Nature* **450**, 1214–1217 (2007).
17. T. J. Kippenberg and K. J. Vahala, Cavity opto-mechanics, *Optics Express* **15**, 17172–17205 (2007).
18. S. Spillane, T. J. Kippenberg, O. J. Painter, and K. J. Vahala, Ideality in a fiber-taper-coupled microresonator system for application to cavity quantum electrodynamics, *Physical Review Letters* **91**, 043902 (2003).
19. S. M. Spillane, T. J. Kippenberg, and K. J. Vahala, Ultralow-threshold Raman laser using a spherical dielectric microcavity, *Nature* **415**, 621–623 (2002).
20. T. Lu, H. Lee, T. Chen, S. Herchak, J.-H. Kim, S. E. Fraser, R. C. Flagan, and K. Vahala, High sensitivity nanoparticle detection using optical microcavities, *Proceedings of the National Academy of Sciences* **108**, 5976–5979 (2011).
21. Q. Lin, J. Rosenberg, X. Jiang, K. J. Vahala, and O. Painter, Mechanical oscillation and cooling actuated by the optical gradient force, *Physical Review Letters* **103**, 103601 (2009).
22. M. Iqbal, M. Gleeson, B. Spaugh, F. Tybor, W. Gunn, M. Hochberg, T. Baehr-Jones, R. Bailey, and L. Gunn, Label-free biosensor arrays based on silicon ring resonators and high-speed optical scanning instrumentation, *Selected Topics in Quantum Electronics, IEEE Journal of* **16**, 654–661 (2010).
23. I. M. White, H. Oveys, and X. Fan, Liquid-core optical ring-resonator sensors, *Optics Letters* **31**, 1319–1321 (2006).
24. M. Pöllinger, D. O'Shea, F. Warken, and A. Rauschenbeutel, Ultrahigh-Q tunable whispering-gallery-mode microresonator, *Physical Review Letters* **103**, 053901 (2009).
25. M. Sumetsky, Y. Dulashko, and R. S. Windeler, Optical microbubble resonator, *Optics Letters* **35**, 898–900 (2010).

26. S. Berneschi, D. Farnesi, F. Cosi, G. N. Conti, S. Pelli, G. C. Righini, and S. Soria, High Q microbubble resonators fabricated by arc discharge, *Optics Letters* **36**, 3521–3523 (2011).

27. A. Nitkowski, A. Baeumner, and M. Lipson, On-chip spectrophotometry for bioanalysis using microring resonators, *Biomedical Optics Express* **2**, 271–277 (2011).

28. A. Serpenguzel, S. Arnold, and G. Griffel, Excitation of resonances of microspheres on an optical fiber, *Optics Letters* **20**, 654–656 (1995).

29. F. Vollmer and S. Arnold, Whispering-gallery-mode biosensing: Label-free detection down to single molecules, *Nature Methods* **5**, 591–596 (2008).

30. N. M. Hanumegowda, C. J. Stica, B. C. Patel, I. White, and X. Fan, Refractometric sensors based on microsphere resonators, *Applied Physics Letters* **87**, 201107 (2005).

31. G. Griffel, S. Arnold, D. Taskent, A. Serpengzel, J. Connolly, and N. Morris, Morphology-dependent resonances of a microsphere-optical fiber system, *Optics Letters* **21**, 695–697 (1996).

32. I. Teraoka and S. Arnold, Perturbation approach to resonance shifts of whispering-gallery modes in a dielectric microsphere as a probe of a surrounding medium, *Journal of the Optical Society of America B* **20**, 1937–1946 (2003).

33. S. Arnold, M. Khoshsima, I. Teraoka, S. Holler, and F. Vollmer, Shift of whispering-gallery modes in microspheres by protein adsorption, *Optics Letters* **28**, 272–274 (2003).

34. S. Arnold, R. Ramjit, D. Keng, V. Kolchenko, and I. Teraoka, Microparticle photophysics illuminates viral bio-sensing, *Faraday Discussions* **137**, 65–83 (2008).

35. R. K. Chang and A. J. Campillo, eds., *Optical Processes in Microcavities*, vol. 3 of Advanced Series in Applied Physics. World Scientific Publishing Co., Singapore, 1996.

36. F. Vollmer, S. Arnold, and D. Keng, Single virus detection from the reactive shift of a whispering-gallery mode, *Proceedings of the National Academy of Sciences* **105**, 20701–20704 (2008).

37. D. Keng, S. R. McAnanama, I. Teraoka, and S. Arnold, Resonance fluctuations of a whispering gallery mode biosensor by particles undergoing Brownian motion, *Applied Physics Letters* **91**, 103902 (2007).

38. G. C. Righini, Y. Dumeige, P. Féron, M. Ferrari, G. N. Conti, D. Ristic, and S. Soria, Whispering gallery mode microresonators: Fundamentals and applications, *Rivista Del Nuovo Cimento* **34**, 435–487 (2011).

39. I. M. White, H. Oveys, X. Fan, T. L. Smith, and J. Zhang, Integrated multiplexed biosensors based on liquid core optical ring resonators and antiresonant reflecting optical waveguides, *Applied Physics Letters* **89**, 191106 (2006).

40. F. Vollmer, S. Arnold, D. Braun, I. Teraoka, and A. Libchaber, Multiplexed DNA quantification by spectroscopic shift of two microsphere cavities, *Biophysical Journal* **85**, 1974–1979 (2003).

41. Y. Lin, V. Ilchenko, J. Nadeau, and L. Maleki, Biochemical detection with optical whispering-gallery resonators, *Biophysical Journal* **6452**, 64520U (2007).

42. S. Shopova, R. Rajmangal, Y. Nishida, and S. Arnold, Ultrasensitive nanoparticle detection using a portable whispering gallery mode biosensor driven by a periodically poled lithium-niobate frequency doubled distributed feedback laser, *Review of Scientific Instruments* **81**, 103110 (2010).

43. J. H. Chow, M. A. Taylor, T. T.-Y. Lam, J. Knittel, J. D. Sawtell-Rickson, D. A. Shaddock, M. B. Gray, D. E. McClelland, and W. P. Bowen, Critical coupling control of a microresonator by laser amplitude modulation, *Optics Express* **20**, 12622–12630 (2012).

44. M. L. Gorodetsky, A. D. Pryamikov, and V. S. Ilchenko, Rayleigh scattering in high-Q microspheres, *Journal of Optical Society of America B* **17**, 1051–1057 (2000).

45. T. Lu, T.-T. J. Su, K. J. Vahala, and S. Fraser, Split frequency sensing methods and systems, Patent pending. p. 20100085573 (2009). Preliminary filing in October 2008.

46. T. Lu, H. Lee, T. Chen, S. Herchak, J.-H. Kim, and K. Vahala, Nano-sensing with a reference interferometer, in *Frontiers in Optics 2010/Laser Science XXVI* (Optical Society of America, Rochester, NY, 2010), p. PDPB5.

47. A. Schawlow and C. H. Townes, Infrared and optical masers, *Physical Review* **112**, 1940–1949 (1958).

48. T. Lu, L. Yang, T. Carmon, and B. Min, A narrow-linewidth on-chip toroid Raman laser, *IEEE Journal of Quantum Electronics* **47**, 320–326 (2011).

49. E. P. Ostby and K. J. Vahala, Yb-doped glass microcavity laser operation in water, *Optics Letters* **34**, 1153–1155 (2009).

50. T. Lu, H. Lee, T. Chen, and S. Herchak, An ultra-narrow-linewidth microlaser for nanosensing, in *Conference on Lasers and Electro-Optics 2012* (Optical Society of America, 2012), p. CTu2L.6.

51. T. Lu, H. Lee, T. Chen, and S. Herchak, Single molecule detection with an Yb-doped microlaser, in *CLEO: 2013* (Optical Society of America, San Jose, CA, 2013), p. CM2H.4.

52. T. Lu, H. Lee, T. Chen, and S. Herchak, Fast nano particle and single molecule detection with an ultra-narrow-linewidth microlaser, under revision (2013).

53. J. Knittel, T. G. McRae, K. H. Lee, and W. P. Bowen, Interferometric detection of mode splitting for whispering gallery mode biosensors, *Applied Physics Letters* **97**, 1–3 (2010).

54. J. Zhu, S. Ozdemir, Y. Xiao, L. Li, L. He, D. Chen, and L. Yang, On-chip single nanoparticle detection and sizing by mode splitting in an ultrahigh-Q microresonator, *Nature Photonics* **4**, 46–49 (2010).

55. L. He, S. K. Ozdemir, J. Zhu, W. Kim, and L. Yang, Detecting single viruses and nanoparticles using whispering gallery microlasers, *Nature Nanotechnology* **6**, 428–432 (2011).

56. M. A. Santiago-Cordoba, M. Cetinkaya, F. Boriskina, Svetlana V. Vollmer, and M. C. Demirel, Ultrasensitive detection of a protein by optical trapping in a photonic-plasmonic microcavity, *Journal of Biophotonics* **5**, 629–638 (2012).

57. J. D. Swaim, J. Knittel, and W. P. Bowen, Detection limits in whispering gallery biosensors with plasmonic enhancement, *Applied Physics Letters* **99**, 243109 (2011).

58. Y.-F. Xiao, Y.-C. Liu, B.-B. Li, Y.-L. Chen, Y. Li, and Q. Gong, Strongly enhanced light-matter interaction in a hybrid photonic-plasmonic resonator, *Physical Review A* **85**, 031805 (2012).

59. H. Rokhsari, T. Kippenberg, T. Carmon, and K. Vahala, Radiation-pressure-driven micro-mechanical oscillator, *Optics Express* **13**, 5293–5301 (2005).

60. T. J. Kippenberg, H. Rokhsari, T. Carmon, A. Scherer, and K. J. Vahala, Analysis of radiation-pressure induced mechanical oscillation of an optical microcavity, *Physical Review Letters* **95**, 033901 (2005).

61. T. Carmon, H. Rokhsari, L. Yang, T. Kippenberg, and K. Vahala, Temporal behavior of radiation-pressure-induced vibrations of an optical microcavity phonon mode, *Physical Review Letters* **94**, 223902 (2005).

62. S. I. Shopova, R. Rajmangal, S. Holler, and S. Arnold, Plasmonic enhancement of a whispering-gallery-mode biosensor for single nanoparticle detection, *Applied Physics Letters* **98**, 243104 (2011).

63. M. A. Santiago-Cordoba, S. V. Boriskina, F. Vollmer, and M. C. Demirel, Nanoparticle-based protein detection by optical shift of a resonant microcavity, *Applied Physics Letters* **9**, 073701 (2011).

64. K. H. Kim, G. Bahl, W. Lee, J. Liu, M. Tomes, X. Fan, and T. Carmon, Cavity optomechanics on a microfluidic resonator with water and viscous liquids, http://arxiv.org/abs/1205.5477v2 (2012).

65. G. Bahl, X. Fan, and T. Carmon, Acoustic whispering-gallery modes in optomechanical shells, *New Journal of Physics* **14**, 115026 (2012).

66. K. H. Kim, G. Bahl, W. Lee, J. Liu, M. Tomes, X. Fan, and T. Carmon, Observation of optically excited mechanical vibrations in a fluid containing microresonator, in *Lasers and Electro-Optics (CLEO), 2012 Conference on*, May 6–11, 2012, San Jose, CA, pp. 1–2.

67. G. Kozyreff, J. L. Dominguez-Juarez, and J. Martorell, Nonlinear optics in spheres: From second harmonic scattering to quasi-phase matched generation in whispering gallery modes, *Lasers and Photonics Reviews* **5**, 737–749 (2011).

68. J. Dominguez-Juarez, G. Kozyreff, and J. Martorell, Whispering gallery microresonators for second harmonic light generation from a low number of small molecules, *Nature Communications* **2**, 1–8 (2011).

# 第 10 章　动态纳米约束的耦合化学反应：
# Ⅲ蚀刻轨道及其前体结构中 Ag₂O 膜的电子表征

Dietmar Fink，W. R. Fahrner，K. Hoppe，

G. Muñoz Hernandez，H. García Arellano，

A. Kiv，J. Vacik，L. Alfonta

## 10.1　引言

近半个世纪以来，众所周知的是，通过薄聚合物薄片的迅速重离子的过渡在所谓的潜在轨道之后留下了放射化学和结构损伤的痕迹，这些痕迹可以通过适当的蚀刻剂容易地去除，从而产生纳米孔，即所谓的蚀刻轨道[1]。利用先前开发的策略，也可以产生具有嵌入其中的中心膜的纳米孔，从而将孔分离成两个独立的相邻隔室（该系列的第Ⅰ部分[2]）。膜可以由例如 Ag₂O[2] 或其他材料如 LiF，CaO 或 BaCO₃（待公开）组成。以与正常蚀刻轨道相同的方式，可以用电子学[3-9]、药物[10] 或生物传感[11-19] 的各种材料填充，这些具有中心膜的纳米孔也可用于各种应用。这将在本系列的下一篇论文中予以对待。

从现有的知识来看，由于既缺少这种含膜纳米孔的电子表征，也缺失它们的前体结构，导致无法进行彻底的检查。我们决定用现在的工作填补这个空白。

## 10.2　试验

### 10.2.1　形成具有嵌入式 Ag₂O 膜的蚀刻轨道

用嵌入式 Ag₂O 膜形成蚀刻轨道需要两个步骤：预蚀刻和膜形成。预蚀刻步骤中，在 Dubna 联合核研究所（the Joint Institute for Nuclear Research，JINR，Dubna），以 250MeV 的能量照射 12μm 厚的聚对苯二甲酸乙二醇酯箔，其密度为 $1 \times 10^5 cm^{-2}$、$5 \times 10^7 cm^{-2}$、$1 \times 10^9 cm^{-2}$。将这些箔片的 $1cm^2$ 大块插入具有两个相邻隔室（以参考文献［20］为例）的测量室的中心，然后在环境温度（约 25℃）从两侧用 9M KOH 蚀刻[2]。在新出现的锥形纳米孔可以合并之前，通过去除 KOH 蚀刻剂并彻底洗涤箔来中断蚀刻。

此后，在随后的膜形成步骤中，将 1M AgNO₃ 溶液加入到一侧（将其称为左侧），并且在另一侧（膜的右侧）加入 1M KOH。因此，蚀刻以仅从 B 侧的较慢速度继续，直到发生蚀刻剂突破。如参考文献［2］中所公布的，同时，AgOH 在刻蚀的轨道交点

处形成, 其易于转变为 $Ag_2O$。由于这些银化合物不溶于水, 它们将在蚀刻后的轨道中沉淀在其最窄处, 从而形成塞子或膜。$Ag_2O$ 对于离子和电子是相当不可渗透的事实 (除了在非常高的施加电场强度或频率之外), 为我们提供了用于检测 $Ag_2O$ 膜形成的工具, 当这些膜形成时, 通过观察电流减小到接近零 (安静阶段)。

为了将蚀刻轨道中的箔与嵌入的膜进行比较, 也在几乎相同的条件下制造具有没有膜的蚀刻轨道的箔。在这种情况下, 在蚀刻剂穿透之后很快 (在 1 ~ 2min 内) 停止蚀刻, 使得蚀刻的轨道非常窄 (根据透射电流估计, 其半径为 10 ~ 20nm)。

## 10.2.2 电子表征

通过在测量室 (包括箔和电解质两者) 两端施加电压并确定通过电流来进行轨道蚀刻和膜形成过程的控制以及随后的膜表征。这是通过 Velleman PCSGU250 脉冲发生器/示波器组合实现的。在这项工作中, 我们限制了低频效果。

在预蚀刻阶段期间, 通过 Ag 电极向系统施加频率为 ~ 0.5Hz 的 $5V_{peak-peak}$ 的正弦交流电压 U。作为时间的函数, 在该设备 (设置: 直流为 0.3V/div, 用于测量施加的电压为 10mV/div, 通过 $1M\Omega$ 探头电阻测量电流; 时间分辨率为 0.1s/div) 的瞬态记录模式中连续地测量电压和相应的电流。该测量仅用于可靠地进行蚀刻的控制; 在标准情况下, 蚀刻剂突破前没有出现电流信号。与这种行为的偏差表示错误的生产情况 (例如由于反应室的不完全密封导致的蚀刻剂泄漏, 最终的后续快捷方式), 之后必须重复实验。

在膜形成阶段, 交流电压设定降低到 $U = 1V_{p-p}$, 以最小化电压对膜形成的影响, 并且在交流模式下进行测量以过滤从反应室的两个隔室之间的化学势差引起的背景电流。如参考文献 [2] 所述, 在从一个轨道侧到另一个轨道侧的蚀刻剂突破的时刻, 出现强烈尖锐的电流, 当形成稳定的膜时, 其突然消失。这些安静的相作为 $Ag_2O$ 膜形成的指纹。因此, 无论如何明确地确定这样一个安静的阶段, 蚀刻就停止了。

对于嵌入在一些电解质中的最终含 $Ag_2O$ 膜的样品的表征, 记录在示波器, 电路分析仪或频谱分析仪模式下进行。此外, 将样本插入到图 10.1 所示的测量电路中, 根据电子网络理论, 通过一组矩阵元素 (四极参数) 来描述它们。在示波器模式下, 确定了施加电压 $U(t)$ 和记录电流 $I(t)$ 的时间依赖关系及其 $I(U)$ 相关性; $U(t)$ 和 $I(t)$ 曲线之间的时间偏差显示可能的相移。在电路分析仪模式下, 记录了 Bode 图, 即 {电解质/(膜与膜)/电解质} 系统的反向阻抗的对数 ([Vrms] 或 [db]) 的频率依赖性。在频谱分析仪模式下, 确定记录的电流信号的傅里叶频谱, 其描述了最终频率滤波对实验系统发射的频率分布的影响。通常施加 $5V_{p-p}$。

根据电子网络理论, 样本的复杂四极参数 $h_{ij}(i, j = 1, 2)$ 的知识使得能够预测具有这些元素的任何电子电路的行为, 这对将来的工业应用将变得重要诸如生物传感器的结构。这里, $h_{11}$ 是短路输入阻抗, $h_{12}$ 表示开路反向电压传递比, $h_{21}$ 表示短路正向传输比, $h_{22}$ 表示开路输出导纳。可以从与电压 $U_0$、$U_1$ 和 $U_2$ 不同的频率的各种生产阶段的样本以及根据图 10.1 所确定的相应的相移 $\varphi_0$, $\varphi_1$ 和 $\varphi_2$, 通过一个小的 MATLAB® 程序获得这些参数。虽然这里考虑的样品实际上是偶极子, 但是为了更高的一般性, 它们已被并入传统的四极方案（见图 10.1）。这意味着，无论何时可能在稍后一个或两个以上的极点中添加更多高级轨道样本，这种方法可以很容易地被超越。在此工作频率范围为 0.5 ~ 10kHz。此外，参数 $z_{11}$ 是从描述开路输入电阻的这些数据得出的，即给定样品的实际欧姆电阻。

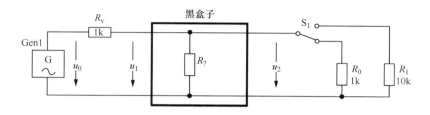

图 10.1　用于确定检查样品的两端口参数的测量电路

（G：频率电压发生器；黑盒子：用于箔电阻蚀刻的测量室，具有未知电阻 $R_?$；$R_v$：输入电阻，$R_0$；$R_1$：负载电阻；$S_1$：切换到不同负载之间切换。电阻 $R_v$，$R_0$ 和 $R_1$ 必须大致调整为未知电阻 $R_1$ 的大小；在给定的示例中，$R_v = R_0 = 1k\Omega$ 和 $R_1 = 10k\Omega$，以探测几 $k\Omega$ 左右的低电阻采样的 $h_{ij}$ 参数。在位置 $u_0$、$u_1$ 和 $u_2$ 处确定的电压和相位用作从其导出复数四极参数 $h_{ij}$ 的 MATLAB 程序的输入）

## 10.3　电子表征在 PET 箔蚀刻轨道内的 Ag₂O 膜的形成过程：结果和讨论

### 10.3.1　电流/电压谱

图 10.2 所示为与施加的交流电压 $U(t)$ 相比，不同配置下的电流 $I(t)$ 与实验容器的时间依赖关系，以及 $I/U$ 相关性，全部作为施加频率的函数 $v$。根据研究的系统和频率，$I(t)$ 曲线显示出至少两种不同的行为：①$I(t)$ 和 $U(t)$ 位置的一致性，即零相移；②$I(t)$ 在 $U(t)$ 之前运行，即负相移。最终，$I(t)$ 也可能在时间上跟随 $U(t)$（这将表示正相移），但这似乎源于仪器工件，因此在这里被丢弃。前两种情况分别表示主要①欧姆和②电容行为；正相移的最后一种情况通常描述对于蚀刻离子轨道被认为是可忽略的归纳行为。

第一种情况源自窄电解质填充轨道的欧姆电阻，第二种情况是电流路径中的纳米拓扑障碍物的结果，例如在原始和离子照射的聚合物中的非常狭窄的本征或辐射诱导的孔中，或通过非常小的蚀刻轨道直径或蚀刻轨道内的膜给出。所有这些都导致当前路径中的电荷瞬态堆积，即电容性行为越来越多。事实上，即使这里可用的相对小的总体积也已经产生了可测量的影响，这归因于水的介电系数非常高。

在某些情况下（原始聚合物和具有非常低频率的潜轨的聚合物；参见图 10.2c ~ f），障碍物的非常高的电阻和足够高的施加电压的组合导致电流尖峰发射，如最近的工作详细描述的[21]。在最明显的情况下（如图 10.2d 和 f 所示），$I/U$ 图中可以区分四个主尖峰，这与早期的理论预测一致[21]。

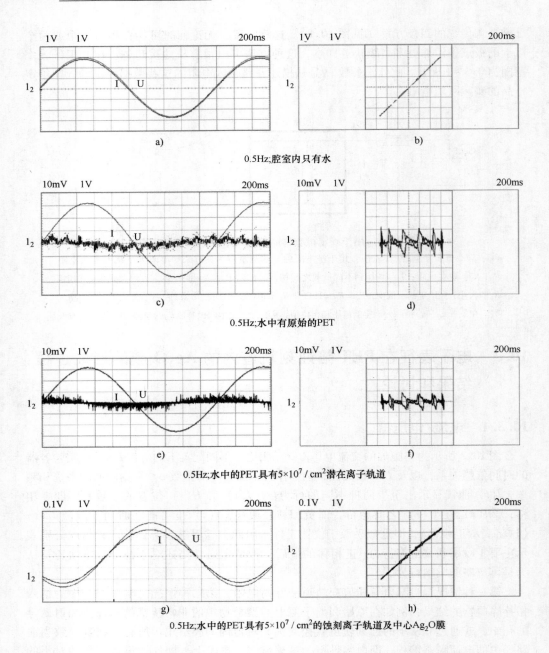

图 10.2　测量的 $I(t)$ 和 $U(t)$ 曲线（a，c，e，g，i，k，m，o；左侧）和 $I(U)$ 特征
最终的含膜轨道的结构，j，l，n，p；右侧）；案例：a，b，i，j——仅在室内；
轨道/$cm^2$在水中；g，h，o，p-PET，每 $cm^2$ 具有 $5 \times 10^7$
［$U(t)$ 和 $I(t)$ 曲线的刻度：测量次数——所有情况下的200ms/刻度；所有情况下施加的电压为1V/div；
$I(U)$ 曲线的刻度：所有情况下的电压为1V/div；电流——1μA/div（b，j），10nA/div（d，f），

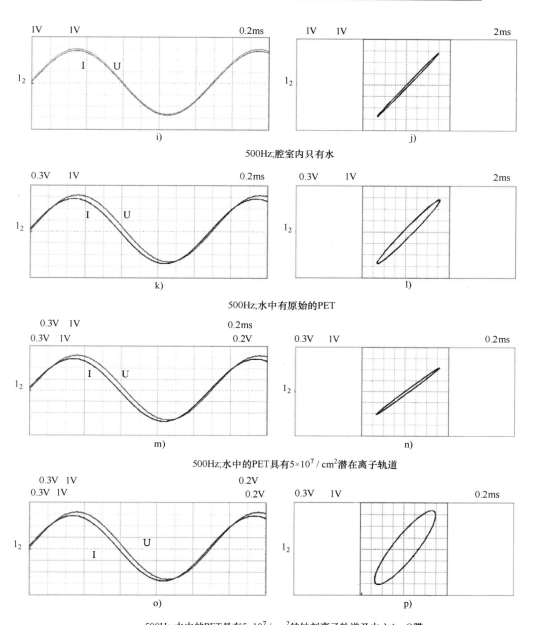

i)

j)

500Hz;腔室内只有水

k)

l)

500Hz;水中有原始的PET

m)

n)

500Hz;水中的PET具有$5 \times 10^7 / cm^2$潜在离子轨道

o)

p)

500Hz;水中的PET具有$5 \times 10^7 / cm^2$的蚀刻离子轨道及中心Ag₂O膜

（b，d，f，作为 0.5Hz（a～h）NS 500Hz（i～p）的施加频率的函数的用于前体结构和
c，d，k，l——原水中的PET；e，f，m，n——PET 和 $5 \times 10^7$ 个潜在离子
个蚀刻离子轨道，其中中央 Ag₂O 膜在水中
测量电流——1μA/div（a，i），10nA/div（c，e），100nA/div（g）和300nA/div（k，m，o）；
100nA/div（h）和300nA/div（1，n，p）。在 $I(U)$ 图中，$x$ 轴总是表示施加的电压，
$y$ 轴表示测量的电流］

图 10.3 对图 10.2 所给出的结果进行了综合。在图 10.2 描述容性到感性行为转换的 $I(U)$ 曲线中，由于不能识别其旋转方向的差别，因此在图 10.3 中，通过将曲线 $I(t)$ 和 $U(t)$ 的合并，以得到一条曲线 $I(U)$，该曲线给出了图 10.2 所丢失的相移信息。仅由水填充腔室的测量结果表明，在高达 5～10kHz 的频率范围内，呈现出恒定的纯电阻性传导行为。这是由于在该频率范围内，$H^+$ 离子和 $OH^-$ 离子可以很容易地跟随所施加的交变电场的变化（图 10.3 中具有圆点的曲线所示）。在该频率范围以上所产生的偏差是由于测量仪器的原因，因此我们在此不对其进行讨论。

在图 10.3a 中，绘制最大和最小电流幅度之间的差值 $I_{pp}$（即 $I_{max}-I_{min}$）相对于表示系统阻抗的频率，并且在图 10.3b 中，绘制了相应的相移，给出了给定频率下阻抗的主要性质的线索。如果相反，$I(U)$ 曲线的厚度 $I_{mm}$［即零电压下的最大和最小偏差电流值之间的差值：$I_{max}(U=0V)-I_{min}(U=0V)$］，如图 10.3c 所示。这些 $I_{mm}$ 值反映了系统的非欧姆分量，但是没有信息是描述电容性还是电感性。由于这种缺陷可能会产生误导性的解释，所以通常要小心谨慎。然而，在给定的情况下，我们从图 10.2 的 $I(t)$ 和 $U(t)$ 曲线知道，该行为被限制在欧姆和电容情况下。

将原始聚合物箔片插入电解质填充的测量室（如图 10.3 所示，浅灰色三角形）时，总体低频电流显著下降，因为在聚合物中只存在非常少的连续水充填纳米孔，允许穿过箔的欧姆电荷输送。然而，作为系统，即（电解质—聚合物—电解质）系统用作电容器，绝缘聚合物本身使得能够进行一些电容电荷输送。这可以从低频下的强负相移中清楚地看出，见图 10.3b。随着频率的增加，相移增加直到它变为零，表示欧姆行为。

现在替换这些原始的聚合物箔通过离子辐射而不是蚀刻的仅产生轻微的变化（见图 10.3，倒三角形）。大多数电流稍微增加的事实意味着形成了一些额外的自由辐射诱发体积。从两侧定期蚀刻潜在的轨道直到蚀刻剂的突破（如图 10.3 所示，站立浅色方块）导致沿着轨道的一些额外的水合并。因此，整体可用的自由体积增加，使得由于出现的欧姆组件，低频总电流也增加。因此，由于通过新的导电连接的部分快捷方式，先前的电容性部件减小。

人们可能会期望辐照注量对结果的大小有相当大的影响。但是，情况并非如此。原因是，在高能量重离子聚合物的影响下，从压缩周围材料的离子轨道的中心发射出高达 400MPa[22] 的强压力-注入效率越高，聚合物的压实度越高（因此，聚合物的密度可以增加高达 20%）。此外，交联有助于这种效果。这导致聚合物的固有自由体积由于其塑性变形以及因此电解质掺入量和蚀刻速率的显著降低。这意味着通过连续切割和轻放射化学产品脱气的总体积的预期增加或多或少通过压实效应来补偿。因此，辐射聚合物的低和高通量（此处为跨越 $10^4$ 的因子）之间的差异仅导致聚合物自由体积的边际差异[22]，因此也导致电子效应（此处未显示）。

为了比较，在最后阶段，绝缘 $Ag_2O$ 膜被嵌入蚀刻的轨道（如图 10.3 中指向左的暗灰色三角形所示），由于当前路径中的新障碍，中频和高频电导率降低，并且整体电流最大值偏移到稍高的频率（通常为几 kHz）。最引人注目的是膜诱导的相移变化，如图 10.3b 所示。

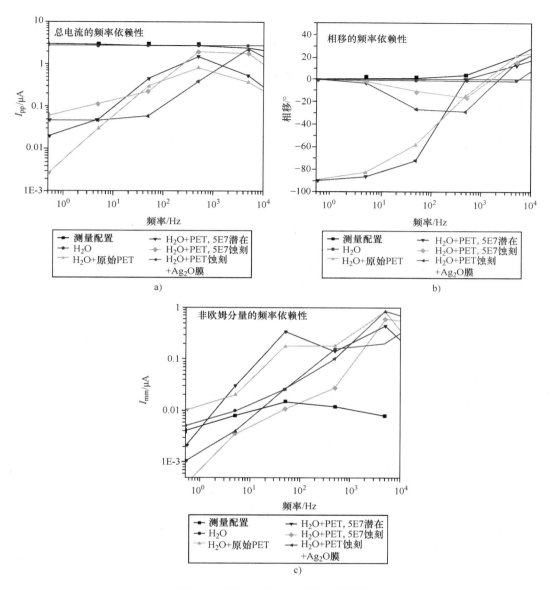

图 10.3　评估图 10.2 的频率相关结果

a）当前峰-峰幅度 $I_{pp}$（反映阻抗的幅度）　b）从 $I(t)$ 和 $U(t)$ 曲线导出的相应的相移（指示电流的主要欧姆，电容或电感性质）　c）画出 $I(U)$ 椭圆体的最小和最大厚度之间的当前振幅 $I_{mm}$。仅显示水（圆圈）的值，在水中具有潜在离子轨道的 PET 箔（浅灰色三角形），在水中具有蚀刻离子轨道的 PET 箔（站立的三角形）和在水中具有嵌入的 Ag₂O 膜的蚀刻的 PET 箔（指向左侧的深灰色三角形）。这里研究的 Ag₂O 膜代表相对较晚的形成阶段（即经过约 10 个安静阶段），因此被认为有些宽泛

在本段的最后，让我们更详细地考虑 1kHz 左右的欧姆型频率区域。在聚合物箔中的电解质填充的蚀刻离子轨道的情况下，含轨道聚合物箔的总欧姆电阻 $R_t$ 在此等于轨

道中的电解质电阻 $R_e$ 和相邻聚合物电阻的几何平均值 $R_p$：$R_t = 1/(1/R_e + 1/R_p)$（忽略聚合物箔外的水的电阻）。然而，在具有电阻 $R_{ag}$ 的附加 $Ag_2O$ 膜存在于轨道内的情况下，必须在较早的等式中替换欧姆轨道电阻 $R_e(R_e + R_{ag})$。假设 $Ag_2O$ 膜电阻的频率依赖性与聚合物的频率依赖性（即低频下的高电阻和较高频率下的电阻降低）呈现定性相同的趋势，则观察到的传输电流最大值在存在的 $Ag_2O$ 膜可以被理解为更高的频率。

通过比较两个独立测量系列的结果，在相当相似的条件下进行（未显示）来估计测量的重现性。尽管在这两种情况下，衍生趋势是相同的，但它们在目前在质量上有所不同，这主要是由于所用高纯度水和不同膜几何形状的不同电阻率。

总之，每个膜的生产步骤都显示出与其他膜区分开的特征。具体来说，嵌入蚀刻轨道中的 $Ag_2O$ 膜在 $I(t)$ 和 $I(U)$ 曲线以及导电和电容信号中表现出独特的指纹，因此可用于它们的明确识别。膜的制备箔在环境温度下的特性可以维持稳定至少几周。

### 10.3.2 伯德图

如前所述，对于与前述相同的箔片执行的所有伯德图，即使在不同的操作阶段之后也显示相同的定性行为，只要所测量的阻抗随着频率的增加而增加到最大值，如图 10.4 所示。这也与以前提到的质子微束照射 PET 箔[23] 的定性重合。记录的伯德图显示了 $I(U)$ 图中较早发现的类似倾向（见图 10.4）。然而，与在不同生产阶段发现的相当大的变化相反，伯德块彼此之间差别不大，表明在伯德图中使用反向阻抗的对数很大程度上掩盖了研究的效果，因此在这里的情况下不是很好的参数。

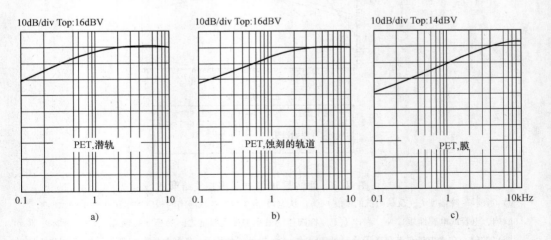

图 10.4　伯德图用于不同的箔操作阶段

a）作为植入但未蚀刻的 PET 箔，嵌入去离子水中　b）蚀刻后和用水清洗 5 次

c）在生产 $Ag_2O$ 膜和洗涤后后者在水中

（从 100Hz 到 10kHz 的 $x$ 轴对数（Hz）；$y$ 轴 $-10db$/分，顶部分别表示 16、16 和 14dbV。这里研究的 $Ag_2O$ 膜代表相对较晚的形成阶段（即经过约 10 个静止阶段），因此被认为有些宽泛）

　　似乎在低频区域，阻抗主要由聚合物主导，而在中频范围内，聚合物和电解质（此处是水）都起着重要的作用。伯德图最大值到较高频率的轻微偏移和较低频率区域的明显减小可以表示蚀刻轨道内形成的 $Ag_2O$ 膜，如图 10.4b 与 c 的比较所得到的。

　　这些发现的另一个结果是具有蚀刻轨道的聚合物箔以及具有带有嵌入膜的蚀刻轨道的箔作为用于在一定程度上抑制较低频率的频率滤波器。看来，通过将特别薄的膜插入到蚀刻的轨道中，低频抑制变得更显著。

## 10.3.3　傅里叶光谱

　　傅里叶光谱显示了组成某一振荡模式的所有频率。在理想的无源电子结构中，施加的电压和通过一些电子结构传输的电流的傅里叶光谱应该是相同的。然而，这种结构的电阻的任何频率依赖性将改变傅里叶谱。因此，傅里叶分光光度法可用作检测这种频率依赖性的非常敏感的工具。在我们的情况下，傅里叶光谱的失真可能揭示聚合物箔内的电解质和纳米结构的电子性质的变化。

　　图 10.5 所示为不同操作之后前面描述的样品的一些傅里叶光谱。在这种情况下，我们已经采用了一个相当简单的正弦频率发生器，它们显示出一些（约 15）较高和较低的较不明显的计算机产生的侧面频率线。这些侧面频率（见图 10.5a）用作探针，以指示在各种生产阶段期间样品的频率相关电流修改，这是由先前显示的阻抗频率依赖性的非线性引起的。实际上，可以看出，在操作之后，实质上较高的频率峰值实际上已经消失（见图 10.5b 和 c）。这是系统作为带通行动的明显后果。有一些暗示，更长的衰老可能最终会导致傅里叶光谱的一些变化。此外，所施加的电解质的变化（例如用 KOH 代替 $H_2O$）对主频率和侧频率振幅以及彼此的峰值间隔都有一些影响。

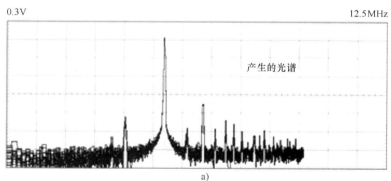

　　图 10.5　傅里叶频谱比较　a）计算机生成的正弦电压波形与在两侧的去
　　　　　　离子水和 PET 箔填充的测量室中测量的电流

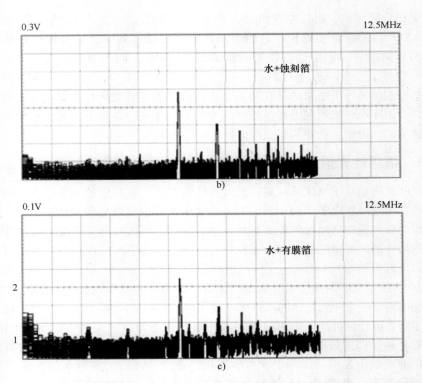

图 10.5　傅里叶频谱比较　b) 室内照射和蚀刻的 PET 箔在水中　c) 具有蚀刻的
PET 箔的腔室，其中嵌入 Ag 膜在水中。$x$ 轴：从 0 到 12.5 MHz 的线性
测量光谱；$y$ 轴：任意单位的频率峰值丰度。（续）

## 10.3.4　四极参数

根据测量的电压 $U_0$，$U_1$ 和 $U_2$ 以及根据图 10.1 对于各种生产阶段中样品的不同频率确定的相应相移 $\varphi_0$、$\varphi_1$ 和 $\varphi_2$，导出极点参数 $h_{11}$、$h_{12}$、$h_{21}$ 和 $h_{22}$ 以及开路输入电阻 $z_{11}$ 以及相应的相位，如图 10.6 所示。如果 $h$ 参数与相应给定角度的余弦相乘，则获得电阻贡献，即阻抗的实部；如果该值与相同角度的正弦相乘，则获得其电容性贡献 $X_c$。由此，样本的等效容量遵循 $C = 1/(2 * \pi * \nu * X_c)$。

测量系统本身不显示任何频率依赖性，从而表明所获得的数据在所使用的频率间隔中的一般可靠性。有趣的是，一般来说，$h$ 参数的频率相对于当前/电压参数要低得多。不同的生产步骤直接显示在图 10.6 的图表中。

例如，对于参数 $h_{11}$（见图 10.6a），可以看出，电子测量系统单独的参数值最低（~$10^{-2}$Ω）时，当腔室充满水时，它会上升，但是然而仍然很低（~$10^{-1}$Ω）。当插入原始箔片时，$h_{11}$ 强度上升到 $10 \sim 100$MΩ，反映了浸入水中的绝缘箔片的电阻仍然很高。相比之下，如果插入离子辐射但未蚀刻的箔，则 $h_{11}$ 降低至约 $0.1 \sim 1$MΩ，因为其中

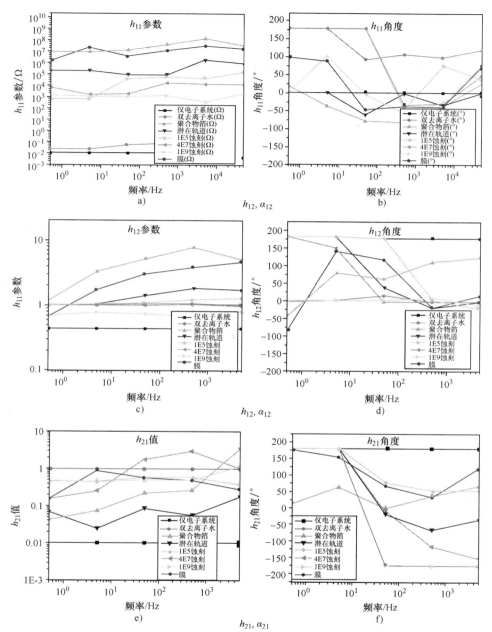

图 10.6 四极参数 a) $h_{11}$，c) $h_{12}$，e) $h_{21}$ 和 g) $h_{22}$ 及其相应的相位，b) $\alpha_{11}$，d) $\alpha_{12}$，f) $\alpha_{21}$ 和 h) $\alpha_{22}$；最后两幅图显示 i) 描述开路输入电阻的参数 $z_{11}$ 和 j) 其相应的相位 $\beta_{11}$。（测量系统的不同组件和样品制备的不同阶段的值：黑色矩形电子系统（由频率发生器，测量室，固定 $10k\Omega$ 电阻的电子电路和示波器组成）；红色圆形测量室装满双去离子水；蓝色立方三角形聚合物箔将充水室分离成两个隔室；绿色落下的三角形聚合物箔，在水中具有 $1 \times 10^5 cm^{-2}$ 蚀刻轨道（两面蚀刻）；指向左聚合物箔的紫色三角形，在水中具有 $4 \times 10^7 cm^{-2}$ 蚀刻轨道；指向水中 $1 \times 10^9 cm^{-2}$ 蚀刻轨道的右聚合物箔的橄榄三角形；深蓝色倾斜的正方形聚合物箔，Ag₂O 膜嵌入在水中蚀刻的轨道内）

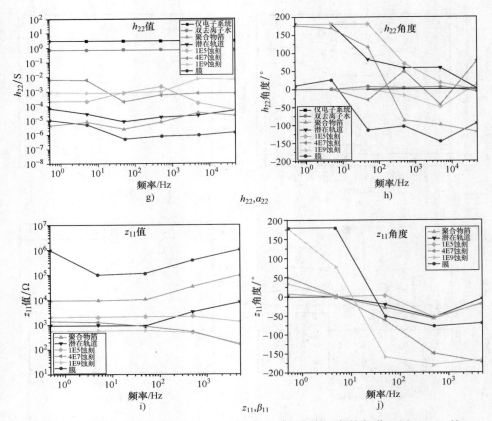

图 10.6 四极参数 a) $h_{11}$, c) $h_{12}$, e) $h_{21}$ 和 g) $h_{22}$ 及其相应的相位, b) $\alpha_{11}$, d) $\alpha_{12}$, f) $\alpha_{21}$ 和 h) $\alpha_{22}$; 最后两幅图显示 i) 描述开路输入电阻的参数 $z_{11}$ 和 j) 其相应的相位 $\beta_{11}$。(测量系统的不同组件和样品制备的不同阶段的值: 黑色矩形电子系统 (由频率发生器, 测量室, 固定 $10k\Omega$ 电阻的电子电路和示波器组成); 红色圆形测量室装满双去离子水; 蓝色立方三角形聚合物箔将充水室分离成两个隔室; 绿色落下的三角形聚合物箔, 在水中具有 $1 \times 10^5 cm^{-2}$ 蚀刻轨道 (两面蚀刻); 指向左聚合物箔的紫色三角形, 在水中具有 $4 \times 10^7 cm^{-2}$ 蚀刻轨道; 指向水中 $1 \times 10^9 cm^{-2}$ 蚀刻轨道的右聚合物箔的椭圆三角形; 深蓝色倾斜的正方形聚合物箔, $Ag_2O$ 膜嵌入在水中蚀刻的轨道内) (续)

的潜在轨道能够获得更多的水吸收。由于同样的原因, 离子轨道蚀刻进一步降低了 $h_{11}$ 值, 随着箔中磁道密度的增加逐渐降低到约 $1k\Omega$。令人惊讶的是, 具有最低轨道密度 ($1 \times 10^5 cm^{-2}$) 的箔的 $h_{11}$ 值与具有潜轨的箔的顺序相似。这反映了我们蚀刻的轨道的相当窄的直径通常为 $10 \sim 20nm$。将膜插入刻蚀的轨道导致 $h_{11}$ 值显著跳跃到约 $10M\Omega$。不幸的是, 相应角度的结果不太清楚, 尽管至少可以推导出一些粗略的趋势 (见图 10.6b), 所以我们在这里不讨论。

从一个系统到另一个系统看来, $h_{11}$ 参数变化比当前/电压结果更强。类似的倾向也可以在其他四极参数的图中找到。尽管充满水的测量室以及具有较大蚀刻轨道密度的聚合物箔表现出一致的 $h_{12}$ 值，但是带有膜的原始箔和箔具有更高的 $h_{12}$ 值，高达 10 左右。相应的 $h_{12}$ 角度的大部分遵循在约 1～10Hz 下从约 +180° 向零减小的共同趋势。纯粹的聚合物薄膜的例外是在 1Hz 至 10kHz 左右的频率范围内达到约 100° 左右的值。

测量的 $h_{21}$ 参数显示较不明显的趋势。而具有许多含水蚀刻轨道的水和聚合物箔在单位表现出 $h_{21}$ 值，缺水聚合物箔表现出较低的 $h_{21}$ 参数。有趣的是，大多数 $h_{21}$ 值随频率逐渐增加。对于水和强含水透明聚合物薄膜，对应的 $h_{21}$ 角度在从约 10Hz 到约 10kHz 的频率间隔中从约 +180° 向 -180° 的特征下降，但是在约 +50° 和 -50°，减少透水结构。

随着水分含量的降低，$h_{22}$ 参数大致从大约单位（仅用于水）朝向 ~10$^{-5,\cdots,6}$S 降低。对于水和对于所有频率具有高轨道密度的 PET 箔，对应的角度为零，但是对于原始箔和几乎没有蚀刻离子轨道的箔，它们从 +180° 落到 0°～100° 之间的角度。具有嵌入膜的聚合物箔呈现出最低的角度，通常为 -100°～150°。

最后，对于不透明的箔（原始箔和具有嵌入膜的箔），对于具有高含水量（10$^2$～10$^4$Ω）的透明箔而言，$z_{11}$ 参数较低（约 10$^4$～10$^6$Ω）。具有高 $z_{11}$ 值的样品表现出增加的趋势，具有低 $z_{11}$ 值的样品随着频率的增加呈现递减趋势。所有相应的角度在约 10Hz 和 kHz 范围之间显示出显著的最小值，透明富水聚合物箔达到低至 -180° 的角度，而较不透明的箔仅达到 -50° 左右的最小角度。

## 10.4　总结

在动态纳米约束中的耦合化学反应的实验的特征是在蚀刻轨道内的沉淀材料（这里为 Ag$_2$O）的稳定的，不可溶的和不可渗透的膜的瞬时形成，其将后者分成两个隔室。特别是在足够低的蚀刻速度下，可能出现质量好的膜。以前的工作已经详细阐述了膜生长的更详细的细节[2,24]。

这些 Ag$_2$O 沉淀及其前体结构在低频范围内通过分析作为施加频率和伯德图的函数的相应的电流/电压特性进行研究，并通过观察膜结构的输入频谱的失真，如傅里叶光谱分析所揭示的。此外，这些结构的四极参数是为了使其能够容易地用于设计电子电路。

尽管嵌入蚀刻轨道中的膜保证了两个蚀刻的轨道侧彼此紧密分离，既用于离子，生物分子，并且在低频下的电信号-双方之间的信息交换可以通过转向更高的频率（通常在 kHz 状态下）容易地实现。

这意味着嵌入蚀刻轨道中的膜的形成使得可以根据膜的性质对低频进行滤波。这使得这些结构对于低频家庭，运输和工业噪声产生的敌对电纺产生了一些惰性。在本系列的即将出版的论文中，将报告这些结构用于生产新型健壮生物传感器的用途。

# 参 考 文 献

1. R. L. Fleischer, P. B. Price, R. M. Walker, *Nuclear Tracks in Solids: Principles and Applications*. University of California, Berkeley, CA, (1975).
2. G. Muñoz Hernandezab, S. A. Cruz, R. Quintero, D. Fink, L. Alfonta, Y. Mandabi, A. Kiv, J. Vacik, Coupled chemical reactions in dynamic nanometric confinement: $Ag_2O$ formation during ion track etching. *Radiation Effects and Defects in Solids*. (2013), in print.
3. D. Fink, P. Yu. Apel, R. H. Iyer, Chapter II. 5, Ion track applications. Fink, D. ed., *Transport Processes in Ion Irradiated Polymers*, Springer Series in Materials Science, Vol. 65, pp. 269, 300, Springer-Verlag, Berlin, Germany, (2004), and references therein.
4. A. Biswas, D. K. Avasthi, B. K. Singh, S. Lotha, J. P. Singh, D. Fink, B. K. Yadav, B. Bhattacharya, S. K. Bose, Resonant tunneling in single quantum well heterostructure junction of electrodeposited metal semiconductor nanostructures using nuclear track filters. *Nuclear Instruments and Methods in Physics Research Section B*. 151 (1999) 84–88.
5. L. Piraux, J. M. George, J. F. Despres, C. Leroy, E. Ferain, R. Legras, K. Ounadjela, A. Fert, Giant magnetoresistance in magnetic multilayered nanowires. *Applied Physics Letters*. 65(19) (1994) 2484–2486.
6. M. Lindeberg, L. Gravier, J. P. Ansermet, K. Hjort, Processing magnetic field sensors based on magnetoresistive ion track defined nanowire cluster links, *Proceedings of the Workshop on European Network on Ion Track Technology*, Caen, France, (February 24–26, 2002).
7. K. Hjort, The European network on ion track technology. Presented at the *Fifth International Symposium on Swift Heavy Ions in Matter*, Giordano Naxos, Italy, (May 22–25, 2002) (unpublished).
8. D. Fink, A. Petrov, K. Hoppe, W. R. Fahrner, Characterization of "TEMPOS": A new Tunable Electronic Material with Pores in Oxide on Silicon. *Proceedings of 2003 MRS Fall Meeting. Vol. 792-Symposium R–Radiation Effects and Ion Beam Processing of Materials*, Boston, MA, (December 1–5, 2003).
9. D. Fink, A. Petrov, H. Hoppe, A. G. Ulyashin, R. M. Papaleo, A. Berdinsky, W. R. Fahrner, Etched ion tracks in silicon oxide and silicon oxynitride as charge injection channels for novel electronic structures. *Nuclear Instruments and Methods in Physics Research Section B*. 218 (2004) 355.
10. M. Tamada, M. Yoshida, M. Asano, H. Omichi, R. Katakai, R. Spohr, J. Vetter. Thermo-response of ion track pores in copolymer films of methacryloyl-L-alaninemethylester and diethyleneglycol-bis-allylcarbonate (CR-39). *Polymer*. 33(15) (1992) 3169–3172.
11. C. G. J. Koopal, M. C. Feiters, R. J. M. Nolte, B. de Ruiter, R. B. M. Schasfoort, Glucose sensor utilizing polypyrrole incorporated in track-etch membranes as the mediator. *Biosensors and Bioelectronics*. 7 (1992) 461–471; S. Kuwabata, C. R. Martin, Mechanism of the amperometric response of a proposed glucose sensor based on a polypyrrole-tubule-impregnated membrane. *Analytical Chemistry*. 66 (1994) 2757–2762.
12. Z. Siwy, L. Trofin, P. Kohl, L. A. Baker, C. R. Martin, C. Trautmann, Protein biosensors based on biofunctionalized conical gold nanotubes. *Journal of the American Chemical Society*. 127 (2005) 5000–5001.
13. Z. S. Siwy, C. C. Harrell, E. Heins, C. R. Martin, B. Schiedt, C. Trautmann, L. Trofin, A. Polman, Nanopores as ion-current rectifiers and protein sensors. Presented at the *Sixth International Conference on Swift Heavy Ions in Matter*, Aschaffenburg, Germany, (May 28–31, 2005) (unpublished).
14. L. Alfonta, O. Bukelman, A. Chandra, W. R. Fahrner, D. Fink, D. Fuks, V. Golovanov et al., Strategies towards advanced ion track-based biosensors. *Radiation Effects and Defects in Solids*. 164 (2013) 431–437.
15. C. R. Martin and Z. S. Siwy, Learning nature's way: Biosensing with synthetic nanopores. *Science*. 317 (2007) 331.
16. D. Fink, I. Klinkovich, O. Bukelman, R. S. Marks, A. Kiv, D. Fuks, W. R. Fahrner, L. Alfonta, Glucose determination using a re-usable ion track membrane sensor. *Biosensors and Bioelectronics*. 24 (2009) 2702–2706.
17. D. Fink, G. Muñoz Hernandezab, L. Alfonta, Highly sensitive ion track-based urea sensing with ion-irradiated polymer foils. *Nuclear Instruments and Methods in Physics Research Section B*. 273 (2012) 164–170.
18. D. Fink, G. Muñoz Hernandezab, J. Vacik, L. Alfonta, Pulsed biosensing. *IEEE Sensors Journal*. 11 (2011) 1084–1087.
19. Y. Mandabi, S. A. Carnally, D. Fink, L. Alfonta, Label free DNA detection using the narrow side of conical etched nanopores. *Biosensors and Bioelectronics*. (2013) in print.

20. M. Daub, I. Enculescu, R. Neumann, R. Spohr, Ni nanowires electrodeposited in single ion track templates. *Journal of Optoelectronics and Advanced Materials*. 7 (2005) 865–870.
21. D. Fink, S. Cruz, G. Muñoz Hernandezab, A. Kiv, Current spikes in polymeric latent and funnel-type ion tracks. *Radiation Effects and Defects in Solids*. 5 (2011) 373–388.
22. D. Fink, ed., *Fundamentals of Ion-Irradiated Polymers*, Vol. 63 of Springer Series in Materials Science, Springer-Verlag, Berlin, Germany, (2004), p. 190, 311, 312, 349, 357.
23. C. T. Souza, E. M. Stori, D. Fink, V. Vacík, V. Švorčík, R. M. Papaléo, L. Amaral, J. F. Dias, Electronic behavior of micro-structured polymer foils immersed in electrolyte. (2012) in print.
24. D. Fink, G. Muñoz Hernandezab, H. García Arellano, W. R. Fahrner, K. Hoppe, J. Vacik, Coupled chemical reactions in dynamic nanometric confinement: II Preparation conditions for Ag₂O membranes within etched tracks. To be published in 2013 in the same book.

# 第 11 章　走向无监督的智能化学传感器阵列

Leonardo Tomazeli Duarte，Christian Jutten

## 11.1　引言

化学分析中的主要挑战之一是如何处理典型的化学传感器缺乏选择性的问题[1]。近来，人们对信号处理领域的一种方法给予了很多关注，以解决与化学传感器有关的干扰问题。但在这种可供选择的方法中，传感机制是基于传感器集合的，而集合中的传感器对于给定分析物不必是具有高度选择性的。这种方法背后的原理我们通常称之为智能传感器阵列（Smart Sensor Array，SSA）。该原理是基于这样的设想的：虽然阵列内的传感器可能对若干化学物质做出响应，但如果传感器之间的响应存在足够的差异，那么可以应用先进的信号处理方法来估计分析中的化学物质的浓度或检测其存在。

大多数化学智能传感器阵列 SSA 是基于有监督的信号处理方法的，这些方法需要校准（或训练）样本来调整所采用的信号处理方法的参数。有监督的方法的定量和定性分析的应用在气味和味觉自动识别系统（电子鼻[2]和舌头[3]）等任务中已被证明非常成功。然而，尽管基于监督方法的 SSA 取得了成功，但这种方法存在两个重要的实际问题。首先，训练样本的获取通常是一项在成本和时间上都要求很高的任务。其次，由于化学传感器响应的漂移，每次使用传感器阵列时都必须执行校准程序。

鉴于与有监督的 SSA 相关的实际限制，一些研究人员一直在开发基于无监督（或盲的）方法的系统。这里的想法是通过仅考虑阵列响应和可能的一些关于干扰现象如何发生的信息来调整 SSA 数据的处理区间，从而使得校准阶段可以被免除，或者至少在无监督的解决方案中被简化。当考虑执行定量分析的无监督系统时，首先遇到的任务是就是要解决被信号处理协会所称作的盲源分离（Blind Source Separation，BSS）问题[4-6]。实际上，BSS 的目标是仅基于与原始源信号的混合版本所对应的一组信号的观察来还原一组信号（源）。因此，在通过 SSA 进行定量分析时，源信号将对应于所分析的每种化学物质在时间上的浓度变化，而混合信号将由阵列响应给出。

在本章中，我们讨论应用于通过 SSA 进行定量分析方法中的 BSS 的主要问题。重点将放在由电位测量电极组成的传感器阵列上。关于本章的组织结构，首先在 11.2 节中简要介绍电位传感器；第 11.3 节介绍 BSS 问题；第 11.4 节概述应用 BSS 方法，通过电位传感器阵列进行定量分析的现有结果；11.5 节致力于讨论与使用 BSS 方法进行化学分析有关的一些重要的实际问题；11.6 节为结论部分，本章结束。

## 11.2　智能化学传感器阵列

### 11.2.1　电位传感器

电位传感器可以被定义为给定化学物质的浓度变化能够引起其电势的变化的设备。最著名的电位传感器的例子是离子选择电极（Ion- Selective Electrode，ISE）[1,7,8,9]，该装置基本上由内部溶液、内部参比电极和敏感膜组成，如图 11.1 所示。该膜中的电势来自电化学平衡，并且与给定目标离子的活性（其可被视为有效浓度）直接相关。

一个众所周知的 ISE 例子是玻璃电极[1,8]，它用于测量给定溶液的 pH 值。此外，人们可以找到适合于不同离子的 ISE，如铵、钾和钠。这些设备已被广泛应用于食品和土壤检测、临床分析和水质监测等领域。ISE 在这种应用中取得成功的原因之一就是这种方法的简单性。事实上，通过 ISE 进行分析并不需要复杂的实验室设备和程序，因此可以在必要时在现场进行。而且，与其他化学传感系统相比，ISE 提供了非常经济的解决方案。电位传感器另一个流行的例子是 ISFET（Ion- Sensitive Field- Effect Transistor，ISFET）[10]。在某种程度上，ISFET 可以看作离子选择电极 ISE 的小型化版本，因为两个器件的传导机制基本相同。

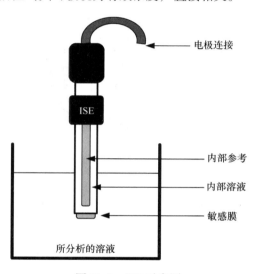

图 11.1　ISE 示意图

电极连接

ISE

内部参考

内部溶液

敏感膜

所分析的溶液

### 11.2.2　电位传感器的选择性问题

诸如 ISE 和 ISFET 之类的电极有一个重要的缺点：这些器件不具有选择性，因为所产生的电位通常取决于给定的目标离子，但也取决于其他干扰离子。当目标离子和干扰物具有相似的物理和/或化学特性时，这种现象可能变得更加明显[8]。在这种情况下，当干扰离子的浓度足够高时，化学传感器进行的测量变得不确定。

电位传感器中的干扰现象可以通过 Nicolsky- Eisenman（NE）公式[1,8,9,11]来模拟。假设 $s_i$ 和 $s_j$ 分别对应于目标离子的活动和干扰活动，电位传感器根据 NE 方程的响应由下式给出：

$$x = e + d\log\left(s_i + \sum_{j,j\neq i} a_{ij} s_j^{z_i/z_j}\right) \tag{11.1}$$

式中，$e$ 和 $d$ 是取决于某些物理参数的常数；$z_i$ 表示第 $i$ 个离子的化合价；$a_{ij}$ 被称为选择性系数的参数，模拟分析中的离子之间的干扰。

### 11.2.3　化学传感器阵列

存在于 SSA 的一个关键概念是多样性。事实上，在 SSA 中，如图 11.2 所示，有一个数据处理模块利用阵列内的多样性来消除干扰造成的影响。由于 SSA 的核心在于数据处理块，因此该策略的一个有趣方面就是其灵活性：相同的 SSA 可以通过较小的自动修正即可进行不同类型的分析。在某种程度上，智能这一术语指的是 SSA 的适应性。除此优势外，SSA 的其他优势还包括健壮性和成本；实际上，SSA 通常由简单且廉价的电极组成。此外，还有嵌入式 SSA，我们可以发现微控制器被应用在其中。

SSA 中使用的信号处理技术可以首先根据所采用的范例来调整其参数。如果该方法使用一组训练（或校准）数据，则称其为有监督的[12]。在有监督的方法中，在有效使用阵列之前，需要考虑进行一个数据校准的过程（训练阶段）。另一方面，如果不需要考虑校准的进行，则该信号处理方法被称为无监督的或盲的。

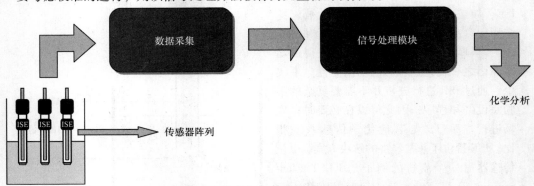

图 11.2　智能化学传感器阵列示意图

当我们研究一个有监督的定性化学分析时，最终会有一个（监督的）模式分类问题需要考虑[13]。这个问题可以通过机器学习技术来解决，如多层感知器（MLP）神经网络[14]和支持向量机[15]。通过传感器阵列进行的有监督定量分析可以被转化为多元回归问题。

大多数 SSA 都是基于监督范式的。然而，对无监督方法的兴趣却变得日益浓厚。例如，许多相关工作已经考虑到了化学无监督定性分析。在这种情况下，由于训练点不可用，所以应该分类的类别是事先不知道的。由此产生的问题被称为聚类分析，可以通过像 k-means 和自组织映射（Self-Organizing Maps，SOM）[15]等算法来处理。

迄今为止所讨论的三种信号处理任务（有监督和无监督的定性分析和有监督的定量分析）现在已经为化学 SSA 协会所熟悉，但无监督定量化学分析的案例还处于起步阶段。如后面将阐述的那样，这个问题可以被定义为 BSS。

## 11.3　盲源分离

在盲源分离（BSS）[4]中，其目标是还原传输到混合过程的一组信号（源）。由于混合过程也被假定为未知，所以要采用仅通过观察到的信号（混合物）来进行源的分离。BSS 方法已被广泛用于生物信号处理、音频分析和图像处理（详见参考文献[4-6]）。

尽管 BSS 的构想很简单，但只有在信号处理中引入新的学习范式后才能实现其解决方案。事实上，Hérault 等人在其 20 世纪 80 年代发表的一篇文章[16]中指出，那时通常在统计信号处理中采用的标准方法，即基于二阶统计量的方法，是无法解决 BSS 问题的。接下来，我们将提供盲源分离 BSS 问题的数学表达式，并提出解决此问题的主要策略。

## 11.3.1 问题描述

在此，我们假设矢量 $s(t) = [s_1(t) s_2(t) \cdots s_N(t)]^T$ 和 $x(t) = [x_1(t) x_2(t) \cdots x_M(t)]^T$ 分别代表源和混合物。此外，令数学映射 $F(\cdot)$ 表示混合过程，则混合物可以表示如下：

$$x(t) = F(s(t)) \tag{11.2}$$

BSS 方法的宗旨是在仅基于混合 $x(t)$ 的情况下来估计源 $s(t)$，亦即即不使用任何关于混合映射 $F(\cdot)$ 或源 $s(t)$ 的精确信息。这里应该强调的是，在 SSA 的情况下，源 $s(t)$ 对应于被所分析的化学物种的浓度，而混合物 $x(t)$ 对应于阵列所记录的信号的浓度。

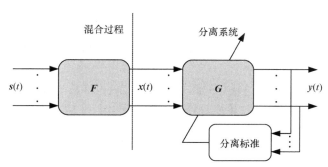

图 11.3 BSS 问题的总体方案示意图

在图 11.3 中，说明了 BSS 的问题及解决方案。其基本思想是定义一个分离系统，它由 $G(\cdot)$ 表示，所以信号 $y(t)$ 由下式给出

$$y(t) = G(x(t)) \tag{11.3}$$

在此，$y(t)$ 是尽可能接近实际源 $s(t)$ 的。由于源是不明确的，因此在这方面的根本问题是如何制定一个分离标准来指导分离系统 $G(\cdot)$ 的参数调谐。接下来，我们将讨论应用于完成此任务的一些主要策略。在此之后，我们假设混合物和源的数量是相同的（即 $N = M$）。

## 11.3.2 盲源分离的执行策略

BSS 问题是一个不适定的问题，因此，如果没有关于源的最低的先念信息，就不能解决此问题。例如，让我们假设一下，人们知道源具有某种给定的性质。如果这种性质在经过混合过程后消失了，那么建立一个分离标准的一个可能的想法就是要找到一个分离系统 $G(\cdot)$，使得该系统所提供的 $y(t)$ 的估计具有在 $s(t)$ 中所观察到的相同的性质。当这种原始特征的恢复确保 $G(\cdot)$ 完美提供了混合映射 $F(\cdot)$ 的倒数时，这种想法就是有效的。例如，在独立成分分析（Independent Component Analysis，ICA）的情况下就是这种情况，这将在后续部分讨论。

### 11.3.2.1 独立成分分析方法

最初，ICA 方法的设计是为了处理混合过程是线性和瞬时的情况，即是没有记忆的。在这种情况下，可以将混合过程表示如下：

$$x(t) = As(t) \tag{11.4}$$

式中，$A$ 对应于混合矩阵。通常，假设传感器的数量等于源的数量，在这种情况下 $A$ 即为方阵。因此，在这种情况下，分离系统也可以定义为一个正方形矩阵，因此还原到的信号由下式给出

$$y(t) = Ws(t) \tag{11.5}$$

理想情况下，分离矩阵应该由 $W = A^{-1}$ 给出。

在 ICA 中，源被视为独立随机变量的具体化。由于独立特性在线性混合处理后丢失，ICA 的基本思想是通过 $W$ 的调整使得信号 $y(t)$ 再次变得独立。Comon[17]表明，对于至多有一个源遵循高斯分布的情况下，当且仅当 $WA = PD$ 时，独立分量 $y(t)$ 的恢复是可能的。其中 $P$ 是置换矩阵，$D$ 是对角矩阵。也就是说，独立组分的恢复可以确保我们对原始源波形的恢复，但不可能确定它们的确切顺序和它们的原始尺度。这些限制通常被称为秩序和尺度歧义，之所以出现这种歧义的原因，是因为统计独立性是一种对秩序和尺度不变的特性。

ICA 背后的想法可以通过优化问题来实现，其成本函数与统计独立性的度量相关。通常在文献中，这种成本函数被称为对比函数。例如，在信息论、互信息[18]的背景下通常使用的度量可以被定义为对比度函数。事实上，一组随机变量的互信息总是大于或等于零的，并且当且仅当这些变量是相互独立的时候为零，这因此提供了统计独立性的自然度量。

在文献中可以找到其他方法，这也引入了简单的 ICA 算法。它们的例子包括 Infomax 方法、基于累积量的方法、非线性去相关方法和非线性 PCA（参见文献 [4，6]，可以获得相关介绍）。与他们有关的一个有趣的观点是，所有这些方法都是以某种方式连接起来的，并且可以通过一致的理论框架[19]来描述，从而导致相似的实际算法。

### 11.3.2.2 贝叶斯方法

BSS 中应用的另一种方法是基于贝叶斯估计。在这个框架中发现的特征之一是可以合并那些能够用概率方式描述的先验信息。此外，虽然贝叶斯 BSS 方法通常认为，作为先验信息，源是独立的，但这种假设相当有用，因为贝叶斯方法是不依赖于独立性恢复过程的。贝叶斯方法在 BSS 方面的发展在许多著作中都能见到（参见参考文献 [4] 的第 12 章），并且可以找到应用程序，例如光谱数据分析[20]和高光谱成像[21]。

在贝叶斯 BSS 中，我们不是旨在定义一个混合过程倒数的分离系统，而是寻找一

个可以正确解释观察数据的生成模型。为了阐明这个想法，可以令 $N \times T$ 矩阵为 $\boldsymbol{X}$，以代表问题的所有观察结果（$N$ 个混合物的 $T$ 个样本）。此外，让矩阵 $\boldsymbol{\Theta}$ 表示我们问题的所有未知项，即混合过程的源和系数。贝叶斯方法中的关键概念是后验概率分布，即未知参数 $\boldsymbol{\Theta}$ 与观测数据 $\boldsymbol{X}$ 相关的概率分布。该后验分布可以通过贝叶斯规则获得。其表示如下：

$$p(\boldsymbol{\Theta}|\boldsymbol{X}) = p(\boldsymbol{X}|\boldsymbol{\Theta}) \frac{p(\boldsymbol{\Theta})}{p(\boldsymbol{X})} \tag{11.6}$$

在这个表达式中，$p(\boldsymbol{X}|\boldsymbol{\Theta})$ 是似然函数，并且与所给的混合模型直接相关。$p(\boldsymbol{\Theta})$ 表示先验分布，应该考虑以手头可用的信息来定义。例如，如果源是非负的[22]（在化学阵列中就是这种情况），考虑先前的分布是自然的，因此其支持只取非负值。

在贝叶斯框架中有几种可能性来估计 $\boldsymbol{X}$ 中的 $\boldsymbol{\Theta}$。例如，一个可能的策略是找到最大化后验分布的 $\boldsymbol{\Theta}$。这种策略被称为最大后验（Maximum a Posteriori，MAP）估计。另一种获得估计的方法是基于贝叶斯最小均方误差（Minimum Mean Square Error，MMSE）估计器的。在这种情况下，得到的估计量是通过取后验分布 $p(\boldsymbol{\Theta}|\boldsymbol{X})$ 的期望值得到的。

### 11.3.3　非线性混合

在一些实际情况中，线性近似不能很好地描述干涉模型。例如，当处理电位传感器时就是这种情况（见第 11.2.2 节）。在这种情况下，发生在传感器阵列处的混合过程变得非线性，因此必须通过非线性 BSS 模型来处理。

在非线性 BSS 中，存在一些线性背景下不存在的问题。最重要的是 ICA 不会在一般的非线性环境下导致信号源分离。换句话说，就是有一些混合模型对独立组分的还原还不足以还原源。鉴于这种困难，一些研究人员一直在考虑对 ICA 仍然有效的非线性模型的约束类[23]。例如，如文献 [24，25] 所示，基于 ICA 的解决方案确保了一类重要的、被称为后非线性（Post-Nonlinear，PNL）模型的约束模型中的源分离。

PNL 的基本结构如图 11.4 所示。混合过程由一个混合矩阵 $\boldsymbol{A}$ 组成，其后面跟着分量函数，由函数 $f(\cdot)$ 的向量表示。混合模型可以由 $x(t) = f(\boldsymbol{A}s(t))$ 表示。如图 11.4 所示，这种情况下的分离系统可以定义为 $y(t) = \boldsymbol{W}g(x(t))$。假设源是独立的，并且分量函数 $f(\cdot)$ 和 $g(\cdot)$ 是单调的，则分离矩阵 $\boldsymbol{W}$ 和补偿函数 $g(\cdot)$ 可以通过独立恢复过程进行调整[24]。

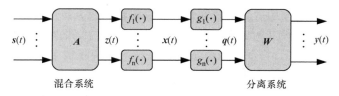

图 11.4　后非线性 PNL 模型示意图（混合及分离结构）

## 11.4 盲源分离方法在化学传感器阵列中的应用

### 11.4.1 第一个结果

BSS 方法在化学传感器阵列中的应用是一个相对较新的话题，并在少数论文中被讨论过。Sergio Bermejo 和合作者[26]在这方面做出了第一个贡献。在这项工作中，采用线性源分离来处理由一组 ISFET 获得的数据，如前所述，可以用 NE 方程模拟。因此，在 ISFET 中发生的混合过程与在 ISE 中发现的混合过程基本相同。

如前所述，将源分离方法应用于电位传感器阵列时，必须处理的问题之一与这些传感器的非线性特性有关。在参考文献［26］中，混合过程中存在的非线性项可以通过使用较少的校准点来进行补偿。因此，文献［26］提出的解决方案并不完全是盲的，因为只有混合过程的线性部分是以盲的方式来处理的。

文献［27］中介绍的工作研究了文献［24］中提出的基于互信息的 PNL 方法在 ISFET 阵列中的应用。事实上，如果假定干扰问题可以用 NE 方程模拟，并且所有被分析的离子具有相同的化合价，那么所得到的混合过程就成为 PNL 模型的特例，其中分量函数由下式给出：

$$f_i(t) = e_i + d_i \log(t) \tag{11.7}$$

理想情况下，参数 $d_i$ 可以通过简单地考虑由 NE 方程[1]预测的理论能斯特（Nernstian）斜率值来设置。但是，$d_i$ 通常偏离这个理论值，因此应该进行估计。参数 $e_i$ 不需要在盲源分离 BSS 框架中估算，因为它只引入了尺度增益，并且如前所述，盲源分离 BSS 方法不能检测源的原始尺度，因此可通过考虑从实际测量中获得的一组合成数据来评估文献［27］中提出的方法。

### 11.4.2 不同价情况下的基于独立成分分析的分析方法

如参考文献［27］所指出的，当所有被分析离子的化合价相等时，方程（11.1）中的比值 $z_i/z_j$ 取 1，因此，在这种情况下的混合过程由后非线性 PNL 模型给出。当价数不同时，由于非线性（幂项）出现在对数项内部，因此混合模型的产生变得更加困难。

在文献［28，29］中，我们提出了适合于在对数函数内存在幂项的情况的算法。鉴于这种情况下混合结果混合模型的复杂性，我们在第一时间采用一些简化的假设。首先，我们假设虽然它们不同，但分析中的离子的价数是预先已知的。其次，我们认为参数 $e_i$ 和 $d_i$ 是先前已知的。$d_i$ 的估计可以通过例如第 11.4.3 节中讨论的盲方法来完成。此外，即使 $e_i$ 不完全知道，我们仍然可以应用我们的方法，但我们所能做的最好的办法是还原每个源，使其达到未知的乘法增益。最后的简化模型是我们只考虑了两种源（离子）和两种混合物（电极）的情况。在许多实际情况下，这种假设是现实的，在这种情况下，有一个干扰离子占主导地位，而其他干扰离子可以被忽略。

当考虑先前描述的简化时，所得到的混合模型可以写成：

$$\begin{aligned} x_1 &= s_1 + a_{12}s_2^k \\ x_2 &= s_2 + a_{21}s_1^{1/k} \end{aligned} \tag{11.8}$$

式中，项 $k$ 对应于价数比 $z_1/z_2$。在我们的分析中，$k$ 总是被假设为一个自然数。例如，在分析 $Ca^{2+}$ 和 $Na^+$ 时即出现这种情况，因为在这种情况下 $k=2$。值得注意的是，由于源在我们的问题中是非负的，因此在项 $s_1^{1/k}$ 中不存在复数值的风险。最后，因为我们的兴趣在于独立成分分析 ICA 解决方案，所以假设源是统计独立的。

处理非线性混合模型［式（11.8）］时出现的第一个问题是关于适当分离系统的定义。与线性甚至后非线性 PNL 系统不同，混合模型［式（11.8）］不可逆，因此不可能定义直接分离系统。为了克服这个问题，我们在参考文献［28］中定义了一个基于复发系统的分离结构。这种策略首先在被称为线性二次（Linear- Quadratic，LQ）模型[30]的另一类非线性模型的背景下被采用，能够执行混合模型的一种隐式反演，只要当混合参数已知时，所定义的循环系统均衡点对应于实际的源。当然，这些均衡点只有在稳定的情况下才能得到。因此，对于位于稳定区域之外的离子活度和选择性系数的值，所采用的循环系统不能使用。在参考文献［28］中，我们提供了这些稳定区域。

关于所采用的回归分离系统的参数估计，我们在参考文献［28］中提出了基于最小化非线性相关测量的 ICA 方法。这个想法是通过采用梯度下降法来实现的。具体而言，我们研究了与获得的基于梯度的学习规则相关的一些收敛问题。为了获得一个更稳健的学习算法的循环分离系统，我们在参考文献［29］中采用了基于互信息最小化的算法。我们的方法是基于参考文献［31］中提出的互信息差异的概念的。更多细节可以在参考文献［29］中找到。

为了说明参考文献［29］中提出的方法的性能，我们考虑了通过使用两个 ISE 来估计 $Ca^{2+}$ 和 $Na^+$（$k=2$）的活性的问题，每个 ISE 针对不同的离子进行分析。选择性系数从参考文献［32］中获得，并且离子活性的时间演变（我们的源）是人为产生的。在图 11.5 中，我们考虑了离子 $Ca^{2+}$ 活性位于区间 $[10^{-4}；10^{-3}]M$，而 $Na^+$ 的活性区间在 $[10^{-4}；10^{-1}]M$，我们绘制了源（离子活动）、混合物（阵列响应）以及由算法估计的还原到的源[29]。如图 11.5 所示，①确实在传感器阵列处发生了混合过程；②我们的方法能够提供一个非常好的源估计。

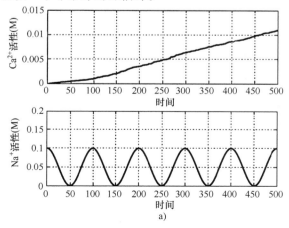

图 11.5　互信息最小化算法举例示意图

a）源

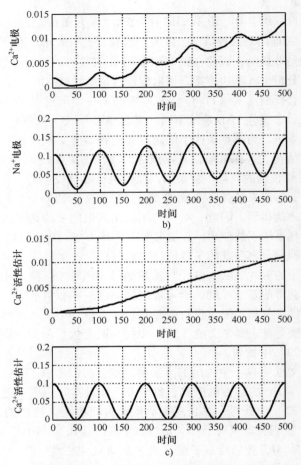

图 11.5  互信息最小化算法举例示意图（续）

b）混合物  c）600 次迭代后的还原源

### 11.4.3  使用先念信息估计电极的斜率

在第 11.4.2 节中所讨论的 ICA 方法被设计来进行模型的处理［式（11.8）］，因此，假设斜率 $d_i$ 是事先已知的。但实际上，有必要对这些斜率进行估计。在参考文献［33］中，我们通过考虑以下源的附加假设来解决这个问题：至少有一段时间，其中一个且仅有一个源具有不同于零的恒定值。在化学源的背景下，这个假设在某些应用中似乎是有效的，例如在文献［34］中的波形可以看出的那样。

### 11.4.4  贝叶斯分离在化学传感器阵列中的应用

正如在第 11.3.2.2 节中讨论的那样，利用先验信息源和混合系数的另一种方法是采用贝叶斯方法。这种方法背后的动机之一是使用一些相关的先念信息，这些信息在概率框架中更容易进行合并。例如，在我们的问题中，通过考虑非负的先验，可以很容易地考虑到源非负的事实。

在参考文献［35］中，我们针对由 NE 方程生成的混合物开发了贝叶斯源分离方法。我们的方法的基础可以应用于相同和不同价的情况，它依赖于一个非负的先验对数正态分布的源。此外，由于选择性系数通常位于区间［0，1］中，所以我们将这些参数归结为统一的先验值，并由［0，1］给出支持。关于贝叶斯估计的实现，我们采用了一种基于 Markov chain Monte Carlo 方法（MCMC）的方法。更多细节可以在文献［35］中找到。

采用 ISEA 数据集提供的实际数据集，我们测试了我们的贝叶斯方法（见第 11.5.2 节）。例如，在图 11.6～图 11.8 中，我们分别展示了源、混合物和还原源的一些情形，旨在通过采用由一个 $K^+$—ISE 和一个 $NH_4^+$—ISE 组成的 SSA 来估计 $K^+$ 和 $NH_4^+$ 的活性。这些结果证明，贝叶斯算法即使在不利条件下也能够得到还原源的良好估计，亦即减少了具有高度相关性的样本的数量和源的数量。相反，应用基于 ICA 的 PNL 源分离方法在这种情况下却不能分离源[35]。这种限制是源于这样的事实的，即在这种情况下源不是独立的，因此违反了独立成分分析 ICA 所做的基本假设。

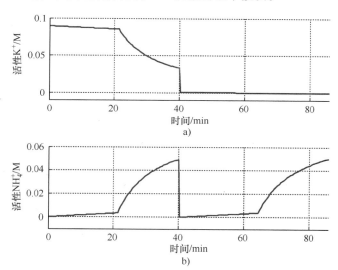

图 11.6　将所提出的贝叶斯源分离方法应用于由不同的源组成的阵列示意图
a）$K^+$—ISE　b）$NH_4^+$—ISE

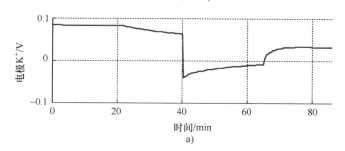

图 11.7　将所提出的贝叶斯源分离方法应用于由不同的混合物组成的阵列示意图
a）$K^+$—ISE

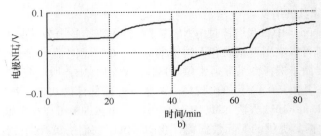

图 11.7 将所提出的贝叶斯源分离方法应用于由不同的混合物组成的阵列示意图（续）

b) NH$_4^+$—ISE

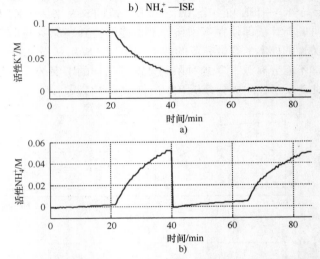

图 11.8 将所提出的贝叶斯源分离方法应用于由不同的估计的源组成的阵列示意图

a) K$^+$—ISE b) NH$_4^+$—ISE

# 11.5 实用问题

## 11.5.1 尺度歧义的处理

　　如前所述，在 BSS 中，因为分离标准通常不能恢复源的正确幅度，因此总是导致尺度歧义的存在。尽管在许多应用中这种尺度歧义是可以接受的，但这种限制在化学传感应用中却会出现问题，因为化学传感应用的主要目标是还原浓度的正确值。因此，源分离步骤之后必须进行后处理，其目标是还原正确的比例。这个附加阶段至少需要两个校准点。显然，鉴于这一要求，我们可能会问自己为什么不简单地使用可用的校准点来进行有监督的处理呢。例如，我们可以定义一个有监督调谐的分离系统（NE 模型的逆）。这里的关键点在于，如参考文献 ［35］ 所述，在一个 K$^+$—ISE 和一个 NH$_4^+$—ISE 的实验中，有监督解决方案需要至少 20 个校准点来提供源的良好估计。相反，采用参考文献 ［35］ 中提出的贝叶斯方法取得了良好的估计结果，后续处理阶段仅使用三个校准点来还原正确的源尺度。从这个差别来看，无监督方法的好处变得很清楚：虽然不可能在没有任何校准点的情况下完全运行，但无监督方法所需的校准点的数量是相当小的，这在实践中可能是非常有利的。

### 11.5.2　ISEA 数据库

在我们对基于 BSS 的化学传感器阵列进行研究的框架内，我们难以找到可用于验证所开发方法的实际数据。受此启发，在 www. gipsa-lab. inpg. fr/isea 中，我们提供了一组数据集（公开可用），这些数据集是通过一系列离子选择电极 ISE 阵列实验获得的，而这些实验描述在参考文献〔36〕中。基本上，我们考虑了三种情况：①分析含有 $K^+$ 和 $NH_4^+$ 的溶液；②分析含有 $K^+$ 和 $Na^+$ 的溶液；③分析含有 $Na^+$ 和 $Ca^{2+}$ 的溶液。这些数据可用于开发无监督信号处理方法以及有监督的解决方案，因为我们也提供了原始的源。

## 11.6　结论

本章的目的是提供一个 BSS 方法在电位传感器阵列中的应用概况。结果表明该方法是有希望的，因为即使只有少量的校准点可用，这些方法也可以工作。当然，在实践中，这个优良的特性也是非常有用的。例如，要求不高的校准步骤可能会使得现场分析变得易于实现。然而，尽管本研究取得了令人鼓舞的结果，但在设想将源分离块并入商业化学分析仪之前，仍有许多问题需要研究。这些方面包括开发超过两种源的方法和寻找更精确的混合模型，这可能会最终提高估计质量，以使得即使在非常高精度的应用中也可以使用源分离方法。

## 参　考　文　献

1. P. Gründler, *Chemical Sensors: An Introduction for Scientists and Engineers*. Springer, Berlin, Germany, 2007.
2. H. Nagle, R. Gutierrez-Osuna, and S. S. Schiffman, The how and why of electronic noses, *IEEE Spectrum*, 35(9), 22–31, 1998.
3. Y. G. Vlasov, A. V. Legin, and A. M. Rudnitskaya, Electronic tongue: Chemical sensor systems for analysis of aquatic media, *Russian Journal of General Chemistry*, 78, 2532–2544, 2008.
4. P. Comon and C. Jutten (eds.), *Handbook of Blind Source Separation: Independent Component Analysis and Applications*. Academic Press, Oxford, U.K., 2010.
5. J. M. T. Romano, R. R. F. Attux, C. C. Cavalcante, and R. Suyama, *Unsupervised Signal Processing: Channel Equalization and Source Separation*. CRC Press, Boca Raton, FL, 2011.
6. A. Hyvärinen, J. Karhunen, and E. Oja, *Independent Component Analysis*. John Wiley & Sons, New York, 2001.
7. G. Bedoya, Nonlinear blind signal separation for chemical solid-state sensor arrays, PhD dissertation, Universitat Politecnica de Catalunya, Barcelona, Spain, 2006.
8. P. Fabry and J. Fouletier (eds.), *Microcapteurs chimiques et biologiques: Application en milieu liquide*. Lavoisier, France, 2003, in French.
9. E. Bakker, Electrochemical sensors, *Analytical Chemistry*, 76, 3285–3298, 2004.
10. P. Bergveld, Thirty years of ISFETOLOGY What happened in the past 30 years and what may happen in the next 30 years, *Sensors and Actuators B*, 88, 1–20, 2003.
11. E. Bakker and E. Pretsch, Modern potentiometry, *Angewandte Chemie International Edition*, 46, 5660–5668, 2007.
12. T. Hastie, R. Tibshirani, and J. Friedman, *The Elements of Statistical Learning*, 2nd edn. Springer, Berlin, Germany, 2009.
13. R. Blatt, A. Bonarini, E. Calabro, M. D. Torre, M. Matteucci, and U. Pastorino, Lung cancer identification by an electronic nose based on an array of mos sensors, in *Proceedings of International Joint Conference on Neural Networks (IJCNN)*, Orlando, FL, pp. 1423–1428, August 12–17, 2007.

14. M. Pardo and G. Sberveglieri, Classification of electronic nose data with support vector machines, *Sensors and Actuators B*, 107, 730–737, 2005.

15. R. O. Duda, P. E. Hart, and D. G. Stork, *Pattern Classification*, 2nd edn. Wiley-Interscience, New York, 2000.

16. J. Hérault, C. Jutten, and B. Ans, Détection de grandeurs primitives dans un message composite par une architecture de calcul neuromimétique en apprentissage non supervisé, in *Proceedings of the GRETSI*, pp. 1017–1022, 1985.

17. P. Comon, Independent component analysis, a new concept? *Signal Processing*, 36, 287–314, 1994.

18. T. M. Cover and J. A. Thomas, *Elements of Information Theory*, Wiley-Interscience, New York, 1991.

19. T.-W. Lee, M. Girolami, A. J. Bell, and T. J. Sejnowski, A unifying information-theoretic framework for independent component analysis, *Computers and Mathematics with Applications*, 39, 1–21, 2000.

20. S. Moussaoui, D. Brie, A. Mohammad-Djafari, and C. Carteret, Separation of non-negative mixture of non-negative sources using a Bayesian approach and MCMC sampling, *IEEE Transactions on Signal Processing*, 54, 4133–4145, 2006.

21. N. Dobigeon, S. Moussaoui, M. Coulon, J.-Y. Tourneret, and A. O. Hero, Joint Bayesian endmember extraction and linear unmixing for hyperspectral imagery, *IEEE Transactions on Signal Processing*, 57, 4355–4368, 2009.

22. A. Cichocki, R. Zdunek, A. H. Phan, and S. Amari, *Nonnegative Matrix and Tensor Factorizations: Applications to Exploratory Multiway Data Analysis and Blind Source Separation.* John Wiley & Sons, New York, 2009.

23. C. Jutten and J. Karhunen, Advances in blind source separation (BSS) and independent component analysis (ICA) for nonlinear mixtures, *International Journal of Neural Systems*, 14, 267–292, 2004.

24. A. Taleb and C. Jutten, Source separation in post-nonlinear mixtures, *IEEE Transactions on Signal Processing*, 47(10), 2807–2820, 1999.

25. S. Achard and C. Jutten, Identifiability of post-nonlinear mixtures, *IEEE Signal Processing Letters*, 12(5), 423–426, 2005.

26. S. Bermejo, C. Jutten, and J. Cabestany, ISFET source separation: Foundations and techniques, *Sensors and Actuators B*, 113, 222–233, 2006.

27. G. Bedoya, C. Jutten, S. Bermejo, and J. Cabestany, Improving semiconductor-based chemical sensor arrays using advanced algorithms for blind source separation, in *Proceedings of Sensors for Industry Conference (SIcon)*, New Orleans, LA, pp. 149–154, 2006.

28. L. T. Duarte and C. Jutten, Blind source separation of a class of nonlinear mixtures, in *Proceedings of the Seventh International Workshop on Independent Component Analysis and Signal Separation (ICA 2007)*, London, U.K., September 9–12, 2007.

29. L. T. Duarte and C. Jutten, A mutual information minimization approach for a class of nonlinear recurrent separating systems, in *Proceedings of the IEEE Workshop on Machine Learning for Signal Processing (MLSP)*, 2007.

30. S. Hosseini and Y. Deville, Blind separation of linear-quadratic mixtures of real sources using a recurrent structure, in *Proceedings of the Seventh International Work-Conference on Artificial and Natural Neural Networks (IWANN)*, Menorca, Spain, June 3–6, 2003.

31. M. Babaie-Zadeh, C. Jutten, and K. Nayebi, Differential of the mutual information, *IEEE Signal Processing Letters*, 11(1), 48–51, 2004.

32. Y. Umezawa, P. Bühlmann, K. Umezawa, K. Tohda, and S. Amemiya, Potentiometric selectivity coefficients of ion-selective electrodes, *Pure and Applied Chemistry*, 72, 1851–2082, 2000.

33. L. T. Duarte and C. Jutten, A nonlinear source separation approach to the Nicolsky-Eisenman model, in *Proceedings of the 16th European Signal Processing Conference (EUSIPCO 2008)*, Bucharest, Romania, August 27–31, 2008.

34. M. Gutiérrez, S. Alegret, R. Cáceres, J. Casadesús, and O. M. M. del Valle, Nutrient solution monitoring in greenhouse cultivation employing a potentiometric electronic tongue, *Journal of Agricultural and Food Chemistry*, 56, 1810–1817, 2008.

35. L. T. Duarte, C. Jutten, and S. Moussaoui, A Bayesian nonlinear source separation method for smart ion-selective electrode arrays, *IEEE Sensors Journal*, 9(12), 1763–1771, 2009.

36. L. T. Duarte, C. Jutten, P. Temple-Boyer, A. Benyahia, and J. Launay. A dataset for the design of smart ion-selective electrode arrays for quantitative analysis, *IEEE Sensors Journal*, 10(12), 1891–1892, 2010.

# 第 12 章　金属氧化物半导体气体鉴别传感器中的沸石转化层

Russell Binions

## 12.1　引言

### 12.1.1　MOS 简介

根据能带理论，在半导体中，必须存在两个不同的能带：导带和价带。这两个带之间的间隙（禁带）是能量的函数，特别是费米能级，被定义为一个温度下可获得的最高电子能级[1]。能带理论中有三类主要的材料。绝缘体在价带和导带之间具有很大的能隙（即禁带宽度大，通常为 10eV 或更多），因为需要大量的能量来促使电子进入导带，所以不会发生电子传导。费米能级就是最高的 $T=0$ 时的占据态[2]。半导体具有足够大的能隙（即禁带宽度为 $0.5 \sim 5.0eV$ 范围内），因此在低于费米能级的能量下，没有观察到传导现象。在费米能级之上，电子可以开始占据导带，导致电导率的增加。当费米能级位于导带之内时，则将其定义为导体。

在金属氧化物半导体（Metal Oxide Semiconductor，MOS）气体传感器中，目标气体通常通过与表面吸附的氧离子反应而与金属氧化物膜的表面发生相互作用。这种离子化氧化物中的电子是起源于半导体的导带的，并且在与作为分析物的气体产生反应时可以被注回到离子化氧化物材料中，但同时根据所发生的反应情况，也会有更多的电子发生转移，从而导致材料的载流子浓度发生改变。载流子浓度的这种变化进而改变了材料的电导率（或电阻率）。n 型半导体是其内部的多数载流子是电子的半导体，并且在与还原气体相互作用时，导致其电导率的增加。相反，氧化气体用来消耗感测层载流子携带的电子，从而导致电导率的下降。p 型半导体是以正的空穴为主要载流子进行传导的材料，因此，在材料中将观察到相反的效果，并且在氧化气体（其中气体增加了空穴的数量）的情况下显示出导电率的增加。在 p 型半导体材料中所观察到的还原气体导致的电阻增加，是由于导入到材料中的负电荷降低了正（空穴）载流子的浓度。表 12.1[3] 提供了上述响应情况的总结。

**表 12.1　不同气体环境下观察到的电阻变化**（增加或减少）

| 类别 | 氧化气体 | 减少气体 |
| --- | --- | --- |
| n 型 | 电阻增加 | 电阻减少 |
| p 型 | 电阻减少 | 电阻增加 |

### 12.1.2 气体相互作用模型：p 型传感器响应

反应式 (12.1) 和反应式 (12.2) 给出了一个简单的 p 型传感器响应模型，反应式 (12.1) 示出了氧原子吸附到材料表面，导致原子电离并产生一个空穴（$p^+$）。然后，空穴和离子可以与一氧化碳等还原性气体反应，形成二氧化碳（$k_2$），或者通过与 $k_{-1}$ 的相互作用而相互抵消[4]［反应式 (12.2)］。这种载流子浓度（在这种情况下为正的空穴）的改变体现在传感器电极之间的电阻的变化上，并可由测量电路进行读取。

$$1/2O_2 \underset{k_{-1}}{\overset{k_1}{\rightleftharpoons}} O^- + p^+ \tag{12.1}$$

$$p^+ + O^- + CO \overset{k_2}{\longrightarrow} CO_2 \tag{12.2}$$

### 12.1.3 等效电路模型

Naisbitt 等人[5]描述的等效电路模型是传统响应模型［式 (12.4)］的改进，该模型仅适用于有限范围的情况，并且是假定金属氧化物表面吸附的物质是 $O^{2-}$ 的，而这是一种不太可能包含的物质，因为它在能量上是不适宜的［反应式 (12.3)］。方程 (12.4) 描述了电阻变化与气体浓度（在本例中为一氧化碳［CO］）及灵敏度参数 $A$（灵敏度参数在给定温度下对于给定材料恒定）成比例的关系。

$$1/2O_2 \underset{k_{-3}}{\overset{k_3}{\rightleftharpoons}} O^{2-} + 2P^+ \tag{12.3}$$

$$\frac{R}{R_0} = 1 + A[CO] \tag{12.4}$$

相反，Naisbitt 等人提出反应式 (12.1) 更加可能，但为了解释非线性响应，必须有其他因素来对响应产生影响。为此，首先假设材料中唯一对目标气体产生响应的部分是气体能够在表面着陆并发生相互作用的区域。因此，可将材料分成三个区域（如图 12.2 所示）：表面区、块体（主体）区（目标气体不能进入）和颈部或粒子边界区（在该边界以下，材料不再被定义为表面）。表面与粒子边界之间的距离被称为德拜（Debye）长度，即电荷分离可能发生的距离。该模型假定表面和粒子边界的气体灵敏度相同。

以下所建立的是该模型中的响应公式

$$G_T = \gamma_{PB}(1 + A[CO]) + \frac{1}{[(1/\gamma_B) + (1/\gamma_S(1 + A[CO]))]} \tag{12.5}$$

式中，$G_T$ 是响应，并且 $G_T = R_T/R_{T,0}$；$R_T$ 为总传感器电阻；$R_{T,0}$ 为清洁干燥空气中的基础电阻；每个 $\gamma_x$ 均由公式 $\gamma_x = R_{x,0}/R_{T,0}$ 给出（其中 $x$ 代表粒子边界区 $PB$、块体区 $B$ 或表面区 $S$。因此 $\gamma$ 为区 $x$ 的基础电阻在总基础传感器电阻中所占的比率[7]。

这项工作表明，响应时间与材料的粒径和粒子边界的大小直接相关。对于 n 型和 p 型半导体，响应模型是不同的。在基础电阻形成时，氧气吸附在表面上并从材料中提取电子；因此，这个过程将决定 $R_0$。p 型的电阻率相对于块体的减小而减小，而 n 型的电阻率相对于块体的减小而增加。模型中三个电阻的相对作用是不同的。对于非常小的粒子尺寸，粒子可以认为根本不包含块体区域（因此认为整个粒子都属于表面区域）；在这种情况下，更简单的模型和公式（12.4）是合适的响应模型。如果考虑另一个极端，就是粒径足够大的情况，此时其对电阻或电导率的影响可以忽略不计，表面区即可以被认为具有恒定的电阻。可以预测到的是，这种模型通常都适用于 p 型和 n 型传感器。

## 12.1.4　丝网印刷

丝网印刷被广泛应用于工业领域，也是生产商用 MOS 气体传感器使用最广泛的方法[2,6]。丝网印刷需要通过推进使油墨穿过多孔层或工作簿，该工作簿具有与基材相匹配的几何形状。油墨的主要原材料是黏性的介质载体，并可以被印刷在基材的表面上（在这种情况下为电极）。一旦墨水被印在表面上，并通过加热印刷物以去除介质载体后，将在特定的目标区域留下固体的材料。图 12.1 所示为商用 MOS 气体传感器的一般形式。

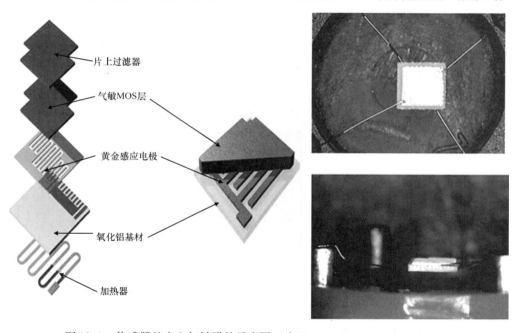

片上过滤器

气敏MOS层

黄金感应电极

氧化铝基材

加热器

图 12.1　传感器基底上气敏膜的示意图（由 Capteur Sensors and Analysers，Portsmouth，U. K. 提供）和封装器件的照片

## 12.1.5　什么是沸石

沸石是能够容纳诸如 $Na^+$、$Mg^+$ 和 $Mg^{2+}$ 等阳离子和诸如乙醇的小分子的多孔硅铝酸盐笼状结构。这种结构通常被包含在一个大的 3D 框架内，其外部孔径通常在 4 ~ 12Å 之间（如图 12.2 所示）。由于铝对硅的置换，这种结构中的氧原子可能带有负电荷，而这种电荷则可以用来进行其他物质的平衡，最常见的是诸如 $Na^+$ 或 $H^+$ 的阳离

子。由于孔结构和金属离子的存在能力，沸石可以起到选择性催化剂的作用，并已被证明能够根据尺寸和形状来区分小分子的气体，并允许一些气体进入其结构，同时阻止其他气体的进入。除此之外，由于每种沸石的骨架结构具有特定的扩散特性，因此沸石也可以以层析的方式来工作。

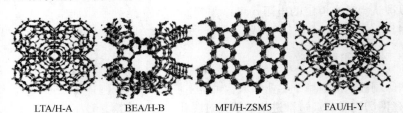

LTA/H-A　　　　BEA/H-B　　　　MFI/H-ZSM5　　　　FAU/H-Y

图 12.2　各种沸石骨架结构示意图，其中黑色原子代表硅或铝，而浅灰色原子代表氧

因此，气体混合物可能进入沸石孔隙，但由于沸石骨架对气体分子具有不同的结合强度，这导致分子通过沸石的扩散速度不同。沸石也可能能够进行涉及目标气体的催化转化，这可能导致产生一个或多个分子，从而使得传感器层可能变得更敏感或更不敏感。在理想情况下，任何催化反应对特定目标分析物都是特异性的，并且导致传感器元件对其更敏感的复合物的产生，进而使得给定分析物的响应信号得到大幅增强，而没有交叉敏感的机会。

## 12.1.6　在该领域工作的其他团体

许多小组已经在这方面公布了他们的工作。本章将专注于这些研究小组的作者所进行的工作，也鼓励感兴趣的读者去了解其他小组的工作[4,5,7-18]。

# 12.2　实验准备

## 12.2.1　材料的制作

如先前所述[19]的 $Cr_2O_3$（19.525g，0.13mol，通过重铬酸铵在300℃下进行热分解制备）铬钛氧化物（Chromium Titanium Oxide，CTO）制备完成后，使用高速搅拌器（1000r/min）与丙-2-醇（500mL）进行 10min 混合。再将异丙醇氧化钛（1.954g，6.6mmol）和水（5mL，溶入在50mL 丙-2-醇中）加入到悬浮液中，经15min后，将混合物在超声波池中进行旋转干燥。来自 New Metals Chemicals Limited 的氧化钨按原样使用。

沸石 H-ZSM-5 和 H-LTA 通过在60℃下用 1M $NH_4OH$ 溶液对 Na 沸石（从 Zeolyst 获得）进行 12h 的离子交换加以制备。然后将其粉末在100℃的空气中煅烧 8h，并在500℃下煅烧 12h[19]。使用能量色散 X 射线光谱仪（Energy Dispersive X-Ray Spectroscopy，EDAX）分析用于确定沸石的 Si/Al 比以及离子交换的程度。

在丝网印刷的准备过程中，先在研钵中用研磨棒将研磨氧化物和沸石粉末和有机介质载体（Agmet ESL400）一起进行研磨，然后再进行三辊研磨来制备油墨。经过上述步骤后，通过丝网印刷将墨水印到带 3mm×3mm 具有有铂制加热器和金电极图案的一体式氧化铝基材条上[20]。在每层印刷之间，传感器将在红外灯下干燥 10min。

如此制作的传感器，由金属氧化物层组成，其总厚度约 50μm，覆盖有沸石层，其厚度约 50μm。使用深度计在沿着基材条的五个点处测量厚度以给出平均值。随后将传感器在 600℃下在 Carbolite HTC1400 炉中烧制 4h 以烧尽有机介质载体。

通过将 50μm 直径的铂丝点焊到传感器芯片角部的轨道材料的焊盘上来形成与器件的连接。通过将传感器加热器并入恒定电阻的惠斯登电桥中，从而将传感器加热器并保持在恒定的温度上。气体传感实验在局部构建的试验台上进行[21]。通过稀释含有乙醇（100ppm）、异丙醇（IPA）（100ppm）、NO₂（10ppm）或一氧化碳（5000ppm）的混合空气（79%氮气，21%氧气）来制备测试气流。器件在 350℃下工作，每个器件都被复制了多个副本，并且每次实验都进行多次以确保其重复性。

## 12.2.2　材料表征

在具有 CuKα1/Kα2 源、λ = 1.5406Å 的 Bruker D8 Discover 衍射仪和 GADDS 检测器上进行 X-射线衍射（X-ray diffraction XRD）。使用 EDAX 获得组合物成分，使用牛津仪器（Oxford Instruments）INCA 能量系统和 Phillips XL30 型环境扫描电子显微镜（Scanning Electron Microscope，SEM）实现。使用 VG Escalab 220 光谱仪获取 X 射线光电子能谱（X-Ray Photoelectron Spectroscopy，XPS）光谱。使用加速电压为 15kV 的 JEOL 6301F 型 SEM 获得自顶向下的横截面 SEM 照片。SEM 样品的金溅射的涂布在 Edwards S105B 溅射涂布机上进行。丝网印刷油墨的三辊研磨在 Pascall 工程三辊研磨机上进行，并使用 DEK 1202 进行丝网印刷。传感器的焊接在 MacGregor DC601 平行能隙电阻焊机上完成。

使用 XRD 对粉末进行分析，CTO 与 eskolaite（Cr₂O₃）同构，没有其他相的存在，表明 CTO 结构中钛已成功取代了铬。EDAX 和 XPS 证实了 Cr₁.₉₅Ti₀.₀₅O₃ 的粉末组成。氧化钨的 XRD 表明了预期的 WO₃ 相，没有观察到其他相的存在。

在粉末被加入到器件的之前和之后，还分别通过 XRD 对沸石进行了检测。在每种情况下，图案均如预期的一样，并且在传感器制造和处理之后没有看到沸石晶体的降解。还通过 EDAX 研究了沸石粉末以确认离子交换已经发生。结果表明，在 H-ZSM-5 的情况下，交换完成了 92%，并且在 H-LTA、H-Y 和 Cr-ZSM-5 中，交换完成了 96%。但在所有情况下，仍然有少量的铁和镁杂质存在。

通过 SEM 研究传感器器件（如图 12.3 所示）。未改进的金属氧化物传感器具有典型的丝网印刷传感器的形态[22]，这是一种松散堆积的融合结晶体。微观结构相当开放，这将使气体易于扩散到晶粒周围。然而，WO₃ 器件与 CTO 器件的不同之处在于其具有更高度熔合的晶粒，晶粒内具有相当精细孔的子结构。类似地，沸石层具有开放的微结构。H-LTA 层的特征是直径高达 1μm 的立方体状沸石粒子。H-ZSM-5 和 H-Y 层由直径达 500nm 的更多不规则粒子组成。在这两种情况下，结构都不是密集堆积的，这将允许气体在沸石粒子之间扩散。同样，在 WO₃ 上和在 CTO 上沉积的 H-ZSM5 层之间存在一些差异，相对于 CTO 上的层，WO₃ 上的层表现出经历了一些晶粒生长和烧结。图 12.3 所示为层化传感器的代表性 SEM 图像。

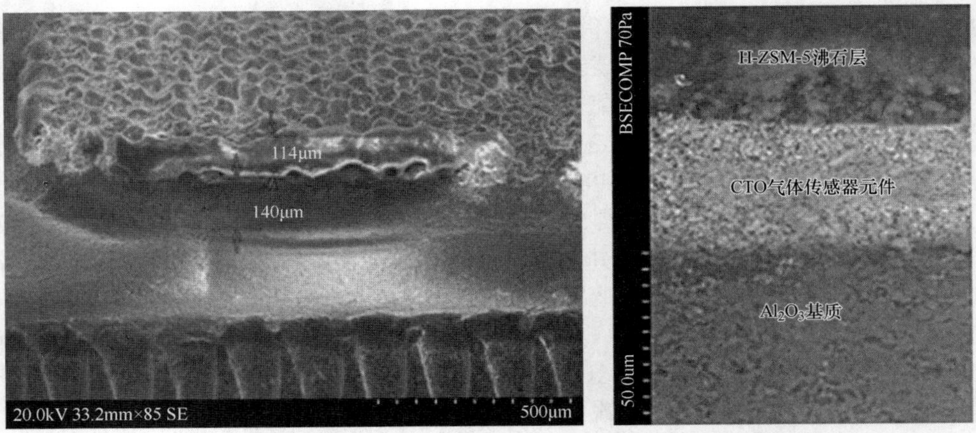

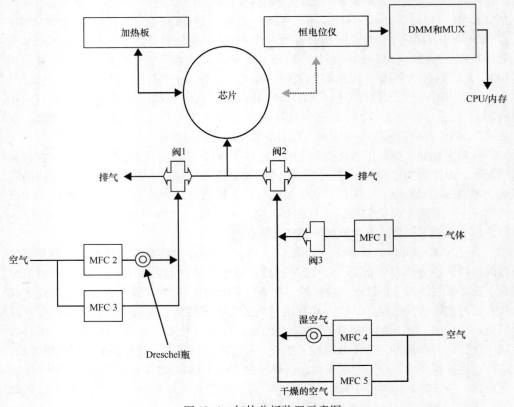

图 12.3　分子筛覆盖的 MOS 气体传感器的代表性 SEM 图像

## 12.2.3　传感器特性和测试

在丝网印刷传感器上进行的气体传感实验是在内部测试器件上进行的（如图 12.4 所示）[5]，设计用于加热的加热器驱动电路，通过轨道连接到每个传感器的加热器，并

图 12.4　气体分析装置示意图

将多达 8 个传感器的工作温度维持在恒定的工作温度上。加热器电路用于将工作温度恒定为 350℃，并通过恒电位器电路进行电导率测量。传感器被用于乙醇、IPA、$NO_2$ 和 CO 混合物的测试，这些混合物都位于混合空气中并由 BOC 气体供应。

## 12.2.4　相关理论：扩散反应建模

为了全面了解沸石改性传感器中发生的过程，我们进行了扩散反应建模。气体传感器响应 $G$ 通常被认为与参考文献 [3] 中的气体 $C_g$ 的浓度有关

$$G = A_g C_g^\beta \tag{12.6}$$

$G$ 可以是相对电导率 $G = (\sigma - \sigma_0)/\sigma$（对应于其电导率随气体而增加的材料）或相对电阻率 $G = (\rho - \rho_0)/\rho$（对应于其电阻率响应于气体），其中 $\sigma_0$ 和 $\rho_0$ 分别是没有目标气体时的电导率和电阻率。虽然指数 $b$ 通常是非理性的，但这里研究的材料的假设化学反应意味着 $b = 1$。已有的研究已经表明，观测值反映了这种基础响应与器件微观结构和几何形状影响的卷积[23]。我们在这里集中讨论多孔传感器体内产生的气体浓度梯度的影响，因此，这种简单的线性模型是一个合理的假设，并且可以清楚地表明预期效果。在传感层内，给定物质的浓度将取决于穿过该层的扩散速率与器件孔内的传感器表面处的反应速率之间的竞争。通过将传感器复合材料处理为两个不同的宏观均匀层，其特征在于空间不变的有效扩散和反应系数，可以通过求解复合材料中的时间和位置的函数 $C(x, t)$ 来解决扩散反应问题 [式（12.7）和式（12.8），这里使用有限差分法进行]。为了说明，我们假设目标气体（表示为 $r$）的一阶形式与反应物气体（表示为 $p$）相关，其中 $r$ 和 $p$ 对传感器材料的电导率具有不同的影响。其几何图如图 12.5 所示。该图所示的电极的几何结构是一种理想化的结构，从而简化了计算过程，并且与传感层下面印刷在衬底上的间距较大的电极的情况非常接近。

$$\frac{\partial C_r(x,t)}{\partial t} = \frac{D_r \cdot \partial^2 C_r(x,t)}{\partial x^2 - k \cdot C_r(x,t)} \tag{12.7}$$

$$\frac{\partial C_p(x,t)}{\partial t} = \frac{D_p \cdot \partial^2 C_p(x,t)}{\partial x^2 + k \cdot C_r(x,t)} \tag{12.8}$$

式中，$D$ 是扩散性；$k$ 是速率常数。

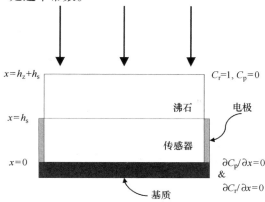

图 12.5　总结扩散反应模型的示意图（下标 z 和 s 分别表示沸石层和传感器层）

这些平均值本身取决于微观结构的细节,尽管在这里没有明确考虑这种影响。这两个值中的每一个的值也是可以不同的。通过反应物和生成物定义其灵敏度值,使得反应可引起净气体灵敏度的增加或减少。为此,定义了生成气体与反应气体的传感器材料响应之比 $R$。

我们还在 Materials Studio 平台内对 IPA 和乙醇的结构进行了原子模拟,其中使用智能最小化算法和 COMPASS 力场作为发现模块[24]的一部分进行能量最小化。键合长度和键角取自优化结构以及 Waals 校正[25],并用于计算两个分子的长度、宽度和高度的临界尺寸。

## 12.3 测试结果

### 12.3.1 增加识别度

在此,我们研究了层化于 CTO 上的两种不同酸性沸石(H-LTA 和 H-ZSM5)对传感器气体响应的影响。之所以选择这两种沸石,也是应为它们在特定温度下的热稳定性,这种热稳定性也是传感器制造和工作所需要的,同时也是为了提供一个小孔沸石和大孔沸石之间的对比。在这些测试结果中,我们给出了对一氧化碳和乙醇的响应。测试气体被导入到合成空气流中,这个过程持续了 30min。然后使传感器在合成空气流中再吹扫恢复 30min。该过程循环三次以测试其重复性。

在气体导入后,改性和未改性 CTO 传感器对一氧化碳的响应(见图 12.6)快速地、迅速上升到稳定状态。具有沸石转化层的传感器相对于未改性的传感器显示出较小的响应,清楚地示出了传感器阵列上的区分。在所有情况下,吹扫步骤期间传感器信号都返回到基础电平。

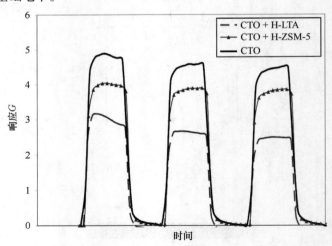

图 12.6 CTO 传感器对干燥空气中暴露于 2000ppm
一氧化碳 30min 的气体响应

## 12.3.2　分析物调谐的气体传感器：乙醇

图 12.7 所示为在 350℃ 的工作温度下，改性和未改性的 CTO 传感器对 28ppm 乙醇气体在干燥空气流中的一系列 30min 长脉冲的响应。与 CO 的响应行为相比，该响应相对缓慢。在这种情况下，沸石转化层的影响是不同的：与未改性的传感器相比，具有沸石转化层的传感器表现出增强的响应。在用 H-LTA 对传感器进行改性的情况下，效果是显著的 40 倍信号增强。在吹扫步骤中，传感器响应返回到基础水平。

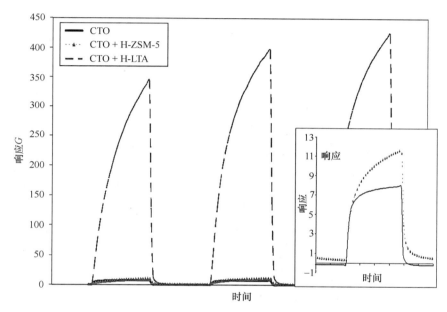

图 12.7　CTO 传感器在 350℃、30min 的工作温度下在干燥空气中暴露于
28ppm 乙醇的气体响应示意图，插图示出了 CTO 和铬钛氧化物
CTO + H-ZSM-5 传感器的放大数据

为了进一步阐明这些歧视效应，将三种不同的酸性沸石（H-A，H-ZSM-5 和 H-Y）层化到 CTO 上，并研究其传感器性能。未经改性的感测也进行了比较研究。具体而言，我们研究了对 80ppm 乙醇和 80ppm IPA 的气体响应行为（见图 12.8）。使用传统的金属氧化物传感器通常难以解决这两种目标气体的鉴别问题，因为它们含有相同的官能团，并且未改性的传感器没有尺寸或形状选择性。将测试气体导入合成空气流 30min，在暴露于目标气体后，使传感器在合成空气流中恢复 1h。该过程被循环并且重复整个实验以测试其重复性。

图 12.8a 所示为沸石改性和沸石未改性的 CTO 传感器对 80ppm 乙醇气体的响应。传感器给出了一种 Sharkfin 类型的瞬态，响应缓慢并且在气体脉冲期间没有达到稳定状态。

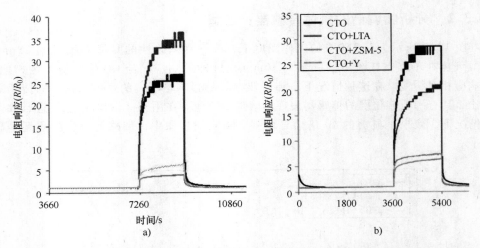

图 12.8　a）铬钛氧化物 CTO 传感器对 400℃干燥空气中的 80ppm 乙醇的响应示意图
　　　　b）铬钛氧化物 CTO 传感器在 400℃干空气中对 80ppm IPA 的响应示意图

　　相对于未改性的传感器，沸石 A 型改性的传感器显示出增加的响应，其他沸石改性的传感器显示出较低的整体响应并且相应地增加了对最终状态的响应速度。在气体吹扫步骤中，传感器响应回到其基础水平。图 12.8b 所示为相同传感器设置为 80ppm IPA 的性能。未改性传感器的响应在量值和形状上与乙醇相似。然而，对于 H-ZSM5- 和 H-Y-改性的传感器，对 IPA 的响应大于对乙醇的响应，但对于 H-A-改性的传感器，对 IPA 的响应大于对乙醇的响应。再次出现响应速度的增加伴随着响应量的减少。至于乙醇，传感器响应在气体吹扫步骤期间返回到其基础水平。

## 12.3.3　分析物调谐的气体传感器：二氧化氮

　　用 H-ZSM-5，Cr-ZSM-5，H-A 和 Cr-A 沸石覆盖的三氧化钨传感器在干空气中测试浓度范围为 50~400ppb 的各种 $NO_2$。发现干空气中 400ppb $NO_2$ 在 350℃时的灵敏度最大。结果如图 12.9 所示。

　　传感器呈现正响应，这是 n 型半导体对氧化气体的典型特征。这意味着，由于 $NO_2$ 与传感器表面的相互作用，导带电子被固定，从而产生额外的表面受体状态，因此材料的电阻增加[26,27]。有人提出，与其与表面氧离子反应，$NO_2$ 更有可能直接化学吸附在表面并抽取电子[26]：

$$NO_2 + e^- \longrightarrow NO_2^-$$

　　各种沸石层所发生的反应是非常不同的。与其他传感器相比，H-ZSM-5 改进型传感器的响应明显更高，达到了最大响应值。这个响应比控制传感器高出近 19 倍。这种增强的响应表明由于沸石的催化作用，其可能已经改变了进入的 $NO_2$ 气体以形成底层 $WO_3$ 更敏感的反应物。这种催化效应已经在以前的工作中使用扩散反应理论被看到和合理化[4,8]。Cr-LTA 改性的传感器的响应低于未改性的传感器。这表明 Cr-LTA 层可能

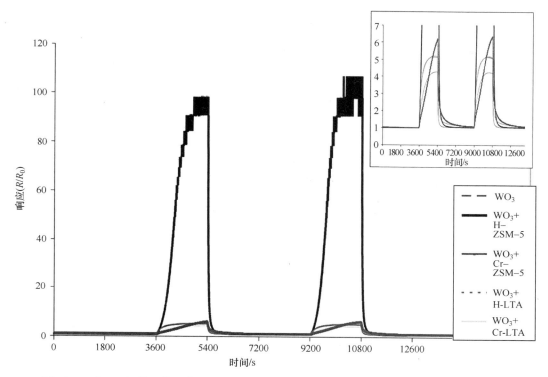

图 12.9　在 350℃ 的工作温度下，$WO_3$ 传感器对干空气中 400ppb $NO_2$ 的阻力响应示意图。
插图显示传感器响应的放大数据，不包括 $WO_3$ + H-ZSM-5 传感器

已经改变了 $NO_2$ 以形成不太敏感的反应物。然而，H-LTA 感应器对未改性的传感器给
出了非常类似的响应。这表明 H-LTA 层对进入的气体没有影响。这可能与 H-LTA 改性
传感器的开放微结构有关，如图 12.2 所示。在这种情况下，测试气体可以通过开放的
大孔沸石层扩散而到达 $WO_3$ 传感器，而不进入沸石微孔，因此不参与任何催化反应，
因此显示出与控制传感器类似的响应特性。

研究还发现除了 Cr-ZSM-5 传感器之外的所有传感器都达到了稳定状态。Cr-ZSM-5
传感器显示出缓慢的响应，表明沸石层阻碍了气体扩散到传感器元件表面。这可能是
因为 SEM 图像（见图 12.2）显示了密集粒子。还有可能 $NO_2$ 被沸石催化转化成不能容
易地扩散通过沸石层的反应物，因此反应缓慢。我们以前通过实验和模拟表明，沸石
改性可能催化气体成分，导致传感器响应形状、速度和大小发生变化[4,8]，因为这样的
行为并不完全出乎意料。

## 12.3.4　测试结果的扩散反应建模

为了进一步理解实验结果，在此进行扩散反应的建模。回想一下，对于下面的讨
论，下标 $z$ 和 $s$ 分别表示沸石层和传感层。图 12.10a 和 b 给出了作为无量纲时间 $t/T_s$ 的
函数的模型气体响应，其中 $T_s$ 是传感器感测层的特征时间尺度，定义为 $T_s = h_s^2/D_s$。类

似地，还定义了沸石的特征时间尺度。无量纲速率常数也可以为任一层定义为 $K_s = k_s T_s$ 和 $K_z = k_z T_s$。

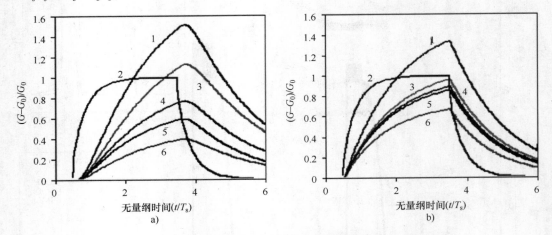

图 12. 10　对于具有沸石覆盖层的模型传感器的响应瞬变

a）时间比例为 $T_z/T_s = 2$　b）时间比例为 $T_z/T_s = 0.2$

（对于每一个，当速率常数 $K_z$ 和选择比 $R$ 按 1 给出时，存在一系列结果：1. $K_z = 10$，$R = 2$；

2. 不含沸石；3. $K_z = 1$，$R = 2$；4. $K_z = 0$；5. $K_z = 1$，$R = 0.5$；6. $K_z = 10$，

$R = 0.5$；对于所有这些情况，传感器层内都没有反应（$K_s = 0$））

从图 12. 10 可以看出，沸石的主要作用是根据沸石层的特征时间尺度来减缓响应。在沸石层内没有发生反应的地方，稳态响应不会因控制传感器的情况而改变，尽管由于响应时间变慢，测试时间之后达到的响应可能会降低。

如果在沸石层内发生反应，则响应可能会增强或减弱，这取决于传感器对反应物和反应物气体的敏感性以及速率常数 $K_z$（如前所定义）。

图 12. 10a 是一个通过沸石层的传输比通过传感器慢的系统，而图 12. 10b 则是相反的情况。据观察，在后一种情况下，沸石内反应的效果被有效地降低。

通常，响应时间随着速率常数而降低并且随着反应物敏感度而增加。

## 12. 4　讨论

### 12. 4. 1　实验结果

诸如气体扩散到的传感器材料以及所通过的传感器材料的改变，表面反应的动力学以及传感器表面发生的反应类型都可能影响传感器响应。此外，沸石层的加入也可能对这些变量以及传感器响应产生深远的影响。

传感器表面反应的动力学受表面微观结构的强烈影响。已经确定，更开放和多孔的微观结构将导致更大的表面积和更高浓度的反应性表面位点，这也将对系统的整体

电导率提供更大的贡献[5]。

整个传感器元件内可能会发生反应，导致系统响应的增加或减少。如果反应形成传感器材料具有更高灵敏度的反应物，则响应将得到增强。相反，如果反应形成对传感器材料不太敏感的反应物，则系统的响应会降低。

沸石层的添加将主要用于增加响应时间，这依赖于气体通过该层的扩散，由于分子形孔的不同，这将随着不同的气体与沸石的组合而变化。沸石层也可以在沸石骨架结构内引起另外的反应。沸石的催化性能是众所周知的，因此在前面提出的方法中沸石转化层中发生的反应可以增强或减弱传感器的响应。还有发生裂化反应的可能性，即单个分子分裂成多个反应物分子的反应。如上所述，由于感测元件对气体组分的敏感性的变化，反应的发生可能导致反应量的增加或减少。

未改性的铬钛氧化物传感器对 80ppm 乙醇和 80ppm IPA（见图 12.8a 和 b 所示）的传感器响应并未显示出明显的歧视。在这两种情况下，传感器的响应值大约都是 27。这并不出乎意料，因为这两种气体具有相同的官能团，预计会在传感器表面发生类似的反应。实际上，每个响应的动力学和响应的幅度是相似的，在每种情况下，气体响应瞬态的形状和高度几乎相同。

然而，使用沸石覆盖层使我们能够区分这两种气体。在改进的 CTO 传感器（见图 12.8a 和 b）的情况下，其行为与传感材料对反应物不敏感的沸石层内的目标气体的催化反应的作用相一致，沸石 Y 和 ZSM-5 的情况下的乙醇，在 H- A 的情况下更为敏感。

观察到沸石改性器件对 IPA 的响应率小于乙醇（见图 12.4），没有观察到在 H- A 改性的器件上乙醇响应增强，表明 IPA 不能扩散到沸石孔中并发生催化反应。这可能是尺寸和形状选择性的影响（IPA 是分支的，乙醇不是）。结果，H- A 覆盖层对乙醇的影响仅仅是缓慢扩散到传感器元件表面。请注意，沸石层呈现出两种孔径尺寸的系统：气体必须能够适合微观沸石孔隙进行反应，否则它只会穿过沸石微晶大孔。

由于几种竞争效应，传感器的沸石改性会导致不同的行为。最重要的因素是沸石和传感器层的扩散率和反应速率常数。即使没有与沸石的内部分子通道进行任何气体交换，所有沸石也将充当多孔的物理屏障并且有效地延迟了测试气体到传感器元件表面的进展。对于 IPA，H- A 似乎仅以这种方式起作用：用该沸石改性的传感器的响应始终低于未改性的材料，但对瞬变形状没有显著变化。一种解释是，IPA 气体在传感器材料的表面上经历催化的全部燃烧反应，但在 H- A 层中不发生催化反应。对于乙醇，情况并非如此，并且反应增强表明在形成传感器材料更敏感的反应物的沸石层内发生了反应。该假设与 HA 的较小孔入口一致，因此对 IPA 缺乏任何特定作用的简单解释是气体在这里不渗入沸石中，而较小的乙醇分子却能够。H- Y- 和 H- ZSM5- 改性的传感器，以及其具有延迟效应，在沸石层中表现出对不敏感反应物的催化反应，通过与未改性和 H- A 改性的传感器响应相比，铬钛氧化物 CTO 响应瞬变显示出平坦的改变。

显然不同的反应会发生在不同的沸石内，并且很可能受到沸石的形状和尺寸选择性的影响[28,29]。然而，我们在这里使用的条件不是那些通常用于沸石催化研究的条件，也不是（由于它们不太可能适用）是广泛研究的沸石范围。虽然我们可以说在这些条件下可能会有各种不同的反应，并且肯定会看到不同气体和沸石之间的差异[8]，但我们不能确定地说明可能反应物的相对比例。同样，我们也无法量化传感器对所有可能的此类反应物的个体（或综合）响应。然而，可能的反应是完全氧化成二氧化碳、部分氧化成醛或酮以及脱水成丙烯或乙烯之类的反应。

沸石中任何反应的速率也会影响反应瞬态。有人会预计响应时间会随着速率常数的增加而下降，并随着反应物灵敏度的增加而增加。显然，所有沸石的反应速率并不相同，这与其固有性质有关，例如孔径和活性位点的密度和酸度。CTO HY- 和 H- ZSM5 改性的传感器对乙醇和 IPA 都有快速响应，表明两种情况下沸石层中的反应都很快，或者传感器对任何反应的反应物都不敏感（或者是两种效应的组合）。对于 H- A 改性的传感器，情况正好相反。事实上，对于大多数情况而言，注意到在包含沸石层时瞬态响应速度将更快，这表明反应物同时通过两种层的扩散比仅通过传感器层的扩散更快。H- A 中 IPA 的情况并非如此，这与由于尺寸的选择性引起的预期的 H- A 从 IPA 微孔中的排除有关，详见下文内容。

## 12.4.2 实验结果的扩散反应建模

### 12.4.2.1 数据的解释

考虑到以前的讨论和模型，有三种可能的行为可以与实验证据相关联：首先是缓慢减小的响应，其中响应瞬变缓慢并且响应水平被沸石转化层（见图 12.9，但不是 H- ZSM-5 改性的传感器）减小；其次是响应速度快但强度被减弱的响应，这种响应的速度很快，但沸石转化层减弱了其响应的强度（见图 12.6）；最后是一个快速的且增强的响应，其中未改性的传感器的瞬态快速响应，并且所添加的沸石转化层导致了增强的响应（对于 H- ZSM-5 改性的传感器，见图 12.7 或图 12.9）。

### 12.4.2.2 案例 1：缓慢、减小的响应

在图 12.9 中，评估了 $WO_3$ 传感器对 400ppb $NO_2$ 气体的响应。我们看到响应具有 Sharkfin 类型分布，表明传感器元件表面对于所施加的气体浓度未达到稳定状态，因此响应缓慢。考虑到 $WO_3$ 传感器的微观结构是相当良好烧结的 $WO_3$ 粒子的高度多孔网络之一，这很可能是由于扩散效应。每个粒子都有许多表面特征，例如台阶和孔洞，分析气体必须导航才能找到合适的表面位置。由于未改性的传感器曲线的形状与改进的传感器的形状相似，因此我们提出沸石转化层不会显著减少传感器元件表面的扩散，或者至少在沸石转化层内的扩散速率高于传感器元件中的扩散速率。在这种情况下沸石转化层的主要作用是降低反应水平。这很可能是因为一些测试气体扩散到沸石粒子中并转化成传感器元件不太敏感的反应物。

### 12.4.2.3 案例 2：快速、减小的响应

未改性的 CTO 传感器对一氧化碳的响应（见图 12.6）具有快速瞬态响应，并且信号迅速饱和。CTO 器件具有开放的微观结构，表明传感层内的扩散对观察到的快速响应足够快。在传感器工作温度下，CTO 表面上的 CO 的催化燃烧以显著的速率进行。速度可以通过传感层有效厚度 $h_s$ 的减小来解释。添加沸石转化层可能具有两个显著效果。首先，响应速度降低了，在图 12.8a 中最明显。速度的下降是因为响应取决于传感器元件中的气体浓度：通过在顶部放置一个转换层，这有效地限制了测试气体向传感器

元件的扩散，从而放慢了响应速度。使用沸石转化层的第二个重要影响是总反应水平下降。这很可能是由于涉及测试气体的催化反应导致扩散到传感器元件的较不敏感或不敏感的反应物的产生。在这两种情况下，具有 H-A 变换层的传感器响应最大。这可能仅仅是由于与 Si/Al = 1 的 H-A 成分不同，而 H-ZSM-5 是高二氧化硅体系（Si/Al ~ 30）。因此，气体分子更可能与反应性位点接触并转化为反应物，在这些特定条件下，半导体氧化物对其比原始测试气体更不敏感。

### 12.4.2.4　情况 3：快速、增强响应

CTO 传感器对 28ppm 乙醇的响应如图 12.7 所示。图中的插图示出了 CTO 和 CTO + H-ZSM-5 的响应曲线。未改性的 CTO 感应器的曲线显示快速响应，该响应非常快地接近完全饱和。沸石改性的传感器的响应曲线是不同的，特性上更多的鱼翅表明响应较慢，这是由于气体分子扩散到沸石粒子中，有效地减缓了它们到传感器元件表面的进程。两种沸石转化层均导致传感器响应增强。然而，与未改性的传感器相比，用 H-LTA 改性的传感器的响应增加了 40 倍。显然，在乙醇测试气体转化为传感器材料对其敏感得多的反应物的地方存在催化反应。可能发生裂化、脱水或部分氧化，并且形成诸如乙烯、乙醛、乙酸、甲醛和甲酸的物质。目前，还正在进行进一步的研究来表征这些反应物。

此前，我们已经讨论了气体敏感阻力响应的反应扩散效应[30]以及微观结构对稳态响应的影响[5,31]。我们可以认为复合器件具有有效的时间尺度 $h^2/D'$（其中，$h$ 表示器件厚度，$D'$ 表示器件内的有效扩散率）。这个时间尺度可以由传感器材料或覆盖层来决定，但二者之中，无论哪一个都具有较低的扩散率。如前所述，在覆盖层内，扩散性可以通过气体吸附到沸石中而减小。如果气体在覆盖层或传感器材料内发生反应，则所得到的局部浓度由速率常数 $k$ 的一阶反应的比率 $kh^2/D'$ 确定。根据产品和反应物的灵敏度比例，反应被减弱或增强，响应的时间范围被改性为（大约）$h_r^2/D'$。其中 $h_r$ 是反应层深度，它取决于 $k$ 并且小于层厚度。值得注意的是这里的模型的一个缺点，即所使用的简单反应方案的局限性在于，它总是预测响应迟滞。

在图 12.8 中，未改性的 CTO 传感器对乙醇和 IPA 的响应具有鲨鱼鳍型分布，表明传感器元件的表面对于施加的气体浓度未达到稳定状态，因此，响应缓慢。这很可能是由于扩散效应引起的：考虑图 12.2，CTO 传感器的微观结构是由相当良好烧结的 CTO 粒子组成的高度多孔网络。每个粒子都有许多表面特征，如台阶，测试气体必须导航才能找到合适的表面位置。因此，我们根据两层之间的时间比例来将 CTO 和图 12.10a 进行比较。该模型预测，沸石层中的扩散与传感器相比较快时，沸石中反应的影响将会减小。还预测增强或减少的程度取决于灵敏度。事实上，当观察到沸石扩散相对更快时，表明沸石对 CTO 具有更多的影响。这一结果表明 CTO 对这里测试的不同气体和反应物具有更大的变化灵敏度。

图 12.10 支持 Y 沸石层内的反应速度快，以及反应物是不太敏感的物质的观点，因为反应大大减少，而且瞬间速度很快。从瞬态的速度来看，也表明反应物是快速扩散的。

如图 12.7 所示，通过添加 H-A 沸石覆盖层，CTO 对乙醇的响应大大增强，表明乙

醇转化成传感器更敏感的物质。将这些结果与图 12.10 进行比较，再次推测反应物通过两种层而快速扩散。

IPA 不像 H-A 的乙醇那样遵循与其他两种沸石相同的行为趋势。简单测量醇的尺寸（见表 12.2）表明，IPA 将从 H-A 的孔中排出，而乙醇不会。事实上，直链和支链醇在沸石 A 上的脱水是沸石化学中的原型形状选择性反应[32]。

**表 12.2　从优化结构计算的乙醇和 IPA 的临界尺寸**

| | 长度/A | 高度/A | 宽度/A |
|---|---|---|---|
| 乙醇 | 4.99 | 3.57 | 3.09 |
| IPA | 5.72 | 4.22 | 3.35 |

因此，来自 IPA 的信号相对于乙醇减少（见图 12.10），因此沸石层对传感器响应的影响很可能会减小，并且实际上在图 12.8a 中可以观察到。

## 12.5　结论

固态金属氧化物气体传感器已经通过沸石覆盖层的使用而成功改性。在此，我们考察了传感器的微观结构，并且在干燥空气中测试了它们对一氧化碳、$NO_2$、乙醇和 IPA 的响应。气体测试表明，改进的传感器给出了各种不同的响应。此外，还进行了扩散反应建模，以更好地理解所发生的过程。建模结果显示，这些结果来自竞争反应和扩散因素。尽管沸石的孔径、酸度和孔的大小不能单独控制传感器的响应，但催化和扩散速率受沸石的固有性质控制。研究结果已经表明，通过使用气敏材料和沸石的特定组合，可以区分相似的目标气体。从这里给出的实验结果可以清楚地看出，使用沸石覆盖层导致选择性的气体传感器元件可以在电子鼻中形成有用的阵列。然而，为了能够成功地为特定目的设计传感器阵列，进一步了解这些系统中发生的大量过程是至关重要的。

## 参 考 文 献

1. R. Martin, *Electronic Structure: Basic Theory and Practical Methods*. Cambridge University Press, Cambridge, U.K., 2004.
2. A. Shriver, *Inorganic Chemistry*, 4th edn. Oxford University Press, New York, 2006.
3. D. E. Williams, Semiconducting oxides as gas-sensitive resistors, *Sensors and Actuators B: Chemical*, 57(1–3), 1–16, 1999.
4. R. Binions, H. Davies, A. Afonja et al., Zeolite-modified discriminating gas sensors, *Journal of the Electrochemical Society*, 156(3), J46–J51, 2009.
5. S. C. Naisbitt, K. F. E. Pratt, D. E. Williams et al., A microstructural model of semiconducting gas sensor response: The effects of sintering temperature on the response of chromium titanate (CTO) to carbon monoxide, *Sensors and Actuators B: Chemical*, 114(2), 969–977, 2006.
6. V. S. Vaishnav, P. D. Patel, and N. G. Patel, Indium tin oxide thin-film sensor for detection of volatile organic compounds (VOCs), *Materials and Manufacturing Processes*, 21(3), 257–261, 2006.
7. A. M. Azad, S. A. Akbar, S. G. Mhaisalkar et al., Solid-state gas sensors. A review, *Journal of the Electrochemical Society*, 139(12), 3690–3704, 1992.
8. R. Binions, A. Afonja, S. Dungey et al., Discrimination effects in zeolite modified metal oxide semiconductor gas sensors, *IEEE Sensors Journal*, 11(5), 1145–1151, 2011.

9. A. Dubbe, G. Hagen, and R. Moos, Impedance spectroscopy of Na⁺ conducting zeolite ZSM-5, *Solid State Ionics*, 177(26–32), 2321–2323, 2006.

10. A. Fischerauer, G. Fischerauer, G. Hagen et al., Integrated impedance based hydro-carbon gas sensors with Na-zeolite/Cr $_2O_3$ thin-film interfaces: From physical modeling to devices, *Physica Status Solidi (A) Applications and Materials*, 208(2), 404–415, 2011.

11. Y. Y. Fong, A. Z. Abdullah, A. L. Ahmad et al., Zeolite membrane based selective gas sensors for monitoring and control of gas emissions, *Sensor Letters*, 5(3–4), 485–499, 2007.

12. D. P. Mann, T. Paraskeva, K. F. E. Pratt et al., Metal oxide semiconductor gas sensors utilizing a Cr-zeolite catalytic layer for improved selectivity, *Measurement Science and Technology*, 16(5), 1193–1200, 2005.

13. D. P. Mann, K. F. E. Pratt, T. Paraskeva et al., Transition metal exchanged zeolite layers for selectivity enhancement of metal-oxide semiconductor gas sensors, *Sensors Journal, IEEE*, 7(4), 551–556, 2007.

14. S. R. Morrison, Selectivity in semiconductor gas sensors, *Sensors and Actuators*, 12(4), 425–440, 1987.

15. M. B. Sahana, C. Sudakar, G. Setzler et al., Bandgap engineering by tuning particle size and crystallinity of $SnO_2$: $Fe_2O_3$ nanocrystalline composite thin films, *Applied Physics Letters*, 93(23), 231909, 2008.

16. K. Sahner, G. Hagen, D. Schönauer et al., Zeolites—Versatile materials for gas sensors, *Solid State Ionics*, 179(40), 2416–2423, 2008.

17. A. Satsuma, D. Yang, and K. I. Shimizu, Effect of acidity and pore diameter of zeolites on detection of base molecules by zeolite thick film sensor, *Microporous and Mesoporous Materials*, 141(1–3), 20–25, 2011.

18. P. Varsani, A. Afonja, D. E. Williams et al., Zeolite-modified $WO_3$ gas sensors, Enhanced detection of $NO_2$, *Sensors and Actuators B: Chemical*, 160(1), 475–482, 2011.

19. D. Niemeyer, D. E. Williams, P. Smith et al., Experimental and computational study of the gas-sensor behaviour and surface chemistry of the solid-solution $Cr_{2-x}Ti_xO_3$ (x < 0.5), *Journal of Materials Chemistry*, 12(3), 667–675, 2002.

20. N. Magan, A. Pavlou, and I. Chrysanthakis, Milk-sense: A volatile sensing system recognises spoilage bacteria and yeasts in milk, *Sensors and Actuators B: Chemical*, 72(1), 28–34, 2001.

21. G. S. Henshaw, D. H. Dawson, and D. E. Williams, Selectivity and composition dependence of response of gas-sensitive resistors. Part 2.-Hydrogen sulfide response of $Cr_2TiO_3$, *Journal of Materials Chemistry*, 5(11), 1791–1800, 1995.

22. R. Binions, C. J. Carmalt, and I. P. Parkin, A comparison of the gas sensing properties of solid state metal oxide semiconductor gas sensors produced by atmospheric pressure chemical vapour deposition and screen printing, *Measurement Science and Technology*, 18(1), 190–200, 2007.

23. N. Barsan, M. Schweizer-Berberich, and W. Göpel, Fundamental and practical aspects in the design of nanoscaled $SnO_2$ gas sensors: A status report, *Fresenius' Journal of Analytical Chemistry*, 365(4), 287–304, 1999.

24. H. Sun, COMPASS: An ab initio force-field optimized for condensed-phase applications overview with details on alkane and benzene compounds, *The Journal of Physical Chemistry B*, 102(38), 7338–7364, 1998.

25. A. Bondi, van der Waals volumes and radii, *The Journal of Physical Chemistry*, 68(3), 441–451, 1964.

26. P. T. Moseley, Solid state gas sensors, *Measurement Science and Technology*, 8(3), 223, 1997.

27. M. Tiemann, Porous metal oxides as gas sensors, *Chemistry—A European Journal*, 13(30), 8376–8388, 2007.

28. R. Binions, A. Afonja, S. Dungey et al., Zeolite modification: Towards discriminating metal oxide gas sensors, *ECS Transactions*, 19(6), 241–250, 2009.

29. R. Binions, H. Davis, A. Afonja et al., Zeolite modified discriminating gas sensors, *ECS Transactions*, 16(11), 275–286, 2008.

30. D. E. Williams, G. S. Henshaw, K. F. E. Pratt et al., Reaction-diffusion effects and systematic design of gas-sensitive resistors based on semiconducting oxides, *Journal of the Chemical Society, Faraday Transactions*, 91(23), 4299–4307, 1995.

31. D. E. Williams and K. F. E. Pratt, Resolving combustible gas mixtures using gas sensitive resistors with arrays of electrodes, *Journal of the Chemical Society, Faraday Transactions*, 92(22), 4497–4504, 1996.

32. P. B. Weisz, Molecular shape selective catalysis, *Pure and Applied Chemistry*, 52(9), 2091–2103, 1980.

# 第 3 部分 汽车及工业传感器

# 第 13 章 微机械非接触式悬浮装置

Kirill V. Poletkin, Christopher Shearwood,

Alexandr I. Chernomorsky, Ulrike Wallrabe

## 13.1 引言

微机械非接触式悬浮装置（Contactless Suspension，CS）或非接触轴承技术是一个比较现代的概念。这项技术已经引起了人们对新一代微机械或微机电系统（Micro-Electro-Mechanical Systems，MEMS）惯性传感器[1-6]以及惯性多传感器[7-9]的极大关注。这项技术解决的主要问题就是要消除 MEMS 传感器非接触装置中的机械附着或接触摩擦。一方面，这个问题的解决致使机械热噪声值降低[10]，从而导致了传感器灵敏度及其精度的提高[4]。另一方面，也可能让传感器的寿命和稳定性时间变得更长[11]。

虽然现在要实现一个 CS 已经有很多独特的方法，但是大多数方法都是基于静电或电磁的感应非接触装置。参考文献［1］介绍了第一个微机械感应非接触式悬浮装置（Inductive Contactless Suspension，ICS）的原型，连同一些实验结果和所建议的诸如陀螺仪那样的应用。电磁悬浮在本质上是稳定的，之所以选择了电磁悬浮，而没有选择静电悬浮，也正是基于一个这样的事实的。Shearwood 小组所提出的装置如图 13.1 所示，装置的横截面如图 13.1a 所示。当高频交流电流流过定子线圈时，就会在转子中产生一个感应电流，该电流与激励电流相互作用，从而产生使转子平行漂浮的排斥力，

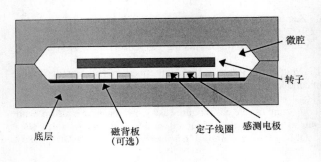
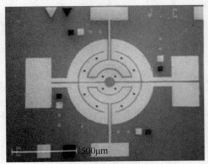

a)
b)

图 13.1 Shearwood 小组提出的电磁悬浮微电机

a）悬浮微电机横截面示意图 b）四相微电机定子的光学显微照片

这样整个转子就可以作为一个基本的磁性轴承。仅用线圈制造出悬浮装置的设计（没有转子的微制线圈的光学显微照片）如图 13.1b 所示。通过线圈的设计，使得其可以通过单层金属喷镀制造而成。转子也可以通过将 10μm 的铝沉积到牺牲层上，然后通过微制造的方式进行制造。

自 1993 年以来，日本 Tokimec 公司和东北大学（Tohoku University）一直致力于微机械静电非接触式悬浮装置（Electrostatic Contactless Suspension，ECS）在惯性多传感器中的应用。他们开发了不同的传感器原型，其中一个如图 13.2a 所示。这里转子是环形的，并且能够检测三轴线性加速度和两轴角速度[7]。在参考文献［3］中报道了静电悬浮球型三轴加速度计。在这种加速度计中，在没有任何机械支撑的闭环控制静电空间中，直径为 1mm 的球形惯性质量块（Proof Mass，PM）完全悬浮。图 13.2b 显示了一个静电支撑的、直径为 1mm、质量为 1.2mg 的 PM 的横截面。球的位置是通过电容的方式感应的，并且闭环的静电力保持了球的位置。利用二氟化氙气体透过通气层蚀刻的牺牲蚀刻工艺，再结合球半导体技术，能够制造球形微机电系统 MEMS 设备。

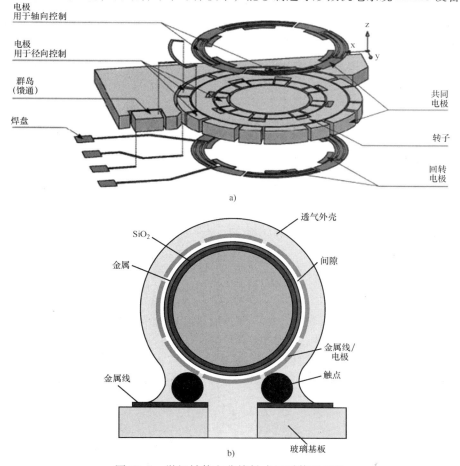

图 13.2　微机械静电非接触式悬浮装置 ECS

a) 环形转子：惯性多传感器示意图　b) 加速度计（惯性质量块 PM 直径为 1mm）的横截面

除了允许被动悬浮之外，这些方案还提供了一种机制，使得一个悬浮转子的转速可以达到非常高的状态，而这个转速在通常情况下是会受到黏滞阻力的限制的。例如已经报道的直径为 0.5mm 的盘形转子，在空气中可达到的最高可能旋转速度为 100000r/min[2]。需要注意的是，在真空中，由于黏滞阻力的减小，转子旋转的最高可能速度是要明显大于空气中的最高可能速度的。由于用于 CS 制造的这种机制同样也可以使其进行旋转，所以一个为了提高陀螺仪精度的替代策略是动态调谐陀螺仪（Dynamically Tuned Gyroscope，DTG）的开发，在该 DTG 中，能够利用 CS 提供的刚性方位角。如参考文献 [12] 所述，在当前已经获得开发的基于 CS 的微机械陀螺仪（Micromachined Gyroscope，MMG）中，如果能够使得转子的转速达到试验中所达到的高转速，而且在满足转子调谐条件的情况下，这种测量到的转子角速度的提高将会导致陀螺仪的增益提高几个数量级。

此外，在某些特定条件下，诸如悬浮的支撑可以使加速度计的电弹性系数沿着输入轴的方向能够达到最小甚至完全消除，同时将惯性质量块（PM）保持在平衡点上。这是一个将致使微机械惯性传感器的精度特性明显改进的新的挑战[13,14]。

事实上，让我们来考虑一个具有由机械或电磁非接触式悬浮的 PM 的微机械加速度计的情况。PM 的质量由 $m$ 表示，悬浮的有效弹性系数由 $c$ 表示，由 PM 和其周围气体间的摩擦所决定的阻尼系数由 $\mu$ 表示。因此，PM 的行为可以通过二阶传递函数来描述，如下所示：

$$\frac{y(s)}{a(s)} = \frac{1}{s^2 + (\mu/m)s + (c/m)} \tag{13.1}$$

式中，$s$ 代表拉普拉斯算子；$a$ 代表外部加速度；$y$ 代表 PM 的位移。

加速度计的静态灵敏度为

$$\frac{y}{a} = \frac{m}{c} \tag{13.2}$$

一旦弹性系数趋于 0（$c \to 0$），则静态灵敏度 [式（13.2）] 参数就会急剧变大，在极限情况下，静态灵敏度会变得无限大（$m/c \to \infty$）。因此，加速度计的传递函数（式（13.1））可以重写为

$$\frac{y(s)}{a(s)} = \frac{1}{s\left(s + \dfrac{\mu}{m}\right)} \tag{13.3}$$

值得注意的是，在式（13.3）中，外部加速度 $a$ 的积分是通过消除弹性系数 $c$ 的方式获得的[15]。

显然，由于这种加速度计拥有灵敏度无限大的性能，只有当通过反馈使 PM 返回到原始平衡位置时，才可以在闭环控制下实现。闭环加速度计的静态闭环增益已经定义如下[16,17]。

$$K_1 = \frac{K_{PO}K_C K_F}{c} \tag{13.4}$$

式中，$K_{PO}$ 是传感电路（pick-off circuit）的增益；$K_C$ 是控制器增益；$K_F$ 是反馈增益。

鉴于 $c \to 0$，则从式（13.4）可以看出，$K_1 \to \infty$。结果，在悬浮作用对弹性系数的

消除以后，这种加速度计的稳定误差相比于保持悬浮的弹性系数的加速度计相比会明显减小。因此，消除的悬浮弹性系数使得传感器的静态灵敏度有了显著增强，并且闭环传感器的稳态误差也显著降低。基于以上事实，将具有零弹性系数的悬浮使用到微机械惯性传感器中会明显提高他们的准确度。

在本章中，我们分别在细节上考虑和讨论了微机械 DTG 和基于 CS 的加速度计以及最终的零弹性系数的加速度计，并将其作为进一步改进的基于非接触式悬浮技术的微机械惯性传感器的替代策略。

## 13.2　基于非接触式悬浮的微机械动力调谐陀螺仪

### 13.2.1　动力学模型及工作原理

微机械 DTG 的动力学原理如图 13.3 所示。微机械 DTG 由两个转子组成，即一个内部转子和一个外部转子，两者通过一对扭力弹簧相连接。内转子位于电磁场中，并

通过非接触式悬浮的方式稳定在平衡位置。在这项研究中，我们认为两个转子都是刚体。人为定义内转子的质心为原点 $O$，也就是陀螺仪的坐标系（Coordinate Frame，CF）$XYZ$ 的原点。转子系统相对于陀螺仪外壳的转动是由沿 $Z$ 轴以稳定的角速度 $\Omega$ 旋转的电磁场提供的。我们通常将 $Z$ 轴设置为陀螺仪的旋转轴。我们定义旋转坐标系 $x_r y_r z_r$ 与旋转电磁场一起旋转，其原点与原点 $O$ 重合。$Z$ 轴与 $z_r$ 轴重合。在这项研究中，假设有一个稳定的状态，因此，在还没有测量角速度（无扰动状态）的情况下，

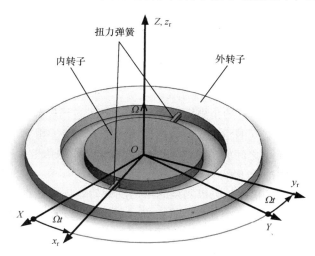

图 13.3　微机械动力调谱陀螺仪的动力学模型
（$XYZ$ 是相对于陀螺仪外壳的固定坐标系；$x_r y_r z_r$ 是与旋转电磁场有关的旋转坐标系；$\Omega$ 是电磁场和转子之间稳定的旋转角速度）

沿着 $Z$ 轴的旋转电磁场的速度和转子的速度相同，都等于 $\Omega$。在无扰动情况下，旋转坐标系的 $x_r$ 轴与转动轴一致，如图 13.3 所示。假设转子对其现行位移的静态和动态不平衡记忆都是可以忽略的，转子的惯性中心就可以与原点 $O$ 重合。

我们给内部转子分配一个坐标系 $x_1 y_1 z_1$，给外部转子分配一个坐标系 $xyz$，使这些坐标系的轴分别转与惯性主轴重合，$x_1$ 轴和 $x$ 轴的方向是沿着扭力弹簧的，如图 13.4 所示。坐标系 $x_1 y_1 z_1$ 相对于旋转坐标系 $x_r y_r z_r$ 的位置由角度 $q_1$ 和 $q_2$ 定义，坐标系 $xyz$ 的位置由角度 $q_1$ 和 $q_3$ 定义。

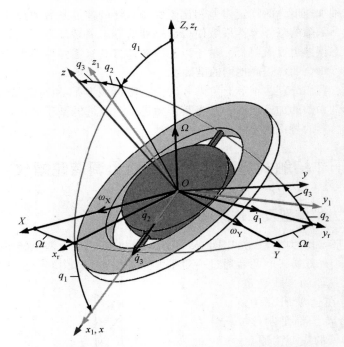

图 13.4　坐标系 $x_1y_1z_1$ 和 $xyz$ 分别固定在内转子和外转子上

　　注意，$q_2$ 的角坐标定义了内转子相对于 $x_1$ 轴的角位移以及平面 $x_1z_r$ 和 $x_1z_1$ 或 $x_1y_r$ 和 $x_1y_1$ 之间的角度，而的角坐标定义了外转子相对于 $x$ 轴的角位移和平面 $x_1z_r$ 和 $xz$ 或 $x_1y_r$ 和 $xy$ 之间的角度。可以看出，$q_2$ 和 $q_3$ 的角坐标彼此独立，因为平面 $x_1z_r$ 和 $x_1y_r$ 不参与内部转子和外部转子的角位移。

　　陀螺仪的外壳以测量的角速度旋转，该角速度可以由微机械 DTG 的 $XY$ 平面上的矢量 $\bar{\omega}$ 来定义，并且矢量 $\bar{\omega}$ 在 $X$ 轴和 $Y$ 轴方向的投影分量分别为 $\omega_X$ 和 $\omega_Y$。陀螺仪的外壳的旋转在外转子中也诱导了相对于输出轴 $y_r$ 和轴 $x$（分别由角坐标来 $q_1$ 和 $q_3$ 表征）的运动，该运动表征了所测量的输入角速度 $\bar{\omega}$ 的值。

　　为了定义外转子相对于固定坐标系 $XYZ$ 的位置，我们引入了 $xy$ 平面相对于坐标系 $XYZ$ 位置的角度 $\alpha$ 和 $\beta$，如图 13.5a 所示。角度 $\alpha$ 确定了外转子相对于 $X$ 轴的角位移量。角度 $\beta$ 确定了外转子相对于位于 $YZ$ 平面上的 $Y'$ 的角位移量。

　　由于假设角位移量 $q_1$、$q_3$、$\alpha$ 和 $\beta$ 很小，所以图 13.5b 中的专用三角形可以被看作为一个平面三角形，并且三角形的边 $q_1$、$q_3$ 之间的夹角以及 $\alpha$ 和 $\beta$ 之间的夹角均为 90°；因此，角度 $q_1$、$q_3$、$\alpha$ 和 $\beta$ 之间的关系可以写为

$$\left.\begin{array}{l} \alpha = q_3\cos\Omega t - q_1\sin\Omega t \\ \beta = q_3\sin\Omega t + q_1\cos\Omega t \end{array}\right\} \tag{13.5}$$

　　因此，外转子相对于旋转坐标系（由 $q_1$ 和 $q_3$ 表征）的角位移量以及相对于固定坐标系（由 $\alpha$ 和 $\beta$ 表示）的角位移量是陀螺仪外壳的输入旋转或者输如速率的一个测量，

这些测量值可以通过电容式角度传感器将其转换成电器输出信号。

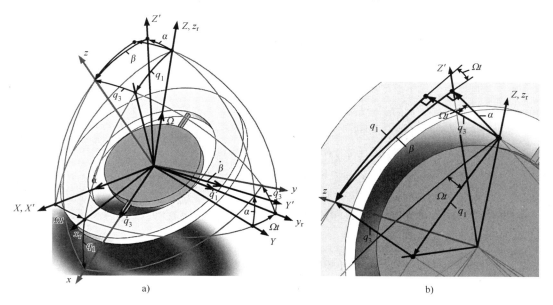

图 13.5　外转子相对于固定坐标系的位置确定，其中 $X'Y'Z'$ 是辅助坐标系，相对于 $X$ 轴旋转

a）外转子相对于固定坐标系 $XYZ$ 的位置　b）用于确定角度 $q_1$、$q_3$、$\alpha$ 和 $\beta$ 之间的关系的专用三角形

## 13.2.2　数学模型

为了建立一个微机械 DTG 的数学模型，在此我们使用了第二类拉格朗日方程。在这个问题的框架中，微机械 DTG 具有四个自由度：转子旋转角 $\Omega t$ 和转子相对于旋转坐标系的转动位移量 $q_1$、$q_2$、$q_3$。角度 $\Omega t$ 为周期角，具有常数值的 $\Omega$ 允许我们以 $q_1$、$q_2$ 和 $q_3$ 为广义坐标系来构造以下三个方程来描述微机械 DTG 的运动。因此我们有

$$\frac{\mathrm{d}}{\mathrm{d}t}\frac{\partial T}{\partial \dot{q}_i} - \frac{\partial T}{\partial q_i} = -\frac{\partial \Pi}{\partial q_i} - \frac{\partial \Phi}{\partial \dot{q}_i}, \quad (i=1,2,3), \qquad (13.6)$$

式中，$T$ 和 $\Pi$ 是系统的动能和势能；$\Phi$ 是耗散函数；$q_i$、$\dot{q}_i$ 分别为广义坐标和速度。

上述所研究的系统的动能是内转子与外转子的动能之和，可记作：

$$T = \frac{1}{2}(J_{x1}\omega_{x1}^2 + J_{y1}\omega_{y1}^2 + J_{z1}\omega_{z1}^2) + \frac{1}{2}(J_x\omega_x^2 + J_y\omega_y^2 + J_z\omega_z^2) \qquad (13.7)$$

式中，$J_{x1}$、$J_{y1}$、$J_{z1}$ 和 $\omega_{x1}$、$\omega_{y1}$、$\omega_{z1}$ 分别为关于 $x_1$、$y_1$、$z_1$ 轴的三个中心主要转动惯量及内转子在相同轴上的角速度投影；$J_{x1}$、$J_{y1}$、$J_{z1}$ 和 $\omega_{x1}$、$\omega_{y1}$、$\omega_{z1}$ 分别为关于 $x$，$y$，$z$ 轴的三个中心主要转动惯量及内转子在相同轴上的角速度投影。

根据微机械 DTG 的运动学模型，对于坐标系 $x_r y_r z_r$、$x_1 y_1 z_1$ 和 $xyz$ 中转子角速度在坐标轴上的投影，下列等式成立：

$$
\left.
\begin{aligned}
\omega_{xr} &= \omega_X \cos\Omega t + \omega_Y \sin\Omega t \\
\omega_{yr} &= -\omega_X \sin\Omega t + \omega_Y \cos\Omega t \\
\omega_{zr} &= \Omega
\end{aligned}
\right\}
\tag{13.8}
$$

$$
\left.
\begin{aligned}
\omega_{x1} &= \omega_{xr}\cos q_1 - \omega_{zr}\sin q_1 + \dot{q}_2 \\
\omega_{y1} &= (\omega_{yr} + \dot{q}_1)\cos q_2 + (\omega_{xr}\sin q_1 + \omega_{zr}\cos q_1)\sin q_2 \\
\omega_{z1} &= -(\omega_{yr} + \dot{q}_1)\sin q_2 + (\omega_{xr}\sin q_1 + \omega_{zr}\cos q_1)\cos q_2
\end{aligned}
\right\}
\tag{13.9}
$$

$$
\left.
\begin{aligned}
\omega_x &= \omega_{xr}\cos q_1 - \omega_{zr}\sin q_1 + \dot{q}_3 \\
\omega_y &= (\omega_{yr} + \dot{q}_1)\cos q_3 + (\omega_{xr}\sin q_1 + \omega_{zr}\cos q_1)\sin q_3 \\
\omega_z &= -(\omega_{yr} + \dot{q}_1)\sin q_3 + (\omega_{xr}\sin q_1 + \omega_{zr}\cos q_1)\cos q_3
\end{aligned}
\right\}
\tag{13.10}
$$

非接触悬浮为内转子的角位移提供了有限的角度刚性，该角度刚性对于内转子所有的中间轴（赤道轴）都是相同的，这个刚性角度我们在此以 $c_S$ 来表示。因此，系统的势能可表示如下：

$$
\Pi = \frac{1}{2}c_s q_1^2 + \frac{1}{2}c_s q_2^2 + \frac{1}{2}c_t(q_3 - q_2)^2
\tag{13.11}
$$

式中，$c_t$ 代表扭力弹簧的刚度。

其耗散函数描述为

$$
\Phi = \frac{1}{2}k_s \dot{q}_1^2 + \frac{1}{2}k_s \dot{q}_2^2 + \frac{1}{2}k_t(\dot{q}_3 - \dot{q}_2)^2
\tag{13.12}
$$

式中，$k_s$ 和 $k_t$ 分别是非接触式悬浮扭力弹簧的弹性系数和阻尼系数。为了写出微机械 DTG 的线性数学模型，我们考虑将描述运动学关系的式（13.8）、式（13.9）和式（13.10）代入到式（13.6）中，用以替换其中的式（13.7）、式（13.11）和式（13.12）。因为角 $q_1$、$q_2$、$q_3$ 都非常小，所以其二阶项可以忽略。这样，描述相对于旋转陀螺仪坐标系 CF 运动的数学模型可以描述成如下形式：

$$
\left.
\begin{aligned}
&(J_{y1} + J_y)\ddot{q}_1 + k_s\dot{q}_1(c_s + [(J_{z1} + J_z) - (J_{x1} + J_x)]\Omega^2)q_1 - (J_{z1} - J_{y1} - J_{x1})\Omega\dot{q}_2 \\
&\quad - (J_z - J_y - J_x)\Omega\dot{q}_3 = m_{q1} \\
&(J_{z1} - J_{y1} - J_{x1})\Omega\dot{q}_1 + J_{x1}\ddot{q}_2 + (k_s + k_T)\dot{q}_2 + (c_s + [J_{z1} - J_{y1}]\Omega^2)q_2 - k_t\dot{q}_3 - c_T q_3 = m_{q2} \\
&(J_z - J_y - J_x)\Omega\dot{q}_1 - k_t\dot{q}_2 - c_T q_2 + J_x\ddot{q}_3 + k_t\dot{q}_3 + (c_t + [J_z - J_y]\Omega^2)q_3 = m_{q3}
\end{aligned}
\right\}
\tag{13.13}
$$

式中

$$
\begin{aligned}
m_{q1} &= [(J_{z1} + J_z) + (J_{y1} + J_y) - (J_{x1} + J_x)]\Omega(\omega_X\cos\Omega t + \omega_Y\sin\Omega t); \\
m_{q2} &= [J_{z1} + J_{x1} - J_{y1}]\Omega(\omega_X\sin\Omega t - \omega_Y\cos\Omega t); \\
m_{q3} &= [J_z + J_x - J_y]\Omega(\omega_X\sin\Omega t - \omega_Y\cos\Omega t)。
\end{aligned}
\tag{13.14}
$$

注意，如果内转子分别相对于 $y_r$ 和 $x_1$ 轴的角位移 $q_1$ 和 $q_2$ 都不存在（$q_1 = q_2 = 0$，$\dot{q}_1 = \dot{q}_2 = 0$），那么式（13.13）即可精确描述转子旋转陀螺仪的动力学特性[18-22]。另一方面，如果只有内转子相对于 $x_1$ 轴的角位移 $q_2$ 不存在（$q_2 = 0$，$\dot{q}_2 = 0$），那么式

（13.13）的第一个方程和第三个方程就和具有万向节的经典 DTG 的模型相同[20,23,24]。

## 13.2.3　特定情况下的模型分析

在实际情况下，让我们在试验研究分析了基于非接触悬浮（CS）的微机械陀螺仪（MMG）后，再来分析微机械动力调谐陀螺仪（DTG）的运动情况[1,7,25]。在这种情况下，我们可以做出如下假设：

$$J_x = J_y < J_z; \quad J_{x1} = J_{y1} < J_{z1}. \tag{13.15}$$

而且，测量的角速度矢量 $\bar{\omega}$ 是稳定的，其投影分量分别为 $\omega_X = \mathrm{const}_1$ 和 $\omega_Y = \mathrm{const}_2$。
则模型 ［式（13.13）］可以从重新描述如下，以进行进一步的分析，

$$\left.\begin{array}{l} J\,\ddot{q}_1 + k_s\,\dot{q}_1 + C_{d1}q_1 + h_1\,\dot{q}_2 + h\,\dot{q}_3 = m_{q1} \\ -h_1\,\dot{q}_1 + J_{x1}\,\ddot{q}_2 + 2(k_s + k_t)\,\dot{q}_2 + C_{d2}q_2 - k_t\,\dot{q}_3 - c_t q_{\mp} m_{q2} \\ -h\,\dot{q}_1 - k_t\,\dot{q}_2 - c_t q_2 + J_x\,\ddot{q}_3 + k_1\,\dot{q}_3 + C_{d3}q_3 = m_{q3} \end{array}\right\} \tag{13.16}$$

式中

$$\begin{array}{l} m_{q1} = (J_{z1} + J_z)\Omega(\omega_X\cos\Omega t + \omega_Y\sin\Omega t); \\ m_{q2} = J_{z1}\Omega(\omega_X\sin\Omega t - \omega_Y\cos\Omega t); \\ m_{q3} = J_z\Omega(\omega_X\sin\Omega t - \omega_Y\cos\Omega t), \end{array} \tag{13.17}$$

并且 $J = J_{y1} + J_y$；$h_1 = (2J_{y1} - J_z)\Omega$；$h = (2J_y - J_z)\Omega$；$C_{d1} = c_s + [(J_{z1} + J_z) - (J_{x1} + J_x)]\Omega^2$；$C_{d2} = c_s + [J_{z1} - J_{y1}]\Omega^2$；$C_{d3} = c_t + [J_z - J_y]\Omega^2$。

如果假设悬浮装置的角刚度值远大于动态刚度值，则以下不等式成立：

$$\left.\begin{array}{l} c_s \gg [(J_{z1} + J_z) - (J_{x1} + J_x)]\Omega^2 \\ c_s \gg c_t \end{array}\right\} \tag{13.18}$$

如果满足式（13.18），则 CS 的一个最好描述方式就是"硬的"。基于式（13.18）和内转子的转动惯量值小于外转子这样的事实，则内转子相对于 $x_1$ 轴的运动对外转子运动的影响是可以忽略不计的。因此，数学模型式（13.16）可以简化为

$$\left.\begin{array}{l} J\,\ddot{q}_1 + k_s\,\dot{q}_1 + C_{d1}q_1 + h\,\dot{q}_3 = m_{q1} \\ -h\dot{q}_1 + J_x\,\ddot{q}_3 + k_t\,\dot{q}_3 + C_{d3}q_3 = m_{q3} \end{array}\right\} \tag{13.19}$$

注意，由式（13.19）方程组描述的模型与参考文献 ［26］ 中的转子旋转陀螺仪的模型相同。

以下，引入两个新变量：

$$U = q_1\sqrt{J}; \quad V = q_3\sqrt{J_x}. \tag{13.20}$$

使用式（13.20）中定义的变量，则式（13.19）可以写成

$$\left.\begin{array}{l} \ddot{U} + \mu_1\,\dot{U} + m_1 U + n\,\dot{V} = \dfrac{1}{\sqrt{J}}m_{q1} \\ -n\,\dot{U} + \ddot{V} + \mu_3\,\dot{V} + m_3 V = \dfrac{1}{\sqrt{J_x}}m_{q3} \end{array}\right\} \tag{13.21}$$

其中，$\mu_1 = k_s/J$；$\mu_3 = k_t/J_x$；$m_1 = C_{d1}/J$；$m_3 = C_{d3}/J_x$；$n = h/\sqrt{J_x J}$。对式（13.21）进行

拉普拉斯变换，在零初始条件下，方程组（13.21）可以在复频域表示如下：

$$\left.\begin{array}{c} (s^2 + \mu_1 s + m_1) U(s) + nsV(s) = \dfrac{1}{\sqrt{J}} m_{q1}(s) \\[2mm] -nsU(s) + (s^2 + \mu_3 s + m_3) V(s) = \dfrac{1}{\sqrt{J_x}} m_{q3}(s) \end{array}\right\} \tag{13.22}$$

式中，$s$ 是拉普拉斯算子，式（13.22）的解为

$$U(s) = \frac{(s^2 + \mu_3 s + m_3) \dfrac{1}{\sqrt{J}} m_{q1}(s) - ns \dfrac{1}{\sqrt{J_x}} m_{q3}(s)}{(s^2 + \mu_1 s + m_1)(s^2 + \mu_3 s + m_3) + n^2 s^2}$$

$$\tag{13.23}$$

$$V(s) = \frac{(s^2 + \mu_1 s + m_1) \dfrac{1}{\sqrt{J_x}} m_{q3}(s) + ns \dfrac{1}{\sqrt{J}} m_{q1}(s)}{(s^2 + \mu_1 s + m_1)(s^2 + \mu_3 s + m_3) + n^2 s^2}$$

因此，在"硬的" CS 条件下，式（13.23）描述了微机械 DTG 相对于其旋转坐标系 CF 的运动特性。

让我们在陀螺仪测量平面上的角速度测量存在的条件下，研究一下微机械 DTG 数学模型的表现，以在"硬的" CS 条件下，确定微机械 DTG 相对于旋转坐标系和固定坐标系 CF 的增益。

此时，式（13.23）可以写成：

$$\left.\begin{array}{c} q_1(s) = W_1(s) \dfrac{1}{J} m_{q1}(s) - W_2(s) \dfrac{1}{\sqrt{J_x J}} m_{q3}(s) \\[2mm] q_3(s) = W_2(s) \dfrac{1}{\sqrt{J_x J}} m_{q1}(s) + W_3(s) \dfrac{1}{J_x} m_{q3}(s) \end{array}\right\} \tag{13.24}$$

式中

$$W_1(s) = \frac{(s^2 + \mu_3 s + m_3)}{(s^2 + \mu_1 s + m_1)(s^2 + \mu_3 s + m_3) + n^2 s^2}$$

$$W_2(s) = \frac{ns}{(s^2 + \mu_1 s + m_1)(s^2 + \mu_3 s + m_3) + n^2 s^2} \tag{13.25}$$

$$W_3(s) = \frac{(s^2 + \mu_1 s + m_1)}{(s^2 + \mu_1 s + m_1)(s^2 + \mu_3 s + m_3) + n^2 s^2}$$

在此，我们假定测量的角速度在内转子和以同样的频率 $\Omega$ 旋转的外转子上产生的转动惯量分别为 $m_{q1}(s)$ 和 $m_{q3}(s)$。因此，我们可以在式（13.25）中用 $j\Omega$ 来代替 $s$，以研究这些传递函数的振幅和相位。由此我们得到：

$$|W_1(j\Omega)| = \frac{\sqrt{(-\Omega^2 + m_3)^2 + \mu_3^2 \Omega^2}}{\sqrt{[\Omega^4 - (m_1 + m_3 + n^2 + \mu_1 \mu_3)\Omega^2 + m_1 m_3]^2 + [(\mu_1 + \mu_3)\Omega^3 + (m_3\mu_1 + m_1\mu_3)\Omega]^2}}$$

$$\arg(W_1(j\Omega)) = \arctan\left(\frac{\mu_3 \Omega}{-\Omega^2 + m_3}\right) - \arctan\left(\frac{(\mu_1 + \mu_3)\Omega^3 + (m_3\mu_1 + m_1\mu_3)\Omega}{\Omega^4 - (m_1 + m_3 + n^2 + \mu_1\mu_3)\Omega^2 + m_1 m_3}\right)$$

$$\tag{13.26}$$

$$\mid W_2(\mathrm{j}\Omega)\mid = \frac{n\Omega}{\sqrt{\left[\Omega^4-(m_1+m_3+n^2+\mu_1\mu_3)\Omega^2+m_1m_3\right]^2+\left[(\mu_1+\mu_3)\Omega^3+(m_3\mu_1+m_1\mu_3)\Omega\right]^2}}$$

$$\arg(W_2(\mathrm{j}\Omega))=\frac{\pi}{2}-\arctan\left(\frac{(\mu_1+\mu_3)\Omega^3+(m_3\mu_1+m_1\mu_3)\Omega}{\Omega^4-(m_1+m_3+n^2+\mu_1\mu_3)\Omega^2+m_1m_3}\right) \tag{13.27}$$

$$\mid W_3(\mathrm{j}\Omega)\mid = \frac{\sqrt{(-\Omega^2+m_1)^2+\mu_1^2\Omega^2}}{\sqrt{\left[\Omega^4-(m_1+m_3+n^2+\mu_1\mu_3)\Omega^2+m_1m_3\right]^2+\left[(\mu_1+\mu_3)\Omega^3+(m_3\mu_1+m_1\mu_3)\Omega\right]^2}}$$

$$\arg(W_3(\mathrm{j}\Omega))=\arctan\left(\frac{\mu_1\Omega}{-\Omega^2+m_1}\right)-\arctan\left(\frac{(\mu_1+\mu_3)\Omega^3+(m_3\mu_1+m_1\mu_3)\Omega}{\Omega^4-(m_1+m_3+n^2+\mu_1\mu_3)\Omega^2+m_1m_3}\right)$$

$$\tag{13.28}$$

在此，我们将 $\omega_Y=0$ 带入到（式（13.26）~式（13.28）），则微机械 DTG 相对于旋转坐标系（$x_r,y_r,z_r$）的外转子的稳定运动方程（13.24）可以写成以下形式：

$$q_1(t)=\mid W_1(\mathrm{j}\Omega)\mid\frac{J_z+J_{z1}}{J}\Omega\omega_X\cos(\Omega t+\arg(W_1(\mathrm{j}\Omega)))-\mid W_2(\mathrm{j}\Omega)\mid\frac{J_z}{\sqrt{JJ_x}}\Omega\omega_X\sin(\Omega t+\arg(W_2(\mathrm{j}\Omega)))$$

$$q_3(t)=\mid W_3(\mathrm{j}\Omega)\mid\frac{J_z}{J_x}\Omega\omega_X\sin(\Omega t+\arg(W_3(\mathrm{j}\Omega)))+\mid W_2(\mathrm{j}\Omega)\mid\frac{J_z+J_{z1}}{\sqrt{JJ_x}}\Omega\omega_X\cos(\Omega t+\arg(W_2(\mathrm{j}\Omega)))$$

$$\tag{13.29}$$

式（13.29）描述了未调谐的陀螺仪的运动特性。为了确定转子调谐条件，在此，我们假设 $\mu_1=0$。

而 $\mu_3=0$，则将传递函数的分母设置为零，从而有

$$\Omega^4-(m_1+m_3+n^2)\Omega^2+m_1m_3=0. \tag{13.30}$$

式（13.30）的解则是以下两个固有频率：

$$\Omega_1=\sqrt{\frac{m_1+m_3+n^2+\sqrt{(m_1+m_3+n^2)^2-4m_1m_3}}{2}} \tag{13.31}$$

$$\Omega_2=\sqrt{\frac{m_1+m_3+n^2-\sqrt{(m_1+m_3+n^2)^2-4m_1m_3}}{2}} \tag{13.32}$$

此外，我们定义参数 $m_1$、$m_3$ 和 $n_2$ 如下。参数 $m_1$ 可表示为

$$m_1=\frac{c_s}{J+\kappa_g\Omega^2}, \tag{13.33}$$

式中，$\kappa_g$ 为陀螺仪的结构参数，$\kappa_g=(J_z+J_{z1}-J_x-J_{x1})/(J_x-J_{x1})$。参数 $m_3$ 和 $n_2$ 可以表示为

$$m_3=\frac{c_t}{J_x+\kappa\Omega^2}$$

$$n^2=\frac{J_x(1-\kappa)^2\Omega^2}{J} \tag{13.34}$$

式中，$\kappa$ 是外转子的结构参数，$\kappa=(J_z-J_x)/J_x$。注意，$\kappa_g$ 和 $\kappa$ 的值近似为 1。例如，直径为 $500\mu m$，厚度为 $10\mu m$ 的铝盘状转子的 $\kappa$ 值为 0.9998。根据式（13.18）和前面

的讨论，可以写出陀螺仪的参数之间的以下不等式：

$$m_1 \gg m_3 \gg n^2 \tag{13.35}$$

在式（13.31）和式（13.32）中，参数 $\Omega_1$ 由 CS 决定，参数 $\Omega_2$ 由旋转弹簧的机械参数决定。因此，为了调谐微机械 DTG，转子旋转速度 $\Omega$ 应等于第二固有频率。因此，转子调谐条件变为

$$\Omega - \Omega_2 = 0 \tag{13.36}$$

满足式（13.36）的转子旋转速度在此用 $\tilde{\Omega}$ 来表示。根据式（13.35），条件式（13.36）可以写成：

$$\tilde{\Omega} \approx \sqrt{m_3} \tag{13.37}$$

或使用式（13.34），表示为

$$\tilde{\Omega} \approx \sqrt{\frac{c_t}{J_x(1-\kappa)}} \tag{13.38}$$

最后这个公式为转子旋转陀螺仪的经典转子调谐条件。

如果条件式（13.36）保持不变，则传递函数式（13.26）、式（13.27）和式（13.28）的振幅和相位就会变成：

$$|W_1(j\tilde{\Omega})| \approx \frac{1}{m_1}; \quad \arg(W_1(j\Omega)) \approx 0 \tag{13.39}$$

$$|W_2(j\tilde{\Omega})| \approx \frac{n}{\mu_3 m_1}; \quad \arg(W_2(j\tilde{\Omega})) \approx 0 \tag{13.40}$$

$$|W_3(j\tilde{\Omega})| \approx \frac{1}{\mu_3 \tilde{\Omega}} \tag{13.41}$$

$$\arg(W_3(j\tilde{\Omega})) \approx \arctan\left(\frac{\mu_1 \tilde{\Omega}}{m_1}\right) - \frac{\pi}{2}$$

通常，我们假设阻尼系数 $\mu_1$ 和 $\mu_3$ 的值都是非常小的。因此，我们可以令 $\arg(W_3(j\tilde{\Omega})) = -(\pi/2)$。将式（13.39）、式（13.40）和式（13.41）代入到式（13.29），可得到：

$$q_1(t) = \frac{J_z + J_{z1}}{m_1 J}\tilde{\Omega}\omega_X\cos(\Omega t) - \frac{n}{\mu_3 m_1}\frac{J_z}{\sqrt{JJ_x}}\tilde{\Omega}\omega_X\sin(\Omega t)$$

$$q_3(t) = -\frac{J_z}{\mu_3 J_x}\omega_X\cos(\Omega t) + \frac{n}{\mu_3 m_1}\frac{J_z + J_{z1}}{\sqrt{JJ_x}}\tilde{\Omega}\omega_X\cos(\Omega t) \tag{13.42}$$

式（13.42）描述了调谐的微机械 DTG 外转子相对于旋转坐标系 CF 的稳定运动。

注意，在方程组（13.42）的第二个方程中，由于 $m_1 \gg n\tilde{\Omega}$，第二项的值远远小于第一项的值（见式（13.33）、式（13.34）和式（13.18）），因此可以忽略。

考虑到式（13.5），调谐的微机械 DTG 外转子相对于固定坐标系 CF（$XYZ$）的稳

定运动可以写成如下形式：

$$\alpha(t) = -K_g\omega_X - K_g\omega_X\cos(2\tilde{\Omega}t) - K_{cc2}\omega_X - K_{cc1}\omega_X\sin(2\tilde{\Omega}t) + K_{cc2}\omega_X\cos(2\tilde{\Omega}t)$$
$$\beta(t) = -K_g\omega_X\sin(2\tilde{\Omega}t) + K_{cc1}\omega_X + K_{cc1}\omega_X\cos(2\tilde{\Omega}t) - K_{cc2}\omega_X\sin(2\tilde{\Omega}t)$$
$$(13.43)$$

其中 $K_g = (J_z/2\mu_3 J_x)$ 表示的是"硬的" CS 情况下的调谐微机械 DTG 增益，而 $K_{cc1} = (J_z + J_{z1}/2m_1 J)\ \tilde{\Omega}$ 和 $K_{cc2} = (n/\mu_3 m_1)(J_z + J_z/\sqrt{JJ_x})\tilde{\Omega}$，则是两个交叉耦合系数。

　　因此，为了提高微机械陀螺仪精度，作为一个替代的策略，我们开发出了一个基于 CS 的微机械 DTG 的数学模型，进而得出了陀螺仪在 CS 提供"硬的"电弹性条件下的动力学分析，并获得该陀螺仪的转子调谐条件。

## 13.3　零性系数的悬浮

### 13.3.1　悬浮的运动学特性及工作原理

　　让我们考虑下面的这种微型机电 CS，如图 13.6 所示。该装置具有多种用途，尤其是在加速度计上的应用。圆盘状 PM（由导电材料制成）通过 ICS 悬浮在原点 $O$ 的平衡位置上。交流电流 $i$ 通过线圈在空间中产生了一个可变磁场，该磁场受到 PM 表面区域的阻挡，从而产生了电流 $i_2$。

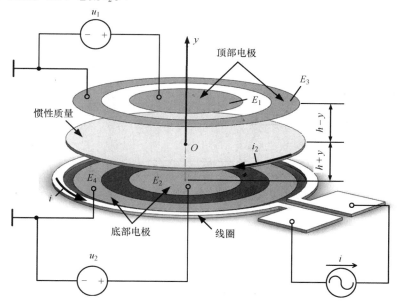

图 13.6　微机电非接触悬浮装置的原理图（$E_1$、$E_2$、$E_3$、$E_4$ 均为电极）

　　此外，如图 13.6 所示，固定电极 $E_1$、$E_2$、$E_3$ 和 $E_4$ 所组成的系统在悬浮 PM 周围产生了电场。电极 $E_3$ 和 $E_4$ 接地，而电位 $u_1$ 和 $u_2$ 被分别施加到电极 $E_1$ 和 $E_2$ 上。电场由此产生了两个静电力 $F_{e1}$ 和 $F_{e2}$，且该静电力作用于 PM 的上表面和下表面，从而协助感应悬浮装置沿垂直轴 $O_y$ 提供了一个最小化的弹性系数。完全消除弹性系数所需要的条件我们将在后文中考虑。假设 PM 仅有一个沿着 $O_y$ 轴的线性位移，并以从原点 $O$ 开始的 $y$ 来表示，原点 $O$ 位于顶部电极和底部电极之间的中心电上，与顶部电极和底部电极之间的距离均为 $h$。

## 13.3.2　数学模型

在此，我们利用拉格朗日-麦克斯韦方程用来建立所考虑的悬浮系统的数学模型。首先，我们需要选择系统的广义坐标系。

悬浮系统可以分为两部分，一个是由电极 $E_1$、$E_2$、$E_3$、$E_4$ 和 PM 组成的电气部件，另一个是由线圈和 PM 组成的电磁部分。这两部分被假定为彼此之间是电气独立的，因此，这两部分均可以单独来考虑。

电极 $E_k$ 和其最近的 PM 表面部分可以被认为是具有容量 $C_k$ 的平板电容器，其容量取决于 PM 的位移，其中 $k = 1 \cdots 4$（参见图 13.7）。假设所有电极的面积都相同且都为 $A_e$，则从平板电容器的电容量计算公式我们可以得到：

$$C_1 = C_3 = \frac{A}{h - y}; \quad C_2 = C_4 = \frac{A}{h + y} \tag{13.44}$$

式中，$A = \varepsilon_0 \varepsilon A_e$；$\varepsilon_0$ 是相对介电常数；$\varepsilon$ 是介电常数。

根据图 13.7 所示的悬浮系统电气部分的设计，该电路可以采用如图 13.8 所示的转换电路加以描述。图 13.8 所示的电容器 $C(y)$ 是电容器的总和，并由下式定义：

$$C(y) = C_3 + C_4 = \frac{2Ah}{h^2 - y^2} \tag{13.45}$$

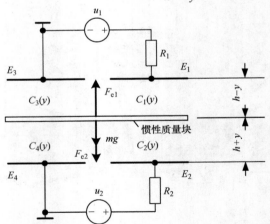

图 13.7　悬浮系统电气部分原理图（$F_{e1}$ 和 $F_{e2}$ 为合成静电力）

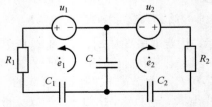

图 13.8　悬浮系统电气部分电路图（$e_1$ 和 $e_2$ 分别为电极 $E_1$ 和 $E_2$ 上的电荷）

$e_1$ 和 $e_2$ 分别为第一和第二电极上的电荷，可以将它们放到悬浮系统电器部分的广义坐标系中加以处理。注意，通过电容器 $C(y)$ 的电流大小为 $\dot{e}_1 + \dot{e}_2$，因此，电容器 $C(y)$ 上的电荷为 $e_1 + e_2$。

PM 通过悬浮系统的电磁部分保持在平衡位置，线圈中的交流电 $i = ie^{j\omega t}$，其中，$\omega$ 是较高的角频率，$j = \sqrt{-1}$ 是虚部。由于在线圈和 PM 之间有由 $M_{12}$ 表示的互感的存在，因而在 PM 中产生了电流，在此我们用 $i_2$ 表示，其频率同样为 $\omega$（见图 13.9）。电流 $i$ 和 $i_2$ 也可以被放到悬浮系统电磁部分广义坐标系中加以处理。

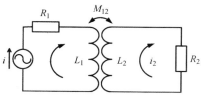

图 13.9  悬浮系统电磁部分电路图
（$L_1$ 和 $L_2$ 分别是线圈和惯性
质量块 PM 的自感）

我们将 PM 的线性位移放到悬浮系统机械部分广义坐标系中加以处理，因此，通过拉格朗日-麦克斯韦方程，可以将正在考虑的系统描述成如下形式：

$$\begin{cases} -\dfrac{\partial L}{\partial e_1} + \dfrac{\partial \Psi}{\partial \dot{e}_1} = u_1 \, ; \; -\dfrac{\partial L}{\partial \dot{e}_2} + \dfrac{\partial \Psi}{\partial \dot{e}_2} = u_2 \\[2mm] \dfrac{\mathrm{d}}{\mathrm{d}t}\left(\dfrac{\partial L}{\partial i}\right) + \dfrac{\partial \Psi}{\partial i} = 0 \, ; \dfrac{\mathrm{d}}{\mathrm{d}t}\left(\dfrac{\partial L}{\partial i_2}\right) + \dfrac{\partial \Psi}{\partial i_2} = 0 \\[2mm] \dfrac{\mathrm{d}}{\mathrm{d}t}\left(\dfrac{\partial L}{\partial \dot{y}}\right) - \dfrac{\partial L}{\partial y} + \dfrac{\partial \Psi}{\partial \dot{y}} = F_y \end{cases} \tag{13.46}$$

式中，$L = T(\dot{y}) - \Pi(y) + W_{\mathrm{m}}(y, i, i_2) - W_{\mathrm{e}}(y, e_1, e_2)$ 是系统的拉格朗日函数；$T(\dot{y})$ 和 $\Pi(y)$ 分别是系统的动能和势能；$W_{\mathrm{m}}(y, i, i_2)$ 和 $W_{\mathrm{e}}(y, e_1, e_2)$ 分别为存储在磁场和电场中的能量；$\Psi(\dot{y}, i, i_2, \dot{e}_1, \dot{e}_2)$ 是系统的耗散函数；$F_y = ma$ 是作用于 PM 的总合力。

PM 线性运动的动能是

$$T = \frac{1}{2}m\,\dot{y}^2 \tag{13.47}$$

其势能为

$$\Pi = mgy \tag{13.48}$$

考虑到互感 $M_{12}$ 依赖于 $y$，则存储在悬浮系统电磁部分的磁场中的能量可以表示为

$$W_{\mathrm{m}} = \frac{1}{2}L_1 i^2 + M_{12}(y)ii_2 + \frac{1}{2}L_2 i_2^2 \tag{13.49}$$

式中，$L_1$ 和 $L_2$ 分别是线圈和 PM 的自感。悬浮系统电气部分存储的能量为

$$W_{\mathrm{e}} = \frac{e_1^2}{2C_1} + \frac{e_2^2}{2C_2} + \frac{(e_1 + e_2)^2}{2C} = \frac{e_1^2}{2A}(h - y) + \frac{e_2^2}{2A}(h + y) + \frac{(e_1 + e_2)^2}{4Ah}(h^2 - y^2) \tag{13.50}$$

因此，拉格朗日函数变为

$$L = \frac{1}{2}m\,\dot{y}^2 - mgy + \frac{1}{2}L_1 i^2 + M_{12}(y)ii_2 + \frac{1}{2}L_2 i_2^2 - \frac{e_2^2}{2A}(h + y) - \frac{(e_1 + e_2)^2}{4Ah}(h^2 - y^2) \tag{13.51}$$

如果忽略悬浮系统电气部分的电阻，则系统的耗散函数可表示为

$$\Psi = \frac{1}{2}R_1 i_1^2 + \frac{1}{2}R_2 i_2^2 + \frac{1}{2}\mu \dot{y}^2 \tag{13.52}$$

在实践中，$\mu$ 可以通过封装装置的抽真空来控制。

将式（13.51）和式（13.52）代入式（13.46），可以得到

$$\frac{h-y}{A}e_1 + \frac{h^2-y^2}{4Ah}(e_1+e_2) = u_1$$

$$\frac{h+y}{A}e_2 + \frac{h^2-y^2}{4Ah}(e_1+e_2) = u_2$$

$$L_1\frac{\mathrm{d}i}{\mathrm{d}t} + \frac{\mathrm{d}M_{12}(y)}{\mathrm{d}y}\dot{y}i_2 + M_{12}(y)\frac{\mathrm{d}i_2}{\mathrm{d}t} + R_1 i = 0 \tag{13.53}$$

$$L_2\frac{\mathrm{d}i_2}{\mathrm{d}t} + \frac{\mathrm{d}M_{12}(y)}{\mathrm{d}y}ii_2 - \frac{e_1^2}{2A} + \frac{e_2^2}{2A} - \frac{(e_1+e_2)^2}{2Ah}y = 0$$

$$m\ddot{y} + \mu\dot{y} + mg - \frac{\mathrm{d}M_{12}(y)}{\mathrm{d}y}ii_2 - \frac{e_1^2}{2A} + \frac{e_2^2}{2A} - \frac{(e_1+e_2)^2}{2Ah}y = F_y$$

方程组（13.53）是描述由所给的 CS 系统支撑的 PM 的表现的非线性方程组。

### 13.3.3  稳定悬浮的条件

让我们来考察一下 PM 在位于线圈上方、高度为 $h$ 处的 $O$ 点处，处于平衡位置的条件。换句话说，研究的就是在交变磁场中 PM 稳定悬浮的条件。在这种情况下，就引入了定义 PM 静态位置的问题。在这个问题中，PM 的静态位置的特征为在高度 $h$ 处，且在此高度上感应悬浮系统所感应的电磁力补偿了 PM 的质量所对应的重力。因此，可以忽略由 PM 的速度 $\dot{y}$、加速度 $\ddot{y}$ 和作用在 PM 上的总合力 $F_y$ 带来的影响。在此，我们假定互感 $M_{12}$ 与 $h$ 具有函数相关性。此外，还假设悬浮系统的电气部分与电源断开。基于以上这些假设，方程组（13.53）可以重写为如下形式：

$$\begin{cases} L_1\dfrac{\mathrm{d}i}{\mathrm{d}t} + M_{12}(h)\dfrac{\mathrm{d}i_2}{\mathrm{d}t} + R_1 i = 0 \\[2mm] L_2\dfrac{\mathrm{d}i_2}{\mathrm{d}t} + M_{12}(h)\dfrac{\mathrm{d}i}{\mathrm{d}t} + R_2 i_2 = 0 \\[2mm] mg - \dfrac{\mathrm{d}M_{12}(h)}{\mathrm{d}h}ii_2 = 0 \end{cases} \tag{13.54}$$

由于流入线圈的电流是由电流发生器供电的，因此可以假设其为恒定的。使用方程组（13.54）中的第二个方程，当前 $i_2$ 可以用 $i$ 来表示：

$$i_2 = -i\frac{\sqrt{\omega^4 L_2^2 + \omega^2 R_2^2}}{\omega^2 L_2^2 + R_2^2}M_{12}(h)\mathrm{e}^{\mathrm{j}\phi} \tag{13.55}$$

式中，$\phi = \arctan(R_2/\omega L_2)$。方程（13.55）表明，第一，电流 $i_2$ 的流动方向与 $i$ 相反；其次，电流 $i_2$ 和 $i$ 之间存在相移 $\phi$，该相移由导电材料的电阻引起。如果要使感应悬浮系统正常运行，那么必须使相移 $\phi$ 最小化，如下所示：

$$\omega L_2 \gg R_2 \tag{13.56}$$

通常，通过调整频率 $\omega$ 的大小来满足不等式（13.56）的要求。如果保持不等式（13.56）的满足条件，则方程式（13.55）可以简化为

$$i_2 = -i \frac{1}{L_2} M_{12}(h) e^{j\phi} \tag{13.57}$$

将式（13.57）代入方程组（13.54）的第三个方程，得到

$$mg + \frac{dM_{12}(h)}{dh} \frac{M_{12}(h)}{L_2} i^2 = 0 \tag{13.58}$$

因此，式（13.58）定义了惯性质量块 PM 在原点处保持平衡位置的高度 $h$。

另一方面，在平衡位置，该系统的 Lagrange-Dirichlet（拉格朗日-狄利克雷）函数达到最大值：

$$F(h) = \Pi(h) - W_{\mathrm{m}}(h, j) \to \min \tag{13.59}$$

因此，函数 $F(h)$ 关于 $h$ 的二阶倒数必须有相反的符号，因此式（13.58）可以写成

$$\frac{d}{dh}\left( mg + \frac{dM_{12}(h)}{dh} \frac{M_{12}(h)}{L_2} i^2 \right) > 0 \tag{13.60}$$

对上式进行微分，方程（13.60）则变为

$$\frac{i^2}{L_2}\left[ \frac{d^2 M_{12}(h)}{dh^2} M_{12}(h) + \left( \frac{dM_{12}(h)}{dh} \right)^2 \right] > 0 \tag{13.61}$$

由于式（13.61）的符号仅取决于括号内的表达式，因此 PM 稳定悬浮的最终条件可以写成：

$$\frac{d^2 M_{12}(h)}{dh^2} M_{12}(h) + \left( \frac{dM_{12}(h)}{dh} \right)^2 > 0 \tag{13.62}$$

让我们来研究接近平衡点 $O$ 的 PM 的情况。假设 PM 的线性位移 $y$ 相比于 $h$ 变化小，则不等式可以写成：

$$\frac{y}{h} \ll 1 \tag{13.63}$$

由于不等式（13.63）的成立，互感 $M_{12}(y)$ 的函数可以通过扩展为点 $h$ 处的泰勒级数。忽略三阶以上部分，可以变为

$$M_{12}(y) = M_{12}(h) + M_y y + \frac{1}{2} M_{yy} y^2 \tag{13.64}$$

式中

$$M_y = \frac{dM_{12}(y)}{dy}\bigg|_{y=h} \text{ 和 } M_{yy} = \frac{d^2 M_{12}(y)}{dy^2}\bigg|_{y=h}$$

将式（13.64）代入方程组（13.53）的最后一个方程，同时考虑方程组（13.57）和（13.58），接近平衡点 $O$ 的 PM 线性位移的微分方程（悬浮系统没有电场部分存在的情况下）可以写成：

$$my + \mu y + \frac{i^2}{L_2}\left[ M_{yy} M_{12}(h) + M_y^2 \right] y = F_y \tag{13.65}$$

方程（13.65）是感应悬浮系统的线性模型。感应悬浮系统所具有的弹性系数与流

入线圈的电流的平方、$M_y$ 的平方成正比，并且与 PM 的自感 $L_2$ 成反比。

PM 的自感取决于 PM 内的感应电流电路。由于电源电流 $i$ 的高频率和 PM 盘形形状，电流电路可以被认为是具有半径 $r_{mp}$ 的环形形式，如图 13.10 所示。两个同轴环的相互感应可以通过以下函数大致描述[28,29]：

$$M_{12}(y) = \mu_0 r_e \left[ \ln \frac{8r_c}{\sqrt{y^2 + d^2}} - 2 \right] \tag{13.66}$$

式中，$\mu_0$ 是磁导率；$r_c$ 为线圈半径；$d = r_c - r_{pm}$。

在式（13.66）中用 $h$ 代替 $y$，然后代入式（13.62），盘状 PM 的稳定悬浮条件变为

$$- \frac{\mu_0^2 r_c^2}{(h^2 + d^2)^2} \left[ (d^2 - h^2) \left( \ln \frac{8r_c}{\sqrt{h^2 + d^2}} - 2 \right) - h^2 \right] > 0 \tag{13.67}$$

同样，表达式的符号取决于括号内的项。由于上式必须始终为正，也就有

$$(d^2 - h^2) \left( \ln \frac{8r_c}{\sqrt{h^2 + d^2}} - 2 \right) - h^2 < 0 \tag{13.68}$$

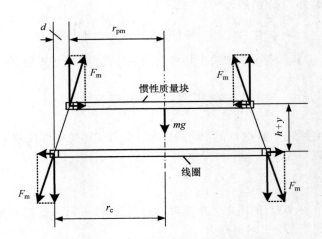

图 13.10  悬浮系统电磁部分示意图

（$F_m$ 是由感应悬浮系统产生的合成电磁力）

因此，为了在由环形线圈引起的交变磁场中的盘状 PM 保持稳定悬浮，必须满足条件式（13.68）。

从式（13.68）的分析中可以看出，$d$ 的值不能等于零，换句话说，线圈和 PM 的半径不能相等。在可行的系统框架下，可以看出函数 $\ln(8r_c/\sqrt{h^2 + d^2}) - 2$ 的符号总为正，而且远远大于 1；因此，公式（13.68）可以写为

$$\frac{h^2}{d^2} > \frac{\ln(8r_c/\sqrt{h^2 + d^2}) - 2}{\ln(8r_c/\sqrt{h^2 + d^2}) - 1} \tag{13.69}$$

这样，式（13.69）可以化简为

$$\frac{h^2}{d^2} > 1 \text{ 或者 } h > d \tag{13.70}$$

不等式（13.70）表明 PM 的悬浮高度 $h$ 受底部 $d$ 的限制。

### 13.3.4　弹性系数的补偿

假设 PM 稳定悬浮［保持条件为式（13.62）和式（13.70）］，则由电极 $E_1$、$E_2$、$E_3$、$E_4$ 系统产生的电场中惯性质量块 PM 的变化可以由以下方程组描述：

$$\begin{cases} \dfrac{h-y}{A}e_1 + \dfrac{h^2-y^2}{4Ah}(e_1+e_2) = u_1 \\[2mm] \dfrac{h+y}{A}e_2 + \dfrac{h^2-y^2}{4Ah}(e_1+e_2) = u_2 \\[2mm] m\ddot{y} + \mu\dot{y} + \dfrac{i^2}{L_2}[M_{yy}M_{12}(h)+M_y^2]y - \dfrac{e_1^2}{2A} + \dfrac{e_2^2}{2A} - \dfrac{(e_1+e_2)^2}{2Ah}y = F_y \end{cases} \tag{13.71}$$

使用方程组（13.71）中第一和第二公式，电荷 $e_1$ 和 $e_2$ 可以用电位 $u_1$ 和 $u_2$ 表示：

$$e_1 = \frac{A}{4h}\left(\frac{3h-y}{h-y}u_1 - u_2\right); \quad e_2 = \frac{A}{4h}\left(\frac{3h-y}{h-y}u_2 - u_1\right) \tag{13.72}$$

将式（13.72）代入方程组（13.71）的最后一个方程，然后重新排列，可以写成如下表达式：

$$m\ddot{y} + \mu\dot{y} + \frac{i^2}{L_2}[M_{yy}M_{12}(h)+M_y^2]y - \frac{A}{4}\left[\frac{u_2^2}{(h+y)^2} - \frac{u_1^2}{(h-y)^2}\right] = F_y \tag{13.73}$$

鉴于式（13.63）和假设电位 $u_1$ 和 $u_2$ 彼此相等的事实，式（13.73）可以线性化和简化如下：

$$my + \mu y + \left\{\frac{i^2}{L_2}[M_{yy}M_{12}(h)+M_y^2] - \frac{Au^2}{h^3}\right\}y = F_y \tag{13.74}$$

因此，可以获得一个基于感应和电气组合悬浮的微机械 $c_s$ 的盘状 PM 变化的线性模型。模型分析式（13.74）表明，悬浮体的弹性系数由两项之间的差异决定，这两项分别为感应弹性系数（括号内的第一项）和电气悬浮弹性系数（括号内的第二项）。注意，电气悬浮系统的弹性系数为负号，其值与悬浮高度的立方成反比。为了最小化或完全消除悬浮系统的弹性系数，则必须满足以下条件：

$$\frac{i^2}{L_2}[M_{yy}M_{12}(h)+M_y^2] - \frac{Au^2}{h^3} \approx 0 \tag{13.75}$$

从悬浮系统的稳定性角度来说，条件式（13.75）不能为负数。

已开发的方法可以应用于 Williams 的实验结果[11]。在感应悬浮系统的原型中，将半径为 $r_{pm} = 250\mu m$，厚度 $t_{pm} = 10\mu m$ 的圆盘状 PM 悬浮至 $h = 2\mu m$ 的高度。线圈电流 $i$ 为 0.35A 时，垂直方向的测量弹性系数为 $4 \times 10^{-3} N/m$。

假设这种感应悬浮系统由电极系统提供，如图 13.6 所示。为进一步分析，在此引入一个无量纲弹性系数：

$$c_s = \frac{c_m - c_e}{c_m} \qquad (13.76)$$

式中，$c_m = i^2 / L_2 [M_{yy} M_{12}(h) + M_y^2]$，而且 $c_e = Au^2 / h^3$。在这种情况下，假设 $c_m$ 的值为 $4 \times 10^{-3} \mathrm{N/m}$，则根据计算公式 $A_e = (\pi r_{pm}^2)/2$，所计算的电极的面积为 $9.82 \times 10^{-8} \mathrm{m}^2$。

我们绘制无量纲弹性系数 $c_s$ 与施加到电极 $E_1$ 和 $E_2$ 的电位 $u$ 的关系，如图 13.11 所示。图 13.11 显示的是当电位 $u$ 的数值 $u_0 = 0.1960\mathrm{V}$ 时，悬浮系统的弹性系数降低到 0。当 $u < u_0$ 时，悬浮系统是稳定的，当 $u > u_0$ 时，悬浮系统是不稳定的。重要的是要注意，消除悬浮系统弹性系数，所采用的电位 $u$ 的值是 0.1V。

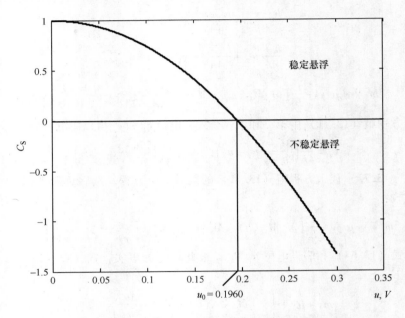

图 13.11　无量纲弹性系数 $c_s$ 对电位 $u$ 的依赖性

无量纲弹性系数的倒数 $1/c_s$ 表明了测量加速度的静态灵敏度，在此以 $a$ 表示。他对电位 $u$ 的依赖如图 13.12 所示。在悬浮系统的弹性系数降低 90% 后，灵敏度增加一个数量级。在 $u = u_0$ 点处，由于完全消除了弹性系数，静态灵敏度变得无限大。

因此，提出了具有零弹性系数的微机械 $c_s$。这一方面导致惯性传感器的静态灵敏度显著增加，另一方面导致传感器在闭环操作中的稳态误差的显著降低。所提出的微机械 $C_s$ 的弹性系数的最小化通过组合的感应和电气微机械 $c_s$ 实现。

以上，采用了一种数学模型来研究与弹性系数消除的有关条件以及悬浮稳定性。对该模型的分析允许我们定义一般情况下稳定悬浮感应微机械悬浮装置的条件。在特定的情况下，获得了在环状线圈的交变磁场中盘状 PM 稳定悬浮的条件。这种条件预测，为了稳定悬浮盘状 PM，线圈和 PM 的半径不能彼此相等，PM 的悬浮高度 $h$ 受到底部线圈半径和 PM 半径之间的差值的限制。

基于 Shearwood 小组开发的 ICS 原型的实验研究数据，在理论上说明了 $c_s$ 的性能，显示了使弹性系数最小化所需施加的电位值为 0.1 V。

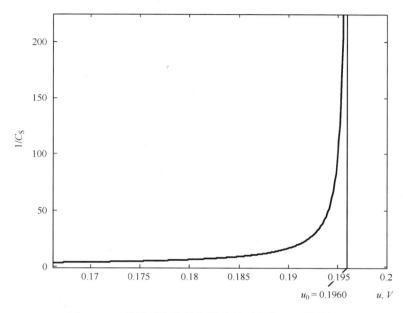

图 13.12　悬浮系统的静态敏感性对电位 $u$ 的依赖性

# 参 考 文 献

1. C. Shearwood, C.B. Williams, P.H. Mellor, R.B. Yates, M.R.J. Gibbs, and A.D. Mattingley, Levitation of a micromachined rotor for application in a rotating gyroscope, *Electron. Lett.*, 31(21), 1845–1846, 1995.
2. C. Shearwood, K.Y. Ho, C.B. Williams, and H. Gong, Development of a levitated micromotor for application as a gyroscope, *Sens. Actuators A: Phys.*, 83(1–3), 85–92, 2000.
3. R. Toda, N. Takeda, T. Murakoshi, S. Nakamura, and M. Esashi, Electrostatically levitated spherical 3-axis accelerometer, in *Micro Electro Mechanical Systems, 2002. The Fifteenth IEEE International Conference on.* IEEE, Allentown, PA, January 24, 2002, pp. 710–713.
4. R. Houlihan and M. Kraft, Modelling of an accelerometer based on a levitated proof mass, *J. Micromech. Microeng.*, 12, 495, 2002.
5. B. Damrongsak, M. Kraft, S. Rajgopal, and M. Mehregany, Design and fabrication of a micromachined electrostatically suspended gyroscope, *Proc. Inst. Mech. Eng. C: J. Mech. Eng. Sci.*, 222(1), 53–63, 2008.
6. X. Wu, T. Deng, W. Chen, and W. Zhang, Electromagnetic levitation micromotor with stator embedded (ELMSE): Levitation and lateral stability characteristics analysis, *Microsyst. Technol.*, 17, 5969, 2011.
7. T. Murakoshi, Y. Endo, K. Fukatsu, S. Nakamura, and M. Esashi, Electrostatically levitated ring-shaped rotational gyro/accelerometer, *Jpn. J. Appl. Phys.*, 42(4B), 2468–2472, 2003.
8. F.T. Han, Q.P. Wu, and L. Wang, Experimental study of a variable capacitance micromotor with electrostatic suspension, *J. Micromech. Microeng.*, 20, 115034, 2010.
9. F.T. Han, L. Wang, Q.P. Wu, and Y.F. Liu, Performance of an active electric bearing for rotary micromotors, *J. Micromech. Microeng.*, 21, 085027, 2011.
10. T.B. Gabrielson, Mechanical-thermal noise in micromachined acoustic and vibration sensors, *IEEE Trans. Electron. Dev.*, 40(5), 903–909, 1993.
11. C.B. Williams, C. Shearwood, and P.H. Mellor, Modeling and testing of a frictionless levitated micromotor, *Sens. Actuators A: Phys.*, 61, 469–473, 1997.

12. K.V. Poletkin, A.I. Chernomorsky, and C. Shearwood, A proposal for micromachined dynamically tuned gyroscope, based on contactless suspension, *IEEE Sens. J.*, 12(06), 2164–2171, 2012.

13. K.V. Poletkin, A.I. Chernomorsky, and C. Shearwood, A proposal for micromachined accelerometer, base on a contactless suspension with zero spring constant, *IEEE Sens. J.*, 12(07), 2407–2413, 2012.

14. K. Poletkin, A micromachined contactless suspension with zero spring constant, in *Proceedings of the ASME 2012 International Mechanical Engineering Congress and Exposition (IMECE2012)*. ASME, Houston, TX, November 9–15, pp. 519–527, 2012, accepted with honors.

15. J. Van de Vegte and J.V. Vegte, *Feedback Control Systems*, Prentice Hall, Englewood Cliffs, NJ, 1994.

16. V.I. Mel'nikov, *Electromechanical Transducers Based on Quartz Glass*, Moscow: Mashinostroenie, 1984 (in Russian).

17. M. Kraft, C.P. Lewis, and T.G. Hesketh, Closed-loop silicon accelerometers, in *Circuits, Devices and Systems, IEE Proceedings*. IET, 1998, Vol. 145, pp. 325–331.

18. R. Whalley, M.J. Holgate, and L. Mauder, Oscillogyro, *J. Mech. Eng. Sci.*, 9(1), 55–65, 1967.

19. D. Ormandy and L. Maunder, Dynamics of oscillogyro, *J. Mech. Eng. Sci.*, 15(3), 210–217, 1973.

20. L. Maunder, Dynamically tuned gyroscopes, in *Fifth World Congress on Theory of Machines and Mechanisms*, New York, 1979, pp. 470–473.

21. U.B. Vlasov and O.M. Filonov, *Rotor vibratory gyroscopes applications in navigation systems*, Leningrad: Shipbuilding, 1980 (in Russian).

22. R.J.G. Craig, Theory of operation of a 2-axis-rate gyro, *IEEE Sens. J. Trans. Aerospace Electron. Syst.*, 26(5), 722–731, 1990.

23. R.J.G. Craig, Theory of operation of an elastically supported tuned gyroscope, *Aerospace Electron. Syst. IEEE Trans.*, (3), 280–288, 1972.

24. S. Merhav, *Aerospace Sensor Systems and Applications*, Springer-Verlag, New York, 1996.

25. C.B. Williams, C. Shearwood, P.H. Mellor, A.D. Mattingley, M.R.J. Gibbs, and R.B. Yates, Initial fabrication of a micro-induction gyroscope, *Microelectron. Eng.*, 30(1–4), 531–534, 1996.

26. K.V. Poletkin, A.I. Chernomorsky, and C. Shearwood, Influence of the elastic properties of the spring element on the rotor tuning condition of a rotor vibratory gyroscope, *IEEE Sens. J.*, 11(09), 1856–1860, 2011.

27. Yu.G. Martynenko, *Analytical Dynamics of Electromechanical Systems*, Moscow Power Engineering Institute, Moscow, Russia, 1984 (in Russian).

28. F.W. Grover, *Inductance Calculations: Working Formulas and Tables*, Dover Publications, New York, 2004.

29. C.R. Paul, *Inductance: Loop and Partial*, Wiley-IEEE Press, New York, 2009.

# 第14章　汽车、消费和工业应用中的非接触角度检测

Antonio J. López-Martín, Alfonso Carlosena

## 14.1　引言

如今，许多测量、控制和仪器应用中的相关要求是角度测量，以便检测和控制角位置、位移、转速或加速度。传统上采用基于可变电阻分压器的三端电位计，其值由滑动触头来设置其运行，是基于滑动触头（滑动片）沿着电阻元件的位移来进行的，并通过该触头来产生一个电接触。电阻元件的两端连接了两个电气端子。电位计由移动滑动触点的机构（例如轴）和包含电阻器和滑动触点的外壳共同组成。这些常规的电位计都非常便宜，电阻元件通常由石墨制成。然而，滑块和电阻元件之间的内部接触会由于磨损使设备质量下降，使其在很多应用场合，特别是汽车和工业领域，变得不可用。为了弥补这种不足，近年来非接触角度检测已经得到广泛的发展[1-3]。它的原理是基于避免上述内部摩擦，提供无磨损的操作，从而增加了可靠性和寿命。这种物理接触的避免也使得设备在应对机械老化和抗污染方面变得更加稳健。由此也使得非接触电位计已经变得非常普及，并且生产非接触式电位计公司的数量和电位计使用技术的数量都在不断增加。

在任何基于传感器的测量系统中，相关的问题是传感器的误差及读出电子信号，通过该电路向传感器提供能量并对传感器信号进行处理。传感器通常需要适当的直流或交流偏置，并提供低电平模拟信号输出，这不仅仅取决于要测量的参数，而且还取决于不需要希望受到影响的参数，如压力或温度。可能影响传感器输出信号的其他不良因素有偏移、增益误差、滞后和老化等。在非接触角检测中，不仅要考虑电气偏移，还须要考虑"机械"偏移，也就是说零参考位置的角度误差也必须进行补偿。因此，在诸如一个控制系统那样的使用传感器的系统，在使用传感器的输出之前，都需要适当的信号调整和校准。通常最终目标是要获得与被测参数线性相关的输出信号，并且不依赖于其他参数。由于后续处理单元主要是以数字方式进行的，因此通常也要求这种输出是数字形式的。

本章旨在深入了解现代非接触式角度测量系统的发展。第14.2节概述了这些系统在汽车、工业和消费领域的应用；14.3节描述各种类型的用于非接触式角度测量的传感器，并突出了他们的主要特征；第14.4节介绍了基于巨磁阻（Giant Magneto resistive，GMR）传感器桥的三种不同的非接触角度检测方案，并对其性能进行了比较。最后，在第14.5节中得出了一些结论。

## 14.2  非接触式电位计的应用

非接触式角度检测是一个新兴领域，在这里，突出的技术以及市场销售、应用领域方面都在不断进步。在下一节中，将概述不同行业的一些现有应用。

### 14.2.1  汽车行业中的应用

汽车行业已经成为传感器制造商的主要目标之一。由于对能源效率、安全性和舒适度的要求不断增加，车辆中包含的传感器数量正在稳步增加[1]。

用于汽车应用的传感器的设计意味着面临难以平衡的严格要求。在整个测量和温度范围内，要求精度通常高于3%，所要求适应的温度范围非常宽（发动机舱内的温度为 $-40\sim125$℃），过程中的振动也非常大（30h 内能检测到高达 $10g$ 的振动）。工作环境中的电子干扰、湿度、液体、灰尘和污染方面都非常不利。而且，由于公司生产量巨大，竞争激烈，所以成本就成了备受关注的问题。因此，汽车传感器必须在精度、鲁棒性、可制造性和成本之间面对复杂的取舍，以得到最优的方案。

在汽车应用的不同感知检测要求中，角度测量是有史以来相关性最多的，特别是用于测量角度位置和转速的测量。表 14.1 总结了这方面的一些主要应用。应用领域分为动力总成，底盘和车身系统，其中车身系统应用所包含了与其他两类应用不相对应的任务。经常采用的另一种可能的分类是动力总成、车身和安全应用。动力总成系统包括发动机、变速器系统和所有车载诊断元件。底盘系统包括悬架、制动、照明、方向盘和稳定系统。车身系统包括乘客的安全、舒适性、信息服务，以及旨在满足车辆乘客需求的其他系统。尽管表 14.1 并不详尽，但是可以看出，这些传感器非常重要，主要用于动力总成系统和底盘系统。它们适用于点火和燃油喷射正时的曲轴和凸轮轴旋转控制，并用于电子控制换挡，以检测变速箱输入和输出轴转速。它们也适用于检测车轮速度，在电子制动系统、牵引力控制和稳定系统中发挥主要作用。它们也是构成"拉线操控"系统、主动悬架和自动大灯调节以及刮水器、后视镜和座椅定位的关键要素。另一个重要的应用是自动导航系统检测车轮的位置。

**表 14.1  用于汽车应用的传感器**

| 动力总成 | | |
|---|---|---|
| | 发动机 | 曲轴旋转运动 |
| | | 凸轮轴旋转运动 |
| | | 废气再循环（EGR） |
| | | 节气门位置 |
| | 传动 | 换挡位置 |
| | | 输入/输出轴转速 |
| | | 变速箱油泵 |

（续）

| 底盘 | | |
| --- | --- | --- |
| | 制动 | ABS 的车轮速度 |
| | | 制动踏板角度 |
| | 照明 | 自动前照灯的高低 |
| | 转向 | 电动方向盘角度 |
| | | /线控转向方向盘角度 |
| | 车辆 | 车轮速度 |
| | | 偏角率 |
| | | 滚动角速率 |
| | | 底盘高度/角度 |
| | | 滚动速度的轮对方差 |
| | | 刮水器定位 |
| | | 后视镜定位 |
| 车身 | | |
| | 安全 | 座椅定位 |
| | 导航 | 车轮运动（到 0 速度） |
| | | 车辆偏航率 |
| | 安全 | 车辆防盗装置 |

## 14.2.2　工业应用

精确的角位置和转速的测量也是多个工业应用中的关键要求，主要用于控制[3]。像汽车行业的应用一样，也非常需要可用的免摩擦解决方案，以增加其可靠性并延长设备的使用寿命。工业场景中的要求因不同领域的需求而异。例如，空调房间所需的温度范围非常小，在军事应用领域温度范围延伸至 $-55 \sim +190℃$。然而，许多此类应用中的常见要求是降低制造成本。一些主要的应用领域有

- 机器人系统；
- 过程控制；
- 液压系统；
- 发电。

在过程控制和机器人技术中，角度和转速是基本的检测量，并采用增量和绝对旋转编码器实现。他们也广泛应用于检测阀门装置、齿轮位置或速度和电动转向马达等应用系统中。

## 14.2.3　消费应用

对于低成本主导的应用，因为对精度和运行磨损的要求通常不是太严格，关注的更多的是成本，所以常规电位计得到了广泛应用。例如，它们在多个电器行业被用作电器的旋钮，这些应用通常不需要非接触式装置对可靠性和使用寿命的增强。然而，

很多公司生产的非接触式设备的价格也都降低了，这使得这些设备对于一些消费应用来说也是有吸引力的。其中的一些应用实例包括：

- 人机界面（操纵杆、拨盘、旋转开关）；
- 家庭自动化。

所谓的系统在旨在实现先进家庭自动化的新技术需求方面发挥着重要作用[4]。

被称作 domotic 的家庭自动化系统的推出，在针对先进家庭自动化新技术的需求中起着关键性作用[4]。这些系统主要是基于对房屋或建筑现有常规设施的集成，力图建立一个由单一系统管理和控制的自动化系统。在此，非接触式电位计是常用的，精密的设备也同样在这一领域实现了多种应用，例如，通过控制百叶窗板条的角度来调节进入房间或办公室的自然光的强度。

# 14.3 非接触角度检测技术

已经提出的可以实现内部无摩擦的角度测量技术有多种，他们中大多数都是基于磁性传感器的，尽管也采用了一些诸如光学传感器和电容传感器的其他器件。以下对这些技术中最普及的一些做一下系统概述。

## 14.3.1 光学传感器

通过光学手段检测角度的简单方法是使用光编码传感器[5,6]。光学旋转编码器被认为是具有高精度、高分辨率和高可靠性的旋转角度测量装置。绝对光学编码器表示绝对角度位置，因此可用于角度测量，而增量编码器仅提供关于角度变化的信息，并且更适合于测量转速或加速度。

光学编码器的典型结构是一个同时具有透明和不透明区域的盘（例如一个开槽的圆盘），当光源被放置到盘的一侧时，由盘的位置产生的光学图案通过放置在盘另一侧的光电二极管阵列来读取。

## 14.3.2 电容传感器

角度测量也可以通过改变传感器的电容，并以此作为测量角度的函数来实现[7]。电容传感器由于其低功耗和制造简单，优秀的线性度和电容器的无噪声特性而具有吸引力。一种简单的方法是采用面积可变的电容传感器，通过检测可动极片相对于固定极片的电容的变化来测量角度。对于刚刚提及的光学传感器，存在增量传感器和绝对传感器。由于电容值有限，通常绝对角度测量技术用于小角度测量，从而减小了它的应用范围。增量测量允许通过连续检测电网耦合的周期相位信号来检测更宽的角度。但是，一旦电源关闭，则必须将可动部件复位到基准位置，而且该部件也必须设置在零位置以校准测量值。参考文献［8］提出了一种在宽范围内测量绝对角位置的替代方案。电容式传感器通常采用低电平信号，使电子读出电路复杂化，使器件对电磁干扰、湿度和灰尘更加敏感。、因此，它们在汽车行业中的角度测量（至少对于动力总成应用）并不十分普遍。

### 14.3.3　感应传感器

感应传感器通常基于检测由机械元件的旋转运动产生的磁流体的时变波动而工作的，通常也被称为可变磁阻传感器[9]，其特点是具有相对较小的尺寸和对于温度有较好的不灵敏性等特点。然而，它们也具有一些限制，例如具有较小的气隙（通常小于2mm），零速度时有信号损失以及信号强度与角速度的相位有依赖性关系。基于这个原因，与角度测量相比它们的应用场合更适合于旋转角度测量[1]。

### 14.3.4　霍尔效应传感器

霍尔效应传感器已经成为最近几年最普遍的解决方案之一[10]。其工作方式是基于霍尔效应的利用，即在磁场中的导体内有电流通过时，就会产生一个小电压，它可以提供关于磁场的强度和方向的信息。在非接触电位计中，霍尔传感器通常由半导体有源器件组成，并产生一个电压信号，该电压信号反映了通过旋转机械部件（通常连接永磁铁）而产生的磁通量的变化。这些传感器具有体积小，成本低，线性度高，重复性好，可以零速度运行的特点。但是，由于其最大气隙通常约为 2 ~ 3mm，因此它们对传感器封装上的压力具有显著的敏感性。

### 14.3.5　磁敏感晶体管和 MAGFET

另一个普遍的替代方案，特别是当传感器件需要与读出电路在同一集成电路（IC）工艺中一起制造时，所采用的是磁敏感晶体管。起初，所开发出来的对磁场敏感的双极晶体管通常被称为磁敏晶体管，它们可以分为垂直磁敏晶体管和侧向磁敏晶体管（Lateral Megnetotransistor，LMT）[11]，他们的区别取决于磁检测的载流子是垂直流动还是水平流动的。在这两种情况下，都是利用了对磁场存在时洛伦兹力引起了载流子流动的检测。

今天，CMOS 技术在集成电路制造业中占主导地位，因为无论是模拟还是数字的应用，它们都具有低成本、低功耗及良好的适用性。LMT 的优点之一是可以成功应用于标准 CMOS 技术中，另一个优点是对于平行于芯片平面的磁场很敏感。一种特别有用的 LMT 被称为具有抑制侧壁注入的 LMT（Supparessed Sidewall Injection，SSIMT），它是以高灵敏度和线性度为特征的，可用作磁性开关。

通常使用多收集器 SSIMT，允许用单个设备对磁场进行二维检测[11]。其常见的缺点是其相对较大的偏置以及由于制造公差或老化的原因，使其对传感器与产生磁场的元件之间的机械失准具有较高的灵敏性。

CMOS 技术的另一种选择是使用对磁场敏感的 MOSFET 晶体管（MAGFET）[12]。典型的器件是分裂漏极 MAGFET，其采用与 LMT 相同的原理（由洛伦兹力引起的外部磁场对电流的偏转），并通过比较器件两个漏极端子收集的电流来检测电流偏转量的变化。

### 14.3.6　磁阻

这种器件是电阻随磁通量密度变化而变化的器件。对于前述的器件，它们的原理是基于由洛伦兹力引起的电流偏转而工作的。一个磁阻器件是通过在诸如 InAs 或 InSB[13] 这样具有高速载流子迁移率的半导体中，在垂直于电流流动的方向上放置通过适当的条纹均匀隔开的导电条而获得的。在这些内部短路的情况下，由外部磁场引起电流的变化将会改变器件的电阻。这些内部短路的存在，由外部磁场所引起的电流偏转将改变器件的电阻。因此，这些电阻能够与 IC 的处理相兼容，因而也能被制造在读出电路中。磁阻的优点包括非常好的可重复性，优异的温度不敏感性，能够以零速度操工作，能够感测旋转方向，以及适度的气隙（高达约 3mm）。其主要缺点是它们需要偏置电流，其非线性通常会降低可实现的角度范围，并且它们的成本和尺寸通常不会很低。

### 14.3.7 各向异性磁阻传感器

有一种磁阻传感器，其磁阻的变化率是各向异性的[14]，这种特性对于检测磁场的方向是很有用的，而不仅是检测磁场的强度。所使用的最典型的材料是坡莫合金，这是一种由 20% 的铁和 80% 的镍组成的铁磁材料。通常，这些传感器以四电阻惠斯通电桥的形式布置在同一基底上。其优点和缺点与上述磁阻器件相似。

### 14.3.8 巨磁阻传感器

巨磁阻（GMR）传感器是基于 GMR 效应的[14,15]，其中包括材料的电阻对材料中不同位置处的磁化方向之间的角度依赖性。因此，为了达到这个效果，需要磁性不均匀的材料，这可以通过粒状结构[16]或最常见的多层结构来实现[17]。多层结构的电阻值随着多层中不同铁磁层的磁化方向之间的角度而变化。在施加例如永磁体的外部磁场时，至少有一个磁化的方向会发生改变，从而改变其阻值。

这些传感器中的术语"巨（giant）"的来源是由于相比于各向异性磁阻（Ansisotropic Megnetoresistive，AMR）传感器，对所施加的磁场的变化具有更高的灵敏度（通常在低温下约为 20 倍，在室温下高出 3~6 倍）。虽然 GMR 传感器和 AMR 传感器的工作原理不同，但两者对磁场方向的灵敏度相比于磁场强度都更加敏感，这是角度测量器件的一个优点。

与其他器件（如霍尔传感器或 LMT）相比，GMR 传感器对磁体和传感器之间的相对位置和距离的灵敏度较低，因此对由机械组装和老化产生公差要求不高。此外，磁体不需要特定的形状，这些都是降低生产成本的重要优点。正因为有了这些优点，下一节中将重点介绍这些器件在所给出的系统中的应用。

## 14.4 案例研究：基于巨磁阻传感器的非接触式电位计

在本节中，介绍了基于 GMR 传感器的非接触电位计的实际设计。作者通过不同的选择，对最近几年的电位计的物理布置、传感器误差以及读出电路进行了讨论和比较。

### 14.4.1　非接触式电位计的物理布置

图 14.1 示出了基于磁检测的非接触电位计一种可能配置的简化图。它包括了一个旋转轴，可以旋转附着在电位计轴上的永磁铁。在电位计本体内部，还有一个包含磁性传感器（在顶层）的印制电路板（Printed Circuit Board，PCB）。在PCB 的底层是输出电路。在传感器的大批量应用中（如应用于汽车上），由于成本和尺寸的限制，专用集成电路（Application Specific Integrated Circuit，ASIC）的应用通常是一个最佳选择，将所有输出电路集成在一个芯片中。专用集成电路外围的分立元件数量的最小化可以降低系统的尺寸和成本。

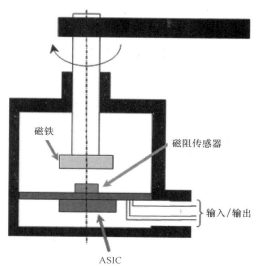

图 14.1　非接触式电位计

其工作过程如下。当轴旋转时，传感器检测由磁铁产生的磁场的方向，从而检测轴的角位置。然后应用专用集成电路处理传感器信号，并以模拟/数字形式通过电位计的连接器传送出去。

图 14.2 所示为可用于图 14.1 的非接触式电位计的不同外壳。图 14.2a 的外壳目的是使电位计能够在恶劣环境中工作，例如汽车应用或某些工业应用中的动力总成系统。封闭的目的是为了避免潮湿、液体、灰尘或污染物的影响。它还包括一个 RFI/EMI 金属屏蔽，可以减少任何外部电磁干扰的影响。图 14.2b 的外壳是常规的低成本金属外壳，适用于大多数消费和工业应用场合以及汽车应用内乘客舱中的一些车身系统。该

a)

b)

图 14.2　a）密封并屏蔽的外壳　b）常规外壳

图示出了将外壳打开的结构，可以观察到含有输出电路的 ASIC 的 PCB。

本章所介绍的非接触式电位计已经按图 14.1 所示的结构布置制造出来，并分别封装在如图 14.2 所示的两种外壳中。所采用的磁铁为两极矩形钐钴磁体，其尺寸为 $10\text{mm} \times 5\text{mm} \times 5\text{mm}$，其气隙（约 $3\text{mm}$）使得磁传感器表面的磁场强度约为 $10\text{kA/m}$。所使用的磁传感器是 GMR 桥，并被详细介绍如下。

## 14.4.2 巨磁阻传感器桥

这些非接触式电位计中使用的 GMR 传感器是由 Infineon Technologies 公司制造的，它们是基于一种硬-软的多层结构，该结构中含有人造反铁磁物质（AAF）[18]。通过将一种特殊的随空间变化的磁场施加到传感器芯片，并经过沉积和纹理化后，一个四 GMR 器件的惠斯通电桥配置得以实现。GMR 桥的原理示意图如图 14.3 所示，其电阻值如下：

$$R_1 = R_0(1 + \alpha_0 T) + 0.5\Delta R(1 - \alpha_\Delta T)$$
$$R_2 = R_0(1 + \alpha_0 T) - 0.5\Delta R(1 - \alpha_\Delta T) \tag{14.1}$$

式中，$R_0$ 是基本 GMR（和桥）电阻；$\Delta R$ 是可变部分，取决于磁场的方向；$\alpha_0$ 是 $R_0$ 的绝对温度系数；$\alpha_\Delta$ 是 $\Delta R$ 的绝对温度系数；$T$ 是相对于参考温度的温度差。

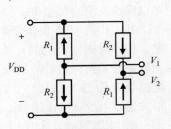

图 14.3　GMR 桥式传感器

通常采用的 GMR 传感器中，$\Delta R/R_0 \approx 5\%$[19]。灵敏度高是 GMR 传感器的另一个优点。$R_0$、$\alpha_0$ 和 $-\alpha_\Delta$ 的典型测量值分别为 $800\Omega$、$0.11\%/\text{K}$ 和 $-0.12\%/\text{K}$。如式（14.1）所示，$R_0$ 相对于的温度依赖性在其后加减 $\Delta R$ 相对于的温度依赖性，以作为温度补偿。桥的输出电压由以下表达式给出[20]，其中 $V_{DD}$ 是桥的偏置电压：

$$V_{out} = V_2 - V_1 = \frac{\Delta R(1 - \alpha_\Delta T)}{2R_0(1 + \alpha_0 T) + \Delta R(1 - \alpha_\Delta T)}V_{DD} \tag{14.2}$$

图 14.4 所示为温度在 25℃ 情况下四个不同的 GMR 传感器桥的测量放大输出。$X$ 轴对应于永磁铁靠近传感器的角位置（°），$Y$ 轴对应经过放大的输出电压。注意，输

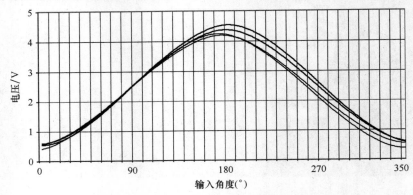

图 14.4　在 25℃ 时四个 GMR 桥式传感器的放大响应

出具有非线性（正弦），因为其中有灵敏度变化和电气和机械的偏移误差（分别来自曲线的垂直和水平移动）。传感器接口（在这种情况下为应用专用集成电路形式）需要对所有误差和温度变化以及线性化输出信号进行补偿，从而提取关于磁体角度的信息。下面介绍这些任务的不同方案。

### 14.4.3    传感器误差和温度补偿

根据非接触式电位计的成本和精度要求，不同的偏置和温度补偿技术会满足不同的需求。本节将介绍其中的一些内容。

#### 14.4.3.1    模拟温度补偿

模拟温度补偿功能及技术通常用于模拟传感器输出电路，通常具有功能简单、具有低等到中等灵敏度的特点。对于 GMR 桥，从式（14.2）中可以看出，如果 $\Delta R \ll R_0$，在同一方向上的两个相反的温度依赖关系会使得传感器的灵敏度降低。该问题的解决方案基本上是通过使用随温度升高而使电流增加的偏置桥方式，以补偿灵敏度的降低。这可以通过温度相关的电流源[21]来完成，如图 14.5a 所示，或者通过负温度系数（NTC）热敏电阻对电桥进行电压偏置，如图 14.5b 所示。在这两种情况下，需要精确调节电流源和负温度系数的电阻，以产生所需的精确温度补偿。

类似于负温度系数的第三个解决方案是通过负电阻的偏置桥，例如通过与桥连接的负阻抗转换器（NIC）来实现，如图 14.5c 所示[20]。如果电阻 $R_{\mathrm{NIC}}$ 为负并且值大于 $R_0$，则由桥接电阻引起的温度升高会导致整体电阻 $R_0 + R_{\mathrm{NIC}}$ 的绝对值降低。因此，桥电流增加，从而补偿灵敏度的降低。因此，如果将 $R_{\mathrm{NIC}}$ 设计为满足以下公式的值：

$$R_{\mathrm{NIC}} = -R_0 \frac{\alpha_0 + \alpha_\Delta}{\beta + \alpha_\Delta} \tag{14.3}$$

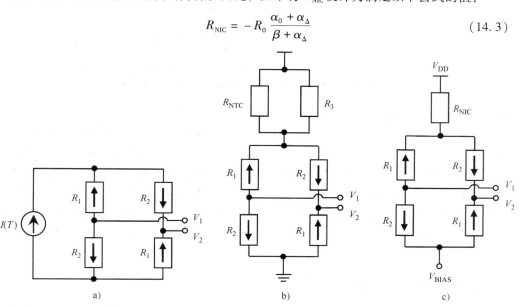

图 14.5    温度补偿技术

a）使用依赖温度的电流偏置    b）使用负温度系数    c）使用负阻抗转换器

式中，$\beta$ 是负阻抗转换器电阻的温度系数，则桥输出电压与温度无关：

$$V_{\text{out}} \approx ( V_{\text{DD}} - V_{\text{BIAS}} ) \frac{\Delta R}{\Delta R + 2R_0 ( 1 - ( ( \alpha_0 + \alpha_\Delta ) / ( \beta + \alpha_\Delta ) ) )} \qquad (14.4)$$

负阻抗转换器的实现方式如图 14.6 所示，其中 $R_{\text{NIC}} = -R_A R_C / R_B$。调整电阻 $R_A$ 的值，可以实现式（14.3）。

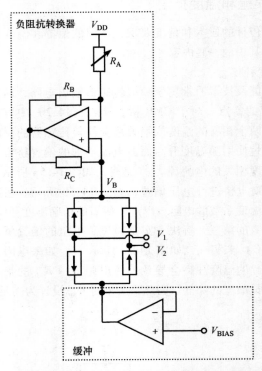

图 14.6　使用负阻抗转换器的温度补偿的详细结构

### 14.4.3.2　数字温度补偿

　　另一个替代方案是利用了这样的一个事实，当 GMR 传感器桥被对温度不灵敏的直流电流偏置时，桥电压为 $R_B = R_0 ( 1 + \alpha_0 T )$，因此传感器也可用于温度测量，并且在传感器读出电路的信号调理电路中可用此感测温度来进行温度补偿。该过程不需要单独的温度传感器，并且显然可以保证检测到的温度是 GMR 传感器的温度。当在以数字为主导进行温度补偿时，该技术特别有用，并且在数-模（A-D）转换器的输入端可以多路分时输入 GMR 的输出电压和温度电压，从而可以使用一个 A-D 转换器对两个信号进行处理。

## 14.4.4　放大和电气误差补偿

　　尽管 GMR 传感器桥的灵敏度相对较高，差分输出电压通常为几 mV，但在实际应用时还是需要进行放大。放大器必须具有可编程增益，以便在校准期间补偿传感器之间的差异。具有连续增益编程的可编程可变增益放大器件（Programmable Gain Amplifier，PGA）如图 14.7 所示。其输出电压为

$$V_{out} = -\frac{R_{gain}}{R_6}\left(1 + \frac{2R_2}{R_1}\right)\frac{R_4}{R_3}(V_{in+} - V_{in-}) + \left[V_{DC}\left(1 + \frac{R_{gain}}{R_6}\right) - \frac{R_{gain}}{R_6}\frac{V_{DD}}{2}\right] \quad (14.5)$$

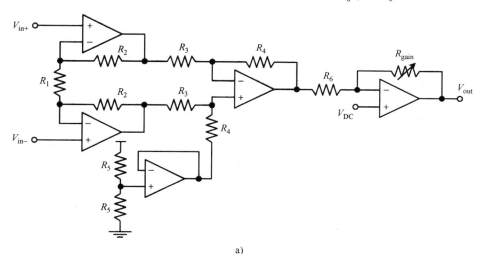

a)

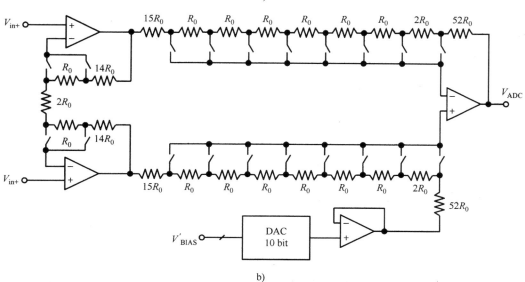

b)

图 14.7　可编程可增益放大器件

a）具有连续调整　b）和离散调整

通过调整电阻 $R_{gain}$ 进行增益调节，通过调整 $V_{DC}$ 来进行偏差补偿，从而设置所需要的直流输出。电阻 $R_6$ 应具有与 $R_{gain}$ 相同的温度系数，以消除 PGA 增益的温度依赖性。

调整电阻通常是通过片外的分离电阻来实现的，该电阻需要在校准期间调整它的

阻值，从而增加了系统的成本。最小化外部元件数量的最好选择是使用离散增益 PGA，该器件是基于在校准期间通过存储在内部存储器中的一个数字字（digital word）来实现离散增益的编程的。图 14.7b 所示为一个可能的配置，其中增益设置为 4 位，允许有 16 个不同的增益。一位用来选择一级电路中的两个增益（8 或 16），另外三位用来设置二级电路中的增益，可选择的增益为 52/23，18/7，11/4，56/19，19/6，58/17，59/16 或 4。可编程可变增益放大器件中的开关不会产生任何增益误差或热噪声，因为在其中没有电流流过。交流输出电压由 D-A 转换器设置，其输入是在校准期间也存储在存储器中的数字字，并且允许进行电气偏差补偿。

## 14.4.5　传感器信号线性化

从图 14.4 中可以看出，GMR 传感器桥的输出与旋转轴的角度成正弦关系，因此，需要通过线性化技术的修正，使得非接触电位计按照所检测的角度的大小线性化地输出。这种线性化的过程可以在模拟信号、数字信号或信号在 A-D 转换期间进行。与此对应的不同的实现方法将在随后进行介绍。

### 14.4.5.1　模拟线性化

对传感器信号进行线性化的简单方法是使用具有有源和/或无源元件组成的模拟电路。这种方法的主要缺点通常是它们对环境条件（主要是温度）具有敏感性，以及在使用不同类型的传感器时，它们的灵活性不足。现存于桥式传感器商用接口电路中的一种简易模拟线性化方法是基于随输出信号产生的桥偏置电流或电压变化的，这种方法是通过反馈环路实现的[22,23]。对于许多硅传感器来说，这种非线性校正可以将传感器的非线性度降低一个数量级。传感器偏置电压或电流的控制通常也用于最初级的温度补偿，通过这种方法，当桥的偏置值随温度变化的值达到一定程度的时候，就能够补偿传感器输出的温度漂移[20]。

另一个替代方案是使用一种输入-输出转换特性与传感器的传递特性恰好成倒数关系的模拟电路，但这种理想的情况在实践中是很难实现的。更常见的方法是实现一个分段的线性化（Piecewise Linear，PWL）电路，以此来逼近传感器特性的倒数，这样会使电路的实现变得更容易。对这些段的数量、段的斜率及拐点电压的恰当选择可以实现给定的精度。精度和电路复杂度两个元素需要平衡，因为这两个因素都随着分段数量的增加而增加。例如，图 14.8 示出了一个三段 PWL 的特性。该函数适用于低精度的应用，在此，传感器的特性是对称的，并且在传感器信号值较低时表现为线性的特性，当信号值较高时，其特性变为非线性的。这种情况在实践中很常见，也适用于 GMR 桥的正弦非线性。在拐点 $V_{C-}$ 和 $V_{C+}$ 之间的范围内，模拟线性化模块是直通的。在该范围之外，通过调整外部段的斜率来最小化线性化输出中的 RMS 误差。在所示的 PWL 功能的特定情况下，GMR 电桥对于很小的检测角度时的灵敏度损失由外部段中大于 1 的斜率加以补偿。一种实现如图 14.8 所示传递函数的简易电路是基于图 14.9 所示的电路的。电路中，每个运算放大器的负反馈环路中都包含了一个超级二极管，该超级二极管是由一个 MOSFET 通过二极连接的方式实现的。之所以使用超级二极管这个名字，是由于其在电路中的作用相当于一个理想的整流器，该整流器具有 0V 的截止电压。每个超级二极管都通过一个直流电压（$V_{C+}$ 或 $V_{C-}$）进行偏置，该电压是通过电阻分压器（$R_7$-$R_8$ 和 $R_9$-$R_{10}$）获得的。该直流电压设定所实现的分段线性化 PWL 功能中的断开电压。当 $V_{C-} < V_{in} < V_{C+}$ 时，超级二极管处于截止状态，电路的作用是仅作为简单的电压跟随器，此时，$V_{out} = V_{in}$。当 $V_{in} < V_{C-}$ 时，超二极管的公共输出节点被钳位在为 $V_{C-}$，电路的功能相当于一个同向放大器，其输出为

$$V_{out} = -V_c - \left(\frac{R_{lin}}{R_{11}}\right) + V_{in}\left(1 + \frac{R_{lin}}{R_{11}}\right) \tag{14.6}$$

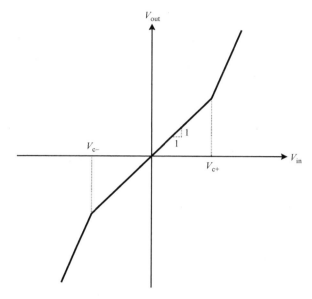

图 14.8　三段 PWL 特性

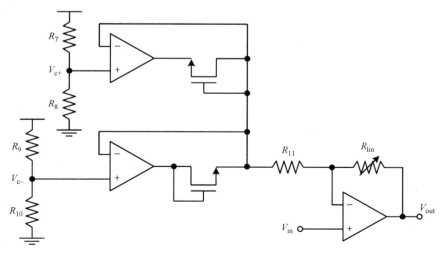

图 14.9　图 14.8 所示传递函数的实现

同样地，当 $V_{in} > V_{C+}$ 时，则电路的输出为

$$V_{out} = -V_{C+}\left(\frac{R_{lin}}{R_{11}}\right) + V_{in}\left(1 + \frac{R_{lin}}{R_{11}}\right) \tag{14.7}$$

从而，获得了一个三段 PWL 的传递特性。其外部段的增益是可以单独设定的，改设定是通过微调外部可调电阻 $R_{lin}$ 的大小来修改线性化电路的折线斜率来实现的。电阻 $R_{11}$ 也是外部电阻，并且与 $R_{lin}$ 具有相同的温度系数，以消除线性化电路的温度漂移。

### 14.4.5.2　数字线性化

数字线性化技术目前几乎是所有传感器信号调理方法中最常用的技术，特别是高性能的传感器。这样的技术以更多的电路复杂度和/或更多的处理时间为代价来实现设计者所要求的精度。数字线性化技术的另一个主要优点是线性化电路或算法的可编程性，这使得传感器接口电路具有通用性，从而对来自不同类型传感器的信号进行处理的实现变得简单。这些通用接口由于其广泛的市场，在工业中变得非常普遍。

数字线性化最常用的技术是基于在只读存储器中一个线性化修正的查找表（Lookup Table，LUT）存储的，该表的每个条目（行）中都包含了一个数字输入值及其相对应的线性化数字输出值[11,24]。该表通常是通过对传感器的直接测量而获得的。这种简单的数字线性化方法是完全通用的，也就是说，它可以对任何种类的传感器相关的非线性进行线性化，无论其是否是单调的。如果采用通过编程可修改的存储器，则可以通过存储器的改写，使得电路能够对不同的传感器响应特性进行线性化修正。然而，当需要的精度较高时，要求使用的 LUT 具有更多的条目，并且存储的数字字也要有更多的位。在这种情况下，存储器所需的硅面积将是非常显著的。当然，也可以插入更少的数据点（例如采用分段 PWL，分段多项式或样条插值）[25]，但这却需要更多的数字处理。这种方法是处理时间和硅片面积之间的二者平衡，这是数字线性化技术中经常遇到的情况。

与此相关的另一种实现方法是通过组合逻辑实现存储表，当作为输入的字施加于组合逻辑电路的输入端时，线性化内容就出现在电路的输出端。该解决方案不需要使用物理内存，因此可通过低成本的 IC 而非常方便地实现，而使用内部只读存储器可能会显著地提高电路的价格。当可用面积尺寸不是足够大时，这种方法非常有效，因为在这种情况下，由组合逻辑占用的硅面积远远低于只读存储器所需的大小。同样，硅面积和处理时间之间的平衡问题也再次出现在该方案中，因为如果允许电路具有更多的逻辑门级，组合逻辑电路中的逻辑门总数就可以减少，但这却增加了电路的延迟。然而，组合电路不能重新配置，因此不能重将其新排列用于其他类型的非线性函数的线性化。在 LUT 和组合逻辑电路这两种方法中，如果表和组合逻辑提供的是输出字和相应的输入字之间的差值，则可以通过少量的额外处理来实现面积的显著节省。这种过程中的数据存储对应的是传感器非线性响应与输出直线之间的差值，而不是非线性响应本身。在所用的 GMR 传感器桥中，它将对应于 arcsin（$x$）函数（在所需角度范围内）与线性函数之间的差值。该方法对于弱非线性特别有效。

流行的第三种技术方案是在其数字存储中仅存储用于非线性函数的近似多项式的系数[26]。例如，假设三阶多项式可以在我们感兴趣范围内很好地近似非线性函数，即

$$V_{out}(V_{in}) \cong a_0 V_{in} + a_1 V_{in}^2 + a_2 V_{in}^3 \qquad (14.8)$$

需要存储的只有系数 $a_0$、$a_1$、$a_2$。这些系数的值是在传感器校准期间获得的。当接收到一个输入字时，它通过数学运算（加法或减法）处理，以获得所需要的输出值。通常情况下，这种数学运算处理是通过使用主处理单元的资源进行的，而不是通过专用硬件进行的，因此可以大大节约使用面积，从而体现了硅面积与处理时间之间的平衡。

### 14.4.5.3　混合信号线性化

这种方法特别适用于传感器信号必须转换为数字形式的应用，并且需要将硅面积、处理效率和功耗方面的线性化信号处理成本最小化。在这种情况下，例如在低成本集成传感器接口电路中，必须以最低成本的硅获得合理的性能。这些技术的共同特点是线性化和 A-D 转换同时进行，并且使用同一硬件[27-29]。完成这两项任务的物理模块是一个非线性的 A-D 转换器，且非线性 A-D 转换的特性与传感器特性的倒数完美匹配。这样的一个非线性 A-D 转换中每一位的分辨率都能够获得最佳效果，换句话说，就是为了达到给定的分辨率所需要的位数最小。

已经提出的非线性 A-D 转换技术有几种，其中为人们所熟知的方法是基于大多数 A-D 转换器的比例性质的[27]。该方法使用一个由输入电压决定的（通常由简单的电阻分压器实现）外部参考比例电压来实现 A-D 转换中所需的非线性。A-D 转换器的数字输出对应于输入电压与该输入相关的参考电压的比值。由此所得到的模数转换器（ADC）可以被看作一个具有数字输出的模拟除法器。虽然这种技术较为简单，但其对传感器非线性的校正是折中的，远低于数字线性化技术所能达到的精度。产生这种有限精度的原因是这种方法不可能精确地实现理想 A-D 转换的特性，即传感器特性的倒数。一种具有更高精度的替代方法是，实现一种转换特性能够以 PWL 的方式来逼近传感器特性的倒数[30,31]的 ADC，其电路可以被等效地看作一个具有 PWL 传输特性的模拟线性化电路，而跟随其后的是一个线性数模转换器。在这种近似方法中，如果能够适当地选择段的数量和大小（即以较低的 RMS 误差实现理想 A-D 转换的特性），则可以通过相对简单的电路获得较高的精度。

图 14.10 所示为一种 PWL 方法的特性，它适用于 GMR 桥非线性的线性化。其中，在转换器的输入范围内不规则地设置了 $N$ 个分段电压，从而定义了 $N+1$ 个不同宽度的转换间隔，通过这 $N$ 个分段电压值的合理选择，可以使得所得到的转换特性能够补偿输入信号特定的非线性。在图 14.10 所示的特定情况下，已经选择了 $N=15$ 个分段电压，这 15 个分段电压定义了最佳的 16 个段，从而对函数 arccos (x) 进行分段近似，以便对放大输入的遵循 cos (x) 特性的 GMR 传感器桥信号进行线性化。通过段的数量和拐点电压的选择，可以将理想 arccos (x) 函数的最大拟合误差控制在 ±0.2% 以内。

图 14.11 示出了实现图 14.10 特性的 ADC，其转换这是分两个步骤完成的，在每一个转换步骤中均使用了一个 4 位的 Flash 级。在第一个转换步骤中，通过 PWL 的 A-D 转换，产生高 4 位的结果，然后执行第二个线性 D-A 转换的转换步骤，这可以提供低 4 位的结果。

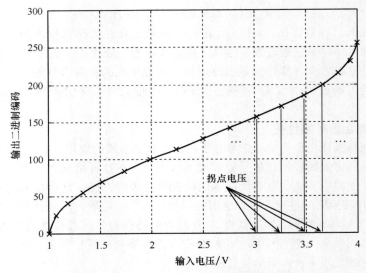

图 14.10　分段线性化 PWL 模数转换器特性

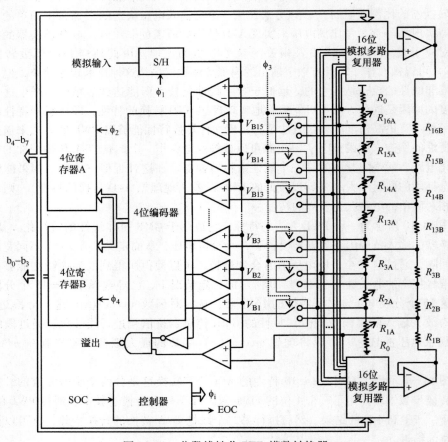

图 14.11　分段线性化 PWL 模数转换器

在第一个转换阶段，在控制器接收到转换开始（Start-of-Conversion，SOC）信号后，对模拟输入进行采样，接着，Flash 转换器将与采样值对应的输出字的高 4 位存储寄存器 A 中。在这一转换阶段，比较器输入端的电压为由第一电阻串（$R_{1A} \sim R_{16A}$）产生的拐点电压 $V_{Bi}$，它们是非线性地分布在 A-D 转换器的输入范围内的，如图 14.10 所示。该电阻串中的电阻在图 14.11 中标记为可调电阻。第 $i$ 个拐点电压由下式给出：

$$V_{Bi} = \frac{R_0 + \sum_{n=1}^{i} R_{nA}}{2R_0 + \sum_{n=1}^{16} R_{nA}} V_{DD} \tag{14.9}$$

其中，电阻 $R_0$ 确定的第 $i$ 个拐点电压的范围设定为 $V_{ss} + 1V$ 到 $V_{DD} - 1V$。通过该拐点电压的引入，从而实现了 4 位非线性 A-D 转换，所得到的 4 位转换结果表示了图 14.10 中不均匀的分段区间的编码值，该编码值所对应的区间正是输入采样所落入的区间。基于这个事实，在第二转换阶段中，由存储在寄存器 A 中的 4 位转换结果控制的两个 16 对 1 多路复用器允许所选择的拐点电压来对由相同阻值的 $R_{1B} \sim R_{16B}$ 组成的第二电阻串进行偏置，此时所选择偏置电压将非均匀区间限定在由寄存器 A 中的 4 位编码决定的区间 $V_{Bi+1} - V_{Bi}$ 内。由于电阻 $R_{1B} \sim R_{16B}$ 的阻值都相同，因此，所产生的新的一组拐点电压 $V'_{Bi}$ 为

$$V'_{Bi} = V_{Bi} + \frac{\sum_{n=1}^{i} R_{nB}}{\sum_{n=1}^{16} R_{nB}} (V_{Bi+1} - V_{Bi}) = V_{Bi} + \frac{i}{16} (V_{Bi+1} - V_{Bi}) \tag{14.10}$$

因此，它们是均匀地分布到所选择的转换区间 $V_{Bi+1} - V_{Bi}$ 中的。通过切换 2 对 1 多路复用器将该组新的拐点电压施加到比较器的输入端，从而产生另一个 4 位的线性 A-D 转换结果，该结果表明了采样值在所选择的间隔内的位置。第二转换阶段所得到的 4 位转换结果被存储在寄存器 B 中，对应于输出代码字的低 4 位。一旦数据在该寄存器中稳定，则控制器产生转换结束（End-of-Conversion，EOC）信号，此时输出结果在 A 和 B 寄存器中就绪。另外，电路还包含有两个附加的比较器（图 14.11 中的上方和下方），用以确保输入信号在 $V_{ss} + 1V \sim V_{DD} - 1V$ 的范围内，否则，将激活溢出信号。电阻 $R_{1A} \sim R_{16A}$ 阻值的选择，使它们产生的拐点电压遵循余弦样分布规律，以便对 arcos（$x$）的非线性进行补偿。

## 14.4.6　测量结果和性能比较

笔者使用 GMR 传感器桥和所描述的技术开发了三种不同的非接触式电位计，它们都是按照图 14.1 所示的方法实现的，所不同的是它们采用 CMOS 的 ASIC 对于 GMR 传感器进行偏置和传感器信号处理的。

第一个 ASIC 如图 14.12 所示，他是一个完全模拟的解决方案，采用图 14.6 中的技术来进行 GMR 桥偏置和模拟温度补偿。可编程放大和偏移补偿由图 14.7 中的电路完成，线性化由图 14.9 中的电路完成。其缓冲输出可在输出引脚得到。可通过外部可调电阻来对线性化电路的温度补偿、增益和斜率进行调整。设计这个电路的目的是测量范围在 [35°，145°] 内的角，所用的供电电压为 5V。图 14.13 示出了温度范围在 −40 ~

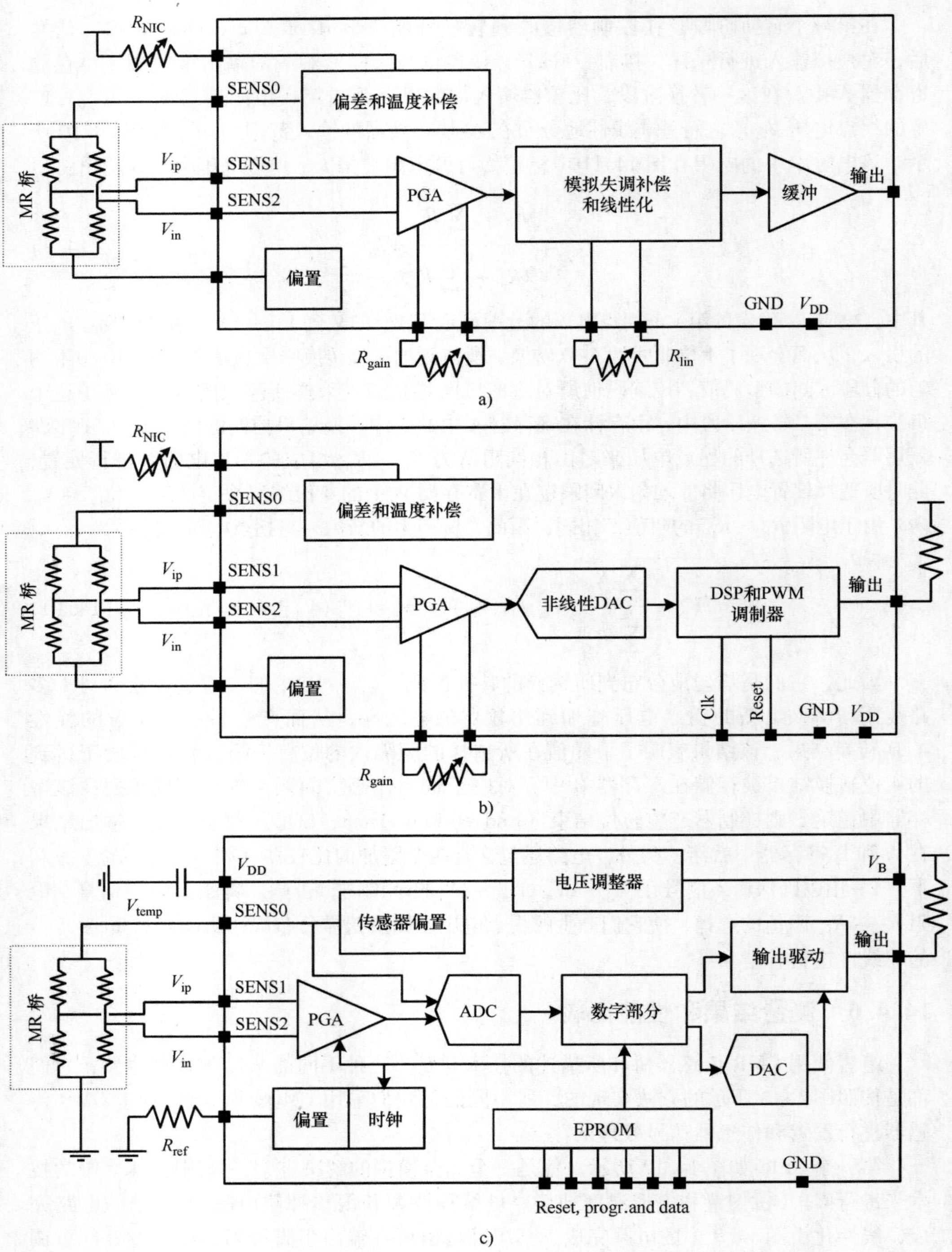

图 14.12 ASIC 实现的信号

a) 模拟信号 b) 混合信号 c) 完全可编程混合信号

120℃时电位计在整个输入范围内的测量角误差。请注意，尽管应用专用集成电路的实现方式很简单，最坏情况下的绝对误差小于 2°，但这对于很多应用来说都是可以接受的精度。误差的主要来源是图 14.9 中分段线性化 PWL 功能中的段数较少。

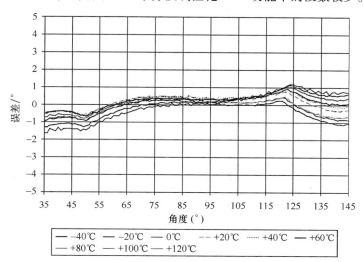

图 14.13　不同温度下测量角度误差与输入角度的
关系曲线（ASIC 为图 14.12a 所示）

第二个应用 ASIC 的方案如图 14.12b 所示。它是一种处理混合信号的专用集成电路应用，采用相同的电路进行 GMR 偏置、温度和误差补偿，以及放大。但是，其线性化处理则由图 14.11 所示的 PWL A-D 转换器完成。由于组装工差的不对称导致的传感器和磁体机械偏移量在传感器校准过程中确定，并在 A-D 转换后用用数字化方法修正。最终，PWM 调制器将输出结果输出给外部的电阻负载上。图 14.14 示出了测量的 PWM

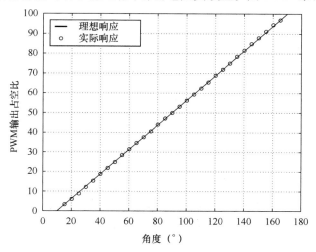

图 14.14　测量的 PWM 输出占空比与输入角的
关系曲线（ASIC 为图 14.12b 所示）

输出占空比与输入角的关系曲线。其中，理想响应如实线所示，圆圈对应于测量值。该电路能够处理 160° 的输入角度范围，产生大约 1% 的输出占空比的最大误差。这里的最大误差是在一个极大的角度范围内产生的。

　　第三个 ASIC 的方案如图 14.12c 所示。它是一个可处理混合信号的专用集成电路应用。传感器偏置和温度补偿如 14.4.3.2 节所述，通过使用芯片上产生的对温度不敏感的直流偏置电流，同时检测引脚 SENS0 处的随温度变化的电桥电压，该电压随后被数字化并用于数字温度补偿。片内的电压调节器允许使用来自诸如汽车电瓶那样不规范的电源电压，这些电压将被施加于 $V_B$ 输入端。另外，消费电子产品的 +5V 电压也可以作为外部电压施加到输入端 $V_{DD}$。该电路还包括一个用于存储编程和校准参数的内部 EPROM。外部电阻 $R_{ref}$ 用于设置内部偏置电流和内部产生的时钟振荡频率。所使用的 PGA 是如图 14.7b 所示的 PGA，并通过 EPROM 的 4 个位进行设置。电路的数字部分实现了大部分的信号调理任务，如误差补偿、增益和温度补偿、线性化、输出范围设置、PWM 调制、PWM 占空比限制，以及机械失准补偿。线性化由组合电路进行，如第 14.4.5.2 节所述。具有模拟和 PWM 格式的两种输出可供使用。图 14.15 示出了芯片校准后测得的 PWM 占空比的输出，同时也给出了理想的输出。PWM 占空比输出在大于 100° 的角度范围内显示 ±0.5° 以内的最大误差。PWM 占空比被限制在 5% ~ 95%。

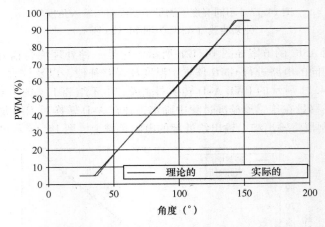

图 14.15　测量的 PWM 输出占空比与输入角度
的关系曲线（ASIC 为图 14.12c 所示）

## 14.5　结论

　　本章概述了获益于来自非接触式电位计增强的可靠性和使用寿命的不同应用领域。非接触式角度测量特别适合于汽车动力总成和底盘的应用，也适合于诸如过程控制和机器人的工业应用。由于成本的降低和新的 domotic 系统的推出，他们在消费应用中的使用正在增加。

此外，还介绍了大多数已经应用于非接触电位计的相关传感技术。其中，因为其应用的显著优点，本章中详细、全面地介绍了 GMR 传感器桥，包括容忍由于组装误差或老化引起的机械偏差，对所产生的磁场强度的相对不敏感性以及高灵敏度等。本章也详细介绍了用于该传感器的不同偏置和信号处理技术，并且讨论了基于这些技术的三个非接触式电位计的解决方案。表 14.2 示出了三种解决方案的主要性能特性。当成本为第一考虑因素时，可以采用图 14.12a 的模拟 ASIC 方案，其输出为模拟形式，并且在有限范围（小于 110°）内可以接受折中的误差（约 2°）。图 14.12c 中 ASIC 的解决方案在性能方面是最好的（大于 160°范围内误差 < 1°），但是硅成本是三种方案中最高的。图 14.12b 中的解决方案是三种解决方案中成本和性价比最高的方案。表 14.2 说明了 GMR 桥是实现非接触电位计的很好选择，针对不同的应用，可以对性价比进行取舍[32]。

**表 14.2　基于 GMR 的非接触式电位计性能比较**

| 参数 | ASIC | | |
|---|---|---|---|
| | 图 14.12a | 图 14.12b | 图 14.12c |
| 输出 | 模拟 | 数字/PWM | 数字/PWM 模拟 |
| 传感器偏置 | 电压 | 电压 | 电流 |
| 角度范围 | 35°~145° | 10°~170° | 10°~170° |
| 最大误差 | ±2° | ±1.6° | ±0.5°，小于 110°范围<br>±0.9°，大于 160°范围 |
| 硅面积 | 2mm² | 6mm² | 6.9mm² |

# 参 考 文 献

1. W.J. Fleming, Overview of automotive sensors, *IEEE Sens. J.*, 1(4), 296–308, December 2001.
2. North American automotive sensor market, Frost & Sullivan, Mountain View, CA, 1999.
3. H. Schewe and W. Schelter, Industrial applications of magnetoresistive sensors, *Sens. Actuators A*, 59, 165–167, 1997.
4. M.A. Zamora-Izquierdo, J. Santa, and A.F. Gomez-Skarmeta, An integral and networked home automation solution for indoor ambient intelligence, *IEEE Pervasive Comput.*, 9(4), 66–77, October 2010.
5. A. Madni and R. Wells, An advanced steering wheel sensor, *Sensors Mag.*, 17, 28–40, February 2000.
6. P.E. Stephens and G.G. Davies, New developments in optical shaft-angle encoder design, *Marconi Rev.*, 46(228), 26–42, 1983.
7. X. Li, G.C.M. Meijer, G.W. de Jong, and J.W. Spronck, An accurate low-cost capacitive absolute angular-position sensor with a full-circle range, *IEEE Trans. Instrum. Meas.*, 45(2), 516–520, April 1996.
8. G. Li and J. Shi, Angle-measuring device with an absolute-type disk capacitive sensor, U.S. Patent 8,093,915 (2007).
9. A. Pawlak, J. Adams, and T. Shirai, Novel variable reluctance sensors, in *SAE Int. Congr. Expo.*, Detroit, MI, February 25, 1991, Paper 910 902.
10. M. Metz, A. Häberli, M. Schneider, R. Steiner, C. Maier, and H. Baltes, Contactless angle measurement using four hall devices on single chip, in *Proc. Transducers '97*, June 16–19, Chicago, IL, 1997, pp. 385–388.
11. A. Häberli, M. Schneider, P. Malcovati, R. Castagnetti, F. Maloberti, and H. Baltes, Two-dimensional magnetic microsensor with on-chip signal processing for contactless angle measurement, *IEEE J. Solid-State Circ.*, 31(12), 1902–1907, 1996.
12. T. Kaulberg and Boganson, G., A silicon potentiometer for hearing aids, *Analog Integr. Circ. Signal Process.*, 9(1), 31–38, January 1996.

13. D. Partin, T. Schroeder, J. Heremans, B. Lequesne, and C. Thrush, Indium antimonide magnetoresistors for automotive applications, in *Proc., Vehicle Displays Microsens.'99*, Ann Arbor, MI, September 22–23, 1999, pp. 183–188.

14. J. Lenz and A.S. Edelstein, Magnetic sensors and their applications, *IEEE Sensors J.*, 6(3), 631–649, June 2006.

15. G. Binasch, P. Grünberg, F. Saurenbach, and W. Zinn, Enhanced magnetoresistance in layered magnetic structures with antiferromagnetic interlayer exchange, *Phys. Rev. B*, 39, 4828–4830, 1989.

16. J.Q. Xiao, J.S. Jiang, and C.L. Chien, Giant magnetoresistance in non-multilayer magnetic systems, *Phys. Rev. Lett.*, 68, 3749–3752, 1992.

17. T.L. Hylton, Limitations of magnetoresistive sensors based on the giant magnetoresistive effect in granular magnetic compounds, *Appl. Phys. Lett.*, 62, 2431–2433, 1993.

18. H.A.M. van den Berg, W. Clemens, G. Gieres, G. Rupp, M. Vieth, J. Wecker, and S. Zoll, GMR angle detector with an artificial antiferro-magnetic subsystem (AAF), *J. Magn. Magn. Mater.*, 165, 524–528, 1997.

19. H.A.M. van den Berg, W. Clemens, G. Gieres, G. Rupp, W. Schelter, and M. Vieth, GMR sensor scheme with artificial antiferromagnetic subsystem, *IEEE Trans. Magn.*, 32, 4624–4626, 1996.

20. A. J. Lopez-Martin, M. Zuza, and A. Carlosena, Analysis of a NIC as a temperature compensator for bridge sensors, *IEEE Trans. Instrum. Meas.*, 52(4), 1068–1072, August 2003.

21. A. Sprotte, R. Buckhorst, W. Brockherde, B. Hostika, and D. Bosch, CMOS magnetic-field sensor system, *IEEE J. Solid-State Circ.*, 29(8), 1002–1005, August 1994.

22. M. Ivanov, Bridge sensor linearization circuit and method, U.S. Patent 6,198,296 (2001).

23. J. Dimeff., Circuit for linearization of transducer, U.S. Patent 4,202,218 (1985).

24. H. J. Ottesen, and G.J. Smith, Method and system for adaptive digital linearization of an output signal from a magnetoresistive head, U.S. Patent 5,283,521 (1994).

25. P. Malcovati, C. Azeredo, P. O'Leary, F. Maloberti, and H. Baltes, Smart sensor interface with A/D conversion and programmable calibration, *IEEE J. Solid-State Circ.*, 29(8), 963–966, August 1994.

26. F. Tarig and T.I. Pattantyus, System and method for sensor response linearization, U.S. Patent 6,449,571 (2002).

27. G.E. Iglesias and E.A. Iglesias, Linearization of transducer signals using an analog-to-digital converter, *IEEE Trans. Instrum. Meas.*, 37(1), 53–57, March 1988.

28. D.H. Sheingold, ed., *Analog-Digital Conversion Handbook*, Analog Devices Inc., Norwood, MA, 1986.

29. L. Breniuc and A. Salceanu, Nonlinear analog-to-digital converters, in *Third Workshop on ADC Modelling and Testing*, Naples, Italy, September 1998, pp. 461–465.

30. G. Bucci, M. Faccio, and C. Landi, The implementation of a smart sensor based on a piece-linear A/D conversion, in *Proc. IEEE Instrum. Meas. Technol. Conf.*, Ottawa, Ontario, Canada, May 1997, pp. 1173–1177.

31. G. Bucci, M. Faccio, and C. Landi, New ADC with piecewise linear characteristic: Case study—Implementation of a smart humidity sensor, *IEEE Trans. Instrum. Meas.*, 49(6), 1154–1166, December 2000.

32. A. J. Lopez-Martin and A. Carlosena, Performance tradeoffs of three novel GMR contactless angle detectors, *IEEE Sensors J.*, 9(3), 191–198, March 2009.

# 第 15 章　用于安全应用的电容式传感器

Thomas Schlegl, Hubert Zangl

## 15. 1　引言：目的、目标和现状

在生产和生活中，每年都有不少安全事故导致人员伤亡，究其原因，绝大部分是当事人或物进入或放置在了错误的地方或位置。可以通过用于物体探测（如接近度测量）及能够对物体进行分类（例如将探测到的目标识别为人）的安全装置来防范上述情况，从而减小人员受伤的概率。虽然可以应用的传感技术有很多，但是只有少数技术可以满足大多数应用中存在的需求。这些应用中诸如有空间尺寸、重量、检测速度和功耗的限制就是这些应用需求的具体例子。

目前，针对安全应用的视觉系统的研究相当活跃。然而，视觉系统（如基于摄像头的系统）却需要大量的信号处理来实现检测和对象的分类，这可能导致检测速度下降和功耗增大。此外，摄像头的安装并不是一项简单的工作，例如，空间的限制可能仅允许非常小且薄的光学系统的安装（例如可安装在机器人抓取器上）。况且，基于视觉的系统通常需要一个自由的视线，这在实际环境中可能并不总是存在的。

如参考文献 [1] 中提出的那样，光学系统可以做得非常小，并且可以在 2~40mm 的检测范围内工作。这种传感器系统可以用于各种材料的探测，但其性能取决于那些被探测物体的颜色和表面。在参考文献 [1] 中曾经表明，透明物体（例如由玻璃制成的物体）及反光物体（例如铝罐）的检测是困难的。此外，对于不同的相似对象的区分（如对象分类）也是非常困难的。

诸如第 14 章中介绍的巨磁阻（GMR）传感器那样的磁场传感器，它可以被做得足够小，并且可以以足够快的速度检测约 30mm 范围内的物体。如参考文献 [2, 3] 所描述的那样，它们可以分别用于铁磁材料或导电物体的检测。

空腔的谐振频率也可以用作接近度检测的传感器。参考文献 [4] 中提到的所谓的贝壳效应就是这种空腔共振频率变化的应用。如果物体接近，则会使空腔的共振频率发生改变。该谐振频率可用麦克风进行测量，因此估计的可探测距离可以达到约 6mm。其次，这种传感器不能进行任何物体的分类。但如果将其与视觉传感器（如 Kinect 深度传感器）结合起来，则可以改善机器人的抓举操作，如参考文献 [5] 所描述的那样。

具有接近检测和在某种程度上的目标分类的潜力的技术是电容传感器检测。因此，作者认为，电容传感器检测技术可以作为本节开头所描述的问题的一个部分解决方案，在接下来的内容中，将介绍电容传感器检测，并且在所给出的一些应用中，电容传感器检测已经在其安全系统中得到了使用。此外，还介绍了这种背景下所出现的技术难

点。针对安全应用，本文还介绍并分析了用于电容传感器检测的最先进的检测电路概念，给出了一种建立在电容层析成像（Electrical Capacitance Tomography，ECT）概念上的新方法，并给出了相应的评估测量电路。

## 15.2　电容测量

电容测量技术已经出现很长一段时间了。第一款电容式传感器是于 1920 年出现的一款电子乐器 Theremin，它是通过演奏者与乐器之间的非接触操作进行演奏的[6]。因此，可以将它看作为第一个电容式接近度检测传感器。虽然电容传感技术已经诞生了这么长时间，但是直到近 20 年来才有所突破。随着在过去十年中在手机中的使用，诸如基于触屏[7,8]的电容测量商业应用，其硬件的成本变得非常低廉，并且可以应用在集成电路中[9-11]。

以下部分意在指出：

- 介绍在电容传感检测中应用的物理学特性；
- 电容传感检测在安全方面的一些示例应用；
- 解释在开放环境测量中发生的一些寄生效应。

还将短距离检测（例如在手机触屏中的应用）与长距离检测（对于安全应用是强制性的）作比较，对两者的差异和难点做出解释。

### 15.2.1　电容测量中的物理学特性

电容传感器至少包含两个导体块（成为电极），这两个导体块由不导电材料分隔开。远处的地电位也可以看作是组成电极的两个导体之一。每当两个电极处于不同电位时，就会有电场产生。麦克斯韦方程很好地描述了电容传感器检测的性质。在通过变换和简化后（例如检测信号的波长要比检测电极的波长长得多），可以得到其偏微分方程为

$$\nabla \cdot ((\sigma + j\omega\varepsilon) \nabla V) = 0 \qquad\qquad (15.1)$$

式中，$V$ 表示电标量电位；$\sigma$ 表示电导率；$\omega$ 表示角频率；$\varepsilon$ 表示介电常数。当边界条件（例如电极上的电位和可能的表面电子密度）已知时，该方程是具有唯一解的。详细的细节可以在参考文献［12，13］中找到。

### 15.2.2　应用示例

长期以来，传感器已经被应用到很多应用中，见表 15.1。该表旨在概述可能使用的电容传感检测的应用。它还给出了应用中所出现的一些特性，并提供了更多相关信息的参考文献。表 15.2 对每个应用的测量电路的可用性进行了评估。表 15.2 中的权重是主观选择的因素。在电容传感的众多应用中，安全应用是一个相对发展较晚的领域。以下示例介绍了电容传感器可用于安全设备的各种应用。它们都有一个共同点，即它们的目的是为了当一个目标物体进入到了它不应该进入的区域时，就能够将它们检测出来。由于各种类型的物体都可以进入这些区域，所以除了接近度检测，对象的分类也是令人感兴趣的。具有对象分类方法的能力使得电容测量对于更多的应用来说是更具有吸引力的。

**表 15.1　电容传感应用及其性能概述**

| | 分辨率需求 | 动态范围 | 杂散电容 | 电容范围 | EMC 敏感性 | ESD 敏感性 | 能否封装 | 电极拓扑 | 计算工作量 | 测量速率 | 示例 |
|---|---|---|---|---|---|---|---|---|---|---|---|
| 接近度/距离 | 低/高 | 中 | 高 | pF | 高 | 高 | 否 | 平面 | 低 | 低 | [15-18] |
| 旋转开关 | 低 | 低 | 1 | fF-pF | 高 | 中 | 是 | 平面 | 低 | 低 | |
| 触摸板 | 低 | 低 | 高 | pF | 高 | 高 | 否 | 平面 | 低 | 低 | [17, 19, 20] |
| 占用检测 | 低 | 高 | 高 | pF | 高 | 高 | 否 | 平面/非平面 | 低 | 低 | [21-24] |
| 停车辅助 | 中 | 高 | 高 | fF-pF | 高 | 高 | 否 | 平面 | 中 | 低 | [25, 26] |
| 倾斜角 | 高 | 低 | 1 | fF | 低 | 低 | 是 | 非平面 | 高 | 中 | [27-29] |
| 线性位置 | 高 | 低 | 1 | fF | 2 | 2 | 是 | 平面/非平面 | 高 | 中 | [30, 31] |
| 角位置 | 高 | 低 | 1 | fF | 2 | 2 | 是 | 平面/非平面 | 高 | 中 | [32-35] |
| 填充水平 | 中 | 低 | 高 | fF | 低 | 低 | 是 | 平面 | 中 | 低 | [36-39] |
| 厚度 | 高 | 中 | 1 | fF-pF | 高 | 高 | 否 | 平面/非平面 | 高 | 低 | [40, 41] |
| 油质量 | 中 | 低 | 高 | 低 | 低 | 低 | 是 | 平面/非平面 | 中 | 低 | [42] |
| 智能纺织 | 低 | 低 | 高 | fF-pF | 高 | 高 | 否 | 平面 | 低 | 低 | [17] |
| 流量检测 | 中 | 高 | 高 | fF-pF | 低 | 低 | 是 | 平面 | 高 | 高 | [43, 44] |
| 电容层析成像 | 高 | 高 | 低 | fF-pF | 低 | 低 | 是 | 平面 | 高 | 中 | [45-47] |

来源：Adapted from Zangl, H., Design paradigms for robust capacitive sensors, PhD dissertation, Graz University of Technology, Graz, Austria, May 2005.

注：1. 对于平面拓扑结构为高，而对于非平面拓扑结构为低；2. 对于封装的传感器为低。

表 15.2　传感器电路在选定目标应用中的可用性（5 为最佳）

| | 权重 | 振荡器 | | 高 Z | | 低 Z | | 桥 |
|---|---|---|---|---|---|---|---|---|
| | | RC | SC | CF | DC | CA | CF | CF |
| 接近开关 | 1 | 1 | 2 | 1 | 1 | 2 | 4 | 5 |
| 旋转开关 | 1 | 3 | 5 | 3 | 2 | 5 | 5 | 5 |
| 触摸板 | 1 | 1 | 2 | 1 | 1 | 3 | 4 | 5 |
| 占用检测 | 1 | 1 | 2 | 1 | 1 | 3 | 4 | 4 |
| 户外/停车辅助 | 0.5 | 1 | 2 | 2 | 2 | 3 | 4 | 4 |
| 倾角 | 0.8 | 5 | 5 | 4 | 2 | 5 | 5 | 5 |
| 封装位置检测 | 0.5 | 5 | 5 | 4 | 2 | 5 | 5 | 4 |
| 未封装位置检测 | 1 | 1 | 2 | 1 | 1 | 3 | 4 | 5 |
| 灌装液位检测 | 1 | 3 | 4 | 4 | 2 | 4 | 5 | 5 |
| 厚度检测 | 0.5 | 1 | 2 | 2 | 1 | 3 | 4 | 5 |
| 油质检测 | 0.5 | 3 | 3 | 3 | 3 | 3 | 5 | 5 |
| 智能纺织 | 0.3 | 1 | 2 | 1 | 1 | 3 | 4 | 5 |
| 流量测量 | 0.5 | 2 | 3 | 4 | 3 | 5 | 5 | 5 |
| ECT | 1 | 2 | 2 | 3 | 2 | 4 | 5 | 4 |
| 低功耗 | 2 | 5 | 5 | 3 | 5 | 5 | 3 | 2 |
| 全部 | | 32.3 | 41.1 | 30.5 | 26.9 | 48.4 | 53.2 | 54 |

来源：Zangl, H., Design paradigms for robust capacitive sensors, PhD dissertation, Graz University of Technology, Graz, Austria, May 2005。

注：权重是主观选择的因素，用于考虑某种特性对于设计决策的重要性。总性能是可用性值乘以相应权重的总和。越高的数值表示了更好的平均可用性。
RC 表示电阻/电容；SC 表示开关电容；CF 表示载频；CA 表示电荷放大器；DC 表示直流。

1）汽车保险杠：在参考文献 [26] 中，提出了一种基于电容和超声波（ultrasonic, US）技术的传感器融合概念，用于汽车应用中接近度测量（如图 15.1 所示）。尽管超声波传感器是一种广泛应用于距离检测的应用技术，但它们同样也可用于与车辆最接近的障碍物的检测。本应用中使用的电容式传感器适用于高达 0.3m 的距离测量，并且还可以提供有关物体本身的信息（例如物体分类方面的安全特征）。该融合概念的测量范围达到 2m，从而避免了盲点，并提供了对象分类的手段。

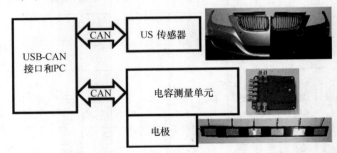

图 15.1　参考文献 [26] 采用的汽车应用中传感器融合系统的测量装置
（它将超声波和电容传感器结合起来，用于接近度检测和对象分类）

2）电锯的安全防护：在参考文献［48］中，提出了一种电容传感器技术在诸如电锯中的应用，如果物体（例如人的手）靠得太近时，则可以自动断电。需要保护的对象必须具有可连接到射频信号发生器的导电材料（例如穿上缝制导线的防护服）。该发生器是一个 80kHz 的 Wien 桥式振荡器，并且安装在电锯上的信号接收单元必须能够检测到这个信号电平。80kHz 信号的电平直接取决于物体和电据之间的距离。从参考文献［49］中，可以看出，仅有一个安装在电锯上的电容测量系统即能够检测到人和动物的存在（在被保护的物体上不需要安装信号发生器）。因此，其安全性不是仅限于一个被保护的对象的。

3）结冰检测：图 15.2 所示为该种类型的应用。它示出了用电容式能量收集系统工作的用于架空电力线结冰检测的电容式冰传感器[50-52]。尽管该传感器是专用于检测结冰现象的发生的，但根据我们对安全装置的定义来看，该传感器仍然属于安全装置的范畴，因为它检测到的是出现在不应该出现的区域（例如架空电力线）中的物体（如冰）。用于结冰检测的其他传感器系统（例如参考文献［53，54］中提出的）是需要进行接线的，因此仅限于诸如变电站结冰保护之类的应用[52]。

图 15.2  安装在架空电力线上的电容式结冰传感器的照片[51]
（能量收集器壳体内还包括了测量电路，传感电极被直接安装在供电线路上）

4）心脏疾病检测：一种非接触接近度传感器也可用于心电图信号的检测，而不需要与患者产生身体的接触[55]。当一个物体位于传感器表面的前方时，传感器使用振荡电路来检测由物体移动所引起的位移电流的变化。这表明，该种检测的对象也可以是人的心脏，因此，这种方法可以作为一种低成本、使用简单的心脏疾病检测方法。

5）用于机器人抓手的感知器：所谓的感知传感器在机器人应用领域中应用的特别多，它可以缩小视觉和触觉传感器之间的距离。感知传感器不仅有利于操控，而且还可以在对象分类成为可能的情况下增加安全特性（例如在有人手存在的情况下，就不允许机器人抓手进行抓取）。在参考文献［56，57］中，提出了一种电容式（也称为电场）触觉感知传感器，设计它的目的是为了安装在机械手的手指上（在本示例中为BarrettHand）。该传感器被用于机械手的三个手指在被抓物体周围的对准。因此，当机械手抓取物体时，其三个手指将全部与物体接触，以保证物体不会移动。

6）对象范围和材料类型识别：参考文献［58］不仅实现了接近度检测，而且还实现了材料类型的识别。研究表明，物体的复介电常数 $\varepsilon$ 是由下式给出的测量信号 $\omega$ 的角频率的函数：

$$\varepsilon' = \varepsilon + i\frac{\sigma}{\omega} \tag{15.2}$$

式中，$\varepsilon$ 表示介电常数；$\sigma$ 表示物体的电导率。

因此，它表明具有变化的测量信号频率的材料识别（即复合介电常数 $\varepsilon$ 的识别）是可能的。这种分类对于安全应用是必需的，因为某些对象是可以出现在其他对象不能出现的区域的。

7）电力线的接触保护：在参考文献［59］中，提出了一种用于防止建筑工人接触带电体的保护系统。在此系统中，工人必须佩戴所提出的电场传感器，一旦他接近有电的电源电路，则系统会发出报警。由于美国建筑行业在 2003—2006 年间发生最频繁的事故就是架空电力线路的误接触[60]，所以特别需要这种安全传感器系统的保护。

8）ECT 抓取器：参考文献［61］中附带有电容传感器和 GMR 传感器的机器人抓取器，以 ECT 的方式重建了兴趣区域（Region Of Interest，ROI）（参见第 15.3.2 节）。该应用使用了传感器融合的方法，以特别针对两种类型的材料。这两种材料分别为电介质和铁磁材料，它们通常都在许多工业环境中出现。电场合磁场均被应用于 ROI，并且会由被检测物体的出现而引起改变。因此，其安全性可以得到增强。如图 15.3 所示，抓取器仅抓取某些特定的物体（例如介电物体），从而不会抓取 ROI 中诸如人手那样的对象。

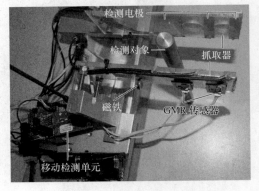

图 15.3　参考文献［61］采用 GMR 和
电容传感器的机器人抓取器
（检测对象金属棒可以由 GMR 传感器检测，
电介质物体通过电容测量来检测）

## 15.2.3　在开放环境中的寄生效应

为了评估用于电容传感器检测电路的优点和缺点，建立一个传感器前端的模型是必要的。图 15.4 中展示了一个模型，它是参考文献［14，62］中所使用的等效电路的扩展。该模型通常应用于一个接近的对象（如果在开放环境中测量），并且考虑了其电磁兼容性（Electromagnetic Compatibility，EMC）。图 15.4 所示模型的三种主要寄生效应如下：

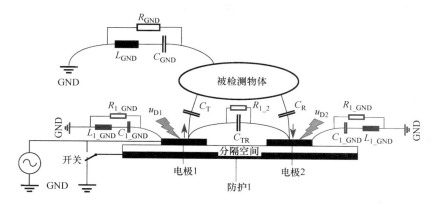

图 15.4　包含几个寄生效应的双电极电容传感器前端示意图[83]

（箭头表示位移电流从电极 1 出发，并进入到电极 2（Elec2）。$u_{D1}$ 和 $u_{D2}$ 表示叠加到电极 1 和电极 2 上、由邻近干扰源及 ESD 所引起的电容串扰。对地的主要寄生效应由连接到电极和被检测物体的等效并联电路示出。根据检测模式的不同（参见 Section Ⅲ），保护电极可以设置为接地或与激励信号相连（即有源防护））

■ 与地之间的寄生连接是通过连接到传感检测电极 1 和电极 2、以及被检测对象的等效并联电路（$R_{GND}$，$L_{GND}$，$C_{GND}$，$R_{1\_GND}$，$L_{1\_GND}$，$C_{1\_GND}$ 和 $R_{2\_GND}$，$L_{2\_GND}$，$C_{2\_GND}$）实现的。因此，源自电极 1 的位移电流（由箭头表示），仅有其中的一部分进入到了电极 2，并以互补电容模式进行测量（参见第 15.3 节）。

■ 由干扰源和静电释放（Electrostatic Discharge，ESD）所引起的电容串扰在检测电极上的叠加由 $U_{D1}$ 和 $U_{D2}$ 来表示。这是开放环境测量中的一个特别的问题，它可以通过诸如参考文献［63］中所示的方法来降低其影响。

■ 电阻通路 $R_{1\_2}$ 与兴趣电容 $C_{TR}$ 是并联的。

所使用的测量电路必须处理这些寄生效应[64]。表 15.3 试图概述这些寄生效应如何影响不同的测量电路。

表 15.3　不同电容传感器前端电路的比较

| 种类 | 振荡器 | | 高 $Z$ | | 低 $Z$ | | 桥 |
| --- | --- | --- | --- | --- | --- | --- | --- |
| 电路 | RC | SC | CF | DC | CA | CF | CF |
| 保护 | 有源 | 无源 | 有源 | 有源 | 无源 | 无源 | 无源 |
| ADC 是否需要 | 否 | 否 | 是 | 是 | 是 | 是 | 是 |
| BP 滤波 | 否 | 否 | 困难 | 困难 | 可能 | 可能 | 可能 |
| 复杂度 | 低 | 低 | 防护高 | 低 | 中等 | 高 | 高 |
| 传感器的电阻分流 | 是 | 较小 | 是 | 是 | 中等 | 较小 | 较小 |

（续）

| 种类 | 振荡器 | | 高 Z | | 低 Z | | 桥 |
| --- | --- | --- | --- | --- | --- | --- | --- |
| 延长电线长度？ | 较小 | 较小 | 否 | 否 | 较小 | 是 | 是 |
| 长时间稳定性 | 中等 | 中等 | 低到中等 | 低到中等 | 中等 | 低到中等 | 中等 |
| 短时间稳定性 | 好 | 好 | 好 | 好 | 好 | 好 | 好 |
| EMC 发射 | 低 | SR 限制 | SR 限制 | 非常低 | SR 限制 | SR 限制 | SR 限制 |
| EMC 灵敏度 | 高 | 中等 | 低（频移） | 高 | 中等 | 低（频移） | 低（频移） |
| 火花放电检测 | 低 | 低 | 高 | 高 | 低 | 低 | 低 |
| 测量速率 | 低 | 低 | 中等 | 高 | 高 | 中等 | 中等 |
| 匹配 | 中等 | 好 | 中等 | 中等 | 好 | 好 | 好 |
| 功耗 | 低 | 低 | 中等 | 低 | 低 | 中等 | 中等 |
| 抑制作用： | | | | | | | |
| $R_{1\_GND}$ | + | + | + | + | + | + | + |
| $C_{1\_GND}$ | + | + | + | + | + | + | + |
| $R_{1\_2}$ | − | + | + | + | + | + | + |
| $R_{2\_GND}$ | + | + | − | − | + | + | + |
| $C_{2\_GND}$ | + | + | − | − | + | + | + |
| $U_{D1}$ | − | + | + | + | + | + | + |
| $U_{D2}$ | + | − | − | − | + | + | + |
| ESD1 | − | + | + | + | + | + | + |
| ESD2 | + | + | − | − | + | + | + |

来源：Zangl, H., Design paradigms for robust capacitive sensors, PhD dissertation, Graz University of Technology, Graz, Austria, May 2005.

注：表格的下半部分表示电路是否对图 15.4 所示的寄生效应敏感，（−）表示是敏感的，而（＋）表示是不敏感的

RC 表示电阻/电容；SC 表示开关电容；CF 表示载波频率；CA 表示电荷放大器；DC 表示直流；SR 限制表示具有回转率限制要求

## 15.2.4 屏蔽与耦合

在电容传感检测中可以观测到的另外两种效应即为所谓的耦合和屏蔽效应[14]。它们针对某些对象而发生，并且取决于这些靠近的被测对象的特性。除了其他因素以外，物体与远地之间的电容连接也是一个重要的特性，如图 15.4 所示。它主要取决于电容 $C_{GND}$、$C_T$、$C_{TR}$ 和 $C_R$。如果电容式传感器系统正在以互补电容模式下进行测量（参见第 15.3 节），并且被测物体接近时，则来自电极 1 的位移电流在可以进入到电极 2 的同时，也会进入到远地 GND。究竟有多少位移电流进入到了电极 2，这取决于 $C_{GND}$（对于接近的被测物体几乎保持恒定）与并联电路中的电容 $C_T$，$C_{TR}$ 和 $C_R$（对于接近的被测物体，它们是增加的）之间的关系。当被测对象远离时，位移电流的较大部分从电极 1 出发，再通过 $C_T$ 和 $C_{GND}$ 流到远地（因为并联电路中的 $C_{GND}$、$C_T$、$C_{TR}$ 的电容都相当小）。因此，当被检测对象接近时，首先检测到的电容量会随之减小。我们将这种方

式称为屏蔽模式。当与传感器表面在某一个特定的距离时，并联电路 $C_{GND}$、$C_T$、$C_{TR}$ 的电容比 $C_T$ 和 $C_{GND}$ 具有更高的影响作用，因此，从电极 1 流出的位移电流将有更多的部分流入到电极 2，同时流入远地位移电流将减小。此时，所测量的电容值是增加的，我们将这种方式称为耦合模式。因为这些影响很大程度上取决于接近的被检测对象，所以它也可以用于对接近对象的分类，如参考文献［26］所描述的那样。在第 15.4.2 节和第 15.4.3 节所述的测量中，这两种效应都可以被观察到。

## 15.3　测量电路及模式

现存的用于电容测量的电路种类非常多，参考文献［12］中所提出的粗略分类如下：
- 直接 DC；
- 振荡器；
- 单端的；
- 高 $Z$；
- 低 $Z$；
- 桥。

表 15.3 给出了最常用的接近度检测电路的概览（如没有给出直接 DC 和单端测量系统）。这项工作着重于在开放环境下所进行的电容传感检测产生的影响（也是安全应用中最常见的情况），而不是电路的不同特性所产生的影响。感兴趣的读者可以参考文献［12，47，64］及其所引用的文献，以获得更多关于电容测量电路的信息。

也可以通过所使用的测量模式来区分检测系统。两种不同的测量模式通常表示为
- 互补电容模式；
- 自我电容模式。

第一种模式是通过两个电极间的电容的测量来实现的，其测量方法是通过向其中一个电极施加电压并在另一个电极上进行诸如位移电流的测量来进行的（即低 $Z$ 电路）。第二种模式是利用从一个单电极到远地的位移电流的测量来实现。

自我电容模式应用的难点在于其电极的边缘处的敏感性相当高，特别是当诸如作为电极载体的导电物体驻留在附近时。在这种情况下，潮湿和污染可能会显著影响测量结果，因而其接近度测定也可能是不可靠的。一种常用的解决方法是有源防护，即在实际电极和金属载体之间放置一个防护装置一个有源防护。因此，敏感性就可以远离电极的边缘。然而，这也导致了相对于电极附近小物体感应的灵敏度降低。另一方面，与互补电容模式相比，自我电容模式通常提供更高的信噪比（Signal- To- Noise Ratio，SNR），并且与有源防护相结合，具有更高的鲁棒性。互补电容模式通常具有较差的 SNR，但是具有在自我电容模式下的盲点处的对象检测能力。因此，对于那些必须测量位于传感器表面的不同距离、物体的大小和介电常数也各不相同的应用中（如在安全应用中），这两种测量模式组合的测量电路是优选的。

在后续的内容中，将介绍 15.2.2 节应用示例中所使用的不同类型的测量硬件，给出相应使用条件下的测量结果，并对安全应用的各种实现方法加以比较。

### 15.3.1 应用示例中的测量系统

1）汽车保险杠：本应用中使用的测量硬件是 ADI 公司（Analog Devices IC，ADI）的商用集成电容数字转换器 AD7143[66]。图 15.5 示出了当一个人靠近传感融合系统（电容测量系统与超声波检测系统结合）时的估计接近线。通过多个物体接近时的测量，可以获得相应的电容测量值轨迹的存储。为了模拟现实世界的情况，当人接近时的电容测量轨迹被删除。从图 15.5 中可以看出，估计的接近线几乎与真正的接近线完全匹配。该算法是基于具有最大似然估计（Maximum Likelihood，ML）准则的 Kalman滤波器的，用以探测那些与人最相似的对象（在所示情况下，它是物体的边界）。因此，接近度检测传感器可以按照我们的预想来工作，并且还具有可用于区分不同接近对象类型的分类方案。

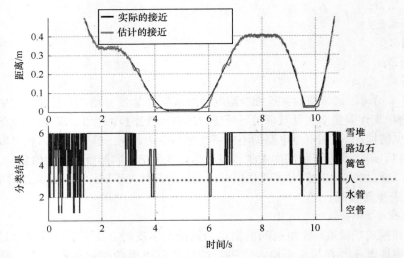

图 15.5　参考文献［26］采用基于具有最大似然估计 ML 准则的 Kalman 滤波器估算的
接近和离开的人以及选定对象类别的距离，在用以模拟现实世界情况的测量中，
对象人的分类从存储测量中删除，并展示出所使用算法的鲁棒性

2）电锯的安全防护：如 15.2.2 节所述，该安全应用使用了一个安装在被保护对象上的发射器电路和一个安装在电锯上的接收器电路。从参考文献［48］可以看出，通过整流平均值检测器，可以测量发射器和接收器之间通过电容连接的信号值。因此，可以实现一个接近开关的功能。该开关能够在约 100mm 的距离处（等同于 300mV 的阈值）关闭电锯，该提前量是足够的，对于预期的 2m/s 的最大叶片速度，整个系统的响应时间为 10ms。

3）结冰检测：参考文献［51］中提出的结冰检测系统使用了一个以额定频率为240kHz 工作的集成电容数字转换器。测量系统工作方式为互补电容模式，具有一个发射电极和两个接收电极。研究结果表明，架空电力线上所发生的结冰既可以在实验室环境下（如气象分析室）被检测到，也可以在现场测试环境下被检测到。在该实验中，传感器系统是安装在奥地利山顶位置的电力线上的。在这两种情况下，早期的结成可以被检测到，并且与冰的融化相区分。这对于除冰过程尤为重要。该安全系统具有能够同时进行物体检测（即冰检测）和物体分类（即区分冰和水）的电容测量系统。进一步的研究将集中在具有三个以上电极的测量系统上，以期可靠地重建电力线上的冰层厚度。

4）心脏疾病检测：所提出的非接触式接近度传感器也可用于检测人体心脏跳动，该检测由振荡电路和一个电极构成[55]。所给出的测量结果标明，不仅接近测量是可能的，而且还能检测到心脏的跳动。传感器的使用的检测信号频率为21MHz，一次采样时间为2ms，建议的最小电容变化量为7.5fF。因为只是用一个电极，所以传感器可以用来检测物体，但是不能对它们进行分类。如果传感器被用作心脏疾病检测系统，则测量信号对应于心电图仪器的基本波形。然而，心脏信号的有效性必须经过医院的验证[55]。

5）机器人抓握的感知器：参考文献［56，57］中提到的所谓感知系统安装在三手指机械手（BarrettHand）的指尖上。每个指尖上安装有四个电极（两个发射电极和两个接收电极），分别用于短距离（<2cm）和中距离（<5cm）的检测。另一电极位于手掌中，用作发射电极。使用掌上发射电极和指尖接收电极，可以进行远距离检测（10~15cm）。通过调谐控制，机械手能够拾起一个想要抓取的对象。此外，它还能够抓住由人送到其附近的物体。一旦人的手从物体上离开，机械手就会移动到物体所在的位置。参考文献［57］给出了少量关于测量电路和速度的一些信息。虽然传感器系统对于预先调校好的对象表现出了预期的性能，但是对于大小不同的对象的表现却是不尽人意的。尽管如此，具有人机交互的实验表明了这种电容传感器检测系统用于机器人应用中的安全应用的可能性。

6）对象范围和材料类型识别：参考文献［58］中提出的接近度和分类传感器使用了两个以互补电容模式工作的电极。参考文献［16，67，68］中介绍了该系统使用的测量硬件。它使用正弦信号作为发射电极（第一电极）的激励信号，使用一个电荷放大器作为接收电极（第二电极）。所完成的测量是以三个频率的检测信号来进行的，以获得材料的分类。现已测试了四种材料，他们分别是人、混凝土、木材和金属。预期结果见表15.4。材料分类结果被用于接近度确定算法中，结果得到了相比于没有分类的距离检测更好的距离估计。

表 15.4　材料分类结果（%）

| 被检测材料 | 混凝土 | 金属 | 木材 | 人 |
|---|---|---|---|---|
| 混凝土 | **100** | 0 | 0 | 0 |
| 彩绘低碳钢 | 0 | **99.7** | 0 | 0.3 |
| 铝 | 0 | **99.3** | 0 | 0.7 |
| 厚软钢 | 0 | **100** | 0 | 0 |
| 木材 | 0 | 0 | **88.3** | 11.7 |
| 厚木材 | 0 | 0 | **97.3** | 2.7 |
| 人 | 0 | 0 | 0 | **100** |

来源：Kirchner, N 等, *Sens. Actuators A：Phys.*, 148（1）, 96, 2008.

注：黑体值突出显示正确的分类

7）电力线的触电保护：建筑施工人员的保护系统使用了电容测量硬件，其中包括了可变高增益前置放大器，频率为60Hz的带通滤波器，固定增益后置放大器、ADC和用于与主计算机连接的通信单元[59]。参考文献［59］中给出的测量结果表明，从大约1m的距离开始，朝向120V和9000V的两个电力线的接近都可以被检测到。因此，参考文献［59］介绍了一种用于建筑工人安全保护的通电电路的接近检测传感器。

## 15.3.2 不同的方法：电容层析成像

与电容测量相关的一个技术是ECT。它在工业过程中用以获得管道内材料（即介电常数）分布的2D横截面图像[69]。ETC本质上是一系列电容式传感器，具有很强的信号处理功能，可以计算出ROI的图像[46,70,71]。该计算必须处理非线性和不适定的逆问题，这些问题相比于独立测量（例如电容测量的数量）有更多的未知数（例如像素数）[72]。因此，重建方法通常需要某种规则化的先验知识（例如Tikhonov规则化，总的变化量）。在线的计算或者在线等重建方法通常可以分为两种类型[73]：非迭代法（如离线迭代/在线重构[74]，最优近似[75]和奇异值分解）和迭代算法（如Gauss-Newton方法[76]与粒子滤波器[77]或Kalman滤波器[78,79]等统计学方法相结合）。参考文献［80，81］中提出的其他方法使用了神经网络来解决这个逆问题。

图15.6中展示了在电容安全应用中使用ECT方法的设想。将电容阵列的封闭结构展开并放在感兴趣的物体表面。以ECT方式处理由测量电路获得的测量结果。与ECT相比，这种安全装置所在的环境在大多数情况下都是非常不确定的。额外的寄生效应（见图15.4）可能对测量结果产生巨大影响，并且测量电路必须具有处理这些噪声的能力（比较表15.3）。

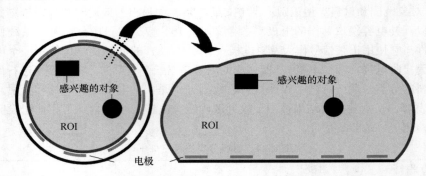

图15.6 将ECT方法转换为开放环境的电容测量的示意图，将封闭结构ECT系统打开，
并将其附着在要测量的物体表面上，ROI将从一个很好了解的内部环境（例如管道中的），
变为了不确定的开放环境

在参考文献［61］中可以看出，这种ECT方法可以转移到例如安全应用的开放环境中。虽然出现了预期的结果，但是同时出现了测量硬件和开放环境的限制（见第15.2.3节），这些限制将在下文中给出。

ECT机器人抓取器：如前所述，ECT方法可以应用到机器人抓取器的应用中[61]。测量系统使用电容式传感器和GMR传感器，采用ECT方式重建ROI。虽然重建算法并不适用于开放环境的 ECT 应用，但是重建结果也得到了预期的效果（如图 15.7 所示）。可以通过该测量系统检测电介质（例如由聚氯乙烯制成的棒，PVC）和铁磁性材料（例如铁棒）。然而，由于开放环境的寄生效应（在第 15.2.3 节中说明），铁杆不能仅使用电容式传感器来重构。电容测量系统以低 $Z$ 方案使用互补电容模式。通过附加的自感电容测量（即测量源自检测电容的位移电流），可以克服导致图 15.7 中某些物体盲点的寄生效应。

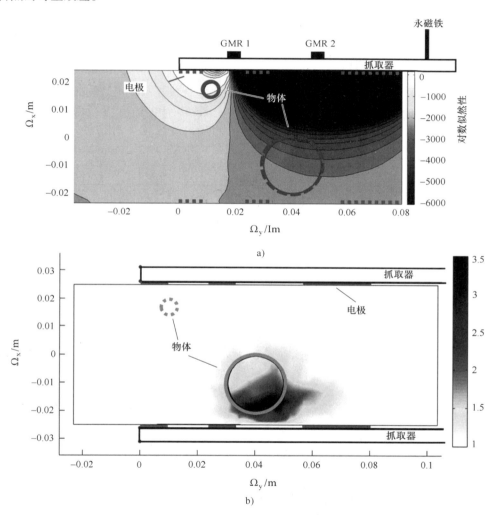

图 15.7　参考文献 [61] 所采用的两种不同物体（磁铁和电介质）的
ECT 机器人抓取器的重建结果

a）一根铁杆位置的似然性。实线小圆圈代表铁杆的真实位置，虚线圆圈表示不能被 GMR 传感器识别的 PVC 棒的真实位置　b）中是以 ECT 方式重建该区域，空间的介电常数分布也被重建。PVC 棒的实际位置（虚线所示）与重建结果相匹配，然而，形状无法重建。

## 15.4　测量系统

考虑到开放环境测量（见第 15.2.3 节）中发生的寄生效应，并遵循第 15.3.2 节中提出的 ECT 方法，参考文献［82］中给出了新的电容传感器检测硬件。与在 15.2.2 和 15.3.1 节中所介绍的应用实例相比，该系统拥有更好的性能。通过与两种市售的电容测量系统所进行的比较，突出了所提系统的性能。此外，在机器人应用中测试了所提出的测量系统，并且通过实验研究验证了其可行性。

### 15.4.1　评估电路的设计

测量系统的概述如图 15.8a 所示。由直接数字合成器（Direct Digital Synthesizer，DDS）产生的正弦波信号通过开关电路施加到一个或多个电极上。由发射器电路[82] 测

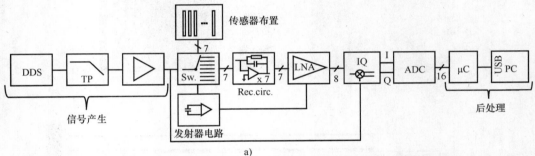

a)

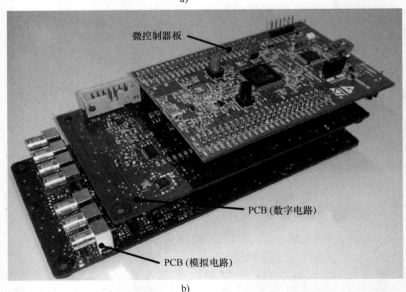

b)

图 15.8　所提出的电容评估电路

a）测量系统各个不同部分所组成的总图　b）评估电路三个层叠 PCB 的照片

量产生作用于发射器电极的位移电流。每个电极都连接到接收器电路上。如果某个电极不用作发射器，则接收器电路测量的就是流入该电极的位移电流。由于每个电极都可以用作发射器或接收器，所以总数为 $N_{elec}(N_{elec}-1)/2$ 的独立测量可以通过互补电容模式获得，其中 $N_{elec}$ 是电极的总数量。通过附加的自我电容模式，可以获得总共 $(N_{elec}(N_{elec}-1)/2)+N_{elec}$ 个独立测量。此外，传感器的背部可以连接到地（互补电容模式）或激励信号（即在自电容模式下的有源保护）。如果某个电极既不用作发射器也不用作接收器，则该电极也可以按此功能使用。在放大器之后，使用了一个 IQ 调节器以获得相对于激励信号的测量信号的相位和振幅信息。位于其后的处理部分由一个 ADC 和一个微控制器（$\mu$C）组成。$\mu$C 用于控制测量硬件（例如 ADC、IQ 调节器、DDS），存储测量信号，并与主计算机通信以进行进一步的后续处理（例如重建算法）。

所提出的测量系统（如图 15.8b 所示）能够在互补电容模式和自电容模式下工作。它能够提供一个高的测量速率（ >1kHz）。测量信号的频率可以为 10kHz 和 1MHz 之间变化的任何频率值。因此，由于他们频率具有依赖性，可以获得关于寄生效应的附加信息，参见图 15.4。这也给出了材料分类的其他信息[58]。此外，如参考文献［63］所描述的那样，可以使用测量频率的变化来处理 EMC 问题。

如图 15.8b 所示，测量硬件由三个层叠的 PCB 组成，顶层的 PCB 是市售的微控制器评估板，位于中间层的 PCB 包括所有数字部分（例如时钟发生器、DDS、ADC）。底层的 PCB 由模拟电路组成，如发射器和接收器电路以及 IQ 解调器。

由于每个电极都可以用作发射器和接收器，因此所提出的测量系统也可用于 ECT 应用。因此，所提出的方法也适合于在第 15.3.2 节中所描述的电容安全应用方法。

## 15.4.2　与最先进的电容式传感器的比较

表 15.5 给出了所提出的测量系统[82]和两种市售系统[66]的综合比较。市售的两种测量系统中，一种是以自电容模式（AD7148）工作的，另一种是以互补电容模式（AD7746）工作的。虽然现在存在各种各样的电容测量系统（比较 15.2.2 节），但在分辨率和速度这两个方面来看（即测量更新速率），这两种系统都是最先进的。

**表 15.5　所提出的测量系统与最先进的传感器系统的性能比较**

| | 所提出的传感器系统 | AD7746 | AD7148 |
|---|---|---|---|
| 激励信号 | 正弦波信号 | 方波 | 方波 |
| 频率 | 10kHz 到 1MHz 可调 | 32kHz | 250kHz |
| 测量速率 | 1.25kHz（最大值为 6.25kHz@1MHz） | 10～90Hz | 40Hz |
| 测量方法 | 自电容传感器检测和互补电容传感器检测模式 | 互补电容传感器检测模式 | 自我电容传感器检测模式 |
| 屏蔽 | 有源防护和接地屏蔽 | 接地屏蔽 | 有源防护 |
| 电极数量 | $N_{elec}=7$ | $N_{elec}=3$ | $N_{elec}=8$ |
| 独立测量个数 | 对于每个频率都是 $28\left(=\dfrac{N_{elec}(N_{elec}-1)}{2}+N_{elec}\right)$ | 2 | 8 |

　　在此给出了参考文献 [82] 在所提出的测量系统上完成的几个实验的结果（如图 15.9a～c 所示），并与两个市售的测量系统（Analog Devices AD7148 和 AD7746[66]）进行了比较。在图 15.9a 所示的第一个实验中，人的手首先靠近接近度检测传感器表面，然后再离开。不管是基于自电容模式还是互补电容模式，这三种测量系统（提出的测量系统和市售的测量系统）都可以检测到人手的靠近。尽管由于屏蔽和耦合效应（在第 15.2.4 节中描述），当距离传感器表面达到一定距离时，测量的电容出现了增加（图 15.9a 中用箭头标记）。这种效应可能导致邻近度判定的歧义。靠近的金属棒显示出与人手相似的信噪比。三个系统都可以检测到这个信号。具有低介电常数 $\varepsilon_r$（接近 1）的物体难以用自电容模式测量系统进行检测。如图 15.9c 所看到的那样，通过基于互补电容模式的测量和近距离时的基于自电容模式的测量，所提出的系统可以检测到一个塑料盒的靠近。但利用上述两种市售的测量系统，检测这种物体（例如低介电常数和小体积的）却是非常困难的。

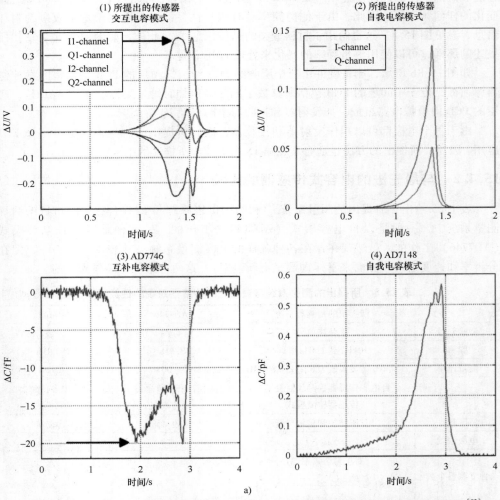

图 15.9　使用所提出的电容测量系统和两种市售系统获得的三种不同对象的测量结果[82]
a) 人手接近和离开传感器表面，黑色尖头表示从屏蔽到耦合模式的转换（参见第 15.2.4 节）

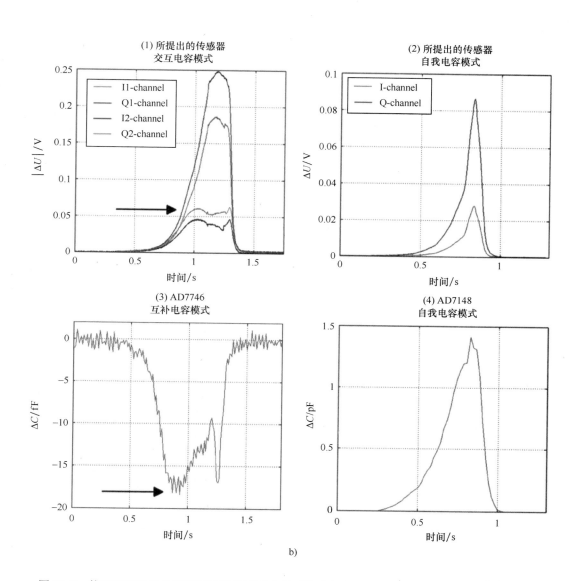

图 15.9　使用所提出的电容测量系统和两种市售系统获得的三种不同对象的测量结果[82]　（续）

b）金属棒接近并离开传感器表面

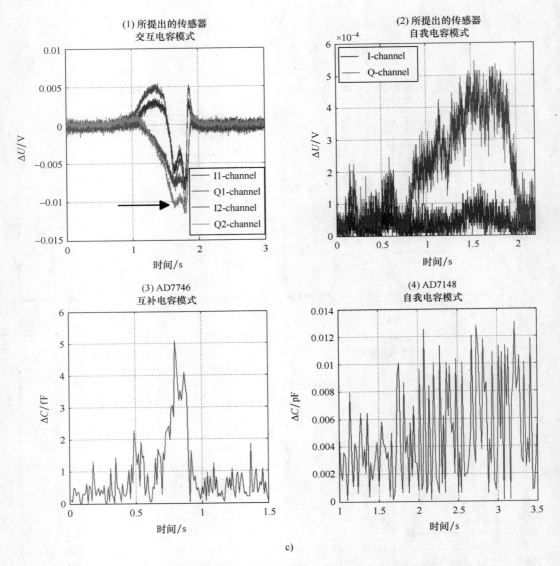

图 15.9　使用所提出的电容测量系统和两种市售系统获得的三种不同对象的测量结果[82]（续）

　　c）一个空的塑料盒接近并离开传感器表面，使用自我电容模式，难以检测接近的塑料盒，然而，所提出的
　　　测量系统，在基于互补电容模式的测量方式下，能够检测出这种低介电常数和小体积的物体

## 15.4.3　机器手臂上高反应性接近度检测传感器的测量

　　如参考文献［61］所述，当机器人和人在同一环境工作时，需要采用特殊的防护措施，以避免人员的受伤。未来，我们可以期待会有越来越多的自主系统和机器人将成为我们生活的一部分。这也意味着机器人将在相当不熟悉的环境中运行，在那个领域里仅有很少的已有知识可用。因此，重要的是这些系统还需要以与人类探索环境位

置相似的方式来收集关于环境的信息。视觉传感对于这项任务来说是非常重要的。尽管如此，其他的传感检测功能也是它所需要的。通过传感检测功能的增强，使其具有超出人类感知能力的想法也是非常有吸引力的。因此，在本文提出的应用中，其机器手臂（Kuka LWR4）上安装有电容测量系统，以避免与人相撞[83]。图 15.10 所示为安装了感应电极的机器手臂的图片。

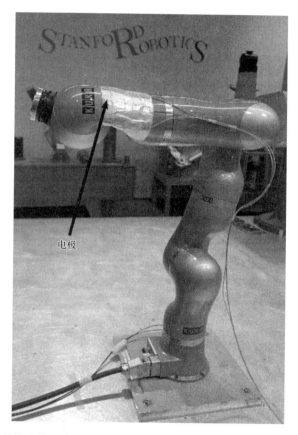

图 15.10　所提出的电容测量系统被安装在 7doF 机械人手臂上（Kuka LWR4）

　　实验和测试结果如图 15.11 所示。机器手臂在它的工作区移动，一旦通过电容传感器检测系统检测到物体（例如人手），则机器手臂立即对检测结果做出反应，并尝试避免与物体接触（见图 15.11a）[84]。图 15.11b 示出了测量系统对人手接近与离开时的测量结果。

　　与其他电容测量系统的比较和机器手臂上的应用示例示出了所提出的测量系统的预期性能。使用这种电容传感器检测系统，可以进一步实现开放环境下完整 ECT 传感器系统。由于自感电容和互补电容测量的附加信息将允许进行对象分类。此外，可能的校准技术和激励信号频率调谐的实现将允许处理寄生效应并改善用于安全应用的电容传感器检测。

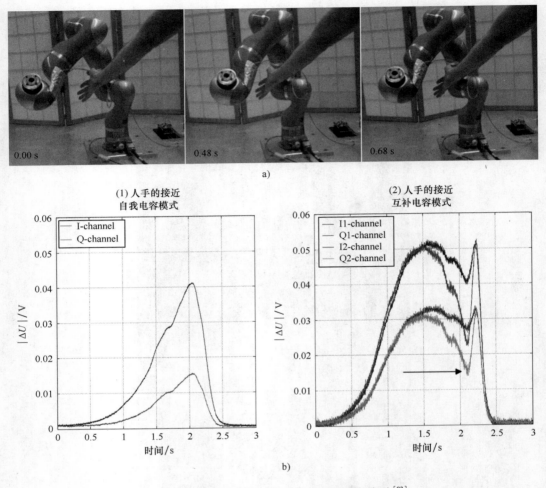

图 15.11 提出的测量系统在机器手臂上的实验[83]

a) 机器手臂瞬间对电容测量做出反应，避免与人碰撞

b) 人手接近和离开传感器表面的电容测量结果

## 15.5 结论

在过去几年中，电容式传感器的研究越来越多地针对碰撞避免，以保护人类、动物和其他需要保护的物体。该技术与其他技术相比，它们在特性上是具有互补性的，这使其对于技术融合概念具有特别的意义。电容传感检测的优势在于短距离下执行检测的良好能力，而不需要自由视线的支持。此外，它还能够提供对象的分类功能。

作为本章的开始部分，在第 15.1 节中介绍了最新的安全应用技术，在第 15.2 节中介绍了电容测量技术，揭示了电容测量背后的物理特性，给出了一些应用示例，并介绍了开放环境测量的问题。在第 15.3 节中介绍了也使用于应用示例中的最先进的测量电路。此外，我们提出了一种以 ECT 方式将电容式传感用于安全应用的新方法。

最后，第15.4 节介绍了一种测量系统，相应的试验结果表明，其评估电路能够满足当前许多安全应用中所需要的短的响应时间的要求。特别地，该技术解决了人机交互条件下所出现的传感器需求问题。目前的研究主要集中在开放环境中的设备应用，即对象类型或环境条件几乎没有约束的环境。

# 参 考 文 献

1. Hsiao, K., P. Nangeroni, M. Huber, A. Saxena, and A. Y. Ng, Reactive grasping using optical proximity sensors, in *IEEE International Conference on Robotics and Automation, 2009, ICRA '09*, Kobe, Japan, May 12–17, 2009, pp. 2098–2105.
2. Schlegl, T., M. Moser, and H. Zangl, Directional human approach and touch detection for nets based on capacitive measurement, in *Proceedings of the IEEE Instrumentation and Measurement Technology Conference (I2MTC)*, Graz, Austria, May 13–16, pp. 81–85, 2012.
3. Renhart, W., M. Bellina, C. Magele, and A. Köstinger, Hidden metallic object localization by using giant magnetic resistor sensors, in *14th IGTE Symposium*, Graz, Austria, September 19–22, pp. 465–469, 2010.
4. Jiang, L.-T. and J. Smith, Seashell effect pretouch sensing for robotic grasping, in *IEEE International Conference on Robotics and Automation (ICRA), 2012*, St. Paul, Minnesota, May 14–18, 2012, pp. 2851–2858.
5. Jiang, L.-T. and J. R. Smith, A unified framework for grasping and shape acquisition via pretouch sensing, in *IEEE International Conference on Robotics and Automation (ICRA)*, May 2013.
6. Salter, C., *Entangled: Technology and the Transformation of Performance*, The MIT Press, Cambridge, MA, 2010.
7. Sears, A. and B. Shneiderman, High precision touchscreens: Design strategies and comparisons with a mouse, *International Journal of Man-Machine Studies*, 34(4), 593–613, 1991 [Online]. Available: http://www.sciencedirect.com/science/article/pii/0020737391900378.
8. Gould, J. D., S. L. Greene, S. J. Boies, A. Meluson, and M. Rasamny, Using a touchscreen for simple tasks, *Interacting with Computers*, 2(1), 59–74, 1990 [Online]. Available: http://www.sciencedirect.com/science/article/pii/0953543890900149.
9. Puers, R., Capacitive sensors: When and how to use them, *Sensors and Actuators A: Physical*, 37–38, 93–105, 1993 [Online]. Available: http://www.sciencedirect.com/science/article/pii/092442479380019D.
10. Kim, H.-K., S. Lee, and K.-S. Yun, Capacitive tactile sensor array for touch screen application, *Sensors and Actuators A: Physical*, 165(1), 2–7, 2011 [Online]. Available: http://www.sciencedirect.com/science/article/pii/S0924424709005573.
11. Tiwana, M. I., S. J. Redmond, and N. H. Lovell, A review of tactile sensing technologies with applications in biomedical engineering, *Sensors and Actuators A: Physical*, 179, 17–31, 2012 [Online]. Available: http://www.sciencedirect.com/science/article/pii/S0924424712001641.
12. Baxter, L., *Capacitive Sensors, Design and Applications*, IEEE Press, Washington, DC, 1997.
13. Dyer, S. A., *Wiley Survey of Instrumentation and Measurement*, Wiley, New York, 2004.
14. Zangl, H., Design paradigms for robust capacitive sensors, PhD dissertation, Graz University of Technology, Graz, Austria, May 2005.
15. Volpe, R. and R. Ivlev, A survey and experimental evaluation of proximity sensors for space robotics, in *Proceedings of IEEE International Conference on Robotics and Automation*, vol. 4, San Diego, CA, May 8–13, 1994, pp. 3466–3473.
16. Novak, J. and J. Wiczer, A high-resolution capacitative imaging sensor for manufacturing applications, in *Proceedings of IEEE International Conference on Robotics and Automation*, vol. 3, Sacramento, CA, April 9–11, 1991, pp. 2071–2078.
17. Wijesiriwardana, R., K. Mitcham, W. Hurley, and T. Dias, Capacitive fiber-meshed transducers for touch and proximity-sensing applications, *IEEE Sensors Journal*, 5(5), 989–994, 2005.
18. Neumayer, M., B. George, T. Bretterklieber, H. Zangl, and G. Brasseur, Robust sensing of human proximity for safety applications, in *IEEE Instrumentation and Measurement Technology Conference (I2MTC), 2010*, Austin, TX, May 3–6, 2010, pp. 458–463.
19. Krein, P. and R. Meadows, The electroquasistatics of the capacitive touch panel, *IEEE Transactions on Industry Applications*, 26, 529–534, May–June 1990.

20. Castelli, F., An integrated tactile-thermal robot sensor with capacitive tactile array, *IEEE Transactions on Industry Applications*, 38, 85–90, January–February 2002.
21. Karlsson, N. and J.-O. Jarrhed, A capacitive sensor for the detection of humans in a robot cell, in *IEEE Instrumentation and Measurement Technology Conference*, Irvine, CA, May 18–20, 1993, pp. 164–166.
22. Lucas, J., C. Bâtis, S. Holé, T. Ditchi, C. Launay, J. Da Silva, H. Dirand, L. Chabert, and M. Pajon, Morphological capacitive sensors for air bag applications, *Sensor Review*, 23, 345–351, 2003.
23. George, B., H. Zangl, T. Bretterklieber, and G. Brasseur, A combined inductive–capacitive proximity sensor for seat occupancy detection, *IEEE Transactions on Instrumentation and Measurement*, 59(5), 1463–1470, 2010.
24. Zeeman, A., M. Booysen, G. Ruggeri, and B. Lagana, Capacitive seat sensors for multiple occupancy detection using a low-cost setup, in *IEEE International Conference on Industrial Technology (ICIT), 2013*, Cape Town, South Africa, February 25–27, 2013, pp. 1228–1233.
25. Snell, D., A. Moon, C. Clatworthy, and L. Jones, Capacitive proximity sensor, U.K. Patent Application GB 2400666, March 27, 2003.
26. Schlegl, T., T. Bretterklieber, M. Neumayer, and H. Zangl, Combined capacitive and ultrasonic distance measurement for automotive applications, *IEEE Sensors Journal*, 11, 2636–2642, 2011.
27. Bretterklieber, T. and H. Zangl, Impacts on the accuracy of a capacitive inclination sensor, in *Proceedings of the IEEE Conference on Instrumentation and Measurement Technology (IMTC/2004)*, Como, Italy, May 18–20, pp. 2315–2319, 2004.
28. Zangl, H. and T. Bretterklieber, Dynamic inclination estimation with liquid based sensors, in *International Workshop on Robot Sensing, 2004, ROSE 2004*, Graz, Austria, May 24–25, 2004, pp. 61–64.
29. Bretterklieber, T., On the design of a robust liquid based capacitive inclination sensor, PhD dissertation, Graz University of Technology, Graz, Austria, July 2008.
30. Castelli, F., The thin dielectric film capacitive displacement transducer to nanometer, *IEEE Transactions on Instrumentation and Measurement*, 50, 106–110, February 2001.
31. Jeon, S., H.-J. Ahn, D.-C. Han, and I.-B. Chang, New design of cylindrical capacitive sensor for on-line precision control of AMB spindle, *IEEE Transactions on Instrumentation and Measurement*, 50(3), 757–763, June 2001.
32. Brasseur, G., A capacitive 4-turn angular-position sensor, *IEEE Transactions on Instrumentation and Measurement*, 47, 275–279, February 1998.
33. Gasulla, M., X. Li, G. Meijer, L. van der Ham, and J. Spronck, A contactless capacitive angular-position sensor, *IEEE Sensors Journal*, 3, 607–614, October 2003.
34. Falkner, A., The use of capacitance in the measurement of angular and linear displacement, *Transactions on Instrumentation and Measurement*, 43, 939–942, 1994.
35. Zangl, H., S. Cermak, B. Brandstätter, G. Brasseur, and P. Fulmek, Simulation and robustness analysis for a novel capacitive/magnetic full turn absolute angular position sensor, *IEEE Transactions on Instrumentation and Measurement*, 54, 436–441, February 2005.
36. Toth, F., G. Meijer, and M. van der Lee, A new capacitive precision liquid-level sensor, in *Conference on Precision Electromagnetic Measurements*, Braunschweig, Germany, June 17–21, 1996, pp. 356–357.
37. Sawada, R., J. Kikuchi, E. Shibamura, M. Yamashita, and T. Yoshimura, Capacitive level meter for liquid rare gases, *Cryogenics*, 43, 449–450, August 2003.
38. Holler, G., A. Fuchs, and G. Brasseur, Fill level measurement in a closed vessel by monitoring pressure variations due to thermodynamic equilibrium perturbation, in *Instrumentation and Measurement Technology Conference Proceedings, 2008, IMTC 2008, IEEE*, Victoria, BC, Canada, May 12–15, 2008, pp. 641–646.
39. Neumayer, M. and H. Zangl, Electrical capacitance tomography for level measurements of separated liquid stacks, in *Sensor+Test Conference*, Nuremberg, Germany, 2011, pp. 433–438.
40. Irani, K., M. Pekkari, and H.-E. Ångström, Oil film thickness measurement in the middle main bearing of a six-cylinder supercharged 9 litre diesel engine using capacitive transducers, *Wear*, 207, 29–33, June 1997.
41. Pinto, J., J. Monteiro, R. Vasconcelos, and F. Soares, A new system for direct measurement of yarn mass with 1 mm accuracy, in *Proceedings of IEEE International Conference on Industrial Technology*, vol. 2, Bangkok, Thailand, December 11–14, 2002, pp. 1158–1163.
42. Schröder, J., S. Doerner, T. Schneider, and P. Hauptmann, Analogue and digital sensor interfaces for impedance spectroscopy, *Measurement Science and Technology*, 15(7), 1271–1278, July 2004.
43. Zangl, H., A. Fuchs, and T. Bretterklieber, A novel approach for spatially resolving capacitive sensors, in *4th World Congress on Industrial Process Tomography*, Aizu, Japan, September 5–8, 2005, pp. 36–41.

44. Fuchs, A., H. Zangl, and G. Brasseur, A sensor fusion conception for precise mass flow measurement, in *Proceedings of the 8th International Conference on Bulk Materials Storage, Handling and Transportation (ICBMH' 04)*, New South Wales, Australia, July 5–8, 2004, pp. 366–370.

45. Byars, M., Developments in electrical capacitance tomography, in *Proceedings of Second World Congress on Industrial Process Tomography*, Hannover, Germany, August 2001, pp. 542–549.

46. Yang, W. and L. Peng, Image reconstruction algorithms for electrical capacitance tomography, *Measurement Science and Technology*, 14(1), R1–R13, January 2003.

47. Cui, Z., H. Wang, Z. Chen, Y. Xu, and W. Yang, A high-performance digital system for electrical capacitance tomography, *Measurement Science and Technology*, 22, 2011.

48. Norgia, M. and C. Svelto, RF-capacitive proximity sensor for safety applications, in *Instrumentation and Measurement Technology Conference Proceedings, 2007, IMTC 2007*, Warsaw, Poland, *IEEE*, Warsaw, Poland, May 1–3, 2007, pp. 1–4.

49. George, B., H. Zangl, and T. Bretterklieber, A warning system for chainsaw personal safety based on capacitive sensing, in *IEEE International Conference on Sensors*, Lecce, Italy, October 26–30, 2008, pp. 419–422.

50. Moser, M., H. Zangl, T. Bretterklieber, and G. Brasseur, An autonomous sensor system for monitoring of high voltage overhead power supply lines, *e&i Elektrotechnik und Informationstechnik*, 126, 214–219, 2009.

51. Moser, M., T. Bretterklieber, H. Zangl, and G. Brassuer, Capacitive icing measurement in a 220 kV overhead power line environment, *IEEE Sensors*, 1–4 Nov, pp.1754–1758, Kona District, Hawaii, 2010, doi: 10.1109/ICSENS.2010.5689885.

52. Moser, M., T. Bretterklieber, H. Zangl, and G. Brasseur, Strong and weak electric fields interfering: Capacitive icing detection and capacitive energy harvesting on a 220 kV high-voltage overhead power line, *IEEE Transactions on Industrial Electronics*, 58, 2597–2604, 2011.

53. Di Santo, M., A. Vaccaro, D. Villacci, and E. Zimeo, A distributed architecture for online power systems security analysis, *IEEE Transactions on Industrial Electronics*, 51(6), 1238–1248, 2004.

54. Blais, A., M. Lacroix, and L. Brouillette, Hydro Quebecs de-icing system: Automated overhead line monitoring and de-icing system, in *Cigre Session*, vol. B2–211, Paris, France, August 2008, pp. 1–7.

55. Benniu, Z., Z. Junqian, Z. Kaihong, and Z. Zhixiang, A non-contact proximity sensor with low frequency electromagnetic field, *Sensors and Actuators A: Physical*, 135(1), 162–168, 2007 [Online]. Available: http://www.sciencedirect.com/science/article/pii/S0924424706004663.

56. Mayton, B., L. LeGrand, and J. Smith, An electric field pretouch system for grasping and co-manipulation, in *IEEE International Conference on Robotics and Automation (ICRA), 2010*, Anchorage, AK, May 3–8, 2010, pp. 831–838.

57. Liang-Ting Jiang, J. R. S., Pretouch sensing for pretouch sensing for manipulation, in *Robotics: Science and Systems (RSS) Workshop: Alternative Sensing Techniques for Robotic Perception*, Sydney, Australia, July 11–12, 2012.

58. Kirchner, N., D. Hordern, D. Liu, and G. Dissanayake, Capacitive sensor for object ranging and material type identification, *Sensors and Actuators A: Physical*, 148(1), 96–104, 2008 [Online]. Available: http://www.sciencedirect.com/science/article/pii/S0924424708004184.

59. Zeng, S., J. R. Powers, and B. H. Newbraugh, Effectiveness of a worker-worn electric-field sensor to detect power-line proximity and electrical-contact, *Journal of Safety Research*, 41(3), 229–239, 2010 [Online]. Available: http://www.sciencedirect.com/science/article/pii/S0022437510000368.

60. Janicak, C. A., Occupational fatalities due to electrocutions in the construction industry, *Journal of Safety Research*, 39(6), 617–621, 2008 [Online]. Available: http://www.sciencedirect.com/science/article/pii/S0022437508001448.

61. Schlegl, T., M. Neumayer, S. Muhlbacher-Karrer, and H. Zangl, A pretouch sensing system for a robot grasper using magnetic and capacitive sensors, *IEEE Transactions on Instrumentation and Measurement*, 62(5), 1299–1307, May 2013, doi: 10.1109/TIM.2013.2238034.

62. Bracke, W., P. Merken, R. Puers, and C. van Hoof, On the optimization of ultra low power front-end interfaces for capacitive sensors, *Sensors and Actuators A: Physical*, 117, 273–285, January 14, 2005.

63. Brasseur, G., Design rules for robust capacitive sensors, *IEEE Transactions on Instrumentation and Measurement*, 52, 1261–1265, August 2003.

64. Zangl, H., Capacitive sensors uncovered: Measurement, detection and classification in open environments. *Procedia Engineering*, 5, 393–399, 2010.

65. Wegleiter, H., A. Fuchs, G. Holler, and B. Kortschak, Analysis of hardware concepts for electrical

capacitance tomography applications, in *IEEE Sensors Conference*, Irvine, CA, October 30–November 5, pp. 688–691, 2005.

66. Analog Devices. Capacitance to digital converters. http://www.analog.com/en/analog-to-digital-converters/capacitance-to-digital-converters/products/index.html, May 2013.

67. Novak, J. L. and J. Feddema, A capacitance-based proximity sensor for whole arm obstacle avoidance, in *Proceedings, 1992 IEEE International Conference on Robotics and Automation*, vol. 2, Nice, France, May 1992, pp. 1307–1314.

68. Feddema, J. and J. Novak, Whole arm obstacle avoidance for teleoperated robots, in *Proceedings, 1994 IEEE International Conference on Robotics and Automation*, vol. 4, May 8–13, San Diego, California, 1994, pp. 3303–3309.

69. Neumayer, M., G. Steiner, and D. Watzenig, Electrical capacitance tomography: Current sensors/algorithms and future advances, in *2012 IEEE International Instrumentation and Measurement Technology Conference (I2MTC)*, Graz, Austria, May 13–16, 2012, pp. 929–934.

70. Neumayer, M., H. Zangl, D. Watzenig, and A. Fuchs, Current reconstruction algorithms in electrical capacitance tomography, in *New Developments and Applications in Sensing Technology*, Springer, Berlin, Germany, 2011.

71. Watzenig, D. and C. Fox, A review of statistical modelling and inference for electrical capacitance tomography, *Measurement Science and Technology*, 20(5), 052 002+, 2009 [Online]. Available: http://dx.doi.org/10.1088/0957-0233/20/5/052002.

72. Soleimani, M. and W. Lionheart, Nonlinear image reconstruction for electrical capacitance tomography using experimental data, *Measurement Science and Technology*, 16, 1987–1996, October 2005.

73. Isaksen, O., A review of reconstruction techniques for capacitance tomography, *Measurement Science and Technology*, 7, 325–337, 1996.

74. Liu, S., L. Fu, W. Yang, H. Wang, and F. Jiang, Prior-online iteration for image reconstruction with electrical capacitance tomography, *IEE Proceedings-Science Measurement and Technology*, 151, 195–200, May 2004.

75. Zangl, H., D. Watzenig, G. Steiner, A. Fuchs, and H. Wegleiter, Non-iterative reconstruction for electrical tomography using optimal first and second order approximations, in *Proceedings of the 5th World Congress on Industrial Process Tomography*, Bergen, Norway, September 3–6, 2007, pp. 216–223.

76. Brandsttter, B., G. Holler, and D. Watzenig, Reconstruction of inhomogeneities in fluids by means of capacitance tomography, *COMPEL: The International Journal for Computation and Mathematics in Electrical and Electronic Engineering*, 22(3), 508–519, 2003.

77. Watzenig, D., G. Steiner, and M. Brandner, A particle filter approach for tomographic imaging based on different state-space representations, *Measurement Science and Technology*, 18, 30–40, 2007.

78. Trigo, F., R. Gonzalez-Lima, and M. Amato, Electrical impedance tomography using the extended Kalman filter, *IEEE Transactions on Biomedical Imaging*, 51, 72–81, January 2004.

79. Soleimani, M., M. Vauhkonen, W. Yang, A. Peyton, B. Kim, and X. Ma, Dynamic imaging in electrical capacitance tomography and electromagnetic induction tomography using a Kalman filter, *Measurement Science and Technology*, 18, 3287–3294, November 2007.

80. Nooralahiyan, A., B. Boyle, and J. Bailey, Performance of neural network in image reconstruction and interpretation for electrical capacitance tomography, in *IEE Colloquium on Innovations in Instrumentation for Electrical Tomography*, London, May 11, 1995, pp. 5/1–5/3.

81. Zang, L., H. Wang, M. Ma, and X. Jin, Image reconstruction algorithm for electrical capacitance tomography based on radial basis functions neural network, in *Proceedings of the Fourth International Conference on Machine Learning and Cybernetics*, Guangzhou, China, August 18–21, 2006, pp. 4149–4152.

82. Schlegl, T. and H. Zangl, Sensor interface for multimodal evaluation of capacitive sensors, in *Journal of Physics: Conference Series*, 450 012018, 1–5, 2013, doi: 10.1088/1742-6596/450/1/012018.

83. Schlegl, T., T. Kröger, A. Gaschler, O. Khatib, and H. Zangl, Virtual Whiskers—Highly Responsive Robot Collision Avoidance. In: *Intelligent Robots and Systems, 2013. IROS 2013. IEEE/RSJ International Conference*. Tokyo, Japan, November 3–8, 2013 (in press).

84. Kröger, T., *On-Line Trajectory Generation in Robotic Systems*, 1st ed., vol. 58, Springer Tracts in Advanced Robotics Series, Springer, Berlin, Germany, January 2010.

# 第 16 章 保形微机电传感器

Donald P. Butler, Zeynep Çelik-Butler

## 16.1 引言

　　自从 1906 年电子时代诞生以来，科学家和工程师就一直对柔性电子系统充满着浓厚的兴趣[1]。柔性电子产品一直是科幻小说的主题，但现在已经逐渐演变为科学现实[2]。柔性电路板在传统的、刚性集成电路的消费电子产品中的广泛应用，从而节省了产品的尺寸、重量和成本。随着柔性显示器的出现并进入了消费市场以及有着巨大发展前景的柔性太阳能电池板的兴起，到目前为止，已经开发出了各种柔性电子器件和系统。超薄型硅电子产品也已经应用于具有存储、通信、显示和数据输入功能的智能卡。尽管晶体硅晶片中构建有超薄的硅集成电路，但是可通过压裂、晶片抛光或晶片蚀刻将其薄层分离出来，使得剩余的晶体薄膜变得足够薄，从而使其成为柔性的并且是可以弯曲的。此外，非晶体和多晶体硅薄膜晶体管[7,8]、聚合物二极管[9]和聚合物晶体管[10]也被开发了出来。所有这些器件都以不同程度的性能应用于各种用途的柔性集成电路的制造中。

　　多年以来，各种各样的柔性传感器也已经被开发了出来。最早的现代柔性传感器是采用电路板技术开发的。最近，利用现代微细加工技术的柔性微型传感器也应运而生。微机械加工同时也可用于刚性加工，主要是针对硅衬底的各种物理、化学和生物传感器，它们都是微机电器件和系统（Microelectromechanical Devices And Systems, MEMS）大家庭中的一员[11]。表面微加工技术的发展在某种程度上使得 EMES 器件的制造独立于所使用的衬底。因此，可以使用刚性硅晶片来制造刚性 MEMS 集成电路，使用柔性聚合物可以制作符合非平面表面的柔性 MEMS 传感器的集成电路，进而使得保形的微型传感器也已经被开发出来了。在不久的将来，用于信号处理、数据采集和通信的柔性电子技术与柔性微型传感器的结合将会导致一种新的技术的出现，我们将这种技术称为智能皮肤。在智能皮肤上大量的密集排列的传感器集合可以在其表面大面积地出现。大量保形的柔性的传感器的批量、并行、同步的制造将引起生产成本的显著下降，正如其在当今最先进的刚性硅集成电路中亚 0.15μm 级、32nm 级（CMOS）晶体管制造技术中所产生的影响一样[12]。此外，该制造技术可以生产出许多 MEMS 传感器，而不需要相当昂贵的深度 UV 或电子束光刻，尽管他们通常需要消耗衬底上很大的面积。

　　随着柔性晶体管的不断发展，通过 MEMS 传感器，将出现从单构到异构的更广泛的集成选择。同时，柔韧、平顺的 MEMS 传感器中所使用的材料也将继续发展，使得性能提高的同时，也允许衬底具有更大的柔性，甚至还可能具有显著的拉伸能力。目前，柔性 MEMS 传感器通过超薄型硅 CMOS 电子技术的单构或异构的集成[13-16]似乎是近期最可能的解决方案。例如，单构的超薄型硅 CMOS 成像器已经被开发出来，其中使用硅光电二极管来检测光学辐射[17]。与往常一样，特定电子系统组件的单构或异构集成的选择仍然是一个经济问题。本章将讨论适用于保形的 MEMS 传感器的不同制造方法，保形传感器封装策略以及各种类型的保形 MEMS 传感器的初步成果，并提出未来技术进步的方法和策略。

## 16.2　保形微机电传感技术

如果能够使传感器器件和集成电路具有符合非平面表面的能力显然是有优势的，因为我们在日常生活中遇到的大部分表面都不是真正的平面。通过对汽车、飞机、机器人和许多工具表面的观察，我们可以很容易地看到这一点，那就是曲面是更为常见的。如果希望利用电子传感器来使机器的表面或内部零件变得具有敏感性，则使用适合非平面表面的传感器是有优势的。考虑到这一目标，许多研究人员一直治致力于柔性传感器的开发。在我们的研究小组中，我们专注于柔性的、表面的微加工 MEMS 传感器的开发，该传感器可以检测压力[19]、力[20,21]、触摸[22]、加速度[23]、应力、声发射、红外辐射[24,25]以及声音[19]。柔性 MEMS 能量收集器件目前正在开发中，以用于隔离的柔性传感器电路的电源。图 16.1 所示为作为表面贴装芯片制造的典型柔性传感器的接触面，该芯片可以很容易地集成到柔性电路板上。集成电路的总厚度约为 $100\mu m$。

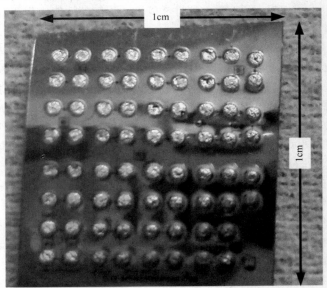

图 16.1　一个柔性的、适合表面贴装的模块，该模块包含有一个温度传感器阵列
（图中示出了器件的电气接触侧面）

（© 2012 IEEE. 出自 Temperature sensor in a flexible substrate by Ahmed，M.，Chitteboyina，M. M.，Butler，D. P.，和 Celik-Butler，Z.，in *IEEE Sens. J.*，12，864，2012，获得许可）

如此一来，任何表面微机械加工的 MEMS 器件都可以集成在柔性基底上，其限制条件为用于制造器件的材料需要在低温（<400℃）下能够保存。该温度限制类似于 MEMS 传感器在传统刚性 CMOS 衬底上的单构机成的温度限制。柔性化学和生物传感器也是可能的，目前正在由其他小组进行讨论和研究。制造在刚性硅衬底上的许多 MEMS 传感器可以迁移到柔性衬底。这样做的结果或好处是不仅可以减少器件的尺寸，或许还可以降低批量生产的成本，还可以使器件具有弯曲或适合在非平面表面的工作环境下工作的能力。

## 16.3　制造方法

可以使用两种类型的微细加工设备来生产适合各种平面的 MEMS 传感器。第一种类型的设备是专门为处理大面积的柔性器件和电路应用而开发的，这种设备被称为辊到辊或卷到卷的处理[26]。尽管这种设备能够制造出大面积的器件和电路，但是其特征尺寸和可以调整用于器件制造的光刻等级的数量通常远小于用于常规 CMOS 处理的设备所能达到的水平。第二种方法是利用传统 CMOS 处理的设备，通过将柔性衬底附着或旋转浇铸在硅载体晶片上用以制造器件，然后在器件制造结束时再取出柔性传感器电路[27,28]。我们研究小组采用的方法是将柔性衬底旋转浇铸到硅载体晶圆上，因为采用这种方式制造的基地相比于附着到晶圆载体的聚合物膜，在加工设备上的热循环中几乎不存在几何变形[16]。载体晶圆和旋转浇铸基底之间的释放层有助于在器件制造结束时柔性膜的取出[15,17]。在这种情况下，图 16.2 所示为一片刚从 4in⊖ 载体晶圆中取出的柔性基底，该载体晶圆是用于那些传统的处理设备的，在这种情况下，这些设备可用于测试结构的制造。

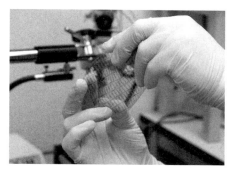

图 16.2　一个从硅载体晶圆上取出的包含测试结构的柔性、保形基底/覆盖物组合（该薄片已经准备好被切割为单个的模块）
（出自 Ahmed, M., 和 Butler, D. P., *Journal of Vacuum Science and Technology B.* 31（5），050602, Sep/Oct 2013. Copyright 2013, American Vacuum Society，获得许可）

采用柔性基底，通过表面微加工制造的 MEMS 传感器，具有与在刚性硅晶圆上制造的器件相同的性能。使用柔性聚合物材料一定要用进行低温处理，使得晶圆的温度保持在所使用的柔性材料转变为玻璃的转化温度以下，以防止柔性材料的聚合物状态发生改变。在某些情况下，温度可能会在短时间内超过玻璃转化温度（见表 16.1）。然而，所有已知的聚合物的最高温度都低于晶体硅的温度，所以可采用的材料和工艺

---

⊖　1in = 0.0254m，后同。

是非常有限的。尽管如此，高性能、保形的 MEMS 传感器还是可以实现的。玻璃转化温度高达 400℃ 的聚酰亚胺即是一个可用的选择，由于其玻璃转化变温度非常高因而具有吸引力。

第三种方法可能用来通过传统的制造设备在传统的玻璃或硅晶片基底上制造 MEMS 传感器，然后再通过背面蚀刻/抛光使晶片变薄，以获得小于 $50\mu m$ 厚度的晶片，此时的晶片将变得柔韧或者保形[29]。在这种情况下，可以使用高温制造来减少对所用材料的限制。这种方法还允许与硅电子器件的单构集成，用以信号处理和通信，但是需要相对昂贵的晶片薄化处理。

表 16.1　选定的商用柔性基底的典型的 300K 特性

| 材料的商用名称<br>（生产厂家） | 杨氏模量<br>/GPa | 拉伸强度<br>/GPa | 玻璃化<br>温度/℃ | 线性热膨胀系数/（m/m/℃）<br>（-18~150℃） | 体积电阻率<br>/Ω·cm | 耐化学性 | 参考文献 |
|---|---|---|---|---|---|---|---|
| PEI-聚醚酰亚胺<br>Ultem GE | 3.3~8.9 | 0.097~<br>0.193 | 190~215 | $5.5 \times 10^{-5}$ | $1.0 \times 10^{17}$ | 一般—好 | [30] |
| PEEK-聚醚醚酮<br>Victrex（ICI） | 3.0~16.5 | 0.097~<br>0.283 | 250~315 | $1.8~4.7 \times 10^{-5}$ | $5 \times 10^{16}$ | 好—非常好 | [31] |
| PPS-聚亚苯基硫化物<br>Supec（GE）<br>Pyton（Phillips） | 3.8~20.0 | 0.097~<br>0.193 | 260~350 | | | 好—非常好 | [32] |
| 聚酰亚胺<br>例如 kapton（DuPont） | 2.6 | 0.231 | ~400 | $2 \times 10^{-5}$ | $1.5 \times 10^{17}$ | 非常好 | [33] |
| PET-聚对苯二甲酸乙二醇酯<br>Mylar（DuPont） | 5.1 | 0.2 | ~200 | $3 \times 10^{-5}$ | $10^{18}$ | 好—非常好 | [34] |
| 聚酰胺酸 | | | 107 | | | | [35] |
| PDMS | | | 125 | | | | [36] |
| PMMA | | | <124 | | | | [37] |
| 聚氨酯 | | | <65 | | | | [38] |
| 聚对二甲苯 | 2.76 | 6.89 | <90 | | | | [39,40] |

# 16.4　封装

根据定义，保形传感器是柔性的，因此将他们放置在常规的刚性集成电路封装中，是无法充分利用该技术的全部潜力的。从而需要一种新的封装方法。尽管在柔性、保形的电子产品的开发方面做出了广泛的努力，但是对其封装来说却并不是很注重。在大多数情况下，封装可以被看作为器件级的，其中一个完全封装的柔性器件是在整个基底上制造出来的[24]。在这种情况下，封装与器件是一起制造的。另一种方法也可以被看作为晶圆级的，其中采用穿过基底的晶圆压焊来形成封装的器件[41]。

同时，用于薄型硅片模块的封装技术已经被开发了出来，其中薄化的硅集成电路被聚合物衬底和覆盖物包裹，这种技术曾经被称为超薄芯片封装或超薄膜片封装[42-45]。在所有这些情况下，柔性的、非常小的轮廓的、含有传感器的集成电路可以制造的厚度范围为 70 ~ 150μm。这些技术还利用了 Suo 等人开发的基本原理[46]，该原理即为，如果器件被基片和覆盖层包围，并使器件位于柔性膜中心附近的低应力平面（如图 16.3 所示），则可以使弯曲器件中的应或压力最小化。

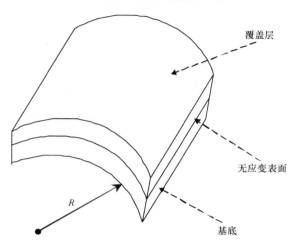

图 16.3　包含基底、电子层和覆盖层的结构体以半径 $R$ 进行弯曲（由基底和覆盖层厚度及杨氏模量决定的没有应变的中间层平面）

MEMS 器件通常需要某种形式的真空或气密封装，这可以通过类似于刚性 MEMS 器件的晶片级封装、并导致其成本降低的方式，使用器件/晶圆级封装方法来实现。通过晶圆接合可以在晶圆上实现密封封装，该方法对于刚性和柔性基底上制造器件都是适用的。Forehand 和 Goldsmith 示出，可采用聚合物将 MEMS 器件密封封装于一个空腔中[47]。真空包装更加困难，因为需要专门的器件来进行晶圆级封装，以便在真空下通过晶圆黏合来进行空腔封装。器件中材料的真空沉积是常见的，在制造这种器件的过程中，如果要制造和封闭真空空腔时，也可以使用器件级封装[24,28]。传感器的封装通常比传统的 CMOS 电子器件更为复杂，因为传感器需要某种形式的环境访问才能检测到参数。

需要将这种环境访问设计在封装中，并且需要具有能够阻隔或过滤来自真实环境中对传感器有害的材料的能力。这是柔性和刚性传感装置经常遇到的问题，这意味着需要对传感器进行适当的设计。

一旦通过晶圆级或器件级封装制造出柔性保形 MEMS 传感器，所制造的集成电路最有可能的型式是表面贴片器件，它可以被放置并安装到柔性电路板上，这类似于现有技术中的常规刚性集成电路在柔性电路板上的安装方式，以形成所需的电子检测系统。在决定将哪些功能集成到单个芯片中，还是将各种集成电路组合起来生成一个电路系统，对于这个问题将始终存在着一个经济上的取舍。柔性、保形的集成电路有一个有趣的地方，那就是可以用 X – Acto 这样简单的刀具来对柔性模块或芯片进行切割。

## 16.5　设计和特殊考虑

柔性和保形传感器的设计不仅涉及通过在低温下沉积的材料实现高性能的能力，而且还需要具有管理器件弯曲时内部应力的能力。许多器件的特性随施加的应力而变化，包括薄化的硅电路[49]，微机电器件和系统 MEMS 传感器也不例外。使用有限元分析的广泛的建模和仿真，需要对包含器件柔性薄膜弯曲时的内部应力进行平衡，以使其最小化。柔性电子器件，就像所有的人工制品一样，如果弯曲的太厉害，就会被折断。弯曲的限制取决于器件的设计和所使用的材料。在柔性区域与刚性区域进行连接时，柔性的使用是工程中的一个基本原则，有时甚至是需要可伸缩性的。Jiang 等人将这一想法付诸实践[50]，通过将含有这种柔性器件的硅片与聚酰亚胺薄膜结合，制造出了一个柔韧的剪切应力传感器阵列。其中，硅基底的成块微加工，从而形成了一些硅岛。Sterken 等人也应用了此方法[45]，使用薄化硅集成电路创建可拉伸的 ECG 系统。该原则也被伊利诺伊大学的 Rogers 小组采用，以不同的寸生产各种柔性的、甚至是可拉伸的电子系统[51]。柔性电子学中的应力和拉伸管理引出了保形基底工程的一种理念，那就是保形基底工程必须与电子或机电功能同时加以考虑，以生产出可行的电子系统。

## 16.6　保形微机电传感器的例子

目前，任何能够通过低温表面微加工技术生产出来的物理、化学和生物 MEMS 传感器都可以实现一个柔性的和保形的传感器。物理 MEMS 传感器中的一些已经生产出来了，如温度[25]、力/触觉/压力[18-21]、红外线[23,24]和加速度[22]传感器。尽管温度传感器不是严格的 MEMS 传感器，但是也是采用 MEMS 加工步骤生产出来的柔性保形温度传感器。作为制造方法和各个传感器性能的示例，以下的讨论将以保形传感器的实现作为例子进行介绍。

### 16.6.1　温度传感器

参考文献［25］生产出来的温度传感器是一个热敏电阻，它使用了一个非晶硅的变换器（如图 16.6 所示）。观察到非晶硅的电阻在室温附近遵循 Arrhenius 关系，室温情况为 30℃，在此温度情况下，电阻的温度系数为 −2.7%/K。借助硅载体晶圆，在聚酰亚胺基底和聚酰亚胺覆盖层的中心附近的低应力平面上制造该温度传感器。这些传感器是用于集成在柔性电路板上的薄膜柔性表面安装的器件。传感器的总厚度约为 $70\mu m$，表现为一个薄的、小尺寸的集成电路，每个模块具有 35 个温度传感器阵列。其连接孔被制造在传感器的底部，而传感器的顶部被考虑为感测表面。由于聚酰亚胺的热导性不是特别好，所以传感器的顶部表面涂有一层铝，并且将聚酰亚胺覆盖层中的过孔与铝一起使用，将热量传导到薄膜中心的非晶硅热敏电阻。这种设计为传感热敏电阻提供了工程化的差分电导系数。在室温下，热敏电阻的电阻约为 $1M\Omega$。通过实际测量，该温度传感器具有 $1/f$ 的噪声特性，其规格化霍奇（Hooge）系数为 $12 \times 10^{-11}$。在约翰逊

（Johnson）噪声系统中，在信噪比一致的情况下，其噪声等效温度约为 $70\mu K \sqrt{Hz}$。

## 16.6.2　压力/力/触觉传感器

两种类型的气压/力/触觉传感器已经在柔性基材上生产出来。第一种是力/触觉传感器，它被设计用于对正常的力或压力做出响应，如果需要的话，也可以是单位面积上的力或压力。这些传感器利用开放空腔来提高其灵敏度，同时消除其对大气环境压力变化的灵敏性。当一个一个较小的作用力作用于传感器薄膜上时，开放式腔体的设计允许薄膜很容易地在空腔提供的开放空间中变形，从而产生一个较高的敏感响应。空腔是开放的，非封装的，因此环境压力的不断改变都能作用于传感器薄膜上。该设计的一个缺点是开放的空腔可能会随着时间的增长而遭受到来自环境的微小颗粒的污染。孔的尺寸可以相当小，以防止较大颗粒的进入，但是只要有空腔的存在，只要空气能够进入，其他颗粒也就可以进入。当薄膜随着一个作用力的施加，例如触摸，而向空腔内变形时，会引起同步的膜应力和拉伸力的产生，该作用力即可以使用通过设计安放在最大拉伸力位置的压敏电阻来进行检测。将该压敏电阻安放在半惠斯通电桥配置上，该桥配置在无应变的衬底表面上安放了两个相同的电阻器，作为参考电阻。两个相同的参考电阻的使用，为电阻随温度发生变化提供了一种内置的补偿。使用压敏电阻的一个缺点是传感器的噪声基础受限于电阻的约翰逊（Johnson）噪声，压敏电阻的 $1/f$ 噪声也是一个因素。所研究的传感器的动态范围为 $10^4 \sim 10^6$，其大小是由传感器的设计决定的。力/触觉传感器已经可以制造出大小范围为 70 只 $400\mu m$ 的膜，空腔的深度范围为 $2 \sim 7\mu m$ 深的空腔。空腔深度确定了可以检测的力的最大值，因为膜将发生形变，直至膜片抵达空腔的底部。同时，空腔的深度和膜的厚度共同决定了膜的最大应力和应变，此时膜是处于完全变形的状态。并且这些形变参数需要进行工程设计，以防止膜的破裂（如图 16.4 所示）。

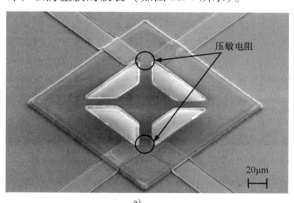

图 16.4　a）用聚酰亚胺覆盖之前的力/触觉传感器的 SEM 照片，示出了悬浮膜上的活动压敏电阻
　　　　　b）一段包含 48 个力/触觉传感器阵列的 2cm×2cm 柔性基底部分

（© 2011 IEEE. 出自 MEMS relative pressure sensor on flexible substrate by Ahmed, M., Butler, D. P., 和 Celik- Butler, Z., in *Proceedings of the* 2011 *IEEE Sensors Conference*, Limerick, Ireland, October 28-31, 2011, pp. 460-463, 获得许可）

在我们的研究中，我们已经对多晶硅、聚合物纳米复合材料和镍铬合金压敏电阻进行了研究。不同材料的使用都有其相对的优点和缺点。只要可以经过低温（<400℃）处理，其他的压敏电阻材料也是可以使用的。对压敏电阻材料的一些其他的所期望的性质包括低电阻触点的形成能力，产生合理电阻值的电阻率，较低的 $1/f$ 噪声，较低的电阻温度系数，制造过程中的均匀性和重复性，最后还需要有一个合理的测量因子。测量因子提供了应变电阻相对于应力而变化的度量。在大多数情况下，金属膜压敏电阻的使用是具有吸引力的，这是由于它们的制造方式，在绝大多数情况下，它们可以在室温下通过阴极真空喷镀或蒸发的方式来制造。尽管如此，但金属材料的测量因子一般要比半导体材料低，其主要原因是金属材料的载流子密度较高，它们的 $1/f$ 噪声特性也是如此[53-56]。像纳米级这样非常薄的金属材料可以有更高的测量因子[57]。然而，在纳米级厚度的金属薄膜中，实现器件之间的可复用性的能力以及电阻的线性变化就变得难以实现。大多数应变电阻式半导体具有更高的测量因子，但是需要相当高的沉积温度，这个原因导致应变电阻式半导体不适合应用于柔性传感器。通过一般较好的 $1/f$ 噪声和一般较好的电阻温度系数的结合，使得更好的应变电阻式传感器并不总是仅依赖于较高的测量因子的。得益于其相对较低的 $1/f$ 噪声、合理的测量因子、响应的线性度以及电阻的低温系数，薄金属膜压敏电阻可以制造出有效的压敏电阻，并且由其较低的基础噪声而给出合理的相应和较大的动态范围。

电容式传感器的生产也是相对容易的，其中通过平行板电容器的电容变化来测量导致膜变形的外力或压力。电容式传感器具有传感器中 $1/f$ 噪声和约翰逊噪声消除的优点，因此传感器的电子噪声将由与悬浮膜运动相关的热机械噪声决定[58]。然而，如果要实现在热机械噪声极限下的力和压力测量，电容式传感器的读出电路则需要仔细设计[59]。电容感测的一些缺点是电容随着平行板电容器的膜的位移引起的电容变化响应的固有非线性以及他们对电磁干扰的敏感性。尽管使用的材料需要能够在低温下稳定工作并且可以重复制造，但是压敏电阻传感器依旧是可能实现的，只是这些约束条件会对材料的选择产生一些限制。

通过我们对镍铬合金应变电阻力/触觉/压力传感器的研究，研究结果表明，该传感器具有 1V/N 数量级的力灵敏度或响应能力，所能检测的力的最大值为 2.5~3mN，能检测到的力的最小值大约为 10μN，这是由要由 $1/f$ 噪声体系下带宽为 1~8Hz 范围内的噪声等效力决定的。最大的检测力只有 mN 的范围似乎也是具有局限性的。但是，我们应该将此压力值和传感器的大小一起来考虑。在这种情况下，我们把这个量解释为一个压强会更好，此时其能被我们这种特殊设计所能检测的最大压力则为 30kPa，这个压力值已经涵盖了我们日常生活中所能遇到的大多数的压力范围，比如触摸，一个站着的人脚上的压力或人的血压。这种类型的传感器的特定性能特征可以通过传感器的工程几何形状来改变。传感器的小尺寸有可能允许通过传感器阵列在测量中获得相对较高的空间分辨率。

正在研究的还有嵌入到柔性膜中的力/触觉传感器[22]。在这种情况下，空腔不再对外部环境保持开放，而是通过位于传感器顶部的聚酰亚胺薄膜将其与外部大气压下隔绝。在这种情况下，传感器对大气压力的变化会有一定的敏感性，但由于空腔与大气压力下基本上是隔绝的，所以这种敏感性灵也不会太大。这种方法的优点是，空腔不会受到来自环境污染物的污染，而且由于空腔阻力的减小使得薄膜的变形更加容易，因此空腔的存在仍然允许其对施加在其上的小的作用力具有较高的灵敏度。此外，由于所覆盖的覆盖层足够薄，使得它不会对所施加的力有所吸收，由此使得所施加的力会被有效地传递到传感膜上。

## 16.6.3　绝对压力传感器

柔性保形 MEMS 绝对压力传感器也已经被开发了出来。在这种情况下，绝对压力传感器在可移动膜的背部采用了真空密封的空腔。真空空腔在 5mTorr⊖氩气压力下封闭，因此传感器能够测量大于该值的压力。固定的空腔高度确定了传感器可以测量的最大压力值。对于参考文献［19］中的设计，其最大压力约为 8～10MPa。传感器的跨度被设计成约 400μm，并且将所使用的镍铬合金敏感电阻放置在移动膜中应力最大的位置。与前面所描述的力/触觉/压力传感器一样，压敏电阻也被部署在一个半惠斯通电桥电路中，以提供对温度变化的补偿。该传感器的灵敏度或响应约为 1nV/Pa，其在约翰逊噪声体制下的噪声等效压力约为 10Pa。传感器的线性度范围达到了其最大力值，在该压力下，所施加的作用力会将感测膜压到空腔的底部（如图 16.5 所示）。

如同之前所描述的力/触觉/压力传感器那样，也可以采用其他的方式来测量膜片在施加作用力的情况下的形变，例如通过压敏材料的使用，或通过电容的改变。绝对压力传感器与前面所描述的力/触觉/压力传感器非常类似，其不同之处在于绝对压力传感器采用压力固定的真空腔作为传感器的参考压力，而力/触觉/压力传感器基底膜片的背部是一个开放的空腔，从而使得其对大气压力的改变不具有敏感性。

## 16.6.4　加速度计

MEMS 加速度计也已经可以在柔性基底上开发出来了，因此他们可以以保形的方式适用于非平面表面的工作环境。在这项工作中，$x$、$y$ 和 $z$ 轴加速度计可以使用表面微加工技术一次性地制造在同一个模块中[23]。通过粘接有空腔的聚酰亚胺覆盖层对加速度计进行包裹，并采用晶圆级封装方法，实现加速度计的密封封装[41]。加速度计含有一个由空气提供弹性阻尼而悬浮的检测质子，并采用电容式感测来检测质子由于受到加速度的影响而产生的位置的改变。通过设计，可使得加速度计能够在其所要进行加速度检测的方向上更容易地移动，而在其他两个垂直的方向上却是迟钝的，从而使其对垂直方向上的加速度不产生任何响应。通过检测质子的大小和几何形状的设计，使其能够实现所要求的阻尼系数（约 0.6～0.7）以及加速度灵敏度和测量范围。模块上的平面（$x$ 和 $y$）内的加速度计是相同的，但是相互垂直的。$x$ 和 $y$ 方向加速度计使用差分梳状电容器。与基底垂直的加速度由 $z$ 轴加速度计测量，它利用检测质子与基底电极之间的平行板电容进行测量。该加速度计的设计使其可测量的加速度高达 $20g$，如图 16.6 所示。

---

⊖　Torr：托，压强单位，1Torr = 1/760mmHg ≈ 133.322Pa。

a)

b)

图 16.5  a）包含 75 个绝对压力传感器阵列的 2cm×2cm 的一段柔性基底
b）一个完整的绝对压力传感器的共焦显微照片

（ⓒ 2012 IEEE. 出自 MEMS absolute pressure sensor on a flexible substrate, by Ahmed, M. , Butler,
D. P. , 和 Celik-Butler, Z. , in *Proceedings of the* 2012 *IEEE MEMS Conference*, Paris, France,
January 29-February 2, 2012, pp. 575-578, 获得许可）

图 16.6  电镀的 z 轴加速度计（右图）和集成的 x、y 轴加速度计（左图）加速度计

（ⓒ 2011 IEEE. 出自 Surface Micromachined MEMS Accelerometers on Flexible Polyimide Substrate by Gönenli, I. E. ,
Celik-Butler, Z. , and Butler, D. P. , in *IEEE Sens. J.* , 11, 2318, 2011, 获得许可）

加速度计通过表面微加工技术制造，利用 UV-LIGA 工艺来制造镍金属检测质子，通过用镍金属对光刻模具进行电镀来制造其悬挂弹簧。在电镀完成之后，再将光刻模具和基底上支撑检测质子的牺牲层去除。通过使用一个电容读出放大电路和一个提供加速度的振动器来对加速度计进行特性化。振动器以 800Hz 的频率提供了高达 $7g$ 的加速度。使用一个商用的参考加速度计来为振动器提供的加速度给出一个校准的测量。对于具有梳状电容器的 $x$ 轴和 $y$ 轴加速度计，其灵敏度被测定为 10fF/$g$，对于 $z$ 轴加速度计，在基底和检测质子之间具有平行板电容器的情况下，其灵敏度被测定为 20fF/$g$。受到电容读出电路的噪声限制的可测量的最小加速度为 4.8mg/$\sqrt{Hz}$。与此同时，加速度计的机械热基础噪声方面，$x$ 轴和 $y$ 轴加速度计为 63 ~ 145$\mu g$/$\sqrt{Hz}$，$z$ 轴加速度计为 189 ~ 271$\mu g$/$\sqrt{Hz}$。为了达到加速度传感器的热机械噪声极限，则需要一个像 Tsai 和 Fedder[11] 所实现的那种噪声更低的读出电路。在这项研究中，我们观察到，在柔性、保形基底上制造的加速度计，其表现与在刚体硅基底上制造的相同设计的加速度计一样好。

为了将加速度计密封封装在空气空腔中，我们采用一种含有空腔的聚酰亚胺覆盖层来对器件进行包裹，然后再通过晶圆级封装来实现[34]。覆盖层被制造在分离的载体晶圆上，并用光可定型的聚酰亚胺来实现其空腔的形状。然后使用晶圆黏合剂将覆盖层热黏合到基底上。覆盖层将加速度计封装到密闭的空腔中，不仅不影响它们的性能，而且还为它们提供了一个稳定的大气工作环境。

## 16.7　结论和未来的方向

这些例子表明，可以使用在刚性载体晶圆上浇铸的柔性薄膜来制造具有各种功能的柔性、保形 MEMS 传感器。保形基底上的 MEMS 传感器可以实现与那些在刚性硅基底上制造出来的传感器相同的性能。这种方法允许用传统的制造方法来制造出柔性传感器。包含有传感器的柔性薄膜可被切割成模块或柔性集成电路，以用于与其他器件和电路板的集成。柔性基底的使用允许制造出超薄的传感器电路，该超薄的传感器电路可以使系统的尺寸减小。此外，由于载体晶圆可以在移除含有 MEMS 传感器柔性薄膜后重新使用，因此其制造成本的降低也是可能的。

目前，常规的金属、绝缘体和半导体材料均已用于器件的制造。新材料，如导电橡胶、纳米结构材料和纳米复合材料的不断发展，可能使未来的器件具有更大的弯曲能力，甚至具有更高水平的拉伸能力。对二维材料（如石墨烯和硅烯）的研究可能会使未来更容易地将高性能有源电路用于柔性膜的信号处理和通信。

## 参 考 文 献

1. Using the invention of the vacuum triode in 1906 by Robert von Lieben and independently Lee De Forest as the event triggering the electronic age. The first flexible circuit board patent is reported to be issued to Albert Hanson in 1903.
2. S. M. Venugopal, D. R. Allee, M. Quevedo-Lopez, B. Gnade, E. Forsythe, and D. Morton, Flexible electronics: What can it do? What should it do? *Proceedings of 2010 IEEE International Reliability Physics Symposium (IRPS),* May 2–6, 2010, Anaheim, CA, pp. 644–649.

3. K. J. Lee, M. J. Motala, M. A. Metil, W. R. Childs, E. Menard, A. K. Shim, J. A. Rogers, and R. Z. Nuzzo, Large-area, selective transfer of microstructured silicon: A printing-based approach to high-performance thin-film transistors supported on flexible substrate, *Adv. Mater.*, 17, 2332–2336, 2005.

4. D. H. Kim, J. H. Ahn, W. M. Choi, H. S. Kim, T. H. Kim, J. Song, Y. Y. Huang, Z. Liu, C. Lu, and J. A. Rogers, Stretchable and foldable silicon integrated circuits, *Science*, 320, 507–511, 2008.

5. R. L. Chaney, and D. R. Hackler, High performance single crystal CMOS on flexible polymer substrate, *36th Annual GOMACTech Conference*, March 21–24, 2011, Orlando, FL.

6. D. Shahrjerdi, S. W. Bedell, A. Khakifirooz, K. Fogel, P. Lauro, A. Cheng, J. A. Ott, M. Gaynes, and D. K. Sadana, Advanced flexible CMOS integrated circuits on plastic enabled by controlled spalling technology, *Proceedings of the 2012 IEEE International Electron Devices Meeting (IEDM)*, December 10–12, 2012, San Francisco, CA, pp. 5.1.1–5.1.4.

7. P. G. LeComber, W. E. Spear, and A. Ghaith, Amorphous silicon field-effect device and possible application, *Electron. Lett.*, **15**, 179–181, 1979.

8. T. Afentakis, M. Hatalis, A. T. Voutsas, and J. Hartzell, Design and fabrication of high-performance polycrystalline silicon thin-film transistor circuits on flexible steel foils, *IEEE Trans. Electron Dev.*, **53**, 815–822, 2006.

9. W. Helfrich, and W. Schneider, Recombination radiation in anthracene crystals, *Phys. Rev. Lett.*, **14**, 229–231, 1965.

10. H. Koezuka, A. Tsumura, and T. Ando, Field-effect transistor with polythiophene thin film, *Synth. Met.*, **18**, 699–704, 1987.

11. V. K. Varadan and V. V. Varadan, Microsensors, microelectromechanical systems (MEMS), and electronics for smart structures and systems, *Smart Mater. Struct.*, **9**, 953–972, 2000.

12. Based on a simple calculation that an Intel six-core i7 microprocessor retails for ~$300 in 2013 and has ~2.3 billion 32 nm transistors.

13. B. Dang, P. Andry, C. Tsang, J. Maria, R. Polastre, R. Trzcinski, A. Prabhakar, and J. Knickerbocker, CMOS compatible thin wafer processing using temporary mechanical wafer, adhesive and laser release of thin chips/wafers for 3D integration, *Proceedings of the 2010 60th Electronic Components and Technology Conference (ECTC)*, June 1–4, 2010, Las Vegas, NV, pp. 1393–1398.

14. C. Banda, R. W. Johnson, T. Zhang, Z. Hou, and H. K. Charles, Flip chip assembly of thinned silicon die on flex substrates, *IEEE Trans. Electron. Packaging Manuf.*, **31**, 1–8, 2008.

15. T. Loher, D. Schutze, W. Christiaens, K. Dhaenens, S. Priyabadini, A. Ostmann, and J. Vanfleteren, Module miniaturization by ultra thin package stacking, *Proceedings of the 2010 3rd Electronic System-Integration Technology Conference (ESTC)*, September 17–20, 2010, Amsterdam, the Netherlands, pp. 1–5.

16. S. Priyabadini, T. Sterken, L. Van Hoorebeke, and J. Vanfleteren, 3-D stacking of ultrathin chip packages: An innovative packaging and interconnection technology, *IEEE Trans. Compon. Packaging Manuf. Technol.*, **3**, 1114–1122, 2013.

17. G. C. Dogiamis, B. J. Hosticka, and A. Grabmaier, Investigations on an ultra-thin bendable monolithic Si CMOS image sensor, *IEEE Sens. J.*, **13**, 3892–3900, 2013.

18. M. Ahmed, M. M. Chitteboyina, D. P. Butler, and Z. Celik-Butler, Temperature sensor in a flexible substrate, *IEEE Sens. J.*, **12**, 864–869, 2012.

19. M. Ahmed, D. P. Butler, and Z. Celik-Butler, MEMS absolute pressure sensor on a flexible substrate, *Proceedings of the 2012 IEEE MEMS Conference*, Paris, France, January 29–February 2, 2012, pp. 575–578.

20. S. K. Patil, Z. Celik-Butler, and D. P. Butler, Characterization of MEMS piezoresistive pressure sensors using AFM, *Ultramicroscopy*, **110**, 1154–1160, 2010.

21. M. Ahmed, M. Chitteboyina, D. P. Butler, and Z. Celik-Butler, Micromachined force sensor in a flexible substrate, *IEEE Sensors J*, **13**, 4081–4089, 2013.

22. R. Kilaru, Z. Celik-Butler, D. P. Butler, and İ. E. Gönenli, NiCr MEMS tactile sensors embedded in polyimide, towards a smart skin, *IEEE/ASME J. Microelectromech. Syst.*, **22**, 349–355, 2013.

23. İ. E. Gönenli, Z. Çelik-Butler, and D. P. Butler, Surface micromachined MEMS accelerometers on flexible polyimide substrate, *IEEE Sensors J.*, **11**, 2318–2326, 2011.

24. S. A. Dayeh, D. P. Butler, and Z. Celik-Butler, Micromachined infrared bolometers on flexible polyimide substrates, *Sensors Actuat. A*, **118**, 49–56, 2005. Erratum: *Sensors Actuat. A*, **125**, 597–598, 2006.

25. A. Mahmood, D. P. Butler, and Z. Celik-Butler, Device-level vacuum-packaging scheme for microbolometers on rigid and flexible substrates, *IEEE Sens. J.*, **7**, 1012–1019, 2007.

26. A. Drost, G. Klink, M. Feil, and K. Bock, Studies of fine pitch patterning by reel-to-reel processes for flexible electronic systems, *Proceedings of the International Symposium on Advanced Packaging Materials: Processes, Properties and Interfaces*, Irvine, CA, March 16–18, 2005, pp. 130–135.

27. M. Ahmed, and D. P. Butler, Flexible substrate and release layer for flexible MEMS devices, *Journal of Vacuum Science and Technology B.*, **31**(5), 050602, Sep/Oct 2013.

28. A. Yildiz, Z. Çelik-Butler, and D. P. Butler, Microbolometers on a flexible substrate for infrared detection, *IEEE Sens. J.*, **4**, 112–117, 2004.

29. L. Wang, K. M. B. Jansen, M. Bartek, A. Polyakov, and L. J. Ernst, Bending and stretching studies on ultra-thin silicon substrates, *Proceedings of the 2005 6th International Conference on Electronic Packaging Technology*, Shenzhen, China, September 2, 2005, pp. 1–5.

30. For example, Aetna Plastics, Valley View, Ohio, PEI polyetherimide data sheet.

31. For example, Victrex plc, Lancashire, United Kingdom, Victrex PEEK polymer datasheet.

32. For example, Chevron Phillips Chemical Co., The Woodlands, Texas, Ryton PPS datasheet.

33. For example, DuPont Inc., USA, Kapton polyimide film datasheet.

34. For example, DuPont Inc., USA, Mylar polyester film datasheet.

35. M. Kotera, T. Nishino, and K. Nakamae, Imidization processes of aromatic polyimide by temperature modulated DSC, *Polymer*, 41, 3615–3619, 2000.

36. W. W. Y. Chow, K. F. Lei, G. Shi, W. J. Li, and Q. Huang, Microfluidic channel fabrication by PDMS-interface bonding, *Smart Mater. Struct.*, 15, S112–S116, 2006.

37. J. Biros, T. Larina, J. Trekoval, and J. Pouchly, Dependence of glass transition temperature of poly on their tacticity, *Colloid Polym. Sci.*, 260, 27–30, 1982.

38. Estane Thermoplastic Polyurethane, general brochure, Lubrizol Advance Material Inc., Cleveland, OH.

39. H.-S. Noh, Y. Huang, and P. J. Hesketh, Parylene micromolding, a rapid and low-cost fabrication method for parylene microchannel, *Sensors Actuat. B Chem.*, 102(1), 78–85, September 2004.

40. P.-Y. Li, T. K. Givrad, D. P. Holschneider, J.-M. I. Maarek, and E. Meng, A parylene MEMS electrothermal valve, *J. Microelectromech. Syst.*, **18**, 1184–1197, 2009.

41. M. Ahmed, I. E. Gonenli, G. S. Nadvi, R. Kilaru, D. P. Butler, and Z. Celik-Butler, MEMS sensors on flexible substrate towards a smart skin, *Proceedings of the IEEE Sensors Conference*, pp. 881–884, October 28–31 2012.

42. W. Christiaens, E. Bosman, and J. Vanfleteren, UTCP: A novel polyimide-based ultra-thin chip packaging technology, *IEEE Trans. Compon. Packaging Technol.*, **33**, 754–760, 2010.

43. T.-Y. Kuo, Z.-C. Hsiao, Y.-P. Hung, W. Li, K.-C. Chen, C.-K. Hsu, C.-T. Ko, and Y.-H. Chen, Process and characterization of ultra-thin film packages, *Proceedings of the 2010 5th International Microsystems Packaging Assembly and Circuits Technology Conference (IMPACT)*, October 20–22, 2010, pp. 1–4.

44. M. Op de Beeck, A. La Manna, T. Buisson, E. Dy, D. Velenis, F. Axisa, P. Soussan, and C. Van Hoof, An IC-centric biocompatible chip encapsulation fabrication process, *Proceedings of the 2010 3rd Electronic System-Integration Technology Conference (ESTC)*, September 17–20, 2010, Amsterdam, the Netherlands, pp. 1–6.

45. T. Sterken, J. Vanfleteren, T. Torfs, M. Op de Beeck, F. Bossuyt, and C. Van Hoof, Ultra-thin chip package (UTCP) and stretchable circuit technologies for wearable ECG system, *Proceedings of the 2011 Annual International Conference of the IEEE Engineering in Medicine and Biology Society (EMBC)*, August 30–September 3, 2011, Boston, MA, pp. 6886–6889.

46. Z. Suo, E. Y. Ma, H. Gleskova, and S. Wagner, Mechanics of rollable and foldable film-on-foil electronics, *Appl. Phys. Lett.*, **74**, 1177–1179, 1999.

47. D. I. Forehand and C. L. Goldsmith, Wafer level micropackaging for RF MEMS switches, *Proceedings of IPACK2005, ASME InterPACK '05*, San Francisco, CA, July 17–22, 2005, pp. 1–5.

48. M. S. Rahman, M. Chitteboyina, D. P. Butler, Z. Celik-Butler, S. Pacheco, and R. McBean, Device-level vacuum packaged MEMS resonator, *IEEE/ASME J. Microelectromech. Syst.*, **19**, 911–917, 2010.

49. C.-Y. Hsieh, J.-S. Chen, W.-A. Tsou, Y.-T. Yeh, K.-A. Wen, and L.-S. Fan, A biocompatible and flexible RF CMOS technology and the characterization of the flexible MOS transistors under bending stresses, *IEEE 22nd International Conference on Micro Electro Mechanical Systems (MEMS 2009)*, Sorrento, Italy, January 25–29, 2009, pp. 627–629.

50. F. Jiang, Y.-C. Tai, K. Walsh, T. Tsao, G.-B. Lee, and C.-M. Ho, A flexible MEMS technology and its first application to shear stress sensor skin, *Proceedings of the IEEE Tenth Annual International Workshop on Micro Electro Mechanical Systems*, Nagoya, Japan, January 26–30, 1997, pp. 465–470.

51. J.A. Rogers, Semiconductor devices inspired by and integrated with biology, *Proceedings of the 2012 IEEE 25th International Conference on Micro Electro Mechanical Systems (MEMS), Paris, France,* January 29–February 2, 2012, pp. 51–55.

52. M. Ahmed, D. P. Butler, and Z. Celik-Butler, MEMS relative pressure sensor on flexible substrate, *Proceedings of the 2011 IEEE Sensors Conference,* Limerick, Ireland, October 28–31, 2011, pp. 460–463.

53. A. van der Ziel, *Fluctuation Phenomena in Semiconductors,* London, U.K.: Butterworth, 1959.

54. F. N. Hooge, 1/*f* noise is no surface effect, *Phys. Lett. A,* 29, 139–140, 1969.

55. F. N. Hooge, 1/*f* noise, *Phys. B+C,* 83, 14–23, 1976.

56. F. N. Hooge, The relation between 1/*f* noise and number of electrons, *Physica B Condens. Matter,* **162,** 344–352, 1990.

57. S. U. Jen, C. C. Yu, C. H. Liu, and G. Y. Lee, Piezoresistance and electrical resistivity of Pd, Au, and Cu films, *Thin Solid Films,* **434,** 316–322, 2003.

58. T. B. Gabrielson, Mechanical-thermal noise in micromachined acoustic and vibration sensors, *IEEE Trans. Electron Dev.,* **40,** 903–909 (1993).

59. J.M. Tsai and G. K. Fedder, Mechanical noise-limited CMOS-MEMS accelerometers, *Proceedings of the 18th IEEE International Conference on MEMS,* Miami Beach, FL, January 30–February 3, 2005, pp. 630–633.

# 第 17 章　射频毫米波模拟电路的嵌入式温度传感器表征

Josep Altet, Diego Mateo, Jose Silva-Martinez

## 17.1　引言

　　射频（Radio Frequency，RF）集成电路的技术规模已经达到了高性能通信片上系统（Systems-On-Chip，SoC）的能力。随着这些 SoC 复杂性的增加，其电路的复杂性和性能也随之增加，并且调试和测试也变得更加困难，这主要是由于 RF 节点可观测性的局限。如果能够对构成收发器链的各个模块的性能进行监测，将有助于故障器件的识别，从而提高产品测试期间的效率。同时技术规模的发展也引发了技术参数变化的增加和老化效应的加剧。此外，随着技术缩放引起的器件尺寸的缩小，零时间点的变化（工艺变化）和依赖时间的变化（老化）都变得越来越重要，由于这些变化对数字和模拟/RF 电路的影响变得越来越大 [Yid11，Garg13]。可靠的内部 RF 功率检测的可用性将能够减轻收发器传输失败的测试负担，并且还可以使得内部 RF 功率的有源调节成为可能，从而可将其嵌入在自我修复方案中，以增强系统的性能并矫正由于工艺改变和老化而导致的电气性能的改变 [Ona12]。在传统的内置自测试（Built-In Self Test，BIST）表征策略中，策略性地将功率检测器放置在用作表征的电路的节点处，以测量沿信号路径的测试信号的功率。这种方案的前提是功率探测器必须是可靠的，并且必须能工作在 RF 频率下才能有用。虽然很小，但 RF 探测器的有限输入阻抗多少会降低收发器链的性能，尤其是当辅助器件被放置在关键节点处时，如低噪声放大器（Low-Noise Amplifer，LNA）的输入、混频器以及无法承受附加寄生电容的频率合成器 [Bow13]。显然，随着系统性能和工作频率的提高，由此产生的影响将会变得更加严重。为了解决这一问题，本章介绍了一种用于射频 SoC 的新型的非侵入的测试和表征策略，该方法采用直流和低频的非侵入温度测量来进行。

　　通过半导体基底的热耦合产生的在测试/表征状态下电路/器件周围的温度上升，与功率消耗成正比 [Ant80]。热功率有两部分组成：第一个是由于系统的直流偏置，第二个是电路的低频特性，它表示了射频信号的行为。这些信号的一个显著特性是它们可以通过直流和低频的温度测量来预测 RF 系统的偏置条件和 RF 信号的强度 [Mat06，Alt13]。

　　图 17.1 所示为 RF 接收器链的通用结构。像 LNA、电压控制振荡器（Voltage-Controlled Oscillator，VCO）或混频器输出等关键模块的可观测性并不是直观的，因此，对这些模块的表征也是很困难的。通过向这些电路中的每一条电路中添加一个热传感器，

可以估计电路当前所消耗的功率或被测试器件的相关电压/电流，进而可以通过非侵入热检测的分析，来表征电路的电气特性。在如图17.1所示的例子中，通过这些信息的应用，驱动调谐旋钮的反馈控制回路能够矫正电路的性能改变［Ona12］。

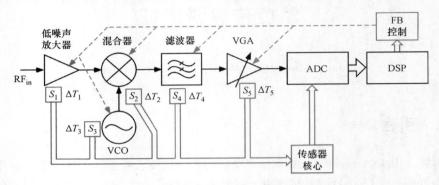

图17.1  具有热感测策略的典型接收器的示例

本章的组织如下，第17.2节给出了用于模拟/射频电路测试/表征的热监测的物理原理，从各个方面对影响温度测试的热耦合机制进行了详细介绍，并且讨论了焦耳效应是如何表现为一个降频转换混频器的，该混频器使得直流和低频测量能够表征被测电路（Circuit Under Test，CUT）的高频电气性能。第17.3节进一步阐明了高频电气性能与直流和低频温度变化之间的关系。通过使用共源的调谐负载放大器，可以分析出电气性能（增益、频率响应、线性度和功放效率）与温度变化之间的关系。第17.4节介绍了不同的温度测量方法，并将重点放在使用内置差分温度传感器进行的低成本电气性能测量上。第17.5节给出了通过内置热传感器的热测量而获得的电气性能的实验结果，验证了前面部分的分析结果。最后，在作为结论的第17.6节对本章的重要观点进行了总结。

## 17.2  用于射频电路测试的温度监测的物理原理

本节的目标有以下两个方面：

1）回顾将CUT的运行与该电路在其硅表面附近产生的温度上升联系在一起的物理机制。

2）开发出一种适当的激励方式，使得用于监测CUT高频特性的可靠温度测量得以实现。

让我们来考虑一个如图17.2a所示的硅电路模块。在靠近高频CUT的位置放置了温度传感器，$T_s$是检测到的温度。为了简单起见，我们假设CUT是线性的，并且用直流电压源偏置的，用高频正弦交流电压驱动的。在CUT通电之前（即施加到该电路的所有电压源所给出的电压均为零），并且假定温度传感器自身的发热可以忽略不计，硅表面的温度是均匀的并且等于环境温度。当CUT被偏置时，其附近的硅表面温度会升高。并且，如果此时使用射频信号进行激励，则CUT周围的温度将会发生改变。

　　在这个过程中包含两个物理机制，一个是焦耳效应，再一个就是通过硅基底的热耦合。当在导电材料（例如器件）上施加电压差时，该导体内部将有电场产生。电场将产生一个作用并作用于自由载流子（电子和空穴）上，载流子按其极性吸引的在电场的方向上被加速。由于载流子在器件中穿过时会遭遇与杂质原子、声子的相互碰撞。因此，载流子的所有动能都将转移到导电材料中，导致其内部原子振动的加剧（由于历史原因，也称为内部热），进而导致其温度的升高［Lun90］。如果没有由于由电场（在电容器的情况下）或磁场（在电感的情况下）的产生而导致的能量储存，则器件将电能转换为内能（或热能）的能量率（J/s 或 W）由焦耳效应给出：

$$P(t) = V(t) \cdot I(t) \tag{17.1}$$

式中，$P(t)$ 是器件消耗的瞬时功率［J/s 或 W］；$V(t)$ 是施加在器件上的电压差；$I(t)$ 是流过的电流流量（C/s 或 A）。

　　现在，让我们来回顾一下热耦合原理。让我们将集成电路（IC）基底划分为小的正方体。器件中各个立方体由于焦耳效应而接受热能（热量）。传递的部分热量存储在每一个立方体中（通过增加其内部原子的振动），导致其温度升高。传递到特定材料单位质量上并使其温度升高 1°（摄氏度或开尔文）的热能的量，我们将其定义为该特定材料的热容量（J/(K·kg)）。从而有

$$C_{th} \cdot M \cdot \Delta T = \Delta E \tag{17.2}$$

式中，$\Delta T$ 是由于立方体中存储的能量 $\Delta E$ 的增加而引起的立方体温度的升高；$C_{th}$ 是材料的特定热容量；$M$ 是立方体的质量。

　　有趣的是，我们注意到温度-特定的热容量-热能量之间关系的数学表达式与电容器中的电压-电容-电荷之间关系的数学表达式，两者之间具有平行的关系［Tho92］。

　　由于焦耳效应，立方体接收的部分能量存储在立方体自身中，而另一部分热量被传递到相邻的立方体中。傅里叶热传导定律指出，从热方块到冷方块之间的能量流动（J/s 或 W），与立方体之间的温差成正比，与他们之间的热阻成反比。热阻（热传导的倒数）是材料的一种特性，它取决于立方体的几何尺寸［Tho92］。在能量流动（或功率）、热阻和温度差相关的数学表达式和电荷流动（或电流）、电阻和电位差（或电压）相关的欧姆定律之间又有一个平行的关系。

　　考虑到能量守恒原理，我们可以获得温度变化的数学表达式，它是 CUT 的耗散功率、IC 的尺寸以及时间的函数。在每个立方体中，热能的净平衡必须为零。每个立方体的热量有两个来源，一个是相邻的较热的立方体（由于热传导），另一个是其自身的焦耳效应（由 CUT 耗散的电能）。此外，每个立方体均将热能传递给与其相邻的较冷的立方体。最后，所接收到的热能中的一部分最终没有被转移，而是存储到了其自身，从而导致了该立方体温度的升高。这在数学上可通过以下方程来表示：

$$\frac{热量的存储}{时间} = 焦耳效应功率 + 净热量传导率 \tag{17.3}$$

式中，方程左边的项是立方体所吸收并导致其温度升高的热能；第二项是由焦耳效应产生的热能；做后一项是该立方体从相邻较热的立方体接收到的热能与其传递到相邻较冷的立方体之间的热能的差。

这个方程最终可以写为一个常规的差分方程的形式。然而，由于热方程和电方程之间的平行性，因此可以用电阻-电容网络来电气模拟热其耦合作用，网络中的每个节点代表硅模块中的小立方体，每个节点的电压表示立方体的平均温度。立方体吸收的热量由电容器中电荷的存储来模拟，该电容器是连接在节点和代表环境温度的电压源之间的。立方体在每单位时间内产生的热能等于连接到该节点的电流源在单位时间内的电荷传输，而由于热传导引起的通过立方体边缘的能量平衡通过连接对应于相邻立方体的节点电阻来模拟［Tho92，Lee93，Ona11］。该模型中的能量守恒原理成为基于基尔霍夫电流定律为代表的电流守恒来实现。此外，还必须在此模型中制定边界条件以获得解决方案。为此目的，通常假设硅模块的底面处于恒定的温度［Tho92，Lee93，Ona11］。热耦合的两个性质是显而易见的：

1）功耗和温度梯度之间的关系是线性的，并且因为热阻和特定的热容量都与温度相关，所以对于较低的温度升高值也是适用的［Bon95］；

2）该函数具有衰减高频成分的低通滤波器特性。在参考文献［Nen04］中，所报道的工作显示其温度测量的频率达到了 100kHz，而参考文献［Alt12］中所报道的工则达到了 1MHz。

图 17.2b 示出了一个完整的热耦合机制的电路模型。焦耳效应的关键性质在于，电功率的耗散表现为一个常规的信号混合器，其中耗散功率的低频成分（即致使温度升高的成分）伴随着等效穿过 CUT 流动的高频电信号。为了实现硅表面上有效的温度信号的表征，以有效地监测 CUT 的高频特性，两种可能的测量设置是有可能实现的。

1）零差式的温度测量（图 17.2a～c）：CUT（为简单起见，我们假设它是线性的，纯电阻性的）是经过直流偏置的，并以频率为 $f_s$ 的单个射频正弦频调驱动。则流过 CUT 器件的电压和电流可写为

$$v(t) = V_{DC} + A \cdot \cos(2\pi f_s t)$$
$$i(t) = I_{DC} + B \cdot \cos(2\pi f_s t)$$
(17.4)

因此，这个器件耗散的功率所产生的低频和高频的信号表征可由下式给出：

$$P(t) = \left[ V_{DC}I_{DC} + \frac{AB}{2} \right] + [BV_{DC} + AI_{DC}]\cos(2\pi f_s t) + \frac{AB}{2}\cos(4\pi f_s t)$$
(17.5)

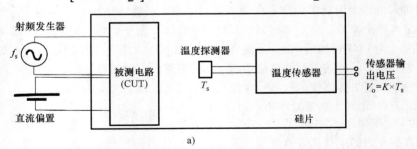

a)

图 17.2　内置温度测量中发生的物理机制的描述

a）将线性 CUT 和温度传感器放置在同一硅模块中

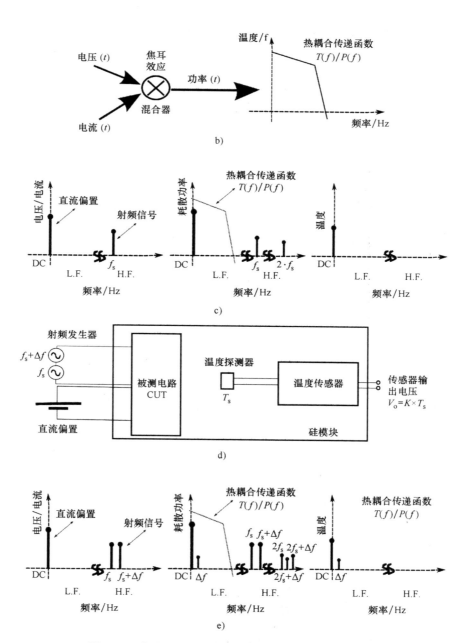

图 17.2　内置温度测量中发生的物理机制的描述（续）

b）热耦合机制的电路模型　c）零差式激励下，CUT 电信号的频谱成分、CUT 消耗的功率
以及探测器位置处的温度　d）CUT 的外差式激励　e）外差式激励下，CUT 的频谱成分

　　由于 $f_s \gg 100\mathrm{kHz}$，所以只有耗散功率的直流成分才会使 CUT 周围的硅表面温度升高，并且可以通过紧靠 CUT 放置的温度传感器检测：

$$T(t) = T_{DC} = R_{TH} \cdot \left[ V_{DC}I_{DC} + \frac{AB}{2} \right] = R_{TH} \cdot P_{DC} \tag{17.6}$$

式中，$R_{TH}$ 是 CUT 和温度传感器之间的热耦合电阻；$P_{DC}$ 是式（17.5）中的直流成分。

　　根据上面简述的 RC 电气模型，当功耗仅为 DC 成分时，所有电容器的状态都为开路，并且 DC 电流和 DC 电压之间的关系仅仅是由于热阻引起的。值得注意的是，DC 温度的增加取决于 CUT 的 DC 偏置和 RF 信号的幅度，但对 RF 信号频率 $f_s$ 不敏感。图 17.2c 示出了频率组成。

　　2）外差式温度测量：CUT 是经过直流偏置的，并使用频率分别为 $f_s$ 和 $f_s + \Delta f$ 的振幅相等的双频 RF 正弦信号进行驱动。这种情况如图 17.2d 所示。CUT（假设其为线性和电阻性）的电流和电压可写为

$$v(t) = V_{DC} + A \cdot \left[ \cos(2\pi f_s t) + \cos(2\pi (f_s + \Delta f) t) \right]$$
$$i(t) = I_{DC} + B \cdot \left[ \cos(2\pi f_s t) + \cos(2\pi (f_s + \Delta f) t) \right] \tag{17.7}$$

CUT 消耗的功率会产生多个频谱（如图 17.2e 所示）。其中，最有趣的两个是

$$P(t) = \left[ V_{DC}I_{DC} + AB \right] + AB\cos(2\pi \Delta f t) + 高频项 \tag{17.8}$$

低频部分产生的温度升高是可测量的：

$$T(t) = R_{TH} \cdot \left[ V_{DC}I_{DC} + AB \right] + Z_{TH}(\Delta f) \cdot AB \cdot \cos(2\pi \Delta f)$$
$$= R_{TH}P_{DC} + Z_{TH}(\Delta f) \cdot P_{\Delta f}(t) = T_{DC} + T_{\Delta f}(t) \tag{17.9}$$

式中，$P_{\Delta f}(t)$ 是式（17.8）中 $\Delta f$ 处的功率频谱成分；$Z_{TH}(\Delta f)$ 是位于 CUT 和温度传感器之间的频率为 $\Delta f$ 时的热耦合阻抗，而通常情况下该项是复数的，因为 RC 模型的节点等效阻抗通常为复数的。

　　直流成分引发的温度升高（$T_{DC}$）取决于直流偏置和射频激励的功耗。根据式（17.9），在 $\Delta f$ 处产生的温度上升具有一个 AC 的成分 $T_{\Delta f}(t)$，其幅值仅取决于 CUT 中使用的 RF 测试信号的功率，并且该 AC 成分是独立于 $f_s$ 的。这种温度频谱成分的测量被称为锁定温度测量 [Bre03]。

　　锁定温度测量由于需要大量的测量仪器，因此也更为复杂，但与零差温度测量相比，它们提供了一些优势。首先，温度上升的外差成分仅取决于 RF CUT 的特性，因此在将这些信息转换为数字形式后，精确的测量可以更好地表征 CUT。其次，通过控制 $\Delta f$ 的值，可以将温度测量独立于特定的 IC 封装配置（封装、插座等），也就是说，可以将硅模块认为是半无限的介质（考虑到 RC 模型中的高频成分在大电容的情况下可视为短路）。例如，当温度的频谱成分的频率高于 100Hz 时已经实现了这一点 [Alt01]。这个事实使得当需要温度测量和耗散功率之间的关系很紧密时，则设置的校准会更容易。此外，由于热耦合是一种类似扩散的物理机制，因此所选择的 $\Delta f$ 值将直接影响由 CUT 耗散的功率所产生的外差温度上升的频谱范围。适当的外差频率的频率值能够确保由 CUT 产生的温度上升仅影响靠近放置在 CUT 附近位置的温度传感器，而那些远离 CUT 的温度传感器仅受背景温度的影响 [Alt08]。这提供了硅基底的固有分区，也就是说，当同时测试多个器件时是自然隔开的。

## 17.3　模拟电路的电气性能与温升产生之间的关系

在本节中，我们分析一个简单放大器的一些品质因数，其性能可以通过温度检测进行跟踪。如图 17.3 所示，CUT 是一个峰值谐振共源放大器，即一个 RLC 负载的共源放大器，其共振频率为 $\omega_0$。

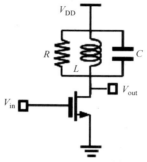

假设晶体管为一阶线性模型的，则小信号放大器的电压增益为 [Raz01]：

$$A_v = -g_m Z_L \rightarrow |A_v| = g_m |Z_L| \qquad (17.10)$$

式中，$Z_L$ 是 RLC 放大器负载的阻抗；$g_m$ 是晶体管小信号跨导。

其瞬时漏源功率可由下式给出：

$$\mathrm{Pot}_M = V_{out} I = (V_{out\,DC} + \Delta V_{out})(I_{bias} + \Delta I)$$
$$= V_{out\,DC} I_{bias} + \Delta V_{out} I_{bias} + V_{out\,DC} \Delta I + \Delta V_{out} \Delta I \qquad (17.11)$$

图 17.3　调谐负载共源放大器的简化原理图

其中，$\Delta V_{out}$ 和 $\Delta I$ 分别为将 RF 信号作用到放大器输入端时放大器的输出电压变化和晶体管漏极电流的变化。假定正弦输入电压 $V_{in} = A\cos(\omega t)$，晶体管为一阶线性模型，则

$$\Delta I = g_m \Delta V_{in}$$
$$\Delta V_{out} = -\Delta I Z_L \qquad (17.12)$$

根据式（17.12），对于施加的输入电压，只有 $\mathrm{Pot}_M$ 表达式（17.11）中第一项和最后一项是对直流功率有影响的项。经过一些简单的代数推导后，我们可以得到如下的耗散功率的直流成分的计算公式：

$$\mathrm{Pot}_M\big|_{DC} = V_{out\,DC} I_{bias} - \frac{1}{2} g_m A |Z_L| g_m A\cos\varphi = \mathrm{Pot}_{M_{bias}} - \frac{1}{2} |A_v| g_m A^2\cos\varphi \qquad (17.13)$$

其中，$\varphi$ 是与复数负载阻抗 $Z_L$ 相关的相位，在 $Z_L$ 达到峰值的中心频率 $f_0$ 附近为 0。在被测电路 CUT 输入端施加信号时，DC 功率的变化与电路的电压增益成正比，并且可表示为

$$\Delta \mathrm{Pot}_M\big|_{DC} = \frac{1}{2} |A_v| g_m A^2\cos\varphi \qquad (17.14)$$

通过中心频率周围的频率描述并同时跟踪温度变化，我们将能够跟踪 DC 消耗功率的变化，然后获得 CUT 的传递函数的形态，即谐振放大器的中心频率和带宽。为了测量放大器带宽，必须考虑校正因子 $\cos\varphi$。由于在频率范围内的负载相位被定义为 $-3\mathrm{dB}$ 功率增益（即电压增益降低 1/2 倍时）的 $\pm 45°$，因此校正因子为 $\cos\varphi = 1/\sqrt{2}$。在测量温度时，只需使用 $10\log$（温度）刻度并测量 3dB 的带宽，就可以得到放大器的 3dB 功率增益带宽。

如果使用两种频率的信号，然后在 $\Delta f$（外差法）下查看它们的组成，则可以得到：

$$\mathrm{Pot}_M\big|_{\Delta\omega} = \frac{1}{2} g_m A g_m A \big( (|Z_L|_{\omega_1}\cos\varphi_1 + |Z_L|_{\omega_2}\cos\varphi_2)\cos(\omega_2 - \omega_1)t$$
$$+ (|Z_L|_{\omega_1}\sin\varphi_1 - |Z_L|_{\omega_2}\sin\varphi_2)\sin(\omega_2 - \omega_1)t \big) \qquad (17.15)$$

式中，$\Delta\omega = 2\pi\Delta f = (\omega_2 - \omega_1)$；$\varphi_i$ 是负载在 $\omega_i$ 下的相位；$|Z_L|_{\omega_i}$ 是负载为 $\omega_i$ 下的模。

假设 $\Delta\omega$ 远低于传感器激励带宽内的负载带宽，那么我们可以估计：

$$\varphi_1 \approx \varphi_2$$
$$|Z_L|_{\omega_1} \approx |Z_L|_{\omega_2} \qquad (17.16)$$

而前面的表达式则可简化为

$$\text{Pot}_M|_{\Delta w} \cong g_m A g_m A |Z_L|_{\omega_{1,2}} \cos\varphi_{1,2} \cos(\omega_2 - \omega_1)t \cong |A_v| g_m A^2 \cos\varphi_{1,2} \cos(\omega_2 - \omega_1)t$$
$$\qquad (17.17)$$

因此，基带功耗与电压增益成正比：

$$\text{Pot}_M|_{\Delta\omega} \propto |A_v| \qquad (17.18)$$

通过在工作频率周围扫描两个施加信号的频率（保持 $\Delta\omega$ 为常数）并跟踪在 $\Delta\omega$ 处频率成分的功率变化，我们应该能够监测放大器的频率响应，即中心频率以及谐振放大器的带宽。

现在让我们考虑一个 A 类高频功率放大器（Power Amplifer，PA）的功率效率测量。该电路如图 17.4 所示。在这种情况下，电感充当扼流电感，并且我们假设电感足够高，高到可以认为频率为 RF 时电路为开路的。电容也是一个扼流元件，也就是说，它的值足够大，也可以认为频率为 RF 时电路为短路的。

对于输入电压 $V_{in} = A\cos(\omega_0 t)$，假设通过的输出电流 $I_{RL} = B\cos(\omega_0 t)$，那么可得到负载中耗散功率 $P_L$：

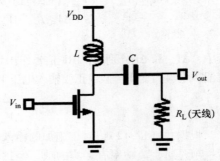

图 17.4　A 类功率放大器 PA 的简化原理图

$$P_L = \frac{B^2 R_L}{2} \qquad (17.19)$$

请注意，在此分析中，我们忽略了寄生电容的影响，这个假设在射频电路中是有问题的，但是其目的是为了说明所提出的技术。

如果假设流经晶体管的电流 $I_L \approx I_{DC}$ 是恒定的，而且电源提供的功率 $P_{V_{DD}} \approx I_{DC} V_{DD}$ 也是恒定的，则晶体管的功耗 $P_M$ 为

$$P_M \approx P_{V_{DD}} - P_L = I_{DC} V_{DD} - \frac{B^2 R_L}{2} \qquad (17.20)$$

当把信号施加到放大器的输入端，RF 功率就会传输到负载，并且信号会对漏极电流和漏极-源极电压进行调制。通过跟踪晶体管沟道周围的温度梯度，我们可以得到其功耗的变化，从而可以监测放大器的功耗效率。

这种技术是不需要技术校准的，只需要几次热测量即可实现。通过将 $T_S$ 定义为靠近晶体管的监测点处的温度，让我们更详细地研究温度的上升。类似于式（17.6），监测点处的温度升高可以表示为 $KP_M$，其中 $K$ 是耦合热阻（单位为℃/W），$P_M$ 为晶体管的功耗。

如果我们在不施加偏置和信号的情况下进行第一次热测量，则可获得背景温度：

$$T_S = T_0 \qquad (17.21)$$

如果芯片内没有其他电路导通，那么 $T_0$ 就是环境温度。如果我们在只开启偏置电路的情况下进行第二次热测量，则晶体管的温度则变为：

$$T_S = T_1 = T_0 + KI_{DC}V_{DD} \qquad (17.22)$$

如果我们在偏置和输入信号都接通时执行第三次热测量，则可评估功率放大器 PA 的效率。在这种情况下，其温度为

$$T_S = T_2 = T_0 + K(I_{DC}V_{DD} - P_L) \qquad (17.23)$$

在此，我们将功率效率 $\eta$ 定义为

$$\eta = \frac{R_L}{P_{V_{DD}}} = \frac{P_L}{I_{DC}V_{DD}} \qquad (17.24)$$

由此可以看出，放大器的功率效率是通过热量测量得到的，并可由下式计算。

$$\eta = -\frac{T_2 - T_1}{T_1 - T_0} \qquad (17.25)$$

在参考文献［Alt13］中进行了更深入地分析，其中级联结构得到的结果与该结果最为相似。热测量确实可以提供所需的信息，以计算在本节中考虑的所有类型的放大器（例如 A 类放大器）中的功率耗散和负载功率。

最后要考虑的电气特性是放大器的线性性能。更具地说，挑战在于 1dB 压缩点处的测量。在参考文献［Ona11］中，深入分析了 1dB 压缩点与放大器进入压缩状态时 DC 温度测量行为之间的关系。在这样的分析中，当输入振幅降低到一个最小值时（此时温度也是最低的）我们可以找到耗散功率的 DC 成分，并且借助系统仿真，通过先前的从一个到另一个的移位的量化，这种最小值的测量可以用来进行 1dB 压缩点的推断。

# 17.4　温度感测策略：差分温度传感器

由 CUT 产生的温度升高可以有效地用于其高频品质因数的提取。可以使用的两种通用的监测策略：片外的和片上的温度传感器。

几种可行的、具有灵敏性、空间分辨率（即被测量温度的区域直径）及能够执行所要求的温度检测带宽的片外温度传感技术包括红外相机［Bre03］、激光反射计［Cla93］、内部红外激光偏转（Internal Infra Red Laser Deflection，IIRLD）［Per09］和激光干涉仪［Alt06］。在用于测量的用途时，这些技术都有一个共同的局限，那就是它们都需要对硅模块进行直接的光学访问，并且测量都需要在完整的实验室环境下进行。而且，放置在硅片上的金属层和钝化层会影响其测量精度（IIRLD 技术除外）。尽管如此，这些技术也已成功用于故障分析和产品调试阶段的高频 CUT 的特性检测。

尽管片上（或内置）的温度传感器需要占用芯片的面积，但却为测试过程提供了足够的灵活性，降低了所需的设备的成本，并允许进行现场测试。由于不需要可视的直接硅片访问，因此这些器件中很多都可以部署在 SoC 中。而且，它还可以进行直接的热耦合测量，而不会受到放置在硅上的任何层的影响。典型内置温度传感器的输出信号与绝对温度成正比（在此指的是仅有一个温度传感器）。从而我们可以有

$$Signal_{OUT} = G \cdot T_S \tag{17.26}$$

式中，$G$ 为传感器灵敏度；$T_S$ 为传感器检测到的温度。

另一方面，差分传感器输出一个信号，该信号与硅表面上两点的温差成正比，其输出可描述如下：

$$Signal_{OUT} = S_{Td} \cdot (T_2 - T_1) \tag{17.27}$$

式中，$T_2$ 和 $T_1$ 是硅表面两点的温度；$S_{Td}$ 是传感器的差分灵敏度。

差分温度测量有以下两个主要优点：

1) 它们对温度升高的敏感度较低，这将使其能够补偿硅表面的热分布，例如，整体的表面温度变化或由不同封装热阻产生的不同 IC 封装配置。

2) 这种技术确保更快速的测量，因为只有在受传感器影响的硅体积中才能达到热稳定状态。

图 17.5 示出了差分温度传感器［Ald10］的原理图。传感器的电路基本上是一个跨导运算放大器（Operational Transconductance Amplifier，OTA），该放大器以发射极耦合的 NPN 双极性晶体管 $Q_{S1}$ 和 $Q_{S2}$ 为核心而组成的，它们也是温度检测器件。其中一个器件放置在非常靠近 CUT 的地方，以记录由于功耗引起的温度变化。

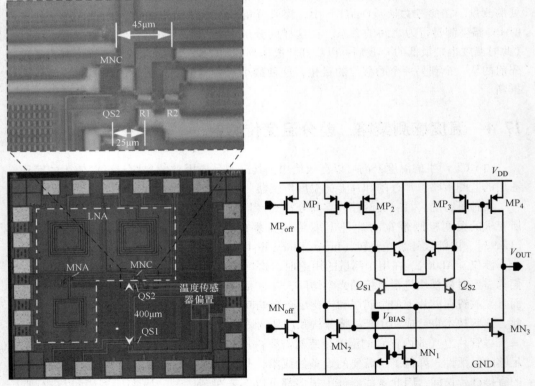

图 17.5　左侧的图像示出了集成了传感器的低噪声放大器（LNA）的布局。右侧给出的为差分温度传感器的电路原理图。细节部分示出了一些属于 LNA（级联晶体管）和传感器（双极型晶体管 $Q_{S2}$）的器件的位置

第二个检测器件距离 CUT 400μm。由 $Q_{S1}$ 和 $Q_{S2}$ 检测到的温差使得流经差分对管集电极的电流失去平衡。由温差产生的电流失衡进而通过使用集电极电流的变化来检测，并被解析为温度的函数 $g_T$，其定义为

$$g_T = \frac{\partial I_C}{\partial T} \qquad (17.28)$$

式中，$I_C$ 为被用作检测器的双极性晶体管的集电极电流；$T$ 为绝对温度。

电流镜像对管 $MP_1$-$MP_2$、$MN_1$-$MN_3$ 和 $MP_3$-$MP_4$ 以及节点 $V_{OUT}$ 的高输出阻抗 $r_o$（由 $MN_3$ 和 $MP_4$ 输出阻抗并联给出）将由 $Q_{S1}$ 和 $Q_{S2}$ 检测到的温度差转换为输出电压 $V_{OUT}$ 的变化。假设所有电流镜像中的比例为 1:1，则由温度不平衡引起的输出电压 $\Delta V_{OUT}$ 的变化可由如下表达式计算：

$$\Delta V_{OUT} = g_T \cdot r_o \cdot \Delta T \qquad (17.29)$$

该表达式假设用作电流源 $MN_1$ 的 MOS 晶体管具有无穷大的输出阻抗。如果需要更好的性能，可以使用共源栅极电流源拓扑结构。直流电流源 $MN_1$ 的有限输出阻抗通常会降低传感器的差分灵敏度。此外，差分传感器输出电压成为差分温度的函数，并且也依赖于共模温度（平均值）的变化：

$$\Delta V_{OUT} = S_{Td} \cdot (T_2 - T_1) + S_{Tc} \cdot \frac{(T_2 + T_1)}{2} \qquad (17.30)$$

式中，$S_{Tc}$ 是共模温度的灵敏度。如果我们假设，在 CUT 激活之前，硅表面是处于环境温度 $T_a$ 的，那么

$$\begin{aligned} T_1 &= T_a + \Delta T_1 \\ T_2 &= T_a + \Delta T_2 \end{aligned} \qquad (17.31)$$

式中，$\Delta T_1$ 和 $\Delta T_2$ 是由于 CUT 的活动导致的温度传感器位置处的温度升高。此时，差分传感器的输出则变为

$$\Delta V_{OUT} = S_{Td} \cdot (\Delta T_2 - \Delta T_1) + S_{Tc} \cdot \left( T_a + \frac{(\Delta T_2 + \Delta T_1)}{2} \right) \qquad (17.32)$$

如果差分温度传感器被用于内置测试，则其共模灵敏度必须尽可能小，而差分灵敏度必须尽可能高，以改善其共模抑制比。当使用基于差分对管的检测元件时，这是一个天然的优势。在这种情况下，它只会对由 CUT 运行产生的温度升高敏感。根据式（17.6），在激活 CUT 时，硅模块内的温度传感器将提供与 $(\Delta T_2 - \Delta T_1)$ 成比例的输出电压：

$$\begin{aligned} \Delta T_1 &= R_{TH1} \cdot P_{CUT} \\ \Delta T_2 &= R_{TH2} \cdot P_{CUT} \end{aligned} \qquad (17.33)$$

$$\Delta V_{OUT} = S_{Td} \cdot (\Delta T_2 - \Delta T_1) = S_{Td}(R_{TH2} - R_{TH1}) \cdot P_{CUT} = S_{Td}\Delta R_{TH} \cdot P_{CUT}$$

式中，$P_{CUT}$ 是 CUT 的功耗；$R_{THi}$ 是 CUT 和温度传感器 $i$（$i$ 为 1 或 2）之间的热耦合电阻。

为了说明简单起见，我们在此假定的是直流热耦合，但所做的分析可以很容易地推广到基带信号的情况。假设共模灵敏度可以忽略不计，则传感器的输出电压可以改

写为

$$\Delta V_{OUT} = S_{Td} \cdot \Delta R_{TH} \cdot P_{CUT} = S_{Pd} \cdot P_{CUT} \qquad (17.34)$$

式中，$S_{Pd}$ 是传感器对 CUT 耗散功率的差分灵敏度。有趣的是，虽然 $S_{Td}$ 仅取决于温度传感器拓扑结构，但 $S_{Pd}$ 还取决于布局中温度传感器相对于 CUT 放置的位置。

为了补偿由于过程电压温度（Process Voltage Temperature，PVT）变化和来自周围电路的温度梯度引起的任何晶体管的失调，由晶体管 MP$_{Off}$ 和 MN$_{Off}$（见图 17.5 中的原理图）组成的失调校准机制用于平衡差分对管的发射极电流，以及在测量之前将 $V_{OUT}$ 校准在其线性工作范围内（例如，$V_{DD}/2$）。这个过程可以通过添加一个失调量控制回路来自动完成。最后，另外两个双极型器件（位于图 17.5 的中间）被用来对温度检测器的基极进行偏置。该传感器拓扑结构的详细分析可以在参考文献 [Alt97，Alt01] 中找到。

图 17.5（左下）示出了 1.25mm × 1.25mm 测试芯片的显微图片，该测试芯片采用 TSMC 0.25μm MS/RF CMOS 技术制造。差分温度传感器的布置分为三个部分：检测器件 $Q_{S1}$（用作温度参考器件），温度检测器件 $Q_{S2}$ 以及除 $Q_{S1}$ 和 $Q_{S2}$ 之外的所有其他传感器晶体管的偏置电路。如图所示，$Q_{S1}$ 和 $Q_{S2}$ 之间的距离为 400μm。该距离确保了靠近 $Q_{S2}$ 放置的器件中的功耗产生的任何温度上升都不会加热 $Q_{S1}$，从而最大限度地提高差分温度检测元件的分辨率。这种传感器件是深 n 阱垂直双极型晶体管，可通过这种 CMOS 技术进行制造，其布局面积仅为 15μm × 15μm。

图 17.5 中的插图示出了传感器件 $Q_{S2}$ 和两个 n 阱的电阻 $R_1$ 和 $R_2$。其中，每个电阻的横纵比均为 [8μm/4.9μm]，标准电阻值为 300Ω。$R_1$ 和 $R_2$ 分别距离 $Q_{S2}$ 25μm 和 45μm。这些电阻器被用来表征 DC 和 AC 条件下的传感器性能。图 17.6a 示出了传感器直流输出电压 $V_{OUT}$ 的值是如何随着这些电阻耗散的静态功率（传感器偏置：$V_{DD}$ = 3.3V，$V_{Bias}$ = 0.68V，$V_{OUT}$ = 1.65V）而变化的。关注其线性范围，传感器对 $R_1$ 和 $R_2$ 耗散功率的差分灵敏度可从图 17.6b 计算得出，其值分别为 117V/W 和 64V/W。预计离传感器器件较远的 CUT 与温度传感器 $Q_{S2}$ 呈现较低的热耦合电阻，因此对其耗散功率的差动灵敏度较低。请注意，在这两种情况下，温度传感器都呈现高达 800mV 输出电压的线性特性。就电阻器的功耗而言，传感器的线性范围分别为 10mW 和 15mW。这个线性范围还可以加以扩展，以涵盖更大的功率范围，但会降低温度传感器的灵敏度。

图 17.6b 所示的测量结果是通过使用由 $v(t) = (1 + \cos(2\pi f_x t))V$ 给出的正弦信号来对电阻器 $R_1$ 和 $R_2$ 进行激励，并滤除 $f_x$ 频率信号，从而测量温度传感器输出处的基频成分的幅度而获得的。该图的曲线表示了两个传递函数级联的振幅响应。第一个是由于 CUT（$R_1$ 或 $R_2$）和表示 $\Delta R_{TH}$ 频率变化的温度传感器之间的热耦合。第二个传递函数是由于传感器对温度 $S_{Td}$ 的差分灵敏度的频率响应。为了获得这些数据，传感器的负载电阻为输入阻抗为 1MΩ 的锁定放大器。图 17.6b 中的结果示出了大约 1kHz 的感测带宽设置。值得一提的是，这个带宽和灵敏度函数是 CUT 和温度传感器（$Q_{S2}$）之间距离的强函数关系。该结果表明，在这种特殊情况下，带宽限制是由热耦合的传递函数决定的，而不是由传感器的传递函数决定的。

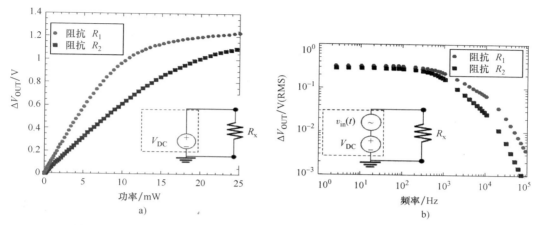

图 17.6  a) 以电阻 $R_1$ 和 $R_2$（图 17.5）给出的传感器输出电压变化（DC）
与消耗的直流功率之间的函数关系曲线  b) 以电阻 $R_1$ 和 $R_2$ 给出的小信号
传感器输出的电压变与耗散功率频率之间函数关系的 Bode 图（幅度）

在本节结束之前，请务必注意，上述示例使用垂直双极型晶体管作为温度传感器，因为所使用的技术提供了一个深 n 阱层，允许我们在基底上堆叠 NPN 双极结型晶体管（Bipolar Junction Transistor，BJT）。然而，使用垂直器件来构建差分温度传感器并不是强制性的，即使是传统的 PN 二极管也应该是足够的 [Sen12]。垂直 PNP 双极型晶体管 [Ona11] 或横向寄生双极型晶体管 [Ald07] 已成功用来实现高效热检测器件。事实上，双极型器件一直是优选的，因为它们的设计套件为作为温度函数的器件电气特性的依赖性提供了更好的建模。尽管如此，普通的 MOS 晶体管也被用作温度传感器 [Sya02] 或热偶 [Ald07]。

最后，在前面的例子中报道的传感器在 10~15mW 的功率变化范围内呈现 0~800mV 的线性范围。考虑到 BJT 允许集电极电流以几十倍的大小改变，从而使得基于电流的温度传感器通常能够提供更大的线性范围，因此这个范围可以很容易地扩大 [Ona11]。另一种选择是使用电压模式处理，此时传感器的灵敏度较小 [Gon11]。

## 17.5  实验例子

在本节中，讨论了两个实例研究的实验结果。第一个例子说明使用外差式温度测量来表征频率中心和 1GHz LNA 中 1db 压缩点。第二种情况示出了零差式温度测量如何用于 2.4GHz A 类功率放大器的表征。

图 17.7a 示出了第一个例子中使用的 CUT 示意图。它是传统的窄带共源 LNA，具有电感性源衰减和调谐负载 [Ald10]，可在 1GHz 下工作。MOS 晶体管 MNC 和 MNA 由 20 个交指指状物构成，以产生 200μm/0.35μm 的有效晶体管尺寸。要执行温度测量并提取 CUT 的特性，关键问题是温度传感器的放置。图 17.5 所示为不同器件的布局。

请注意，差分温度传感器的传感器件 $Q_{S2}$ 放置在共源共栅晶体管 MNC 附近。该晶体管的射频功耗比驱动器 MNA 更强。两个晶体管共享同一电流，但跨越 MNC 漏极-源极的电压摆幅显著较大，这是因为由于提供较大增益所需的较高负载阻抗，LNA 输出表现出较大的信号摆幅。为了实验证明这一事实，MNC 和 MNA 在布局中的距离为 $350\mu m$。

为了进行外差式测量，在 LNA 的输入处施加频率为 $f_1$ 和 $f_2 = f_1 + \Delta f$ 的两个振幅相等的信号。图 17.7 中报道了两个不同的实验结果：LNA 中心频率的测量结果和 1dB 压缩点的测量结果。

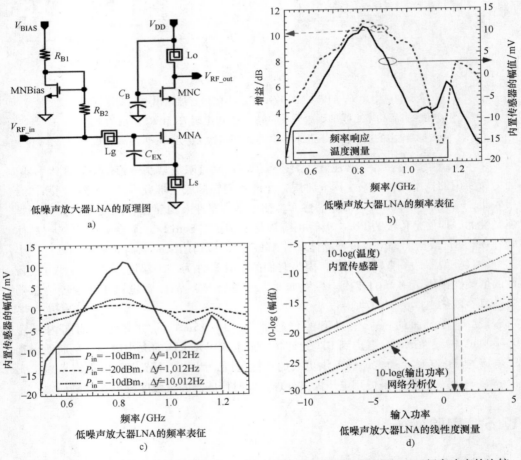

低噪声放大器LNA的原理图

a)

低噪声放大器LNA的频率表征

b)

低噪声放大器LNA的频率表征

c)

低噪声放大器LNA的线性度测量

d)

图 17.7　a) 低噪声放大器 LNA 原理图　b) 1kHz 时的温度测量结果时的 LNA 频率响应的比较　c) 外差频率和 RF 输入功率水平对温度测量的影响　d) 使用常规方法在 1kHz 频率下进行的温度测量，所得到的 1dB 压缩点测量的比较

为了测量 LNA 的中心频率，将要同时扫描两个频率 $f_1$ 和 $f_2$，并且监测作为 $f_1$ 的函数 $\Delta f$ 处的温度上升。对于这种特性，重要的是要保持 $\Delta f$ 不变，这样可以使得测量结果是一致的，并且不受热测量设置的频率响应的影响。热耦合对工作频率很敏感，如图 17.6 所示。

　　图 17.7b 所示的实验结果，示出了两种 LNA 的频率响应的比较，一种是使用频谱分析仪测量（E44443A PSA）获得的 LNA 的频率响应，另一种是使用嵌入式温度传感器获得的测量结果。在这种情况下，输入功率设置为 $-10\mathrm{dBm}$，$V_{DD} = V_{BIAS} = 3.3\mathrm{V}$，$\Delta f = 1012\mathrm{Hz}$。通过这两个曲线的比较，会发现在 $500\mathrm{MHz} \sim 1.5\mathrm{GHz}$ 的频段内频率响应特征有着显著的相关性。温度上升峰值与所估计的 LNA 的中心频率 $830\mathrm{MHz}$ 相对应，而该值在基于常规电气频率响应测量时，所获得的结果值为 $880\mathrm{MHz}$。在使用所提出的热学方法时，即使使用频谱分析仪在 $1.18\mathrm{GHz}$ 处观测到的低谷在 $1.04\mathrm{GHz}$ 附近也是可见的。

　　传感器的偏置方式能够使其所有测量的工作都在线性区域内进行。对于以获取传递函数频率特性的形态为目的的工作方式，我们不必对传感元件进行校准，因为此时的测量是相对的，并且传感器灵敏度的绝对值也不是必需的。但是在其他情况下，可能需要校准阶段。

　　如图 17.6 所示，热耦合的幅度是外差频率 $\Delta f$ 的强相关函数。此外，如式（17.17）所示，温度传感器检测的耗散功率的外差成分是施加于 CUT 的 RF 信号幅度的直接函数。图 17.7c 比较了图 17.7b 给出的三种不同情况下的内置传感器响应：①$P_{in} = -10\mathrm{dBm}$ 的双频测试信号，其 $\Delta f = 1012\mathrm{Hz}$；②$P_{in} = -20\mathrm{dBm}$，$\Delta f = 1012\mathrm{Hz}$ 的双频测试信号；③$P_{in} = -10\mathrm{dBm}$，$\Delta f = 10012\mathrm{Hz}$ 的双频测试信号。正如预期的那样，当外差频率 $\Delta f$ 越高时，其传感器的灵敏度则越低。显然，图中所示的这种通过较低的传感器输出信号的读取，可以降低系统的输入功率，也是一种常见的解决方式。请注意，LNA 的传递函数的形态仍然是可见的，如果使用低噪声测试电路，那么进一步的信号处理能够允许我们对信息进行恢复和重现。$\Delta f$ 和 $P_{in}$ 值的适当选取可以用来确保内置传感器工作在其线性状态下。

　　当我们的目标是估计 CUT 的线性度及其 1dB 压缩点时，在保持测试频率不变的情况下，输入功率的扫描是具有实际意义的［Lee04］。图 17.7d 示出了在外差为 $\Delta f$ 的频率信号（内置传感器频谱成分的 $10 \cdot \log$）下的温度升高的幅度是输入功率的函数；对于该测试，$f_1 = 800\mathrm{MHz}$ 并且 $\Delta f = 1012\mathrm{Hz}$。LNA 释放的输出功率（单位为 dBm）也使用商用的频谱分析仪进行测量。在 $800\mathrm{MHz}$ 时，测得的 1dB 压缩点为 $1.3\mathrm{dBm}$。片内温度传感器预测的 1dB 的压缩点约为 $0.8\mathrm{dBm}$；通过这种非常简单的方法却获得了非凡的精确度。这些结果表明，温度测量确实可用于由 CUT 释放的功率的跟踪，并由此可估计CUT 大信号的线性度。

　　图 17.8 所示为被用作第二个测试平台的 2GHz 的功率放大器的原理图。A 类功率放大器采用伪差分结构，其中每个分支都是一个具有共源共栅器件的共源配置；该架构采用 CMOS 65nm 工艺技术实现。电路的电感器和耦合电容器 $C_{DC}$ 均为片外元件，并用于将功率放大器定位在 $2 \sim 2.5\mathrm{GHz}$ 宽带频谱中四个可能的子带中的一个的中心点上。

　　图 17.8 示出了嵌入功率放大器中的差分温度传感器的位置。其中，两个温度传感器分别采用双极型晶体管 $Q_1$ 和 $Q_2$ 来实现。$Q_2$ 与功率放大器的共源共栅晶体管 $M_3$ 的距离为 $25\mu\mathrm{m}$。这种功率放大器 PA 传感器的放置［Gom12］的电热仿真可确保此距离足以使传感器输出电压能够跟踪功率放大器所消耗功率的变化。$Q_1$ 与传感器核心组成

的其他器件放在一起，它与 $M_3$ 的距离为 $240\mu m$。实验结果如图 17.8 所示［Alt12b］。从差分传感器获得的直流读数以函数曲线的形式给出，即为施加到功率放大器 PA 输入的 RF 电功率的函数。当 $V_{BIAS}$ 越大时，晶体管的偏置电流也就越大，从而导了致更大的跨导值。然后，当增加 $V_{BIAS}$ 时，$M_3$ 中耗散的功率也更高，当输入功率从 – 10 到 0dBm 扫描时，这种 $V_{BIAS}$ 的增加导致传感器件输出端的电压读数更高。

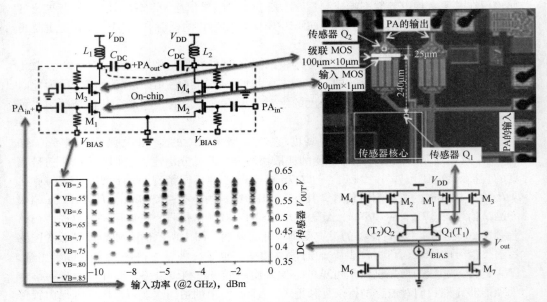

图 17.8 功率放大器和温度传感器的原理图及工艺布局。测量结果显示，通过多个不同的偏置，传感器输出电压（DC）逐渐演变为施加在功率放大器 PA 的 RF 输入功率（2.4GHz）的函数

请注意，温度测量可用于跟踪输送到功率放大器负载的交流功率，并且从而实现对功率放大器的功率效率的评估［Alt13］。图 17.8 也表明，功率放大器 PA 的增益越高，传感器件的灵敏度就越高，这表明采用热学方法是可以测量功率放大器的增益的［Alt12］。实际上，作为 RF 输入功率的函数的温度演变是功率放大器增益的精确指征。

# 17.6 结论

紧凑而高效的传感器可以嵌入到 CUT 中，以监测其相关的品质因数。我们在本章中讨论了其中的一些内容，例如，调谐放大器的中心频率、功率放大器中的效率和输出功率以及 LNA 的线性度。主要目标是使得经济实惠的测试器件能够得以使用，并减少在制造后进行用户友好型维护的系统测试所需的测试时间。另一方面，非常期望能够开发出用于现场表征的监测电路，从而可以通过全面的关键性模块的性能调节策略来实现最终的反馈策略的驱动，以矫正环境、工艺变化、老化或其他任何导致系统性能退化的原因［Gom12b］，［Ona11b］。最终目标是提高产品的产量和提高系统的稳定性。

　　传统的监测电路（电压、电流或功率传感器）需要被电气地加载到系统的测试节点上。这种测试负载，即使在其很小的情况下，也会导致系统性能的下降，特别是在射频前端。随着被监测系统工作频率的提高，用于这些监测电路的 SoC 的灵敏度性能也需随之提高。而且，随着 SoC 频率的提高，可能需要对传统的监测系统进行重新设计。

　　如果采用温度传感器来监测系统性能，则可以克服以上所述的这些弊端。通过硅表面的固有热耦合使得温度传感器件和 CUT 之间的电气连接得以断开。此外，原本由高频电信号携带的信息被向下转换为低频的温度上升信息，该信息被用于系统测试和系统恢复的目的。

　　差分温度传感器作为监测电路的使用具有两个主要优点：首先，通过合适的器件布局，使得传感器对 CUT 的功耗变化具有较高的敏感性，以获得独立于环境温度或特定 IC 安装设置（封装、接口等）的特性。其次，仅在两个温度检测器周围的硅体积内需要达到热稳定状态。例如，在参考文献［Abd13］中，当温度传感器与 CUT 的距离为 $14 \sim 150\mu m$ 时，其所报道的零差温度测量的建立时间为 $80\mu s$。

　　作为一个概念性的证明，我们对两个设计实例进行了改进：一个是调谐的 LNA 的中心频率的测量（相对于传统的电气测量来说，其 50MHz 下的误差为 - 6%），另一个为 1dB 压缩点的测量（其误差为 0.5dB）。而且，这些测量不需要对差分温度传感器进行校准。

　　关于这个主题，仍然还有一些研究领域。如果工业环境中的主要目标还包括其他品质因数（例如增益和输出 RF 功率），那么，为了实现温度传感器的改进，则还需要新的校准方案。参考文献［Alt03，Abd12，Abd13］提供了一些有关使用热监测方法的推荐性建议。当将几个温度传感器和 CUT 放置在一个完整的 SoC 中时，还会出现一些新的挑战，未来的研究就包括对这些挑战的研究。

# 参 考 文 献

[Abd12] Abdallah, L., H. G. Stratigopoulos, S. Mir, J. Altet, Testing RF circuits with true non-intrusive built-in sensors, *Proceedings of the 2012 Design, Automation & Test in Europe Conference & Exhibition (DATE)*, Dresden, Germany, 2012, March 12–16, 2012, pp. 1090–1095.

[Abd13] Abdallah, L., H.-G. Stratigopoulos, S. Mir, J. Altet, Defect-oriented non-intrusive RF test using on-chip temperature sensors, *Proceedings of the IEEE VLSI Test Symposium*, Berkeley, California, April 29–May 2, 2013, pp. 57–62.

[Ald07] Aldrete-Vidrio, E., D. Mateo, J. Altet, Differential temperature sensors fully compatible with a 0.35 μm CMOS process, *IEEE Transactions on Components and Packaging Technologies*, 30(4), 2007, 618–626.

[Ald10] Aldrete-Vidrio, E., D. Mateo, J. Altet, M. Amine Salhi, S. Grauby, S. Dilhaire, M. Onabajo, J. Silva-Martinez, Strategies for built-in characterization testing and performance monitoring of analog RF circuits with temperature measurements, *Measurements Science and Technology*, 21, 2010, 075104.

[Alt97] Altet, J., A. Rubio, Differential sensing strategy for dynamic thermal testing of ICs, *15th IEEE VLSI Test Symposium*, Monterrey, CA, 1997, pp. 434–439.

[Alt01] Altet, J., A. Rubio, E. Schaub, S. Dilhaire, W. Claeys, Thermal coupling in integrated circuits: Application to thermal testing, *IEEE Journal of Solid-State Circuits*, 36(1), January 2001, 81–91.

[Alt03] Altet, J., A. Rubio, J. L. Rosselló, J. Segura, Structural RFIC device testing through built-in thermal monitoring, *IEEE Communications Magazine*, 41(9), September 2003, 98–104.

[Alt06] Altet, J., W. Claeys, S. Dilhaire, A. Rubio, Dynamic surface temperature measurements in ICs, *Proceedings of the IEEE*, 93(8), 2006, 1519–1533.

[Alt08] Altet, J., E. Aldrete-Vidrio, D. Mateo, X. Perpiñà, X. Jordà, M. Vellvehi, J. Millan, A. Salhi, S. Grauby, W. Claeys, S. Dilhaire, A heterodyne method for the thermal observation of the electrical behavior of high-frequency integrated circuits, *Measurement Science and Technology*, 19, 2008, 115704 (8 pp.).

[Alt12] Altet, J., J. L. González, D. Gómez, X. Perpinyà, S. Grauby, C. Dufis, M. Vellvehi, D. Mateo, S. Dilhaire, X. Jordà, Electro-thermal characterization of a differential temperature sensor and the thermal coupling in a 65 nm CMOS IC, *Proceedings of the 18th International Workshop on Thermal Investigations of ICs and Systems (THERMINIC)*, Budapest, Hungary, September 25–27, 2012, pp. 61–65.

[Alt12b] Altet, J., D. Mateo, D. Gomez, X. Perpiñà, M. Vellvehi, X. Jordà, DC temperature measurements for power gain monitoring in RF power amplifiers, *2012 International Test Conference (ITC)*, Anaheim, CA, 2012.

[Alt13] Altet, J., D. Gomez, X. Perpinyà, D. Mateo, J. L. González, M. Vellvehi, X. Jordà, Efficiency determination of RF linear power amplifiers by steady-state temperature monitoring using built-in sensors, *Sensors and Actuators A: Physical*, 192, April 2013, 49–57.

[Ant80] Antognetti, P., G. R. Bisio, F. Curatelli, S. Palarar, Three-dimensional transient thermal simulation: Application to delayed short circuit protection in power ICs, *IEEE Journal of Solid State Circuits*, SC-15, June 1980, 277–281.

[Bon95] Bonani, F., G. Ghione, On the application of the Kirchhoff transformation to the steady-state thermal analysis of semiconductor devices with temperature-dependent and piecewise inhomogeneous thermal conductivity, *Solid State Electronics*, 38(7), July 1995, 1409–1412.

[Bow13] Bowers, S. M., K. Sengupta, K. Dasgupta, B.D. Parker, A. Hajimiri, Integrated self-healing for mm-wave power amplifiers, *IEEE Transactions on Microwave Theory and Techniques*, 61(3), March 2013, 1301, 1315.

[Bre03] Breitenstein, O., M. Langenkamp, *Lock-In Thermography: Basics and Use for Evaluating Electronic Devices and Materials*, Advanced Microelectronics Series, Springer, Berlin, Germany, 2003.

[Cla93] Claeys, W., S. Dilhaire, V. Quintard, J. P. Dom, Y. Danto, Thermoreflectance optical test probe for the measurement of current-induced temperature changes in microelectronic components, *Quality and Reliability Engineering International*, 9(4), July/August 1993, 303, 308.

[Garg13] Garg, S., D. Marculescu, Mitigating the impact of process variation on the performance of 3-D integrated circuits, *IEEE Transactions on Very Large Scale Integration (VLSI) Systems*, 2013, Vol. 21, No. 10, 2013, pp. 1903–1914, doi 10.1109/TVLSI.2012.2226762.

[Gom12] Gómez, D., C. Dufis, J. Altet, D. Mateo, J. L. González, Electro-thermal coupling analysis methodology for RF circuits, *Microelectronics Journal*, 43(9), September 2012, 633–641.

[Gom12b] Gómez, D., J. Altet, D. Mateo, On the use of static temperature measurements as process variation observable, *Journal of Electronic Testing*, 28(5), October 2012, 686–695.

[Gon11] Gonzalez, J. L., B. Martineau, D. Mateo, J. Altet, Non-invasive monitoring of CMOS power amplifiers operating at RF and mmW frequencies using an on-chip thermal sensor, *Proceedings of the 2011 IEEE Radio Frequency Integrated Circuits Symposium*, Baltimore, MD, 2011.

[Lee93] Lee, S.-S., D. J. Allstot, Electrothermal simulations of integrated circuits, *IEEE Journal of Solid-State Circuits*, 28(12), December 1993, 1283–1293.

[Lee04] Lee, T.H., *The Design of CMOS Radio-Frequency Integrated Circuits*, 2nd Edition, Cambridge University Press, New York, 2004.

[Lun90] Lundstrom, M., *Fundamentals of Carrier Transport*, Volume X, Modular Series on Solid State Devices, Addison-Wesley Pub. Co., Boston, MA, 1990.

[Mat06] Mateo, D., J. Altet, E. Aldrete-Vidrio, J. L. Gonzalez, Frequency characterization of a 2.4 GHz CMOS LNA by thermal measurements, *IEEE Radio Frequency Integrated Circuits (RFIC) Symposium*, San Francisco, CA, June 2006, pp. 517.

[Nen04] Nenadovic, N., S. Mijalkovic, L. K. Nanver, L. K. J. Vandamme, V. d'Alessandro, H. Schellevis, J. W. Slotboom, Extraction and modeling of self-heating and mutual thermal coupling impedance of bipolar transistors, *IEEE Journal of Solid-State Circuits*, 39(10), 2004, 1764–1772.

[Ona11] Onabajo, M., J. Altet, E. Aldrete-Vidrio, D. Mateo, J. Silva-Martínez, Electrothermal design procedure to observe RF circuit power and linearity characteristics with homodyne differential temperature sensor, *IEEE Transactions on Circuits and Systems I: Regular Papers*, 58(3), 2011, 458–469.

[Ona11b] Onabajo, M., D. Gómez, E. Aldrete-Vidrio, J. Altet, D. Mateo, J. Silva-Martinez, Survey of robustness enhancement techniques for wireless systems-on-a-chip and study of temperature as observable for process variations, *Journal of Electronic Testing*, 27(3), June 2011, 225–240.

[Ona12] Onabajo, M., J. Silva-Martinez, *Analog Circuit Design for Process Variation-Resilient Systems-on-a-Chip*, Springer, New York, 2012.

[Per09] Perpiñà, X., X. Jordà, J. Altet, M. Vellvehi, N. Mestres, Laser beam deflection-based perimeter scanning of integrated circuits for local overheating location, *Journal of Physics D: Applied Physics*, 42, 2009, 012002.

[Raz01] Razavi, B., *Design of Analog CMOS Integrated Circuits*, International Edition, MacGrawHill, New York, 2001.

[Sen12] Sengupta, K., K. Dasgupta, M. S. Bowers, A. Hajimiri, On-chip sensing and actuation methods for integrated self-healing mm-wave CMOS power amplifier, *2012 IEEE MTT-S International Microwave Symposium Digest*, June 17–22, 2012, Montreal, CA.

[Sya02] Syal, A., V. Lee, A. Ivanov, J. Altet, CMOS differential and absolute thermal sensors, *Journal of Electronic Testing: Theory and Applications*, 18(3), 2002, 295–304.

[Tho92] Thomas, L. C., *Heat Transfer*, Prentice Hall, Upper Saddle River, NJ, 1992.

[Yid11] Liu, Y., J.-S. Yuan, CMOS RF power amplifier variability and reliability resilient biasing design and analysis, *IEEE Transactions on Electron Devices*, 58(2), February 2011, 540, 546.

# 第4部分 软件和传感器系统

# 第18章 多传感器系统的集成可靠性

Omid Sarbishei, Majid Janidarmian, Atena Roshan Fekr,

Benjamin Nahill, Zeljko Zilic, Katarzyna Radecka

在过去几年中，由于成本、尺寸和功耗的降低以及可靠性的提高使得人们对传感和监控设备的兴趣日益增加。因此，可以注意到，越来越多的工业和生物医学应用用到了传感设备。对于更好解决方案的需求已经突出了传感系统设计的重要性，该系统具有高精确度、外部噪声和潜在故障的容错能力[8]。许多研究都旨在改进传感系统中的这些参数[4,5]。

传感器系统的精确度主要根据测量误差的均方误差（Mean Square Error，MSE）或最大绝对误差（Maximum Absolute Error，MAE）[即最大失配（Maximum Mismatch，MM）]来评估，误差在此被定义为实际基准值 $x_{ref}$ 与最终传感器输出值 $x_{readout}$ 之间的差值，即

$$error = x_{ref} - x_{readout}$$

误差指标 MSE 和 MM 被定义为

$$MM = max(|error|), \quad MSE = E(error^2)$$

式中，$E(x)$ 和 $|x|$ 分别为返回 $x$ 的期望值和绝对值。请注意，测量误差的 MSE 表示传感器读数的整体质量，而 MM 表示传感器测量的最差情况。

在单个传感器的读数出现的误差可以被区分为系统失调和增益误差以及随机噪声[4]。校准被定义为将原始传感器读数匹配到校正值的过程[4]，并可将其用于系统失调和增益误差的补偿。校准过程可以使用在线或离线方法来实现。离线的校准过程主要采用基于曲线拟合的方法，例如最小二乘法[6]。与此同时，在线方法是基于时间序列和实时预测的，如卡尔曼滤波器[22]。

多传感器数据融合[1,2]也是一种常见的方法，与使用单个传感器的情况相比，它将来自多个传感器的数据结合起来以实现更精确的读数[10-14]。数据融合方法也可用于故障传感器的检测[14]，并能够提供具有容错机制的测量。容错测量在此是至关重要的，因为技术的发展趋势表明，就目前的状态来看，传感测量的故障率是最高的[17]。除此之外，诸如医疗和控制等高风险应用需要具有容错机制的传感器，以实时地提供测量读数。

本章首先对一些有关传感器校准和融合的前期工作进行了回顾，并在此基础上提出了一种具有多故障容错的高效多数据融合算法，它不仅使测量误差的 MSE 最小化，而且通过 MM 的限定保证了持续的高精确度。我们的解决方案适用于集中式多传感器系统结构，并可通过实验来测量传感器的后标定统计特性。请注意，在集中式多传感器系统结构中，传感器之间的通信是通过中央处理器进行的，从而使得它们可以获取相同的基准数据。在另外一些诸如无线传感器系统的应用中，所使用的系统结构通常为分布式多传感器系统结构[27]，其中的每个传感器都能够与所有（或某些）其他传感器进行通信。这样的应用不是本章所研究的范畴。

由于工业和生物医学应用对温度测量和控制以及加速度计的准确度[22]有很高的要求，所以在实验中，以两个多传感器系统为例说明了算法的性能，即

1）由 8 个 STTS751 温度传感器组成的多传感器系统。

2）由 5 台 MMA8451Q 三轴加速度计组成的多传感器系统。

本章的后续部分内容安排如下。18.1 节介绍了多传感器系统中传感器校准、传感器融合和故障检测的背景和相关工作。18.2 节介绍了用于检测多传感器系统中可能存在的故障传感器的传感器筛选方法。18.3 节介绍了所提出的数据融合算法，它在对 MM 进行限制的同时使测量误差的 MSE 最小化。最后，在 18.4 节给出了相应的实验结果，并对此进行了讨论。

# 18.1　背景和相关工作

提高多传感器系统中单个传感器准确度是传感器校准过程的关键步骤。某些系统可能需要专门的校准程序来实现，该校准过程通常可以分为在线方式或离线方式两大类。离线方式主要基于曲线拟合（例如最小二乘法[6]），将原始传感器读数匹配到校正值[4]，并对系统失调和增益进行补偿。与此相对应的，在线方法通常是基于时间序列和实时预测的，如卡尔曼滤波器[22]。在此，让我们通过几个例子加以说明。

在本章参考文献［3］中，Bychkovskiy 等提出了一种用于光传感器的局部校准方法。该方法首先选取了一些在物理位置上非常接近的传感器，然后试图获得一种最一致的方式来给出所有这些传感器的成对关系。在本章参考文献［5］中，Feng 等专注于基于时变执行器的方法对传感器进行校准。其结果显示，在部署的传感器所记录的一组光强度测量值中，有两种情形：一种是仅有两个相邻的传感器必须进行通信才能实现读数的校准；另一种是其验证了可以通过最少数量的传感器通信来实现传感器的校准。在本章参考文献［1］中，作者研究了四种类型的温度传感器，并对特定温度传感器的失调和误差、信号调理电路以及数据实现系统进行了分析[7]。在本章参考文献［22］中，作者采用了扩展卡尔曼滤波方法来实现三轴加速度计的实时校准。如果与曲线拟合和最小二乘法等离线方法相结合，本章参考文献［22］中的在线校准方法还可以进一步提高。

校准的目的是提高各个传感器的准确度[9]，但与此不同的是，传感器融合[1,2,23,24]

的目标是通过来自多个传感器数据的结合，提高整个系统的准确度[10-14]。这其中的一个例子是，通过多个加速度计和陀螺仪的联合使用来实现位置的跟踪。根据测量误差的 MSE 提高传感器读数准确度的直接方法是对当前的测量结果进行平均计算[15,6,10]。如果所有传感器在统计特性方面都相同，则其中的传感器的总数 $n$ 即为该技术可以将测量误差的 MSE 进行提高的影响因子。作为该方法的一种变形，可以通过执行加权平均计算来实现测量误差的 MSE 的最小化。本章参考文献［16］中的解决方案使用基于神经网络的启发式训练来优化用于平均计算目的的权重。

数据融合方法不仅可用于潜在的故障传感器的检测[14]，还可以提供容错的测量。为了增强故障检测的方法，已经通过实验给出了传感器的故障模型[18-20]。在故障传感器的确定过程中，我们需要在相当长的一段时间内对传感器读数进行获取，然后将所获取的结果与传感器在正常操作模式下给定的统计特性进行比较。接下来，如果传感器的测量结果与预期特性之间的偏差达到了一个特定的阈值，那么就认为该传感器存在故障[18]。本章参考文献［18］中的方法提出了一种为此目的寻找最佳阈值的技术。尽管这种方法是有用的，但并不适用于诸如医疗系统那样的实时应用[10]，因为在那样的应用中，传感器故障可能发生在相对较短的时间间隔中[10]。本章参考文献［6，10］中的方法更适合这种实时应用方式，但它们只能处理单个的传感器故障，在多个传感器故障发生时是无效的。

多故障的检测和容错通常都是难以实现的。通常所使用的方法有如本章参考文献［21］中使用的传统的模糊软聚类方法。该方法不需要关于所使用的传感器的先验知识或信息。

在本章的后续内容中，将介绍一个筛选过程，以排除融合算法中可能存在的故障传感器。该方法能够使得具有多个故障容错能力的数据融合算法得以实现。除此之外，还能够实现潜在传感器故障的实时检测。通过该筛选过程，可以实现一个有效的线性数据融合算法。

本章所提出的数据融合方法在将测量误差的 MSE 限制在最小的同时，也对 MM 进行了限制。这表明我们的解决方案不仅在通常情况下实现了精确度的最大化，同时在最坏的传感器测量情况下仍然保持了高精确度。以前的传感器融合工作并非如此，例如本章参考文献［1，15］所提出的方法，其目的是实现测量误差的 MSE 的最小化。筛选和数据融合过程所需要的传感器误差校准的统计特性可以通过实验测量得到。本章提出的数据融合是一种线性算法（加权平均计算），其使用凸优化方案和简单的公式来找到算法的最优系数（权重）。该方法对于异构多传感器系统是非常有益的，在异构多传感器系统中传感器误差在统计特性上不一定是相同的，这通常是由于不可避免的物理和制造问题，以及校准[3]所引起的，这也使得传感器的误差具有不同的统计特性。

## 18.2　容错筛选过程

本节将介绍我们所提出的筛选过程，以便在线快速检测潜在的故障传感器。该方法是对本章参考文献［6］中的单故障检测技术的扩展。在本章参考文献［6］中，作者需要找出那些传感器读数 $x_j$ 远离其他传感器读数平均值的传感器，如果该偏离值高于特定阈值的话，则认为该传感器是故障的。虽然本章参考文献［6］中的方法只能用于单个传感器故障的检测，但可以将其扩展到一个迭代过程，以检测多个故障以及单个故障。

在本章的后续部分中，我们使用下列符号：

1）$x_{ref}$：待测量的基准数据。

2）$x_j$：经校准的第 $j$ 个传感器读数（$j = 1, \cdots, n$），其中 $n$ 是传感器总数。请注意，本节介绍的解决方案仅适用于多传感器系统，其中不同传感器的目标都是试图对同一基准数据 $x_{ref}$ 进行获取。

3）$e_j$：经校准的第 $j$ 个传感器读数的误差，也就是说

$$e_j = x_{ref} - x_j \qquad (18.1)$$

4）$M_j$：经校准的第 $j$ 个传感器读数的最大绝对误差，即 $M_j = \max(|e_j|)$。请注意，$M_j$ 是通过实验测量获得的。

5）$E_j$：误差 $e_j$ 的期望值，即 $E_j = E(e_j)$。请注意，我们可以通过调整校准过程中的失调系数的设置，使得 $E_j = E(e_j) \approx 0$。

6）$S_j$：平均平方误差，即 $S_j = E(e_j^2)$，通过实验测量得到。由于满足条件 $E_j = E(e_j) \approx 0$，因此，$S_j = E(e_j^2)$ 的值也表示误差 $e_j$ 的方差。

算法 18.1 给出了容错筛选过程的解决方案。步骤 1 中的 for 循环执行 $k$ 次，其中 $k < n$ 是潜在故障传感器的数量，其偏离其他传感器读数平均值的距离高于 $M_i$（步骤 8）。

---

算法 18.1：故障筛选（$M_{1:n}$, $x_{1:n}$）

//输入：$x_{1:n}$, $M_{1:n}$, 输出：返回非故障传感器

1. for$(m = 1; m < n; m++)$ {

2. sum $= \displaystyle\sum_{j=1}^{n} x_j$

3. for$(i = 1; i \leqslant n; i++)$

4. $\{ a_i = \dfrac{\text{sum} - x_i}{n - 1};$　//平均计算不包括 $x_1$

5. $d_i = |x_i - a_i|; \}$　//偏离其他项的平均水平//找到其他项的平均距离最远

6. for$(i = 1; i \leqslant n; i++)$

7. $\{$ if $d_i = \max(d_{1:n})$ break ; $\}$

8. if $d_i > M_i \{$ throw away $x_i$ ; $n = n - 1$ ; continue ; $\}$

9. else return $x_{1:n}; \}$　//返回无故障传感器

---

## 18.3    最佳线性数据融合

统计特性中最优的均匀线性数据融合技术在非故障传感器上执行，以尽量减少测量误差的 MSE，同时保持其高精确度。假设数据融合算法的输入已经通过了算法 18.1 中的筛选步骤，该问题被表述为一个凸优化方案，为此我们提出了确定性解决方案。

### 18.3.1    问题描述

线性数据融合定义如下：

$$x_{est} = \sum_{j=1}^{n} c_j x_j \tag{18.2}$$

式中，系数 $c_j$ 应该可以确定，使得基准数据 $x_{ref}$ 和估计的一个 $x_{est}$ 之间的测量误差的 MSE 被最小化，并且同时 $x_{ref}$ 和 $x_{est}$ 之间的 MM 也有界（高精确度）。

计算误差 $x_{ref} - x_{est}$ 为

$$\text{error} = x_{ref} - x_{est} = x_{ref} - \sum_{j=1}^{n} c_j x_j \overset{\text{式}(18.2)}{\Longrightarrow}$$

$$= x_{ref} - \sum_{j=1}^{n} c_j (x_{ref} - e_j) = x_{ref}\left(1 - \sum_{j=1}^{n} c_j\right) + \sum_{j=1}^{n} c_j e_j \tag{18.3}$$

式（18.3）中的误差不仅是单个传感器误差 $e_j$ 的函数，而且还取决于基准数据 $x_{ref}$。在特定的拐点处，对于 $|x_{ref}|$ 的较大值，式(18.3) 中误差项 $x_{ref}\left(1 - \sum_{j=1}^{n} c_j\right)$ 导致了一个较高的 MM（低精确度）。因此，最好使式（18.3）中的误差函数与 $x_{ref}$ 无关。这可以通过以下条件来实现：

$$x_{ref}\left(1 - \sum_{j=1}^{n} c_j\right) = 0 \Rightarrow \sum_{j=1}^{n} c_j = 1 \tag{18.4}$$

在此，我们采用式（18.4）所给出的条件作为融合过程的基础，最终实现传感器测量的高精确度。

接下来，我们的目标是寻找系数 $c_j$，以使得测量误差的 MSE 最小化，并同时满足式（18.4）中的条件，从而保持传感器测量的高精确度。在后面的 18.3.3 节中讨论了使用所提出的融合系统的总体精确度。根据式（18.3），我们可以按下式计算测量误差的 MSE，即

$$\text{MSE} = E\left((x_{ref} - x_{est})^2\right) = E\left(\left(\sum_{j=1}^{n} c_j e_j\right)^2\right) = E\left(\sum_{j=1}^{n} c_j^2 e_j^2 + 2\sum_{j=1}^{n}\sum_{k=j+1}^{n} c_j c_k e_j e_k\right)$$

接下来，假设经校准的传感器误差是彼此独立的，并且按下式可以计算出测量误差的 MSE：

$$\text{MSE} = \sum_{j=1}^{n} c_j^2 S_j \tag{18.5}$$

我们的目标是对 $c_j$ 进行设置系数，从而使得式（18.5）中的测量误差的 MSE 最小化，并受式（18.4）给出的限制。请注意，式（18.5）中的 $S_j$ 是由实验测量得到的值。总之，问题可以表述如下：

$$
\begin{array}{|l|}
\hline
\text{目标函数}:(S_{1:n}): \\[2mm]
\text{所找到的}\,f_1\,\text{的最小值}: \mathrm{MSE} = \displaystyle\sum_{j=1}^{n} c_j^2 S_j, \\[2mm]
\text{约束条件}: f_2 = \displaystyle\sum_{j=1}^{n} c_j = 1 \\[2mm]
\hline
\end{array}
\tag{18.6}
$$

## 18.3.2  问题的确定解

当且仅当区间内的任意两点，例如 $x_1$ 和 $x_2$，以及任何 $t \in [0, 1]$，函数具有以下属性时，一个区间上的实值函数 $f(x)$ 则被称为凸的[32]。

$$f(tx_1 + (1-t)x_2) \leqslant tf(x_1) + (1-t)f(x_2)$$

请注意，对于凸函数，任何局部最小值也是全局最小值[32]。

式（18.6）中的函数 $f_1$ 和 $f_2$ 都是变量 $c_j$ 的凸函数，因为我们有

$$\frac{\partial^2 f_1}{\partial c_j^2} = 2S_j \geqslant 0 \qquad \frac{\partial^2 f_2}{\partial c_j^2} = 0$$

应用拉格朗日乘法来定义一个单目标函数 $f$，它是函数 $f_1$ 和 $f_2$ 的线性函数，并用如下所示的函数表达式来表示：

$$f = f_1 + \lambda f_2 = \sum_{j=1}^{n} S_j \times c_j^2 + \lambda \sum_{j=1}^{n} c_j \tag{18.7}$$

式中，$\lambda > 0$。式（18.7）中的函数 $f$ 也是一个凸函数，因为它是凸函数 $f_1$ 和 $f_2$ 的正线性组合。$f$ 的全局最小值可以使用导数计算得到：

$$\frac{\partial f}{\partial c_j} = 0 \Rightarrow 2c_j S_j + \lambda = 0 \Rightarrow c_j = \frac{-\lambda}{2S_j} \quad j = \{1, \cdots, n\} \tag{18.8}$$

接下来，使用式（18.8），我们设定 $\lambda$，使得条件 $\sum_{k=1}^{n} c_k = 1$［式（18.6）中的约束条件］得到满足，有

$$\sum_{j=1}^{n} c_j = 1 \Rightarrow \sum_{k=1}^{n} \frac{-\lambda}{2S_k} = \frac{-\lambda}{2} \sum_{k=1}^{n} \frac{1}{S_k} = 1 \Rightarrow \lambda = \frac{-2}{\displaystyle\sum_{k=1}^{n} (1/S_k)} \tag{18.9}$$

通过将式（18.9）中的 $\lambda$ 代入式（18.8），可以得到如下的最优系数：

$$c_j = \frac{1}{S_j \displaystyle\sum_{k=1}^{n} \frac{1}{S_k}} \quad (j = 1, \cdots, n) \tag{18.10}$$

**引理 18.1**：式（18.10）的解是方程问题式（18.6）中的全局最小值。

**证明**：当 $f_2 = 1$ 时，式（8.10）中的 $c_j$ 的值给出了函数 $f = f_1 + \lambda f_2$ 的确定性最优解。

现在，我们的目标是要证明式（18.10）同样使式（18.6）中的 $f_1 = \text{MSE}$ 最小化。在此利用矛盾推理来解决这个问题。假设 $c_j$ 是矢量解，且 $c_j = [c_1, \cdots, c_n]$，其中每个 $c_j$ 值可以用式（18.10）求出。我们从函数 $f = f_1 + \lambda f_2$ 的凸性可知，$c_j$ 是 $f$ 的全局最小值，此时 $\lambda = -2 / \sum\limits_{k=1}^{n}(1/S_k)$，并使得 $f_2 = 1$。此外，我们假设 $c_j$ 不是式（18.6）中 $f_1 = \text{MSE}$ 的全局最小值，那么则意味着存在另一个矢量解 $\hat{c}_j \neq c_j$，它使得 $f_1 = \text{MSE}$ 在 $f_2 = 1$ 时最小化。由于 $\hat{c}_j$ 是 $f_2 = 1$ 时的 $f_1 = \text{MSE}$ 的全局最小值，因此，它也是当 $f_2 = 1$ 时 $f = f_1 + \lambda f_2$ 的全局最小值。因此，$\hat{c}_j = c_j$。

根据式（18.10），给出了算法 18.2 中的最优线性数据融合过程。假设传感器首先通过了算法 18.1 中的筛选过程，并且已经通过数据融合排除了潜在的故障传感器。

请注意，如果所有传感器误差具有相同的统计特征，则可以得到 $c_1 = c_2 = \cdots = c_n = 1/n$。在这种约束情况下，数据融合算法退化为简单的平均计算过程[15]。本章参考文献［6，10］中提出了类似的利用平均计算来达到数据融合目的的方法。只有所有传感器具有相同的实际统计特性时，才能提供问题的最优解。然而，由于大批量的制造和物理因素的不同，以及每个触感器的校准过程都是在不同时间通过具有不通程度误差的非准确数据的综合来实现的，因此不能保证传感器对于相同的输入激励具有相同的响应统计特性。在这种情况下，在算法 18.2 中所提出的数据融合将变得更加有用，它假定传感器误差在统计特性方面不一定是相同的，并可以提供小得多的测量误差的 MSE 值。18.4 节中的实验结果更详细地说明了这个问题。

---

算法 18.2：数据融合 Data Fusion$(S_{1:n}, x_{1:n})$

//输入：$x_{1:n}$，$S_{1:n}$ 输出：式（18.2）中 $x_{\text{est}}$

1. for$(j=1; j \leqslant n; j++)$

2. $\left\{ c_j = \dfrac{1}{S_j \sum\limits_{k=1}^{n}(1/S_k)}; \right\}$ //根据式（18.10）求出最佳系数

3. return $x_{\text{est}} = \sum\limits_{j=1}^{n} c_j x_j$; //返回估计的读数

---

对应于每组传感器读数 $x_j (j=1, \cdots, n)$，上述筛选过程（算法 18.1）和数据融合方法（算法 18.2）都是周期性地、在线地执行的。算法 18.2 返回任意 $n$ 的最小测量误差的 MSE。然而，对于算法 18.1 中的筛选过程，如果要成功地检测潜在的故障传感器，则要求至少有两个传感器是没有故障的，并且它们返回的读数也需要是彼此接近的。在这样的条件下，可以通过使用算法 18.1，假定与这两个非故障传感器偏离的其他传感器实际上是故障的。

### 18.3.3　精确度分析

尽管传感器测量和数据融合算法的质量主要是通过测量误差的 MSE 来评估的，但研究融合过程的精确度和 MM（即 $\max(|x_{\text{ref}} - x_{\text{est}}|)$）也是至关重要的，其中 $x_{\text{est}}$ 由式（18.2）给出。请注意，测量误差 MM 对应于传感器测量的最差情况。

所提出的数据融合方法（算法 18.2）除了使测量误差的 MSE 被限制到最小化以外，并且不会由于式（18.4）给出的条件而损害系统的整体精确度。

**引理 18.2**：如果使用式（18.10）中的数据融合系数，则条件 $\max(|x_{\text{ref}} - x_{\text{est}}|) \leqslant \max(M_j)$，$(j = 1, \cdots, n)$ 总是成立的。

**证明**：通过三角不等式的应用，发现 $x_{\text{est}}$ 的 MM 上界为

$$\max(|x_{\text{ref}} - x_{\text{est}}|) = \max\left(\left|\sum_{j=1}^{n} c_j e_j\right|\right) \leqslant \sum_{j=1}^{n} \max(|c_j e_j|)$$

由于 $S_j > 0$，因此 $c_j > 0$ ［见式（18.10）］，因此可以得到

$$\sum_{j=1}^{n} \max(|c_j e_j|) = \sum_{j=1}^{n} c_j \max(|e_j|) = \sum_{j=1}^{n} c_j M_j$$

接下来，再次应用三角不等式可得

$$\sum_{j=1}^{n} c_j M_j \leqslant \sum_{j=1}^{n} c_j \max(M_j) = \max(M_j) \sum_{j=1}^{n} c_j \overset{\text{式}(18.4)}{\Longrightarrow} = \max(M_j)$$

这意味着在数据融合中，$x_{\text{est}}$ 的 MM 绝不会超过单个传感器在最坏情况下的最低精确度，即 MM。注意，如果不满足式（18.4）中的条件，则可能不能满足 $\max(|x_{\text{ref}} - x_{\text{est}}|) \leqslant \max(M_j)$ 的条件。

## 18.4　实验设置和结果

在本节中，将介绍所提出的传感器融合方法的实验结果评估。由于加速度计和温度传感器是许多生物医学和工业应用的重要组成部分[7,22]，因此进行了在由温度传感器和加速度计组成的两个多传感器系统上的实验。

在 18.4.1 节和 18.4.2 节中，讨论了在实验中所使用的两个多传感器系统的硬件配置。18.4.3 节和 18.4.4 节讨论了两个系统的校准过程。最后，在 18.4.5 节中，对通过数据融合（算法 18.1）所得到的结果和以前的工作所得到的结果进行了比较。除此之外，还解决了使用算法 18.2 在线检测多个故障传感器的问题。

### 18.4.1　具有温度传感器的系统配置

STTS751 是一款 6 引脚的数字温度传感器，并支持不同的从地址[28]。STTS751 的通信是通过与 SMBus 2.0 标准兼容的双线串行接口进行的。温度数据、警报限值和配置信息通过总线传送。STTS751 有两种版本，每个版本都有 4 个从地址，该地址值是由连接到 Addr/Therm 引脚的上拉电阻值决定的。在实验中，可配置的温度读数精确度设置为 12bit，即每个 LSB 对应的温度值为 0.0625℃。

8 个温度传感器的数据由 STM32F407 微控制器[25]收集，该微控制器为 $I^2C$ 总线的主动方，使用 ARM Cortex-M4 32 位[7]作为其系统的核心。为了容纳 8 个仅有 4 个不同地址的传感器，在此使用了第二个 $I^2C$ 总线。图 18.1 示出了带有温度传感器的多传感器系统结构。

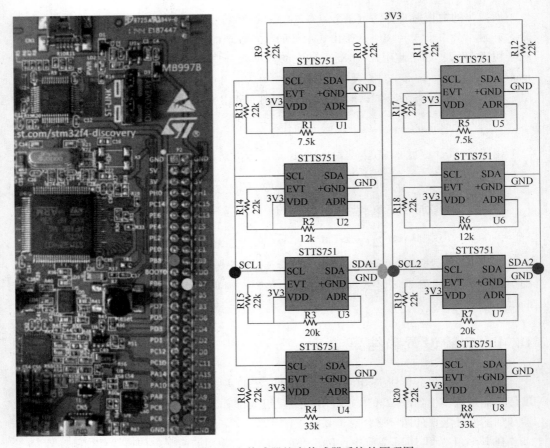

图 18.1 具有温度传感器的多传感器系统的原理图

## 18.4.2 具有加速度计的系统配置

在此，选择了 FRDM- KL25Z 开发板上，由 5 个 MMA8451Q 三轴加速度计组成的系统[29]进行实验。如图 18.2a 所示，加速度计通过 STM32F4[25]实现相互之间的网络连接，并由 STM32F4 进行同步。加速度计以 800Hz 的频率和 14bit 的读数速率进行采样。它们通过串行外设接口将 32 个采样值组成的数据包传输到 STM32F4 电路板，STM32F4 电路板再将接收到的数据包缓存到其静态存储器 SRAM 中，以便稍后通过 USB 接口传输到 PC。

## 18.4.3 温度传感器的校准

每个 STTS751 温度传感器都以 Temptronic TP4500 所提供的环境热腔室[31]作为基准，使用最小二乘法和线性曲线拟合过程[30]对传感器进行校准。Temptronic TP4500 温度环境热腔室（见图 18.3）对于微系统的实验室测试和故障分析是非常理想的，因为它在 −45 ~ 225℃ 的工作范围内具有快速的温度转换和高的空气流量。它还能够在 12s 内穿越其整个工作温度范围[31]。TP4500 的工作原理是在被测设备周围放置一个热罩，并以一个受控的温度将一股空气导入到样品中。在从 8 个温度传感器采集到原始数据后，使用线性曲线拟合步骤将原始传感器读数匹配到由 TP4500 提供的基准温度上。

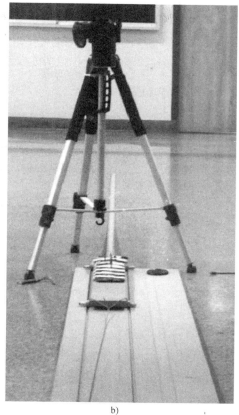

a)                                                                          b)

图 18.2　带加速度计的系统配置

a）测试平台（火车模型）上的 STM32F4 板和传感器网络　b）测试平台由 CASIO EX-F1 高速摄像机监控

图 18.3　带有 STTS751 温度传感器的 Temptronic TP4500 正在测试中

为了确保用于校准目的的传感器的读数是稳定的，我们对每个设定点的测量值以 12min 为间隔进行了测量。在使用 Temptronic TP4500 产生双斜率温度斜坡时，温度在 10～30℃ 的区间内，以 4° 为一个步进单位，从起点为 10℃（或 12℃）处开始上升。请注意，在传感器校准后，大部分采集数据均收敛到了基准温度上。其中一小部分测量结果如图 18.4 所示。该传感器的校准过程也可以在其他类似的温度范围进行。与原始传感器读数相比，该校准过程在精确度方面有了显著提高。

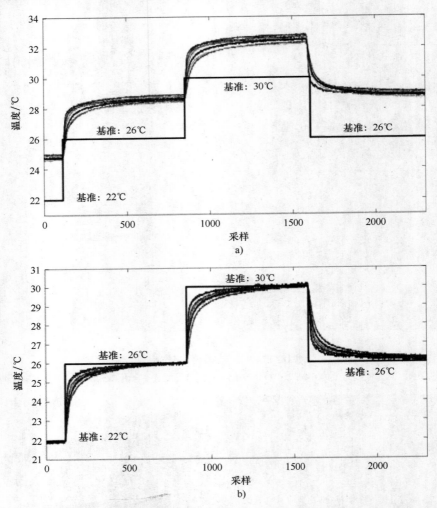

图 18.4 使用双斜坡斜基准测量腔室温度下，8 个传感器的温度读数 a) 和校准值 b)

在不同的置信区间上对上述校准结果的置信度也进行了评估，见表 18.1。请注意，所给出的置信度显示，传感器误差的概率位于置信区间所给定的范围之内。由表中的数据可以看出，置信区间 ［-0.3℃，0.3℃］ 覆盖了大部分的测量值，即 97.58% 的测量数据。

表 18.1　不同区间上，经校准的传感器相对于不同基准腔室的误差置信度

| 置信区间/℃ | 置信度（%） |
|---|---|
| ［-0.1，0.1］ | 45.32 |
| ［-0.2，0.2］ | 79.15 |
| ［-0.3，0.3］ | 97.58 |
| ［-0.4，0.4］ | 99.4 |
| ［-0.5，0.5］ | 99.4 |
| ［-0.6，0.6］ | 99.7 |
| ［-0.6535，0.6535］ | 100 |

为了得到传感器误差 $e_j$ 的分布，我们通过超过 100000 个基准温度样本评估了所有 8 个温度传感器的基准温度和校准温度之间的差值。结果表明，误差值 $e_j$ 可以映射到零均值的高斯分布，但具有不同的方差（见图 18.5）。这意味着传感器并不具有相同的统计特性。因此，与诸如传统的正态平均计算方法[10]相比，算法 18.2 中提出的数据融合方法更为有用，而传统的解决方法是假定传感器是具有相同的统计特性的。

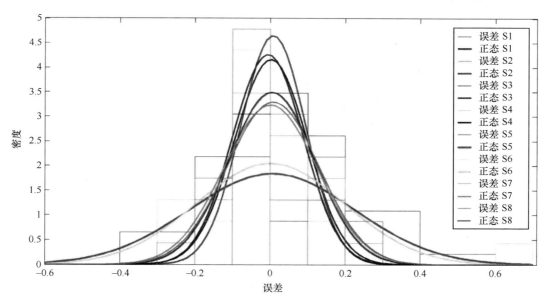

图 18.5　对 8 个经校准的传感器进行误差拟合，使其达到独立的正态分布

## 18.4.4　加速度计的校准

MMA8451Q 加速度计的校准分两步进行。首先，采用本章参考文献［26］中离线的线性最小二乘法，基于 6 个静止位置，对三轴传感器的原始读数进行了校准。为此，采用了超过 30000 个原始传感器读数。

接下来，对图 18.2 所示的轨道设置进行了另一个线性最小二乘法校准。所有的 5 个 FRDM-KL25Z 开发板都被放置在火车模型上的同一位置处。STM32F4 电路板以及锂

聚合物电池也被放置在火车上。轨道和平台由中密度纤维板加工制成。滚珠轴承被用作火车的轮子以确保其在轨道上的顺畅行驶。

为了进行测试数据的收集，我们手动产生了几个加速度。接下来，最初校准的传感器读数被传输到一个截止频率为 40Hz 的 9 阶无限脉冲响应（Infnite Impulse Response，IIR）低通滤波器。

紧接着，将经过滤波的加速度测量结果与卡西欧 EX-F1 高速摄像头以 1200 帧/s 的速度读取的基准值进行比较。在此，使用截止频率为 40Hz 的相同的低通滤波器对通过摄像机所得到的基准加速度进行滤波。至此，已经将基准加速度和加速度计读出的加速度的频率降低为 240Hz 的普通速率。

最后，通过使用另一个线性最小平方曲线拟合方法，将 5 个传感器的读数值与摄像机获得的基准值进行匹配。图 18.6 示出了其中一个传感器的一些校准和滤波后的传感器读数与基准值的对比。由此可以看出，校准后的传感器读数几乎与基准加速度相匹配。

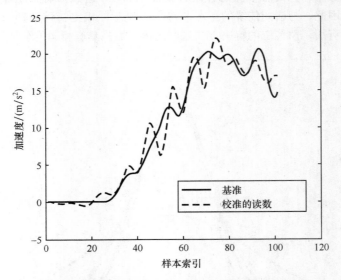

图 18.6　单个传感器的校准的加速度与基准加速度对比

通过上述过程的使用，已经计算出了后校准参数 $S_j$ 和 $M_j$，这些参数随后将被用于实时的数据融合（参见算法 18.2）。有趣的是，我们观察到，所有的 5 个传感器均返回了相同的统计特性，$M_j = 4.6081 \mathrm{m/s^2}$ 和 $S_j = 2.73 \mathrm{m^2/s^4}$。这不仅显示了 MMA8451Q 加速度计的一致性，而且还强调了测试平台的稳健性。

## 18.4.5　准确度比较

在本节中，我们将所提出的数据融合和筛选过程的准确度与以前的工作进行比较，在此比较了本节实验中所用到的四种不同的容错数据融合方法。

第一种方法（M1）是本章参考文献［10］中介绍的方法，它使用平均计算来实现其数据融合的过程，并且忽略了那些与其他传感器读数的平均值相距最远的传感器

（潜在故障传感器）的读数。

第二种方法（M2）是本章参考文献［6］中所提出的方法，该方法也使用平均计算来实现其数据融合的过程，并忽略掉一些传感器的读数，只是它不仅忽略了那些远离其他平均值的传感器读数，而且还忽略了那些失调值高于阈值的传感器读数。本章参考文献［6］中所提出的两种方法都只能检测到单个故障传感器，并且不能处理多个故障传感器。

第三种方法（M3）是使用算法 18.1 所描述的建议筛选过程来进行多个故障传感器的检测。式（18.6）中的数据融合系数 $c_j$ 可以在 MATLAB 中通过以下的遗传算法求出。遗传算法中的染色体代表一个系数向量 $C_j = [c_1, \cdots, c_n]$，这是该融合问题的一个可能解。每个系数 $c_j$ 被认为是一个基因，它应该满足式（18.6）给出的约束条件。我们已经在 MATLAB 中使用了默认选项，包括种群大小、选择算法和遗传算子，还包括交叉和变异。默认的交叉运算符从父母的其中一个中随机选择一个基因，并将其分配给孩子。交叉是一个有用的运算符，可以避免算法陷入局部最小值。另一方面，突变将来自高斯分布的随机向量添加到其父母的基因中。对于所有可能的故障传感器，均使用遗传算法对数据融合系数进行优化。

第四种方法（M4）是利用算法 18.1 中的筛选过程来检测多个故障传感器，同时使用算法 18.2，基于式（18.10）来执行数据融合，以找到最佳数据融合系数 $c_j$。

根据测量误差的 MSE 来对这些方法进行比较的结果分别概括在表 18.2 和表 18.3 中，它们分别为温度传感器和加速度计比较结果的总结。

表 18.2 和表 18.3 中的第一列显示了故障传感器的数量，这些传感器在每种情况下从可用传感器中随机选择。可利用本章参考文献［11］中的故障模型来估计故障模式下传感器的读数。通过使用 100000 个样本的蒙特卡罗模拟也获得了测量误差的 MSE。从中可以看出，对于所有情况下的温度传感器，与其他方法相比，所提出的方法（M4）显著地改善了测量误差的 MSE，而不管故障传感器的数量如何。然而，加速度计的结果是不同的，因为被测量的经校准的传感器误差的统计特性几乎相同。因此，当没有误差存在时，与其他方法相比，所提出的解决方案 M4 不会改善测量误差的 MSE。然而，当发生多种故障时，利用所提出的筛选过程（算法 18.1）解决方案 M3 和 M4，通过测量误差的 MSE 的比较，它们均成为优越的解决方案。

**表 18.2　8 个温度传感器使用不同数据融合方法的测量误差的 MSE 比较**

| 故障传感器数量 | 测量误差的 MSE | | | |
|---|---|---|---|---|
| | M1 | M2 | M3 | M4 |
| 0 | 0.0026 | 0.0024 | 0.0021 | 0.0016 |
| 1 | 0.0029 | 0.0029 | 0.0029 | 0.0019 |
| 2 | 1.3706 | 1.3583 | 0.0031 | 0.0026 |
| 3 | 4.3513 | 4.3701 | 0.0044 | 0.0038 |
| 4 | 8.9762 | 8.9197 | 0.0075 | 0.0064 |
| 平均测量误差的 MSE 改善 w. r. t. M1 | 1.76% | 63.76% | 74.52% | |
| 平均测量误差的 MSE 改善 w. r. t. M2 | | 62.42% | 73.49% | |
| 平均测量误差的 MSE 改善 w. r. t. M3 | | | | 20.54 |

表18.3　5个加速度计的使用不同数据融合方法的测量误差的 MSE 比较

| 故障传感器数量 | 测量误差的 MSE | | |
| --- | --- | --- | --- |
| | M1 | M2 | M3 和 M4 |
| 0 | 0.6199 | | |
| 1 | 0.8414 | 0.802 | |
| 2 | 5.112 | 5.1449 | 1.8778 |
| 平均测量误差的 MSE 改善 w.r.t. M1 | | 1.35% | 22.65% |
| 平均测量误差的 MSE 改善 w.r.t. M2 | | | 21.17% |

值得注意的是，算法18.1 提出的筛选过程能够在其单次执行中诊断 95.66% 的故障传感器。当通过该筛选过程的两个连续执行，并对两组独立的传感器读数进行该筛选过程时，这个成功率被提高到了 100%。这显示了筛选过程在检测潜在故障传感器时的稳健性，即使在发生多个故障时也是如此。

算法18.1 和融合方法（算法18.2）执行的复杂性不高，足以在低功耗系统中实时实现。

我们还基于 100000 个样本的测量误差 MM，对上述数据融合方法 M1、M2 和 M4 的精确度进行了评估。表18.4 概括了温度传感器的评估结果，而表18.5 列出了加速度计的评估结果。与其他方法相比，所提出的数据融合方法 M4 提供了更高的精确度。此外，与具有最大误差的单个传感器（即最大值 $M_j$）（参见表18.4 和表18.5 中的第2列）相比，方法 M4 能够显著提高整体的测量精度（MM）。这符合由引理18.2 提供的推理，该推理表明提出的数据融合算法不仅在测量误差的 MSE 方面给出了最优解，而且还导致了高的精确度（低 MM）。

表18.4　8个温度传感器不同数据融合方法的 MM 比较

| 故障传感器数量 | $\max(M_j)$ | MM | | |
| --- | --- | --- | --- | --- |
| | | M1 | M2 | M4 |
| 0 | 0.9451 | 0.226 | 0.2166 | 0.1641 |
| 1 | 19.998 | 0.2589 | 0.2507 | 0.1926 |
| 2 | | 2.9362 | | 0.4258 |
| 3 | | 5.7483 | | 0.3759 |
| 4 | | 8.3847 | | 0.5172 |
| 平均 MM 改善 w.r.t. M1 | | | 1.47% | 65.16% |
| 平均 MM 改善 w.r.t. M2 | | | | 64.04% |

表18.5　5个加速度计的不同数据融合方法的 MM 比较

| 故障传感器数量 | $\max(M_j)$ | MM | |
| --- | --- | --- | --- |
| | | M1 和 M2 | M3 和 M4 |
| 0 | 8.6323 | | 4.3277 |
| 1 | 19.5998 | | 5.8347 |
| 2 | | 18.8952 | 11.6238 |
| 平均 MM 改善 w.r.t. M1（M2） | | | 12.83% |

## 18.5　总结和讨论

在本章中，我们介绍了最小测量误差的 MSE 线性传感器融合算法，该算法提供了有界 MM（高精确度）。该方法适用于任何多传感器系统，对传感器误差的经校准的统计特性可以通过实验测量。数据融合过程的系数可以通过凸优化求出。该方法通过预处理筛选步骤来检测潜在故障传感器并将其从融合过程中加以排除，从而进一步改善了算法的性能。筛选技术可以实时检测出多个故障传感器。所提出的通用数据融合方法在由 8 个温度传感器和 5 个三轴加速度计组成的系统上进行评估。与先前的工作相比，实验侧重于所提出的数据融合算法在测量误差的 MSE（精确度）、MM（精确度）以及对多个故障的容错度方面的效率。

一个有希望的未来工作是将所提出的数据融合和筛选方法（算法 18.1 和算法 18.2）扩展为一种自适应的传感器融合，从而应用于那些应对高风险和主体具有不确定性的应用中。例如，对于葡萄糖检测传感器来说，随着患者的活动和病史等的不同，传感器的读数和误差的分布也可能是不同的。另一个可能影响传感器误差分布的重要因素是老化，这也应该在未来的工作中予以解决。

## 参 考 文 献

1. Hall, D., *Mathematical Techniques in Multisensor Data Fusion*. Boston, MA: Artech House, 1992.
2. Klein, L.A., *Sensor and Data Fusion Concepts and Applications*, vol. 14. Washington, DC: SPIE Optical Engineering Press, 1993.
3. Bychkovskiy, V., Megerian, S., Estrin, D., and Potkonjak, M., Calibration: A collaborative approach to in-place sensor calibration, *2nd International Workshop on Information Processing in Sensor Networks (IPSN'03)*, April 22–23, 2003, Palo Alto, CA, pp. 301–316.
4. Feng, J., Qu, G., and Potkonjak, M., Sensor calibration using nonparametric statistical characterization of error models, *Proceedings of IEEE Sensors*, vol. 3, October 24–27, 2004, Vienna, Austria, pp. 1456–1459.
5. Feng, J., Megerian, S., and Potkonjak, M., Model-based calibration for sensor networks, *Proceedings of IEEE Sensors*, vol. 2, Toronto, Canada, October 22–24, 2003, pp. 737–742.
6. Roshan fekr, A., Janidarmian, M., Sarbishei, O., Nahill, B., Radecka, K., and Zilic, Z., MSE minimization and fault-tolerant data fusion for multi-sensor systems, *IEEE ICCD*, Montreal, Canada, September 30–October 3, 2012, pp. 445–452.
7. Xianjun, Y. and Cuimei, L., Development of high-precision temperature measurement system based on ARM, *9th International Conference on Electronic Measurement & Instruments, ICEMI '09*, August 16–19, 2009, Beijing, China, pp.1-795–1-799.
8. Yang, G.Z., *Body Sensor Networks*. London, U.K.: Springer-Verlag, 2006.
9. Feng, J.; Megerian, S.; Potkonjak, M., "Model-based calibration for sensor networks," Sensors, 2003. Proceedings of IEEE, vol.2, Toronto, Canada, no., pp. 737- 742 Vol.2, 22-24 Oct. 2003.
10. Zilic, Z. and Radecka, K., Fault tolerant glucose sensor readout and recalibration, *Proceedings of Wireless Health, WH 2011*, October 10–13, 2011, San Diego, CA.
11. Balzano, L., Addressing fault and calibration in wireless sensor networks, Master's thesis, University of California, Los Angeles, CA, 2007.
12. Feng, J.; Qu, G.; Potkonjak, M., "Sensor calibration using nonparametric statistical characterization of error models," Sensors, 2004. Proceedings of IEEE, vol., no., pp. 1456-1459 vol.3, 24-27 Oct. 2004.
13. Waltz, E., Data fusion for C3I: A tutorial, in *Command, Control, Communications Intelligence (C3I) Handbook*. Palo Alto, CA: EW Communications, 1986, pp. 217–226.
14. Llinas, J. and Waltz, E., *Multisensor Data Fusion*. Boston, MA: Artech House, 1990.

15. Xiao, L., Boyd, S., and Lall, S., A scheme for robust distributed sensor fusion based on average consensus, *International Conference on Information Processing in Sensor Networks*, April 25–27, 2005, Los Angeles, CA, pp. 63–70.

16. Fan, C., Jin, Z., Zhang, J., and Tian, W., Application of multisensor data fusion based on RBF neural networks for fault diagnosis of SAMS, *International Conference on Control, Automation, Robotics and Vision, ICARCV 2002*, December 2–5, 2002, Singapore, pp. 1557–1562.

17. F. Koushanfar, S. Slijepcevic, M. Potkonjak, A. Sangiovanni-Vincentelli, "Error-tolerant multi-modal sensor fusion", *IEEE CAS Workshop on Wireless Communication and Networking*, 2002, Pasadena, CA.

18. Mehranbod, N. and Soroush, M., Probabilistic model for sensor fault detection and identification, *AIChE J.*, 49(7), 1787–1802, July 2003.

19. Aradhye, H.B., Sensor fault detection, isolation, and accommodation using neural networks, fuzzy logic, and Bayesian belief networks, MS dissertation, University of New Mexico, Albuquerque, NM, 1997.

20. Rojas-Guzman, C. and Kramer, M.A., Comparison of belief-networks and rule-based expert systems for fault-diagnosis of chemical, *Eng. Appl. Artif. Intell.*, 6, 191, 1993.

21. Kareem, M.A., Langari, J., and Langari, R., A hybrid real-time system for fault detection and sensor fusion based on conventional fuzzy clustering approach, *IEEE International Conference on Fuzzy Systems, FUZZ*, May 22–25, 2005, Reno, NV, pp. 189–194.

22. T. Beravs, J. Podobnik, M. Munih, "Three-axial accelerometer calibration using Kalman filter covariance matrix for online estimation of optimal sensor orientation", *IEEE Trans. On Instrumentation and Measurements*, Vol. 61, No. 9, Sept. 2012, pp. 2501–2511.

23. Sarbishei, O., Roshan Fekr, A., Janidarmian, M., Nahill, B., and Radecka, K., A minimum MSE sensor fusion algorithm with tolerance to multiple faults, *IEEE European Test Symposium (ETS)*, May 27–31, 2013, Avignon, France, Accepted.

24. Sarbishei, O., Nahill, B., Roshan Fekr, A., Janidarmian, M., Radecka, K., Zilic, Z., and Karajica, B., An efficient fault tolerant sensor fusion algorithm for accelerometers, *IEEE Body Sensor Network Conference*, May 6–9, 2013, Cambridge, MA, pp. 1–6.

25. STMicroelectronics User Manual UM1472 (2012, January). STM32F4DISCOVERY, STM32F4 high performance discovery board [Online]. Available: http://www.st.com/internet/com/TECHNICAL_ RESOURCES/TECHNICAL_LITERATURE/USER_MANUAL/DM00039084.pdf.

26. STMicroelectronics (2010, April). Tilt measurement using a low-g 3-axis accelerometer, application note AN3182 [Online]. Available: http://www.st.com/internet/com/TECHNICAL_RESOURCES/ TECHNICAL_LITERATURE/APPLICATION_NOTE/CD00268887.pdf.

27. Clouqueur, T., Saluja, K.K., and Ramanathan, P., Fault tolerance in collaborative sensor networks for target detection, *IEEE Trans. Comput.*, 53(3), 320–333, March 2004.

28. STMicroelectronics Datasheet (Doc ID: 16483 Rev 5, July 2010). STTS751, 2.25 V low-voltage local digital temperature sensor [Online]. Available: http://www.st.com/st-web-ui/static/active/en/resource/ technical/document/datasheet/CD00252523.pdf.

29. Freescale Semiconductor FRDM-KL25Z User's Manual, Revision 1.0, September 2012 [Online].

30. Xuezhen, C., Fen, Y., and Maoyong, C., Study of mine dust density sensor output characteristic based on normal linear regression method of Excel, *2010 International Conference on Computer Application and System Modeling (ICCASM)*, vol. 8, October 22–24, 2010, Taiyuan, China, pp. V8-144–V8-148.

31. inTEST Thermal Solutions, Temptronic TP4500, 2011 [Online]. Available: http://www.temptronic.com/ Products/TP4500.htm.

32. Boyd, S. and Vandenberghe, L., *Convex Optimization*, 7th edn. Cambridge, England: Cambridge University Press, 2009.

# 第 19 章　非静态干扰破坏信号模型的可用信号处理构建及干扰的检测与消除

Brett Y. Smolenski，Catherine M. Vannicola

## 19.1　可用信号段的一般统计分析

### 19.1.1　引言

为了尽可能准确地识别可用语音片段，有必要全面描述产生片段序列随机过程的统计特征。在一个共享公共信道的环境中，当一个讲话人浊音的语音与其他讲话人安静的或清音的语音段重叠时，才能产生可用的语音段。因此，如果我们有了一个浊音的、安静的和清音的片段的统计模型，那么就可以使用这个信息来获得可用语音片段的模型。为了实现这一点，在 19.1.2 节中开发了一个统计模型，该模型被用于所观测到的浊音的、安静的和清音的片段长度的统计。对一个语音段的长度进行度量的方法有多种，例如，可以使用样本数量或帧的个数来度量，但使用这些度量单位会导致语音段的长度依赖于采样频率和帧的大小。为避免混淆，本章中所有语音片段的长度均以时间为单位进行度量。

在 19.1.3 节中，我们采用马尔可夫模型来处理浊音的、安静的和清音的片段之间的依赖关系。在此，我们仅以一个连续的段为基本单位，而不是段中的数据帧。为了估计用于检测可用语音段的段目标干扰比（Target-To-Interferer Ratio，TIR），我们在 19.1.4 节中开发出了一个段目标干扰比的样本分布。在本节中，我们还探讨了段目标干扰比信号中存在的短期和长期相关性。

以下所有示例中所使用的语音数据均取自 TIMIT 数据库（附录 19.A）。在此，我们选取了 12 名男性和 12 名女性的话语语音。其中，有 6 种地方方言，并从每一种地方方言中选取 2 个话语语音。话语语音的标记工作由纽约罗马空军研究实验室（Air Force Research Laboratory in Rome，New York）完成。所有的语音数据均从 44.1kHz 的采样频率下采样到 16kHz 的采样频率，每个数据样本均按浊音的、轻浊音的、过渡音（介于浊音的和清音的之间）、清音的和安静的进行标记。在本章中，我们将轻浊音归并到清音的类，因为这些语音段的能量较低并且也几乎不包含可观察到的发音。另外，我们还将过渡音归并到浊音的类别中，并将其中清音的部分归并到清音的类别中。

### 19.1.2　段长度建模

在本节中，我们首先使用非参数化的语音音素串测试来探索语音片段的随机性。

如果语音信号片段是完全随机的，则统计分析将不会很有帮助。在此，我们还讨论了从语音类片段的组合分析所多出的一些必要得结果。最后，我们开发并测试了基于 gamma 概率密度函数（probability density function，pdf）的三种语音类段持续时间的模型。

### 19. 1. 2. 1　随机性的语音音素串测试

语音段和安静的段的随机性可以使用语音音素串测试来研究。语音音素串理论提供了一个用于随机性测试的非参数化测试。为了理解什么是语音音素串，让我们来看如下的一个由两个符号 s 和 n 组成的序列，例如

$$s\,s\,|\,n\,n\,n\,|\,s\,|\,n\,n\,|\,s\,s\,s\,s\,s\,|\,n\,n\,n\,|\,s\,s\,s\,s$$

其中，s 表示语音帧；n 代表安静的帧。

语音音素串被定义为一组相同的符号，它们被包含在与其不相同的两个符号之间，或者被包含在与其不相同的一个符号与无符号之间。在前面所示出的序列中，从左到右顺序的第一个语音音素串由两个 s 组成，它们由一个竖线示出。同样，第二个语音音素串由三个 n 组成，第三个语音音素串由一个 s 组成，如此等等。

似乎可以清楚地看出，在随机性和语音音素串之间是存在着一些相关性的。例如，对于如下的序列：

$$s\,|\,n\,|\,s\,|\,n\,|\,s\,|\,n$$

在这个语音音素串中存在着一个循环模式，其中，语音音素序列从 s 到 n，再回到 s，如此等等。对于这种语音音素串，人们很难相信它是随机的。在这种情况下，在语音音素串之间存在着太多的串行关系。另一方面，对于如下的语音音素串序列：

$$s\,s\,s\,s\,s\,s\,|\,n\,n\,n\,n\,|\,s\,s\,s\,s\,s\,|\,n\,n\,n$$

也存在着一种模式，亦即其中的 s 和 n 均为成组出现的。在这种情况下，语音音素串之间存在的串行关系又太少，因此人们也不会认为它是一个随机的序列。

因此，如果在一个语音音素串序列中存在着过多或过少的语音音素串之间的串行关系，则该序列将被认为是非随机的，反之，则认为该序列是随机的。为了对这个想法进行量化，我们假设所有可能的语音音素串序列均由 $N_1$ 个 s 和 $N_2$ 个 n 组成，每个序列的总的符号数为 $N$。所有可能的语音音素串序列的集合为其中的每一个元素均提供了一个样本分布。因此，每个序列都有相关的语音音素串的数值，在此我们用 $V$ 来表示。这样，我们就可以得到统计量 $V$ 的样本分布。通过以上假设可以看出，这个样本分布有一个均值和方差，并分别由下式给出，即

$$\mu_V = \frac{2N_1 N_2}{N_1 + N_2} \tag{19.1}$$

$$\sigma_V^2 = \frac{2N_1 N_2 (2N_1 N_2 - N_1 - N_2)}{(N_1 + N_2)^2 (N_1 + N_2 - 1)} \tag{19.2}$$

通过上述公式的使用，我们可以以一个适当的显著性水平对所组成的语音音素串序列的随机性假设进行验证。幸运的是，如果 $N_1$ 和 $N_2$ 都是大于等于 8 的，则 $V$ 的样本分布非常接近正态分布，从而有

$$z = \frac{V - \mu_V}{\sigma_V} \tag{19.3}$$

当 $z$ 为一个正态分布的情况下，其均值为 0，方差为 1。对于 $\alpha = 0.05$ 的显著性水平的双尾检验，如果 $-1.96 \leqslant z \leqslant 1.96$，我们则会接受零假设 $H_0$ 的随机性，否则将会拒绝。对于 19.1.1 节中提到的数据集，我们得到，当 $z$ 值处于（$-2.61$ $-1.96$）的区间内时，则表明在语音的和安静的音素串聚类之间存在着太少的串行关系。当对一两个音素重叠的序列进行研究时，可以利用这个结果来帮助我们改进可用语音片段的分类。除此之外，当使用多项式分布时，语音音素串测试可以被应用于两个以上的类，例如浊音的、清音的和安静的，这些测试我们将在后续的章节中借助马尔可夫模型进行。

### 19.1.2.2　组合分析

组合技术构成了本章所用的许多统计分析方法的基础。例如，如果我们想知道获得一个特定连续的片语音音素段对的理论概率，则可以很容易地使用组合技术来回答这个问题。这里的连续指的是一个完整的浊音的、安静的、清音的、可用的或不可用的语音音素段。也就是说，在该段的边界处不存在相同语音类别的语音数据。

考虑到特定语音类别的所有语音音素的连续段，可以有 VU、VS、UV、SV、US 和 SU 这样的组合，其中 V、U 和 S 分别代表浊音的、安静的和清音的语音音素段。其中，总共有多少种方式可以使得任何一个语音音素段对组合到另一个语音音素段对呢？答案是只有四种方式，因为只有匹配组合中的前一个语音音素段对的最后一个段与后一个语音音素段对的第一个段不相同时，该匹配组合才是可能的。在此，我们假设只考虑连续的语音音素段。

对于三个或三个以上的更多个连续语音音素段的组合又有多少个呢？通过使用枚举计算，可以发现，对于语音音素段类别为 3、长度为 $n$ 的组合，一共有 $3 \times 2^{n-1}$ 种可能的组合。更进一步地，在这种组合中，将有 $2^n$ 种方式将这些组合中的一个与另一个组合进行配对。如果有三个以上的语音音素类别，比如说 $j$ 个类别，那么将可能有的连续组合的数量为 $j(j-1)^{n-1}$，并且，其中的一个组合将可能以 $(j-1)^n$ 种方式与另一个组合进行配对。此外，如果我们考虑的组合是语音数据帧的组合，并且也考虑到其连续性的限制，那么每一个数据帧都可以来自任何一个数据帧类别，也就是说，在没有配对限制的情况下，所有可能的组合个数将为 $j^n$。

### 19.1.2.3　gamma 分布

gamma 分布经常被用作可靠性理论中产品寿命的模型。gamma 分布是指数分布的一般化推广，而指数分布通常被用于模拟不依赖于年龄的对象的生命周期。这就是为什么一个指数分布的随机变量被称为无记忆的原因。然而，老化的影响可以用 gamma 分布来加以考虑。gamma 概率密度函数被定义为

$$f(t \mid a, b) = \begin{cases} \dfrac{1}{b^a \Gamma(a)} t^{a-1} e^{-t/b} & x > 0 \\ 0 & x \leqslant 0 \end{cases} \tag{19.4}$$

式中，$t$ 为一个独立自变量，代表这些例子中的时间；$a$ 和 $b$ 为形状参数；$\Gamma(\ )$ 是完整

的 gamma 函数。

gamma 函数是阶乘函数的一般化推广，以用于非整数参数的阶乘，它被定义为

$$\Gamma(a) = \int_0^\infty e^{-\tau} \tau^{a-1} \mathrm{d}\tau \tag{19.5}$$

为了观察 gamma 分布是否可以精确地模拟所观测到的浊音的、安静的和清音的语音音素片段持续时间的直方图。在此对 gamma 分布密度参数（$a$ 和 $b$）的最大似然性（Maximum Likelihood，ML）估计进行计算，从而进一步计算出每个语音音素段类所有所观察到的持续时间。接下来，公共 ML 估计的参数使用，可以将观察到的语音音素段持续时间的直方图与具有估计参数的理论 gamma 密度进行比较。为了进行观察分布和理论分布的定量比较，可以使用卡方检验的符合度测试来进行定量的分析。

图 19.1 给出了所获得的所有浊音的语音素音段的直方图。为了能够将该直方图与估计的理论 gamma 密度进行比较，我们在此将直方图进行了归一化，以便使得所有直方图块值的总和为 1。黑色曲线表示使用 ML 估计的参数在直方图块中心处评估的理论 gamma 密度。按照惯例，所使用的直方图块的数量等于观察数量的平方根的取整，在此，该直方图包括 301 个浊音的音语音素段。灰色曲线代表 ML 的参数估计值的置信度上限和下限均为 90% 的 gamma 密度。因此，所假设的 gamma 分布是浊音的语音音素段持续时间的良好模型，我们可以预期 90% 的观察值将落在这两条灰线之间。

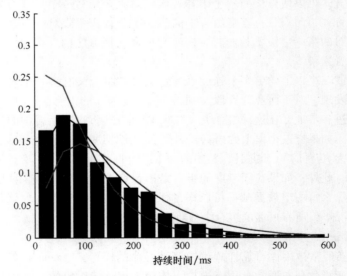

图 19.1　以毫秒为单位的浊音的语音音素段持续时间的归一化直方图

图 19.2 示出了清音的语音音素段的直方图。作为概率分布中值的时间为 61ms，清音的语音音素段明显短于浊音的语音段，作为概率分布中值的段持续时间为 98ms。由于其 gamma 分布高度地倾斜，所以使用作为中值来反映其中心趋势，而不是采用概率分布的平均值。在这种情况下，gamma 分布的符合度表现得似乎并不是很好，特别是在分布的尾部。的确，指数分布在此时确实是表现了一个更好的符合度。也许另一种

分布，例如通常被用于预测产品寿命的 Weibull 分布，将会产生更好的符合度。

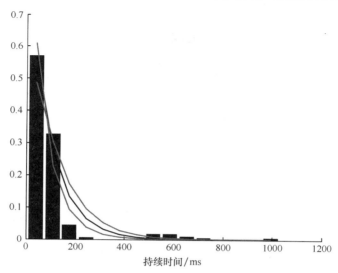

图 19.2　以毫秒为单位的清音的语音音素段持续时间的归一化直方图

图 19.3 示出了从安静的语音音素段获得的直方图。其作为概率分布中值的时间为 50ms，这是三种语音音素分段类别中最低的。在此，估计的 gamma 分布表现出了与所观察到的频率相关分布具有较好的吻合度。接下来，我们将使用卡方检验的符合度测试来对此符合度进行进一步的定量评估。

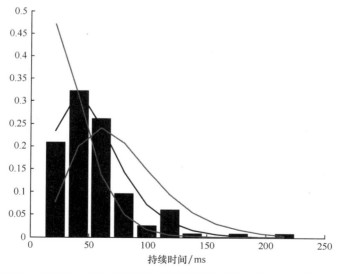

图 19.3　以毫秒为单位的安静的语音音素段持续时间的归一化直方图

假设在一个特定的实验中，我们观察到一组可能的事件 $E_1$、$E_2$、$E_3$、$\cdots$、$E_k$ 分别以频率 $o_1$、$o_2$、$o_3$、$\cdots$、$o_k$ 发生。在此，我们将这些频率称为观测到的频率。并且，根据概率规则，预期结果出现的频率分别为 $e_1$、$e_2$、$e_3$、$\cdots$、$e_k$，我们在此将其称为理论频率（见表 19.1）。

表 19.1 符合度测试的卡方检验公式

| 事件 | $E_1$ | $E_2$ | $E_3$ | $\cdots$ | $E_k$ |
|---|---|---|---|---|---|
| 观测到的频率 | $o_1$ | $o_2$ | $o_3$ | $\cdots$ | $o_k$ |
| 期望的频率 | $e_1$ | $e_2$ | $e_3$ | | $e_k$ |

在观察到的频率和预期频率之间存在的差异，在此以统计量 $\chi^2$ 来度量，其值可由下式由给出：

$$\chi^2 = \frac{(o_1 - e_1)^2}{e_1} + \frac{(o_2 - e_2)^2}{e_2} + \cdots + \frac{(o_k - e_k)^2}{e_k} = \sum_{j=1}^{k} \frac{(o_j - e_j)^2}{e_j} \qquad (19.6)$$

如果 $\chi^2 = 0$，则表明观测到的频率和理论上的频率是完全一致的；如果 $\chi^2 > 0$，则表明它们是不完全一致的。并且，$\chi^2$ 的值越大则意味着在观测频率和预期频率之间存在着越大的差异。

如果期望频率的数量大于等于 5，则 $\chi^2$ 的样本分布将非常接近于卡方检验的分布：

$$f(x) = \begin{cases} \dfrac{1}{2^{v/2}\Gamma(v/2)}x^{v/2-1}e^{-x/2} & x > 0 \\ 0 & x \leqslant 0 \end{cases} \qquad (19.7)$$

对于较大的 $\chi^2$ 值，该近似的效果将得到改善。这个标准可以用来确定上述直方图与所提出的拟议理论分布的符合度。请注意，卡方检验分布是 gamma 分布的一个特例，在该分布中，gamma 分布的参数 $a = v/2$，$b = 2$。如果预期频率可以通过 $l$ 个来自样本统计特性的母体参数的估计来计算，则自由度的数量 $v$ 可由下式给出：$v = k - l - 1$。由于拟合的 gamma 分布函数的参数 $a$ 和 $b$，必须要通过实际的分布数据进行估计，因此在这些例子中 $l = 2$。用于直方图生成的直方图块的数量与 $k$ 相对应。所观察到的频率与直方图中的每个直方图块的相应计数相对应，并且直方图块中心处的估计的 gamma 分布评估与下表中的预期频率相对应。

通过测试数据，得到浊音的、清音的和安静的直方图的 $\chi^2$ 值分别为 24.7、24.3 和 15.8。通过将相应的直方图块数量（17，15 和 11）的代入，得到了相应的自由度数值，再结合 0.95 百分位数值的使用，又得到了 27.6、25.0 和 19.7 的临界值。由于统计特性 $\chi^2$ 的计算值比该相应的临界值要小，因此我们可以得出结论：以 0.05 的显著性水平，gamma 分布确实与浊音的和安静的语音音素段持续时间的分布具有良好的符合度，而指数分布与清音的语音音素段持续时间的分布具有良好的符合度。

一个分布的统计特性 $\chi^2$ 也可用于该分布估计的置信区间的推导。除此之外，也有一些不需要直方图块数据的其他符合度测试方法，例如 Anderson-Darling 和 Kolmogorov-Smirnov 测试。但是，在将这些测试方法应用于 gamma 分布或者对已经给出的分布参数进行估计时，需要对它们进行一些改进。

## 19.1.3　语音音素段相关性的建模

在本节中，我们首先将马尔可夫链应用于相邻语音音素段之间的统计相关性的建模。接下来，考虑将马尔可夫模型进行推广，以覆盖两个以上连续语音音素段之间的任何相关性。然而，卡方检验的独立性表明，当考虑两个以上的相邻语音音素段时，其相关性几乎是不存在的。最后，我们对隐马尔可夫模型（Hidden Markov Model，HMM）进行了简单介绍，因为在现实当中，状态序列是不可观测的，只有每个状态的特征才是可观测的。

### 19.1.3.1　语音音素段序列和马尔可夫链

马尔可夫链由一组可能的状态和一组从一种状态转移到下一种状态的概率组成（见图 19.4）。对于当前的情况来说，我们只需要三个状态：一个是用于浊音的状态；一个是用于清音的状态；最后一个是安静的/背景噪声的状态。由于只考虑连续的语音音素片段，与数据帧相反，返回到状态自身的状态转移概率总是为零。

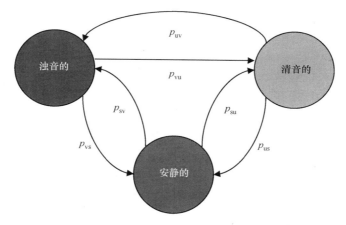

图 19.4　浊音的、清音的和安静的语音音素段的状态转移图

状态转移概率 $p_{vu}$、$p_{vs}$ 等被用于状态转移矩阵的构成。其中，矩阵的行代表当前状态（第 1 个下标），而矩阵的列代表将要转换到的下一个状态（第 2 个下标）。英语语音的状态转移矩阵是使用概率（观察到的出现次数除以可能出现的次数）的相对频率定义来估计的。该状态转移矩阵被表示如下：

$$\begin{bmatrix} 0 & p_{vu} & p_{vs} \\ p_{uv} & 0 & p_{us} \\ p_{sv} & p_{su} & 0 \end{bmatrix} = \begin{bmatrix} 0 & 0.71 & 0.29 \\ 0.62 & 0 & 0.38 \\ 0.67 & 0.33 & 0 \end{bmatrix} \tag{19.8}$$

由于状态转移矩阵的每一行的总和必须为 1，因此可以将上述状态转移矩阵改写为下述更紧凑的形式：

$$\begin{bmatrix} 0 & p_{vu} & 1-p_{vu} \\ p_{uv} & 0 & 1-p_{uv} \\ p_{sv} & 1-p_{sv} & 0 \end{bmatrix} \tag{19.9}$$

如果对于方形矩阵 $M$ 的某一有限次幂来说，其所有的元素都大于零，则称该方形矩阵 $M$ 为正则矩阵。通过矩阵的二次幂，可以很容易地验证，如果所有允许的状态转移都是非零的，那么上述的状态转移矩阵是正则的。如果马尔可夫过程的状态转移矩阵是正则的，那么该马尔可夫过程就被认为是正则的。

正则的马尔可夫过程的一个有趣特性是其状态分布变得平稳。也就是说，随着过程的展开，处于任何特定状态的概率变得恒定。我们可以使用正则马尔可夫过程的这个性质来查看马尔可夫模型预测的状态概率是否明显不同于观察到的状态概率。一个正则的马尔可夫过程将产生满足以下线性方程组的状态概率向量 $[p_v \quad p_u \quad (1-p_v-p_u)]$，即

$$[p_v \quad p_u \quad (1-p_v-p_u)] \begin{bmatrix} 0 & p_{vu} & 1-p_{vu} \\ p_{uv} & 0 & 1-p_{uv} \\ p_{sv} & 1-p_{sv} & 0 \end{bmatrix} = \begin{bmatrix} p_v \\ p_u \\ 1-p_v-p_u \end{bmatrix} \qquad (19.10)$$

通过上述系统的使用，状态转移概率可以用以下的状态转移概率来表示：

$$p_v = \frac{p_{uv}}{1+p_{uv}} \qquad (19.11a)$$

$$p_u = \frac{1+p_{vu}p_{uv}-p_{uv}}{(1+p_{uv})(2-p_{uv})} \qquad (19.11b)$$

$$p_s = \frac{1-p_{uv}p_{vu}}{(1+p_{uv})(2-p_{uv})} \qquad (19.11c)$$

或者，我们可以通过式（19.10）的系统的使用，以状态概率的形式来代表状态转移概率。在这种的情况下，其主对角线上的项目将不再为0。

西班牙语的语音音素段的状态转移矩阵被估计为

$$\begin{bmatrix} 0 & p_{vu} & p_{vs} \\ p_{uv} & 0 & p_{us} \\ p_{sv} & p_{su} & 0 \end{bmatrix} = \begin{bmatrix} 0 & 0.77 & 0.23 \\ 0.66 & 0 & 0.34 \\ 0.69 & 0.31 & 0 \end{bmatrix} \qquad (19.12)$$

由此可以看出，状态转移矩阵是依赖于语言的。如果相邻语音音素段之间没有相关性，则非零项目将沿着每一行更一致地分布。鉴于所给定数据集的大小以及使用了多名男性和女性讲话人的事实，这些差异将不可能偶然地发生。我们也期望在状态转移矩阵中也可能存在一些背景相关性。例如，对于电话交谈与演讲相比，其安静的语音音素段的模式应该是不同的。

虽然语音音素段的长度的统计信息与其所处的状态是相关的，但处于特定状态的英语和西班牙语的概率几乎是相同的。

$$[p_v \quad p_u \quad p_s] = [0.44 \quad 0.37 \quad 0.19]_{英语} \qquad (19.13a)$$

$$[p_v \quad p_u \quad p_s] = [0.49 \quad 0.33 \quad 0.18]_{西班牙语} \qquad (19.14a)$$

预计这些概率与上下文也有一定的相关性。正则的马尔可夫过程的预测概率与上述观察到的概率密切匹配：

$$[p_v \quad p_u \quad p_s] = [0.47 \quad 0.35 \quad 0.18]_{英语} \qquad (19.13b)$$

$$[p_v \quad p_u \quad p_s] = [0.49 \quad 0.32 \quad 0.119]_{西班牙语} \qquad (19.14b)$$

所预测的部分和所观察到的部分之间的这种紧密匹配，为马尔可夫模型的准确性提供了有力的证据。

这个信息可以立即用于一个共享信道的语音音素段的模型获取，该模型通过将浊音的、安静的和清音的模型与自身重叠，并且考虑将叠加在安静的或清音的语音音素段上的浊音语音音素段视为可用的，而将其余的语音音素段视为不可用的，从而获得可用的共享信道的语音音素段。应该注意的是，在这个模型中，由于可用的语音特征不适用于清音的语音，所以叠加在安静的语音音素段上的清音的语音音素段情况被认为是不可用的。

### 19.1.3.2　长期相关性建模

上述模型的局限性之一是它假设当前语音音素段的相关性仅存在于前一个语音音素段上。将存在于一个以上的语音音素段上的相关性纳入到马尔可夫模型并不困难。例如，可以简单地将每个可能的语音音素段对分配给一个状态，这种方法对于连续的语音音素段来说，将产生出 6 种状态，但是，从任何一个特定状态的转移离开却只有 4 种可能（见表 19.2）。表中的每个单元格中的数字表示相应列中的语音音素段对到相应行中语音音素段对的转移所出现的次数。在此，一共使用了 2530 个语音音素段。

**表 19.2　当前状态段的所有可能的语音音素段对（行）**
**与下一个状态段所有可能的语音音素段对（列）之间的关联性列表**

| 当前/下一个 | VU | VS | US | UV | SV | SU | 总计 |
|---|---|---|---|---|---|---|---|
| VU | 113 | 107 | 0 | 0 | 98 | 103 | 421 |
| VS | 102 | 96 | 111 | 106 | 0 | 0 | 415 |
| US | 104 | 97 | 117 | 103 | 0 | 0 | 421 |
| UV | 0 | 0 | 112 | 95 | 108 | 107 | 422 |
| SV | 0 | 0 | 109 | 118 | 107 | 99 | 433 |
| SU | 103 | 107 | 0 | 0 | 110 | 98 | 418 |
| 总计 | 422 | 407 | 449 | 422 | 423 | 407 | 2530 |

由此可以观察到，当一个以上的状态被纳入到模型中时，状态转移概率变得几乎是一致的了，这意味着在两个以上的连续语音音素段之间几乎没有统计相关性。关于这一点的统计证据是通过随后的相关性卡方检验的使用而获得的。

相关性卡方检验被用于零假设 $H_0$ 的测试，该假设即为在当前对语音音素片段对和下一个所观察到的语音音素片段对之间不存在相关性。卡方相关性统计量可按下式计算为

$$\chi_{df}^2 = \sum \frac{(E-O)^2}{E} \tag{19.15}$$

式中，$E$ 为预期的单元格频率；$O$ 是观察到的单元格频率；它们的总和被列在相关性列表的所有单元格中。

请注意，这个测试在结构上等同于卡方检验的符合度测试。在此，$df$ 表示自由度数值，其大小等于 $(R-1)(C-1)$，其中 $R$ 为相关性列表的行数，$C$ 为相关性列表的列数。为了计算预期的单元格频率，我们可以使用以下公式：

$$E_{ij} = \frac{T_i T_j}{N} \tag{19.16}$$

式中，$E_{ij}$ 为第 $i$ 行和第 $j$ 列的单元格的预期频率；$T$ 为第 $i$ 行和第 $j$ 列的总数；$N$ 为所有状态转移次数的总和（相关性列表中，最末一行所有总计数和最右一列所有总计数的累加和）。

应该注意的是，对于那些不可能具有状态转移并保持连续语音音素段的单元格，其期望的频率应该被设置为零。

我们发现，在此计算出的 $\chi^2$ 值为 22.4，其在 25 自由度处对应于在当前状态与下一状态之间存在相关性的概率值仅为 0.0023。虽然，对于那些正在讲的单词与对话背景之间存在着长期相关性的事实是众所周知的，但是这些相关性的信息却是未知的，因此在模型中也是不可观察的。语言模型和语音识别可以用来提高性能。

除此之外，还可以使用属性的相关性来获得两个组之间相关性的定量度量，即

$$r = \sqrt{\frac{\chi^2}{N(k-1)}} \tag{19.17}$$

式中，$k$ 是行数或列数。这种度量仅仅是线性相关系数的一个分类版本。将上述相关性列表中的相应数值代入到式（19.17）中，所得出的相关性度量为 0.00023，这确实是一个少量的相关性。

### 19.1.3.3　隐马尔可夫模型

在一个运行环境中，我们不可能直接观察到浊音的、安静的、清音的、可用的或不可用的语音音素段的状态序列。应为当语音信号出现时，我们所能访问的只能是语音信号。产生可观察到的信号特征的语音音素类是不能被直接观察到的。在这种情况下，我们可以使用被称为隐马尔可夫模型（HMM）的方法。

当完成了作为训练数据的状态序列的观察获取，并且假设为表征这些状态序列而形成的模型对于给定的语言是一致的情况下，则模型的参数与 Viterbi 算法的结合可以用于语音音素段分类系统性能的改进。

## 19.1.4　语音音素段的目标干扰比建模

由于本章的目的是描述一种用于使用目标干扰比（TIR）估计对可用语音音素片段进行分类的方法，因此建立一个语音音素段 TIR 信号的统计模型是明智的。本节的目标是开发共享信道的语音音素段的 TIR 的统计模型。在第一子小节中，我们采用 F 分布来模拟语音音素段 TIR 值的 gamma 概率密度函数。在第二子小节中，将对语音音素段 TIR 中的相关性进行分析和建模。

### 19.1.4.1　语音音素段干扰水平的分布

如果假定构成共享信道语音的两个语音信号是近似正态分布的并且是两个独立的

过程，则这种近似可以使用 $F$ 分布容易地对语音音素段 TIR 序列建模。事实上，这种近似通常也不是一个坏的近似。可以证明，两个正态分布随机变量的方差估计的比值 $F$，当两个随机变量的相应方差分别为 $\sigma_A^2$ 和 $\sigma_B^2$ 时，是遵循 $F$ 分布的：

$$F = \frac{\hat{S}_A^2 / \sigma_A^2}{\hat{S}_B^2 / \sigma_B^2} \tag{19.18}$$

式中，下标是指产生共享信道的语音音素段的两个讲话人 A 和 B。相应的无偏差的方差估计值可以通过下式获得：

$$\hat{S}^2 = \frac{(X_1 - \bar{X})^2 + (X_2 - \bar{X})^2 + \cdots + (X_m - \bar{X})^2}{m - 1} \tag{19.19}$$

式（19.9）中的样本平均值的估计值可通过下式进行计算：

$$\bar{X} = \frac{X_1 + X_2 + \cdots + X_m}{m} \tag{19.20}$$

由于语音信号是一个零均值过程，所以在大多数应用中，样本均值均可以设置为零。数据帧的大小 $m$ 表示用于计算相应数量的样本数。

采用分贝值来对式（19.18）进行表示，可以得到

$$\text{TIR}_0 + 10\log_{10} F = \text{TIR}_s \tag{19.21}$$

式中，$\text{TIR}_0$ 代表总体的 TIR；$\text{TIR}_s$ 表示给定语音数据帧的语音音素段的 TIR；$F$ 代表 $F$ 分布。

$F$ 的概率密度函数被定义为

$$f(x) = \begin{cases} \dfrac{\Gamma(v)}{\Gamma^2(v/2)} x^{(v/2)-1}(1+x)^{-v} & x > 0 \\ 0 & x \leqslant 0 \end{cases} \tag{19.22}$$

式中，$v$ 为自由度的个数，其在此的值等于 $m-1$。熟悉 $F$ 分布的人可能会记得，一般来说，$F$ 分布有两个自由度个数的参数：一个用于分子方差估计中使用的样本数；另一个用于分母方差估计中使用的样本数。由于人们通常不会使用不同的样本规模来计算语音音素段的目标干扰比 $\text{TIR}_s$，这两个自由度参数都被设定为等于上述所定义的参数 $v$。

从式（19.18）可以看出，作为一个随机变量，以 dB 为单位的语音音素段 TIR 的分布为一个缩放的对数 $F$ 分布，其平均值也随着整个 $\text{TIR}_0$ 的 dB 值偏移而偏移。可以证明，这些信息在估计总体和部分的语音音素段 TIR 值时可能是有价值的。

图 19.5 示出了一个共享信道语音的实际和模拟的语音音素段 TIR 值的归一化直方图。直方图中的三种模式是语音信号能量大致处于三种状态之一的结果：浊音的、安静的或清音的。为了更好地比较两个直方图，我们使用单位方差高斯核函数对模拟和实际 TIR 值执行非参数化的概率密度估计，其中数据的范围被等分成 100 个块。深灰色曲线对应于实际的 TIR 密度估计，浅灰色曲线对应于模拟的 TIR 密度估计。

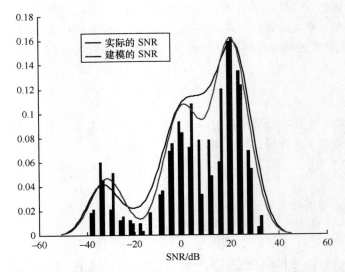

图 19.5　一个语音的实际目标干扰比 TIR 值的归一化直方图（深灰色）
和建模的语音音素段目标干扰比 TIR 值（浅灰色）

在此，我们通过使用对数的 *F* 分布随机数发生器获得模拟数据，该发生器具有自由度设置，以与实际数据帧的规模相匹配，数据帧的规模为 64 个样本帧。所生成的三种混合数据，其比例分别按照原始语音音素段中的浊音的、清音的和安静的比例进行设置，它们相应的均值分别为 20dB、0dB 和 -35dB。由于实际的语音音素段 TIR 是高度相关的，所以必须对模拟数据分布的方差进行适当的缩放。接下来，我们将分析语音音素段的 TIR 中的相关性。

### 19.1.4.2　语音音素段干扰水平的相关性

图 19.6 示出了一个 8kHz 采样的共享信道语音片段，其总体的 TIR（图的上部）为 20dB，同时还示出了在没有信号重叠的情况下，对其使用 20ms 矩形窗口帧进行计算的相应的语音音素段 TIR 信号（图的下部）。这个语音片段所说的句子是"we'll serve rhubarb pie after Rachel's talk"。请注意，语音音素段 TIR 信号高度相关，并且大约呈现出三个梯级，这与语音为浊音的、清音的或安静的状态相对应。当语音为浊音的情况时，语音音素段 TIR 徘徊在 25dB 左右，而语音为清音的和安静的时，其 TIR 分别徘徊在 0dB 和 -30dB 左右。根据干扰的减弱或者增强，所显示出的整体 TIR 的改变仅是将语音音素段 TIR 曲线向上或向下移动。

图 19.7 给出了一个典型的语音片段的语音音素段 TIR、语音音素段段语音功率和语音音素段段信号功率的归一化自协方差函数。因为这些信号分布的均值不为 0，因此在此应该使用自协方差函数。总体 TIR 为 0dB，但这对观察到的相关性没有影响。从图中可以看出，由于添加的干扰信号是非均匀的，因此语音音素段 TIR 和语音音素段信号功率几乎是相同的。另一个重要的观察结果是，短期正相关性持续时间大约为 100ms，在 19.1.2.3 节中，该时间为浊音的语音音素段作为概率分布中值的持续时间。

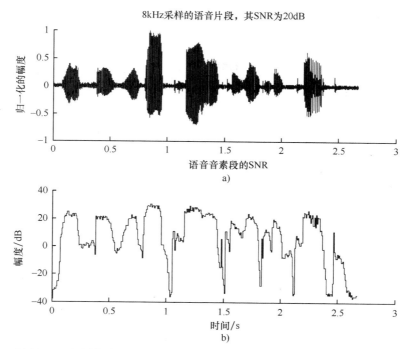

图 19.6　a）添加有 20dB 干扰信号的共享信道语音片段　b）在没有信号
重叠的情况下，使用 20ms 矩形窗口帧进行计算的相应语音音素段 TIR 信号

同时还存在峰值达到 350ms 左右的长期相关性，这可能是由于语音片段中浊音的和清
音的语音音素段的模式决定的。

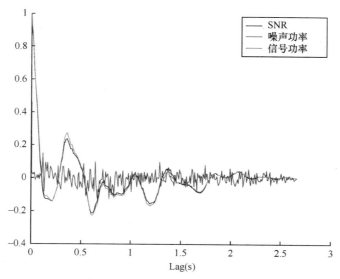

图 19.7　典型共享信道语音片段的语音音素段 TIR、语音音素段
语音功率和段信号功率的归一化自协方差函数

### 19.1.5 结论

在本节中，我们对浊音的、清音的和安静的语音音素段语音序列的统计特性进行了分析和建模。基于这些信息，我们开发了可用语音音素段的模型。目标是通过对语音音素段序列统计特性更好地理解，可以设计出更好的语音音素段分类系统。在下一节中，将开发表征浊音的、清音的和安静的类的特征以及对这些特征向量进行分类的技术。

## 19.2 鲁棒信号段干扰的物理建模实例

### 19.2.1 引言

由于讲话人识别技术在浊音的语音音素段上表现得最好，所以将语音信号分割为浊音的、安静、清音的、背景的噪声段是可用语音提取中非常重要的第一步。相关语音处理的文献报道了几种可靠的浊音的、清音的、背景的分类器。在 20 世纪 70 年代和 80 年代早期进行的大多数研究主要集中在有监督的线性判别分析（Linear Discriminant Analysis，LDA）分类器上，它所使用的特征不超过 5 个。所使用的最常用的特征是平均过零率（Zero-Crossing Rate，ZCR）、归一化的第一自相关系数和低频到高频的功率比。用于音调检测的特征通常包括诸如长期自相关和倒谱峰拾取这样的常见特征。其他的常用特征通常只是上述基本特征的变体，例如线性预测系数（Linear Prediction Coeffcient，LPC）残留的自相关峰值选取，或中心限幅信号的自相关等。在 20 世纪 90 年代，小波和高阶频谱分析技术被当作特征来使用，例如从双频谱导出的一些信息的使用。

对于干净的语音信号来说，早期 LDA 分类器的正确分类的百分比范围通常为 90% ~ 95%，而对于中等噪声的语音信号（SNR 约为 20dB），LDA 分类器的正确分类的百分率范围通常为 80% ~ 90%。在 20 世纪 80 年代，开始了更复杂分类器的研究，例如那些使用神经网络的分类器，这些分类器表现出了适度的性能改进。但是，应该注意的是，当语音中含有嘈杂的噪声信号时，分类器的训练和测试也必须使用相同类型的噪声来进行。当训练环境和测试环境不同时，有监督的分类器产生的等错误率（Equal Error Rates，EER）为 50% ~ 60%。

为了提高浊音的、清音的、背景的分类器对不匹配的训练和测试数据集的鲁棒性，在 20 世纪 90 年代后期开始了对基于聚类的无监督分类器的研究，该研究到目前为止仍然是一个活跃的研究领域。一种基于自组织映射（Self-Organizing Maps，SOM）的方法夸口说它可以在 10dB 信噪比（Signal-To-Noise Ratio，SNR）的信号中对浊音的语音音素段进行精确分类。尽管如此，在高度污染和共享信道环境中，对清音的和背景的噪声鉴别和区分仍然是一个未解决的问题。

在本节中，我们开发了一种新型的无监督共享信道浊音的、安静的和清音的/背景的分割预处理系统。在 19.2.2 节中，我们首先对浊音的和清音的语音的确定性属性进行了研究。在 19.2.3 节中，我们对几个传统的分割特征以及从非线性状态空间表示派生出来的两个新特征进行了讨论。此外，还进行了主成分分析（Principal Component

Analysis，PCA），以观察特征集中可用的有用信息数的量以及应该使用的特征数量。然后将这些特征用作有监督分类器和无监督分类器的输入，这些分类器包括 k-means 聚类以及二次判别分析（Quadratic Discriminant Analysis，QDA）、高斯混合模型（Gaussian Mixture Model，GMM）和 k-最近邻（k-Nearest Neighbors，k-NN）之类的分类器。此外，还使用隐马尔可夫模型 HMM 将上下文信息结合到分类过程中。有监督的分类器能够在 10dB SNR 的信号中获得 92% 的准确语音片段分类，但是当训练期间的噪声条件与测试期间使用的噪声条件不同时，其性能表现不佳。无监督的方法能够在 SNR 值低至 10dB 的情况下获得 15% 的 EER。

应该注意的是，尽管共享信道语音信号是被假定为在低噪声环境下采集的，但本节中的例子将噪声添加到数据中以展示分割算法的噪声鲁棒性。如果共享信道数据还包括额外的平稳噪声，则可以将利用分割算法进行的背景段检测与传统的语音信号增强算法一起使用，以减少噪声存在带来的影响。

## 19.2.2　语音的分类

语音可以通过一系列被称为音素的准稳态声音来建模。所有的音素都可以被分为浊音的或清音的，如 ā、ē 和 ō 等元音发音的音素即为浊音的，如 sh、f 和 s 等辅音发音的音素即为清音的。在我们正常的对话语音中，除了浊音的语音和清音的语音外，大约还有 20% 的是安静的或背景噪声（如果是嘈杂的录音环境）。

### 19.2.2.1　浊音的语音

当空气在肺部力量的作用下强制通过声门，同时声门也快速地打开和关闭时，就会发出浊音的语音。这个过程被语言学家称为发声。所有元音的发音都是浊音的语音。元音也被认为是连续音，因为它们的特征随着时间的变化是相对缓慢的。也有一些浊音的音素被称为半元音，它们不是连续音，因为它们的特征随着时间快速地变化。另外，还有一些鼻音的浊音的语音（如 n、m 和 ng），当口腔的某些部分被关闭并且声音被迫在鼻腔中共鸣时，就会产生鼻音的浊音的语音。

### 19.2.2.2　清音的语音

当声道在某一点受到压缩而变窄时，受肺部力量挤压而被迫通过收缩点的空气将变得湍急，从而发出类似于噪声的声音，在这种情况下发出的音素即为清音的语音。其中，那些连续的清音的语音被语言学家称为辅音或摩擦音。也有一些摩擦音，除了湍流之外，还存在具有浊音的成分的摩擦音，例如，当我们说 v 和 z 时所产生的声音。除此之外，还有非连续的清音的语音，被称为停止音或爆破音。当声道因收缩而关闭时，空气压力将在收缩点后面积聚，然后收缩点再突然释放，导致听起来像 t 和 k 那样的发声出现，此时所发出的语音即为爆破音。爆破音也可以包括浊音的成分，例如 b 和 d 的发音。语言学家还对那些既含有浊音的音素成分又含有清音的音素成分的非持续性语音发声进行了区分，并将其称为双元音和破擦音。双元音和破擦音大致由两个语音的快速连接而形成，例如，像 boy 中的发音 oy，即为一个双元音。

通过前面的讨论可以看出，有几个语音发声的例子，既含有浊音的音素成分又含有清音的音素成分。事实上，即使是在无干扰的浊音的语音中，也存在一些类似噪声

（类似清音的）的成分，特别是在 2kHz 以上的频率分量中。通过这些信息可以看出，相对于语音分类来说，语音声音的测量要容易得多，而语音分类可能是非常复杂的。因此，为了提取可用的语音音素段，最好仅将连续的元音语音音素考虑为浊音的语音音素段。

## 19.2.3 语音分割特征

在本节中，开发了几个用于浊音的、清音的和背景噪声的语音音素段的分类特征。所研究的特征有三类：传统的语音分割特征，现代的特征和两种新颖的特征。其中，所研究的传统语音分割特征为 ZCR、自相关系数和低频到高频能量比。作为现代分类特征，则需要诸如双频谱那样的高阶频谱分析技术。所开发的新特征包括平稳性度量和特征的状态空间嵌入。

### 19.2.3.1 浊音的语音特征

平均 ZCR 被用作浊音的、清音的、安静的分类特征已经有 30 年以上的时间了。它是通过信号帧中信号跨越时间轴次数的统计，然后再除以帧中的采样次数来计算的。平均 ZCR 表示了信号中高频信息的数量。对于浊音的语音信号，大部分信号能量集中在低频范围（100 ~ 2000Hz），而对于清音的语音信号则相反。因此，对于浊音的语音信号，应该观察到一个小的 ZCR，而对于清音的语音信号，观察到的 ZCR 应该很高。

图 19.8 示出了具有 20dB 白噪声叠加的语音信号 ZCR 特征的条件 gamma 概率密度函数估计。使用高斯内核的 Parzen 技术来对概率密度进行估计。为了将浊音的元音与其他含有强清音的成分的浊音的区分开来，在此显示了轻弱浊音信号和过渡信号的密度。对于可用语音信号的检测系统来说，只需要处理浊音的类。图 19.9 示出了相同的一组密度估计值，但具有 10dB 的白噪声叠加。我们可以清楚地看到噪声对条件密度函数有着显著的影响。

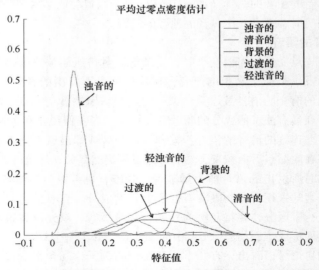

图 19.8 具有 20dB 白噪声叠加时，ZCR 特征的条件 gamma 概率密度函数估计

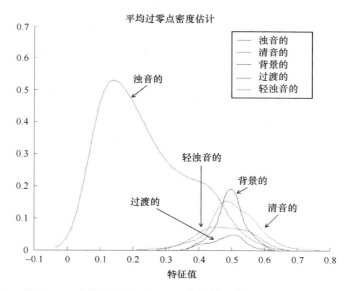

图 19.9　具有 10dB 白噪声叠加时，ZCR 特征的条件 gamma 概率密度函数估计

　　除了 ZCR 之外，自相关系数也被传统地用作分割特征。语音处理中使用的大多数参数特征，如线性预测系数（LPC）、对数面积比、线性频谱对和反射系数等都可以从语音信号的自相关系数中获得。在一个特定的音素被讲出时，其语音信号可以通过线性自回归移动平均（Linear Autoregressive Moving Average，ARMA）过程很好地建模。通常，具有 $p$ 个极点和 $z$ 个零点的 ARMA（$p$，$z$）的相关参数可以从零延迟开始的第一个（$1+p+q$）自相关值获得。为了使得模型的功率与信号的功率相匹配，在此还需要包含零延迟自相关值 $r(0)$。当将自相关值除以信号 $r$（0）的方差时，即获得了自相关系数。

　　假设用于估计它们的信号样本的数量大于所需系数数量的四倍，则可以获得第一自相关系数的可靠估计。

　　除此之外，由于语音信号仅为一个准稳态信号，所以用于计算其自相关系数的信号样本的数量不能随意扩大。由于我们已经示出了一个 20ms 的信号区间，因此当一个来自语音信号的语音音素段，如果其采样频率达到 10kHz 以上，就可以被精确地建模，并且该建模可以有 5 个零点和 10 个极点，相应的 16 个自相关系数应该包含信号中大部分可解释的线性变化。因此，至少有 64 个样本的数据帧大小应该足以获得这 16 个自相关系数的可靠估计。应注意的是，可用的语音信号检测算法所使用的帧长度是不同的。

　　使用自相关系数作为特征的一个重要优点是，它们将更灵活地允许任何语音信号中固有的模型顺序发生改变。例如，在清音的语音信号中，信号最好使用 ARMA（5，3）系统来建模，而对于鼻音字母的语音音素（如 m、n 和 ng），其语音信号最好由 ARMA（10，5）系统来建模。此外，通过 Fisher 的 $Z$ 变换的使用，自相关系数估计可以转化为渐近高斯分布的特征。因此，这些经过变换的自相关系数特征将是参数化分类系统的良好匹配。图 19. 10 和图 19. 11 分别示出了具有 20dB 和 10dB 白噪声叠加的第一个自相关滞后特征 $r$（1）的条件 gamma 概率密度函数估计值。对于更大的滞后，自相关系数也表现出了相似的类划分。

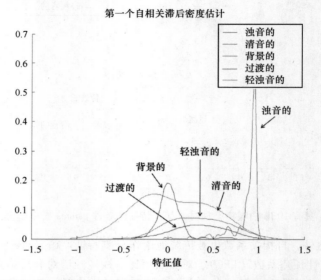

图 19. 10　具有 20dB 白噪声叠加时，第一个自相关滞后 $r$（1）
特征的条件 gamma 概率密度函数估计

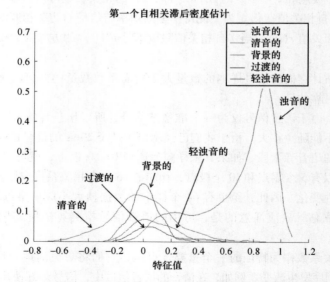

图 19. 11　具有 10dB 白噪声叠加时，第一个自相关滞后 $r$（1）
特征的条件 gamma 概率密度函数估计

　　另一种传统的语音分割特征是非参数化的低频到高频能量比。浊音的语音比清音的语音能量多 30dB。利用这个事实，人们可能希望将帧中的平均能量用作特征。然而，将原始能量用作特征是非常困难的，因为信号的总体能量可以根据采集条件和讲话人的特性而具有很大的变化。因此，如果想将能量用于分割特征，就应该使用能量比。由于浊音的语音含有更多的低通信号成分，而清音的语音则含有更多的高通信号成分，所以信号中从 200~1800kHz 的频带中的能量与 2000kHz $-f_s/2$ 频带中的能量的比值，应该是浊音状态的良好指标。其中 $f_s$ 是信号的采样频率。图 19.12 示出了具有 20dB 白噪声叠加的低频至高频能量比特征的条件 gamma 概率密度函数估计。

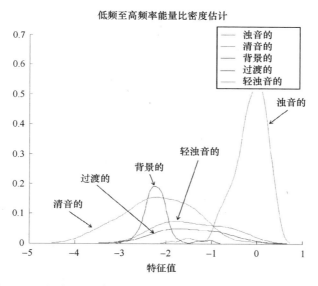

图 19.12　具有 20dB 白噪声叠加的低频至高频能量比特征的条件
gamma 概率密度函数估计

　　上述的传统语音分割特征与信号的二阶统计特性有关。现代的语音分割还包括来自更高阶的统计信息。高阶统计信息只是一阶和二阶统计信息的推广。例如，严格平稳随机过程 $x(t)$ 的前四个矩被定义为

$$m_1 = E[x(t)] \tag{19.23a}$$
$$m_2(\tau_1) = E[x(t)x(t-\tau_1)] \tag{19.23b}$$
$$m_3(\tau_1,\tau_2) = E[x(t)x(t-\tau_1)x(t-\tau_2)] \tag{19.23c}$$
$$m_4(\tau_1,\tau_2,\tau_3) = E[x(t)x(t-\tau_1)x(t-\tau_2)x(t-\tau_3)] \tag{19.23d}$$

式中，$E$ 为期望操作符。前两个矩是我们所熟悉的均值和自相关函数。根据 Wiener-Khintchine 定理，对自相关函数进行傅里叶变换则产生随机过程 $x(t)$ 的功率谱密度。类似地，如果对第三或第四矩进行 2D 或 3D 傅里叶变换，则分别获得随机过程的双谱和三谱。通常，只使用前四个矩，因为高阶矩的精确估计需要大量的数据。如果一个随机过程是高斯的，那么该过程完全是以它的前两个矩为特征的。由于我们已经知道语音信号是非高斯过程，因此，其高阶矩可以产生可用于改善语音分割的附加信息。

一般认为高阶矩包含的是关于信号的非线性（非高斯）信息。然而，人们不希望只使用非线性特征，而只想使用线性特征。使用非线性特征的目的是由于它们在与线性特征一起使用时能够提供补充信息。在下面的讲述中，我们将基于非线性的处理方法来开发两个新的分割特征，这些非线性处理方法在本质上是具有确定性的，即不基于概率模型的。

状态空间的嵌入是分析非线性混沌系统的非参数化的方法。应该指出的是，状态空间嵌入不是一个特征，但是其嵌入过程将推导出特征。一个系统的状态空间轨迹的集合可以完整地描述该系统。信号的状态空间嵌入通常被用来定性地研究产生特定信号的系统的任何非线性特性。然而，虽然观察一个系统的状态空间轨迹中的模式可能很容易，但通常却难以对所观察到的情况进行量化。为了解决这个问题，使用来自微分几何的概念，从状态空间嵌入信号中提取两个新颖的特征。这些特征是在 1D 语音信号上迭代计算的，并且它们完全表征由信号形成的状态空间轨迹。

众所周知，产生语音的机制通常是一个非线性系统，因此线性模型的使用只能对其进行近似。Navier-Stokes 方程是一个非线性偏微分方程，该方程代表了人类语音生成机制中最普遍的模型之一。例如，清音的语音对应于由 Navier-Stokes 方程的混沌解所描述的湍流。尽管混沌信号看起来是随机出现的信号，但实际上却是确定性非线性系统的结果。值得注意的是，当语音是处在共享频道时，人们也观察到了其混沌信号的特性。

一个非线性动力系统的演化可以用一个沿着它的状态空间轨迹运动的点来描述，其中点的坐标是系统（记忆元素）的独立自由度。信号状态空间嵌入方法用于分析非线性系统产生的混沌信号。当一个信号嵌入到状态空间中时，它被转换成一个 $m$ 维空间中的轨迹。其中，所需要的维数对应于系统描述所需要的状态变量的数量。不幸的是，这些状态变量是不能直接观察的。然而，根据 Takens 嵌入定理，通过一维可观测信号的使用，有可能重构一个状态空间的表示，使其在拓扑上与系统的原始状态空间等效（Takens，1981）。拓扑等效意味着嵌入信号和实际状态空间轨迹之间存在一对一的转换。

通过使用 Takens 延迟方法，$m$ 维空间中的点 $x(i)$ 可由信号 $s(i)$ 的时间延迟值形成。$x(i)$ 可由下式来表示：

$$\boldsymbol{x}(i) = [s(i), s(i-d), s(i-2d), \cdots, s(i-(m-1)d)] \tag{19.24}$$

式中，$m$ 为嵌入维度；$d$ 为样本中选择的延迟值。

在本章中，我们使用了恒定的嵌入维数 3，因为已经表明浊音的语音可以充分地嵌入到三维空间中。最佳延迟参数 $d$ 的选择取决于采样频率和信号中样本之间的互信息。延迟参数应该足够大，以便使得相邻的点 $x(i)$ 在它们之间具有最小的互信息。但是，也不能允许任意地放大，因为过大的延迟参数会牺牲时间分辨率。已发现 12 个样本的恒定 $d$ 值可以产生良好的嵌入结果，因此本章的例子中也使用该延迟值。

图 19.13 示出了三维假想状态空间轨迹的一部分，它可以描述具有三个记忆元素的非线性系统的动力学特性。随着系统状态空间轨迹的展开，可以想象为在直角参照系 *TNB* 中移动的一条曲线。该由直角参系是通过三个正交的平面来表征的，这三个

平面分别为纵切面、正常平面和横切面。

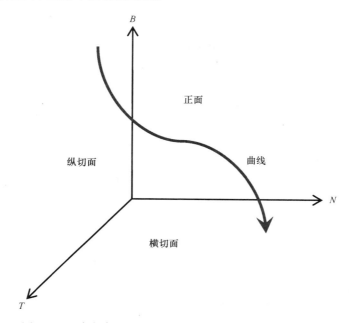

图 19.13　直角参照系 *TNB* 及一段状态空间轨迹线的示意图

来自微分几何的 Serret-Frenet 定理指出，任何三维空间曲线都可以通过以下与矢量 *T*、*N* 和 *B* 相关的矩阵方程来完全表征：

$$\begin{bmatrix} \dot{T} \\ \dot{N} \\ \dot{B} \end{bmatrix} = \begin{bmatrix} 0 & \tau & 0 \\ -\tau & 0 & \kappa \\ 0 & -\kappa & 0 \end{bmatrix} \begin{bmatrix} T \\ N \\ B \end{bmatrix} \tag{19.25}$$

式中，$\kappa$ 是曲率；$\tau$ 为挠率。

式（19.25）左边的向量的导数是相对于曲线的弧长 *s* 而言的。

曲率和挠率的定义为

$$\kappa = \lim_{\Delta s \to 0} \frac{\Delta \theta}{\Delta s} \tag{19.26}$$

$$\tau = \lim_{\Delta s \to 0} \frac{\Delta \Phi}{\Delta s} \tag{19.27}$$

式中，$\Delta \theta$ 为切线 *T* 与曲线之间的夹角；$\Delta \Phi$ 为次法线 *B* 与曲线之间的夹角。

因此，$\kappa$ 为点 P 沿着曲线移动时，点 P 处的切线旋转的角速率。$\kappa$ 的倒数即为该点处的曲率半径。挠率 $\tau$ 为点 P 沿着曲线移动时，点 P 处的单位次法线矢量 *B* 的旋转角速率。由于挠率和曲率参数完全描述了曲线本身，因此它们显然可以作为有用的非线性特征来对其线性特征进行补充。

应该注意的是，由状态空间嵌入过程形成的空间曲线实际上是实际状态空间轨迹的估计和采样版本。因此，式（19.25）中的曲率、挠率和必要的导数必须从离散的嵌入的状态空间曲线来估计。这个过程是通过使用以下公式来完成的：

$$S_n = |A_n| \tag{19.28}$$

式中，$|\cdot|$ 代表欧几里得范数；向量 $A_n$ 被定义为

$$A_n = \langle x_n - x_{n-1}, y_n - y_{n-1}, z_n - z_{n-1} \rangle \tag{19.29}$$

这是离散的嵌入的状态空间曲线的基本弧长。为了对曲率 $K_n$ 和挠率 $T_n$ 进行近似，我们可以推导出以下的公式：

$$K_n = \arccos\left( \frac{-A_n \cdot A_{n+1}}{|A_n||A_{n+1}|} \right) \tag{19.30}$$

$$T_n = \arccos\left( \frac{\langle -A_n \times A_{n+1} \rangle \cdot \langle -A_{n+1} \times A_{n+2} \rangle}{|A_n \times A_{n+1}||A_{n+1} \times A_{n+2}|} \right) \tag{19.31}$$

式中，$\times$ 和 $\cdot$ 分别表示矢量的叉积和点积。

图 19.14 和图 19.15 分别示出了清音的和浊音的语音帧的状态空间嵌入。清音的嵌入是通过音素/s/的 500 个样本的使用而获得的，而浊音的嵌入是通过使用来自单词"we'll"的 500 个样本而获得的。可以观察到，用于清音的嵌入信号是高度混沌且随机的，而浊音的语音则产生了非常结构化的嵌入信号。这是因为浊音的语音可以用具有较少数量的状态变量的系统来描述，而清音的语音中的湍流则需要大量的状态变量。

对于浊音的语音，已经表明，嵌入的轨迹应该是一个大致的椭圆形状，并且附加有一些小的环路。椭圆对应于音调的周期，而较小的环路对应于声道中的共振。任何可以用平面表示的空间曲线（如椭圆）的挠率总是为零。因此，对于一个特定的元音，人们会预期其曲率信号总是一个较大的值（接近 π 的值），并且其挠率信号始终是很小的（接近零值）。由于图 19.15 中使用的 500 个样本是从包含有三个浊音的语音音素的单词"we'll"中采集到的，因此我们可以观察到几个椭圆的结构。

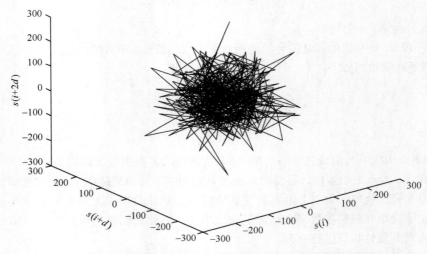

嵌入的清音语音音素段

图 19.14 清音的语音音素/s/的 500 个样本的状态空间嵌入

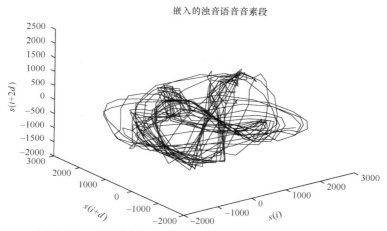

图 19.15　来自单词 "we'll" 的 500 个样本的状态空间嵌入

图 19.16 示出了在添加噪声之前，整个数据集的原始曲率以及中值滤波的曲率直方图。它产生了一个有两种统计方式的直方图：一种是清音的语音模式；另一种是浊音的语音模式。由于浊音的语音音素段的曲率值比清音的更高，所以浊音的语音模式表示是在图的右侧，而清音的语音模式表示是在图的左侧。曲率信号是一个 79 点的中值滤波信号，以使其平滑并减少两个类别之间的重叠。由于如众所周知的那样，中值滤波器能够保持信号跳变的不连续性，因此为了保持特征的时间分辨率，中值滤波器的使用是必要的。此外，各个模式近似呈指数分布。在这种情况下，可以看出最好的预检波滤波器是一个中值滤波器。

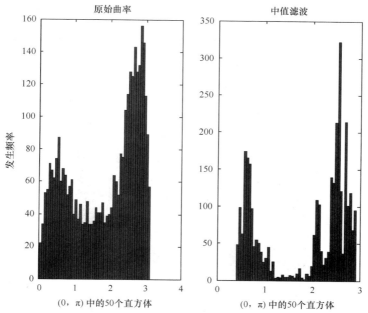

图 19.16　没有附加噪声的整体数据集的原始曲率值的直方图

在考察原始曲率信号的直方图时，所关注的兴趣点在于其中的双峰水平的高低。传统上是采用能量和 ZCR 来对浊音的语音状态进行分类，即使是在它们的平均值也没有如此高的分割水平时，情况也还是如此。图 19.17 示出了由 79 点中值滤波曲率信号所描绘出的与单词"we'll serve"相对应的语音音素信号，其中浊音的摩擦音/v/已被截断。为了便于观察，这两种信号均被归一化在（-1，1）的区间内，并且曲率信号被叠加了一个常数 1。可以清楚地看到，在清音的语音音素/s/期间曲率信号是如何显著降低的。

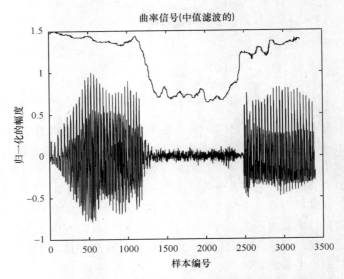

图 19.17　由"we'll serve"语音信号绘制的中值滤波的曲率信号

图 19.18 示出了由 79 点均值滤波的脉动挠率信号所描绘的图 19.17 所采用的同一语音信号。如预期的那样，在清音的语音信号期间，挠率信号是增加的，但是其过渡情况不如曲率信号那样明显，并且存在更多的变化。由于中值滤波器仍然保留脉冲信号成分，鉴于挠率信号的脉冲结构，对挠率信号有必要采用均值滤波器进行滤波。

应该注意的是，执行状态空间嵌入的替代方法确实是存在的。例如，使用由信号的滞后版本形成的 Hadamard 矩阵的奇异值分解（Singular Value Decomposition，SVD）就是一种可以实现信号嵌入的一种替代方法。在存在叠加噪声的情况下，这种方法已被证明是更加鲁棒的（Kubin，1995）。通过使用具有线性预测系数 LPC 残留的状态空间或等效地使用广义的奇异值分解（Generalized SVD，GSVD）可以获得进一步改进。GSVD 能够对信号进行预白化处理。由于声道共振的影响将被消除，预白化处理应该能够理顺浊音的语音的嵌入信号，因此只有准椭圆轨道作为状态空间轨迹被保留下来。这可以在可用的浊音的语音信号期间产生更一致的曲率和挠率值。

除此之外，椭圆的平均参数可线性变换为具有平均单元半径的圆，从而可以产生出方差更低的曲率和挠率值。这种情形是可能的，因为已经表明，对于一个圆来说，其曲率是圆的半径，而挠率则为零。更进一步地，通过这些变换和白化处理过程的作

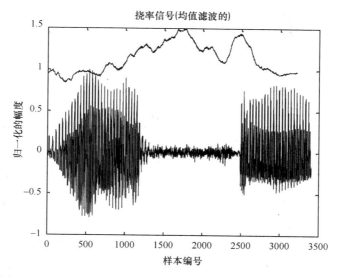

图 19.18 由 "we'll serve" 语音信号绘制的中值滤波的挠率信号

用，将使得清音的语音信号的曲率和挠率特征更均匀地分布在区间（0，π）上。通过将 Teager 能量算子应用于语音信号的共振成分，可以找到一个产生语音信号非线性特性的模型。

### 19.2.3.2 清音的语音特征

从之前的图中可能已经注意到，用于将浊音的语音信号与清音的语音和背景进行区分的特征在清音的类别和背景类别之间却没有太大的区分。因此，必须获得附加的特征来进行清音的语音音素段和背景噪声段的区分。尽管大多数背景噪声过程在统计特性上与清音的语音类似，但清音的语音特征的变化通常比大多数背景噪声过程更加快速。因此，如果我们能够对一个随机过程的非平稳程度进行测量，那么这个测量结果应该成为区分背景噪声信号和清音的语音音素的一个很好的特征。以下将给第 $p$ 个数据帧定义的平稳性程度测量可以被用作清音的语音/背景信号区分的特征：

$$\Delta Y(pL) = \left[\frac{1}{\pi}\int_0^\pi |Y(pL,w) - Y((p-1)L,w)|^2\mathrm{d}w\right]^{1/2} \tag{19.32}$$

## 19.2.4 主成分分析

主成分分析（PCA）的目标是要减少分类器所必需的分类特征的数量。主成分是通过对所有训练数据特征向量的样本协方差矩阵 $\boldsymbol{\Sigma}$ 进行对角化来获得的。$\boldsymbol{\Sigma}$ 可以通过以下的公式来进行对角化处理。

$$\boldsymbol{D} = \boldsymbol{U}\boldsymbol{\Sigma}\boldsymbol{U}^{-1} \tag{19.33}$$

式中，$\boldsymbol{U}$ 是以 $\boldsymbol{\Sigma}$ 的特征向量为列向量的矩阵；$\boldsymbol{D}$ 是包含 $\boldsymbol{\Sigma}$ 的对应特征值的对角矩阵。

请注意，矩阵 $\boldsymbol{\Sigma}$ 的列顺序的改变会改变矩阵 $\boldsymbol{D}$ 沿着对角线的特征值的顺序。由于矩阵 $\boldsymbol{D}$ 的迹是等于训练数据的整体方差的，所以通过矩阵 $\boldsymbol{U}$ 的列的排列，使得矩阵 $\boldsymbol{D}$

的特征值按从第一行到最后一行的顺序依次降序排列。我们可以观察到哪些特征对整个训练数据集的变化所做的贡献最大。进一步地，对所观察到的每个特征向量 $x$ 用矩阵 $U^{-1}$ 进行变换，可以获得训练数据的主成分。

尽管主成分是去相关的特征，但它们却不一定是统计特性上独立的特征。然而，在高斯分布的情况下，因为多元高斯分布完全由其平均向量和协方差矩阵确定，所以此时的去相关总是要求被转换的变量都需要满足独立性要求。进一步地，如果一组高斯分布的变量经过了非奇异线性变换，那么所得到的结果变量也是高斯分布的。如果原始变量是以一种使得所产生的协方差矩阵对角线化的方式进行变换的，那么由此变换得到的多变量正态分布就是一个系数，该系数就是独立性的定义。

通过对整个数据集执行主成分分析，不仅可以查看特征向量的维度是否可以减小，并且还可以产生出解相关的特征，以供分类算法使用。图 19.19 示出了样本协方差矩阵 $\Sigma$ 的特征值的离散杆图。从图中可以看出，即使是在仅使用前三个主成分的情况下，几乎所有的原始变量的方差都会被考虑到。在图 19.19 的右侧，列表示出了这些特征值所包含的方差占总方差的累积百分比，这表明总方差的 97% 以上是前三个最大的特征值所包含的。鉴于这些信息，我们决定在分类算法中只使用前三个主成分。

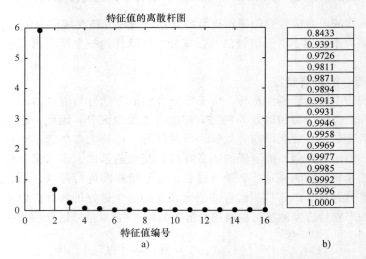

图 19.19　a) 矩阵 $\Sigma_{xx}$ 的特征值按照降序排列的离散杆图，
b) 这些特征值所包含的方差占整体方差的累积百分比

图 19.20 示出了一个 3s 的语音信号（197 个 128 样本帧）在第一主成分方向上投影的训练数据的直方图。为了帮助人们看到不同类别对直方图的贡献，我们在此采用一条高斯曲线（未归一化的）来对与每个类别相对应数据的每个部分进行拟合。左边的曲线对应于背景噪声信号的数据帧，中间的曲线对应于清音的语音信号的数据帧，而右边的曲线对应于浊音的语音信号的数据帧。在此，我们使用每个类中数据值的个数的平方根来确定每个类的直方图块的数量。

图 19.21 示出了一个语音信号的 $z$ 值（在主成分方向上转换的数据）的分布图，

该图所使用的语音信号是图 19.20 中使用的相同的 3s 的语音信号。图中的每个分布点均被映射到了一个颜色,该颜色取决于该点所对应的类别标记。其中,中等灰色的点对应的是背景噪声信号,绿颜色的点对应的是清音的语音数据帧,而深灰色的点对应的是浊音的语音数据帧。

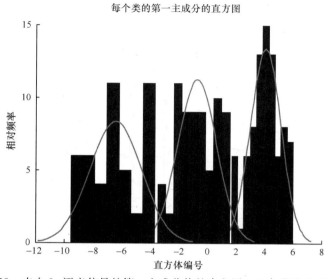

图 19.20　来自 3s 语音信号的第一主成分值的直方图。三条曲线分别对应于
背景噪声（左）、清音的语音信号（中）和浊音的语音信号（右）

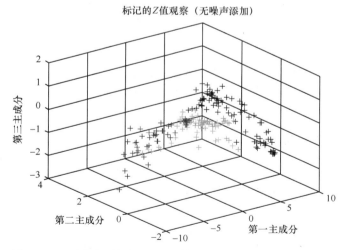

图 19.21　无噪声添加的 3s 语音信号的前三个主成分的散布图
（中等灰色的点对应的是背景噪声信号帧,绿颜色的点对应的是清音的
语音数据帧,而深灰色的点对应的是浊音的语音数据帧）

鉴于图 19.21 所给出的结果,如果对数据进行了恰当的标记,则看起来似乎是可

以构建可靠的分类器来分离未来观察到的帧。但是，如果图中所绘出的数据是来自不同的讲话人，或者是来自同一讲话人，但其所处的环境是不同的时候，那么这些数据聚类可能会处于不同的位置。例如，图 19.22 所使用的数据与图 19.21 的相同，但在图 19.22 所使用的数据中添加了 20dB 信噪比的白噪声。尽管这三个类仍然表现出是可分离的，但为这些数据所确定的类边界是明显不同于图 19.21 中的类边界的，该类边界也是为相应的数据而确定的。

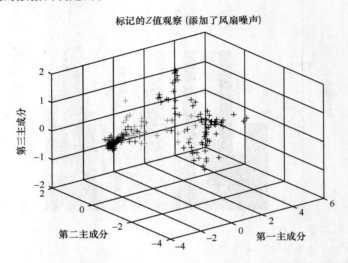

图 19.22　附加有 20dB 白噪声的 3s 语音信号的前三个主成分的散布图

（中等灰色的点对应的是背景噪声信号帧，绿颜色的点对应的是清音的
语音数据帧，而深灰色的点对应的是浊音的语音数据帧）

由于可用的语音信号的提取系统的工作必须适应于不同的讲话人和不同的讲话环境，因此，对于用于浊音的语音信号、清音的语音信号和背景噪声信号的鉴别方法来说，无监督的分类方法应该比有监督的分类方法更加具有鲁棒性。随后的章节中所给出的实验结果将会证明这一点。

## 19.2.5　语音音素段分类

所有的分类器大致分为两类：一类是有监督的分类器；另一类是无监督的器。有监督的分类器至少需要一些初始标记的训练数据，以对那些未标记的测试数据进行分类。与其不同的是，无监督分类器通过未标记数据点特征空间的搜索，以查找表示不同分类的数据中的任何聚类或数据块。无监督的分类器是不能以实时的方式来运行的，因为分类器必须先要对一些数据进行收集才能形成一些特定的数据聚类。一般而言，在使用良好匹配的训练数据集和测试数据集时，无监督分类器的表现不如有监督的分类器。但是，良好的培训数据的获得并不总是可能的。更进一步地，当环境状况不稳定时，则必须使用无监督的分类器，并且分类器的实际工作环境通常都是不稳定的。本节所使用有监督的分类器为二次判别分析（Quadratic Discriminant Analysis，QDA）分类器和 k-NN 分类器，所使用的无监督的分类器为 GMM 和基于聚类的 k-means 分类器。

与特征的情形一样，所有的分类器均可以进一步细分为参数化的或非参数化的。参数化的分类器需要给出一些概率模型，而非参数化的分类器则不需要。一般来说，参数化的分类器都表现出了比非参数化的分类器更好的性能。但通常情况下，一个精确的概率模型是无法给出的，即使在给出了特定统计模型的情况下，一个最优分类器的设计在数学上也是非常棘手的。QDA 和 GMM 均为参数化的分类器，它们都是建立在所有类的特征向量的分布均为多元高斯分布的假设上的。分类器 k-NN 规则和 k-means 聚类是非参数化的分类。

如前一节所述，浊音的、清音的、背景的语音音素段均不会彼此独立地出现。为了结合语音数据帧之间的上下文信息，采用了 HMM。由于每个类别的特征均为近似的多元高斯分布，所以在 HMM 的实现中也一起实现了 QDA 和 GMM 分类器。与此不同的是，k-means 聚类分类器使用了相关性距离的度量被，以此来实现帧数据相关性的纳入。

### 19.2.5.1　有监督的方法

k-NN 规则可能是最著名的非参数化的分类规则。尽管该分类器仍然需要训练数据，但没有对分类过程中使用的特征向量的概率分布做出任何假设。因此，就这个意义而言，k-NN 规则是一个非参数化的分类器。例如，如果使用两个元素的特征向量来在两个类别之间做出判定，则 k-NN 规则将该测试向量与从训练数据中获得的 k-最近（根据欧几里得距离而言）进行比较，并将其归类到生成大多数 k-最近训练向量的类中。为了进一步改进 k-NN 规则的性能，我们根据这些 k-最近与测试向量之间的距离对其分别进行了加权。可以证明，使用 k-NN 方法所产生的总的错误概率不会超过最优的参数化分类器的两倍。

为了保证分类技术的性能，我们使用 12 个女性和 12 个男性的语音信号生成了几个融合的矩阵。这些语音信号被分割成 5187 个 128 采样的连续数据帧。然后从这些数据帧中的每一帧中提取 16 个元素的特征向量，并且将该特征向量的前三个主成分用作分类器的输入。其他额外的主成分作为分类器输入的使用仅能产生微弱的性能收益。

表 19.3 示出了 k-NN 算法的分类结果，该算法使用了所有的 24 个语音信号文件，每个文件都具有 10dB 的白噪声背景。如果分类器对所有的语音数据帧都实现了正确的分类，则矩阵中的每个对角线元素将为 100%，并且所有其他元素都将是零。可以观察到，对于浊音的语音数据帧和背景噪声数据帧，均获得了可靠的分类。尽管如此，k-NN 算法仍然将 36% 的清音的语音数据帧分组到了背景噪声的数据聚类，将 11% 的清音的语音数据帧分组到了浊音的数据聚类。

**表 19.3　用于 10dB 白噪声背景的 k-NN 分类器的融合矩阵**

| k-NN | 标记为背景的 | 标记为清音的 | 标记为浊音的 |
|---|---|---|---|
| 分类为背景的 | 88% | 11% | 2% |
| 分类为清音的 | 9% | 76% | 11% |
| 分类为浊音的 | 3% | 13% | 87% |

与 k-NN 规则不同，判别分析是一个参数化的分类方法。判别分析的目标是通过一

个参数化的判别函数将一个被特征所跨越的空间划分为类，从而使一些目标函数得以最大化。目标函数的选取通常是为了针对一个给定的误报率下获得一个规定的漏报百分率。在本节中，使用了一个 0-1 的代价值。也就是说，获得一个漏报的代价和获得一个误报的代价是相同的，从而使得错误检测的总概率达到最小化。以下，将以实例来阐明判别分析的概念。

当特征向量对两个类均按一个相同的协方差矩阵以多变量高斯分布时，所得到的判别函数将是一个超平面。我们将这种情况称为线性判别分析（LDA）。LDA 使用线性变换将原始测试数据向量的集合投影到一个较低维度的向量空间上，使得类别判别的度量得以最大化。该度量是类间散布（方差）$S_b$ 与类内散布（方差）的比值 $S_w$：

$$\text{trace}\{S_w^{-1} S_b\} \qquad (19.34)$$

这个两类问题的优化问题的结果是下面的线性变换（矩阵方程）：

$$\hat{y} = (\mu_1 - \mu_2)^T S_w^{-1} x \qquad (19.35)$$

式中，$\mu$ 是两类的两个均值向量；$x$ 是测试数据特征向量。

均值向量和类内散布矩阵可使用训练特征向量的样本均值和样本方差来估计。

当特征向量对每一个类均按不相同的协方差矩阵以多变量高斯分布时，所得到的判别函数将是一个二次超曲面，即用于二维特征空间的抛物线、双曲线或椭圆。在这种情况下，一个具有最小的总检测误差的最优分类器也相对容易实现，我们在此将该最优分类器称为 QDA。

一般来说，使得总误差概率最小化的判定曲线必须对于所有的类对在似然比和所有类对的类概率比之间满足以下等式：

$$\frac{f(w_i \mid X)}{f(w_j \mid X)} = \frac{P(w_j)}{P(w_i)} \qquad (19.36)$$

式中，函数 $f$ 为后验概率的概率密度函数 pdf；$P_s$ 是先验类概率；$X$ 是特征向量；$w_{i/j}$ 表示每一个可能的两个类的组合。判别曲线是在特征向量 $X$ 所跨越的特征空间上定义的函数。当似然比大于先验比时，数据更可能来自第 $i$ 类，并且当似然比小于先验比时，数据更可能来自第 $j$ 类。这个结果可以直观地引出。

对于线性和 QDA，由于其所涉及的高斯密度的指数形式，所以更好的方法是使其工作过程是通过两个密度函数的单调递增的对数函数的使用来进行的，即将其原有的似然比转换为对数的似然比。该单调递增的对数函数是高斯密度产生的判别函数，并可由下式表示：

$$g_i(x) = \ln(f(x \mid w_i) P(w_i)) = -\frac{1}{2}(x - \mu_i)^T \sum_i^{-1} (x - \mu_i) + \ln P(w_i) + C_i \qquad (19.37)$$

式中，$C$ 是一个等于 $-(1/2)\ln 2$ 的常数；$\mu_i$ 是第 $i$ 类特征向量的均值向量；$f(x \mid w_i)$ 可由下式计算

$$f(x \mid w_i) = \frac{1}{2\pi^{l/2} |\sum_i|^{1/2}} \exp\left(-\frac{1}{2}(x - \mu_i)^T \sum_i^{-1} (x - \mu_i)\right) \qquad (19.38)$$

$$\sum_i = E[(x - \mu_i)(x - \mu_i)^T] \qquad (19.39)$$

应该指出的是，总体的均值向量 $\mu_i$ 和协方差矩阵 $\sum_i$ 是未知的，并且必须根据训练

数据进行估计。已经证明使用这些参数的最大似然性（ML）估计可以产生相应的判定曲线的一致估计。多元高斯分布的均值向量和协方差矩阵的最大似然性 ML 估计量分别为

$$\bar{x} = \sum_{i=1}^{n} \frac{x_i}{n} \quad S = \sum_{i=1}^{n} \frac{(x_i - \bar{x})(x_i - \bar{x})^T}{n-1} \tag{19.40}$$

式中，$n$ 为训练数据中所观察到的观测量的数量。我们可以看出，随着样本量的增加，这些估计的方差也随之减少。其先念概率在前一节中被估计。表 19.4 示出了 QDA 算法的分类结果，该算法使用全部 24 个语音信号文件，每个文件均被添加了 10dB 的背景白噪声。一半的男性和女性讲话人的语音信号文件被用于必要的均值向量和协方差矩阵的估计。剩余的一半语音信号文件则用于测试 QDA 分类器的性能。

**表 19.4　用于 10dB 白噪声背景的 QDA 分类器的融合矩阵**

| QDA | 标记为背景的 | 标记为清音的 | 标记为浊音的 |
|---|---|---|---|
| 分类为背景的 | 92% | 9% | 3% |
| 分类为清音的 | 6% | 79% | 8% |
| 分类为浊音的 | 2% | 12% | 89% |

### 19.2.5.2　无监督的方法

k-means 聚类算法生成了 $k$ 个不相交的数据聚类，该聚类大致地表示了 $k$ 个模式类别。该算法特别适合于球状聚类的产生，球状聚类即为在特征空间中所形成的凸区域的聚类。数据聚类的问题可以被设置为整数的规划问题，但是由于具有大量变量的整数规划问题的求解是非常耗时的，所以聚类算法通常使用启发式方法来计算，该方法通常产生良好的但不一定是最优的解。k-means 算法就是一种这样的方法。可用的聚类算法还有其他的方法，但对于较小的 $k$ 值来说，k-means 算法的计算效率很高。

k-means 算法：

1）在算法的初始阶段，数据集最初被分割成 $k$ 个不相交的集合，数据点被随机分配到这些集合中。此时所产生的数据聚类中的数据个数大致与数据点的数量相同。

2）对于每个数据点，计算从该点到每个聚类的距离。如果数据点最接近其自己的聚类，则将其保留在原来的位置。但是，如果数据点不是最接近其自己的聚类，则将其移动到最近的聚类中。

3）重复前一个步骤，直到完全遍历了所有的数据，并且遍历的结果使得没有任何数据点从一个聚类移动到另一个聚类。此时，聚类即为稳定的，聚类过程结束。

由于在浊音的、清音的、背景的语音音素段分割中只有三个类存在，所以 $k$ 值被设置为 3。应该注意的是，初始划分的选择可以对其所产生的最终的聚类产生极大的影响，这些影响体现在聚类之间、聚类内部的距离和内聚性上。在本节中，采用训练数据的中间值来进行初始划分的创建。

k-means 算法需要两个距离度量的定义：一个是需要定义点之间的距离；另一个是需要定义点和聚类之间的距离。点与点之间的距离是使用 Pearson 相关性来度量的，Pearson 相关性度用于度量两个轮廓之间形状的相似度。对于两个特征向量 $x$ 和 $y$，其 Pearson 相关性距离的公式是向量 $x$ 和 $y$ 的 $z$ 分数（即 z-score，标准分数）的点积。$x$ 的

$z$ 分数是通过从 $x$ 中减去它的平均值并除以其标准偏差来构建的。点与聚类之间的距离是使用平均连接距离来确定的，该距离即为点到聚类内所有点之间距离的平均值。

为了对该算法进行测试，我们使用 k-means 算法为数据集中的每个语音信号数据确定 3 个聚类。一旦数据聚类被确定下来，在聚类内的数据帧中将第一主成分均值最小的数据帧分类为背景噪声信号，将聚类内的数据帧中第一主成分均值最大的数据帧分类为浊音的语音信号，将聚类内剩余的所有数据帧均分类为清音的语音信号。尽管在不同的讲话人和不同的语音环境中，聚类会发生偏移，但是按第一主成分排序的聚类内的顺序将不会改变（见图 19.20）。表 19.5 给出了 k-means 分类器的融合矩阵，在此，每个语音信号文件均被添加了 10dB SNR 的白噪声。

**表 19.5  用于 10dB 白噪声背景的 k-means 分类器的融合矩阵**

| k-means | 标记为背景的 | 标记为清音的 | 标记为浊音的 |
|---|---|---|---|
| 分类为背景的 | 82% | 13% | 4% |
| 分类为清音的 | 13% | 68% | 12% |
| 分类为浊音的 | 5% | 19% | 84% |

可以观察到，QDA 分类器的性能优于 k-means 分类器。有趣的是，即使是 QDA 分类器，在其进行清音的语音信号分类时也没有对其他类的分类那样表现优良。从第 19.2.4 节中的散布图可以看出，清音的语音信号分类的混乱似乎是由于这样的事实引起的，即清音的语音数据帧倾向于在背景噪声信号和浊音的语音数据聚类之间进行聚集。应该注意的是，仅当 QDA 分类器的特征是多变量高斯分布时，该分类器才是最优的。

具有无噪声的训练和测试数据匹配的理想情况在实践中是很难遇到的。为了观察在实际运行环境中会发生什么样的情况，我们在这里使用了一个被不同类型的噪声破坏的数据集。表 19.6 示出了同一个 QDA 分类器的混淆矩阵，其中，10dB SNR 的白噪声被添加到训练数据中，并用 20dB SNR 的白噪声添加的信号进行测试。显然，有监督的 QDA 分类器在对所有三个类进行分类时的表现均是不佳的。造成这种糟糕表现的原因是因为噪声使得聚类的位置发生了偏移。因此，当训练和测试环境不匹配时，人们不希望使用有监督的分类器。

**表 19.6  QDA 分类器的融合矩阵叠加到训练数据的噪声信号为 10dB 的白噪声背景信号和叠加到测试数据的噪声信号为 20dB 的白噪声背景信号**

| QDA | 标记为背景的 | 标记为清音的 | 标记为浊音的 |
|---|---|---|---|
| 分类为背景的 | 53% | 22% | 23% |
| 分类为清音的 | 26% | 61% | 28% |
| 分类为浊音的 | 21% | 17% | 49% |

无监督 k-means 算法的参数版本可以在 GMM 分类器中找到。形式上，由 $M$ 个 GMM 描述的随机向量 $x$ 具有该形式的 gamma 概率密度函数 pdf，即

$$f(x) = \sum_{i=1}^{M} \lambda_i N(\mu_i, \Sigma_i) \tag{19.41}$$

式中，$N(\mu_i, \sum_i)$ 是具有均值向量 $\mu_i$ 和协方差矩阵 $\sum_i$ 的多元高斯分布；$\lambda_i$ 的累加和为 1，并表示高斯混合中每个高斯分量的相对权重；均值向量 $\mu_i$ 具有与特征向量相同的个数的元素。可以证明，通过足够的高斯混合的使用，任何多变量分布均可以以任意精确度进行近似。在本节中，假定 $M = 3$，即用 3 个分量来表示这 3 个语音信号类。使用 GMM 的聚类过程应该会产生更好的结果，因为从理论上讲，变量近似地分布为 3 个多元的高斯混合。

为了获得参数 $\lambda_i$、$\mu_i$ 和 $\sum_i$，通常使用的方法为期望最大化（Expectation Maximization，EM）算法，它是 ML 估计的迭代实现。迭代实现是必要的，因为在此关于基本概率分布存在着不完整的信息。表 19.7 示出了具有 10dB SNR 白噪声的 k-means 分类器的融合矩阵。由此可以看出，GMM 分类器比 k-means 分类器的性能表现要稍好一些。

**表 19.7  用于 10dB 白噪声背景的 GMM 分类器的融合矩阵**

| GMM | 标记为背景的 | 标记为清音的 | 标记为浊音的 |
|---|---|---|---|
| 分类为背景的 | 84% | 13% | 2% |
| 分类为清音的 | 13% | 72% | 10% |
| 分类为浊音的 | 3% | 15% | 88% |

图 19.23 进一步证明了无监督分类的有效性。与句子"We'll serve rhubarb pie after Rachelle's talk"相对应的语音信号是由一位女性讲话者说出的，该讲话人位于 TIMIT

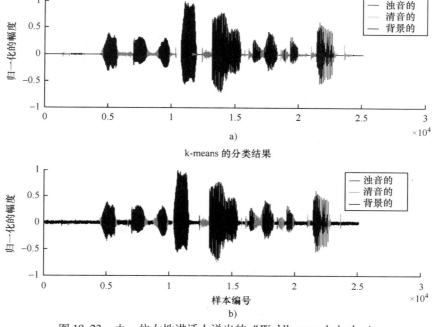

图 19.23  由一位女性讲话人说出的"We'll serve rhubarb pie after Rachelle's talk"的语音信号：
a) 对应于图 19.21 中所使用的标记的语音数据，b) 与上部相同的语音数据，但叠加了噪声信号，彩色曲线对应于语音信号的分类

语音数据库的方言区域 1（有关 TIMIT 数据库的更多信息，请参阅附录 19. A）。图 19. 23 的上面区域对应于图 19. 21 中使用的标记数据。图 19. 23 的下面区域所显示的数据与其上部相同，但在相应的语音信号中叠加了 20dB SNR 的白噪声，此处的彩色曲线对应于使用之前的 k- means 算法进行分类的语音数据帧。由图可以看出，大多数的分类错误发生在将清音的语音信号被分类为背景噪声信号时，但将背景噪声信号分类为清音的语音信号的情况还是很少的。

### 19. 2. 6　结论

为了比较上述分类器的整体性能，可以使用下式来计算正确分类的总百分比。

$$P_c = 100\% \times \sum_{i=1}^{3} P(\text{Classifying Class}_i \mid \text{Class}_i) P(\text{Class}_i) \qquad (19.42)$$

其中，使用事件发生的相对频率来估计条件的和先验的概率。相应地，也可以利用相应的先验概率来沿融合矩阵主对角线对其百分比进行加权，并将所得的结果进行累加，以此来进行 $P_c$ 的计算。所估计的背景噪声的、清音的语音和浊音的语音信号的先验概率分别为 0. 23、0. 30 和 0. 47。图 19. 24 示出了使用不匹配的训练数据和测试数据所进行的这些计算的计算结果。为了计算出每个分类器的误差总百分比 $P_e$，我们可以简单地使用以下关系式：

$$P_e = 1 - P_c \qquad (19.43)$$

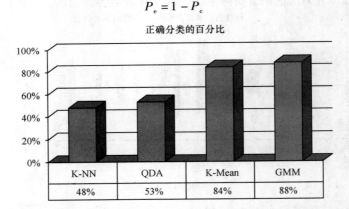

| | K-NN | QDA | K-Mean | GMM |
|---|---|---|---|---|
| | 48% | 53% | 84% | 88% |

图 19. 24　所有得 4 种算法的正确分类的总百分比。对于有监督的算法，训练数据中叠加了 10dB 的白噪声信号，测试数据中叠加了 20dB 的白噪声信号

应该记住的是，对于 k- NN 和 QDA 分类器，一半的数据是用于确定参数的，另一半的数据是用于评估分类器的性能的。使用这些数据的其他方式，如留一法可能会对 k- NN 和二次判别分析 QDA 分类器的实际性能产生不同的并且可能是更好的估计。

## 19. A　附录　TIMIT 数据库

设计 TIMIT 数据库的目的是为了满足人们对声学语音知识的数据获取以及为自动语音识别系统的开发和评估提供数据。美国国家标准与技术研究院（The National Institute of Standards and Technology，NIST）制备了数据库中的这些数据。

　　具有 630 个讲话人的数据库被分解为 8 个方言区（见表 19. A. 1）。讲话人的方言区是按美国的地理区域进行划分的，数据库中的讲话人们童年时期即居住在这些区域中。这些地理区域与美国公认的方言区域相对应［语言文件，俄亥俄州立大学语言学系，1982（Language Files, Ohio State University Linguistics Department, 1982)］，但西部地区的 dr7、dr8 除外，因为西部地区的 dr7 的方言边界还未达成任何共识，方言区域 dr8 中的讲话人在其童年时期流动频繁。

表 19. A. 1　TIMIT 数据库方言的区域

| 方言地区 |
| --- |
| dr1：New England |
| dr2：Northern |
| dr3：North Midland |
| dr4：South Midland |
| dr5：Southern |
| dr6：New York City |
| dr7：Western |
| dr8：Army Brat（moved around） |

　　TIMIT 数据库中的每个讲话人均阅读了两个方言句子（SA 句子），这些句子旨在揭示讲话人的方言变体。数据库还设计了语音紧凑的句子（SX 句子）旨在提供对语音对的良好覆盖，其中有的句子出现了额外的略有区别的重复语境，这被认为是讲话人的一种难以表达或者是特别强调的信息。每位讲话人均阅读了这些句子中的 5 个，并且有 7 个不同的讲话人说出了所有的句子。表 19. A. 2 列出了这项研究随机选择的讲话人。

表 19. A. 2　TIMIT 数据库讲话人名单

| 女性讲话人 | 男性讲话人 | 训练集中的其他讲话人 |
| --- | --- | --- |
| faks0 | mabw0 | mmdm2 |
| fcmr0 | mbjk0 | mpdf0 |
| fdac0 | mccs0 | mpgl0 |
| fdrd1 | mcem0 | mrcz0 |
| felc0 | mdab0 | mreb0 |
| fjas0 | mdbb0 | mrgg0 |
| fjem0 | mdld0 | mrjo0 |
| fjre0 | mgwt0 | msjs1 |
| fjwb0 | mhpg0 | mstk0 |
| fpas0 | mjar0 | mtas1 |

（续）

| 女性讲话人 | 男性讲话人 | 训练集中的其他讲话人 |
|---|---|---|
| fram1 | mjsw0 | mtmr0 |
| fslb1 | mmdb1 | mwbt0 |
| | | mwew0 |
| | | mwvw0 |

注：原始16kHz 16bit 的语音被下采样到8kHz。

# 参 考 文 献

1. Altincay H. and Demirekler M., An information theoretic framework for weight estimation in the combination of probabilistic classifiers for speaker identification, *Speech Commun.* 30, 255–272, 2000.
2. Astola J. and Kuosmanen P., *Fundamentals of Nonlinear Digital Filtering*, Boca Raton, FL: CRC Press, 1997.
3. Barkat M., *Signal Detection and Estimation*, Boston, MA: Artech House, 1991.
4. Chandra N., Yantorno R. E., Benincasa D. S., and Wenndt S. J., Usable speech detection using the modified spectral autocorrelation peak-to-valley ratio using the LPC residual, *Fourth IASTED International Conference on Signal and Image Processing*, Honolulu, HI, August 2002, pp. 146–149.
5. Childers D. G., *Speech Processing and Synthesis Toolboxes*, New York: John Wiley, 2000.
6. Flury B. D., *A First Course in Multivariate Statistics*, New York: Springer, 1997.
7. Freund R. J. and Wilson W. J., *Regression Analysis: Statistical Modelling of a Response Variable*, San Diego, CA: Academic Press, 1998.
8. Godsill S. J. and Rayner P. J. W., *Digital Audio Restoration: A Statistical Model Based Approach*, New York: Springer, 1998.
9. Hall D. L., *Mathematical Techniques in Multisensor Data Fusion*, Boston, MA: Artech House, 1992.
10. Hamming R. W., *The Art of Probability: For Scientists and Engineers*, Reading, MA: Addison-Wesley, 1991.
11. Huang X. D., Ariki Y., and Mervyn J. A., *Hidden Markov Models for Speech Recognition*, Edinburgh, Scotland: Edinburgh University Press, 1990.
12. Jackson B. W. and Thoro D., *Applied Combinatorics with Problem Solving*, Reading, MA: Addison-Wesley, 1990.
13. Kay S. M., *Fundamentals of Statistical Signal Processing*, Englewood Cliffs, NJ: Prentice Hall, 1998.
14. Kittler J., Hatef M., Duin R. P. W., and Matas J., On combining classifiers, *IEEE Trans. Pattern Anal. Mach. Intell.* 22(3), 226–239, March 1998.
15. Kizhanatham A. R., Yantorno R. E., and Wenndt S. J., Co-channel speech detection approaches using cyclostationarity or wavelet transform, *Fourth IASTED International Conference on Signal and Image Processing*, Honolulu, HI, August 2002, pp. 126–129.
16. Krishnamachari K. R., Yantorno R. E., Benincasa D. S., and Wenndt S. J., Spectral autocorrelation ratio as a usability measure of speech segments under co-channel conditions, *IEEE International Symposium on Intelligent Signal Processing and Communication Systems*, Honolulu, HI, November 5–8, 2000.
17. Kubin G., Nonlinear processing of speech, in *Speech Coding and Synthesis*, Amsterdam, the Netherlands: Elsevier, 1995.
18. Lim J. S., ed., *Speech Enhancement*, Englewood Cliffs, NJ: Prentice Hall, 1983.
19. Lovekin J., Krishnamachari K. R., Yantorno R. E., Benincasa D. S., and Wenndt S. J., Adjacent pitch period comparison (APPC) as a usability measure of speech segments under co-channel conditions, *IEEE International Symposium on Intelligent Signal Processing and Communication Systems*, November 2001a.
20. Lovekin J., Yantorno R. E., Benincasa D. S., Wenndt S. J., and Huggins M., Developing usable speech criteria for speaker identification, *IEEE International Conference on Acoustics, Speech and Signal Processing 2001*, Salt Lake city, UT, May 7–11, 2001b, pp. 421–424.
21. Luo F. L. and Unbehauen R., *Applied Neural Networks for Signal Processing*, New York: Cambridge University Press, 1997.
22. McLachlan G. J. and Basford K. E., *Mixture Models: Inference and Applications to Clustering*, New York: Marcel Dekker, 1988.
23. Nikias C. L. and Shao M., *Signal Processing with Alpha-Stable Distributions and Applications*, New York: Wiley, 1995.

24. O'Shaughnessy D., *Speech Communications: Human and Machine*, New York: Institute of Electrical and Electronics Engineers, 2000.
25. Petruccelli J. D., Nandram B., and Chen M., *Applied Statistics for Engineers and Scientists*, Upper Saddle River, NJ: Prentice Hall, 1999.
26. Quatieri T. F., *Discrete-Time Speech Signal Processing: Principles and Practice*, Upper Saddle River, NJ: Prentice Hall, 2002.
27. Rabiner L. R. and Schafer R. W., *Digital Processing of Speech Signals*, Englewood Cliffs, NJ: Prentice Hall, 1978.
28. Rahman M. and Mulolani I., *Applied Vector Analysis*, Boca Raton, FL: CRC Press, 2001.
29. Ricart R., Speaker identification technology, RL-TR-95-275: Final technical report, Sponsored by AFRL/IF, Rome, NY, 1996.
30. Roberts S. and Everson R., eds., *Independent Component Analysis: Principles and Practice*, New York: Cambridge University Press, 2001.
31. Seber G. A. F. and Wild C. J., *Nonlinear Regression*, New York: Wiley, 1989.
32. Sheskin D., *Statistical Tests and Experimental Design: A Guidebook*, New York: Gardner Press, 1984.
33. Smolenski B. Y., Yantorno R. E., Benincasa D. S., and Wenndt S. I., Co-channel speaker segment separation, *IEEE International Conference on Acoustics, Speech and Signal Processing*, Orlando, FL, May 2002a, pp. 125–128.
34. Smolenski B. Y., Yantorno R. E., and Wenndt S. J., Fusion of co-channel speech measures using independent components and nonlinear estimation, *IEEE International Symposium on Intelligent Signal Processing and Communication Systems*, November 2002b.
35. Smolenski B. Y., Yantorno R. E., and Wenndt S. J., Fusion of usable speech measures quadratic discriminant analysis, *IEEE International Symposium on Intelligent Signal Processing and Communication Systems*, Awaji Island, Japan, December 7–10, 2003.
36. Stark H. and Woods J. W., *Probability, Random processes, and Estimation Theory for Engineers*, Englewood Cliffs, NJ: Prentice Hall, 1994.
37. Takens F., Detecting strange attractors in turbulence, in Rand D.A. and Young L.-S., eds., *Dynamical Systems and Turbulence*, Lecture Notes in Mathematics, Vol. 898, Berlin, Germany: Springer, 1981.
38. Talpaert Y., *Differential Geometry: With Applications to Mechanics and Physics*, New York: Marcel Dekker, 2001.
39. Theodoridis S. and Koutroumbas K., *Pattern Recognition*, San Diego, CA: Academic Press, 1999.
40. Thomas G. B., Jr. and Finney R. L., *Calculus and Analytic Geometry*, Reading, MA: Addison Wesley, 1979.
41. Varshney P. K. and Burrus C. S., eds., *Distributed Detection and Data Fusion*, New York: Springer, 1997.
42. Yantorno R. E., Co-channel speech and speaker identification study, Final report for Summer Research Faculty, Sponsored by AFRL/IF Laboratory, Rome, NY, 1998.
43. Yantorno R. E., Co-channel speech study, Final report for Summer Research Faculty, Sponsored by AFRL/IF Laboratory, Rome, NY, 1999.
44. Yantorno R. E., A study of the spectral autocorrelation peak valley ratio (SAPVR) as a method for identification of usable speech and detection of co-channel speech, Final report for Summer Research Faculty, Sponsored by AFRL/IF Laboratory, Rome, NY, 2000.
45. Yantorno R. E., Fusion—The next step in usable speech detection, Final report for Summer Research Faculty Program, Research Laboratory AFRL/IF, Speech Processing Lab, Rome Labs, New York, 2001.

# 第 20 章　用于实时观测和遥感数据采集的集成地理信息系统

Nikolaos P. Preve

## 20.1　引言

由于各种类型的管理信息系统（Management Information Systems，MIS）在工业和政府部门的应用越来越多，为了实时监测、检索和细化环境数据，对遥感信息系统的需求也在急剧增加。为提供遥感数据而连接在一起的信息系统和网络基础设施被统称为地理信息系统（Geographical Information Systems，GIS）。GIS 应用的主要优势是基于创建一个具有成本效益的基础设施和一个快速的实时数据收集的设施，这些数据是由诸如无线传感器网络无线传感器网络（Wireless Sensor Networks，WSN）那样的数字媒体所支持，实时地从地理上分散的区域进行数据收集。

无线传感器网络是由众多的小型、廉价、低功耗和自带有传感器的节点组成的，具有传感、数据处理和无线通信能力。它们还能够提供对环境条件的直接监测和分散地理位置的实时观测。与此对应的是，网格计算最有前途的技术是基于无限制共享的计算机资源的概念，以便给用户提供大量的计算和存储资源。然而，这些分布、异构的资源的协同，支持网格用户通过形成的动态虚拟组织（Virtual Organizations，VO）合作在一起，从而解决大规模的问题。

基于上述网络技术的集成，开发出了一个混合的基础设施，并成功地利用了它们的优势，由此而产生的结果被称为传感器网格。这个集成网络的优点是能够克服任何存在于现有 WSN 中的计算和存储限制。同时，它还扩展了网格基础设施的能力，以支持现实世界对遥感能力的纳入。这些混合的特性只能通过网络技术的集成和对上述两种类型网络的利用来实现。该传感器网格基础设施的主要目标是从不适宜人工的地点或危险场所采集与环境保护、气候监测和预报及其他地球科学相关的实时数据。尽管如此，必须认识到在实现中，基础设施的核心是依赖于网格计算网络的，但它的眼睛是 WSN。

对远程位置的不间断监控导致了大量感知数据的生成，这些数据必须在短时间内进行详细阐述。因此，为了克服地球物理学家不得不面对的最大的问题，更好地阐述和成功地预测环境变化，传感器网格网络的创建和使用必须是强制性的。此外，传感器网格技术是一个新兴的研究领域，有许多重要的未解决的问题。最重要的是来自网络异构结构的互操作性，其次就是数据管理的问题。

在本章中，我们提出了一个新的集成的网络体系结构，它具有灵活性和可扩展性，因为它可以集成异构的无线网络，如 WSN 与传统的有线网格基础设施，从而实现之前提到的未解决问题的处理。本章的主要目标是集成特性的展示，并将动态传感器数据转换为传感器网格。另一个目标是确保不受干扰地处理、监控，并将结果存储到传感器网格的实现中，从而提供实时测量环境污染和预测气候变化的能力。另外，这个网络对任何用户来说都是用户友好的，并且可以独立于其地理位置。然而，所提议的传感器网格实现展示了一种新的架构，它通过泛欧洲的电子基础结构来增强和扩展网格的可用性。这一基础设施可以成为地球环境保护不间断监测的基础。

本章的其余部分组织如下：20.2 节介绍了传感器网络和网格基础设施方面的相关工作；20.3 节分析了地理基础设施的技术要求；20.4 节提供了资源协同的架构；20.5 节介绍了所提出实现方案的应用以及可互操作的环境保护系统的开发方法；20.6 节展示了开发环境监测应用的试验台；20.7 节对本章的内容进行了总结。

## 20.2　相关工作

近年来，地球物理学家为监测和预测地球上的环境事件做出了不懈的努力。这个科学领域对科学界来说仍然是具有挑战性的。环境应用程序和计算机技术的使用，如传感器网络和网格基础设施，正在迅速增长。环境监测预报系统的主要特点是处理能力强、海量数据量和自主操作[1,2]。

分布式传感器网络（Distributed Sensor Network，DSN）被定义为大量异构智能传感器的集合，它们分布在一个环境中，通过一个通信网络[3]进行连接。本章参考文献[4] 以一种不同的方法给出了传感器网络的定义，因为这种网络可以监视地理空间出现的各种现象，在该网络中地理空间内容的收集、汇总、分析以及监控信息可以通过一个被称为地理传感器网络（Geosensor Network，GSN）的网络系统实现。为了澄清如上所述的这一定义，我们要强调，一个没有地理坐标参照传感器节点的 DSN 并不是一个 GSN。因此，在此将 GSN 定义为一个专门的传感器网络，从而弱化了其中的地理坐标参照传感器节点的概念。如果其中的地理传感器节点是主动或被动地在空间中移动的，那么它们就形成了一个移动的 GSN。

尽管如此，传感器网络也是可以用于环境监测应用的[1]。例如，微气候监测[5]、栖息地监测[6]、Glacsweb 项目[7]和传感器节点 S 项目[8]。微气候监测应用检查气候数据，如辐射光、相对湿度、大气的压力，以及参天大树的通体温度[5]。Glacsweb 项目监测冰盖和冰川的行为，以了解地球[7]的气候变化。传感器节点 S 项目监控着一座火山附近的珍稀濒危植物，在被监控的火山周围有高分辨率的照相机、温度传感器和太阳辐射传感器。在洪水监测中也利用传感器网络提供警告，监测小岛屿附近海岸的侵蚀。实时的自动局部评估（The Automated Local Evaluationin Real Time，ALERT）是为提供重要的实时降雨和水位信息来评估潜在洪水[10]的可能性而开发的。

关于地球科学的网格计算方面，已经在欧洲各地部署了几个项目。远程仪器基础设施部署（The Deployment of Remote Instrumentation Infrastructures，DORII）项目[11]旨在为新的科学社区部署电子基础设施。一方面，ICT 技术目前还没有达到适当的水平；

另一方面，它需要改善社区的日常工作。DORII 项目的重点是有实验设备和仪器的科学用户群，这些设备目前在欧洲的电子基础设施中并没有或仅仅有部分集成。

GEOGrid[12]项目几乎集成了各种各样的数据集，如卫星图像、地质数据和地面遥感数据。通过网格技术能够使集成得以实现，并可以通过基本 OGSA 服务上的标准化 Web 服务接口，根据用户需求对数据进行访问和处理。GEOGrid 基于四个层次，即硬件、虚拟存储、应用程序和数据服务，以及用户界面。但是，GEOGrid 项目并没有将传感器集成到网格中。Cowbridge 项目[13]试图预测和管理河谷中的洪水。该系统包含一个自适应弹性传感器网络，将传感器实时数据馈送到计算密集型洪泛预测算法中，该算法运行在定制的网格中间件环境中的通用计算机集群上。此外，该系统还可以实时预测洪水，包括对洪水最有可能影响的区域的详细预测。当它感知到即将发生的洪水时，会向当地利益相关者提供及时的警报。该系统的一个有趣的技术是它支持选择性地和动态地将计算任务分配给传感器网络本身或远程集群。这种方法发展的有线传感器网络会引起新的挑战，如电源管理、传感器发现、通信安全和路由协议。

Sensors Anywhere（SANY）项目[14]应对环境应用的传感器网络研究，并尝试提高原位传感器和传感器网络的互操作性。该项目的目标是在未来的环境风险管理应用中，从当前互不兼容的来源中，快速、经济地重用数据和服务。为了实现这一目标，①为固定和移动传感器和 SN 制定了标准的开放式架构；②开发和验证了可重用的数据融合和决策支持服务构建块，以及参考的架构实现；③试图建立适用于全球环境与安全监测（Global Monitoring for Environmentand Security，GMES）的未来标准。SANY 并不专注于诸如我们所提出的基础设施那样的资源利用的网格计算。

在我们的网络架构中，提出了一种新的方法，将无线传感器网络整合到网格基础设施中，从而开发完全互连的实现，该实现成功地包括了这些新技术的多个不同的应用。该实现的应用旨在实现比所提到的网络更好的性能，以监测和预测环境变化，同时它将支持工程研究人员实时获得关于地球物理现象的更准确的结果。

## 20.3 地理环境的建立

目前，科学界越来越多地进行合作和跨学科研究，跨机构、州、国家和大陆的团队并不罕见，基于网络的技术提供了允许各研究小组协同工作的基本机制。但是，如果将他们的数据、计算机、传感器和其他资源连接到一个虚拟实验室，这将使他们获得更好的效果。因此，提出了一种由传感器和网格网络组成的新型传感器网格基础设施，以解决这个问题。所提出的综合基础设施可以提供高性能计算、数据库共享和地球物理科学所需的各种软件工具。这些功能为所分析的基础设施赋予了环境的特性。不同地理区域的研究人员能够通过高性能计算机的帮助、通过网络浏览器或通过可用的软件来访问并在线分析数据。

### 20.3.1 传感器网络

传感器网络基础设施由无线、内部通信的、空间分布的传感器节点组成，它们可以被轻松地部署用来监控和探索新的环境。根据开放地理空间联盟（Open Geospatial Consortium，OGC）的定义[15]，传感器网络是指可以使用标准协议和应用程序接口发现和访问的传感器网络和压缩的传感器数据[16]。在传感器网络中，每个节点由两个主要模块组成：第一模块包括与环境物理地交互并将环境参数转换为电信号的变送器；第二个模块代表传感器网络本身的基础设施，该模块包括通信能力、电源和能量收集设备，以及运行协议方案的计算设备。该过程的结果用于本地数据分析。

传感器节点之间的无线通信是全向的。不同于星形网络配置，在星形网络中从所有节点收集的数据是直接传递到中心节点的。传感器网络中的信息将传递到一个上行链接节点，该节点被称为主节点，再通过主节点之间的数据传递实现网络中所有节点到节点的数据交换。换句话说，来自各个节点的数据在整个网络上都是共享的，并且在整个网络上传送。总体协议很简单，每个节点通过两条路径线获得信息：①直接从该节点处的本地传感器进行的测量获取；②由其他节点收集并在整个网络上传播的信息。

关键的概念是两种信息之间没有任何人为的区别。协议是将数据或信息简单地转播到通信范围内的任何节点。在这时，一个主节点上收到的任何信息都不会被转播到任何辅助节点，并且不在该节点的子网上传播，尽管外部用户或另一个主节点可以访问它。每个测量都从接收该传感器数据的节点开始。在进行一个测量之后，系统中的每个单独节点均将其已经采集到的或从其他设备接收到的信息广播到通信范围内的所有节点。然后，每个节点再处理和分析已经收到的信息，如此循环往复。通过这种方式，可以将信息传递到节点，并将其传播到整个传感器网络上。整个系统通过其内部拥有的连续数据流，从中吸取知识，并成为一个协同的整体。

传感器网络使能（The Sensor WebEnablement，SWE）标准由 OGC[15]制定，OGC 拥有一组规范，其中包括传感器标记语言（Sensor MarkupLanguage，Sensor ML）、观察和测量（Observationand Measurement）、传感器收集服务（Sensor Collection Service）、传感器规划服务（Sensor Planning Service）和 Web 通知服务（Web Notifcation Service）。OGC还提出了符合 SWE 标准的可重用、可扩展和可互操作的面向服务的传感器 Web 架构，从而将传感器网络与网格计算相结合，并为传感器网提供中间件支持。

## 20.3.2　网格计算

网格基础设施的使用旨在为 WSN 提供处理能力方面的有效支持，同时提供巨大的存储能力。因此，将网格网络纳入 GSN 是必要的，同时也是强制性的，因为它可以存储由传感器产生的巨大的观测数据。网格网络是一个 Web 服务的集合，它为用户提供诸如安全访问超级计算机、访问描述可用资源的信息服务、访问数据库以及访问科学应用程序的服务的能力。

所提出的集成环境中的三大可共享网格组件是协作、确保网络互操作性的软件、数据和计算资源。由于网络的环境特点，监测数据包含有空气污染、温度和湿度等 GSN 内容，这些内容占据了网格的主要部分。网格可以承载所有广泛使用的工程软件，应用于各种欧洲环境实验、心理数据分析的处理和模拟。研究人员还可以开发插入该设施的各种软件模块，并将其提供给其他研究人员使用。上述组件中的第三个是可用于解决具有挑战性问题的计算资源。通过基于 Web 的界面提交的作业处于排队状态，并根据于计算节点的可用性而自动运行在这些计算节点上。运行期间生成的输出文件存储在数据服务器的临时空间中，并在传送给用户后将其删除。

对欧洲各种网格基础设施的识别、整合和互连可以率先实现一个短期的可互操作的综合基础设施，这为由两个不同网络构成的基础设施的建立，即基于网格和传感器网络的可扩展的全球化集成基础设施打下基础。这种全球化计算机环境将允许任何研究人员通过集成网格基础设施进行访问，这些基础设施通过各种传感器网络将其与任何偏远的地区相互连接在一起。如此一来，用户将能够通过网络检索获得与环境观测相关的实时数据。

### 20.3.3　网络实现

为了区分网络实现、网络环境和网络基础设施，应该定义一些适当的术语。关于网络实现这个术语，将其定义为确保网络的不间断运行时，网络基础设施与网络环境之间的互操作性。

网络基础设施一词定义了分布式计算机、大型数据存储、高速网络、高吞吐率仪器和传感器网络的组合以及作为无所不在的永久基础设施的相关软件，并对科学和工程有关的生产力已经并将继续产生直接影响[17]。这种基础设施支持不同社区之间的实时信息交换和异步协作。网络环境这一术语显然是表示软件基础设施和所需要的接口，它实现了网络基础设施的用户视图，并作为研究实践和端到端生产力资源共享转型变革的系统催化剂[17]。此外，网络环境还为本地和共享的仪器及传感器网络、数据存储、计算资源和能力，以及资源框架内的分析和可视化服务提供了界面。它们的组合能够管理复杂的项目、集团开发和流程自动化，以及社区规模协作，并与地理分散的用户进行协同。网络环境强调将共享资源、硬件以及知识整合到端到端的科学过程中，并不断开发和传播新的资源和新的知识。

但是，就网络实现而言，研究人员还不能完全弥合与网络实现相关的沟壑。网络环境是克服网络实现的任何限制的关键，因为它是作为提供协同、互操作性和访问网络基础设施上任何资源的网关服务器的接口。从现在起，我们将参考本章前面提到的术语，给出所提出的独特特征的实现。

## 20.4　架构的必要性

许多科学资源可通过门户网站、网关和网格访问，以支持研究人员解决其研究环境的问题，但这些基础设施仍然距离所需要的无处不在的环境目标有很大的距离。虽然网络实现仍处于发展的早期阶段，但它已经对研究人员的工作产生了重大影响。为了使我们能够获得一个可互操作的网络实现，以支持研究社区解决各种科学和环境问题，必须设计一套适合的合作性程序套件。由于网络互联和软件方面的设计缺乏，使其不能保证资源的不间断协同。因此，如果对这些集成工具的适应和采用将对用户组成更大的研究社区产生妨碍。在此，将从对这些发展因素的局限性的形成及认识开始，引导读者摆脱那些网络实现模式应用的限制。

图 20.1 示出了对集成需求进行部署的架构。该架构还提供可靠的解决方案，以克服目前网络实现的局限性。其重点如下：

1）支持和利用分布式网络资源，确保各种共享计算系统和应用程序之间的有效协作。

2）友好的用户界面，并通过防止未经授权的用户访问来确保安全。

3）在大型复杂实验中支持用户应用的多样性。

4）遍布全球的实验室、研究院等不同高性能计算中心之间需要有效的集成设计技术。

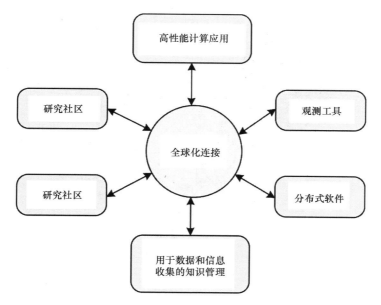

图 20.1　网络实现的架构

所提出的架构可以充分满足用户的需求，同时支持研究社区的交互。此外，它还提供了支持大规模部署并降低实施成本的设计和开发方法。这个架构可以作为下一代计算机系统的基础，以便使我们能够在全球范围内确保各种研究社区之间双向的、持续的知识和信息流动。

## 20.5　环境网络实现和遥感方案

环境科学研究的特点使得网络实现对于这一科学研究领域显得很重要。许多环境研究活动都是观测性的，并依靠多种数据的整合和分析，是高度协作和跨学科的。许多相关的数据需要按地理空间信息进行索引和引用，但在当前仍存在许多不可互操作的数据格式和数据操纵方法。

系统开发的原则是强制性的，因为它使用当前的和新兴的技术，如 Web 和网格服务、集成/转换中间件、全局唯一标识符和元数据、工作流、元工作流和源数据，以及资源和数据的语义描述来提供可持续性和适应性。这些技术降低了网络基础设施和网络环境组件间的结构性耦合，同时还保持了端到端的功能，并因此使分布的、异构的资源集成到初始的基础设施中。

图 20.2 示出了有线网格基础设施周围的环境传感器网络的集成过程。这两个基础设施之间的集成是通过使用网关服务器实现的，该网关服务器充当了隐藏其异构性的接口。此外，异构共享资源和复杂应用程序的参与，使得组织、应用和执行科学研究的新方法成为可能。通过对部署的网络计算机利用率的分析，认证用户可以通过其基于用户浏览器的应用程序客户端来进行系统的登录。

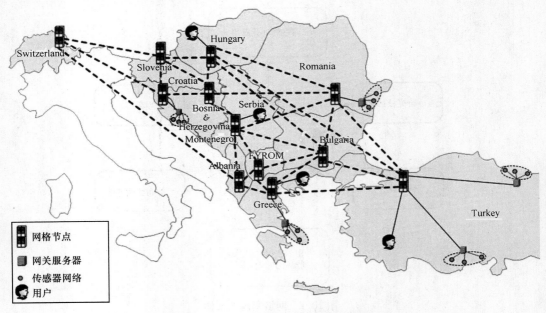

图 20.2　网络实现中的环境保护

在用户通过网格节点进行身份验证之后，可以实时地检索网络上的感测数据。应用程序客户端的使用是必要的，以便使用数据格式转换服务来实现和验证传感器数据格式的转换，并且使用数据单元转换服务来转换传感器数据单元。除了认证过程之外，网格网络还提供了对大量处理和存储资源的访问。此外，网关服务器还扮演着代理人的角色，以隐藏这些网络实现中不同网络之间的差异。此外，它还成功确保了网络之间不间断的互操作性，从而实现给用户提供每天 24 小时、每周 7 天的可访问性。

产生的大量感测数据可以存储在网格中，使用户能够在不同的位置利用自己的账户进行感测数据的复制，或者在不必关心计算资源的情况下进行数据的解析，从而能够利用网格来对任何科学环境问题进行仿真。当用户登录系统后，必须提供其数字证书才能访问感测数据和网络基础设施。因此，用户可以在匈牙利登录系统，并且通过网络实现监视、收集和处理来自希腊的、或者是来自连接到网络的任何其他国家的分布式 GSN 感测数据。

因此，在这种实现中，网格网络的使用是成功开发和集成基于不同以太网和无线网络的可扩展分布式基础设施的关键，而该分布式基础设施可以以不同国家的任何用户的身份加以访问。网格基础设施是这种大规模网络实现的基础，因为它通过将来自不同国家的网格网络与传感器网络的集成提供广泛的网络可扩展性。因此，我们将应对任何网络障碍，从而引向全球化网络实现，并为任何用户提供从遥远的地理位置上实时监视和收集数据的机会。

## 20.5.1　空气质量监测系统

传感器网格网络对于一个地理区域的环境保护是非常有价值的，因为它可以借助传感器的高分辨率实现环境测量数据的连续监视和收集。传感器数据监视系统从 GSN 接收测量数据，通过了解远程场所的状况，为用户提供有用的信息。因此，GSN 是地球科学家的有用工具，因为它通过测量气候和海洋系统的变化以及大气污染来实现环境保护和监测，支持地震预报与评估。GSN 的实施与大气污染有关，它使用两个系统来控制和监测观测区域的空气质量。其主系统由 GSN 控制系统和空气污染监测系统构成。

如图 20.3 所示，网格用户可以通过向网络实现中的网关服务器发出请求，实现 GSN 系统的网络访问。网关服务器在接到用户发来的服务请求后，将标准化协议转换为双方专有的协议。一些集成方法在很早时期就已经提出来了[18-21]，但是我们的实现是基于面向服务的方法（Service- Oriented Approach，SOA），采用标准的开放式架构技术，如 Web 服务[22]。这种方法提供了一种通用的信息和通信格式，以促进系统的集成。Web 服务描述语言（The Web Services Description Language，WSDL）和简单对象访问协议（Simple Object Access Protocol，SOAP）用于描述基础通信协议使用的服务和格式化消息[22]。控制系统为系统操作人员提供了支持，以控制传感器网络的运行，如采样间隔的更改和网络状态检查。系统操作人员有助于保持 GSN 中数据传输的良好状态。

空气质量监测基础设施旨在通过互联网制作各种类型的网络驻留传感器、仪器、图像设备和传感器数据的存储库，以实现空气质量监测的可发现性、可访问性和可控性。空气质量监测系统支持传感器数据抽取和污染预防模型，以了解区域污染水平。通过空气污染预防模型，抽象数据可用于确定污染和潜在污染的区域。这些系统模块用于为污染地区的人们提供警报信息和安全指引。每个传感器的测量结果可以使用诸如 SensorML[23]的标准化的方法发布在注册表中，以允许使用标准化协议来访问和检索传感器数据以及描述传感器属性的元数据。

有效的采集需要在电池寿命和采样率之间做出折中[24]。因此，由于电池限制，采样间隔的定义非常重要。如果间隔较短，系统可以及时识别出远程场所的状况。然而，传感器的电池可能会在短时间内熄灭。如果间隔时间长，可以长时间保持电源的电力，但系统无法及时对检测到的事件做出反应。根据从传感器的抽象数据模型导出的情形来更改采样间隔，以便控制采样间隔，从而尽可能长地使传感器保持睡眠模式。与活动监测模式相比，省电模式的功耗要更低。

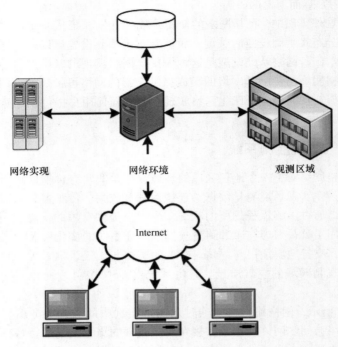

图 20.3    观测区域的访问

    尽管如此，采样间隔也不能超出用户定义的用于环境监测的间隔边界。当网络中
的传感器接收到更改采样间隔的指令时，所有传感器将处于睡眠模式，直到指令规定
的时间为止。此时，传感器中只有定时器是处于活动的工作状态的。在唤醒时，所有
的传感器都会被唤醒，并将其测量值一次性地发送到 GSN 控制系统。数据传输完成后，
传感器再次睡眠并等待下一个唤醒时间。

    采样间隔时间可以根据污染水平和管理员的限定而变化。系统在检查所观察到的
条件后，并认识到这是空气污染的指示时，将会改变采样间隔时间，使其变得更短，
这是因为此时发生空气污染的概率是较高的。如果系统在测量空气质量时确认了一个
危险的污染水平，那么它将为我们提供警报。在这个过程之后，它将最小化采样间隔
时间，并连续测量污染水平，直到污染再次减小。当污染水平根据预定的环境值降低
或稳定时，系统会改变采样间隔时间，因为此时发生空气污染的概率也会降低。如果
系统没有确定任何进一步的高污染等级，则将采样间隔时间改变为不断增加的值，以
节省地理传感器电池的电能。

## 20.5.2    空气污染预防模型

    我们还开发了一种空气污染预防模型，以有效地管理来自污染地区的抽样检测数
据。该模型根据每个污染区域的类型和空气质量变化时间进度来预测其发生空气污染
危险的概率。当监测不同类型的空气污染区域、当前的危险区域和未来的危险区域时，

这种模型的作用是显而易见的，因为可以为每个监测区域设置不同的规则。

　　数据抽象被认为是协调数据值之间关系的有效方法。在数据抽象中，将具体数据值概括为抽象值。图 20.4 示出了结构化数据抽象层次的总体模型，该模型重点关注抽象值和具体值之间关系。此外，也为每个区域单独定义了规则，如图 20.4 所示。我们的预防模型中存在两个抽象层次：一个值抽象层次和一个域抽象层次。在值抽象层次中，较低抽象级别中的具体值被广义化为较高抽象级别的抽象值，该抽象值还可以进一步推广到更高层次的抽象值中。相反，具体值被视为一个抽象值的具体值。例如，危险级别是与一个地区相关的，而一个地区属于危险地区这个域。

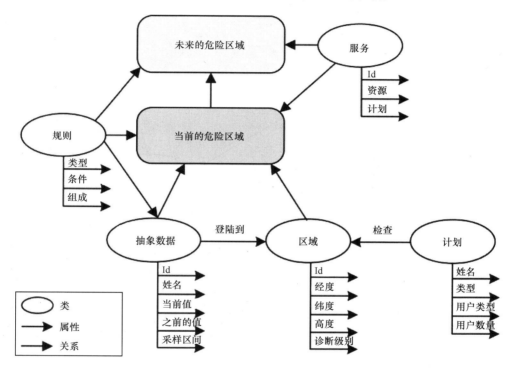

图 20.4　空气污染预防模型

　　域抽象层次由包含值抽象层次中所有单个值的域组成，并且域和值之间存在关系，即区域是经度的类。值和域之间的抽象关系见表 20.1。其中，假设两个相邻域之间的基关系是一对一的，根据抽象级差 $n$，一个类被称为子域的 $n$ 级类（$n$-level class）。在表 20.1 中，$D_i$ 表示第 $i$ 抽象级别的域，$v_i^j$ 是域 $D_i$ 的具体值。表 20.1 中的关系 1 和 2 表示 1 级值（1-level value）和域抽象关系。在 1 级抽象关系的基础上，关系 3 和 4 代表一般的 $n$ 级抽象关系。

　　感测数据通过控制系统从传感器传输到空气污染监测系统。图 20.5 示出了数据模型，该模型首先将感测数据进行抽象化，然后再按预定的时间间隔将其上传并存储到网格基础设施。

**表 20.1　值与域抽象关系的形式化表达**

| 关系 | 形式化表达 |
|---|---|
| 1. 1-level 域抽象 | $D_i \Rightarrow D_{i+1}$，其中 $D_i$ 为一个子域，$D_{i+1}$ 为它的超域 |
| 2. 1-level 值抽象 | $v_i^{j_i} \in {}^* v_{i+1}^{j_i+1}$，其中 $v_i^{j_i}$ 为一个特定值 $v_{i+1}^{j_i+1}$ 为其抽象值 |
| 3. $n$-level 域抽象 | $D_i \overset{n}{\Rightarrow} D_{i+n} \text{ s. t. } v_i^{j_j} \in {}^* v_{i+n}^{j_i+n}, \ v_i^{j_i} \in D_i, \ v_{i+1}^{j_i+1} \in D_{i+1}, \ \cdots, \ v_{i+n}^{j_i+n} \in D_{i+n} \ \forall j_i$ |
| 4. $n$-level 值抽象 | $v_i^{j_i} \in {}^* v_{i+1}^{j_i+1} \text{ iff } \exists v_{i+1}^{j_{i+1}}, \ \cdots, \ \exists v_{i+n-1}^{j_{i+n-1}} \text{ s. t. } v_i^{j_i} \in {}^* v_{i+1}^{j_i+1} \in {}^* v_{i+2}^{j_i+2} \in {}^* \cdots v_{i+n-1}^{j_{i+n-1}} \in {}^* v_{i+n}^{j_i+n}$ |

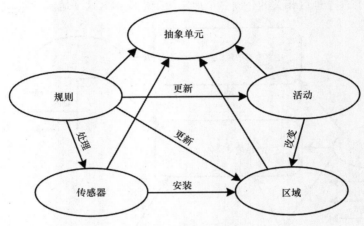

图 20.5　数据抽象模型

　　感测的数据可以通过 SQL 数据库访问。在此过程中，地理传感器网络不会停止对指定的区域的监测。为了支持多个数据库的系统互操作性和查询，必须通过采用地理标记语言（Geography Markup Language，GML）规范对抽象的地理数据进行编码。GML 按照可扩展标记语言（Extensible Markup Language，XML）的语法规则对地理特征进行表达[25]。GML 还可用作地理系统的建模语言，以及用于网络上的地理交易的开放式交换格式，有助于整个网格基础设施的数据交换。

　　丰富的抽象数据使我们能够详细地考察正在监测的区域。在所设计的科学工具的支持下，我们能够对数据进行分布式分析。传感器数据的抽象、上传、存储、分析、安全和识别的过程是基于网格安全基础设施（GSI）的[26]。

## 20.6　实验结果

　　在本节中，我们将介绍所提出的系统，同时展示和说明所提出方法的使用。所选区域被散播的 20 个传感器覆盖。它们感测各种测量数据，例如温度、湿度，每立方米空气的灰尘、二氧化碳的微克值，以及紫外线强度、风向、风速、气压、高度和照度。我们启动基于上述参数创建的应用程序，如图 20.6 所示，以测试所提出的功能和互操作的环境网络系统，该环境网络系统是基于所遵循的方法的。首先，应用程序检查网络的可用性，并实时检索感测数据，然后将数据存储在网格的数据库中做进一步的处理。

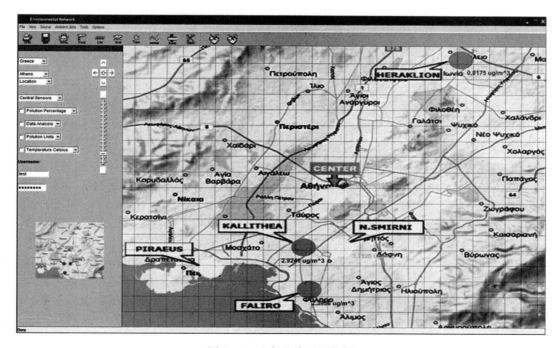

图 20.6　空气污染观测数据

当观测数据高于通常或危险水平时，我们的应用程序自动检查区域的类型以及以前的感测数据，并与最近的传感器观测数据进行比较。

一方面，我们通过当前的危险类型、当地的危险类别和一些污染规定的组合来确定当前的危险区域。另一方面，我们将接近高污染水平的地区看作是未来的危险区域，以防止预测的进一步污染损害的发生。为了确定未来的危险区域，需要对检测到的数据进行分析，并根据其变化梯度评估危险等级。数据的处理是通过由用户根据诸如空间优先级、恒定的危险概率、到达临界点的发生概率等其他因素定义的规则进行的。尽管如此，对预测区域的定义是来自域知识的。

在我们的环境网络基础设施监控系统中，对频繁更新的支持，及时做出反应，从而引起系统用户的注意，是该系统的基本任务。异构地理传感器的测量数据按照网格数据库中规定的规则进行发送。正如我们提到的那样，很难维持不间断空气污染描述，因为频繁的数据传输将使地理传感器的电池迅速耗尽。将传感器安装在监测区域后，环境监测系统通过 SensorML 导入来识别所安装的传感器的位置、类型和精度[23]，这些数据描述了地理传感器的特性。同时它还与执行操作采样间隔更改、网络状态检查和通信控制操作的传感器网络控制系统进行连接。

如果传感器因为故障而产生了错误的高测量值，则采用提出的空气污染防范模型来检查传感器周围的区域类型，以尝试对与此故障相关的其他参数进行重新定义。如果定义了目前的污染区域，还要根据污染程度的变化梯度、面积类型、风向和风速等相关因素对近期潜在的污染地区进行检查。当发现在不久的将来会发生危险情况的一个因素时，它会显示一个关于消除这个因素的报警信息。报警信息包括污染等级和类型及安全指引。

## 20.7 结论

WSN 和网格计算是业界正在采用的有希望的技术。通过集成 WSN 和网格计算，传感器网格可以大大增强这些技术对新的强大应用（如环境监测）的潜在影响。因此，我们认为，传感器网格将引起研究界和业内人士越来越多的关注。

在本章中，我们已经成功实现了将各种 WSN 与传统的布线网格基础架构相结合，从而建立一个分布式控制系统，使系统用户能够与其他用户进行监控、制作、存储和共享。前面提到的功能可以在所实现的网络上实时地为系统用户使用。

此外，我们还创造了网络实现一词，提出了一种新颖的体系结构，从而可以提供异构网络（如 WSN 和传统结构网格基础设施）之间的集成和协同。我们还通过所提出的框架和架构模型展示了一个小型场景，它支持用于实时环境保护的全球规模网络实现的图景。此外，根据 OGC 标准制定了可以集成到任何网络实现中的环境保护系统，该系统由网络控制系统和监控系统两个系统组成。为了实现准确的测量和更好的数据管理，我们部署了两个模型：一个是由观测资料中的具体规则定义的污染预防模型；另一个是确保跨网络实现的抽象数据的互操作性和交换的数据模型。此外，我们还成功地实现了这一科学领域当前问题的管理，展现了诸如稳健性、适应性和可扩展性的均衡网络性能。

## 参 考 文 献

1. K. Martinez, J.K. Hart, and R. Ong, Environmental sensor networks, *IEEE Comput.*, 37, 50–56, 2004.
2. A.R. Ilka, C. Gilberto, A. Renato, and M.V.M. Antonio, Data aware clustering for geosensor networks data collection, in *Proceedings Anais XIII Simposio Brasileiro de Sensoriamento Remoto*, 2007, pp. 6059–6066.
3. S.S. Iyengar, A. Tandom, Q. Wu, E. Cho, N.S.V. Rao, and V.K. Vaishnavi, *Deployment of Sensors: An Overview*, CRC Press, Boca Raton, FL, 2004, pp. 483–504.
4. S. Nittel, and A. Stefanidis, *GeoSensor Networks and Virtual Georeality*, CRC Press, Boca Raton, FL, 2004, pp. 1–9.
5. D. Culler, D. Estrin, and M. Srivastava, Overview of sensor networks, *IEEE Comput.*, 37, 41–49, 2004.
6. A. Mainwaring, J. Polastre, R. Szewczyk, D. Culler, and J. Anderson, Wireless sensor networks for habitat monitoring, in *Proceedings of the First ACM International Workshop on Wireless Sensor Networks and Applications*, Atlanta, GA, 2002, pp. 88–97.
7. J.K. Hart and J. Rose, Approaches to the study of glacier bed deformation, *Quatern. Int.*, 86, 45–58, 2001.
8. E. Biagioni and K. Bridges, The application of remote sensor technology to assist the recovery of rare and endangered species, *Int. J. High Performance Comput. Appl.*, 16, 315–324, 2002.
9. Envisense-Secoas, Self-organizing collegiate sensor networks, http://envisense.org/secoas.htm (accessed Feb 2013).
10. R. Hartman, 2011, ALERT, http://www.alertsystems.org (accessed Feb 2013).
11. Deployment of Remote Instrumentation Infrastructure: The DORII project, http://www.dorii.eu (accessed Feb 2013).

12. N. Yamamoto, R. Nakamura, H. Yamamoto, S. Tsuchida, I. Kojima, Y. Tanaka, and S. Sekiguchi, GEO Grid: Grid infrastructure for integration of huge satellite imagery and geoscience data sets, in *Proceedings of the Sixth IEEE International Conference on Computer and Information Technology (CIT'06)*, Seoul, Korea, 2006, p. 75.

13. G. Coulson, D. Kuo, and J. Brooke, Sensor networks + grid computing = A new challenge for the grid? *IEEE Distrib. Syst.* Online, 7, 2–2, 2006.

14. D. Havlik, G. Schimak, R. Denzer, and B. Stevenot, Introduction to SANY (Sensors ANYwhere) integrated project, 2006, www.sany-ip.eu/filemanager/active?fid = 19 (accessed Jan 2013).

15. B. Domenico and S. Nativi, 2013, Open Geospatial Consortium (OGC), http://www.opengis.net/doc/is/netcdf-data-model-extension/1.0 (accessed April 2013).

16. M. Botts, G. Percival, C. Reed, and J. Davidson, OGC sensor web enablement: Overview and high level architecture, Open Geospatial Consortium Inc., White Paper, OGC 07-165, 2007.

17. J.D. Myers and R.E. McGrath, Cyberenvironments: Adaptive middleware for scientific cyberinfrastructure, in *Proceedings of the Sixth International Workshop on Adaptive and Reflective Middleware*, Newport Beach, CA, 2007, pp. 1–3.

18. V. Hingne, A. Joshi, E. Houstis, and J. Michopoulos, On the grid and sensor networks, in *Proceedings of the IEEE Fourth International Workshop on Grid Computing*, Phoenix, AZ, 2003, p. 166.

19. M. Gaynor, S.L. Moulton, M. Welsh, E. LaCombe, A. Rowan, and J. Wynne, Integrating wireless sensor networks with the grid, *IEEE Internet Comput.*, 8, 82–87, 2004.

20. J. Humble, C. Greenhalgh, A. Hamsphire, H.L. Muller, and S.R. Egglestone, *A Generic Architecture for Sensor Data Integration with the Grid*, S. Perez and V. Robles (eds.), Lecture Notes in Computer Science Series, vol. 3458, Springer, New York, 2005, pp. 99–107.

21. C.K. Tham, and R. Buyya, Sensor grid: Integrating sensor networks and grid computing, Invited paper in CSI Communications, Special Issue on Grid Computing, Computer Society of India, 2005.

22. R. Chinnici, J.J. Moreau, A. Ryman, and S. Weerawarana, Web Services Description Language (WSDL) Version 2.0 Part 1: Core WSDL, World Wide Web Consortium (W3C), 2007, http://www.w3.org/TR/2007/REC-wsdl20-20070626.

23. M. Botts, and A. Robin, OpenGIS sensor Model Language (sensorML), Open Geospatial Consortium Inc., White Paper, OGC 07-000, 2007.

24. I.F. Akyildiz, S. Weilian, Y. Sankarasubramaniam, and E. Cayirci, A survey of sensor networks, *IEEE Commun. Mag.*, 40, 102–114, 2002.

25. C. Portele, OpenGIS Geography Markup Language (GML) encoding standard, Open Geospatial Consortium Inc., White Paper, OGC 07-036, 2007.

26. V. Welch, F. Siebenlist, I. Foster, J. Bresnahan, K. Czajkowski, J. Gawor, C. Kesselman, S. Meder, L. Pearlman, and S. Tuecke, Security for grid services, in *Proceedings of the 12th IEEE International Symposium on High Performance Distributed Computing*, Seattle, WA, 2003, pp. 48–57.

# 第 21 章  基于 Haar-Like 特征的人体感知多功能识别

Jun Nishimura，Tadahiro Kuroda

## 21.1  引言

本章的内容将我们的工作引向使用 Haar-like 特征用于人体感应的多功能识别的研究。首先，将讨论我们的工作所具有的几个潜在的目标应用，并解释情境识别的重要性。然后，将讨论包含无线传感器节点系统的特性约束。此外，还将强调智能感知的重要性，并介绍实现方法。

### 21.1.1  传感器网络

随着微机电系统（Microelectromechanical Systems，MEMS）技术、无线通信技术和数字电子技术的进步，使得开发低成本、低功耗、多功能的传感设备成为可能，这些传感设备体积小巧，并且能够在短距离内进行无线通信[1]。这些微小的传感设备，通常称为 motes[2]，是由传感、数据处理和通信组件组成的自主传感器单元。传感设备的协作与互连形成了无线传感器网络（Wireless Sensor Networks，WSN），这些传感设备则充当网络中的节点。

最近，CMOS 摄像头和麦克风等低成本硬件的推出使传感设备能够无处不在地检索多媒体内容，如视频和音频流、静止图像以及来自环境的标量传感器数据[3,4]。网络中的一个传感设备被用户佩戴时，传感器网络则与可穿戴计算的研究领域密切相关。

其广泛的应用还包括环境监测、基于状态的维护、栖息地监测、多媒体监测、库存跟踪、医疗保健和家庭自动化等。在各种应用的实现中，多种类型的传感器将被集成到资源约束的平台上。因此，传感器节点不应该仅是一个数据采集器，还应能执行智能传感功能，而且信号处理和决策也应在传感器本地完成的。

### 21.1.2  潜在的应用

目标应用程序具有利用传感器节点的上下文识别能力，该上下文信息包括位置、用户活动、周围环境和社会情况[5]。上下文识别可以被描述为系统的功能，以自动检测和识别用户正在做什么以及围绕主题发生了什么。这里，上下文是指传感设备周围的环境信息[6]。当目标佩戴传感设备时，上下文还包括用户的活动和周围的环境信息。

传感器网络是一个新兴的技术平台。在该技术平台上，传感器和网络技术融合在一起，实现了类人的感知和理解。通常情况下，由于传感器网络通过由多个小型传感器节点捕获的微观信息连接，从而具有透视大规模环境和现象的能力，因此可将其表述为一个宏观观测器。

　　商用宏观观测器通过嵌入在可穿戴传感器节点中的多个传感器（例如麦克风，加速度计和图像传感器）捕获的信号来获得各种识别结果，从而以鸟瞰的视角来检测作业人员通信状态并与他们实现作业时间内的交互[7-10]，如图 21.1 所示。在知识时代，提高具有专业知识的知识型员工、个体的生产力被认为是一个重大问题。与手工作品相反，知识型作品的质量在很大程度上取决于一组知识工作者的合作能力[11]。传感器节点是以员工识别标签的形式开发的，以提取员工的通信信息。可穿戴式传感器节点用于检测组织设置中的人类行为，以用于下一代人力资源的管理。

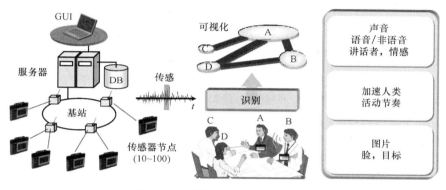

图 21.1　商用宏观观测器示意图

　　为了定量分析作业人员之间的交流，目标和人脸检测、语音/非语音分类、说话人检测和人类活动识别被用来测量面对面的相遇、声音活动和工作状态。在本章参考文献［12］的工作中，人们在谈话中的主导地位或影响程度通过使用人脸检测和跟踪视觉线索来识别。

　　在这种应用中，传感器以低占空比运行[7]。例如，传感器节点中的麦克风具有 $10mA \cdot h$ 的有限能量预算。在这种情况下，麦克风可以连续进行数据采样 1h。在将麦克风的能量消耗限制在 $10mA \cdot h$ 的前提下，为了实现全天 24h 的观测，则麦克风的平均工作电流应该限制在 0.4mA 以内。由于麦克风连续运行的平均电流为 10mA，若要满足 0.4mA 以内的平均工作电流要求，其占空比的极限变为 0.04，即占空比设定为 1%。由于传感器节点是由电池供电的，并在一天结束时充电，因此其工作时间大约可设为 1 天。

　　另一个问题是隐私。传统麦克风的使用需要记录和传输在中央节点进行处理的实际声音。在本章参考文献［7］的工作中，麦克风获取的每个数据的长度均保持在非常短的时间（0.1s），并以一个很长的时间间隔（10s）间歇性地检测。这样，所录制的信号就无法呈现它所记录的内容。这种类型的传感过程是为了确保所传输的原始声音信号的隐私。Wyatt 等还提出了一种只使用诸如对数能量、谱熵和自相关峰等特征的方法，使得可以理解的语音不能被重构[21,22]。将智能传感器编程为在本地执行处理和识别,有助于隐私问题的管理。

通过上述给出的潜在目标应用程序的总结,目标应用程序的特性包括以下内容:

1) 较长的感测时间:约 1 天。

2) 多个传感器输入:声音/图像/加速度。

3) 低占空比:1% ~ 10%。

4) 智能感知:在本地执行上下文识别。

5) 低的计算成本。

6) 本地的隐私处理。

运行上下文识别应用程序的设备正变得越来越小。我们将拥有一个微型可穿戴传感器节点,可以执行检测和识别任务,它们具有非常低的功耗(毫瓦级)和非常少的 RAM。

## 21.1.3 上下文识别中的常规方法

传感器节点中嵌入了多种类型的传感器,以捕捉多种信号,如图像、声音和加速度等信号。基于不同传感器信号的情境识别包括使用图像传感器数据的脸部/目标识别,使用声音信号的语音/非语音分类以及使用加速度信号的人类活动识别。在传统研究中,这些识别问题已经以完全不同的视角进行了研究。由于每个传感器都是相互有区别的,因此每种传感器信号的类型在传感呈现和意义解析上都是不同的。

图 21.2 示出了上下文识别的一般结构。为了执行特定的识别任务,必须从传感器信号中提取可用于区分目标的一些特征。特征提取处理在识别的前端部分,即所谓的识别前端执行。由于每种类型的传感器信号均以完全不同的概念来研究,所以其识别前端的设计也不相同。所提取的特征随即被发送到识别过程。通常,它们将与存储在数据库中的预训练分类器进行比较从而做出决定。如果简单地将常规识别前端结合在一起,则可能导致大量的冗余。在本节中,将根据每种类型的传感器信号来研究不同的上下文识别方法。在这里,我们的重点是声音、加速度和图像信号。

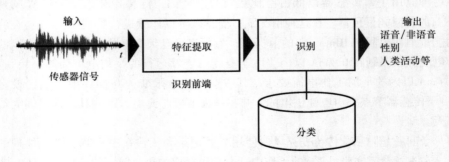

图 21.2 上下文识别的一般结构

## 21.1.3.1 声音信号

声音信号可以成为上下文信息的丰富来源。情境信息包括声音活动(语音/非语音分类)[23-25]、性别[24,26]、情绪[28]、人类活动[30,31]和位置或周边环境[32-33]。在我们以前的工作[7]中，使用声音信号来显示办公室环境中作业人员的总体声音活动。

Zhao 等[23]将声音信号用于音频监控网络应用。他们使用语音/非语音分类来区分正常的话语、尖叫声、脚步声和玻璃破碎声。考虑到有限的硬件能力和能量供应，他们评估了基于快速傅里叶变换（Fast Fourier Transform，FFT）的声学特征计算成本，并与基于梅尔频率倒频谱系数（Mel Frequency Cepstrum Coeffcient，MFCC）的声学特征进行了比较。他们采用了支持向量机（Support Vector Machine，SVM）的分类器，但这需要很高的计算成本。Kwon 等[24,25]也研究了传感器网络的实时声场分析。他们提取了用于性别和情感分类的音调和 RASTA- PLP 特征，并将其传送给基站 PC，用于高斯混合模型（Gaussian Mixture Model，GMM）和基于 SVM 分类器的实时计算。Kinnunen 等[26,28]也使用基于 MFCC 的声学特征和矢量量化算法。在 Ravindran[35]的工作中，提出了一种新的声学特征，并称其为噪声鲁棒听觉特征（Noise- Robust Auditory Features，NRAF），以用于准确的音频分类，其成本与实施 MFCC 的成本相当。Istrate 等和 Lukowicz 等[30,31]使用声音信号进行人类活动识别。尽管他们的工作呈现了非常准确的声音识别性能，且准确率超过了90％，但他们要求 PC 能够实时进行声音处理，计算复杂度更高。

对于声音，MFCC 或 FFT 被用作检测语音并识别说话者、性别、情感和人类活动的最健壮和多功能的声音特征提取方法。声音信号的传统识别前端被激励来模拟（或模仿）人类的听觉和发音特性。由于它们的概念背景，提取 MFCC 需要进行复杂的计算，并且被认为不适用于传感器网络的资源约束平台。

这些传统研究没有考虑目标信号的时间局部性。例如，在语音检测场景中，在通常的配置记录中只有30％的语音信号。因此，以相同的计算复杂度来计算每个输入帧的信号会导致较高的计算成本。

### 21.1.3.2　加速度信号

用户上下文信息的另一个方面是他/她的活动。在可穿戴计算场景中，人类活动（如步行，站立和坐姿）可以从身体穿戴的三轴加速度传感器提供的数据中进行推断[37]。三轴加速度传感器是一种可以返回沿着 $x$、$y$、$z$ 轴加速度实数 $\delta$ 估计值的传感器，通过该传感器还可以估计速度和位移。

人类活动识别可以从字面上解释为通过使用加速度信号来区分每个目标活动的任务。加速度信号通过用户佩戴的加速度计获得。Ravi 等[38]使用了一个三轴加速度计。他们采用了基本的统计特征，如均值、标准偏差、能量和相关性。Huynh 等[39]使用基于 FFT 的特征进行活动识别。Bao 等[40]介绍了谱熵的使用。在他们的工作中，就识别准确度而言，对许多类型的分类器进行了比较，并且得出 C4.5 决策树分类器达到最高准确度的结论。他们的工作还表明，放置在个人大腿和主手腕上的移动计算机和小型无线加速度计，可通过使用基于 FFT 的特征计算和决策树算法来检测通常的人类活动。

### 21.1.3.3　图片

上下文信息包括解释设备周围情况的任何信息。当使用图像传感器时，可以提取附加的信息。图像可用于检测人脸和目标、行人、面部特征点和面部属性（如性别、种族和表情）等信息。Viola 等[41]提出了一种使用 Haar-like 特征和级联分类器算法的最先进的人脸检测方法。

在图像识别领域，Haar-like 特征（见图 21.3）被称为面部/目标检测的最先进的识别前端。特征值由灰度图像中正向面积之和与负向面积之和的差值来定义。它不需要任何乘法运算。

另外，Viola 等提出了分类器的级联结构，如图 21.4 所示。多个分类器被串联以形成具有少量 Haar-like 特征的简单分类器用于粗滤，然后将其连接到具有更多 Haar-like 特征的复杂分类器，以用于精细过滤。级联中任何点的逻辑非输出都会立即结束对实例的评估。由于目标对象通常在空间上是局部化（或集中式）的，因此采用级联结构可显著降低检测过程的总计算成本。

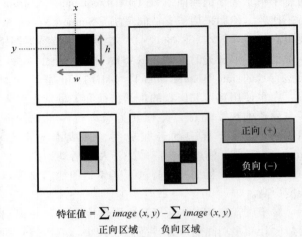

$$特征值 = \sum_{正向区域} image(x, y) - \sum_{负向区域} image(x, y)$$

图 21.3　图像的 Haar-like 特征

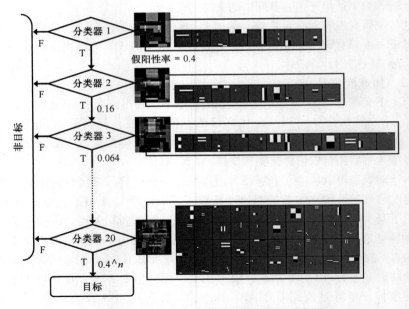

图 21.4　用于人脸检测的级联分类器示意图

图像可以提供上下文丰富的信息。Siala 等[42]将 Viola 的方法应用于行人的检测。Shakhnarovich 等[43]采用 Haar-like 的性别和种族特征划分，将检测到的人脸传递给使用与人脸检测器相同架构的人口统计分类器。Zhao 等加长了 Paul Viola 的 Haar-like 特征来检测眼睛、鼻子和嘴巴等面部特征[44]。此外，Omron 公司实时应用它来估计微笑强度[45]。还有，Jung 等[46] 扩展了 Haar-like 特征用于高效的面部表情识别[46]。

使用 Haar-like 滤波器是基于这样的想法，即认为简单的差分滤波器是具有自由度的，可以通过训练以适应特定的识别问题。自由度由简单的滤波器参数提供，例如相对于检测窗口的基本形状、大小和位置。在训练阶段，通过基于分类器的训练误差来选择每个可训练参数的最优值，从而实现最优特征集的选择。在人脸检测中，我们选择了一组能够区分面部和非面部训练样本的最佳 Haar-like 滤波器。

这种方法的缺点如下：

1）训练样本的收集和标记过程可能会造成很高的成本。

2）训练过程非常耗时。

这种方法的优点如下：

1）使用非常简单的过滤器就可以获得低计算成本的识别前端。

2）不需要有关图像处理的复杂知识。

综合有关情境识别的传统研究，可以得到以下几点：

1）每种类型的信号都有相应的不同的特征提取方法：基于 FFT 或 MFCC 的声音特征提取方法，基本统计特征方法用于加速度信号的特征提取，以及诸如 Haar-like 特征的简单矩形特征方法用于图像特征的提取。

2）基于不同信号（如声音、加速度、图像）的不同识别可以共享相同类型的分类器（基于决策边界的 C4.5 决策树，增强的 SVM，基于分布的、矢量量化的 GMM 等）。

3）不考虑目标信号的时间局部性。

4）级联结构用于利用目标对象的空间局部性来降低整体计算成本。

因此，这些概念上和结构上不同方法的不加区分的直接集成可能导致更高的计算成本、更大的芯片面积和更复杂的系统架构。在传感器网络应用中，而计算平台受资源的限制程度是非常高的。

## 21.1.4　方法概述：多功能识别

通过关于上下文识别的传统研究的综合分析，我们认为如果能够统一识别前端，则基于不同信号的不同识别方法可以共享相同的架构。本节汇集了新的算法和见解，以构建一个通用的识别架构，从而以较低的计算成本识别来自声音、加速度信号、图像的模式和特征。

如图 21.5 所示，提出了使用 Haar-like 特征的图像、声音和加速度信号的多功能识别前端。Haar-like 特征是一种简单的差分过滤器，其运算成本低，仅需要加法和减法运算即可提取特征值。在我们的初步研究中[47-50]，已经表明 Haar-like 特征也可以应用于其他信号的识别问题，例如声音中的语音/非语音分类和加速度信号中的人类活动识别。应用于时间维度的一维 Haar-like 特征可以被认为是非常粗糙的带通滤波器。这种多功能识别的想法带来了通过 Haar-like 过滤架构统一不同识别前端的想法。这样可以避免不同传感器信号采用完全不同的特征提取方法而产生的冗余。

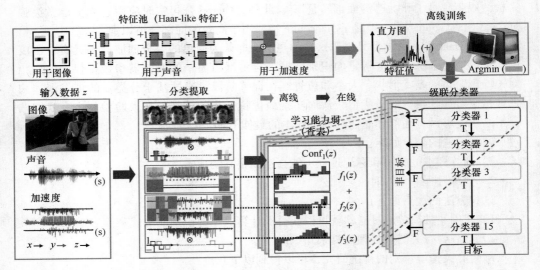

图 21.5　使用 Haar-like 特征的多功能识别架构示意图

　　通过对特征池使用 Haar-like 特征，可在离线训练过程中选择识别性特征。弱分类器由 Haar-like 特征的查找表（Lookup Table，LUT）组成。通过弱分类器线性组合的形成，设计了一个高识别准确度的强分类器（段分类器）。分类器可以通过仅改变线性组合即可用于各种识别问题，因此分类器是可以通用的。

　　对于分类器，可采用级联结构利用目标信号的时间局部性来降低计算成本。在级联分类器中，数十个分类器串联形成一个包含少量 Haar-like 特征的简单分类器，用于粗滤。然后再将这种分类器连接在一起。级联中任何点的逻辑非输出都会立即结束对实例的评估。然而，只有在传统级联中使用完整的分类器后，具有足够置信度的逻辑真输出才会得出结论。正向估计（Positive Estimation，PE）技术的引入，使得传感器节点能够感知内容。此时，仅在输入与目标类似且难以分类时才进行精确计算，并且当输入获得足够的置信度时计算即停止。当传感器节点长时间持续进行信号感测时，其内容感知属性允许传感器节点基于分类的难度尽可能多地节省功率的消耗。由于要识别的目标通常都受限于空间和时间，所以级联分类器可将非目标排除在进一步处理之外，因此显著降低了总的计算成本。除了对计算成本的影响之外，PE 技术允许级联分类器的训练过程专注于相对困难的样本，从而能够产生更高的分类准确度。

　　除了 PE 技术之外，还提出了两种构造紧凑的级联分类器的技术。冗余特征选择（Redundant Feature Selection，RFS）允许级联中的段分类器共享特征以降低计算成本。作为另一种技术，我们提出了一个动态查找表（Dynamic Lookup Table，DLUT），即基于 LUT 的弱分类器，它具有尽可能小的数据。由于数据尺寸限制而不能所有的数据存储在内部高速缓冲存储器中，所以大多数数据必须存储在外部 DRAM 中并通过存储器总线重复加载才可用于检测。这种传输从根本上增加了系统的整体功耗。通过减少分类器数据，内存总线的带宽也会降低，从而导致整个系统的功率降低。

## 21. 2　为声音设计 Haar-like 特征

### 21. 2. 1　声音信号的特征

为了设计基于声音信号的模式识别特征提取方法，我们首先看一下人类语音生成系统的简化模型，并解释语音信号的特征属性。

在人类言语产生的简化模型中，肺推动空气通过声门而产生周期性的脉冲，迫使声门不断地打开和关闭，或者是仅产生一个足够长的脉冲使声门打开，从而维持气流的持续流动。在此，声门的周期性运动用作激励信号。然后，信号流经声道，声道起着一个时变线性滤波器的作用，从而形成准周期或平坦的频谱[51]。

激励信号的频谱由声门振动的基频的谐波组成。该属性导致了语音窄带谱图的产生。声音的响应被定义为扬声器前面的声压与激励源声压之比。其极电分布定义了与声谱图中观察到的共振峰结构对应的声道共振频率[52]。

在对诸如声音信号的时域信号进行模式识别研究时，频谱形状主要用作关键特征。语音信号在 400Hz 和 4kHz 之间的频带中提供了凸和凹共振峰形状。语音中观察到凹和凸的共振峰图案，但没有观察到噪声样本。在 Hoyt 等的工作中，唯一产生符合相同标准的共振峰形状的非语音信号是警察的警笛声[53]。

对于非语音信号，大多数语段没有明确的韵律结构[54]。但是，Chu 等表明每类非语音信号都可以很好地聚合到频率和尺度特征空间中。将每类非语音信号分解为具有一定频率和幅值的正弦波形，则该频率表示局部正弦波形的时间宽度。

### 21. 2. 2　设计一维 Haar-Like 特征

#### 21. 2. 2. 1　传统的 Haar-Like 特性

Haar-like 特征是计算不同区域中像素总和之间差异的简单滤波器，其被 Viola 等[41]推广，许多工作已将这一想法扩展到了其他应用中[42-46]。Haar-like 特征具有两个重要特性。

使用这些基函数的主要优点是数据向量与每个数据向量的内积可以通过几个整数加法执行，而不是 $N$ 个浮点乘法，其中 $N$ 是基向量的维数。其可以通过计算被定义为的原始图像的整体图像来实现，并由下式给出：

$$f_i(i,j) = \sum_{m=1}^{i} \sum_{n=1}^{j} f(m,n) \tag{21.1}$$

具有单盒基函数的图像的点积是图像的矩形区域的总和，其可以被有效地计算为

$$\sum_{i=\text{top}}^{\text{bottom}} \sum_{j=\text{left}}^{\text{right}} f(i,j) = f_i(\text{bottom},\text{right}) - f_i(\text{bottom},\text{left}-1)$$
$$- f_i(\text{top}-1,\text{right}) + f_i(\text{top}-1,\text{left}-1) \tag{21.2}$$

式中，$f(i, j)$ 是图像函数；$f_i(i, j)$ 是积分图像。

使用积分图像，可以在 4 个数组参考中计算任何矩形求和。两个矩形和之间的差

可以通过 8 个参考值来计算。当定义的两个矩形要素涉及相邻的矩形求和时，可以在 6 个参考数组中计算它们，在三个矩形特征的情况下为 8 个，在 4 个矩形特征的情况下为 9 个。

Haar-like 特征提供了多功能性。Haar-like 特征具有可训练参数，可用于适应各种识别问题。例如，通过基本模式类型的选择、宽度和高度的缩放，以及相对于检测窗口的图案位置改变[41]，可生成用于面部检测的二维 Haar-like 特征。Higashijima 等综合了传统的 Haar-like 特征，并提出了具有 $M$ 维向量 $(g_1, \cdots, g_m)^T$ 形式的长 Haar-like 滤波器，其中 $g_i = 1$ 或 $-1$，用于人脸识别目的[57]。Haar-like 基本的性质特征是它们不相互正交。当 Haar-like box 函数具有重叠区域时，点积不为零。由于这些特征不具备完整的正交性，因此会生成一个非常大的且多样性的矩形特征集合，以提供丰富的图像表示形式来支持有效的学习[41]。通过这种方式，这些特征可以用于对使用有限数量的训练数据难以学习的知识进行编码。

Cui 等从视频中提取了运动模式特征，提出了一种三维 Haar-like 特征，用于行人的检测[58]。为了捕捉多个帧之间的长期运动模式，同时记录该人员的外貌特征，因此将时间维添加到常规的二维 Haar-like 特征中。通过这种方式，最终建立了一个时间-空间维度的三维滤波器。这表明 Haar-like 特征可以扩展到诸如声音和加速度信号之类的时域信号以用于各种模式识别的问题。

### 21. 2. 2. 2  基本概念

为了提取声音信号的特征，提出了许多专门为声音信号设计的方法。这些方法包括线性预测倒频谱系数（Linear Predictive Cepstrum Coeffcient, LPCC）和 MFCC[55]。它们被应用于语音/非语音分类、性别识别、说话人识别、情感识别和环境声音识别。为了从时域信号中提取特征用于各种识别，则必须捕获关于频谱形状的信息。

传统方法基本上依靠 FFT 和/或精确设计的滤波器组来获得特征，但这需要较大的存储量和能量消耗。这些方法专注于通过将信号分解为正交基来最小化类内信号的重构误差。

每个滤波器组可以被视为在时间维度上的局部正弦波。从根本上讲，输入信号与特定频率的局部正弦波之间的相关性可以提供对模式识别有用的频谱信息。在这项工作中，我们提出了一维 Haar-like 特征模式来简化局部正弦波，从而形成一个粗糙的类正弦波，如图 21.6 所示。一维 Haar-like 特征是一个简单的差分滤波器，只需要加法和减法运算，因而它可以以极低的计算成本进行计算。虽然训练好的分类器是各种 Haar-like 模式的组合，但每种模式的计算成本几乎相同。

由于模式分类的重点是尽量减少类间的辨别误差，因此可以从本章参考文献［41］中提出的过度完备的特征池中搜索更简单但最具有识别性的且不必是正交的滤波器。缩放和重复不同的基本 Haar-like 模式为鉴别的分类器训练提供了一个特征池。

### 21. 2. 2. 3  一维 Haar-Like 特征设计

应用 Haar-like 特征模式对局部正弦波进行了简化，从而形成了粗糙的类正弦波，以获得对频谱的粗略观察。为了快速评估，滤波器系数被限制为 $-1$、0、1。一维 Haar-like 特征可以看作是一个粗糙的带通滤波器。Haar-like 特征彼此不是正交的，只

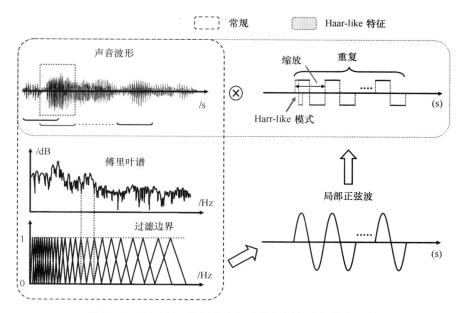

图 21.6　Haar-like 特征提取与传统特征提取架构的比较

有每个特征单独存在时才具有弱识别性。但是，这个问题可以被认为是微不足道的。使用 Real AdaBoost 的特征选择过程可从过度完备特征池中搜索相对不相关的特征以形成强鉴别的组合，并通过缩放和重复不同的基本 Haar-like 模式来生成特征池。这些特征可以通过一种基本模式、缩放比例和重复次数来进行参数化。

　　每个基本模式都被设计为其频率响应与特定目标频率 $f_0$ 处的局部正弦波的平方根误差最小化。基本模式的峰值频率为

$$f_0 = \frac{F_{\mathrm{S}}}{W_{\mathrm{type}}} \tag{21.3}$$

式中，$F_{\mathrm{S}}$ 是一个采样频率；$W_{\mathrm{type}}$ 是基本模式的宽度。

　　Haar-like 特征 $h(n)$ 的频率响应由下式给出：

$$|H(\omega)| = \sqrt{\left(\sum_{n=0}^{W_{\mathrm{Haar\text{-}like}}-1} h(n)\cos n\omega\right)^2 + \left(\sum_{n=0}^{W_{\mathrm{Haar\text{-}like}}-1} h(n)\sin n\omega\right)^2} \tag{21.4}$$

式中，$W_{\mathrm{Haar\text{-}like}}$ 是一个 Haar-like 特征的宽度。$W_{\mathrm{Haar\text{-}like}}$ 通过下式来计算：

$$W_{\mathrm{Haar\text{-}like}} = W_{\mathrm{type}} \cdot \alpha \cdot N_{\mathrm{repeat}} \tag{21.5}$$

式中，$\alpha$ 是缩放比率；$N_{\mathrm{repeat}}$ 是重复次数。

　　$W_{\mathrm{Haar\text{-}like}}$ 和 $\alpha$ 与峰值频率相关，而 $N_{\mathrm{repeat}}$ 则代表该频率处的带宽。

　　为了生成一个基本模式，令 $\alpha = 1$。局部正弦波在 $W_{\mathrm{Haar\text{-}like}}$ 宽度上的频率响应由下式给出：

$$|F(\omega)| = \left| \frac{\sin(\omega - \omega_0) W_{\mathrm{Haar\text{-}like}}/2}{(\omega - \omega_0)} + \frac{\sin(\omega + \omega_0) W_{\mathrm{Haar\text{-}like}}/2}{(\omega + \omega_0)} \right| \tag{21.6}$$

频率响应的平方根误差可以计算为

$$\varepsilon = \sum_{\omega=0}^{\pi} (\ |F(\omega)| - |H(\omega)|\ )^2 \qquad (21.7)$$

为了生成基本的 Haar 特征模式，需要寻找那个能够使得对于每个 $W_{type}$ 都能够使式 (21.7) 的值最小化的模式。在模式选择过程中，我们没有考虑相位信息。

一维 Haar-like 特征的基本模式可以通过 -1、0、1 的模式给出，这些模式都使得基本模式每个宽度的 $\varepsilon$ 最小。生成的模式见表 21.1。由于频域信息在识别中是有意图的，因此在基本模式中存在着相位的自由度。在我们的实验中，$W_{type}$ 的设置为 2 ~ 14，$\alpha$ 的设置为 1 ~ 40，$N_{repeat}$ 的设置为 1 ~ 20，为训练提供了 9600 个完整的非正交特征。

表 21.1  基本的 Haar-like 特征模式

| 基本模式 | $W_{type}$ | $h(n)$ | $f_{peak}/Hz$ |
|---|---|---|---|
|  | 2 | {1, -1} | 4000/$\alpha$ |
|  | 3 | {1, 0, -1} | 2666/$\alpha$ |
|  | 4 | {1, 1, -1, -1} | 2000/$\alpha$ |
|  | 5 | {1, 1, 0, -1, -1} | 1600/$\alpha$ |
|  | 6 | {1, 1, 0, -1, -1, 0} | 1333/$\alpha$ |
|  | 7 | {1, 1, 1, 0, -1, -1, 0} | 1142/$\alpha$ |
|  | 8 | {1, 1, 1, 0, -1, -1, -1, 0} | 1000/$\alpha$ |
|  | 9 | {1, 1, 1, 1, 0, -1, -1, -1, 0} | 888/$\alpha$ |
|  | 10 | {1, 1, 1, 1, 0, -1, -1, -1, -1, 0} | 727/$\alpha$ |
|  | 11 | {1, 1, 1, 1, 0, 0, -1, -1, -1, -1, 0} | 666/$\alpha$ |
|  | 12 | {1, 1, 1, 1, 1, 0, 0, -1, -1, -1, -1, -1} | 615/$\alpha$ |
|  | 13 | {1, 1, 1, 1, 1, 0, 0, -1, -1, -1, -1, -1, -1} | 571/$\alpha$ |

如图 21.7 所示，各种一维 Haar-like 特征的输出粗略地估计了频率信息。显示在最上面的是表达 "/a//i//u//e//o/" 的语音信号，它们的频谱图被显示在中间一行。一维 Haar-like 特征输出与其对应的脉冲响应的峰值频率一起示出。

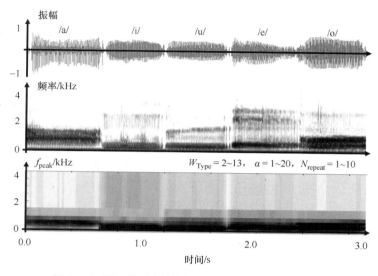

图 21.7 语音信号频谱图及 Haar-like 特征的频谱图

## 21.2.3 Haar-Like 特征值的计算

一维 Haar-like 特征通过下式计算, 其计算过程如图 21.8 所示。

$$x_{\text{Haar-like}} = \sum_{n=0}^{N} \left| \sum_{k=0}^{W_{\text{Haar-like}}} h_{\text{Haar-like}}(k) s(n \cdot W_{\text{shift}} - k) \right| \tag{21.8}$$

式中, $N$ 是输入信号 $s(t)$ 的帧宽度 $W_{\text{frame}}$ 内的滤波 (计算) 次数。$N$ 由下式给出:

$$N = \frac{W_{\text{frame}} - W_{\text{Haar-like}}}{W_{\text{shift}}} \tag{21.9}$$

由于滤波器的系数被限制为 $-1$、$0$、$1$, 所以计算也被限制为加减整数运算。在典型的数字信号滤波中, $W_{\text{shift}}$ 设置为 1。

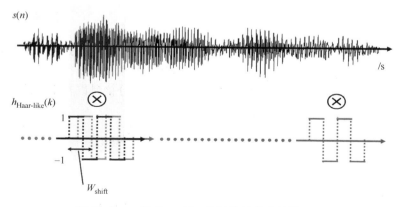

图 21.8 一维 Haar-like 特征值的基本计算过程

## 21. 2. 4 Haar- Like 特征计算成本的降低

### 21. 2. 4. 1 滤波移位宽度

在此，我们以 $W_{shift}$ 作为计算成本降低的参数。它由下式给出：

$$W_{shift} = \alpha_{shift} \cdot W_{Haar-like} \qquad (21.10)$$

当 $\alpha_{shift} = 0$ 时，$W_{shift}$ 被设置为1。在 FIR 数字滤波器的常规滤波过程中，$W_{shift}$ 的设置为1。通过控制 $\alpha_{shift}$，在观察分辨率有所降低的同时，计算成本显著降低。

### 21. 2. 4. 2 积分信号

通过使用被称为积分信号的中间信号，我们可以有效地计算一维 Haar- like 特征。积分信号可以由 $is(n)$ 可由下式给出：

$$is(n) = \sum_{k \leqslant n} s(k) \qquad (21.11)$$

积分信号的实际计算是基于以下的 $is(n)$ 的循环迭代的：

$$is(n) = is(n-1) + s(n) \qquad (21.12)$$

$is(-1) = 0$，因此积分信号可以通过原始声音信号进行有效的计算。通过使用 $is(n)$，每个输入信号阴影区域内用于卷积处理的总和可以被简化为下式所示的单个减法运算：

$$\sum_{n=n_1}^{n_2} s(n) = is(n_2) - is(n_1) \qquad (21.13)$$

通过积分信号的使用，每个滤波器计算可以被简化为 $W_{type} = 1$ 的三个数组引用。这样，在特征计算过程中，存储器访问和加法运算将显著减少。

$$\left[ is(n + W_{Haar-like}) - is\left(n + \frac{W_{Haar-like}}{2}\right) \right] - \left[ is\left(n + \frac{W_{Haar-like}}{2}\right) - is(n) \right]$$
$$= is(n + W_{Haar-like}) - 2 \cdot is(n + W_{Haar-like}) + is(n) \qquad (21.14)$$

但是，当滤波器宽度小于4时，积分信号的使用对计算成本的降低不是非常有效的。例如，当不使用积分信号时，加法计算量等于 $W_{Haar-like} - 1$，而当积分信号用于 $W_{type} = 2$ 时，则总是需要3次加法计算。

### 21. 2. 4. 3 Δ 积分信号回收

另一个中间信号表示被称为 Δ 积分信号。由于 Haar- like 特征过度完备或高度冗余和非正交特征，因此某些选定的 Haar- like 特征可能会共享一些特征参数并具有相似的模式。为了利用这种情形来降低计算成本，提出了 Δ 积分信号以共享先前特征计算的中间结果。Δ 积分信号可以由下式给出

$$\Delta(n_1, n_2) = is(n_2) - is(n_1) = \sum_{n=n_1}^{n_2} s(n) \qquad (21.15)$$

## 21. 2. 5 用于评估的声音数据集

为了评估多功能识别，我们准备了各种数据集。对于语音/非语音、性别分类、说话人分类和环境声音识别，所准备的数据集如下。

语音数据集含有 11 名（10 名男性，1 名女性）员工在办公室环境中使用可穿戴传感器节点给出的语音信息，这些语音讲述的是日语音素平衡的句子[7,59]。每位员工的语音时长大约为 5min。非语音数据集包括典型的办公室/家庭环境和活动声音，例如通风、跑步、走路、上/下拉动百叶窗、关闭/打开书桌抽屉、拖动椅子、电话铃声、打印机工作、电动剃须刀、吸尘器、服务器机房、打字等声音，还包括了 NOISEX-92 噪声数据库（汽车，高频声道，白色，粉红色，工厂噪声），这些噪声数据库采是以 8kHz、8bit 下采样而获得的[60]。非语音声音共有 24 种类型，包括稳定的声音和非稳定的声音，每个类型声音的时长大约为 5min。数据集以 8bit 分辨率、8kHz 采样频率记录。训练数据包括整个数据集 60% 的数据，其余的数据用于测试。在这项工作中，我们假设声音信号将以主导的和相对稳定的声音信号加以识别。

对于情感语音分类，这里采用的是来自语言数据联盟（Linguistic Data Consortium）的情感语音数据库[61]。该数据库共有四类情感类型：非常愤怒、快乐、悲伤和中性的。语音由 7 名演员（3 名男性，4 名女性）来讲述。我们以独立于说话者的方式进行评估，以避免个性化的影响。6 名演员的话语被用于训练，一名演员的话语用于测试。

占主导地位的声音信号指的是系统所收到的最响亮的声音。因此，识别不需要进行从背景噪声中分离出相关信号的处理。稳定的声音指的是随着时间的推移而相对恒定的声音。无论声音所处的位置和长度如何，声音的频谱在所有时间范围内都是相同的。声音识别问题被简化为频谱信息的模式匹配。

# 21.3　加速度信号的 Haar-like 特征的设计

## 21.3.1　引言

从可穿戴传感器获得的加速度信号包含源自人类活动的有价值的信息。人类活动识别可用于将原始传感器数据转换为对人类行为的更高级描述，以形成描述人们日常活动模式的结构化数据集。这些数据集的潜在应用包括组织内信息流的模式匹配、社区内疾病传播的预测、老年患者以及健康成人的健康和活动水平的监测、能够主动响应用户需求和意图的智能环境的建立，以及生命活动的外部存储和记录[63,64]。

在此，让我们来考虑无线传感器网络的应用情形，例如作为我们工作成果的商用宏观观测器[6]，其传感器节点由严格限制的功率来驱动，并以 0.1 的数量级的低占空比运行，在传感器节点中处理的识别结果在几秒钟内仅向服务器发送一次。之所以如此，是因为传输原始信号会造成大量的能量消耗。因此，我们需要低计算成本但高度可靠的人类活动识别系统。

其他信号形式的结合也被认为是重要的。在加速度计数据对身体运动敏感的同时，音频信号将捕捉活动期间产生的各种声音[65]。在本章中，提出了一种新颖的特征提取方法，从而能够使用 Haar-like 特征提取架构来处理加速度信号。

## 21.3.2 人类活动识别的传统研究

### 21.3.2.1 技术趋势

使可穿戴设备能够感知用户的活动符合上下文感知的架构。无处不在的计算主要集中在为用户提供无缝服务的思路上。为用户提供这种基于活动的普适服务是一个非常活跃的研究领域。从加速度计数据来识别用户活动的尝试已经开始进行[37-40]。在 Bao[40] 的详尽工作中，受试者在不同的身体部位上佩戴 5 个双轴加速度计，因为他们需要进行各种活动，如步行、坐着、静止、看电视、跑步、骑自行车、进食和阅读。加速度计生成的数据用于一组分类器的训练，这些分类器包括决策树（C4.5）、朴素贝叶斯分类器和 Weka 机器学习工具包（Weka Machine Learning Toolkit）[66]中的最近邻算法。决策树分类器表现出了最佳的性能，它能够以 84% 的准确率来对活动进行识别。Maurer 等还利用决策树分类器在准确性和计算复杂性之间取得了良好的平衡[67]。

然而，先前关于使用加速计进行人类活动识别的工作并没有关注计算成本。在这些工作中，采用了诸如均值、标准偏差、能量、相关性和频域熵那样的特征。其中一些特征需要 FFT。在本章参考文献［39］中，他们总结出 FFT 系数对分类是有效的。除了平均值之外，都需要大量的乘法运算来计算这些特征值。此外，由于这些方法并非是专门用于从加速度信号中提取有助于人类活动识别特征的，因此其特征本身具有很多的冗余。这可能会导致使用此类特征进行的训练生成低效的分类器。

### 21.3.2.2 基本特征

本节介绍 4 种人类活动识别的主要特征提取方法，并讨论其计算成本。平均值的特征提取是先前的方法中计算成本最低的，其实际计算公式由下式给出

$$\text{Mean} = \frac{1}{W_{\text{Frame}}} \sum_{t=0}^{W_{\text{Frame}}} s(t) \tag{21.16}$$

式中，$s(t)$ 表示原始信号输入值；$W_{\text{Frame}}$ 表示滤波器的帧宽度，在我们的实验中为 512（2.56s），因此，每帧的计算需要 512 次加法。

在此应用中，因为 $W_{\text{Frame}}$ 是固定值，因此不需要进行除法运算。虽然计算成本低，但活动的建模能力也低。该特征提取的是粗略的移动方向，仅此而已。

标准偏差特征也具有相对较低计算成本，其计算成本为平均值特征提取的 4 倍。标准偏差特征的实际计算可由下式给出：

$$\sigma_x = \sqrt{\frac{1}{N} \sum_{n=0}^{N} (x(n) - \mu_x)^2} \tag{21.17}$$

式中，$\mu_x$ 为沿 $x$ 轴的信号值的平均值。

在这种情况下，实际的计算是按上式定义进行的，因为如果去除了平方根运算则会导致不同的特征分布，从而会生成不同性质的分类器。计算成本大致对应于 $W_{\text{Frame}}$ 次数的加法和 $W_{\text{Frame}}$ 次数的乘法，这是因为除法和平方根操作不是占主导地位的。此特征提取的是粗略的能量。

相关性特征计算为每对轴之间的协方差率与标准偏差的乘积，因此其计算成本相对较高。其值由下式给出：

$$\sigma_{xy} = \frac{1}{N} \sum_{n=0}^{N} \left( \frac{x(n) - \mu_x}{\sigma_x} \right) \cdot \left( \frac{y(n) - \mu_y}{\sigma_y} \right) \tag{21.18}$$

式中，$\mu_x$ 为沿 $x$ 轴的信号值的平均值；$\mu_y$ 为沿 $y$ 轴的信号值的平均值。

该特征对于具有超过一维加速度信号（如上升和下降）的活动分类很有用。其特征能量的计算是一种高计算成本的方法，该计算成本为信号的平方离散 FFT 分量幅度计算的总和，并由下式给出：

$$\text{Energy} = \frac{1}{W_{\text{Frame}}} \sum_{i=1}^{W_{\text{Frame}}} X_i^2 \tag{21.19}$$

式中，$X_i$ 表示每个快速 FFT 分量。即使采用 $O(W_{\text{Frame}} \log W_{\text{Frame}})$ 时间复杂度的 FFT，也需要大量的浮点乘法运算，例如 $\exp(x)$ 的计算。

## 21.3.3　传感器的技术参数和人类活动数据集

通过使用由 ATR-Promotions 销售的现成的无线加速度计，我们从 4 个人那里收集了超过 120min 的、200Hz 的三维加速度数据[68]，其幅度范围为 [-3G，+3G]。这样的技术参数将足以识别各种运动模式。加速计和姓名标签连接在一起，并安置在测试者的胸部位置。根据对传感器位置的实证研究，胸部是活动识别的有效佩戴位置之一，并且对于诸如蹲坐和站立等分类活动来说是最好的[70]。数据通过蓝牙传输到 PC，所包括的活动共有以下五项：

1）步行。

2）奔跑。

3）站立。

4）上行。

5）下行。

在此，没有进行后处理操作，类由人工进行标记。

## 21.3.4　评估标准

为了实现对（C4.5）的修剪以生成决策树分类器，在此我们使用了 Weka 机器学习工具包（Weka Machine Learning Toolkit）。为了评估的进行，我们采用了 10 层的交叉验证（A 10-fold cross validation）。人类活动识别的准确度被定义为每个目标动作的分类准确度的平均值，并由下式给出：

$$\text{精确度} = \frac{1}{\#\,\text{行动的数量}} \sum^{\#\text{行动的数量}} \left( \frac{\#\,\text{正确输入的数量}}{\#\,\text{输入}\,/\,\text{行动的数量}} \right) \times 100\% \tag{21.20}$$

这个定义被使用在这项工作的所有实验中。

## 21.3.5　统计特征的集成

统计特征如标准偏差和相关性特征一样，在人类活动的识别中起着重要作用。在本节中，我们提出了两种新技术将这些统计特征集成到 Haar-like 滤波架构中，使得人类活动识别在准确性和计算成本方面获得更高的性能。

### 21.3.5.1 均值嵌入的 Haar-Like 特征

在传统的人类活动识别研究中，使用标准偏差来捕捉这样一个事实，即可能的加速度值的范围在不同的活动（例如步行和跑步）中是不同的。标准偏差特征由式（21.17）来计算。它被计算为信号的信号幅度和直流分量之间的偏差的平均值，即

$$\sigma_x = \sqrt{\frac{1}{N}\sum_{n=0}^{N}(x(n)-\mu_x)^2} \tag{21.21}$$

Haar-like 滤波的最基本部分就是要找出位于特定区域内信号的差异。为了将标准偏差特征的概念集成到 Haar-like 滤波架构中，在计算过程中将信号的平均值嵌入到 Haar-like 滤波器的一侧，如图 21.9 所示。此时的特征值由下式计算：

$$x_{\text{ME-Haar-like}} = \sum_{n=0}^{N}\left|\sum_{k=0}^{W_{\text{Haar-like}}}\{x(n\cdot W_{\text{shift}}-k)-\mu_x\}\right| \tag{21.22}$$

式中，$\mu_x$ 是输入信号 $x(t)$ 的平均值。均值嵌入的 Haar-like 特征（Mean-Embedded Haar-Like Feature，MEH）计算滤波器宽度中平均值与输入信号之间的总体差异。因此，该方法考虑了周期性。通过这种方式，可以从 Haar-like 滤波架构中的信号中提取标准偏差特征。对于 MEH，$W_{\text{Haar-like}}$ 设置为 $1 \sim W_{\text{frame}}$。对于 200Hz 采样频率，输入长度设置为 2.0s 时，$W_{\text{frame}}$ 为 400。

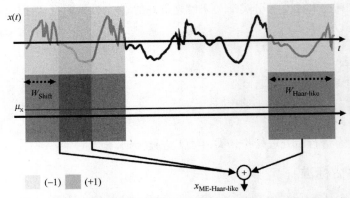

图 21.9　用于三维加速度信号的均值嵌入的 Haar-Like 特征

### 21.3.5.2 双轴 Haar-Like 特征

在识别那些涉及仅从一个角度转换过来的人类活动时，相关性就会特别有用。例如，通过相关性的使用，我们可以将步行、跑步与爬楼梯区分开来。

为了实现 Haar-like 特征提取架构中的相关性信息提取，我们提出了双轴 Haar-like 特征（Biaxial Haar-like feature，BH）。Haar-like 特征的基本思想是采用某些区域内信号总和的差异。如图 21.10 所示，计算两轴上的 Haar-like 滤波器输出之间的差异，其特征值由下式计算：

$$xy_{\text{Haar-like}} = \sum_{n=0}^{N}\left|\sum_{k=0}^{W_{\text{Haar-like}}}h_{\text{Haar-like}}(k)x(n\cdot W_{\text{shift}}-k)\right.$$
$$\left. - \sum_{k=0}^{W_{\text{Haar-like}}}h_{\text{Haar-like}}(k)y(n\cdot W_{\text{shift}}-k)\right| \tag{21.23}$$

式中，$x(t)$ 和 $y(t)$ 对应于三维加速度计的 $x$ 和 $y$ 轴。该式也可以简化为轴间差分信号的基本一维 Haar-like 特征，其计算公式如下：

$$xy_{\text{Haar-like}} = \sum_{n=0}^{N} \left| \sum_{k=0}^{W_{\text{Haar-like}}} h_{\text{Haar-like}}(k) \Delta_{xy}(n \cdot W_{\text{shift}} - k) \right| \tag{21.24}$$

$$\Delta_{xy}(n \cdot W_{\text{shift}} - k) = x(n \cdot W_{\text{shift}} - k) - y(n \cdot W_{\text{shift}} - k) \tag{21.25}$$

轴间差分信号的积分信号可以进行预先准备，从而降低计算成本。对于三维加速度信号，其双轴滤波可以通过对每个双轴的分别进行来实现（例如，先是 $xy$、$yz$ 和 $zx$，接着再是 $xy\cdots$）。通过这个滤波器的使用，可以更有效地解决三维信号的识别问题。

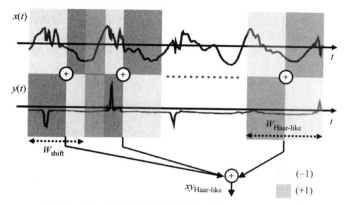

图 21.10　三维加速度信号的双轴 Haar-like 特征

### 21.3.5.3　初始评估

对于我们所提出的 Haar-like 特征识别特性的讨论，基于最先进的传统分类器（如 C4.5 决策树）的一些结果是有说服力的。在 2.56s 分析架构上进行的特征提取的计算成本将与其人类活动的识别准确度一起进行评估。其计算成本将通过加法和乘法运算的总量来估计，其中 16 位短乘法将按照 Booth 乘法算法，通过 16 ＊ 加法运算来近似[62]。

表 21.2 示出了不同特征提取配置中人类活动识别的性能比较。其中，M 代表均值方法，MS 代表 M 加上标准偏差方法，MSEC 代表 MS 加上能量和相关性方法。为了通过修剪（C4.5）来生成决策树分类器，我们使用了 Weka 机器学习工具包（Weka Machine Learning Toolkit）。由于工具包的内存使用限制，特征池仅限于第一个基本特征模式 $\{-1, 1\}$。

**表 21.2　经过训练的分类器的技术参数和分类性能**

|  | 准确性（%） | 分支个数 | 计算成本/kopf |
|---|---|---|---|
| 平均值 | 76.0 | 191 | 1.556 |
| MS | 92.6 | 83 | 16.614 |
| MSEC | 93.1 | 83 | 100.571 |
| 基本 Haar-like[H] | 92.7 | 81 | 3.924 |
| H + BH | 93.9 | 65 | 3.314 |
| H + BH + ME | 94.2 | 63 | 3.597 |

与传统方法相比，所提出的特征产生了最高的准确度，并且其计算成本更低。在先前的方法中，MS方法实现了92.6%的高准确度和每帧16.61kopf的低计算成本。使用基本的Haar-like特征（H），在3.08kopf的情况下获得了92.7%的高准确度，其计算成本在具有超过90%准确度的方法中是最低的。通过添加Haar-like双轴特征（HHB），93.9%的准确度通过3.31kopf计算成本获得。通过添加均值嵌入的Haar-like特征（HHB+Me），在3.59kopf计算成本的情况下达到了94.2%的最高准确度。

决策树中分支的数量是决定分类器计算成本的重要因素之一。Haar-like特征方法实现相对紧凑的决策树。特别是，与常规方法相比，Haar-like+Haar-like双轴+均值嵌入（H+HB+ME）配置的分支数量最少，计算成本也更低，最高准确度达到了94.2%。由于所提出的特征具有较高的识别性，C4.5决策树分类器中的分支数量为63，这是使用所提出的方法时最低的分支数量。因此，内存使用量也可以降低，总计算成本也会降低。之所以如此，是因为Haar-like特征本身具有适应问题的灵活性。在传统方法中，特征提取方法是固定的，并且不具有适应特定识别问题的能力。

通过使用双轴Haar-like特征将相关性法集成到Haar-like特征中，抑制了涉及在多轴上进行平移的上行和下行之间的混淆。此外，通过使用均值嵌入的Haar-like特征MEH对标准偏差进行积分，也缓解了上行、下行和行走之间的混淆。这些结果反映了我们为三维加速度信号提出新型特征的目的。

## 21.4 紧凑型分类器的设计

### 21.4.1 引言

在本节中，我们将进行多功能识别分类器的设计研究。正如我们在传统的模式识别研究中所看到的那样，关于分类器的设计，我们可以得出以下几点：

1）基于不同信号（如声音，加速度，图像）的不同识别可以共享相同类型的分类器（基于决策边界，C4.5决策树，增强，支持向量机SVM，基于分布，矢量量化，高斯混合模型GMM等）。

2）不考虑目标模式的时间局部性。

3）级联结构用于利用目标对象的空间局部性来降低图像识别领域的整体计算成本。

基于这些发现，在我们的研究中采用级联分类器作为分类器的基本结构。级联分类器是退化决策树，在其决策树的每个段，训练的分类器是以几乎所有感兴趣的检测目标为目标的（例如，通常是面向大于99%的检测目标），同时也排除掉一定比例的非目标模式（通常为50%~60%）[65]。多个强分类器串联，每个强分类器都由几个弱分类器组成，而每个弱分类器使用单独的识别特征逐一地对目标进行分类。在级联的前端（见图21.4），形成了由少量Haar-like特征组成的简单分类器，用于粗滤。然后，这些简单的分类器再连接到更复杂的分类器，并使用大量Haar-like特征进行精细过滤。级联中任何一点的逻辑非输出都会导致对实例评估的立即结束。在调用更复杂的分类器来实现低误报率之前，应使用更简单的分类器排除子窗口中的大部分特征。

目标信号的模式在空间和时间上通常都是具有局部性的。在脸部检测场景中，如本章参考文献 [66] 中所述，图像中的 50000 个子窗口中最多只有几十张面孔。在语音和非语音分类方案中，即使演讲者不断读出 10 个音素平衡的句子，对话中通常也只包含有约 30% 的语音信号[59]。在 45s 的录音时间内，大约有 24s 的非语音信号。而且，人们通常不会整天聊天。对于人类活动识别的问题也是如此。由于目标模式可以被认为是一种罕见的事件，所以分类器应该被设计为只能在目标类模式上强调计算资源。

作为一项初步研究，Ravindran 等[67]将级联分类器应用于语音检测。他们首先将级联分类器与单级分类器进行比较，并表明使用级联结构可以提高分类性能。他们使用了 262 个特征（256 个 NRAF[32] +6 个简单特征，例如幅度直方图的体积、波动、宽度和斜率）作为特征池，以特殊方式来进行特征的选择，其中每个段中大量的特征都被预定义了一定的值。在该研究中，声称分级器方法的级联提供了高准确性，同时通过分配与所考虑的例子的分类难度成比例的资源来减少计算时间和功率消耗。至于分类器的选择，Ravindran 等[67]和 Matsuda 等[68]比较了使用 AdaBoost 的基于边界的分类器和基于分布式的分类器（如 GMM），并在简单声音分类中获得了可比较的结果。

在我们的工作中，将级联结构与 Haar-like 特征一起使用，以此来构建多功能识别分类器。通过改变弱分类器的查找表和要使用的特征类型，可以调整通用分类器的设计，从而使得使用不同类型传感器的信号执行不同的识别。

为了构造分类器，必须从过度完备特征池中选择识别性特征[72]。为此，Real Ada-Boost[76]被用作特征选择方法，如图 4-2 所示。该算法是 Yoav Freund 和 Robert E. Schapire 提出的离散 AdaBoost[75]的改进版本。

AdaBoost 是一种自适应增强算法。在该算法中，用于弱分类器组合的规则被应用于所研究的问题。Real AdaBoost 算法应对置信度较弱的分类器，该分类器是从采样空间到实值空间的映射，而不是本章参考文献 [77] 中采用的预测。

级联中的每个段都是置信度较弱的分类器的线性组合。因为特征空间中每个箱体中的每个置信度值都被存储为 LUT，所以它通常被称为基于 LUT 的弱分类器。为了表示正向和负向数据的分布，特征值的域空间被均匀地分割成不相交的特征箱体，如图 4-3 所示。每个箱体都有一个实值置信度，该置信度值是根据输入到箱体的训练数据比率计算出来的。每个样本的权重是通过使用所选特征的 LUT 来更新的。高置信度的正向样本会导致其权值的下降，而低置信度的样本则导致其权值的增大。通过这种方式，强调了使用先前选择的特征难以区分的训练样本。对于每一轮的增强，使用更新后的权重来计算样本的分布，并使用更新后的分布选择新的特征。在经过 $T$ 轮选择之后，级联中的段分类器 $j$ 的特征可以给出其置信度值 $\mathrm{Conf}_j(x)$，如下式所示：

$$\mathrm{Conf}_j(x) = \sum_{t=1}^{T} h_t(x) - \theta_j \tag{21.26}$$

式中，$\theta_j$ 是一个阈值。如果 $\mathrm{Conf}_j(x)$ 是正数，则输入数据被传递到下一个分类器；如果该值为负值，则分类立即终止并被检测为负向的。

图 21.11 示出了使用级联分类器对语音和非语音信号进行连续分类的结果。在语

音输入期间，与非语音输入相比，使用更多的特征来加以区分。考虑到长期的感测，级联分类适合于传感器网络的应用。

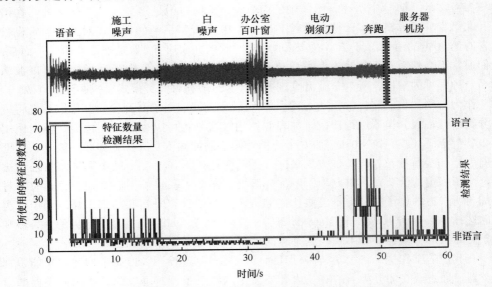

图 21.11　使用级联分类器所进行的语音和非语音的连续分类

## 21.4.2　正向估计

在传感器网络应用中，传感器节点对信号进行长时间段的连续感测，以提供无须人为干预的服务。然而，要识别的目标图案通常局限于空间和时间。例如，在从输入图像生成的数百万个图像块中，只有极少数包含人脸。对于语音输入，即使说话者连续读取 10 个音位平衡句子[59]，在 45s 的记录时间内，大约有 24s 的非语音信号。而且，人们通常不会整天聊天。对于人类活动识别问题也是如此。在级联分类器中，分类器设计用于在调用更多复杂分类器以实现低误报率之前，使用简单分类器拒绝大多数负向实例。通过将注意力集中在图像的有前景区域，该算法显著降低了计算成本。

然而，传统的级联分类器需要使用完全分类器进行计算，以完成如图 4-5a 所示的正向检测[71-73]，因为每个段都经过训练以检测 99% 的正向实例并清除 50% 的负向情况。随后的段将忽略前几个段的检测效果。然而，在传统级联中，只有使用完整的分类器之后，具有足够置信度的逻辑真输出才会得出结论。

在这方面，建议将累积的置信度值重点放在难度较大的样本上。级联中分类器 $k$ 处的累积置信度值被定义为

$$ACV_k(x) = \sum_{j=1}^{k} \mathrm{Conf}_j(x) \tag{21.27}$$

如图 4-6 所示，通过根据负向样本的最大 $ACV_k(x)$ 设置的阈值 $\theta_k^{PE}$，后续分类器的训练样本仅聚焦在 $[\theta_j, \theta_j^{PE}]$ 的范围内，在这个区间内，检测是最困难的。

在检测期间，当输入数据具有 $ACV_k(x) > \theta_k^{PE}$ 时，则终止检测以完成评估。我们称

这种方法为正向估计（PE）技术，如图 4-5b 所示。通过这种方式，传感器节点可以仅在较难的样本上进行彻底的计算，相对容易的样本分类过程可以很快地结束。图 21.12 详细说明了算法的详细训练过程。

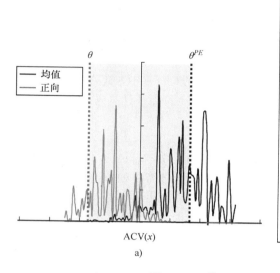

初始化：$i = 0$，$F = 1.0$，$D = 1.0$
输出：内容感知级联分类器
有 $F_i > F_{target}$
  $-i \leftarrow i+1$，$n_i = 0$，$F_i = F_{i-1}$
有 $F_i > f \times F_{i-1}$
  $-n_i \leftarrow n_i + 1$
  - 采用Real AdaBoost [24]，通过使用P和N来训练一个具有$n_i$特征的分类器
  - 对训练数据集上的当前级联分类器进行评估以确定$F_i$和$D_i$
  - 降低第 $i$ 个分类器的阈值，直到当前级联分类器的检测率至少为$d \times D_{i-1}$
  - N（负向样本）$\leftarrow$ 0，P（正向样本）$\leftarrow$ 0
  - 正向估计：如果$F_i > F_{target}$，则根据一组正向和负向的训练样本来评估当前级联检测器，并且将$[\theta_j, \theta_j^{PE}]$内所有样本分别放置在到P和N。

图 21.12 使用正向估计(PE)技术的级联分类器
a）累计置信度值 b）使用正向估计的训练算法

图 21.13 示出了在 Haar-like 特征提取中使用积分信号和 Δ 积分信号的计算成本。积分信号的使用减少了计算成本的 54%。Δ 积分信号的使用在此基础上又减少了7.3%。但是，实际的效果取决于所选择的特征组合。通过使用正向估计技术，大多数正向样本被检测为正向，并作为分类早期段的最终决定。PE 技术的使用减少了 74.8% 的计算成本。

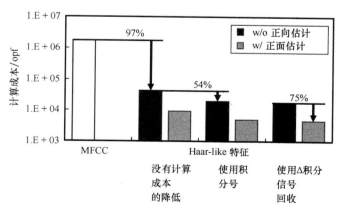

图 21.13 正向估计（PE）技术的作用

### 21.4.3 冗余特征选择

在传统方法中，先前分类器已经从特征池中选择过的特征在后续分类器的训练中将被省略。在训练过程中，通过数据集的自举重启来提供新的负向训练样本，并为每一层分类器初始化训练样本的权重。因此，级联中的每个分类器可以被认为是具有相对较弱相关性的差分类器。如此一来，在先前的级联分类器中已经选择过的识别性特征就不会在后续的训练过程中被忽略。换句话说，特征空间可以在级联的所有强分类器之间共享。

冗余特征选择（RFS）结合了之前分类器中已经选择的特征。RFS 允许级联中的每个分类器共享一些特征，这样尽管保证了识别性能，却同时降低了计算成本效益。

### 21.4.4 动态查找表

级联分类器的每个段都是由弱分类器的线性组合构成的。图 21.14 示出了弱分类器的各种表示形式。在第一个级联分类器被提出时，Viola 等将简单的单阈值（或决策桩）作为弱分类器。决策桩决定了最优的阈值分类函数，因此使得错误分类样例数量得以最小化。由于该分类器过于简单，不能适应复杂的分布情况，所以类内部的样本差异被忽略。在后来的实证研究中，Overett 等表明，在单阈值识别中，超过90% 的特征是不具有识别性的。这通常是由于多模态分布或重叠的模态峰引起的[83]。作为一个相关工作，Kim 等[84] 和 Rasolzadeh[85] 提出了多重阈值模型来对特征响应进行建模。

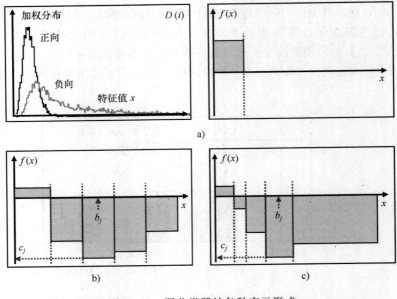

图 21.14 弱分类器的各种表示形式

a) 样本分布　b) 固定查找表　c) 动态查找表

Huang 等[86] 提出了实值查找表弱分类器的使用。为了构建基于 LUT 的弱分类器，特征空间被均匀划分为多个子范围，并在每个箱体上计算实值置信度。通常，直方图被当作一种低密度的估计函数来看待。直方图受到分箱问题的困扰，也就是说，在高密度区域和低密度区域处分别具有对真实分布欠拟合和过度拟合的倾向。过度拟合是由于缺乏训练的数据落在某些直方图箱体中而造成的，而欠度拟合则发生在模拟正负分布变化的箱体太少的情况下[87,88]。由于箱体的数量固定为一个确定的数量且分区宽度相等，因此我们将此方法称为固定查找表（Fxed Lookup Table，FLUT）。但是，在对级联分类器进行训练时，训练数据的复杂度会随着每个段的特点而变化。

Le 等[89] 提出了一种 Ent-Boost 算法，该算法使用正负样本的概率分布之间的相对熵来选择最好的弱分类器。但是，弱分类器的选择并不是全局最优的。Xiao 等[90] 提出了贝叶斯树桩，该树桩将具有相似值的相邻箱体加以合并。这种方法在分箱过程中也不是最理想的。为了缓解装箱过程中出现的问题，提出了动态查找表（DLUT）。

假设 $X_0$, $X_1$, $\cdots$, $X_N$ 是 Haar-like 特征值域 $Z$ 的一个分割。给定一个数据集 $\{(x_1, y_1),$ $\cdots, (x_m, y_m)\}$，其中 $x_i \in X$ 且类标签 $y_i \in \{-1, 1\}$，则落入到带有标签 $l$ 的箱体 bin$j$ 中样例的加权分数可以计算为

$$W_1^j = \sum_{i:x_i \in X_j, y_i = l} D(i) = \mathrm{Pr}_{i \sim D}[x_i \in X_j \land y_i = l] \tag{21.28}$$

式中，$D(i)$ 为样本分布。然后，箱体 bin$j$ 中的每个预测可以由下式给出

$$c_j = \frac{1}{2}\log\left(\frac{W_{+1}^j + \varepsilon}{W_{-1}^j + \varepsilon}\right)$$

式中，$\varepsilon$ 表示平滑值，其典型选择大约为 $1/m$，其中 $m$ 是训练样例数[91]。如果给定输入数据及其特征值 $x$，则弱分类器输出 $f(x)$ 将特征值 $x$ 映射到 $\{c_1, \cdots, c_N\}$。在特征选择过程中，那些能够产生具有最小训练损失的弱分类器特征将被选择。每个弱分类器的训练损失 $Z$ 由下式给出：

$$\begin{aligned} Z &= \sum_j \sum_{i:x_i \in X_j} D(i)\exp(-y_i c_j) \\ &= \sum_j (W_{+1}^j \exp(-c_j) + W_{-1}^j \exp(c_j)) \end{aligned} \tag{21.29}$$

通过将式（21.28）代入到式（21.29），$Z$ 则可以被看作是平滑的 Bhattacharyya 距离[81]，它通过近似正负样本分布之间的重叠量来度量特征值的识别特性。

一个重要的性质是，训练损失 $Z$ 仅取决于给定实例落入哪个分区 $X_j$。因此，训练损失可表示为每个分区 $X_j$ 的训练损失总和。基于动态规划的域划分要求其成本函数表示为贡献的总和，每个贡献的大小仅取决于单个分区[92,93]。因此，训练损失函数可以直接作为基于动态规划区域划分的成本函数来构建 DLUT。

假设特征空间的位宽为 $b_{f(x)}$，那么在特征空间的直方图中我们有 $M = 2^{bf(x)}$ 个可能数量的二进制位。设 $th_0 < th_1 < \cdots < th_K$ 为划分 Haar-like 特征空间的阈值序列，其中 $th_0 = 0$，且 $th_K = M$。如果 $H(th_{j-1}, th_j)$ 是特定区间 $X_j$ 的品质量度，那么分区的整体度量可由下式给出：

$$H(th_0, \cdots, th_K) = \sum_{j=1}^K H(th_{j-1}, th_j) + n\beta \tag{21.30}$$

式中，$\beta$ 是分区中每个区间的代价，它可使得选择尽可能少的分区数量。

设 $H^*(th_b)$ 为信号 $(0, th_b)$ 的最佳分区的分数，则 $(0, th_b)$ 的最优分区必须是由未分区间隔或 $(0, th_a)$ 的最佳分区与附加区间 $(th_a, th_b)$ 组成。其中 $th_a < th_b$。动态规划过程可以表达如下：

$$H^*(th_b) = \min_{th_a} H^*(th_a) + H(th_a, th_b) + \beta \tag{21.31}$$

式中，$H^*(0) = 0$。每个分区的品质度量将由训练损失给出：

$$H(th_{j-1}, th_j) = \sum_{i:x_i \in (th_{j-1}, th_j)} D(i)\exp(-y_i c_j') \tag{21.32}$$

式中，分区中的每个预测 $(th_{j-1}, th_j)$ 由下式给出：

$$c_j' = \frac{1}{2}\log\left(\frac{\sum_{i:x_i \in (th_{j-1}, th_j)\char`\^y_i = +1} D(i) + \varepsilon}{\sum_{i:x_i \in (th_{j-1}, th_j)\char`\^y_i = -1} D(i) + \varepsilon}\right) \tag{21.33}$$

通过这种方式，可以使用动态规划来构造 DLUT，以通过训练损失函数的全局优化来选择最优的箱体数量。这个问题的最优解可以通过使用 $O(KM^2)$ 计算复杂度的动态规划来找到[94,95]。这种计算复杂度不会对专用硬件带来影响，因为训练阶段应该在 PC 上执行。然而，考虑到当 $M$ 较大时，由于必须对每个特征选择执行基于动态规划的域划分，所以整体训练时间将大大增加。因此，在级联分类器训练过程中，生成了一个 $L \ll M$ 个箱体的 FLUT 作为一个中间表示，以加速训练时的优化过程。此时，计算复杂度降低到 $O(KL^2)$。在实验中，$L$ 被设置为 100。

在级联分类器上使用 DLUT 的效果是基于训练分类器的数据大小进行评估的。一个 FLUT 的数据大小可以由下式给出：

$$s_{FLUT} = Kb_{output} + 2b_{threshold} \tag{21.34}$$

式中，$K$ 是箱体的数量；$b_{output}$ 表示输出常量的位宽；$b_{threshold}$ 表示阈值的位宽。

FLUT 的边界为最小和最大特征值。一个 DLUT 的数据大小可以由下式给出：

$$s_{DLUT} = Kb_{output} + (K-1)b_{threshold} \tag{21.35}$$

式中，$b_{threshold}$ 表示划分特征值域的阈值的位宽。在此，$b_{output}$ 和 $b_{threshold}$ 被设置为 1，以评估用于比较的归一化数据大小，因为比特宽度可以根据经验进行优化。

## 21.4.5 性能评估

图 21.15 和图 21.16 比较了在语音/非语音分类和人类活动识别中所提出的方法与各种传统方法的最大准确度和计算成本。

在人类活动识别中，我们使用的 RFS 方法在 2.65kopf 计算成本下达到了 96.1% 的最高准确率，这在识别准确率超过 90.0% 的方法中计算成本是最低的。如图 21.15 所示，相对于基于具有 C4.5 决策树的传统 MS 分类器这一最优的现有技术方法，在计算成本方面，该方法的计算成本降低了 84% （ $= (16.61 - 2.64)/16.61 \times 100\%$ ）。通过使用基本的一维 Haar-like 特征（H），该方法以 3.62kopf 的计算成本实现了 95.8% 的准确度。通过将双轴 Haar-like 特征 BH 添加到特征池中，其计算成本降至 3.21kopf，同时其准确度略有提高。通过将均值嵌入的 Haar-like 特征 MEH 添加到特征池中，其计算成本进一步下降到 3.11kopf,并且其准确度略高于 96.1%。由此可以看出,通过将基本统计特征集成到 Haar-like 特征提取架构中,可以降低计算成本而不会降低识别准确度。

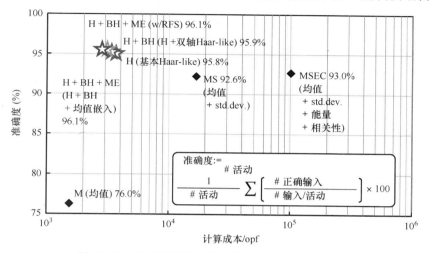

图 21.15　基于不同特征的人类活动识别的性能比较

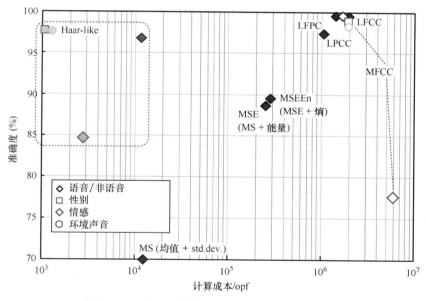

图 21.16　基于不同特征的语音/非语音分类比较

在语音/非语音分类准确度方面,所提出的方法实现了 12.24kopf 的计算成本,其准确度为 96.9%。在此,我们将该结果与被称为梅尔频率倒频谱系数(MFCC)的最先进的声音特征提取方法[55]和其他常规方法[如线性频率倒频谱系数(Linear Frequency Cepstrum Coeffcient,LFCC)[96],线性频率功率系数(Linear Frequency Power Coeffcient,LFPC)[97],以及 LPCC[55]]进行了比较。对于 MFCC 方法,每个信号需要乘以一个 20ms 的 Hamming 窗口，并且有 10ms 的重叠。在每个窗口上需要计算 256 个点的 FFT，并且需要采用在梅尔尺度上线性分布的一组三角形滤波器对谱幅度进行滤波。当不使用梅尔尺度时，可以提取 LFCC。对数压缩滤波器输出通过离散余弦变换（Discrete Cosine Transform，DCT）转换为倒谱系数。当 DCT 未应用于 LFCC 时，将提取 LFPC，以作为替代。另外，我们还与 Walsh-Hadamard 变换（Walsh-Hadamard Transform，WT）进行了比较，该变换是 FFT 的方波等效。为了比较，我们使用快速 Walsh-Hadamard 变换（Fast Walsh-Hadamard Transform，FWT）来提取特征值[98]。对于分类器，使用基于 LBG 矢量量化的分类器[36]，其模型大小为 4~512[28]，从而绘制出了最大的准确度。

MFCC 方法给出了最高的语音/非语音分类准确率为 99.8%，其计算成本为 1880kopf。另外，FFT、DCT 和滤波器组分析需要大量的存储器，以存储正弦和余弦查找表和滤波器组系数。当输入帧长度为 0.1s 时，需要进行 9 个窗口的计算。LFCC 以 1940kopf 的计算成本产生了 99.9% 的准确度。LFPC 以 1665kopf 的计算成本给出的准确度为 99.9%。LPCC 以 1176kopf 的计算成本给出的准确率达到 97.5%。FWT 以 140kopf 的计算成本达到的准确度为 88.0%。

在此，还评估了基于传统人类活动识别的研究方法。MS 方法仅达到了 68.8% 的准确度，MSE 方法达到 88.2% 的准确度，MSEE$n$（MSE + Entropy）方法达到了 89.2% 的语音/非语音分类准确度。通过使用所提出的具有冗余特征选择 RFS 的 Haar-like 特征方法，以 12.2kopf 的计算成本获得了 96.9% 的准确度。相对于 MFCC 方法，该方法在准确度方面仅相差了 2.9%，而其计算成本则降低了 99%［= (1880 - 12.2)/1880×100%］。

对于性别识别，以 99% 的有效计算成本实现了 97.5%（相对准确度为 98%）的准确度。输入帧长度的设置为 0.1s。为了进行情绪识别，我们将情绪化/中性化语音分类器针对每一类情绪（悲伤，快乐和愤怒）分别进行了训练。识别的结果实现了 84.6% 的准确度（相对准确度为 109%），实现效率达到了 99%。这种准确度的提高可以视为特征选择灵活性的结果。为了进行环境声音的识别，我们将目标/非目标分类器真对帧长度为 0.1s 的 21 个声音中的每一个声音进行了训练。使得其识别准确度达到了 97.3%（相对准确度为 98%）。对于大多数识别问题，在相同计算成本下实现高效率时，仅观察到较低的准确度。

表 21.3 给出了级联分类器中基于 FLUT 和 DLUT 的弱分类器之间的分类器大小的比较。其中，动态查找表的箱体平均数为 7.7，该数值小于固定查找表 FLUT 的箱体 20.0，但却实现了 97.1% 的最高语音/非分类分类准确度。使用 DLUT 的级联分类器与使用 FLUT 的相比，其尺寸减少了 54.3%［= (1166 - 533)/1166×100%］。式（21.31）中每个分区区间的惩罚值 $\beta$ 通过实验被发现为 0.02。因此，DLUT 使得级联分类器比基于 FLUT 的传统分类器更加紧凑。

表 21.3　分类器尺寸比较（语音/非语音分类）

|  | 尺寸 | 平均箱体数 | 特征数量 | 准确度（%） | 计算成本/kopf |
|---|---|---|---|---|---|
| FLUT | 1166 | 20.0 | 53 | 96.9 | 12.2 |
| DLUT | 533 | 7.7 | 37 | 97.1 | 11.7 |

## 21.5　结论和讨论

多功能识别算法是以较低的计算成本、通用的架构来处理图像、声音和三维加速度信号。其主要贡献有以下两点：

首先，提出一维 Haar-like 特征来粗略估计当前信号的频率信息。此外，提出了双轴和均值嵌入的 Haar-like 特征，以提取 Haar-like 特征架构中三维加速度信号的标准偏差和轴间相关性。

其次，提出了三种技术来构建紧凑的级联分类器。引入带有正向估计技术的级联分类器，以允许传感器节点只有在输入类似于目标并且难以识别时才能够进行精确地计算，并且当输入获得足够的置信度时停止难以识别的计算。冗余特征选择结合了前一段分类器中已经选择的特征来降低计算成本。此外，通过对训练损失函数进行全局优化，提出使用动态查找表来构建具有尽可能小的箱体数的基于查找表的弱分类器。

我们的算法在声音识别和人类活动识别方面进行了测试，并且其结果优于传统的特征提取方法。通用识别算法也被应用于人脸检测，并且在 0.05 的假正向率/图像上实现了 81% 的检测率。这与 OpenCV（是一个值得注意的计算机视觉库[99]）的结果相类似。

我们的多功能识别算法已被用于构建多功能识别处理器，这是第一个执行多个识别任务的解决方案，同时每秒每帧的能量消耗不到几毫瓦。该处理器采用 90nm CMOS 技术制造。它以 54MHz 时钟频率运行，电源电压为 0.9V。对于使用 Haar-like 和级联分类器的语音/非语音分类，每帧的功耗仅为 $0.28\mu J$/帧。对于人类活动识别，每帧的能量消耗率为 $0.15\mu W$/fps。由于传感器节点需要具有多功能性以适应各种输入信号的输入，并且还受到电池供电功率的限制，因此可以将本章所提出的多功能识别算法作为一种合适的解决方案。

## 参 考 文 献

1. I. Akyildiz, W. Su, Y. Sankarasubramaniam, and E. Cayirci, Wireless sensor networks: A survey, *Computer Networks*, 38(4), 393–442, March 2002.
2. Th. Arampatzis, J. Lygeros, and S. Manesis, A survey of applications of wireless sensors and wireless sensor networks, *IEEE International Symposium on Intelligent Control*, Limassol, Cyprus, June 27–29, 2005, pp. 719–724.
3. I.F. Akyildiz, T. Melodia, and K.R. Chowdhury, A survey on wireless multimedia sensor networks, *Computer Networks*, 51, 921–960, 2007.
4. I.F. Akyildiz, T. Melodia, and K.R. Chowdhury, Wireless multimedia sensor networks: A survey, *IEEE Wireless Communications*, 14(6), 32–39, December 2007.
5. B. Schilit, N. Adams, and R. Want, Context-Aware computing applications, in *Proceedings of IEEE Workshop on Mobile Computing Systems and Application*, Santa Cruz, California, December 8–9, 1994, pp. 85–90.
6. A.J. Eronen, V.T. Peltonen, J.T. Tuomi, A.P. Klapuri, S. Fagerlund, T. Sorsa, G. Lorho, and J. Huopaniemi, Audio-based context recognition, *IEEE Transactions on Audio, Speech, and Language Processing*, 14(1), 321–329, January 2006.
7. J. Nishimura, N. Sato, and T. Kuroda, Speech "Siglet" detection for business microscope, in *Proceedings of IEEE Pervasive Computing and Communication*, Hong Kong, March 17–21, 2008, pp. 147–152.

8. J. Nishimura, N. Sato, and T. Kuroda, Speaker siglet detection for business microscope, in *Proceedings of AMLA/IEEE International Conference on Machine Learning and Applications*, San Diego, CA, December 11–13, 2008, pp. 376–381.

9. J. Nishimura and T. Kuroda, Speaker recognition using speaker-independent universal acoustic model and synchronous sensing for business microscope, in *Proceedings of International Conference on Wireless Pervasive Computing*, Melbourne, Australia, December 11–13, 2009, pp. 1–5.

10. K. Ara, N. Kanehira, D.O. Olguin, B.N. Waber, T. Kim, A. Mohan, P. Gloor et al., Sensible organizations: Changing our businesses and work styles through sensor data, *Journal of Information Processing*, 16, 1–12, April 2008.

11. K. Yano and H. Kuriyama, Human x sensor: How sensor information will change human, organization and society, *Hitachi Hyouron*, 89(07), 62–67, 2007.

12. S. Escalera, R.M. Martinez, J. Vitria, P. Radeva, and M.T. Anguera, Dominance detection in face-to-face conversations, in *Proceedings of IEEE Computer Vision and Pattern Recognition*, June 20–25, 2009, pp. 97–102.

13. A.R. Doherty and A.F. Smeaton, Combining face detection and novelty to identify important events in a visual, in *Proceedings of IEEE International Conference on Computer and Information Technology Workshops*, Sydney, Australia, July 8–11, 2008, pp. 348–353.

14. E.H. Spriggs, F. De La Torre, and M. Hebert, Temporal segmentation and activity classification from first-person sensing, in *Proceedings of IEEE Computer Vision and Pattern Recognition Workshops*, June 20–25, 2009, pp. 17–24.

15. L. Han, Z. Li, H. Zhang, and D. Chen, Wearable observation supporting system for face identification based on wearable camera, in *Proceedings of IEEE International Conference on Computer Science and Information Technology*, Chengdu, China, July 9–11, 2010, Chengdu, China, pp. 91–95.

16. M. Chan, E. Campo, and D. Esteve, Monitoring elderly people using a multisensory system, in *Proceedings of Second International Conference on Smart Homes and Health Telematic*, 2004, pp. 162–169.

17. D.V. Anderson and S. Ravindran, Distributed acquisition and processing systems for speech and audio, in *Proceedings of Forty-Fourth Annual Allerton Conference*, Monticello, September 27–29, 2006, pp. 1150–1154.

18. R.V. Kulkarni, A. Förster, and G.K. Venayagamoorthy, Computational intelligence in wireless sensor networks: A survey, *IEEE Communications Survey and Tutorials*, 13(1), 68–96, 2011.

19. G.J. Pottie and W.J. Kaiser, Wireless integrated network sensors, *Communications of the ACM*, 43(5), 51–58, May 2000.

20. R. Kleihorst, B. Schueler, and A. Danilin, Architecture and applications of wireless smart cameras, in *Proceedings of International Conference on Acoustics, Speech and Signal Processing*, Honolulu, vol. IV, April 15–20, 2007, pp. 1373–1376.

21. D. Wyatt, J. Bilmes, H. Kautz, and T. Choudbury, A privacy-sensitive approach to modeling multi-person conversations, in *Proceedings of International Joint Conferences on Artificial Intelligence*, January 6–12, 2007, Hyderabad, India, pp. 1769–1775.

22. D. Wyatt, J. Bilmes, T. Choudbury, and J.A. Kitts, Towards the automated social analysis of situated speech data, in *Proceedings of ACM International Conference on Ubiquitous Computing*, Seoul, South Korea, September 21–24, 2008, pp. 168–171.

23. D. Zhao, H. Ma, and L. Liu, Event classification for living environment surveillance using audio sensor networks, in *Proceedings of IEEE International Conference on Multimedia and Expo*, July 19–23, 2010, Singapore, pp. 528–533.

24. H. Kwon, H. Krishnamoorthi, V. Berisha, and A. Spanias, A sensor network for real-time acoustic scene analysis, in *Proceedings of IEEE International Symposium on Circuits and Systems*, May 24–27, 2009, pp. 169–172.

25. H. Kwon, V. Berisha, and A. Spanias, Real-time sensing and acoustic scene characterization for security applications, in *Proceedings of IEEE International Symposium on Wireless Pervasive Computing*, Santorini, Greece, May 7–9, 2008, pp. 755–758.

26. T. Bocklet, A. Maier, J.G. Bauer, F. Burkhardt, and E. Nöth, Age and gender recognition for telephone applications based on GMM supervectors and support vector machines, in *Proceedings of IEEE International Conference on Acoustics, Speech, and Signal Processing*, Las Vegas, March 31–April 4, 2008, pp. 1605–1608.

27. T. Kinnunen, E. Chernenko, M. Tuononen, P. Fränti, and H. Li, Voice activity detection using MFCC features and support vector machine, in *Proceedings of Speech and Computer*, vol. 2, Moscow, Russia, October 15–18, 2007, pp. 556–561.

28. N. Sato and Y. Obuchi, Emotion recognition using Mel-frequency cepstrum coefficients, *Journal of Natural Language Processing*, 14(4), 83–96, 2007.
29. T. Kinnunen, E. Karpov, and P. Fränti, Real-time speaker identification and verification, *IEEE Transactions on Audio, Speech, Language Process*, 14(1), 277–288, January 2006.
30. P. Lukowicz, J.A. Ward, H. Junker, M. Stäger, G. Tröster, A. Atrash, and T. Starner, Recognizing workshop activity using body worn microphones and accelerometers, in *Proceedings of International Conference on Pervasive Computing*, Linz, Austria, April 21–23, 2004, pp. 18–22.
31. D. Istrate, E. Castelli, M. Vacher, L. Besacier, and J.-F. Serignat, Information extraction from sound for medical telemonitoring, *IEEE Transactions on Information Technology in Biomedicine*, 10(2), 264–274, April 2006.
32. S. Chu, S. Narayanan, and C.C. Jay Kuo, Environmental sound recognition with time–frequency audio features, *IEEE Transactions on Audio, Speech, and Language Processing*, 17(6), 1142–1158, August 2009.
33. C. Parker, An empirical study of feature extraction methods for audio classification, in *Proceedings of International Conference on Pattern Recognition*, Istanbul, Turkey, August 23–26, 2010, pp. 4593–4596.
34. D.A. Reynolds et al., Speaker verification using adapted Gaussian mixture models, *Digital Signal Processing*, 10, 19–41, 2000.
35. S. Ravindran, D. Anderson, and M. Slaney, Low-power audio classification for ubiquitous sensor networks, in *Proceedings of IEEE International Conference on Acoustics, Speech, and Signal Processing*, vol. 4, Montreal, Quebec, Canada, May 17–21, 2004, pp. 337–340.
36. Y. Linde, A. Buzo, and R.M. Gray, An algorithm for vector quantizer design, *IEEE Transactions on Communications*, 20, 84–95, 1980.
37. P. Nurmi, P. Floréen, M. Przybilski, and G. Lindén, A framework for distributed activity recognition in ubiquitous systems, in *Proceedings of International Conference on Artificial Intelligence*, Las Vegas, NV, June 27–30, 2005, pp. 650–655.
38. N. Ravi, N. Dandekar, P. Mysore, and M.L. Littman, Activity recognition from accelerometer data, in *Proceedings of AAAI Conference on Artificial Intelligence*, Pittsburg, PA, July 9–13, 2005, pp. 1541–1546.
39. T. Huynh and B. Schiele, Analyzing features for activity recognition, in *Proceedings of Joint Conference on Smart Objects Ambient Intelligence*, Grenoble, France, October 12–14, 2005, pp. 159–163.
40. L. Bao and S. Intille, Activity recognition from user-annotated acceleration data, in *PERVASIVE*, Vienna, Austria, April 21–23, 2004, pp. 1–17.
41. P. Viola and M.J. Jones, Robust real-time face detection, *International Journal of Computer Vision*, 57(2), 137–154, 2004.
42. M. Siala, N. Khlifa, F. Bremond, and K. Hamrouni, People detection in complex scene using a cascade of boosted classifiers based on Haar-like-features, *IEEE Intelligent Vehicle Symposium*, Shaanxi, China, June 3–5, 2009, pp. 83–87.
43. G. Shakhnarovich, P. Viola, and B. Moghaddam, A unified learning framework for real time face detection and classification, in *Proceedings of IEEE International Conference on Automatic Face and Gesture Recognition*, Washington, D.C., May 21, 2002, pp. 14–21.
44. X. Zhao, X. Chai, and Z. Niu, Context constrained facial landmark localization based on discontinuous Haar-like feature, in *Proceedings of IEEE International Conference on Automatic Face and Gesture Recognition*, California, March 21–25, 2011, pp. 673–678.
45. Y. Konishi, K. Kinoshita, S. Lao, and M. Kawade, Real-time estimation of smile intensities, *IEEE Asian Conference on Computer Vision* (demo), 2007.
46. S.-Uk. Jung, D.H. Kim, K.H. An, and M.J. Chung, Efficient rectangle feature extraction for real-time facial expression recognition based on AdaBoost, in *Proceedings of IEEE/RSJ International Conference on Intelligent Robots and Systems*, Edmonton, Alberta, Canada, August 2–6, 2005, pp. 1941–1946.
47. J. Nishimura and T. Kuroda, Low cost speech detection using Haar-like filtering for sensornet, in *Proceedings of IEEE International Conference on Signal Processing*, Beijing, China, vol. 3, October 26–29, 2008, pp. 2608–2611.
48. J. Nishimura and T. Kuroda, Haar-like filtering based speech detection using integral signal for sensornet, in *Proceedings of International Conference on Sensing Technology*, November 30–December 3, 2008, pp. 52–56.

49. J. Nishimura and T. Kuroda, Haar-like filtering with center-clipped emphasis for speech detection in sensornet, in *Proceedings of IEEE DSP/SPE Workshop*, Marco Island, FL, January 4–7, 2009, pp. 1–4.

50. Y. Hanai, J. Nishimura, and T. Kuroda, Haar-like filtering for human activity recognition using 3-D accelerometer, in *Proceedings of IEEE DSP/SPE Workshop*, Marco Island, FL, January 4–7, 2009, pp. 675–678.

51. J.W. Pitton, K. Wang, and B.-H. Juang, Time-frequency analysis and auditory modeling for automatic recognition of speech, *Proceedings of the IEEE*, 84(9), 1199–1125, September 1996.

52. J.W. Picone, Signal modeling techniques in speech recognition, *Proceedings of the IEEE*, 81(9), 1215–1247, September 1993.

53. J.D. Hoyt and H. Wechsler, Detection of human speech in structured noise, in *Proceedings of IEEE International Conference on Acoustics, Speech, and Signal Processing*, Adelaide, South Australia, Australia, vol. 2, April 19–22, 1994, pp. 237–240.

54. Y. Tian, Z. Wang, and D. Lu, Nonspeech segment rejection based on prosodic information for robust speech recognition, in *Proceedings of IEEE Signal Processing Letters*, 9(11), 364–337, 2002.

55. S.B. Davis and P. Mermelstein, Comparison of parametric representations of monosyllabic word recognition in continuously spoken sentences, *IEEE Transactions on Speech Audio Processing*, 28, 357–366, 1980.

56. Y. Higashijima, S. Takano, and K. Niijima, Face recognition using long Haar-like filter, in *Proceedings of Image and Vision Computing*, Dunedin, New Zealand, November 28–29, 2005, pp. 43–48.

57. X. Cui, Y. Liu, S. Shan, X. Chen, and W. Gao, 3D Haar-like features for pedestrian detection, in *Proceedings of IEEE International Conference on Multimedia & Expo*, July 2–5, 2007, Beijing, China, pp. 1263–1266.

58. T. Kobayashi, S. Itahashi, S. Hayamizu, and T. Takezawa, ASJ continuous speech corpus for research, *Journal of the Acoustical Society of Japan*, 48, 888–893, 1992.

59. NOISEX-92 [Online]. http://spib.rice.edu/spib/select_noise.html.

60. M. Liberman, K. Davis, K. Grossman, N. Martey, and J. Bell, Emotional prosody speech and transcripts [Online]. http://www.ldc.upenn/edu/Catalog/CatalogEntry.jsp?catalogId = LDC2002S28.

61. A.D. Booth, A signed binary multiplication technique, *Quarterly Journal of Mechanics and Applied Mathematics*, 4(2), 236–240, 1951.

62. T. Choudhury, M. Philipose, D. Wyatt, and J. Lester, Towards activity databases: Using sensors and statistical models to summarize people's lives, *IEEE Data Engineering Bulletin*, 29, 49–58, 2006.

63. N. Kern, B. Schiele, H. Junker, P. Lukowicz, and A. Schmidt, Context annotation for a live life recording, in *Proceedings of Pervasive, Workshop on Memory and Sharing of Experiences*, Vienna, Austria, April 20, 2004.

64. J. Lester, T. Choudhury, and G. Borriello, A practical approach to recognizing physical activities, *Pervasive Computing*, 3968, 1–16, 2006.

65. I.H. Witten and E. Frank, *Data Mining: Practical Machine Learning Tools and Techniques*, 2nd edn., Morgan Kaufmann, Burlington, MA, 2005.

66. U. Maurer, A. Smailagic, D.P. Siewiorek, and M. Deisher, Activity recognition and monitoring using multiple sensors on different body positions, in *Proceedings of International Workshop on Wearable and Implantable Body Sensor Networks*, April 3–5, 2006, pp. 113–116.

67. ATR-Promotions [Online]. http://www.atr-p.com/sensor01.html.

68. M. Beigl, A. Krohn, T. Zimmer, and C. Decker, Typical sensors needed in ubiquitous and pervasive computing, in *Proceedings of International Workshop on Networked Sensing Systems*, Tokyo, Japan, June 22–23, 2004, pp. 153–158.

69. D. Olguín Olguín and A. Pentland, Human activity recognition: Accuracy across common locations for wearable sensors, in *Proceedings of International Symposium on Wearable Computers*, Montreux, Switzerland, October 11–14, 2006, pp. 11–13.

70. R. Lienhart, A. Kuranov, and V. Pisarevsky, Empirical analysis of detection cascades of boosted classifiers for rapid object detection, MRL Technical Report, Intel Labs, May 2003.

71. P. Viola and M. Jones, Fast and robust classification using asymmetric AdaBoost and a detector cascade, *Advances in Neural Information Processing Systems*, 14, 1311–1318, 2002.

72. S. Ravindran and D.V. Anderson, Cascade classifiers for audio classification, in *Proceedings of IEEE Digital Signal Processing Workshop*, Taos Ski Valley, 1–4 Aug, 2004, pp. 366–370.

73. H. Matsuda, T. Takiguchi, and Y. Ariki, Voice activity detection with real AdaBoost, in *Proceedings of Acoustical Society of Japan Fall Meeting*, 2006, pp. 117–118.

74. Y. Freund and R.E. Schapire, A decision-theoretic generalization of on-line learning and an application to boosting, *Journal of Computer and System Sciences*, 55, 119–139, 1997.

75. C. Huang, B. Wu, H. Ai, and S. Lao, Omni-directional face detection based on real AdaBoost, in *Proceedings of IEEE International Conference on Image Processing*, October 24–27, 2004, pp. 593–596.

76. B. Wu, H. Ai, C. Huang, and S. Lao, Fast rotation invariant multi-view face detection based on real AdaBoost, in *Proceedings of IEEE International Conference on Automatic Face and Gesture Recognition*, May 17–19, 2004, pp. 79–84.

77. P. Viola and M. Jones, Rapid object detection using a boosted cascade of simple features, in *Proceedings of IEEE Conference on Computer Vision and Pattern Recognition*, December 8–14, 2001, pp. 1–9.

78. S. Yan, S. Shan, X. Chen, and W. Gao, Fea-Accu cascade for face detection, in *Proceedings of IEEE International Conference on Image Processing*, November 7–10, 2009, pp. 1217–1220.

79. J. Wu, S. Brubaker, M.D. Mullin, and J.M. Rehg, Fast asymmetric learning for cascade face detection, *IEEE Transactions on Pattern Analysis and Machine Intelligence*, 30(3), 369–382, March 2008.

80. T. Kailath, The divergence and Bhattacharyya distance measures in signal selection, *IEEE Transactions on Communication Technology*, COM-15(1), 52–60, 1967.

81. G. Xuan, X. Zhu, P. Chai, Y.Q. Shi, and D. Fu, Feature selection based on the Bhattacharyya distance, in *Proceedings of International Conference on Pattern Recognition*, August 20–24, 2006, pp. 1–4.

82. G. Overett and L. Petersson, Improved response modelling on weak classifiers for boosting, in *Proceedings of IEEE International Conference on Robotics and Automation*, April 10–14, 2007, pp. 3799–3804.

83. J.H. Kim, B.G. Kwon, J.Y. Kim, and D.J. Kang, Method to improve the performance of the AdaBoost algorithm by combining weak classifiers, in *Proceedings of International Workshop on Content-Based Multimedia Indexing*, June 18–20, 2008, London, U.K., pp. 357–364.

84. B. Rasolzadeh, L. Petersson, and N. Petersson, Response binning: Improved weak classifiers for boosting, in *Proceedings of IEEE Intelligent Vehicles Symposium*, Tokyo, Japan, June 13–15, 2006, pp. 344–349.

85. C. Huang, H.Z. Ai, Y. Li, and S. Lao, High-performance rotation invariant multi-view face detection, *IEEE Transactions on Pattern Analysis and Machine Intelligence*, 29(4), 671–686, 2007.

86. G. Overett and L. Petersson, On the importance of accurate weak classifier learning for boosted weak classifiers, in *Proceedings of IEEE Intelligent Vehicles Symposium*, June 4–6, 2008, pp. 816–821.

87. G. Overett and L. Petersson, Boosting with multiple classifier families, in *Proceedings of IEEE Intelligent Vehicles Symposium*, October 11–13, 2007, pp. 1039–1044.

88. D. Le and S. Satoh, Ent-boost: Boosting using entropy measure for robust object detection, in *Proceedings of International Conference on Pattern Recognition*, August 20–24, 2006, pp. 602–605.

89. R. Xiao, H. Zhu, H. Sun, and X. Tang, Dynamic cascades for face detection, in *Proceedings of IEEE International Conference on Computer Vision*, October 14–21, 2007, pp. 1–8.

90. R.E. Schapire and Y. Singer, Improved boosting algorithm using confidence-rated predictions, *Machine Learning*, 37, 1999, Kluwer Academic Publishers, pp. 297–336.

91. J. Himberg, K. Korpiaho, H. Mannila, and J. Tikanmaki, Time series segmentation for context recognition in mobile devices, in *Proceedings of IEEE International Conference on Data Mining*, November 29–December 2, 2001, pp. 203–210.

92. E. Nichols and C. Raphael, Globally optimal audio partitioning, in *Proceedings of International Society for Music Information Retrieval Conference*, Victoria, British Columbia, Canada, October 8–12, 2006, pp. 202–205.

93. B. Jackson et al., An algorithm for optimal partitioning of data on an interval, *IEEE Signal Processing Letters*, 12(2), 105–108, 2005.

94. R. Bellman, On the approximation of curves by line segments using dynamic programming, *Communications of the ACM*, 4(6), 284, 1961.

95. S.G. Koolagudi, S. Nandy, and K.S. Rao, Spectral features for emotion classification, in *Proceedings of IEEE International Advance Computing Conference*, Patiala, India, March 6–7, 2009, pp. 1292–1296.

96. T.L. New, S.W. Foo, and L.C. De Silva, Detection of stress and emotion in speech using traditional and FFT based log energy features, in *Proceedings of International Conference on Information, Communications and Signal Processing*, December 15–18, 2003, pp. 1619–1623.

97. W. Ouyang and W. Cham, Fast algorithm for Walsh Hadamard transform on sliding windows, *IEEE Transactions on Pattern Analysis and Machine Intelligence*, 32(1), 165–171, 2010.

98. Open CV library [Online]. http://www.opencv.org/.

# 第 22 章　远程 RF 探测信息学

John Kosinski

## 22.1　引言

大多数改进传感器的工作都集中在传感器技术方面，涉及器件物理学、工程设计、材料科学、制造技术等。传感器数据处理和传感器数据融合的任务通常被视为一个可分离的问题集来处理，该问题涉及信号、信号处理、信息和信息处理，并且在许多情况下，这些可分离的问题集可按输出数据的最终评估和逻辑来处理。本章在全面研究遥感问题的基础上，应用来自远程 RF 探测领域的实例，重点研究潜在的信息问题各个层面之间的关系和相互作用。本章将研究传感器和传感器系统的信息学问题，以香农（Shannon）和 Weaver 阐述的通信框架作为起点，找出那些必须加入到传感器问题框架中的传感器问题特有的元素。特别是，我们发现互信息、观测、可观测量和逻辑推理中的概念都在远程射频传感的整体框架中发挥了作用。

## 22.2　背景

许多人可能会感到惊讶的是，在 Claude E. Shannon 和 Warren Weaver 的经典著作《The Mathematical Theory of Communication》中，他们将广泛的交流哲学阐述为"一种思维可能影响另一种思维的所有程序[1]。当然，这不仅涉及书面和口头演讲，还涉及音乐、图像艺术、戏剧、芭蕾舞以及实际上所有的人类行为。"实际上令人惊讶的是，香农（Shannon）数学在计算数据速率和通信系统信道容量方面应用非常广泛。但是，如果要在通信和信息系统方面取得进展，哲学框架是不可或缺的。事实上，传感器系统也是如此，其目的是以某种方式影响传感器本身以外的其他东西，这种目的通常可以追溯到在某位置放置传感器的人或事。

### 22.2.1　Shannon 和 Weaver 的总体框架

香农（Shannon）和 Weaver 的框架将通信的主体分解为三个层次的问题。这些问题依次是 A 级的技术问题，B 级的语义问题和 C 级的有效性问题。

技术问题的关注点是以规定的保真等级将信号从发送方传送到接收方。技术问题直接涉及工程领域，并有明确的性能标准和客观指标。消息在发送方生成并通过某种方式发送给接收方。技术问题主要集中在接收到的消息与发送方传送的消息完全相同的程度。通信系统被认为包括五个部分，如图 22.1 所示。这些信息如下：产生信息的信息源，即消息的载体；将信息传送到通信信道上的发送器；通信信道本身；接收器将接收到的信号从用于发送的形式转换为目的方可理解的消息形式；消息所针对的目的方。信道不仅包括传输机制，还包括所有的噪声处理，以便使得接收器能够以信号的发送的正确方式来接收信号。其中最重要的技术成果是香农的信道容量公式[2]，即

$$C = B\log_2(1 + SNR) \tag{22.1}$$

信道容量 $C$〔以 bit/s 或二进制数字（位元组）每秒为单位来表示〕是指在源和目的方之间通过一个附加的、白的、高斯噪声的信道，可以可靠地传输符号的最大速率。信道容量取决于信道的带宽 $B$（以 Hz 来度量）和信道输出端的信噪比（Signal-To-Noise Ratio，SNR）。虽然信息源可能含有无限量的信息内容，但在不会引入随机错误的情况下，该内容不能以 $R > C$ 的速率传输到目的方。值得注意的是，这一原则同样适用于遥感问题，远程对象的相关信息不能以比用于远程对象数据传输链路信道容量更高的速率传送，因此，对该链路的分析是远程射频传感问题的核心。

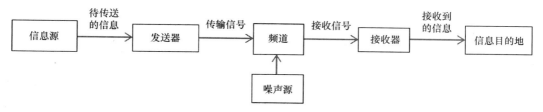

图 22.1　香农（Shannon）和 Weaver 研究的通信系统的基本框图

　　语义问题涉及接收方根据其所接收到的信息所做出的解释，还涉及在定义和界定符号、概念、词语以及表达意识、逻辑和动机的语言的通用意义上的一些有趣挑战。至少就目前的实践而言，语义问题不是一个工程问题，并且随着时间的推移，语言的自然演化也将变得复杂，从而其意义也发生了改变。

　　有效性问题涉及通信对收、发双方的意识、状态、行为等方面的影响程度，这种程度与发送方和/或接收方的目的有关。这是一个工程问题，涉及发送方和接收方对客观期望的清晰陈述，以及作为工程基础的需求定义。当期望涉及主观概念时，例如情景感知，以及当结果依赖于内在的主观的人在循环决策时，它就不那么直接地成了一个工程问题。

## 22.2.2　互信息

　　A 级的技术问题很容易用数学术语来描述，并需要进行定量的分析。B 级的语义问题和 C 级的有效性问题不容易定量化。在 RF 遥感中尤其如此。尽管 RF 探头的信号可能是已知的并且是严格控制的，但对返回的响应信号来说，由于其潜在可变性，它基本上是无界的。虽然对响应信号传送保真度的了解是非常有用的，但是更大和更重要的问题集中在响应信号的信息学上，那就是有多少信息被编码了、编码是如何进行的，以及在有噪声的情况下如何清晰地进行访问。这些问题属于互信息的范畴。

　　互信息描述了一个信息源信息的不确定性的减少，所得到的结果也就是接收方从

该信息源接收到的信息。一条核心的原则是以获得的信息来测量信息源信息的不确定性的减少，这与香农（Shannon）和 Weaver 的思想是一致的。然而，互信息的本质涉及一些直接适用于遥感问题的数学特性。互信息使得我们能够从任意未知内容的消息中定量评估信息，如在远程 RF 探测和在已知或预期返回信号的情况下对返回信号进行优化的情况一样。

在所有情况下，信息的度量都被视为所研究对象的熵。在数学上，一组 $N$ 个事件的熵 $H$ 可以计算为

$$H = \sum_{i=1}^{N} p_i \log_2 \left( \frac{1}{p_i} \right) = - \sum_{i=1}^{N} p_i \log_2 (p_i) \tag{22.2}$$

式中，第 $i$ 个事件具有的概率为 $p_i$，并且熵的单位是 bit。当一组事件中的事件发生概率相同时，它的熵是最大的；当一些事件的发生概率比其他事件要大的时候，其熵会减小。熵是通过使用各种直接、联合和条件熵来量化信息源，是一组消息的信息内容或信息源和接收方之间互信息的基本依据[1]。这些原则也直接适用于描述遥感中的潜在信息的问题，这些信息可能被编码在某一个对象中，或者被编码在该对象的某一特定方面，也可能被编码在返回的 RF 波形中，还可能是被编码在远程对象和传感器系统之间的互信息中。

## 22.2.3　可观测量、观测和逻辑推理

无线电探测和测距，即雷达，可能是远程射频传感的主要用途。"雷达"这个名字传达了两个方面的有效性问题，即当存在物体时对物体进行（远程）探测，并确定其距雷达系统的距离。从表面上看，认为物体存在并不复杂，物体被雷达发射机发射的射频探测信号照射，物体将探测信号的一部分反射回雷达，反射的返回信号由雷达接收器接收和测量，通过反射的返回信号来探测物体，并且通过测量往返延迟时间来测量物体的与雷达系统的距离。通常，这种分析在绝大多数时间都是有效的。然而，更深层次的观察发现，实际情况要复杂得多：雷达接收器并不是测量物体的存在与否，也不是直接测量物体与雷达的距离，雷达接收机实际测量的可观测值是 RF 电子系统中某一特定点或多个点的复合 RF 电压或波形。物体的探测和范围的测量都不是直接进行的。其所给出的检测结论是作为从 RF 电压观测得出的逻辑推论而产生的，并且距离的检测结论必然取决于基准推断。远程 RF 探测系统可以了解或测量其自身的状态和属性（天线增益和方向，接收器噪声图谱等），它发送的探测信号以及接收到的复合 RF 电压都是时间的函数。在远程 RF 探测过程中获得的信息完全取决于所测量的 RF 电压的推断值，该推断值取决于系统状态和传输探测信号的先念知识以及交互作用的任何可用背景信息。作为关键背景的例子，让我们考虑雷达指向的方向（相对于地平线上可能容易出现的大型建筑物而言，可能是空的空间）以及某人发出干扰信号的可能性。逻辑推理的关键作用在远程 RF 探测中常常被忽视，特别是在系统的目的是用于一个温和的、经常发生的环境，如民用航空交通航线。

当然，除了简单的探测和测距之外，还有许多用于远程 RF 探测的用途。这些用途通常包括确定物体是否处于运动中，以及从接收信号中心频率的变化推断出的运动性

质，从接收信号的时域特征和频域特征来推断远程物体的大小、形状和特征，从接收信号的相位历史中推断出运动的变化趋势，以上这些推断也需要与传感器系统的运动相结合，加以综合分析和推理。在此要强调一下，系统是对接收到的信号进行操作，但该信号也可能不是返回的信号。接收到的信号也可能是某种形式的意外干扰，并且在军事系统的情况下，可能很容易收到干扰信号。对于一个接收到的 RF 电压的测量结果，该系统可能会按照其设计的内容给出准确报告，此时如果 RF 电压是由返回信号以外的其他信息产生的，那么这种报告可能就是完全错误的。无论哪种情况，远程 RF 探测都不能作为一个系统来看待，这并不是因为系统无法正常工作，而是因为逻辑推理是失败的。

在处理和解释传感器数据时，逻辑推理的中心作用对潜在的可观测值提出了重要的要求，这些要求在实践中可能会或可能不会被满足。最基本的是在逻辑上是可逆的。在远程 RF 探测的情况下，所接收的 RF 信号的特定特征被视为可观测的。当然，这些包括接收信号相对于声明信号探测中使用的热噪声的振幅，以及探测信号的传输与探测测距中使用的假定返回信号之间的时间延迟。信号振幅相对于热噪声是一个合理的选择：如果存在物体，则会发生一定程度的反射，并且可能存在振幅大于热噪声振幅的返回信号；相反，如果物体不存在，则不会发生反射，并且测得的 RF 电压将与热噪声的预期值相对应。我们面临的挑战是逻辑命题是不可逆的："如果对象存在，那么反射返回信号"，不能逆推出"如果信号存在，则必然有对象存在"，并且"如果 RF 电压比单独的噪声高，则有信号存在"不能逆推出"如果 RF 电压和单独的噪声水平处于一个水平，那么信号必然不存在。"事实上，这个挑战隐含在设置检测阈值时所进行的检测概率与错误警报之间的权衡：即使系统能够正确地测量 RF 电压，但一些可预测的时间因素却推断出了错误的结果，这个错误的结果可能是误报，也可能是漏检。由于产生错误的原因在于推论，因此潜在的解决方案和提升的机会也在于此。

为了实现远程对象的探测，首先需要识别与远程对象相关的一组潜在的可观测信息。由此产生的进一步的问题已经被清楚地了解。对 RF 探测信号的理论响应可以根据假定物体的材料属性、尺寸和状态计算出来，并且可以使用各种最大互信息（Maximum Mutual Information，MMI）技术来估计响应信号中的潜在信息。我们预测返回信号的不同频段和成分分量将具有不同的 SNR，并因此具有不同的信息传输容量。在这种情况下，那些首选的可观测信息的识别将相应地选择较高 SNR 的波形，以便于其特征识别的进行，因而观测过程的处理包括实际的测量以及对测量信号的处理，以分离出具有较高 SNR 的信号，从而获得潜在的、更丰富的信息特征。

如前所述，真正的挑战在于逆问题的理解及对这些问题进行逻辑推理的能力。一般的规则是，对不受控制的空间区域进行远程射频探测会导致潜在响应的开集问题。对于一个具有单一探测信号的单一传感器来说，限制该问题的唯一方法是对可能探测到的量的属性做出明确的假设，并接受某种程度上的推理失效。与此不同的是，也可以使用额外的传感器或额外的探测信号，通过多次的独立观测来降低推断失效的可能性。

## 22.3　远程 RF 探测模式

遥感探测方式在几个方面对通常意义上的通信模式进行了扩展，因为遥感探测首先要进行信号的激励，接着再从非合作潜在信息源上获取信息。最重要的是

1）遥感系统产生受控的 RF 探测信号。如果需要，可以针对特定远程对象的查询来对探测信号的特征做出调整。

2）探测信号与远程对象将发生交互作用，并且可能通过几种交互机制中的任何一种或全部来生成返回信号。在交互过程中，有关远程对象的信息及其状态信息均将传送到探测信号中。

遥感系统的特点如图 22.2 所示。图中也示出了远程 RF 探测双向链路的相关特点。

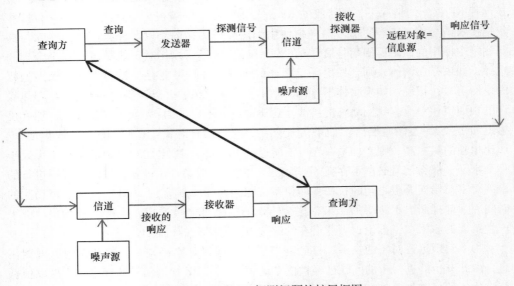

图 22.2　远程 RF 探测问题的扩展框图

在 RF 遥感模式中，查询方形成了一个既与其兴趣相关又可使用 RF 传感器实现的查询。该查询由发送器转换为探测信号并通过具有噪声的信道传播到远程对象。远程对象充当与传入的具有噪声的探测信号发生交互作用的信息源。交互作用通过几种机制中的一种将信息传递给探测信号，从而形成了一个承载了信息的响应信号的返回。响应信号在具有噪声的信道上传播，接收器将捕获这些具有噪声的响应，并将其转换成适合于查询应答的格式，再传送给查询方。

请注意，严格地说，噪声是由探测信号的前向信道和响应信号的返回信道引入的。实际上，探测信号通常在前向信道上，以比噪声功率高得多的功率电平进行广播，因此，可以忽略前向信道的附加噪声，其不会对远程 RF 探测系统的整体分析产生明显的影响。对于这个问题的处理也可以通过探测信号的校准来实现：我们假定所发送的探测信号已经经过很好的校准，因此不必在发送信号的描述中加入误差补偿信号。

### 22.3.1　有效性问题和查询方

在研究远程 RF 探测时，弄清楚其隐含的、容易被忽略的问题是很有帮助的。传感器系统的存在意味着它们具有一些目的，即

1）无论如何，传感器的设置都是希望能够获得传感器一组问题的答案，而且设置传感器的人也认为传感器是能够给出他们所需要的问题答案的。这意味着传感器将按照预期来执行其预定的任务（技术问题），并且其输出格式也能恰当地用于问题的回答（语义问题）。

2）传感器所给出的问题答案的潜在价值具有足够的重要性，以证明传感器设置的时间、成本，以及信息获取、设备放置和运行都是合理的（有效性问题）。

作为第一个例子，让我们考虑一个军事组织的情况，它的任务是要参与并击败敌军，同时还需要尽量降低自身的损失。军事组织通常具有更高级别的目标，那就是既要完成使命，还要保全自己。传感器的有效性问题是在这个水平上来进行评价的，即传感器是否有助于这些目标的实现，以及它的作用能达到何种程度。作为第二个例子，让我们考虑一个负责管理自然资源的民间组织的情况。民间组织所具有的更高层次的目标是要在具有潜在矛盾和竞争优先的情况下实现资源的公平分配。公平分配需要对资源及资源的使用具有准确和及时地了解，即传感器能否以一种其他方式不能做到的方式来满足这种资源公平分配的需求。

在这两种情况下，有效性问题都需要被查询方解释并解析为可执行的查询。因此，更高层次的目的被分析并分解为一组特定的查询，这些查询可以由单个传感器或一组传感器来实现。在军事应用中，这些高级目标的实现可能需要通过一系列的逻辑推理顺序来实现。例如，为了生存，我们需要发现任何威胁；为了探测威胁，我们需要知道是否有一些（任何）可能的具体对象的存在；如果有具体对象的存在，它们是否存在威胁，如果存在威胁，那么它是一种什么类型的威胁，它究竟有多危险，它现在到底在做什么。为了给出这些问题的答案，查询方需要将这些问题解析为用于 RF 系统的可执行查询。例如，发送一个能够可靠探测具有典型炮管大小和形状的圆柱形金属物体的探测波形。在民用的情况下，RF 系统所做的查询可能是"发送一个探测波形，希望其响应信号能够代表植被覆盖的百分比。"

因此，查询方的任务是将更高级别的目标转换为与传感器功能相匹配的特定查询（技术问题）。为此，重要的是要注意到其他考虑因素也在发挥作用。一个特定的传感器能够得到一个初始查询答案的速度，以及一个答案可以被更新的速率，这可以决定一个传感器是否完全适用于碰撞或避免、反馈和控制这样的应用。

需要注意的是，有效性问题的信息学与用于评估、判断和控制行为的逻辑过程是直接相关的。为了正确制定传感器在技术问题上的期望，必须充分理解逻辑过程是如何执行的以及各种输入的特性是如何影响逻辑的正确操作的。通常，人们可以从清晰的性能说明中得到自己需要的答案，比如准确性（是否正确校准了数值数据）、精度（数值数据如何精确分辨）、可靠性（数据错误的概率），以及时间相关性（在受时间约束的过程中，在给定的时间内能否完成采样以及能否足够快地获得结果）等。然而，

逻辑过程的复杂性可能一下子使得详细的问题分析变得无法进行。虽然对于具有单个判定阈值的简单系统（如 1bit 是否超过单个固定阈值）来说，其描述方法是可以找到的，但是对于处理多个逻辑比较状态的更复杂系统来说却难以找到一种有效的描述方法（像"庞大的、巨大的、非常大的、大的、正常的、小的、非常小的、微小的、极小的"那样的基于 3 个二进制位的比较）。请注意，越复杂的逻辑包含的语义信息也越丰富。

## 22.3.2 语义问题是有效性和技术问题之间的接口

通过语义问题可以使目标相关的有效性问题和客观度量的技术问题趋于一致。语义的挑战是在推理过程中使用语言的提取，并将技术问题客观地度量映射到语义空间中。事实上，这是一个信息学和信息理论可以发挥巨大作用的地方，这可以通过一些简单的例子来说明。

例如，让我们再次考虑潜在威胁探测的军事问题。更进一步地分析，考虑到坦克、大炮和导弹均能构成相当大的威胁，并可以从相当大的范围内进行攻击。威胁探测的目标是希望在进行坦克、自行火炮、轮式拖曳火炮和导弹的探测时能够获得其特异性信息，然后我们再来研究它们是否具有所关注的显著特征。例如，它们都是由金属构成的；它们都有 10m 长（也可以是超过 1m 或远小于 100m）；它们的长度都超过了它们的宽及高度；它们都有一个突出的圆柱形部分；圆柱形部分的尺寸也被清楚地探测到。此外，坦克和自行火炮通常都有履带，轮拖式火炮有轮子，导弹有转向翼等。语义问题涉及理解诸如"坦克"之类的对象，以及诸如"运动"之类的事件的定义，以同时识别所产生的两类特征。其中的一类是那些可能对许多对象来说都很常见的一般特征，但对进一步探测的激活却是有用的；另一类是那些对于所探测物体的分辨有用的特定特征。然后将这些特征映射到逻辑分类的有效性问题中。

特别是在这个例子中，坦克是一个金属物体；它的长度通常要超过其宽度或高度；它是骑在履带上的而不是在车轮上；它有一个长长的圆柱形炮管；而多种类型坦克的炮管长度和直径对我们都是已知的。现在我们从不同的深度来研究可以探测和区分坦克的考虑技术问题。远程 RF 探测器可以探测到与金属物体相关联的强反射；物体的整体尺寸约为 10m；可以观察到金属踏板和车轮的反射；可以观察到圆柱形炮管；可以测量炮管的尺寸。从逻辑上讲，语义包括探测一个金属物体可能是或不是坦克，或是其他的任何东西；探测一个金属物体是否具有坦克那样的尺寸；它的大小和形状是否为坦克的大小和形状；它的大小、形状和踏板是否像坦克；它的大小、形状和踏板是否与坦克相匹配，并且是否为炮管的东西；在尺寸、形状和踏板匹配的情况下，是否具有与某种类型坦克的炮管尺寸相匹配的圆柱形管。对于有效性问题来说，这些逻辑过程相当于在说，我们知道有什么东西在那里，但不知道它是什么；有什么东西在那里，但不能排除有威胁存在；有什么东西在那里，并看起来似乎是有点威胁；看起来很像威胁；有什么东西在那里，并确切知道是一种已知的威胁。

当然，所有的这些似乎都是一个显而易见的常识，那我们为什么还要花这么多时间来研究这个例子呢？因为语义问题是将客观技术测量映射到分类问题中时所出现的问题，并且语义问题是设计远程 RF 探测器有效分类器的关键。语义能够立即揭示逻辑推理中的问题。例如，探测系统通常被设计为在两个选项之间进行选择，因为含有噪声的测量信号是通过与阈值的比较来判定的。最大似然假设检验结果在数学上是可证明的，对于假定的二元判定的情况是最优的。该方法的缺陷在于其所做出的判定是基于二元的，而实际情况却可能是三元的，即具有一个易于定义的区域，在该区域中如果要避免判定出现错误，则不能给出、也不应该给出二元判定中的任何一个。因此，所设计的二进制方法强制做出了判定，但它所做出的判定是不能保证一定符合逻辑推断的。正确的语义应该能够立即、清晰地给出是情况 A 或者是情况 B，还有由测量中的噪声引起的非判定区域。通过非常简单地使用两个阈值而不是一个阈值来将相应的分类器映射到技术问题中，其中每个阈值都是噪声变化量的 3 倍，以此取代原有的简单的单个阈值。也就是说，一个无判定的区域是噪声范围的 6 倍。相应地，三元分类器的实现也会导致更复杂的有效性问题决策逻辑的实现，但这也同时是更稳健的。

我们可以给出许多例子来说明语义描述的丰富程度，这些描述可以告知人们意识和决策逻辑。考虑将返回的信号与一组模板进行比较的情况，并选择与所返回的信号相匹配的模板。使用语义方法，我们可以考虑如下可能性的范围：看起来就像其中的一个模板，非常接近其中的一个模板，看起来很像其中的一个模板，看起来有点像其中的一个模板，看起来几乎不像其中的一个模板，看起来一点也不像任何的模板。当然，其中的许多语句可以同时应用于多个模板上。决策逻辑可以通过语义学得到正确的信息，例如，它可以是这两种语言中的任何一种，但是看起来更像一种。将其与数学上严格但逻辑上不恰当的分类器的输出进行比较，该分类器根据最接近的马哈拉诺比斯（Mahalanobis）距离简单地得出匹配声明，即分类器将会为最近距离的模板声明一个匹配，但这很容易出现与任何一个模板都不匹配的情况，而且只是模糊的看起来像一种可能性的结果，甚至不能看成是一种选择。

在信息学的背景下，语义学的发展对绘制和表达可区分的全部可能事件是必要的，并且这允许计算与查询相关联的对应熵。但更重要的是，最大互信息（MMI）技术与最佳分类器设计之间存在着天然的对应关系。尽管在不同的选择之间存有细微的差别，但我们可以考虑所有的 MMI 技术都在某种程度上最大化了数据集的可分离性。然后，MMI 的本质直接适用于将客观度量映射到合适的语义类的任务。当然，这是说起来容易做起来很难的。有关的技术细节（例如，监督和非监督学习、线性和非线性特征、高斯和非高斯数据统计等）都是必须掌握的。因为可以使用 MMI 技术来提取在分类方面最优的特征并使每个特征的 SNR 最大化，从而使技术问题变得更容易，所以这项工作也是值得的。

## 22.3.3　技术问题

远程 RF 探测的核心技术问题是在特定情况下的信号激励和承载有信息的信号的接收。这些给定的情况涉及传感器的配置以及任何远程对象的性质和配置。技术问题包括要知道系统何时工作（即何时将探测到承载了信息的信号，并且能够处理信号），它将如何工作（即 SNR 及 SNR 相关的性能参数），以及如何优化该系统以适应特定的任务。鉴于探测信号与远程物体的交互作用是对返回信号信息承载的调制，因此可以通过普通的射频和通信系统工程来实现这些目标。RF 探测信号的生成，信号在前向和返回的链路上的传播，从远程物体的散射，由远程物体吸收、从远程物体回传，以及返回的 RF 信号接收和利用，都属于通常的 RF 系统工程。类似地，对探测信号的定制以驱动来自预定对象的信息承载调制，对响应信号中预定调制信号的分析以得到所期望的探测信号，以及任何返回信号的接收，都属于通常的通信理论。信息学的挑战在于将信号所传送的信息内容映射到语义和有效性问题上。

雷达的技术问题是相当容易理解的，通常用"雷达方程"[3]来描述。雷达方程将接收信号的 SNR 描述为雷达系统参数（发射功率、天线增益、噪声系数）、雷达信号参数（带宽、调制）、传播信道（噪声温度）和远程物体（雷达截面）的函数。以此为出发点，对交互作用的远程 RF 探测技术问题进行更全面的分析是相对容易的[4]。关键的认识是识别雷达横截面只是一个更一般的交互作用项的特例，其中交互作用可能是线性的或非线性的，这取决于远程对象的具体情况。因此，我们获得了与远程对象的 $n$ 次交互返回的接收信号的 SNR 的一般形式（远程 RF 感遥感方程）[4]

$$\mathrm{SNR} = \frac{n!\,((1/n)P_\mathrm{T}G_\mathrm{T})^n G_\mathrm{R}\lambda^2\sigma_n}{kTBF(4\pi)^{n+2}R^{2n+2}} \cdot \frac{k_\mathrm{x}}{R_\mathrm{e}^{(n+1)u}} \qquad (22.3)$$

式中，$P_\mathrm{T}$ 是 RF 探测信号的发射功率；$G_\mathrm{T}$ 和 $G_\mathrm{R}$ 分别是频率为 $f$ 和 $nf$ 的遥控对象方向上的天线增益；$R$ 是从遥感系统到远程物体的范围；$\lambda$ 是 RF 探测信号的波长；$\sigma_n$ 是 $n$ 阶交互作用项；$k$ 是玻尔兹曼常数；$T$ 是绝对温度；$B$ 是传感器带宽；$F$ 是噪声系数；$R_\mathrm{e}$ 是明显的超出范围；$u$ 是从测量中发现的未知附加损失指数；$k_\mathrm{x}$ 的大小为 1，是距离 $(n+1)$ $u$ 的 1 个单位。

前项是在自由空间传播的理想条件下 SNR 的计算。后乘项是一个修正项，用于描述在不同地形、建筑物、树木等"真实世界"传播条件下所观察到的过量传播损失。式(22.3)给出了关于非线性远程 RF 潜在性能的一个重要观察。尽管雷达（$n=1$）最多表现出 $1/R^4$ 传播损耗，但每增加一个整数的交互作用 $n$，非线性增加将至少增加 $1/R^2$ 的传播损失。因此，尽管非线性传感对于返回波形的调制可能具有丰富的信息，但与传统的雷达探测相比，其明显受到范围限制和速率挑战。在任何一种情况下，带宽和 SNR 都是通过式（22.1）中给出的香农信道容量来计算的，以确定可以从远程对象传递信息的最大速率。

远程 RF 探测的工作模式可以分解为以下 5 个基本组成部分：

1）信息相关的 RF 探测信号的定制。

2）RF 探测信号的产生及其向远程对象的传播。

3）探测信号与远程对象的交互作用。

4）返回的 RF 信号的产生，从远程物体的回传，以及它的最终接收。

5）对返回信号的处理以提取相关的信息。

对第一个和最后一个组成部分的分析显然是通信和信息理论的任务，而对第二个和第四个组成部分的分析显然是 RF 工程的任务。对第三个组成部分的分析是电磁学和 RF 工程技术的混合任务，用来检查通过交互作用加载到返回信号的信息承载调制。

RF 探测信号和远程对象的交互作用可以涉及几种机制中的任何一种，这取决于远程对象的性质。它们包括散射（反射）、相同频率的吸收和重发，以及在其他频率上产生的非线性转换。散射主要是由构成远程对象的材料所决定的线性现象。在理想条件下，散射的整体调制可以分解为重要散射中心的分布，可以根据远程物体的可能形状和材料来解释，无论是自然的还是人造的材料。吸收和重发也是一种线性现象，但却具有人造对象的特征，如无源 RF 标签。这种系统接收无线电射频信号并将其转换为电路内的电流，然后由电路将其反射到天线，以实现重发。非线性转换可以在不同材料的连接处很自然地产生，就像"螺栓的生锈效应"，并更常见于电子系统接收到 RF 探测信号且感应电路中有晶体管、二极管或其他非线性电路元件的交互作用中。非线性转换将导致谐波的产生以及其他混合频率的产生，其中一些部分出现在天线处并作为返回信号的一部分传输。事实上，最近发表的许多论文分析了候选 RF 探测信号，目的是探测和识别远程放置的电子系统[5-9]。在特殊设计的探测信号中，必须采取的折中措施之一是效率与性能的折中。探头可针对特定类型的远程对象进行优化，使得返回信号的 SNR 最大化，但是这是以降低针对任何其他类型对象的 SNR 为代价而获得的。

因此，总的来说，技术问题是在接收和测量一个复杂的 RF 电压时的一个客观训练，无论是作为一个单一的快照，还是作为一段时间内的一个片段。技术问题与语义和有效性问题将结合在一起，因为测量的 RF 电压将在某种程度上转化为有意义的信息来处理潜在的查询。

## 22.3.4　应用信息理论来分析问题的各个方面

在远程 RF 探测问题的分析中，信息理论可以应用于多个层面。在有效性问题可以清晰地表达并转化为语义空间的情况下，我们可以研究有效性问题及其决策逻辑的熵和语义空间的熵（即在给定的空间中有多少个语义术语以及每个给定的语义术语出现的概率是多少）。这些熵提供了对远程 RF 探测系统更高级层次信息需求的深入了解。类似地，查询的熵可以根据可能出现的答案数量进行检查，它提供了对特定查询的信息需求的观察。

在具体的查询中，远程 RF 探测系统的功能可分为两大类：远程测量物理量与度量标准，以及在语义空间中的远程探测和描述。需要注意的是，准确性和精确度在远程测量和公制尺度方面是两个截然不同的东西。与精确度相关的熵取决于测量系统所覆盖的动态范围内可解析出的状态数量。与精度相关的熵取决于与偏移校准和测量噪声相关的一组不同的因素。例如，在实践中，与精确度相关的熵能够以 16 位数字转换器解析出 65536 个状态，这远超过了与精度相关的熵，该精度可能仅在 ±10% 以内或受校准和噪声的限制仅超过 3bit。信息的需求取决于查询是进行绝对测量（精度）还是解决两个度量之间的差异（精确度）。语义空间具有不同的性质，这将反映在其熵中。语义空间的划分几乎可以肯定地说是不统一的，其边界是模糊的。然而，要对语义熵进行全面的分析，就有可能得到合理的估计。对于远程对象来说，在理论上，潜在的熵本质上是无限的，具有无限精度的完美度量，因为对象可以产生连续的反应，而不是复杂的数字。物体的存在是以其在空间和时间的位置以及在特定条件下的姿态、运动和能量状态来呈现的。实际上，远程 RF 探测器能够与物体或其一部分（例如电路中的电气连接）的总体行为引起的一些宏观可观测量交互作用。这将有可能解决诸如对象如何响应特定的探测信号、响应将如何根据远程对象的特定参数而变化的深层次问题。在这种情况下，对象的源熵将能够从其潜在的参数变化中找出，从而使得实际转移到信息承载波形的熵可以从潜在的波形变化中找到。

波形的变化特别适用于使用 MMI 方法进行的分析，这对于没有预期波形变化的先验模型的情况特别有用。在这种情况下，可以使用任意数量的技术来分解波形，以进行线性或非线性特征的提取，并与返回波形的统计结果进行匹配[10]。最常见的情况包括从非高斯数据中进行非线性特征提取，并且其处理密度是均衡的。通常情况下，数据的统计是"适当的高斯分布"，而更简单的技术，如主成分分析/奇异值分解（Principal Components Analysis/ Singular Value Decomposition，PCA/SVD），在最大限度地提取关于对象的互信息特征方面提供了良好的性能。MMI 的特点是，它具有最大化每个特征的 SNR 的理想特性，而这又最大化了它们可以被利用的范围和速率。如果可以通过 PCA/SVD 来提取线性特征，则这些功能可以使用匹配滤波器技术进行处理。有关 MMI 技术的另一个注意事项是它们汇集了多个频率的能量。因此，来自一个公共源的相干谐波成分被聚合成一个单一的、更高能量的特征，而不是作为单独的特征出现。

在这一点上，启发式方法仍然是将 MMI 特征集映射到有效性问题中所使用的语义空间上。例如，考虑一组未知的、但却相似的对象，这样就没有关于返回的信号看起来应该是什么样子的，以及它们相互之间是如何进行区分的分析模型的存在。当对象被探测到时，可以将返回的信号聚合成数据集，然后使用 MMI 技术对数据集进行分解，来自未知目标的新响应可以与 MMI 特征向量进行比较。启发式方法就是设计一个能最好地声明比较结果的分类器。通常情况下，分类器会根据"最接近匹配"度量（如 Mahalanobis 距离）来执行决策。然而，MMI 特征向量和语义空间表示的结合使得分类方案更加丰富，MMI 特征向量将按照信息内容的降序来捕捉各个组件的不同级别的信息内容。也就是说，最主要的特征向量组件是最具信息量的，次要的组件则更少，在最小信息组件上的信息量最少。语义空间允许进行更加丰富的比较。例如，完全等同（每个分量都在模板向量一个标准偏差以内）、强烈相似（最大分量在一个标准偏差以内，并且距离模板向量不超过三个标准偏差）、非常相似（每个分量都在模板向量三个标准偏差以内）等等。启发式方法出现在定义映射到特定语义类别的一组客观测量中，语义映射在其"没有找到匹配"的简单定义中具有特别的优势，例如没有分量在模板向量的三个标准偏差以内。

## 22.4  讨论

信息解释存在于远程 RF 探测的各个方面。例如，最简单的远程 RF 探测情景涉及依据某种尺度来测量返回的信号（如以时钟为依据来确定从雷达到假定的远程对象的距离）。众所周知，通过多个雷达脉冲的相干积分可以获得更精确的测量结果。相干积分信号 SNR 的增加比单个脉冲具有更高的信道容量，因此能够传输更多信息，在这种情况下，对远程物体距离的测量将会有更高的精度。

　　在所有情况下，远程 RF 传感器都可以对接收到的 RF 电压进行客观测量，这一信息的最终用途涉及关于 RF 电压对于任何使用该传感器的高级目标的原因和意义。我们认为，远程 RF 探测的初衷和更高层次的目的往往被忽视，从而损害了用户的利益。在更高的层次上，判定过程中的遗憾概念始终是有效的，最大限度地减少遗憾的可能性是一种未阐明但隐含的必要，因此，也必须将其推广到传感器设计中。造成遗憾的原因会因情况而异，但避免遗憾总是在某种程度上起着作用的。回到军事应用的例子中，我们来考虑这样的一个系统，那就是只要目标被确定识别，武器就会发射。假定二元决策（识别/未识别）使用传统的最大似然阈值会导致一定比例的错误决策，人们可以为错误的探测选择一个出错警报，反之亦然。但是推断中的错误肯定会发生，并且这将必然会引起某种程度的遗憾。再来考虑一下（识别/不确定/由噪声引起的非判定区域）三元决策的情况。在那个免开火的区域，敌方的攻击是有可能发生的，此时，由于系统的遗憾而没有采取任何行动，从而被杀死。与此相反，在一个允许平民行动的许可飞行区域，系统的遗憾是在几乎没有绝对确定性识别的情况下采取行动。更复杂的推断是在做出开火判定时允许选择包括或排除这种"不能明确判定"的区域，以管理遗憾发生的可能性。

　　关于处理开集问题的实际方法，应该理解一点。开集问题的产生是因为接收到的信号总是有可能不是预期的返回信号，并且是在意外情况下或系统设计未考虑周全的情况下产生的。从理论上讲，开集问题使我们无法从远程 RF 探测器的测量中获得绝对的确定性。然而，实际情况有些不同，通过管理传感器运行的条件可以实现高度的确定性。因此，所涉及的逻辑推论是有条件的推论，其强度取决于满足假设条件的确定性。因此，RF 传感器报告的可靠性将取决于辅助传感器和输入的可用性，通过它们来验证是否满足假定的条件。

## 22.5　未来展望

　　关于远程 RF 探测的信息学以及通用信息学方面仍然存在两个重要的开放性问题。首先，当然是从 MMI 技术到语义空间的启发式映射的形式化。第二，有些不同，当然也更普遍一些，就是将价值概念形式化，并规定一个价值度量，该价值度量对于有效性问题的重要性将捕捉某一特定信息。例如，对于一个警察来说，能够大体知道开枪射击的区域当然是有用的，但是更重要的是要知道他或她是否是正在进行的开枪射击的直接目标。"目标不是你"和"瞄准的是你"都表达了相同数量的信息，但其中一个信息显然更重要，需要立即采取防御行动，而另一个信息则不需要。看起来，价值概念最终来源于有效性问题，因为每一条信息的价值都按其在整个决策过程中的重要性以及决策本身的重要性来进行比例分配。也许用于比例分配的系数是衡量价值指标的一个很好的起点。然而，从长远来看，似乎更有可能首先从降低系统的遗憾概率，然后从最大化成本回报的角度来定义信息的价值。

# 参 考 文 献

1. C. E. Shannon and W. Weaver. *The Mathematical Theory of Communication*. Urbana, IL: University of Illinois Press, 1949.
2. C. E. Shannon Communication in the presence of noise. *Proceedings of the Institute of Radio Engineers*, 37(1), 10–21, 1949.
3. M. I. Skolnik, ed. *Radar Handbook*, 3rd edn. New York: McGraw-Hill, 2008.
4. J. A. Kosinski, W. D. Palmer, and M. B. Steer. Unified understanding of RF remote probing. *IEEE Sensors Journal*, 11(12), 3055–3063, 2011.
5. K. M. Garaibeh, K. G. Gard, and M. B. Steer. Estimation of co-channel nonlinear distortion and SNDR in wireless systems. *IET Microwave Antennas and Propagation*, 1(5), 1078–1085, 2007.
6. F. P. Hart and M. B. Steer. Modeling the nonlinear response of multitones with uncorrelated phase. *IEEE Transactions on Microwave Theory and Techniques*, 57(10), 2147–2156, 2007.
7. A. F. Martone. Forensic characterization of RF circuits. PhD thesis. Purdue University, West Lafayette, IN, 2007.
8. G. J. Mazzaro, M. B. Steer, K. G. Gard, and A. L. Walker. Response of RF networks to transient waveforms: Interference in frequency-hopped communications. *IEEE Transactions on Microwave Theory and Techniques*, 56(12), 2808–2814, 2008.
9. G. J. Mazzaro, M. B. Steer, and K. G. Gard. Filter characterisation using one-port pulsed radio-frequency measurements. *IET Microwave Antennas and Propagation*, 3(2), 303–309, 2009.
10. S. Petridis and S. J. Perantonis. On the relation between discriminant analysis and mutual information for supervised linear feature extraction. *Pattern Recognition*, 34(5), 857–874, 2004.

# 第 23 章　电磁污染环境中集成过温传感器的可靠性

Orazio Aiello, Franco Fiori

## 23.1　引言

　　高性能高可靠性集成电路（Integrated Circuits，IC）的应用不仅体现在传统的信息和信号处理领域，在电力电子和传感器系统领域的也越来越重要。集成的智能功率电路促使了新的创新方案即系统集成。在一个芯片上的模拟模块、数字模块以及功率模块的集成可以实现体积小、重量轻的电子系统设计，并应用于不同领域。智能 IC 卡通常用于具有更高安全标准、更严格环境要求的汽车行业，并且对内部舒适度要求的提高导致了现代汽车内置的微电子元器件数量的不断增多[1]。因此，必须立即采取适当的对策来提高可靠性和关键参数，进而验证集成电路是否具有高性能。同时，出于安全的原因，需要设计特定的集成传感器向中央单元报告状态信号并保护整个片上系统。这意味着监控和检测模块必须在所有的操作条件下都可以正常工作，以防止整个集成芯片系统都发生故障或损坏。

　　在监控和检测模块中，每一个电子芯片系统都必不可少的是过温传感器，它是当大功率系统处于恶劣的环境下产生大量热量时，开始工作[2]。虽然学术界和工业领域 IC 温度传感器的设计已经得到了广泛的研究，尤其是在过去几十年中已经有了具有很高价值的成果[3-27]，但是集成过温传感器面对电磁干扰（Electromagnetic Interference，EMI）时的可靠性还没有被研究。

　　在过去几十年来由于无线电和电视广播以及无线系统在军事和民用通信方面的广泛传播，射频发射器产生的电磁（Electromagnetic，EM）场和附近的电子设备相互传送产生的干扰逐渐增加。这种电磁污染来源于印制电路板（Printed Circuit Board，PCB）线路，电缆和布线线束，这些线束用人眼看不到的线将电子设备和周围的环境联系到一起。因此，作为传感器和驱动器的电子系统的每一部分都可能被电磁场破坏。通常，为了避免对 IC 的干扰，会将电子装置中的 EMI 滤波器和同级的连接器封装起来。在某些情况下，这种 EMI 滤波器可能会损害系统运行或降低性能，然而在其他的情况下，滤波器也不起作用，因为 EMI 直接与模块中相连的布线（扁平电缆，PCB 布线）耦合。这种没必要的耦合可以使用 EM 屏蔽器和在 PCB 附增加滤波器来衰减，但是这又产生了增加尺寸和成本的缺点。在过去的几十年里，为了使 IC 卡不受 EMI 的影响，并且不使用滤波器和 EM 屏蔽器，已经有很多人研究射频干扰（Radio- Frequency Interference，RFI）对 IC 的影响[28,29]。在现代应用的大容量的 IC 中，从片外互连收集的干扰也可以通过硅基底和金属对金属电容的路径传播。现在的研究主要集中在加到输入信号和电源上的 RFI 的基触模拟和数字模块（例如，运算放大器，简单逻辑门）的磁化系数上。模拟电路整流 RFI，其输出信号可能被解调的 RFI（基带干扰）损坏，无法与真实信号进行区分[30-35]。此外，已经表明影响数字电路的 RFI 可能引发定时故障[35,36]。RFI 还可以影响辅助电路中用来保护电路由于过电流、过电压或过温引起故障的功率晶体管[37-39]。关于这点，本章分析了 RFI 对过温检测的影响，适用于热关断过温保护电路。

本章的结构如下：23.2 节介绍了热关断过温保护电路的正常工作状态；23.3 节展示了 RFI 加在功率晶体管上的信号与功率传感器的热关断过温保护电路耦合的方式，并分析了这种干扰对该电路运行的影响；23.4 节给出了一种解决方案，用于提高该电路的 RFI 抗扰性，并给出了在测试芯片上进行的实验测试结果；23.5 节给出了结论。

## 23.2 热关断过温保护电路：正常工作状态

功率器件产生的功耗会增加芯片的温度，直到芯片的温度超过了 IC 的极限温度。当温度达到 150～180℃，芯片难以正常工作。无论何时发生这种情况，电路都会受到损坏。为了防止过温情况对系统芯片造成永久性的伤害，热关断过温保护电路通常会尽可能地紧挨着热源。这种过温保护能感应功率晶体管的温度，并将其与给定的阈值进行比较。当器件的温度高于该阈值时，热关断过温保护电路向电子系统发出故障信号并且切断功率晶体管。

为了完成一个集成的过温传感器，需要利用双极型晶体管的基极-发射极间电压与温度的关系，并且将其输出电压（电流）与提供的参考恒定电压（电流）作比较。然后，用输出的逻辑信号来控制关闭主电源以防止 IC 遭到损坏。

本章讨论的是市场上已有的热关断过温保护电路，如图 23.1 所示。它是一个由双极型结晶体管（Bipolar Junction Transistor，BJT）T1，电阻（$R_0$）和 $n$ 型金属氧化物半导体（Metal-Oxide-Semiconductor，MOS）晶体管（M1）组成的基极-发射极参考电流源。输出电流 $I_{OUT}$ 与电流镜 M3-M4 相同，与参考电流 $I_{REF}$ 进行对比。功率晶体管 MP 与热关断过温保护电路相互绝缘，并且双极型晶体管 T1（传感元件）被放入过温传感器中。只要 T1 处的温度导致输出电压 $I_{OUT} > I_{REF}$，晶体管 M4 导通，输出电压 $V_{OUT}$ 为高电平（接近电源电压）。相反，如果 $I_{OUT} < I_{REF}$，则 M7 导通，输出低电平（接近地）。

其中输出电流 $I_{OUT}$ 可以定义为

$$I_{OUT} = \frac{V_{BE}(T)}{R_0} \tag{23.1}$$

式中，$V_{BE}(T)$ 是双极型晶体管（T1）的基极-发射极电压；$R_0$ 是电流源的电阻。

如图 23.2 所示，输出电流 $I_{OUT}$ 在一定范围内与温度呈线性下降关系，并在约 140℃处与参考电流 $I_{REF}$（虚线）相交。因此，输出电压 $V_{OUT}$ 在温度低于该阈值时为高电平，否则为低电平。然而，输出电流也受 $R_0$ 温度漂移和工艺发散（结构容差）的影响，但是这些误差可以使用一个直流电流源（$I_B$）进行补偿，该直流电流源（$I_B$）的输出依赖于集成电阻的值，且该集成电阻与 $R_0$（必须使用的匹配电阻）相同。这就使得关断

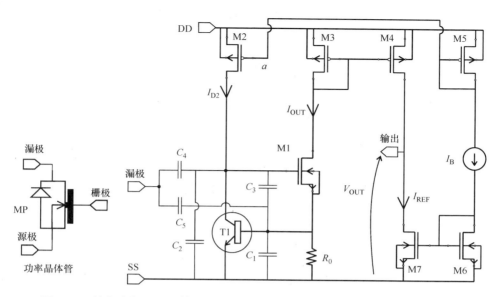

图 23.1　具有功率 MOS 晶体管漏极到 BJT 电容寄生耦合的热关断过温保护电路

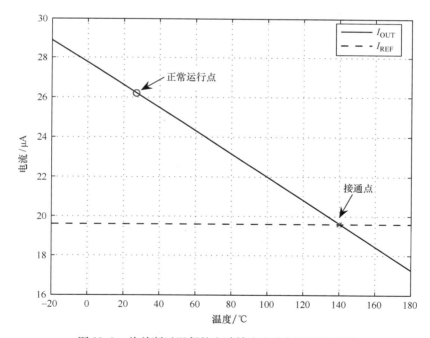

图 23.2　热关断过温保护电路输出电流与温度的关系

动作的开启点（见图 23.2）对温度的变化呈现稳定状态。值得一提的是，检测由大功率集成电路（IC）产生热量的双极型晶体管通常放置在散热效果较差的功率晶体管内。即使这种布局缩短了过温保护激活的延迟时间，但同时也带来了双极型晶体管与功率晶体管金属栅极的寄生耦合现象。因此，影响功率晶体管信号的这种干扰可以传输到热关断过温保护电路，而其正常工作状态可能会受到损害，如 23.3 节所提到的那样。这种寄生耦合在图 23.1 中用一组电容（$C_1 \sim C_5$）来表示，它们都与双极型晶体管（T1）的端子相连，从而连接到功率晶体管。

## 23.3   无线电频率干扰环境下的热关断过温保护电路

在功率晶体管漏极-源极电压被 RFI 损坏的情况下，就需要分析第 23.2 节（见图 23.1）中提到的热关断过温保护电路对 RFI 的敏感性。片内漏极与温度感应晶体管（T1）的基极和发射极金属轨道的互连产生的电容耦合，会将漏极的干扰传导到 T1 发射极，从而影响发射极的电压。结果，输出电流（$I_{OUT}$）就会发生相应的改变，并且每当输出电流的幅度下降到热关断过温保护电路开启点以下（见图 23.2）时，就会传递错误的过温故障信号。为了避免出现这种错误信号，输出电压（$V_{OUT}$）通常会经过滤波。基于以上考虑，由热关断过温保护电路来关闭功率晶体管的概率似乎是降低了，并且错误的故障信号似乎也需要非常强的 RFI 才能产生。然而，上述结论是错误的，因为 RFI 是与 M1 的栅极-源极电压叠加在一起的，从而会引起 T1 的基极-发射极电压发生失真现象，进而改变通过 T1 和 M1 的平均电流。

在功率转换器端子上，由于 RFI 的叠加而引起的输出电流 $I_{OUT}$ 的直流偏移，可根据如图 23.3 所示的等效电路来进行评估。只考虑晶体管 M1 和 T1 中的 RFI 失真，并分别用直流电流源 $\Delta I_D$ 和 $\Delta I_C$ 来表示[40,41]。假定电路中每个晶体管的工作区域都不受 RFI 干扰的影响，那么图 23.3 中等效电路的分析结果就证明了平均输出电流 $I_{OUT}$ 主要受 $\Delta I_C$ 而不是 $\Delta I_D$ 的影响。这个结果可以解释为平均集电极电流恒定的等于 $I_{D2}$，因此，通过降低基极-发射极电压的反馈回路来抵消 RFI 引起的集电极电流 $\Delta I_C$ 的偏移，然后平均输出电流（$I_{OUT}$）也会降低。反之亦然，M1（$\Delta I_D$）由 RFI 引起的电流波动不会改变输出的直流电流，因为 M1 的平均电流一定等于 $R_0$ 处的电流（在此推理中，忽略 T1 的直流基极电流）。因此，在 RFI 的影响下，反馈环路改变了 M1 的平均栅极-源极电压，从而保证输出的直流电流等于流过 $R_0$ 的直流电流。

基于此，估计平均输出电流时可以只考虑 T1 的 RFI 失真。为此，我们假定该晶体管的偏置在有源区中，所以其集电极电流近似为

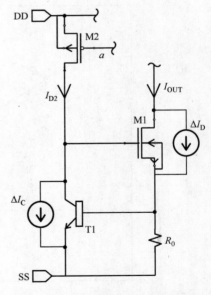

图 23.3   用于计算由 RFI 失真引起的 M1 和 T1 中输出失调电流的热关断过温保护电路的等效电路

$$I_C = I_S \left[ \exp\left(\frac{v_{BE}}{\eta V_T}\right) - 1 \right] \tag{23.2}$$

式中, $I_S$ 和 $\eta$ 是模型参数; $V_T = k_B T/q$ 是温度的等效电压; $k_B$ 是玻尔兹曼常数; $T$ 是结点温度; $q$ 是电子电荷。

此外, 假定连续的 RFI 波动影响了基极-发射极电压, 所以有

$$v_{BE} = V_{BE} + v_{RF}\cos(2\pi ft) \tag{23.3}$$

式中, $V_{BE}$ 是平均基极-发射极电压; $v_{RF}$ 是射频干扰 RFI 峰值; $f$ 是干扰频率。

通过这个简单的模型, 在 RFI 存在的情况下平均基极-发射极电压可以表示为

$$v_{BE} = \eta V_T \ln\left[\frac{I_{C0}}{I_S I_0\left(\dfrac{v_{RF}}{\eta V_T}\right)}\right] \tag{23.4}$$

式中, $I_{C0}$ 是由 MOS 电流源 M2 提供的 BJT 直流偏置电流; $I_0$ 是第一类修正贝塞尔函数[40,41]。在假定 M2 的漏极电流 ($I_{D2}$) 的平均值不受 RFI 影响且 $I_0$ 是关于 RFI 幅度 ($v_{RF}$) 的单调函数的情况下, $R_0$ 两端的平均电压会随 $v_{RF}$ 的增加而减小, 因此输出电流也随之减小。由于射频干扰 RFI 的大小和频率, 可将该电路的平均输出电流向下移动到低于参考电流 ($I_{REF}$), 使得输出电压以为发生真实过温的情况从高电平切换到低电平。这种假信号不能被滤波去除并会传播到逻辑块, 进而会关闭功率晶体管和整体集成系统。

通过如图 23.1 所示的热关断过温保护电路上所进行的几个计算分析, 已经指明了这种影响。在这个电路中, 双极型检测晶体管被放置在功率 MOS 的中心, 并且通过三个长度为 $L_t = 450\mu m$ 的金属条连接到电路的其余部分。这种设计也是以市场上的智能大功率集成电路 (IC) 为模型的。

参考图 23.6a 所示的金属横截面并利用准静态模拟器 ANSOFT Q3D 来提取计算机分析中使用的寄生电容[42]。表 23.1 的第二列给出了这些电容。对图 23.1 所示电路的小信号进行分析, 可以发现由理想 RF 电压源 ($v_{drain}$) 驱动的功率晶体管漏极端子对基极-发射极电压 $v_{RF}$ 的影响。为此, 图 23.4 (实线) 显示了使用 $0.35\mu m$、60V CMOS 技术设计的电路分析产生的传递函数中幅度与频率 $v_{RF}/v_{drain}$ 的关系。此外, 图 23.4 所示的实线可用来计算由 RFI 引起的输出电流的直流偏移。所以, 其平均输出电流可以表示为

$$I_{OUT} = \frac{V_T}{R_0}\ln\left[\frac{I_{C0}}{I_S I_0\left(\dfrac{|H(f)|v_{drain}}{\eta V_T}\right)}\right] \tag{23.5}$$

式中, $H(f)$ 是与基极-发射极电压 $v_{RF}$ 和漏极 RF 电压 $v_{drain}$ 有关的传递函数[40,41]。

**表 23.1 由 ANSOFT Q3D 根据图 23.6a 和 b 所示的横截面提取的一组寄生电容值**

| 电容值 | 值: 图 23.6a | 值: 图 23.6b |
|:---:|:---:|:---:|
| $C1$ | 100fF | 108fF |
| $C2$ | 100fF | 108fF |
| $C3$ | 7fF | 3fF |
| $C4$ | 42fF | 400aF |
| $C5$ | 42fF | 400aF |

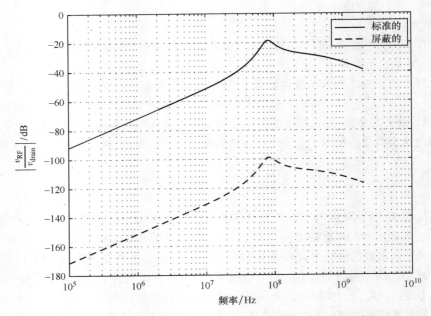

图 23.4　通过小信号计算机分析获得的双极型晶体管基极-发射极电压与漏极
电压的比值 $v_{\mathrm{RF}}/v_{\mathrm{drain}}$ 的大小。其中电路由一个漏极端到地的理想电压源驱动

　　通过该模型的参考，直流输出电流（$I_{\mathrm{OUT}}$）与 RFI 幅度的关系已经得到了评估，对于在 0～3V 范围内的 RFI 幅度进行分析。由图 23.5 中的实线可以看出在频率为 30MHz、100MHz、300MHz、600MHz 和 1GHz 时的结果。通过时域的计算机仿真可以对 RFI 导致的影响做出更准确的预测，但是存在耗时较长的缺点。通过参考电路，几个时域分析得以完成，但该参考电路中没有包括功率晶体管的模型和 IC 封装的模型。进一步的分析是为了证明在近似模型基础上所做假设的正确性。图 23.5 以虚线及不同符号的形式给出了这些分析的结果。近似模型的预测与 RFI 低幅度情况下的时域仿真结果基本一致，这个低幅度只有几伏的大小。在这个水平之上，由于没有包括先前考虑的双极型晶体管模型中进一步的非线性效应，并且电路中其他晶体管的 RFI 失真也不能忽略，因此就导致了预测误差增大。尽管如此，这些分析表明，该输出电流 $I_{\mathrm{OUT}}$ 会随着 RFI 幅值的增加而减小。这意味着这些干扰可以导致输出电压（$V_{\mathrm{OUT}}$）产生一个切换动作，就如同在过温的情况下那样。

　　为了改进这种电路对 RFI 的抗干扰性能，需要减少功率晶体管与过温保护金属条之间的寄生耦合。该过温保护金属条实现了检测晶体管到电路其他部分的连接。为此，已经对如图 23.6a 所示的横截面进行了重新设计，以便尽可能地减小基极和集电极连接金属条与功率晶体管连接之间的电容耦合，同时增加与发射极连接金属条的电容耦合。通过以上分析得出的横截面如图 23.6b 所示。其中，原有的发射极连接被重新规划的 M1 层和 M3 层所取代，M1 与 M3 之间通过跨接通道短接，基极与集电极处在 M2 层，而漏极的金属连接被规划在了 M4 层。在实际实施中，基极和集电极连接的金属条

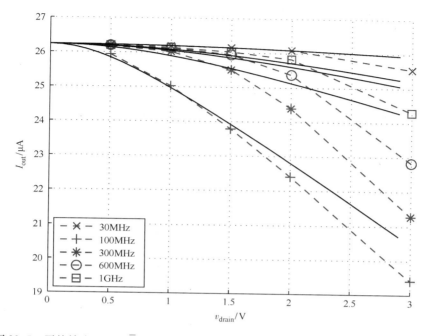

图 23.5 平均输出电流（$\bar{I}_{OUT}$）与漏极输入电压大小（$v_{drain}$）的关系。实线是通过图 23.5 得到的，其中的标记点是由时域的计算机模拟而产生的数据。这些分析是在频率为 30MHz、300MHz、600MHz 和 1GHz 的情况下进行的

均被发射极金属条环绕包围，从而实现了与功率晶体管栅极、漏极连接之间的耦合消解。通过该横截面的分离而产生的寄生电容被列于表 23.1 的第三列。通过对图 23.6a 和图 23.6b 所规划的金属条横截面所产生的耦合电容值的比较，可以发现新的规划方法是能够减小寄生耦合的。对于包含互连的热关断过温保护电路，其中互连横截面按照如图 23.6b 所示的规划进行布置，其计算机分析结果已经证明 RFI 对双极型晶体管基极-发射极电压和电路的输出电流的影响得到了很大的减小，如图 23.4 中的虚线所示。然而，这些结果并不能确保热关断过温保护电路不受 RFI 的影响，因为在实际的设备中，通过硅基底辐射到功率晶体管的高频干扰在整个芯片上是普遍存在的。为了减少电路晶体管与基底的直接耦合，NMOS 晶体管的本体被连接到地电位（SS）上，而 PMOS 晶体管的本体被连接到电源网络（DD）上。除此之外，电路的布局也已经被优化以尽可能地减少金属互连与基底的寄生耦合。最后，还要给出一个有益的提醒，所考虑的热关断过温保护电路的抗干扰性能也可以通过 T1 基极-发射极和集电极-发射极电压的滤波而得以提高，但是这需要在芯片上集成额外的部件，从而会引起硅基底面积和制造费用的增加。

在第 23.4 节中，为了研究之前所考虑的热关断过温保护电路对 RFI 的敏感性，在一个测试芯片上进行测试的结果将在第 23.4 节中给出，并对此加以讨论。

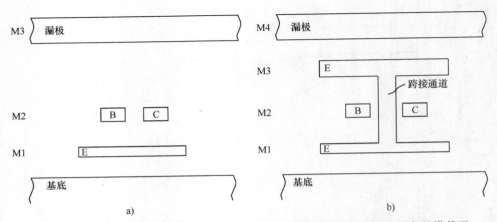

图 23.6　热关断过温保护电路的双极型晶体管连接到电路其他部分金属条的横截面
a) 金属片 C，B 和 E 分别连接到 BJT（T1）的集电极，基极和发射极
b) 发射极连接功率晶体管漏极（M4）是为了将基极和集电极分离

## 23.4　试验结果

前文提出的集成金属屏蔽已经被证明是有效的，因此制造了一个测试芯片来验证所给出的分析。测试芯片上含有前述热关断过温保护电路和 NMOS 功率晶体管，还有一个栅极驱动器以及以 $0.35\mu m$、60V CMOS 技术设计的一些其他模拟单元。该测试芯片的特别之处在于，其具有两套如图 23.1 所示的热关断过温保护电路。这两套电路之间的区别仅在于晶体管 T1 连接到电路其他部分的金属条是不同的。在后文中，对于那两个包括金属条的电路，我们将具有如图 23.6a 所示的横截面的电路命名为 STD 单元，而将具有如图 23.6b 所示的横截面、具有金属总线的电路命名为 SHIELD 单元。此外，这两个电路包含的参考电流源为如图 23.1 中所示的理想电流源 $I_B$，该电流被用来补偿 $R_0$ 的热漂移和制造过程中的工艺发散。

被制造出来的测试芯片的显微照片如图 23.7 所示，其中与射频干扰 RFI 相关的 NMOS 功率晶体管、STD 单元和 SHIELD 单元均被标注了出来。如图 23.8 所示，测试芯片被封装在 LQFP-80 陶瓷封装中，并被安装在一个用于测试台的小型测试板上，该测试台是符合国际标准 IEC 62132-3 的[43]。在该测试台中，RF 信号源 Agilent E8257D 的输出信号经 RF 功率放大器 AR-10W1000A 放大后，再通过 1mm 间距的微探针叠加到功率晶体管的漏极-源极端。该功率晶体管通过在栅极-源极端口处的驱动而被关断，其漏极-源极之间的直流电压通过一个偏置器和定向耦合器设置为 20V（见图 23.8 中的线 A）。通过该测试台装置的使用，叠加到功率晶体管漏极额定电压上的 RF 入射功率水平可以在频率为 1MHz ~ 1GHz 范围内增加至 32dBm。

此外，热关断过温保护电路的电源是由一个外部直流电源（见图 23.8 中的线 B）通过片上的模拟电源线提供的，电源部分也被独立地偏置出来（如图 23.8 线 C 所示）。通过示波器 Agilent MSO 6104A 对两个被研究的热关断过温保护电路（STD，SHIELD）的信号输出（OUT）进行监测。

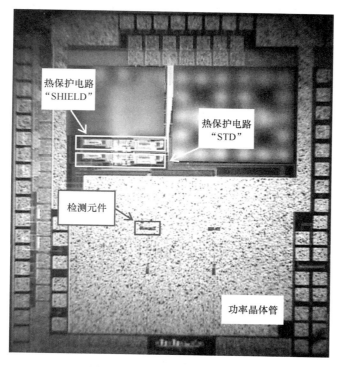

图 23.7　测试芯片的显微照片

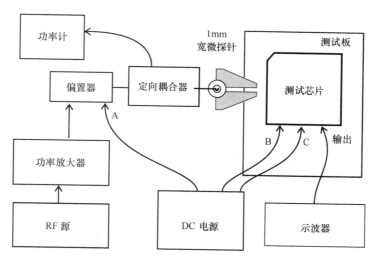

图 23.8　实验测试设置

所进行的测量过程如下：将叠加在功率晶体管漏极-源极直流电压上的、由 RF 放大器输出的连续波信号的幅度一点一点地增大，同时监测热关断过温保护电路的逻辑输出信号（$V_{OUT}$）。当观测到输出逻辑电平稳定地切换到低电平状态时，我们就检测到了 RFI 引起的故障。对 1MHz ~ 1GHz 范围内的频率重复该过程，即得到了如图 23.9 所示的结果。特别地，带有十字交叉形符号的线是表示 STD 单元的情况，带有圆圈形符号的线是表示 SHIELD 单元的情况，而带有正方形符号的线表示在被测试的热关断过温保护电路中没有观测到故障的前提下，所能作用于 NMOS 功率晶体管的最大 RF 注入功率（这个作用已在本章参考文献［44］中进行了分析）。上述测量结果强调，温度检测受到的 RFI 的影响主要是通过金属寄生电容传播的，而不是其他的寄生路径。此外，这也表明了所提出的金属屏蔽方法的有效性，该方法能够使得热关断过温保护电路完全符合 IEC 62132-4 的要求。

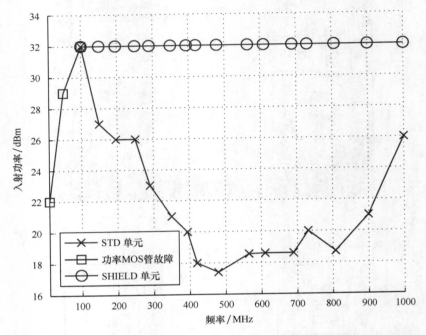

图 23.9    实验结果。图中带有十字交叉形符号的线表示热关断过温保护电路的双极型晶体管是通过 STD 连接与电路其余部分相连的。带圆圈形符号的线表示热关断电路是通过 SHIELD 连接实现的，而带有正方形符号的线表示在热关断过温保护电路中没有错误信号的前提下，作用于 NMOS 功率晶体管的 RF 的幅度

## 23.5    结论

在这项工作中，明确了在恶劣环境下智能片上功率系统所采用的集成过温传感器的可靠性，还特别研究了热关断过温保护电路对注入到功率器件中的 RFI 的敏感性。由于温度传感元件被埋入到功率器件中，所以 RFI 可以通过诸如硅基底、金属与金属之间的寄生电容及封装寄生因素这样的寄生路径传播到热关断过温保护电路的器件中。在功率器件和保护电路主要通过金属寄生电容耦合的假设下，研究了这些单元电路对

RFI 的敏感性。通过近似分析和计算机仿真，表明 RFI 的影响可能导致错误的过温故障信号，热关断过温保护电路的运行可能受到影响，从而引起不能与真实过温信号相区别的错误过温信号的产生。为了避免出现这种情况，提出了一种特殊的金属条横截面规划，以实现温度传感元件与热关断过温保护电路其他部分的连接，并通过在测试芯片上进行的测试证明了其有效性。此外，实验测试结果表明，通过屏蔽金属条的使用，热关断过温保护电路将符合 IEC-62132-4 的要求，在 1MHz ~ 1GHz 频率范围内，其他的 RFI 寄生路径可忽略不计。

# 参 考 文 献

1. B. Murari, F. Bertotti, G. Vignola, *Smart Power ICs: Technologies and Applications*. New York: Springer, 2002.

2. M.A.P. Pertijs, J. Huijsing, *Precision Temperature Sensors in CMOS Technology*. New York: Springer, 2006.

3. K.Souri, C. Youngcheol, K.A.A. Makinwa, A CMOS smart temperature sensor with a voltage-calibrated inaccuracy of ±0.15°C (3 σ) from 55°C to 125°C, *IEEE Journal of Solid State Circuits*, 48(1), 292–301, 2013.

4. S. Hwang, J. Koo, K. Kim, H. Lee, C. Kim, A 0.008 mm² 500 μW 469 kS/s frequency-to-digital converter based CMOS temperature sensor with process variation compensation, *IEEE Transactions on Circuits and Systems I*, PP(99), 1–8, 2013.

5. A.L. Aita, M.A.P. Pertijs, K.A.A. Makinwa, J.H. Huijsing, G.C.M. Meijer, Low-power CMOS smart temperature sensor with a batch-calibrated inaccuracy of from to 130, *IEEE Sensors Journal*, 13(5), 1840–1848, 2013.

6. G. Chowdhury, A. Hassibi, An on-chip temperature sensor with a self-discharging diode in 32-nm SOI CMOS, *IEEE Transactions on Circuits and Systems II*, 59(9), 568–572, 2012.

7. C. Ching-Che, Y. Cheng-Ruei, An autocalibrated all-digital temperature sensor for on-chip thermal monitoring, *IEEE Transactions on Circuits and Systems II*, 58(2), 105–109, 2011.

8. R.P. Fisk, S.M. Rezaul Hasan, A calibration-free low-cost process-compensated temperature sensor in 130 nm CMOS, *IEEE Sensors Journal*, 11(12), 3316–3329, 2011.

9. K.C. Souri, K.A.A. Makinwa, A 0.12 mm 7.4 W micropower temperature sensor with an inaccuracy of 0.2°C (3 σ) from 30°C to 125°C, *IEEE Journal of Solid-State Circuits*, 46(7), 1693–1700, 2011.

10. C. Poki, C. Chun-Chi, P. Yu-Han, W. Kai-Ming, W. Yu-Shin, A time-domain SAR smart temperature sensor with curvature compensation and a 3 σ inaccuracy of −0.4°C 0.6°C over a 0°C to 90°C range, *IEEE Journal of Solid-State Circuits*, 45(3), 600–609, 2010.

11. C. Jimin, L. Jeonghwan, L. Inhee, C. Youngcheol, Y. Youngsin, H. Gunhee, A single-chip CMOS smoke and temperature sensor for an intelligent fire detector, *IEEE Sensors Journal*, 9(8), 914–921, 2009.

12. A.C. Paglinawan, Y.-H. Wang, S.-C. Cheng, C.-C. Chuang, W.-Y. Chung, CMOS temperature sensor with constant power consumption multi-level comparator for implantable bio-medical devices, *Electronics Letters*, 45(25), 1291–1292, 2009.

13. C. Poki, C. Tuo-Kuang, W. Yu-Shin, C.-C. Chen, A time-domain sub-micro watt temperature sensor with digital set-point programming, *IEEE Sensors Journal*, 9(12), 1639–1646, 2009.

14. H. Lakdawala, Y.W. Li, A. Raychowdhury, G. Taylor, K. Soumyanath, A 1.05 V 1.6 mW, 0.45 C 3 resolution based temperature sensor with parasitic resistance compensation in 32 nm digital CMOS process, *IEEE Journal of Solid-State Circuits*, 44(12), 3621–3630, 2009.

15. M.K. Law, A. Bermak, A 405-nW CMOS temperature sensor based on linear MOS operation, *IEEE Transactions on Circuits and Systems II*, 56(12), 891–895, 2009.

16. Z. Bin, F. Quan-Yuan, A novel thermal-shutdown protection circuit, *Proceedings of the Third International Conference on Anti-Counterfeiting, Security, and Identification in Communication*, Hong Kong, China, 2009, pp. 535–538.

17. P. Ituero, J.L. Ayala, M. Lopez-Vallejo, A nanowatt smart temperature sensor for dynamic thermal management, *IEEE Sensors Journal*, 8(12), 2036–2043, 2008.

18. M. Sasaki, M. Ikeda, K. Asada, A temperature sensor with an inaccuracy of C using 90-nm 1-V CMOS for online thermal monitoring of VLSI circuits, *IEEE Transactions on Semiconductor Manufacturing*, 21(2), 201–208, 2008.

19. K.A.A. Makinwa M.F. Snoeij, A CMOS temperature-to-frequency converter with an inaccuracy of ± 0.5°C (3 σ) from −40 to 105°C, *IEEE Journal of Solid State Circuits*, 41(12), 2992–2997, 2006.

20. M.A.P. Pertijs, A. Niederkorn, M. Xu, B. McKillop, A. Bakker, J.H. Huijsing, A CMOS smart temperature sensor with a 3s inaccuracy of ± 0.5°C from −50°C to 120°C, *IEEE Journal of Solid-State Circuits*, 40(2), 455–461, 2005.

21. C. Poki, C.-C. Chen, T. Chin-Chung, L. Wen-Fu, A time-to-digital-converter-based CMOS smart temperature sensor, *IEEE Journal of Solid-State Circuits*, 40(8), 1642–1648, 2005.

22. M.A.P. Pertijs, K.A.A. Makinwa, J.H. Huijsing, A CMOS smart temperature sensor with a 3 σ inaccuracy of ± 0.1°C from 55°C to 125°C, *IEEE Journal of Solid State Circuits*, 40(12), 2805–2815, 2005.

23. B. Krabbenborg, Protection of audio amplifiers based on temperature measurements in power transistors, *International Solid State Circuits Conference (ISSCC)*, San Francisco, CA, 2004, pp. 374–375.

24. M.H. Nagel, M.J. Fonderie, G.C.M. Meijer, J.H. Huijsing, Integrated 1V thermal shutdown circuit, *Electronics Letters*, 28(10), 369–370, 1992.

25. K. Sakamoto, I. Yoshida, S. Otaka, H. Tsunoda, Power MOSFET with hold-type thermal shutdown function, *Proceedings of 1992 International Symposium on Power Semiconductor Devices and ICs*, Tokyo, Japan, 1992, pp. 238–239.

26. R. Amador, A. Polanco, H. Hernsindez, E. Gonziilez, A. Nagy, Technological compensation circuit for accurate temperature sensor, *Sensors and Actuators*, A 69, 172–177, 1998.

27. C. Gerard, M. Meijer, An IC temperature transducer with an intrinsic reference, *IEEE Journal of Solid State Circuits*, SC-15(3), 370–373, 1980.

28. J.M. Redoute, M. Steyaert, *EMC of Analog Integrated Circuits*. New York: Springer, January 2010.

29. M. Ramdani, E. Sicard et al., The electromagnetic compatibility of integrated circuits—Past, present and future, *IEEE Transactions on Electromagnetic Compatibility*, 51(1), 78–100, 2009.

30. S. Graffi, G. Masetti et al., Criteria to reduce failures induced from conveyed electromagnetic interferences on CMOS operational amplifier, *IEEE Transactions on Electromagnetic Compatibility*, 51(1), 78–100, February 2009.

31. E. Orietti, N. Montemezzo, S. Buso, G. Meneghesso, A. Neviani, G. Spiazzi, Reducing the EMI susceptibility of a Kuijk bandgap, *IEEE Transactions on Electromagnetic Compatibility*, 50(4), 876–886, 2008.

32. F. Fiori, Design of an operational amplifier input stage immune to EMI, *IEEE Transactions on Electromagnetic Compatibility*, 49(4), 834–839, 2007.

33. J.G. Tront, J.J. Whalen, C.E. Larson, J.M. Roe, Computer-aided analysis of RFI effects in operational amplifiers, *IEEE Transactions on Electromagnetic Compatibility*, 21(4), 297–306, 1979.

34. S. Graffi, G. Masetti, D. Golzio, New macromodels and measurements for the analysis of EMI effects on 741 op-amp. circuit, *IEEE Transactions on Electromagnetic Compatibility*, 33, 2534, 1991.

35. J.J. Laurin, S.G. Zaky, K.G. Balmain, EMI-induced failures in crystal oscillators, *IEEE Transactions on Electromagnetic Compatibility*, 33(4), 334–342, 1991.

36. J.-J. Laurin, S.G. Zaky, K.G. Balmain, On the prediction of digital circuit susceptibility to radiated EMI, *IEEE Transactions on Electromagnetic Compatibility*, 37(4), 528–535, 1995.

37. O. Aiello, F. Fiori, A new mirroring circuit for power MOS current sensing highly immune to EMI, *Sensor*, 2, 1856–1871, 2013.

38. O. Aiello, F. Fiori, A new MagFET-based integrated current sensor highly immune to EMI, *Microelectronics Reliability*, 53(4), 573–581, 2013.

39. O. Aiello, F. Fiori, On the susceptibility of embedded thermal shutdown circuit to radio frequency interference, *IEEE Transactions on Electromagnetic Compatibility*, 54(2), 405–412, 2012.

40. P. Wambacq, W. Sansen, *Distortion Analysis of Analog Integrated Circuits*. Norwell, MA: Kluwer, 1998.

41. F. Fiori, V. Pozzolo, Modified Gummel-Poon model for susceptibility prediction, *IEEE Transactions on Electromagnetic Compatibility*, 42(2), 206–213, 2000.

42. Ansoft Q3D Extractor [Online]. Available: http://www.ansoft.com/products/si/q3d_extractor/, 2009.

43. *Integrated Circuits, Measurement of Electromagnetic Immunity—Part 4: Direct RF Power Injection Method*, IEC 62132-4, 2002.

44. C. Bona, F. Fiori, A new filtering technique that makes power transistors immune to EMI, *IEEE Transactions on Power Electronics*, 26(10), 2946–2955, 2011.

# 第 24 章　动态纳米约束的耦合化学反应：
# II 蚀刻轨道中 Ag₂O 膜的制备条件

Dietmar Fink，G. Muñoz Hernandez，H. García Arellano，W. R. Fahrner，K. Hoppe，J. Vacik

## 24.1　引言

我们知道，通过快速重离子束照射聚合物箔会在材料上留下辐射损伤的痕迹（所谓的潜道），所照射的区域通常比相邻的未照射区域对于充分侵蚀性化学物质的溶解更敏感。通过这种方式，可以生成平行的、直线形的长纳米孔（即所谓的蚀刻轨道），这种孔可以表现出高达 1000[1] 的较大的外形比（如长度/宽度比）。这种纳米结构可以用各种固体或液体进行填充，从而将其转化为功能材料[2]，可用于电子[2-8]、医药[9] 或生物传感[10-17]。

填充的材料可以仅附着在蚀刻的轨道壁上以形成纳米管，或者让它们部分或完全填充轨道以形成大量的纳米尺寸的微柱[18]。在这项工作中，需要考察嵌入在蚀刻轨道内的另一种结构形式，那就是可以位于轨道内任何位置的膜片⊖（或 plug）。为了这个目的所采取的策略是通过蚀刻离子轨道的动态约束将两种化学反应（蚀刻剂-聚合物和蚀刻剂-反应物溶液）相互结合起来[19]。这里，选择反应物溶液的标准是它与蚀刻剂形成固体沉淀物。通过适当选择三个决定性参数：蚀刻剂浓度（C）、蚀刻温度（T）和施加的测试电压（V）可以在这些纳米孔内形成沉淀材料的薄膜（或 plug），使得一个独立的蚀刻离子轨道可以被分隔成两个独立的分段。

众所周知，从单侧进行的快速重离子轨道蚀刻仅会导致非对称纳米孔的形成，该非对称纳米孔乍看起来可以粗略地近似为圆锥形，也可以进一步地描述为漏斗状[20]。当施加恒定的直流或交流电压，通过测量轨道的测试电流来跟踪蚀刻过程时，只有从蚀刻剂贯通时刻开始才能记录到显著的电流，因为从此刻起电解质的离子能够从箔片的一侧自由通过到另一侧。

在两侧潜在轨道蚀刻的情况下，两个蚀刻圆锥体将在中心相遇，从而形成双锥体（或者更确切地说是双漏斗[20]）纳米孔。在两个蚀刻轨道合并（贯通）前的短时间内，一个孔中的蚀刻剂被液体所代替，该液体与蚀刻剂反应并形成固体沉淀物（例如，Ag₂O[19]、LiF、CaO、BaCO₃），从而有可能在两个蚀刻锥体的相交位置处产生该反应产物的膜。长时间的材料沉积会将这些膜转变为 plug。鉴于在本章参考文献［19］中已

---

⊖　为了清楚起见，我们在此将膜定义为聚合物箔（具有低于约 100nm 的厚度）的蚀刻轨道内固体沉淀物的薄区域（厚度通常约为 10μm），该沉淀区域将其标记为 plug。

奠定了这种轨道蚀刻动态约束中的耦合化学反应的基础，以制造这样的膜，因此本章将进一步详细阐述它们的制备条件。

## 24.2 实验：嵌入 $Ag_2O$ 膜蚀刻轨道的形成

### 24.2.1 预蚀刻步骤

Dubna 联合核研究所（Joint Nuclear Research Institute，JNRI）曾经以 250MeV 能量的 Kr 离子对 12μm 厚的聚对苯二甲酸乙二醇酯（PET）箔进行了照射，其辐射通量为 $4 \times 10^6 \sim 5 \times 10^7 cm^{-2}$。将大约 12 个 $1cm^2$ 大的这种箔的碎片切割出来，然后插入到具有两个相邻隔室的测量室的中心（参见本章参考文献 [21] 中的例子），然后按本章参考文献 [19] 所报道的方法，在环境温度（约25℃）下从两侧加入 9 M KOH 进行蚀刻。在传统的轨道蚀刻实验中，蚀刻过程是连续不间断进行的，到达箔的中心位置，蚀刻剂完全贯通。在这项工作中，在估计的蚀刻剂发生贯通之前，可通过除去 KOH 蚀刻剂并对箔片进行彻底清洗，从而使蚀刻过程中断。该预蚀刻步骤必须使得两个蚀刻轨道锥体尖端在蚀刻中断前于箔片中心位置附近快速地、充分地且彼此靠近，在此优先发生的将应该为膜的形成。

### 24.2.2 膜形成步骤

此后，在一侧加入 1M $AgNO_3$ 溶液（在此我们称为左侧），并在膜的另一侧（称为右侧）加入 1M KOH。因此，蚀刻仅从右侧以较慢的速度继续，直到蚀刻剂发生贯通。正如本章参考文献 [19] 所报道的那样，AgOH 在腐蚀轨道的相交点形成，同时很容易转变成 $Ag_2O$。由于这些银化合物不溶于水，它们将沉积在蚀刻轨道内最窄的地方，并因此形成 plug 或膜。事实上，$Ag_2O$ 对离子和电子都是不可渗透的（除非在很高的外加电场强度或频率下），这为我们提供了检测 $Ag_2O$ 膜形成的手段。

### 24.2.3 电子表征

在控制轨道蚀刻和膜形成过程的同时，在测量室（包括聚合物箔和电解质两者）两侧施加电压并确定有电流通过，通过电检测方法来实现膜特征的检测。该电检测是通过 Velleman PCSGU250 脉冲发生器和示波器共同完成的。

在预刻蚀阶段，通过 Ag 电极向系统施加频率约为 0.5Hz 的 $5V_{peak-peak}$ 正弦交流电压 $U$。在该设备的瞬态记录（Transient Recording）模式下，以时间函数的形式连续测量电压和相应的电流（设置：dc，0.3V/div，用于测量施加的电压；用于电流测量的设置为 10mV/div；示波器探头的电阻为 1MΩ；时间分辨率为 0.1s/div）。这种测量仅用于可靠地进行蚀刻过程的控制。在标准情况下，应该是没有电流信号出现的。如果实际的表现出现了偏差，则说明出现了错误的情况（例如由于反应室密封不严而存在的漏点，最终导致的蚀刻剂泄漏），之后必须重做该实验。

在膜形成阶段，交流电压的设置降低到 $U = 1V_{p-p}$，以尽量减少相应的电场对膜形成的影响，并且确保该测量是在交流模式下进行的。如前文所述，在蚀刻剂从一侧向另一侧贯通的瞬间，将出现强烈的尖峰电流，当形成稳定的膜时，尖峰电流则突然消失。这些安静阶段可以作为 $Ag_2O$ 膜形成的指纹性标志。因此，只要清楚地识别出这样一个安静阶段，腐蚀就应该停止。

### 24.2.4　膜形成的细节

如果用水或缓冲溶液替代蚀刻剂，则可发现 $Ag_2O$ 膜对碱性（NaOH，KOH）侵蚀是惰性的，并且在长时间的采样中是足够稳定的。然而，如果保留蚀刻剂，则从右侧进行的蚀刻将继续进行，并且右侧的锥体将变大，直到蚀刻剂能够越过 $Ag_2O$ 膜并与左侧锥体建立新的连接。这种现象已通过电流尖峰的出现得到了记录[19,22]。蚀刻剂与 $Ag^+$ 离子在左侧的反应导致新的 $Ag_2O$ 形成，由此导致了横向膜的生长，从而再次地引发了电流的阻塞。这意味着将会记录到一系列交替的电流尖峰，尖峰后面跟随的是安静阶段，但安静阶段后面可能又是更新的尖峰电流。

然而，不幸的是，这种简单的波形图被另一个电流分量的叠加干扰了，该电流是由 $AgNO_3$ 和 KOH 填充的隔室之间的化学电势差（＜1V）作为驱动力的。根据蚀刻轨道和膜形成的实际状态，轨道的整体电阻率随时间显著变化。尽管膜在很大程度上阻止了离子电流的通过，但它们并不妨碍电介质电流通过 $Ag_2O$，因为在所形成的平行膜中，每一个平行膜（在初始阶段仍然非常薄）都可以当作强大的电容器来使用。因此，即使在安静阶段，在膜形成期间通过箔的总电流也不会完全为零，而是以大幅度的不规则电流波动为特征，如图 24.1 所示。

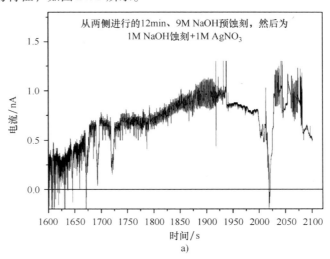

图 24.1　Ag 膜形成波形图［a］总体图］。其操作流程为，在用 9M KOH 对潜道进行 12min 预蚀刻（此处未显示）之后，对两侧进行清洗，并用 1M $AgNO_3$ 溶液替代一侧的蚀刻剂，另一侧用 1M KOH 溶液（在这里标记为时间 $t=0$）。两个蚀刻锥体之间的残余聚合物区域逐渐变薄并且在轨道贯通时出现了膜形成，从而导致出现的许多电击穿事件（尖峰）以及在所施加的 0.5Hz 电压之后出现交流泄漏电流（在约 1930s 处）。这些信号是由两种溶液之间的化学电势差引起的电流叠加而产生的。在 $t$ 约为 1940s 时，看到没有任何振荡电流的第一个更长的安静阶段，表明膜形成已经完成。随后，在 $t$ 约为 2045s、2075s 和 2084s 时，随着 $Ag_2O$ 膜形成过程终止判断的进一步表征，说明出现了三个新的蚀刻剂的贯通

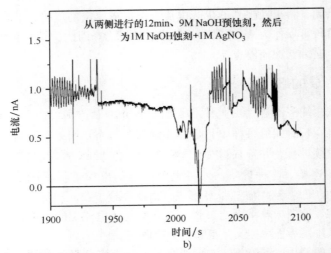

图 24.1　Ag 膜形成波形图［b）细节图］。其操作流程为，在用 9M KOH 对潜道进行 12min 预蚀刻（此处未显示）之后，对两侧进行清洗，并用 1M AgNO$_3$ 溶液替代一侧的蚀刻剂，另一侧用 1M KOH 溶液（在这里标记为时间 $t=0$）。两个蚀刻锥体之间的残余聚合物区域逐渐变薄并且在轨道贯通时出现膜形成，从而导致出现的许多电击穿事件（尖峰）以及在所施加的 0.5Hz 电压之后出现交流泄漏电流（在约 1930s 处）。这些信号是由两种溶液之间的化学电势差引起的电流叠加而产生的。在 $t$ 约为 1940s 时，看到没有任何振荡电流的第一个更长的安静阶段，表明膜形成已经完成。随后，在 $t$ 约为 2045s、2075s 和 2084s，随着 Ag$_2$O 膜形成过程终止判断的进一步表征，说明出现了三个新的蚀刻剂的贯通（续）

可以明显地看到，强烈波动的电流与另一个电流分量的叠加，其特征在于交替的尖峰富集和相当平静的时间间隔（没有或仅有非常小的电流）。为了进行后文所述的实验，通过去除蚀刻剂并用水进行彻底的箔片清洗，我们观察到了电流峰值和静止阶段之间的交替序列。在该交替序列中，有的在其第一个静止阶段中断（因此获得相当小而窄的膜），有的在膜的后期阶段中断（具有更大和更厚的膜）。从通过膜的电贯通和离子电扩散的条件来看，我们可以估计膜/plug 的厚度为 10 ~ 100nm[19]。

在相关的即将发表的论文中，将描述通过将酶插入由膜隔开的两个蚀刻轨道，并由这些结构产生的生物传感器的结果。

## 24.3　结果与讨论

### 24.3.1　预蚀刻时间对蚀刻轨道内 Ag$_2$O 膜形成的影响

第一个预蚀刻步骤仅用于使两个锥尖在紧邻箔的中心处充分、快速地接近。迄今为止，这一步骤所需的蚀刻时间只有很少的限制，我们在这里进行了系统地研究，以便了解预蚀刻时间对 Ag$_2$O 膜形成的影响。其原因是，如果 AgNO$_3$ 在两个蚀刻锥体已经合并后再插入到一个轨道侧，则将出现完全不同的机制设置，并被解释为纳米流体的特定行为[19]。在这种情况下，Ag$^+$ 离子将作为平衡离子在电双层内沿着负电荷蚀刻的轨道壁（从碱性环境中的聚合物表面中的 COO$^-$ 基团产生的电荷）从左侧移动到相反侧，而

OH⁻离子则从右侧到左侧通过轨道中心扩散（如果蚀刻的轨道具有足够大的直径）。因此，两种阴离子和阳离子电流在纳米孔内彼此能够很好地分离，使得它们仅能够在接触区域相遇并相互反应（其由 Debye layer 的极限给出）。在那里产生的 Ag₂O 分子或分子簇将很容易通过渗透和/或电泳从轨道上清除，并积聚在箔两侧的电解质中。这表明膜形成的前提条件是轨道壁上的 Ag₂O 分子的良好稳固性。当两个蚀刻的轨道锥体相遇且相互融合时，这是最好的时刻，但此后在开放轨道内流动的纳米液体内将不再进行膜形成。

　　因此，我们发现在继续进行膜表征之前，更详细地研究从一种机制（膜形成）到另一种机制（无膜形成的纳米流体运动）的转变是合理的。如此处所述，我们使用高浓度的 KOH 溶液在不同的预蚀刻时间下，是否对形成 Ag₂O 膜具有决定性的影响？在用银盐溶液替换一侧的蚀刻剂，并在另一侧进行弱蚀刻剂蚀刻之前，我们用高浓度蚀刻剂进行了一系列时间递增的预蚀刻实验。

　　还有另一个因素在这个实验中发挥了作用，那就是因为我们在箔片两侧使用了不同的液体，而在整个箔片上产生了化学电势的累积。只要箔片是绝缘的或弱导电的，就可以通过箔片上的电流测量记录该电位差。然而，更多的导电轨道（如蚀刻过程中出现的）将作为电流释放的通道，将导致这些电位差的消除。这意味着在轨道蚀刻期间（或蚀刻轨道内的膜形成期间）进行通过聚合物箔的电流记录时，将记录一个总是取决于实际箔电导率的基础电流。由于后者的大小是可变的，特别是在膜形成的情况下，因此，可以预测该恒定的基础电流也将根据轨道的内部实际几何结构而强烈变化。

　　我们在环境温度（约 22℃）下用 9M KOH 蚀刻剂进行了四次预蚀刻试验，测量到的四次预蚀刻时间分别为 12min、15min、18min 和 22min。在每次预蚀刻之后，一侧的蚀刻剂被 1M 硝酸银溶液取代，另一侧以 1M KOH 进行继续蚀刻，以达到蚀刻剂的贯通。其结果如图 24.1 ～ 图 24.4 所示。

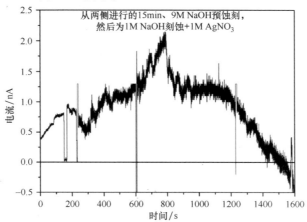

图 24.2　采用如图 24.1 所示的类似的测量方案，在用 9M KOH 溶液对潜道进行 15min 预蚀刻后，对其两侧进行清洗，并用 1M AgNO₃ 溶液代替一侧的蚀刻剂，另一侧用 1M KOH 溶液（在时间 $t = 0$）继续蚀刻。如图 24.1 所示的那样，测量结果显示出逐渐增大的交变电流，并叠加了由于 AgNO₃ 和 KOH 之间的化学电位差而缓慢变化的恒定电流，但没有看到安静的阶段，表明没有发生稳定的 Ag₂O 膜形成。然而，该电流强烈尖峰的行为可能表明至少有短寿命的中间状态的膜碎片可能已经形成。在 152s、232s、603s 和 1230s 的突变电流变化是源自用于控制到其他测量模式的瞬态切换的伪像

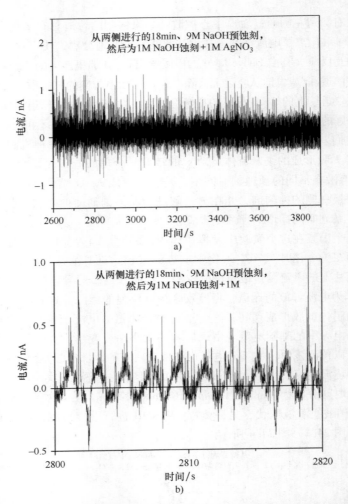

图 24.3 然而，采用如图 24.1 所示的类似的测量方案，在用 9M KOH 溶液对潜道进行 18min 预蚀刻后，对其两侧进行清洗，并用 1M AgNO₃ 溶液代替一侧的蚀刻剂，另一侧用 1M KOH 溶液（在时间 $t = 0$）继续蚀刻。a）几小时后，测量显示出在施加交流电压之后出现高峰值的交流电流（详见图 b）中的细节）。经过约 2000s 后，不再有更多的来自化学电势差的直流电流叠加。没有看到安静的阶段，表明没有 $Ag_2O$ 膜形成的发生

表 24.1 综合了从图 24.1 ~ 图 24.4 获得的定性效果。由此看来，在轨道内稳定的 $Ag_2O$ 膜形成和蚀刻轨道中 $Ag_2O$ 纳米粒子的渗透/电泳除去之间存在着一些过渡机制。在第一种情况下，由于完全和长时间的交流电流传输阻塞而出现的安静阶段，因此可以理解为可用作稳定的轨道内膜形成的宏观指纹。从一侧进行的继续轨道蚀刻过程中，在每次中间的轨道贯通期间，膜通过更多 $Ag_2O$ 的侧向增加而生长。稳定膜形成的基本要求是在蚀刻轨道内膜的牢固锚定。这显然只能通过在蚀刻轨道贯通的初始阶段形成它们才能实现。

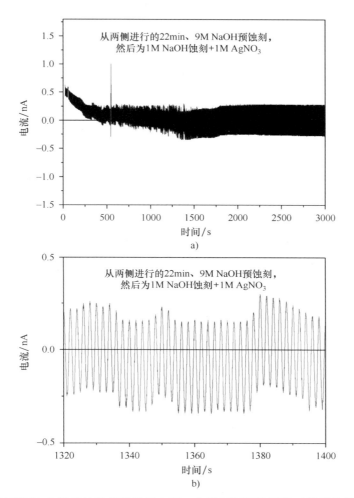

图 24.4　采用如图 24.1 所示的类似的测量方案，在用 **9M KOH** 溶液对潜道进行 **22min** 预蚀刻后，对其两侧进行清洗，并用 **1M AgNO$_3$** 溶液代替一侧的蚀刻剂，另一侧用 **1M KOH** 溶液（在时间 $t = 0$）继续蚀刻。a) 总体图，b) 细节图。测量显示出交流电流的幅度逐渐增加，并有逐渐减小的直流叠加，该直流叠加是由于 AgNO$_3$ 和 KOH 之间的化学电势差随着孔开口的增加而逐渐减小所产生的。没有看到安静的阶段，表明没有 Ag$_2$O 膜形成的发生。请注意，电流变化比图 24.3 所示得要小，表明即使是短寿命的中间膜形成也可以在此排除

表 24.1　膜形成、纳米粒子反应器和中间阶段策略的定性比较

| 预蚀刻时间（min），图 | 传输的交流电 | 电流峰值 | 由于化学电势差产生的电流 | 稳定 Ag$_2$O 膜的形成 |
|---|---|---|---|---|
| 12，图 24.1 | 经常被安静的阶段打断 | 通常在安静阶段之前 | 强 | 是 |
| 15，图 24.2 | 没有安静的阶段 | 非常频繁 | 强 | 否 |
| 18，图 24.3 | 没有安静的阶段 | 非常频繁 | 小或没有 | 否 |
| 22，图 24.4 | 没有安静的阶段 | 很大程度上缺失 | 小或没有 | 否 |

当仅在两个蚀刻的轨道半锥体已经合并之后引发膜形成反应（这里考虑：$2Ag^+ + 2OH^- \rightarrow 2AgOH \rightarrow Ag_2O + H_2O$）时，两种离子显示了轨道内典型的纳米流体行为，其中正离子紧密地迁移到带负电荷的轨道壁上，而负离子则通过外亥姆霍兹面（outer Helmholtz plane）向轨道中心扩散[23]。这将导致阴离子和阳离子之间的化学反应仅在它们的界面平面处发生（即 Debye 层处），从而使得新出现的反应产物不能锚定在轨道壁处，而是从轨道中流出。因此，人们考虑将这种布置用作一种可能的纳米粒子化学反应器。

从图 24.2 和图 24.3 可以看出，在纯膜形成策略和纯纳米颗粒形成的轨道式反应器之间存在某种过渡形式，其特征在于频繁出现的电流峰值和强烈变化的化学电势差。在这种条件下，不能排除寿命很短的膜或膜片段出现，目前的电流/电压方法尚无法对其进行准确记录，在这些情况下出现的强劲峰值可能暗示了这一点。

我们惊奇地发现，预蚀刻时间必须相对较短才能形成膜。这可能是由于对称蚀刻轨道的特殊双漏斗形状造成的[20]。显然，轨道预蚀刻必须在长而窄的漏斗尖锐区域完成之前停止，以便在光滑的纳米流体阴离子/阳离子迁移出现之前膜依然能够找到良好的锚定。

## 24.3.2  PET 箔蚀刻轨道中 $Ag_2O$ 膜的去除

如前所述[14]，通过将葡萄糖氧化酶（$GO_x$）固定在蚀刻的轨道壁上，即将这里所描述的例子转化为葡萄糖生物传感器，其每个轨道均具有两个不同的隔室。这些研究的结果将在即将发表的论文中介绍。在酶开始变质之后，可通过在室温下用高浓度 $HNO_3$ 攻击箔 1min 来除去 $Ag_2O$ 膜。膜去除之后的样品箔，随后再用双去离子水进行彻底清洗，与膜去除之前的比较表明，在去除膜之后通过箔的总电流增加了约 10 倍，并且还有更多的信号同时以非常低和非常高的频率传输（在这里未示出）。按照我们的预期，新的结构非常类似于从双侧蚀刻、直到常规的蚀刻剂贯通的离子轨道。

# 24.4  总结

在动态纳米约束中偶合化学反应实验的一个特点是在蚀刻轨道内快速形成稳定的、不可溶的、不可渗透的沉淀物质（在此为 $Ag_2O$）的膜，从而将蚀刻轨道分隔成两个隔室。特别是在足够低的蚀刻速度下，可能会出现高质量的膜。对膜厚度增长的估计，首先是通过电流峰值的出现，然后通过 $Ag^+$ 离子扩散到膜的另一侧来进行。在此过程中，无论何时，只要离子到达了箔片的另一侧，随之就有 $Ag_2O$ 沉淀产生。按照预测，膜在侧向尺寸上的生长将在膜的边缘处产生新的蚀刻贯通，随后在那里也将产生新的侧向材料的累积。

沿着轨道形成稳定膜的基本要求是不断产生的 $Ag_2O$ 纳米粒子，并在轨道壁上要有良好的锚定。这只能通过前面工作中提出的两步蚀刻工艺来实现[19]，并且要足够短。如果预蚀刻时间太长以至于箔片的两个侧面之间出现了透明连接，则纳米流体的特性将阻止永久性膜的形成。在此，我们对这种情况进行了研究，并给出了仍然允许稳定的膜形成的最大蚀刻时间。

　　蚀刻剂贯通和膜生长几乎总是伴随着强电流峰值的出现的。这些令人惊叹的强度表明，这些电流峰值并不总是只来自单个轨道，它们可能是大量（统计变化）相邻轨道的电荷同步发射的结果。显著的电流下降表明存在足够厚度的稳定的膜，我们在此将其表示为稳定阶段。

# 参 考 文 献

1. R.L. Fleischer, P.B. Price, and R.M. Walker, *Nuclear Tracks in Solids: Principles and Applications*. University of California, Berkeley, Berkeley, CA, 1975.

2. D. Fink, P. Yu Apel, and R.H. Iyer, Ion track applications, in: Fink, D. ed., *Transport Processes in Ion Irradiated Polymers; Springer Series in Materials Science*, Vol. 65, pp. 269, 300, Chapter II.5. Springer Verlag: Berlin, Germany, 2004, and references therein.

3. A. Biswas, D.K. Avasthi, B.K. Singh, S. Lotha, J.P. Singh, D. Fink, B.K. Yadav, B. Bhattacharya, and S.K. Bose, Resonant tunnelling in single quantum well heterostructure junction of electrodeposited metal semiconductor nanostructures using nuclear track filters. *Nucl. Instrum. Methods Phys. Res. B* 151 (1999) 84–88.

4. L. Piraux, J.M. George, J.F. Despres, C. Leroy, E. Ferain, R. Legras, K. Ounadjela, and A. Fert, Giant magnetoresistance in magnetic multilayered nanowires. *Appl. Phys. Lett.* 65(19) (1994) 2484–2486.

5. M. Lindeberg, L. Gravier, J.P. Ansermet, and K. Hjort, Processing magnetic field sensors based on magnetoresistive ion track defined nanowire cluster links, in: *Proceedings of the Workshop on European Network on Ion Track Technology*, Caen, France, February 24–26, 2002.

6. K. Hjort, The European network on ion track technology, in: Presented at the *Fifth International Symposium on "Swift Heavy Ions in Matter"*, Giordano Naxos, Italy, May 22–25, 2002.

7. D. Fink, A. Petrov, K. Hoppe, and W.R. Fahrner, Characterization of "TEMPOS": A new tunable electronic material with pores in oxide on silicon, in: *Symposium R—Radiation Effects and Ion Beam Processing of Materials*, Boston, MA, December 1–5, 2003, 2003 MRS Fall Meeting, Vol. 792.

8. D. Fink, A. Petrov, H. Hoppe, A.G. Ulyashin, R.M. Papaleo, A. Berdinsky, and W.R. Fahrner, Etched ion tracks in silicon oxide and silicon oxynitride as charge injection channels for novel electronic structures. *Nucl. Instrum. Methods Phys. Res. B* 218 (2004) 355–361.

9. M. Tamada, M. Yoshida, M. Asano, H. Omichi, R. Katakai, R. Spohr, and J. Vetter, Thermo-response of ion track pores in copolymer films of methacryloyl-L-alaninemethylester and diethyleneglycol-bis-allylcarbonate (CR-39). *Polymer* 33(15) (1992) 3169–3172.

10. C.G.J. Koopal, M.C. Feiters, R.J.M. Nolte, B. de Ruiter, and R.B.M. Schasfoort, Glucose sensor utilizing polypyrrole incorporated in track-etch membranes as the mediator. *Biosens. Bioelectron* 7 (1992) 461–471; S. Kuwabata and C.R. Martin, Mechanism of the amperometric response of a proposed glucose sensor based on a polypyrrole-tubule-impregnated membrane. *Anal. Chem.* 66 (1994) 2757–2762.

11. Z. Siwy, L. Trofin, P. Kohl, L.A. Baker, C.R. Martin, and C. Trautmann, Protein biosensors based on biofunctionalized conical gold nanotubes. *J. Am. Chem. Soc.* 127 (2005) 5000–5001; Z.S. Siwy, C.C. Harrell, E. Heins, C.R. Martin, B. Schiedt, C. Trautmann, L. Trofin, and A. Polman, Nanopores as ioncurrent rectifiers and protein sensors, in: Presented at the *Sixth International Conference on Swift Heavy Ions in Matter*, Aschaffenburg, Germany, May 28–31, 2005 (unpublished).

12. L. Alfonta, O. Bukelman, A. Chandra, W.R. Fahrner, D. Fink, D. Fuks, V.Golovanov et al., Strategies towards advanced ion track-based biosensors. *Radiat. Eff. Defect. Solids* 164 (2013) 431–437.

13. C.R. Martin and Z.S. Siwy, Learning nature's way: Biosensing with synthetic nanopores. *Science* 317 (2007) 331–332.

14. D. Fink, I. Klinkovich, O. Bukelman, R.S. Marks, A. Kiv, D. Fuks, W.R. Fahrner, and L.Alfonta, Glucose determination using a re-usable ion track membrane sensor. *Biosens. Bioelectron* 24 (2009) 2702–2706.

15. D. Fink, G. Muñoz H., and L. Alfonta, Highly sensitive ion track-based urea sensing with ion-irradiated polymer foils. *Nucl. Instrum. Methods Phys. Res. B* 273 (2012) 164–170.

16. D. Fink, G. Muñoz H., J. Vacik, and L. Alfonta, Pulsed biosensing. *IEEE Sens. J.* 11 (2011) 1084–1087.
17. Y. Mandabi, S.A. Carnally, D. Fink, and L. Alfonta, Label free DNA detection using the narrow side of conical etched nano-pores. *Biosens. Bioelectron.* 42 (2013) 362–366.
18. D. Fink, Ion track manipulations, in: Fink, D. ed., *Transport Processes in Ion Irradiated Polymers; Springer Series in Materials Science*, Vol. 65, p. 227, Chapter II.6. Springer Verlag: Berlin, Germany, 2004, and references therein.
19. G. Muñoz H., S.A. Cruz, R. Quintero, D. Fink, L. Alfonta, Y. Mandabi, A. Kiv, and J. Vacik, Coupled chemical reactions in dynamic nanometric confinement: $Ag_2O$ formation during ion track etching. *Radiat. Eff. Defect. Solids* 168 (2013) 675–695.
20. P.Yu. Apel, I.V. Blonskaya, O.L. Orelovitch, B.A. Sartowska, and R. Spohr, Asymmetric ion track nanopores for sensor technology. Reconstruction of pore profile from conductometric measurements. *Nanotechnology* 23 (2012) 225503.
21. M. Daub, I. Enculescu, R. Neumann, and R. Spohr, Ni nanowires electrodeposited in single ion track templates. *J. Optoelectron Adv. Mater.* 7 (2005) 865–870.
22. D. Fink, S. Cruz, G. Muñoz H., and A. Kiv, Current spikes in polymeric latent and funnel-type ion tracks. *Radiat. Eff. Defect. Solids* 5 (2011) 373–388.
23. H.-J. Butt, K. Graf, and M. Kappl, *Physics and Chemistry of Interfaces*. Wiley-VCH: Weinheim, Germany, 2006.